冶金工业出版社

普通高等教育"十四五"规划教材

建设项目环境影响评价

（第2版）

主　编　段　宁　　张惠灵　　胡　璟
副主编　余　祺　　佘　健　　彭　聃
　　　　吴晓煦　　熊　枭　　朱　林
主　审　冯　涛
副主审　徐　栋

北　京
冶金工业出版社
2025

内 容 提 要

本书根据国家环境影响评价现行导则、法律法规、环境标准和技术方法，结合相关环境影响评价案例编写而成。全书共分 11 章，分别介绍了环境影响评价概况、环境影响评价法律法规及标准、建设项目工程分析、大气环境影响评价、地表水环境影响评价、地下水环境影响评价、声环境影响评价、固体废物环境影响评价、土壤环境影响评价、生态环境影响评价、环境风险评价，并分类提供了详细的案例分析。

本书为高等院校环境工程、城市规划、市政工程、环境科学与管理以及其他理工科有关专业的本科生和研究生教材，也可供从事环境影响评价工作的工程咨询人员和管理人员参考。

图书在版编目(CIP)数据

建设项目环境影响评价／段宁，张惠灵，胡璟主编.
2 版. -- 北京 ：冶金工业出版社，2025. 1. -- (普通高
等教育"十四五"规划教材). -- ISBN 978-7-5240
-0101-0

Ⅰ. X820. 3

中国国家版本馆 CIP 数据核字第 2025UC3777 号

建设项目环境影响评价 （第 2 版）

出版发行	冶金工业出版社	电　话	(010)64027926
地　址	北京市东城区嵩祝院北巷 39 号	邮　编	100009
网　址	www.mip1953.com	电子信箱	service@ mip1953.com

责任编辑　杨　敏　美术编辑　吕欣童　版式设计　郑小利
责任校对　梁江凤　责任印制　范天娇
三河市双峰印刷装订有限公司印刷
2021 年 11 月第 1 版，2025 年 1 月第 2 版，2025 年 1 月第 1 次印刷
787mm×1092mm　1/16；32.5 印张；790 千字；502 页
定价 75.00 元

投稿电话　(010)64027932　投稿信箱　tougao@cnmip.com.cn
营销中心电话　(010)64044283
冶金工业出版社天猫旗舰店　yjgycbs.tmall.com
(本书如有印装质量问题，本社营销中心负责退换)

第 2 版前言

为了贯彻《中华人民共和国环境保护法》《中华人民共和国环境影响评价法》和《建设项目环境保护管理条例》，指导建设项目环境影响评价工作，我国制定了建设项目环境影响评价一系列技术导则。2018 年至今，相关导则和标准很多做了更新和增补，我们根据我国环境影响评价工作发展的实际需要，结合高校"环境影响评价"课程的教学要求和建设项目环境影响评价工作的实践经验，本着与时俱进的思想和为国家环境评价事业培养优秀人才的目的，我们于 2021 年 11 月出版了《建设项目环境影响评价》一书。但由于生态环境部对《环境影响评价技术导则　声环境》（HJ 2.4）和《环境影响评价技术导则　生态影响》（HJ 19）进行了修订，且近两年相关法律法规、环境标准和技术方法也发生了变化，因此编者根据国家最新法律法规、标准、技术导则和最新科研成果，对《建设项目环境影响评价》一书进行了修订。

本次修订注重体现建设项目环境影响评价的时代特征，融入了推动绿色发展、促进人与自然和谐共生的党的二十大精神实质，同时突出了科学性、先进性和实用性。书中列举了丰富的案例，案例的内容有助于培养学生解决环境评价实际问题的能力。

本书由武汉科技大学段宁、张惠灵和中南安全环境技术研究院股份有限公司胡璟任主编，武汉智汇元环保科技有限公司余祺、中南安全环境技术研究院股份有限公司佘健、彭聃、朱林及武汉市生态环境科技中心吴晓煦、湖北携创环境科技有限公司熊泉任副主编。段宁负责全书的统稿及第 1 章、第 2 章、第 4 章~第 6 章的编写，张惠灵负责第 8 章、第 9 章和第 11 章的编写，胡璟负责第 3 章和第 10 章的编写，余祺负责第 7 章的编写，佘健、彭聃、吴晓煦、熊泉、朱林、张帆（武汉科技大学研究生）、李力持（武汉科技大学研究生）参与了部分章节的编写。

　　在本书编写过程中，中国地质大学（武汉）程胜高教授、湖北工业大学黄磊老师、武汉工程大学关洪亮老师及中国科学院精密测量科学与技术创新研究院冯奇副研究员对本书的编写提供了很多帮助；在本书出版前，武汉科技大学冯涛教授及武汉市生态环境科技中心正高级工程师徐栋审阅了本书内容，提出了许多宝贵建议。另外，本书参考了环境影响评价技术导则和系列标准、有关教材及文献资料，所用案例内容由中南安全环境技术研究院股份有限公司和武汉智汇元环保科技有限公司提供，在此一并表示衷心感谢。

　　由于编者水平所限，书中不足之处，敬请读者批评指正。

编　者

2024 年 5 月

于武汉

第1版前言

环境影响评价教材内容的改革和教材建设与国家环评制度的改革紧密相连。2016年7月2日，第十二届全国人民代表大会常务委员会第二十一次会议通过了《关于修改〈中华人民共和国节约能源法〉等六部法律的决定》，对《中华人民共和国环境影响评价法》进行了第一次修正。2018年12月29日，第十三届全国人民代表大会常务委员会第七次会议通过了《关于修改〈中华人民共和国劳动法〉等七部法律的决定》，对《中华人民共和国环境影响评价法》进行了第二次修正。为了贯彻《中华人民共和国环境保护法》《中华人民共和国环境影响评价法》和《建设项目环境保护管理条例》，指导建设项目环境影响评价工作，我国制定了建设项目环境影响评价一系列技术导则。2018年至今，相关导则和标准很多做了更新和增补，我们根据我国环境影响评价工作发展的实际需要，结合高校"环境影响评价"课程的教学要求和建设项目环境影响评价工作的实践经验，本着与时俱进的思想和为国家环境评价事业培养优秀人才的目的，根据国家最新法律法规、标准、技术导则和最新科研成果，编写了本书。

本书的编写注重体现建设项目环境影响评价的时代特征，同时注重科学性和实践性，突出其先进性和实用性。书中列举了丰富的案例，案例的内容有助于培养读者解决环境评价实际问题的能力。

本书由武汉科技大学段宁、张惠灵和范先媛任主编，武汉智汇元环保科技有限公司夏锴、王海、定花及中南安全环境技术研究院股份有限公司李涛任副主编。段宁负责全书的统稿和编写第3章~第7章，张惠灵负责编写第8章和第11章，范先媛负责编写第1章、第2章和第9章、第10章，夏锴、李涛、王海和定花参与了部分章节的编写。本书由武汉科技大学冯涛教授主审。

在本书编写过程中，武汉科技大学研究生李崇瑞、陈文敏参与了部分章节的资料整理和文字输入工作；中国地质大学（武汉）程胜高教授、湖北工业大学黄磊老师及武汉智汇元环保科技有限公司朱志超董事长对本书的编写提供了很多帮助。另外，本书参考了环境影响评价技术导则和系列标准、国内出版的环境评价教材及文献资料，所用案例内容由武汉智汇元环保科技有限公司和中南安全环境技术研究院股份有限公司提供并编辑，在此一并表示感谢。

由于编者水平所限，书中不足之处，恳请读者批评指正。

编　者
2021 年 3 月
于武汉

目　　录

1 概　　论

1.1　基　本　概　念

1.1.1　环境

环境是指某一生物体或生物群体以外的空间，以及直接或者间接影响该生物体或生物群体生存的一切事物的总和。

在环境科学中，环境是指以人类为主体的外部世界，主要是地球表面与人类发生相互作用的自然要素及其总体。它是人类生存发展的基础，也是人类开发利用的对象。《中华人民共和国环境保护法》中所称环境，是指影响人类生存和发展的各种天然的和经过人工改造的自然因素的总体，包括大气、水、海洋、土地、矿藏、森林、草原、野生生物、自然遗迹、人文遗迹、自然保护区、风景名胜区、城市和乡村等。环境影响评价中所指的环境，是以人为主体的环境，即围绕着人群的空间以及其中可以直接、间接影响人类生存和发展的各种自然因素和社会因素的总体，包括自然因素的各种物质、现象和过程及在人类历史中的社会、经济成分。

1.1.2　环境要素

环境要素是指构成环境整体的各个独立的、性质各异而又服从总体演化规律的基本物质组成，也叫环境基质，通常是指大气、水、声、振动、生物、土壤、放射性、电磁等。

环境要素具有最小限制律、等值性、环境整体性，以及环境诸要素相互作用和影响的特点。

（1）最小限制律。最小限制律指整个环境的质量受到环境诸要素中那个与最优状态差距最大的要素制约，即环境诸要素中处于最劣状态的那个环境要素控制着环境质量的高低，而不是由环境诸要素的平均状态决定，也不能采用处于优良状态的环境要素去代替和弥补。因此，人们在改善整个环境质量时，首先应改造最劣的要素。

（2）等值性。等值性说明环境要素对环境质量的作用。各个环境要素无论在规模上或数量上存在什么差异，只要它们是处于最劣状态，那么对于环境质量的限制作用没有本质的区别，就具有等值性。等值性与最小限制律有着密切联系，前者主要对各个要素的作用进行比较，而后者强调制约环境质量的主导要素。

（3）环境整体性。环境整体性体现在环境诸要素之间产生的整体环境效应不是组成该环境各个要素性质的简单叠加，而是在个体效应基础上有着质的变化。也就是说，环境整体性质能够体现环境诸要素的某些特征，但未必反映出各要素的全部特点，而是各要素综合作用后更为复杂的性质。

（4）环境诸要素相互作用和影响。环境某些要素孕育着其他要素，如岩石圈、大气圈、水圈和生物圈随地球环境的发展依次形成。每一新要素的产生，都会给环境整体带来非常大的影响。这些环境诸要素相互关系的特点是通过能量在各个要素之间的传递，形态转换，以及物质在各个要素之间的流通实现的。环境诸要素间的联系和依赖，主要通过以下途径：1）从演化意义上看，某些要素孕育着其他要素。在地球发展史上，岩石圈的形成为大气的出现提供了条件；岩石圈和大气圈的存在，为水的产生提供了条件；上述三者的存在，又为生物的发生与发展提供了条件。每一个新要素的产生，都能给环境整体带来巨大的影响。2）环境诸要素的互相联系、相互作用和互相制约，是通过能量流在各个要素之间的传递，或通过能量形式在各个要素之间的转换来实现的。例如，地表面所接受的太阳辐射能，它可以转换成增加气温的显热。这种能量形式转换影响到整个环境要素间的相互的制约关系。3）通过物质流在各个环境要素间的流通，即通过各个要素对于物质的储存、释放、运转等环节的调控，使全部环境要素联系在一起。表示生物界取食关系的食物链就是明显的例子，从食物链可以清楚地看到环境诸要素间互相联系、互相依赖的关系。

1.1.3　环境影响

环境影响是指人类活动（经济活动和社会活动）对环境的作用和导致的环境变化以及由此引起的对人类社会和经济的效应。

在研究一项开发活动对环境的影响时，首先应该注意那些受到重大影响的环境要素的质量参数变化。而环境影响的重大性是相对的，如高强度噪声对居民住宅区的影响比对工业区的影响大。这种"环境影响"是由造成环境影响的源和受影响的环境（受体）两方面构成的。对人类开发行动进行系统的分析，辨识出该项行动中那些能对环境产生显著和潜在影响的活动，这就是"开发行动分析"；对区域开发和建设项目而言即为"工程分析"；对规划而言则为"规划分析"。而辨识开发行动或建设项目对环境要素各种参数的各类影响，就是环境影响识别的任务，这也是环境影响评价最重要的任务之一。

按影响的来源分，环境影响分为直接影响、间接影响和累积影响。其中累积影响指当一种活动的影响与过去、现在及将来可预见活动的影响叠加时，造成环境影响的后果。按影响效果分，可分为有利影响和不利影响。按影响性质划分，环境影响可分为可恢复影响和不可恢复影响。另外，环境影响还可分为短期影响和长期影响，地方、区域影响和国家、全球影响，建设阶段影响、运行阶段影响和服务期满后的影响等。

1.1.4　污染源

污染源指造成环境污染的污染物发生源，通常指向环境排放有害物质或对环境产生有害影响的场所、设备或装置等。

按污染物的来源，可分为天然污染源和人为污染源；按污染的主要对象，可分为大气污染源、水体污染源和土壤污染源等；按排放污染物的空间分布方式，可分为点污染源（集中在一点或一个可当作一点的小范围排放污染物）、面污染源（在一个大面积范围排放污染物）；按人类社会活动功能，分为工业污染源、农业污染源、交通运输污染源和生活污染源；污染源还可分为固定污染源和流动污染源。

在环境科学的研究工作中，把污染源、环境和人群健康看成一个系统。污染源向环境中排放污染物是造成环境问题的根本原因。污染源排放污染物质的种类、数量、方式、途径及污染源的类型和位置，直接关系到它危害的对象、范围和程度。污染源调查就是要了解、掌握上述情况及其他有关问题。通过污染源调查，可以找出一个工厂或一个地区的主要污染源和主要污染物，以及资源、能源及水资源的利用现状，为企业技术改造、污染治理、综合利用、加强管理指出方向；为区域污染综合防治指出防治污染物类别、防治地区；为区域环境管理、环境规划、环境科研提供依据。

1.1.5　环境影响评价

环境影响评价是指对规划和建设项目实施后可能造成的环境影响进行分析、预测和评估，提出预防或减轻不良环境影响的对策和措施，进行跟踪监测的方法与制度。

目前，我国的环境影响评价主要包括规划环境影响评价和建设项目环境影响评价两大类。规划和建设项目处于不同的决策层，因此，针对二者所做的环境影响评价的基本任务也有所不同。

环境影响评价作为环境法的基本制度之一，涉及多个主体和环节。建设单位、环境影响评价机构、环境影响评价文件的审批部门、建设项目的审批部门等都是环境影响评价制度实施过程中必不可少的。特别是《中华人民共和国环境影响评价法》（以下简称《环境影响评价法》）将环境影响评价的对象扩大到规划后，各级政府和政府有关部门（如规划的审批、编制等机构）也是不可缺少的相关主体。哪个环节出了问题，都有可能造成环境污染和生态破坏的后果。而对于拟议中的建设项目，在其动工之前进行环境影响评价，只是环境影响评价制度的一部分。一个完整的建设项目环境影响评价，还包括后评价、"三同时"、跟踪检查等一系列制度和措施。否则，环境影响评价制度就无法发挥其应有的作用。《环境影响评价法》对环境影响评价所下的定义，就包括了进行跟踪监测的内容。可见，建设项目投入生产或者使用后，并不意味着环境影响评价工作就已经结束了，跟踪检查也是其中一个不可或缺的组成部分。实施跟踪检查，其根本目的就在于能够发现建设项目在运行过程中存在的问题，并提出相应的解决方案和改进措施。

按照评价对象，环境影响评价可以分为规划（战略）环境影响评价和建设项目环境影响评价；按照环境要素，环境影响评价可以分为大气环境影响评价、地表水环境影响评价、地下水环境影响评价、声环境影响评价、生态影响评价等。

1.2　建设项目环境影响评价原则

《环境影响评价法》第四条规定：环境影响评价必须客观、公开、公正，综合考虑规划或者建设项目实施后对各种环境因素及其所构成的生态系统可能造成的影响，为决策提供科学依据。环境影响评价应突出源头预防作用，坚持保护和改善环境质量，遵循依法评价、科学评价和突出重点的原则。

1.2.1　依法评价

环境影响评价过程中应贯彻执行我国环境保护相关的法律法规、标准、政策，分析建设项目与环境保护政策、资源能源利用政策、国家产业政策和技术政策等有关政策及相关规划的相符性，并关注国家或地方在法律法规、标准、政策、规划及相关主体功能区划等方面的新动向，优化项目建设，服务环境管理。

《中华人民共和国环境保护法》第十九条规定：编制有关开发利用规划，建设对环境有影响的项目，应当依法进行环境影响评价。未依法进行环境影响评价的开发利用规划，不得组织实施；未依法进行环境影响评价的建设项目，不得开工建设。

1.2.2　科学评价

环境影响评价过程中应规范环境影响评价方法，科学分析项目建设对环境质量的影响。

《环境影响评价法》第六条规定：国家加强环境影响评价的基础数据库和评价指标体系建设，鼓励和支持对环境影响评价的方法、技术规范进行科学研究，建立必要的环境影响评价信息共享制度，提高环境影响评价的科学性。

环境影响评价是由多学科组成的综合技术。由于这项工作在时间上具有超前性，所以在开展这项工作时，从现状调查、评价因子筛选到评价专题设置、监测布点、取样、分析、测试、数据处理、模式选用、预测、评价以及给出结论都应严守科学态度，一丝不苟地完成各项工作。为了增强环境影响评价工作的科学性，还需注意评价工作的区域性和系统性问题。

（1）区域性是指环境影响评价不能孤立地研究自身对环境的影响，应当从整体出发，研究评价区内自然环境对影响因素的承受能力（即环境容量：指对一定区域，根据其自净能力，在特定污染源布局和结构条件下，为达到环境目标值，所允许的污染物最大排放量）。既要考虑项目自身的影响问题，又要考虑对环境质量现状的叠加影响问题。

（2）系统性是指评价时要把环境看作一个由多种要素组成、又受多种因素影响的大系统。既要考虑拟建项目与已有项目对环境影响的有机联系和环境容量的动态平衡问题，又要考虑各环境要素之间的相互影响的叠加关系，从而制定出符合整体要求的防治对策，以达到系统化的目的。

1.2.3　突出重点

根据建设项目的工程内容及其特点，明确与环境要素间的作用效应关系，根据规划环境影响评价结论和审查意见，充分利用符合时效的数据资料及成果，对建设项目主要环境影响予以重点分析和评价。

1.3　建设项目环境影响评价技术导则体系构成

建设项目环境影响评价技术导则体系由总纲、污染源源强核算技术指南、环境要素环境影响评价技术导则、专题环境影响评价技术导则和行业建设项目环境影响评价技术导则等构成。

污染源源强核算技术指南和其他环境影响评价技术导则遵循总纲确定的原则和相关要求。

污染源源强核算技术指南包括污染源源强核算准则和火电、造纸、水泥、钢铁等行业污染源源强核算技术指南；环境要素环境影响评价技术导则指大气、地表水、地下水、声环境、生态、土壤等环境影响评价技术导则；专题环境影响评价技术导则指环境风险评价、人群健康风险评价、环境影响经济损益分析、固体废物等环境影响评价技术导则；行业建设项目环境影响评价技术导则指水利水电、采掘、交通、海洋工程等建设项目环境影响评价技术导则。

1.4　建设项目环境影响评价工作程序

环境影响评价制度是建设项目的环境准入门槛。分析判定建设项目选址选线、规模、性质和工艺路线等与国家和地方有关环境保护法律法规、标准、政策、规范、相关规划、规划环境影响评价结论及审查意见的符合性，并与生态保护红线、环境质量底线、资源利用上线和环境准入负面清单进行对照，作为开展环境影响评价工作的前提和基础。环境影响评价工作一般分为三个阶段，即调查分析和工作方案制定阶段，分析论证和预测评价阶段，环境影响报告书（表）编制阶段。具体流程见图1-1。

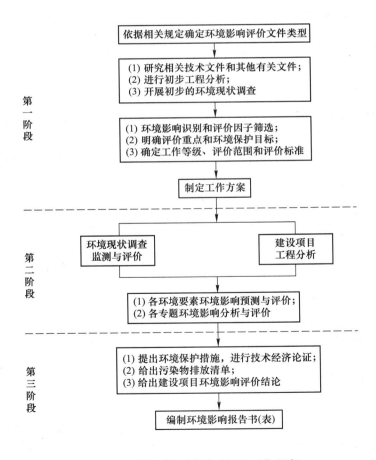

图 1-1　建设项目环境影响评价工作程序

　　第一阶段，在初步研究建设项目工程技术文件的基础上，根据建设项目的工程特点和基本情况，依据环境保护相关法规确定环境影响评价文件的类型，结合建设项目所在地区的环境状况，识别可能的环境影响，筛选确定评价因子，按环境影响评价专题确定评价工作等级与范围，选取适宜的评价标准，制定环评工作方案。

　　第二阶段，在项目所在地区环境调查和深入工程分析的基础上，开展各环境要素和评价专题的影响分析预测。

　　第三阶段，在总结各评价专题评价结果的基础上，综合给出建设项目环境影响评价结论，编制环境影响评价文件。

1.5　建设项目环境影响评价工作内容

1.5.1　环境影响识别与评价因子筛选

1.5.1.1　环境影响因素识别

　　"环境"是指影响人类生存和发展的各种天然的和经过人工改造的自然因素的总体。人类社会开发行动的性质、范围和地点不同，受影响的环境要素变化的范围和程度也不同。在研究一项具体开发建设活动对环境的影响时，应该首先分析这一开发建设活动全过程对各种环境因素产生的影响，并重点关注那些受到重大影响的环境要素及其质量参数（或称环境因子）的变化。

　　环境影响是由造成环境影响的源和受影响的环境两方面构成的，而辨识开发行动或建设项目的实施对环境要素的各种参数或环境因子的各式各样影响，以及各项环境要素对项目实施的制约性，就是环境影响识别。

　　环境影响识别是开展环境影响评价工作的基础，应根据建设项目工程特点和影响区域环境特征来识别建设项目的环境影响。环境影响识别就是在了解和分析建设项目所在地区域发展规划、环境保护规划、环境功能区划、生态功能区划及环境现状等环境特征和拟建项目工程特征的基础上，分析和列出建设项目对环境可能产生影响的直接和间接行为，以及可能受上述行为影响的环境要素及相关参数。

　　影响识别应明确建设项目在建设阶段、生产运行、服务期满后（可根据项目情况选择）等不同阶段的各种行为与可能受影响的环境要素间的作用效应关系、影响性质、影响范围、影响程度等，定性分析建设项目对各环境要素可能产生的污染影响与生态影响，包括有利与不利影响、长期与短期影响、可逆与不可逆影响、直接与间接影响、累积与非累积影响等。对制约项目实施的关键环境因素或条件，应将其作为环境影响评价的重点内容。

　　环境影响因素识别可采用矩阵法、网络法、地理信息系统支持下的叠加图法等。

1.5.1.2　评价因子筛选

　　评价因子筛选就是在环境影响识别的基础上，按环境对开发建设活动的制约因素和开发建设活动对环境资源的影响因子作用关系，识别和筛选出主要行为影响因子和环境制约因子。依据环境影响识别结果，根据建设项目的特点、环境影响的主要特征，并结合区域环境功能要求、规划确定的环境保护目标（环境质量标准、生态保护需要和污染物排放总量控制要求）、评价标准和环境制约因素，综合分析开发建设活动产生的环境污染和生态影响因子、环境现状污染及超标因子、环境功能目标因子，从中分别筛选出需要进行环境现状调查、监测、现状评价和环境影响预测、评价的主要因子。筛选确定评价因子，应重点关注重要的环境制约因素。评价因子必须能够反映环境影响的主要特征和区域环境的基本状况。评价因子应分别列出现状评价因子和预测评价因子。

1.5.2 划分评价等级和确定评价范围、方法

（1）评价工作等级划分。评价工作等级的划分是指对大气、地表水、地下水、噪声、土壤、生态、人群健康、放射性、电磁波、振动、景观等单个环境要素的专项评价而言。建设项目各环境要素专项评价原则上应划分工作等级，一般可划分为三级。一级评价对环境影响进行全面、详细、深入评价；二级评价对环境影响进行较为详细、深入评价；三级评价只进行环境影响分析。建设项目其他专题评价可根据评价工作需要划分评价等级。各环境要素和专项评价工作等级按建设项目的特点、所在地区的环境特征、相关法律法规、标准及规划、环境功能区划等划分如下：

1）建设项目的工程特点。包括工程性质、工程规模、工程选址选线、总体布局、工艺流程、原料的使用、能源与水资源的使用、对环境产生影响的方式或途径、主要污染物种类、源强与排放方式、去向以及污染物在自然环境中进行降解转化的难易程度、对生物的毒理作用等。对于以自然资源开发和区域开发等工程项目，工程特征主要指开发方式、开发规模、开发范围、开发强度及影响环境的有关工程技术参数等。

2）建设项目所在地区环境特征。包括自然环境特点、环境敏感程度、环境质量现状及社会经济状况等。

3）国家或地方政府所颁布的有关法规（包括环境质量标准和污染物排放标准）。对于某一具体建设项目，在划分各评价项目的工作等级时，根据建设项目对环境的影响、所在地区的环境特征或当地对环境的特殊要求情况可做适当调整。

4）建设项目的建设规模。建设项目其他专题评价可根据评价工作需要划分评价等级。对于某一具体建设项目，各专项评价的工作等级可根据项目所处区域环境敏感程度、工程污染或生态影响特征及其他特殊要求等情况进行适当调整，但调整的幅度不超过一级，并应说明调整的具体理由。具体的评价工作等级内容要求或工作深度参阅专项环境影响评价技术导则、行业建设项目环境影响评价技术导则的相关规定。

（2）评价范围和环境保护目标的确定。环境影响评价范围是指建设项目整体实施后可能对环境造成的影响范围，具体根据环境要素和专题环境影响评价技术导则的要求确定。环境影响评价技术导则中未明确具体评价范围的，根据建设项目可能影响范围确定。采用建设项目可能影响范围（包括直接影响、间接影响、潜在影响等）确定环境影响评价范围时，其中项目实施可能影响范围内的环境敏感区等应重点关注。

环境保护目标是依据环境影响因素识别结果确定，附图并列表说明评价范围内各环境要素涉及的环境敏感区、需要特殊保护对象的名称、功能、与建设项目的位置关系以及环境保护要求等。

根据环境功能区划和保护目标要求，按照确定的各环境要素的评价等级和环境影响评价技术导则相关规定，结合拟建项目污染和破坏特点及当地环境特征，分别确定各环境要素具体的现状调查范围和预测评价范围，并在地形地貌图上标出范围，特别应注明关心点位置。

（3）评价标准的确定。根据环境影响评价范围内各环境要素的环境功能区划确定各评价因子适用的环境质量标准及相应的污染物排放标准。尚未划定环境功能区的区域，由地方人民政府环境保护主管部门确认各环境要素应执行的环境质量标准和相应的污染物排放标准。

（4）评价方法的选取。环境影响评价应采用定量评价与定性评价相结合的方法，以量化评价为主。环境影响评价技术导则规定了评价方法的，应采用规定的方法，应优先选用成熟的技术方法，鼓励使用先进的技术方法，慎用具有争议或处于研究阶段尚没有定论的方法。若选用非环境影响评价技术导则规定的方法，应根据建设项目环境影响特征、影响性质和评价范围等分析其适用性。

（5）建设方案的环境比选。建设项目有多个建设方案、涉及环境敏感区或环境影响显著时，应重点从环境制约因素、环境影响程度等方面进行建设方案环境比选。

1.5.3　建设项目工程分析

工程分析是环境影响评价基础工作之一，目的是要通过工程分析，确定污染物源强，污染方式及途径或工程开发建设不同方式和强度对生态环境的扰动、改变和破坏程度。

工程分析应结合建设项目工程组成、工艺路线，对建设项目环境影响因素、方式、强度等进行详细分析与说明，工作内容一般包括对工程基本数据、主体工程污染影响因素、生态影响因素、水资源利用合理性、原辅材料、产品、废物的储运、交通运输、公用工程、非正常工况、选址选线、总体布局、环保措施等的分析。工程分析的内容应满足"全过程、全时段、全方位、多角度"的技术要求，"全过程"指对项目的分析应包括施工期、运营期及服务期满后等；"全时段"指不但要考虑正常生产状态，同时要考虑异常、紧急等非正常状态；"全方位"指不但要考虑主体生产装置，同时应考虑配套、辅助设施；"多角度"指在着重考虑环保设施的情况下，同时应从清洁生产角度、节约能源资源的角度出发，对项目的污染物源强进行深入细致的分析。

工程分析应在全面的前提下，结合项目特征和环境特征突出重点。根据各类型建设项目的工程内容及其特征，抓住其对环境可能产生较大不利影响的主要因素进行深入分析。应用及提出的数据资料要真实、准确、可信。对建设项目的规划、可行性研究和设计等技术文件中提供的资料、数据、图件等，应进行分析后再引用；引用现有资料时应分析其时效性；类比分析数据、资料应分析其有效性、相同性或者相似性。

在建设和生产运行过程中，以排放污染物为主要形式对环境产生影响的建设项目，通过对工艺流程的分析，确定主要产污环节，通过进行物料平衡、水平衡、供热平衡分析，以及生产规模、技术装备水平和排污系数，估算污染物产生量、排放量以及排放达标状况。

在建设和营运过程中，可能导致植被损坏、水土流失、生态平衡失调等环境影响的建设项目，应通过选址选线方案、施工作业设备、作业方式、运营方式等分析确定环境影响的受体（如土壤、自然植被、水生植物、大型动物、鸟类、鱼类与贝类等）及其影响的方式、范围和持续时间。

工程分析的方法主要有类比分析法、物料平衡计算法、查阅参考资料分析法等。

（1）建设项目概况。建设项目包括主体工程、辅助工程、公用工程、环保工程、储运工程及依托工程等。以污染影响为主的建设项目应明确项目组成、建设地点、原辅料、生产工艺、主要生产设备、产品（包括主产品和副产品）方案、平面布置、建设周期、总投资及环境保护投资等；以生态影响为主的建设项目应明确项目组成、建设地点、占地规模、总平面及现场布置、施工方式、施工时序、建设周期和运行方式、总投资及环境保护投资等；改扩建及异地搬迁建设项目还应包括现有工程的基本情况、污染物排放及达标情况、存在的环境保护问题及拟采取的整改方案等内容。

（2）影响因素分析。

1）污染影响因素分析。

①遵循清洁生产的理念，从工艺的环境友好性、工艺过程的主要产污节点以及末端治理措施的协同性等方面，选择可能对环境产生较大影响的主要因素进行深入分析。

②绘制包含产污环节的生产工艺流程图；按照生产、装卸、储存、运输等环节分析包括常规污染物、特征污染物在内的污染物产生、排放情况（包括正常工况和开停工及维修等非正常工况），存在具有致癌、致畸、致突变的物质以及持久性有机污染物或重金属的，应明确其来源、转移途径和流向；给出噪声、振动、放射性及电磁辐射等污染的来源、特性及强度等；说明各种源头防控、过程控制、末端治理、回收利用等环境影响减缓措施状况。

③明确项目消耗的原料、辅料、燃料、水资源等种类、构成和数量，给出主要原辅材料及其他物料的理化性质、毒理特征，产品及中间体的性质、数量等。

④对建设阶段和生产运行期间，可能发生突发性事件或事故，引起有毒有害、易燃易爆等物质泄漏，对环境及人身造成影响和损害的建设项目，应开展建设和生产运行过程的风险因素识别。存在较大潜在人群健康风险的建设项目，应开展影响人群健康的潜在环境风险因素识别。

2）生态影响因素分析。结合建设项目特点和区域环境特征，分析建设项目建设和运行过程（包括施工方式、施工时序、运行方式、调度调节方式等）对生态环境的作用因素与影响源、影响方式、影响范围和影响程度。重点为影响程度大、范围广、历时长或涉及环境敏感区的作用因素和影响源，关注间接性影响、区域性影响、长期性影响以及累积性影响等特有生态影响因素的分析。

（3）污染源源强核算。

1）根据污染物产生环节（包括生产、装卸、储存、运输）、产生方式和治理措施，核算建设项目有组织与无组织、正常工况与非正常工况下的污染物产生和排放强度，给出污染因子及其产生和排放的方式、浓度、数量等。

2）对改扩建项目的污染物排放量（包括有组织与无组织、正常工况与非正常工况）的统计，应分别按现有、在建、改扩建项目实施后等几种情形汇总污染物产生量、排放量及其变化量，核算改扩建项目建成后最终的污染物排放量。

污染源源强核算方法由污染源源强核算技术指南具体规定。

1.5.4 环境现状调查与评价

环境现状调查与评价是环境影响评价基础工作，通过环境现状调查获取项目拟建区域的环境背景值，反映具体区域的环境特征，发现和了解主要制约因素。

环境现状调查与评价的基本要求：（1）根据建设项目污染源及所在地区的环境特点，结合各专项评价的工作等级，确定各环境要素的现状调查范围，并筛选出应调查的有关参数；（2）对与建设项目有密切关系的环境要素应全面、详细调查，给出定量的数据并作出分析或评价；（3）对于自然环境的现状调查，可根据建设项目情况进行必要说明；（4）充分收集和利用评价范围内各例行监测点、断面或站位的近三年环境监测资料或背景值调查资料，当现有资料不能满足要求时，应进行现场调查和测试，现状监测和观测网点应根据各环境要素环境影响评价技术导则要求布设，兼顾均布性和代表性原则；（5）符合相关规划环境影响评价结论及审查意见的建设项目，可直接引用符合时效的相关规划环境影响评价的环境调查资料及有关结论。

根据环境影响因素识别结果，开展相应的现状调查与评价。环境现状调查与评价基本内容包括自然环境现状调查与评价、环境保护目标调查、环境质量现状调查与评价以及区域污染源调查。

（1）自然环境现状调查与评价。自然环境现状调查与评价包括地形地貌、气候与气象、地质、水文、大气、地表水、地下水、声、生态、土壤、海洋、放射性及辐射（如必要）等调查内容。根据环境要素和专题设置情况选择相应内容进行详细调查。

1）地理位置及地形地貌。建设项目所处的经度、纬度，行政区位置和交通位置，建设项目所在地区海拔、地形特征，周围的地貌类型及有危害的地貌现象和分布情况。当建设活动可能改变地形地貌时，应详细说明可能直接对建设项目有危害或被项目建设诱发的地貌现象的现状及发展趋势。

2）地质与水文地质。概要说明当地各时代沉积岩地层、地质构造特征以及相应的地貌表现，物理与化学风化情况，当地已探明或已开采的矿产资源情况。对于可能存在的不良地质现象和地质条件，要进行较为详细的叙述。

概要说明各含水层的埋藏条件、水位特征及地下水类型和开发利用状况。尤其要说明潜水含水层上部覆盖层（包气带）的岩性、厚度及分布变化，或承压水顶板的岩性、厚度及分布变化。说明各含水层的补给、径流和排泄条件，以及含水层之间与地表水之间的水力联系。

3）气候与气象。概要说明建设项目所在地区的主要气候特征，如年平均风速和主导风向，平均气温、极端气温与月平均气温（最冷月和最热月），年平均相对湿度，平均降水量、降水天数、降水量极值，日照，主要的灾害性天气特征，大气边界层和大气湍流污染气象特征等。

4）水文与水资源。说明水系分布、水文特征、极端水情，地表水资源的分布及利用情况，主要取水口分布，地表水与地下水的联系，水质现状以及地表水的污染来源。地下水的补给、径流、排泄条件，包气带的岩性，地下水水质现状，污染地下水的主要途径，地下水开发利用现状与采补平衡问题，水源地及其保护区的划分，地下水开发利用规划等。涉及近海水域或河口海湾时，需要说明其地理概况、水文特征及水质现状，潮型、海岸带资源与海洋资源的开发利用情况、水体污染来源等。

5）土壤、动植物与生态。建设项目周围地区的主要土壤类型及其分布、水土流失、自然灾害、土地利用类型、土壤污染的主要来源及其质量现状等。可进一步调查土壤的物理、化学性质，土壤成分与结构，颗粒度，土壤容重，含水率与持水能力，土壤一次、二次污染状况，水土流失的原因、特点、面积、侵蚀模数元素及流失量等。

6）建设项目周围地区的动植物情况，特别是国家重点保护的野生动植物情况。

7）当地的主要生态系统类型及现状。包括生态系统的生产力、物质循环状况、生态系统与周围环境的关系以及影响生态系统的主要因素，重要生态情况和主要生态问题、重要生态功能区及其他生态敏感目标等。

（2）环境保护目标调查。调查评价范围内的环境功能区划和主要的环境敏感区，详细了解环境保护目标的地理位置、服务功能、四至范围、保护对象和保护要求等。

（3）环境质量现状调查与评价。根据建设项目特点、可能产生的环境影响和当地环境特征选择环境要素进行调查与评价。评价区域环境质量现状，说明环境质量的变化趋势，分析区域存在的环境问题及产生的原因。

1）环境空气质量。说明建设项目周围地区大气环境中主要的污染源及其污染物质、大气环境质量现状。根据评价项目主要污染物和当地大气污染状况对污染因子进行筛选，并根据不同的评价深度或评价等级确定污染源调查范围。

收集评价区内及其周边例行大气监测点位的现状监测资料，统计分析各点位各季的主要污染物的浓度值、超标量、变化趋势等。根据建设项目特点、大气环境特征、大气功能区类别及评价等级，在评价区内按以环境功能区为主兼顾均布性的原则布点，开展现场监测工作。监测应与气象观测同步进行，对于不需气象观测的三级评价项目，应收集其附近有代表性的气象台站各监测时间的地面风向、风速资料。

以确定的环境空气质量标准限值为基准，采用单因子污染指数法对选定的评价因子进行评价，确定大气环境质量。

2）水环境质量。地表水水质调查一般在枯水期进行，丰水期和平水期可进行补充调查。应尽量采用现有数据资料，如资料不足时需进行实测。所选择的水质组分包括两类：一是常规水质组分，它能反映水域一般的水质状况；二是特征水质组分，它能代表将来建设项目排放的废水水质影响特征。常规水质组分以《地表水环境质量标准》或《海水水质标准》为基础，根据水域类别、评价等级、现状污染源进行筛选；特征水质组分根据建设项目废水污染物、水体环境质量现状选定。

地表水（包括海湾）及地下水环境质量，以确定的地表水、地下水环境质量标准或海水水质标准限值为基准，采用单因子污染指数法对选定的评价因子进行评价。

3）声环境质量。根据建设项目声环境影响评价的需要，调查评价范围内现有噪声源种类、数量及相应的噪声级，现有噪声敏感目标、噪声功能区划分情况，各噪声功能区的环境噪声现状、超标情况及受噪声影响的人口分布。根据声环境现状评价和预测的需要，选择有代表性点位按规范做好现场监测，并根据区域环境噪声标准进行评价。

4）其他。根据当地环境情况及建设项目特点，决定是否进行放射性、光与电磁辐射、振动、地面下沉等方面的调查。

（4）区域污染源调查。根据各专项环境影响评价技术导则确定的环境影响评价工作等级，确定污染源调查的范围。根据建设项目的工程特性、当地环境状况和环境保护目标分布情况，确定污染源调查的主要对象，如大气污染源、水污染源、噪声源或固体废物等。对于改扩建项目或其他"以新带老"的建设项目，还需调查已建工程、在建工程和评价区内与拟建项目相关的污染源。

应选择建设项目常规污染因子和特征污染因子、影响评价区环境质量的主要污染因子和特殊污染因子作为主要调查对象，注意不同污染源的分类调查。

环境现状调查的方法主要有收集资料法、现场调查法、遥感和地理信息系统分析的方法等；污染源调查的方法主要有物料衡算法、经验计算法、实测法等。一般情况下，采用单因子污染指数法对选定的评价因子及各环境要素的质量现状进行评价，并说明环境质量的变化趋势。

1.5.5　环境影响预测与评价

对建设项目的环境影响进行预测，是指对能代表评价区各种环境质量参数变化的预测。环境影响预测范围的确定与建设项目和环境的特性及敏感保护目标分布等情况有关，其具体范围按各环境要素的评价等级和环境影响评价技术导则的要求确定。

（1）环境影响预测与评价基本要求。环境影响预测与评价的时段、内容及方法均应根据工程特点与环境特性、评价工作等级、当地的环境保护要求确定；预测和评价的因子应包括反映建设项目特点的常规污染因子、特征污染因子和生态因子，及反映区域环境质量状况的主要污染因子、特殊污染因子和生态因子；须考虑环境质量背景与环境影响评价范围内在建项目同类污染物环境影响的叠加；对于环境质量不符合环境功能要求或环境质量改善目标的，应结合区域限期达标规划对环境质量变化进行预测。

（2）环境影响预测与评价方法。预测与评价方法主要有数学模式法、物理模型法、类比调查法等，由各环境要素或专题环境影响评价技术导则具体规定，应尽量选用通用、成熟、简便并能满足准确度要求的方法。

（3）环境影响的预测时段。按照项目实施过程的不同阶段，可以划分为建设阶段、生产运行阶段和服务期满后的环境影响预测。当建设阶段的大气、地表水、地下水、噪声、振动、生态以及土壤等影响程度较重、影响时间较长时，应进行建设阶段的环境影响预测和评价。对于在运营阶段有污染物排放的建设项目，应重点预测生产运行阶段正常工况和非正常工况等情况的环境影响。当建设项目排放污染物对环境存在累积影响时，应明确累积影响的影响源，分析项目实施可能发生累积影响的条件、方式和途径，预测项目实施在时间和空间上的累积环境影响。根据工程特点、规模、环境敏感程度、影响特征等选择开展建设项目服务期满后的环境影响预测和评价。

（4）环境影响预测与评价内容。预测和评价的环境参数应包括反映评价区一般质量状况的常规参数和反映建设项目特征的特性参数两类，前者反映该评价区的一般质量状况；后者反映该评价区与建设项目有联系的环境质量状况。各建设项目应预测的环境质量参数的类别和数目，与评价工作等级、工程和环境特性及当地的环保要求有关，在各专项环境影响评价技术导则中有明确规定。评价中须考虑环境质量背景已实施和正在实施的建设项目的同类污染物环境叠加影响。如建设项目所造成的环境影响不能满足环境质量要求，应给出对建设项目进行环境影响控制即实施环保措施后的预测结果。

在对环境影响进行预测的基础上，对预测结果进行科学、客观的分析；明确建设项目环境影响的特征；评价建设项目环境影响的范围、程度和性质；对各环境要素和环境保护目标逐一进行分析和评价，提出明确的结论。

以生态影响为主的建设项目，应预测生态系统组成和服务功能的变化趋势，重点分析项目建设和生产运行对环境保护目标的影响，其环境影响预测内容一般包括生态系统整体性影响预测，野生生物物种及其生态影响预测，敏感保护目标影响预测以及自然资源、农业生态、城市生态、海洋生态影响预测，区域生态问题预测以及其他特别影响预测，包括施工期环境影响、水土保持、移民安置等。

生态影响评价内容一般包括生态系统整体性及其功能、生物及其生境、敏感生态问题（敏感生态保护目标）、自然资源、区域生态问题等。生态影响评价应绘制必要的评价图，如土地利用及变化图、土壤侵蚀图以及生态质量变化或敏感目标受影响状况图等。

对存在环境风险的建设项目，应分析环境风险源项，计算环境风险后果，开展环境风险评价。对存在较大潜在人群健康风险的建设项目，应分析人群主要暴露途径。

对选址、选线敏感的建设项目应分析不同选址、选线方案的环境影响。建设项目选址选线，应从是否符合法规要求、是否与规划相协调、是否满足环境功能区要求、是否影响敏感的环境保护目标或造成重大资源、经济、社会和文化损失等方面进行环境合理性论证。

1.5.6　环境保护措施及其可行性论证

明确提出建设项目建设阶段、生产运行阶段和服务期满后（可根据项目情况选择）拟采取的具体污染防治、生态保护、环境风险防范等环境保护措施；分析论证拟采取措施的技术可行性、经济合理性、长期稳定运行和达标排放的可靠性、满足环境质量改善和排污许可要求的可行性、生态保护和恢复效果的可达性。各类措施的有效性判定应以同类或相同措施的实际运行效果为依据，没有实际运行经验的，可提供工程化实验数据。

环境质量不达标的区域，应采取国内外先进可行的环境保护措施，结合区域限期达标规划及实施情况，分析建设项目实施对区域环境质量改善目标的贡献和影响。

建设项目污染控制与区域污染控制相结合，按技术先进、效果可靠、目标可达、经济合理的原则，进行多方案比选，推荐最佳方案。按废气、废水、固体废物、噪声等污染控制设施及环境监测、绿化等分别列出其环保投资额，给出各项污染防治、生态保护等环境保护措施和环境风险防范措施的具体内容、责任主体、实施时段，估算环境保护投入，明确资金来源。

生态保护措施应重在预防，同时综合运用减缓影响、恢复生态系统、补偿生态功能损失以及改善生态的措施。结合国家对不同区域的相关要求，从保护、恢复、补偿、建设等方面提出和论证实施生态保护措施的基本框架；生态保护措施须落实到具体时段和具体点位上，重视减少对生态系统的整体性影响，同时应逐个落实敏感保护目标的保护措施。

环境保护投入应包括为预防和减缓建设项目不利环境影响而采取的各项环境保护措施和设施的建设费用、运行维护费用，直接为建设项目服务的环境管理与监测费用以及相关科研费用。

1.5.7　环境影响经济损益分析

环境影响经济损益分析主要任务是衡量建设项目需要投入的环境保护投资所能收到的环境保护效果。通过分析、计算建设项目的环境代价（污染和破坏造成的环境资源损失价值）、环境成本（环保工程投资、运行费用、管理费用等）、环境经济收益（采取环保治理、综合利用、生态建设和保护等措施获取的直接或间接经济效益），对环境工程措施的经济效益、环境效益进行分析、评述。

环境影响经济损益分析应从建设项目产生的正负两方面环境影响入手，以定性与定量相结合的方式，估算建设项目所引起环境影响的经济价值，并将其纳入项目的费用效益分析中，以判断建设项目环境影响对其可行性的影响。

以建设项目实施后的影响预测与环境现状进行比较，从环境要素、资源类别、社会文化等方面筛选出需要或者可能进行经济评价的环境影响因子，对量化的环境影响进行货币化，并将货币化的环境影响价值纳入项目的经济分析。

1.5.8　环境管理与监测计划

根据国家和地方的环境管理要求，结合建设项目具体情况，按建设项目建设阶段、生产运行、服务期满后（可根据项目情况选择）等不同阶段，针对不同工况、不同环境影响和环境风险特征，提出具体具有可操作性的环境管理要求与监测计划。

给出污染物排放清单，明确污染物排放的管理要求。清单内容包括工程组成及原辅材料组分要求，建设项目拟采取的环境保护措施及主要运行参数，排放的污染物种类、排放浓度和总量指标，污染物排放的分时段要求，排污口信息，执行的环境标准，环境风险防范措施以及环境监测等。提出应向社会公开的信息内容，以及建立日常环境管理制度、组织机构和环境管理台账相关要求，明确各项环境保护设施和措施的建设、运行及维护费用保障计划。

环境监测计划应包括污染源监测计划和环境质量监测计划，内容包括监测因子、监测网点布设、监测频次、监测数据采集与处理、采样分析方法等，明确自行监测计划内容。污染源监测包括对污染源（包括废气、废水、噪声、固体废物等）以及各类污染治理设施的运转进行定期或不定期监测，明确在线监测设备的布设和监测因子；根据建设项目环境影响特征、影响范围和影响程度，结合环境保护目标分布，制定环境质量定点监测或定期跟踪监测方案；对以生态影响为主的建设项目应提出生态监测方案。对于涉及重要的生态保护区和可能具有较大生态风险的建设项目和区域、流域开发项目，应提出长期的生态监测计划；对存在较大潜在人群健康风险的建设项目，应提出环境跟踪监测计划。

1.5.9　环境影响评价结论

环境影响评价的结论一般应包括建设项目的建设概况、环境现状与主要环境问题、环境影响预测与评价结论、项目建设的环境可行性、结论与建议等内容，可有针对性地选择其中的全部或部分内容进行编写。

（1）建设项目的建设概况。

（2）环境现状与主要环境问题。利用代表性数据，简述建设项目评价范围内环境质量现状与存在的主要环境问题，项目建设的主要环境保护目标以及对建设项目实施的约束条件。

（3）环境影响预测与评价结论。利用代表性环境影响预测数据和评价结果，简要说明建设项目实施可能带来的主要不利环境影响和拟采取的主要环境保护措施及预期效果。

（4）项目建设的环境可行性。

1）阐明建设项目在规模、产品方案、工艺路线、技术设备等方面是否符合国家产业政策的要求及相关法律法规的规定。

2）利用代表性数据，简述建设项目的清洁生产和污染物排放水平。

3）明确建设项目污染物排放总量控制因子，地方政府对建设项目的污染物排放总量控制要求或指标。明确建设项目污染物排放总量能否满足所在环境功能区质量标准要求与地方政府的污染物排放总量控制要求，以及建设项目采取的污染物排放总量控制措施。

4）明确达标排放稳定性，说明项目建设选址选线是否符合当地的总体发展规划、环境保护规划和环境功能区划要求，阐明上述规划对建设项目的制约因素，对建设项目选址选线及总图布置的环境合理性提出明确结论。当建设项目涉及环境敏感区时应进行特别说明。

5）明确环境保护措施可靠性和合理性，拟采取的主要环境保护措施（包括环境监测计划）与投资。

6）明确公众参与接受性，说明公众意见调查方式，受影响公众对项目建设的态度与意见；对有关单位、专家和公众的意见采纳或者不采纳的说明。

（5）总体结论与建议。从环境保护角度，对项目建设的环境可行性、项目实施必须满足的要求，给出结论性意见与建议。

1.6 建设项目环境影响评价报告书（表）编制要求

1.6.1 环境影响评价文件编制总体要求

环境影响评价文件包括环境影响报告书、环境影响报告表和环境影响登记表。它们都是环境保护主管部门对拟建项目进行环境可行性决策的技术支持文件。

经环境保护主管部门审批同意的环境影响评价文件具有法律效力，其提出的各项环境保护措施、要求具有法律强制性，建设单位必须在项目可行性研究、设计、施工和生产、运营中予以落实。

（1）应全面、概括地反映环境影响评价的全部工作，环境现状调查应细致，主要环境问题应阐述清楚，重点应突出，论点应明确，环境保护措施应可行、有效，评价结论应明确。

（2）文字应简洁、准确，文本应规范，计量单位应标准化，数据应真实、可信，资料应翔实，应强化先进信息技术的应用，图表信息应满足环境质量现状评价和环境影响预测评价的要求。

（3）资料表述应清楚，利于阅读和审查，相关数据、应用模式须编入附录，并说明引用来源；所参考的主要文献应注意时效性，并列出目录。

（4）跨行业建设项目的环境影响评价，或评价内容较多时，其环境影响报告书中各专项评价根据需要可繁可简。必要时，其重点专项评价应另编专项评价分报告，特殊技术问题另编专题技术报告。

1.6.2　建设项目环境影响报告书编制要求

根据工程特点、环境特征、评价级别、国家和地方的环境保护要求，以污染影响为主的建设项目环境影响报告书根据评价内容与深度，一般包括概述、总则、建设项目工程分析、环境现状调查与评价、环境影响预测与评价、环境保护措施及其可行性论证、环境影响经济损益分析、环境管理与监测计划、环境影响评价结论和附录附件等内容。还应概括地反映环境影响评价的全部工作成果，突出重点。工程分析应体现工程特点，环境现状调查应反映环境特征，主要环境问题应阐述清楚，影响预测方法应科学，预测结果应可信，环境保护措施应可行、有效，评价结论应明确。

（1）概述。简要说明建设项目的特点、环境影响评价的工作过程、分析判定相关情况、关注的主要环境问题及环境影响、环境影响评价的主要结论等。

（2）总则。应包括编制依据、评价因子与评价标准、评价工作等级和评价范围、相关规划及环境功能区划、主要环境保护目标等。

（3）建设项目工程分析。采用图表及文字结合方式，概要说明建设项目的基本情况，项目组成，主要工艺路线，工程布置及与原有、在建工程的关系。对建设项目全部项目组成和施工期、运营期、服务期满后所有时段的全部行为过程的环境影响因素及其影响特征、程度、方式等进行详细分析与说明；并从保护周围环境、景观及环境保护目标要求出发，分析总图及规划布置方案的合理性。

（4）环境现状调查与评价。根据当地环境特征、建设项目特点和专项评价设置情况，从自然环境、社会环境、环境质量和区域污染源等方面选择相应的内容进行现状调查与评价。

（5）环境影响预测与评价。给出预测时段、预测内容、预测范围、预测方法及预测结果，并根据环境质量标准或评价指标对建设项目的环境影响进行评价。

（6）环境保护措施及其可行性论证。明确建设项目拟采取的具体环境保护措施。结合环境影响评价结果，论证项目拟采取环境保护措施的可行性，并按技术先进、适用、有效的原则，进行多方案比选，推荐最佳方案。

（7）环境影响经济损益分析。以建设项目实施后的环境影响预测与环境质量现状进行比较，从环境影响的正负两方面，以定性与定量相结合的方式，对建设项目的环境影响后果（包括直接和间接影响、不利和有利影响）进行货币化经济损益核算，估算建设项目环境影响的经济价值。

（8）环境管理与监测计划。根据建设项目环境影响情况，提出设计、施工期、运营期的环境管理及监测计划要求，包括环境管理制度、机构、人员、监测点位、监测时间、监测频次、监测因子以及规范排污口建设和实施在线监测、监控的要求等。

（9）环境影响评价结论。对建设项目的建设概况、环境质量现状、污染物排放情况、主要环境影响、公众意见采纳情况、环境保护措施、环境影响经济损益分析、环境管理与监测计划等内容进行概括总结，结合环境质量目标要求，明确给出建设项目的环境影响可行性结论。对存在重大环境制约因素、环境影响不可接受或环境风险不可控、环境保护措施经济技术不满足长期稳定达标及生态保护要求、区域环境问题突出且整治计划不落实或不能满足环境质量改善目标的建设项目，应提出环境影响不可行的结论。

（10）附录和附件。应包括项目依据文件、相关技术资料、引用文献等。

1.6.3　建设项目环境影响报告表编制要求

为深化建设项目环境影响评价"放管服"改革，优化和规范环境影响报告表编制，提高环境影响评价制度的有效性，生态环境部修订了《建设项目环境影响报告表》的内容及格式。根据建设项目环境影响特点将报告表分为污染影响类和生态影响类，配套制定了《建设项目环境影响报告表编制技术指南（污染影响类）（试行）》和《建设项目环境影响报告表编制技术指南（生态影响类）（试行）》，自 2021 年 4 月 1 日起实施。自实施之日起，原国家环境保护总局印发的《关于公布〈建设项目环境影响报告表〉（试行）和〈建设项目环境影响登记表〉（试行）内容及格式的通知》（环发〔1999〕178 号）废止。

《建设项目环境影响报告表编制技术指南（污染影响类）（试行）》适用于《建设项目环境影响评价分类管理名录》中以污染影响为主要特征的建设项目环境影响报告表编制，包括制造业，电力、热力生产和供应业的火力发电、热电联产、生物质能发电、热力生产项目，燃气生产和供应业，水的生产和供应业，研究和试验发展，生态保护和环境治理业（不包括泥石流等地质灾害治理工程），公共设施管理业，卫生，社会事业与服务业的有化学或生物实验室的学校、胶片洗印厂、加油加气站、汽车或摩托车维修场所、殡仪馆和动物医院，交通运输业中的导航台站、供油工程、维修保障等配套工程，装卸搬运和仓储业，海洋工程中的排海工程，核与辐射（不包括已单独制定建设项目环境影响报告表格式的核与辐射类建设项目），以及其他以污染影响为主的建设项目。其他同时涉及污染和生态影响的建设项目，填写《建设项目环境影响报告表（生态影响类）》。

《建设项目环境影响报告表编制技术指南（生态影响类）（试行）》适用于《建设项目环境影响评价分类管理名录》中以生态影响为主要特征的建设项目环境影响报告表编制，包括农业，林业，渔业，采矿业，电力、热力生产和供应业的水电、风电、光伏发电、地热等其他能源发电，房地产业，专业技术服务业，生态保护和环境治理业的泥石流等地质灾害治理工程，社会事业与服务业（不包括有化学或生物实验室的学校、胶片洗印厂、加油加气站、洗车场、汽车或摩托车维修场所、殡仪馆、动物医院），水利，交通运输业（不包括导航台站、供油工程、维修保障等配套工程）、管道运输业，海洋工程（不包括排海工程），以及其他以生态影响为主要特征的建设项目（不包括已单独制定建设项目环境影响报告表格式的核与辐射类建设项目）。

习　题

1-1　试论述环境影响评价程序所遵循的原则。

1-2　环境影响评价的工作程序（阶段）及其主要的内容包括哪些？

1-3　环境影响评价报告书应包括的内容（要点）有哪些？

1-4　简述环境影响评价工作等级划分依据。

1-5　环境影响识别应包括哪些基本内容？

2 环境影响评价法律法规及标准

2.1 我国环境影响评价制度的形成和发展

2.1.1 引入和确立阶段

1973 年第一次全国环境保护会议后，我国环境保护工作全面起步。1974～1976 年开展了"北京西郊环境质量评价研究"和"官厅水系水源保护研究"工作，开始了环境质量评价及其方法的研究和探索。在此基础上，1977 年，中国科学院召开"区域环境保护学术交流研讨会议"，进一步推动了大中城市的环境质量现状评价和重要水域的环境质量现状评价。

1978 年 12 月 31 日，中发〔1978〕79 号文件批转的国务院环境保护领导小组《环境保护工作汇报要点》中，首次提出了环境影响评价的意向。1979 年 4 月，国务院环境保护领导小组在《关于全国环境保护工作会议情况的报告》中，把环境影响评价作为一项方针政策再次提出。1979 年 5 月，国家计委、国家建委 （79） 建发设字 280 号文《关于做好基本建设前期工作的通知》中，明确要求建设项目要进行环境影响预评价。

1979 年 9 月，《中华人民共和国环境保护法 （试行）》颁布，其中规定："一切企业、事业单位的选址、设计、建设和生产，都必须注意防止对环境的污染和破坏。在进行新建、改建和扩建工程中，必须提出环境影响报告书，经环境保护主管部门和其他有关部门审查批准后才能进行设计。"

从此，标志着我国的环境影响评价制度正式确立。

2.1.2 规范和建设阶段

环境影响评价制度确立后，相继颁布的各项环境保护法律、法规和部门行政规章，不断对环境影响评价进行规范。

1981 年，国家计委、国家经委、国家建委、国务院环境保护领导小组联合颁发的《基本建设项目环境保护管理办法》，明确把环境影响评价制度纳入基本建设项目审批程序中。1986 年国家计委、国家经委、国务院环境保护委员会联合颁发的《建设项目环境保护管理办法》中，对建设项目环境影响评价的范围、内容、审批和环境影响报告书（表）的编制格式都做了明确规定，促进了环境影响评价制度的有效执行。1986 年，国家环境保护局颁布《建设项目环境影响评价证书管理办法 （试行）》，在我国开始实行环境影响评价单位的资质管理。同期，环境影响评价的技术方法也得到不断探索和完善。

1982 年颁布的《中华人民共和国海洋环境保护法》、1984 年颁布的《中华人民共和国水污染防治法》、1987 年颁布的《中华人民共和国大气污染防治法》中，都有建设项目环境影响评价的法律规定。

1989 年颁布的《中华人民共和国环境保护法》第十三条规定："建设污染环境的项目，必须遵守国家有关建设项目环境保护管理的规定。""建设项目的环境影响报告书，必须对建设项目产生的污染和对环境的影响作出评价，规定防治措施，经项目主管部门预审并依照规定的程序报环境保护行政主管部门批准。环境影响报告书经批准后，计划部门方可批准建设项目设计任务书。"

在这一条款中，对环境影响评价制度的执行对象和任务、工作原则和审批程序、执行时段和与基本建设程序之间的关系作了原则规定，再一次用法律确认了建设项目环境影响评价制度，并为行政法规中具体规范环境影响评价提供了法律依据和基础。

2.1.3 强化和完善阶段

进入 20 世纪 90 年代，随着我国改革开放的深入发展和社会主义计划经济向市场经济转轨，建设项目的环境保护管理特别是环境影响评价制度得到强化，开展了区域环境影响评价，并针对企业长远发展计划进行了规划环境影响评价。针对投资多元化造成的建设项目多渠道立项和开发区的兴起，1993 年国家环境保护局下发了《关于进一步做好建设项目环境保护管理工作的几点意见》，提出先评价、后建设，并对环境影响评价分类指导和开发区区域环境影响评价作了规定。

在注重环境污染的同时，加强了生态影响项目的环境影响评价，防治污染和保护生态并重。通过国际金融组织贷款项目，在中国开始实行建设项目环境影响评价的公众参与，并逐步扩大和完善公众参与的范围。

1994 年起，我国开始了建设项目环境影响评价招标试点工作，并陆续颁布实施了《环境影响评价技术导则　总纲》《环境影响评价技术导则　地面水环境》《环境影响评价技术导则　大气环境》《火电厂建设项目环境影响报告书编制规范》《环境影响评价技术导则　非污染生态影响》等。1996 年召开了第四次全国环境保护工作会议，发布了《国务院关于环境保护若干问题的决定》。各地加强了对建设项目的审批和检查，并实施污染物排放总量控制，增加了"清洁生产"和"公众参与"的内容，强化了生态环境影响评价，使环境影响评价的深度和广度得到进一步扩展。

1998 年 11 月 29 日，国务院 253 号令颁布实施《建设项目环境保护管理条例》，这是建设项目环境管理的第一个行政法规，对环境影响评价做了全面、详细、明确的规定。1999 年 3 月，依据《建设项目环境保护管理条例》，国家环境保护总局颁布第 2 号令，公布了《建设项目环境影响评价资格证书管理办法》，对评价单位的资质进行了规定；同年 4 月，国家环境保护总局《关于公布建设项目环境保护类管理名录（试行）的通知》，公布了分类管理名录。

国家环境保护总局加强了建设项目环境影响评价单位人员的资质管理，与国际金融组织合作，从 1990 年开始对环境影响评价人员进行培训，实行环境影响评价人员持证上岗制度。这一阶段，我国的建设项目环境影响评价在法规建设、评价方法建设、评价队伍建设，以及评价对象和评价内容的拓展等方面，取得了全面进展。

2002 年 10 月 28 日，第九届全国人大常委会通过《中华人民共和国环境影响评价法》，环境影响评价从建设项目环境影响评价扩展到规划环境影响评价，使环境影响评价制度得到新的发展。国家环境保护总局依照法律的规定，建立了环境影响评价的基础数据库，颁布了规划环境影响评价的技术导则，会同有关部门并经国务院批准制定了环境影响评价规划名录，制定了专项规划环境影响报告书审查办法，设立了国家环境影响评价审查专家库。

为了加强环境影响评价管理，提高环境影响评价专业技术人员素质，确保环境影响评价质量，2004 年 2 月，人事部、国家环境保护总局在全国环境影响评价系统建立环境影响评价工程师职业资格制度，对从事环境影响评价工作的有关人员提出了更高的要求。

2009 年 8 月 17 日，国务院颁布了《规划环境影响评价条例》，自 2009 年 10 月 1 日起施行。这是我国环境立法的重大进展，标志着环境保护参与综合决策进入了新阶段。

2.1.4　改革和优化阶段

进入"十三五"以来，环境影响评价进入了改革和优化阶段，环境保护部于 2016 年 7 月 15 日印发了《"十三五"环境影响评价改革实施方案》（环环评〔2016〕95 号）（以下简称《方案》），为在新时期发挥环境影响评价源头预防环境污染和生态破坏的作用，推动实现"十三五"绿色发展和改善生态环境质量总体目标，制定了实施方案。该方案主要内容如下。

（1）《方案》基于"放管服"三统一，明确环评改革的总体方向。

在"放"上，体现"简"与"减"两方面。"简"就是要大力简化程序、简便手续，主要包括下放审批权限，便于企业就近办理；优化审批流程，公开办事进展，提升服务水平。"减"就是要做减法，减少审批事项，减少与其他部门的职能交叉，厘清项目环评的管理边界。

在"管"上，把更多力量放在提高环评管理的质量上。事前，要管住决策的源头，主要指通过"划框子"，把空间管制、排污总量及开发强度上的管控、准入管理要求做实做细，强化战略、规划环评的"落地"。事中，要管住程序，防止人为简化程序，杜绝"人情审批"；要管住审批的尺度，提高环保措施的针对性和可操作性，严防审批的随意性。事后，要利用大数据创新"三同时"管理，落实属地管理责任，明确建设单位的主体责任，严查项目环评违法，也包括对环评机构的进一步严格管理。要综合使用约谈、限批、上收审批权等措施，提升过程监管的效果和权威性。

在"服"上，要重点服务政府和相关部门决策、服务企业合法经营。要充分利用全国环评审批信息联网、环评基础数据库、智慧环评监管平台这"一网一库一平台"来提升环评服务管理水平。要改变工作方式，超前服务，提高环评审批效率；通过强化项目环评与规划环评联动管理、营造公平公开的环评技术市场等举措，减少建设单位办理相关事项的时间和成本，服务诚信企业做大做强。

（2）《方案》突出管理模式改革的三个着力点，明确环评改革的路径。

1）在程序上不断优化。已经取消了试生产审批、水土保持审查和部门预审等前置条件，非重特大项目核准与环评审批由"串联"改"并联"，还将取消竣工环保验收行政许可。优化程序是简政放权的重要保障，将极大提高环评审批效率。

2）在管理上不断规范。把建设项目环境影响登记表改为备案制，可以减轻环评审批 50% 左右的任务量；还要通过分类管理名录的修订，压缩需要编制报告书的项目范围，并通过技术导则重构，去掉环评不该管、也管不了的内容。规范管理是环评改革成效的倍增器和集中体现,将从根本上推动环评制度回归源头预防。

3)在打击弄虚作假上不断加力。这是强化监管的重要目的和手段,就是要对环评文件严重失实、公众参与造假、建设单位不落实环保措施等弄虚作假行为,加大问责和处罚。为此,要推进环评审批信息联网,开展环评模型标准化和法规化建设,建设智慧环评监管平台,利用大数据提高环评监管水平。同时,加大信息公开力度,改革公众参与办法。

(3)《方案》聚焦四大板块,明确环评改革的主要领域。

1)在战略和规划环评领域要划好框子。《方案》要求在划准划实"框子"上多下功夫,创新工作平台和技术方法,明确区域发展定位、生态功能定位和准入条件,优化空间布局,调控环境容量,以固化的"三线一单"对区域国土空间的保护和发展提出刚性要求。

2)在项目环评领域要定准规则。《方案》提出要建立规划环评、项目环评、要素和专题导则体系,明确项目环评管理的边界。对于排放污染物的项目要核清污染物排放强度,算清基于环境质量的污染物允许排放量,明确环境风险防范措施,用完善的"规则"规范环评边界。

3)在事中事后监管领域要严查落实。《方案》提出要充分利用大数据等技术手段提高监管能力,提高环评管理水平,精准打击环评违法行为,确保环保要求落实到位。这里的事中事后监管,既包括项目环评文件批准后对建设单位落实环保措施情况的监管,也包括上级环保部门对下级环保部门履行职责的监督,更广义的还包括对地方执行环评制度情况的督察。

4)在信息公开和公众参与领域要讲规范。《方案》提出要提高公众参与的有效性。要准确把握公众参与的定位,畅通公众意见表达的渠道,把充分听取和吸收公众意见作为提高环评文件编制质量的手段,而不能将公众参与异化,更不能演化为公众表达与环境无关的其他利益诉求的平台。

(4)《方案》抓住"四个三",明确环评改革的重要举措。

1)强化"三线一单"硬约束,保障战略和规划环评"落地"。落实"三线一单",一要抓工作平台;二要抓技术方法。工作平台就是区域国土空间环境评价,形成"一个进口、一个出口、一个平台、一个名称"。区域国土空间环境评价就是按这"四个一"的要求,对有关工作进行整合的工作平台。对上作为环保部门参与空间规划、"多规合一"的重要切入点;对下作为落实地方政府对环境质量负总责的重要抓手;对我们自己作为战略和规划环评的依据。在技术方法上,要抓紧制定"三线一单"技术规范。

2)建立完善"三挂钩"联动机制,服务环保中心工作。《方案》提出要建立项目环评与规划环评、现有项目环境管理、区域环境质量三者的联动机制,即"三挂钩",推动环评审批从减缓单一项目的不利影响,向促进区域环境质量总体改善转变。

3)落实"三管齐下"措施,切实维护群众环境权益。"三管齐下"是指严格建设项目全过程管理、深化信息公开和公众参与、加强相关科普宣传。要及时发现和查处环境违法行为,督促企业在细节上、管理上做好工作。要加强信息公开,同时还要创新宣传方式,让人民群众近距离感受一些行业环境保护的成功范例,增强信心。

4)狠抓"三级联网"和大数据建设,从根本上改变事中事后环评管理模式。通过全国环评审批信息联网构建环评大数据,建设智慧环评监管平台,这是整个环评管理系统化、科学化、法治化、精细化、信息化建设的一个标志性工程，必将带来环评管理模式的深刻变革。

2.1.5 全面深化改革阶段

《全国人民代表大会常务委员会关于修改〈中华人民共和国劳动法〉等七部法律的决定》（中华人民共和国主席令第二十四号）于 2018 年 12 月 29 日公布施行，对《中华人民共和国环境影响评价法》作出修改。修改后的《环境影响评价法》取消了建设项目环境影响评价资质行政许可事项，不再强制要求由具有资质的环评机构编制建设项目环境影响报告书（表），规定建设单位既可以委托技术单位为其编制环境影响报告书（表），如果自身就具备相应技术能力也可以自行编制。《环境影响评价法》第十九条规定：

"建设单位可以委托技术单位对其建设项目开展环境影响评价，编制建设项目环境影响报告书、环境影响报告表；建设单位具备环境影响评价技术能力的，可以自行对其建设项目开展环境影响评价，编制建设项目环境影响报告书、环境影响报告表。

编制建设项目环境影响报告书、环境影响报告表应当遵守国家有关环境影响评价标准、技术规范等规定。

国务院生态环境主管部门应当制定建设项目环境影响报告书、环境影响报告表编制的能力建设指南和监管办法。

接受委托为建设单位编制建设项目环境影响报告书、环境影响报告表的技术单位，不得与负责审批建设项目环境影响报告书、环境影响报告表的生态环境主管部门或者其他有关审批部门存在任何利益关系。"

在全面深化"放管服"改革的新形势下，随着环评技术校核等事中事后监管的力度越来越大，放开事前准入的条件逐步成熟，此次修法标志着环评资质管理的改革瓜熟蒂落。

2019 年 9 月生态环境部发布部令第 9 号《建设项目环境影响报告书（表）编制监督管理办法》，同年 10 月又发布了第 38 号公告《关于发布〈建设项目环境影响报告书（表）编制监督管理办法〉配套文件的公告》，至此，环境影响评价改革后的相关监督管理要求正式落地。

2.1.6 环保行政执法与刑法深入衔接

经十三届全国人大常委会第二十四次会议表决通过，2021 年 3 月 1 日起施行的《中华人民共和国刑法修正案（十一）》，首次将环境影响评价、环境监测机构"弄虚作假"纳入刑法定罪量刑。而后，《最高人民法院、最高人民检察院关于办理环境污染刑事案件适用法律若干问题的解释》（法释〔2023〕7 号）（以下简称《解释》）于 2023 年 8 月 15 日起施行。《解释》与新刑法衔接，细化了对于环评、环境监测造假入刑的情形，《解释》第十条明确规定环评、环境监测两年造假三次即入刑。

持续优化执法方式，提高执法效能，才能不断提高发现问题的能力，依法严厉打击环评造假，篡改、伪造监测数据等突出违法行为。中介机构环评及环境监测造假入刑，表明了我国推进生态文明建设的决心，切实为我国绿色低碳高质量发展提供了坚强的法治保障。

2.2　环境影响评价制度的法律法规体系

环境影响评价制度是指把环境影响评价工作以法律、法规或行政规章的形式确定下来从而必须遵守的制度。环境影响评价是一种评价技术，而环境影响评价制度是进行评价的法律依据。

我国目前建立了由法律、国务院行政法规、政府部门规章、地方性法规和地方政府规章、环境标准、环境保护国际公约组成的完整的环境保护法律法规体系。

2.2.1　环境保护法律法规体系

2.2.1.1　法律

A　《中华人民共和国宪法》中关于环境保护的规定

该体系以《中华人民共和国宪法》中对环境保护的规定为基础。《中华人民共和国宪法》2018 年修正案序言明确"推动物质文明、政治文明、精神文明、社会文明、生态文明协调发展"。1982 年通过的《中华人民共和国宪法》在 2004 年修正案第九条第二款规定：

"国家保障自然资源的合理利用，保护珍贵的动物和植物。禁止任何组织或者个人用任何手段侵占或者破坏自然资源。"

第二十六条第一款规定：

"国家保护和改善生活环境和生态环境，防治污染和其他公害。"

《中华人民共和国宪法》中的这些规定是环境保护立法的依据和指导原则。

B　《中华人民共和国刑法》修正草案打击环境影响评价弄虚作假

刑法修正案（十一）（草案二次审议稿）将刑法第二百二十九条修改为：

"承担资产评估、验资、验证、会计、审计、法律服务、保荐、安全评价、环境影响评价、环境监测等职责的中介组织的人员故意提供虚假证明文件，情节严重的，处五年以下有期徒刑或者拘役，并处罚金；有下列情形之一的，处五年以上十年以下有期徒刑，并处罚金：

（一）提供与证券发行相关的虚假的资产评估、会计、审计、法律服务、保荐等证明文件，情节特别严重的；

（二）提供与重大资产交易相关的虚假的资产评估、会计、审计等证明文件，情节特别严重的；

（三）在涉及公共安全的重大工程、项目中提供虚假的安全评价、环境影响评价等证明文件，致使公共财产、国家和人民利益遭受特别重大损失的。

有前款行为，同时索取他人财物或者非法收受他人财物构成其他犯罪的，依照处罚较重的规定定罪处罚。

第一款规定的人员，严重不负责任，出具的证明文件有重大失实，造成严重后果的，处三年以下有期徒刑或者拘役，并处或者单处罚金。"

C　环境保护法律

包括环境保护综合法、环境保护单行法和环境保护相关法。

环境保护综合法是指 2014 年修订的《中华人民共和国环境保护法》。

环境保护单行法包括：污染防治法（《中华人民共和国水污染防治法》《中华人民共和国大气污染防治法》《中华人民共和国土壤污染防治法》《中华人民共和国固体废物污染环境防治法》《中华人民共和国环境噪声污染防治法》《中华人民共和国放射性污染防治法》等）；生态保护法（《中华人民共和国水土保持法》《中华人民共和国野生动物保护法》《中华人民共和国防沙治沙法》等）；《中华人民共和国海洋环境保护法》和《中华人民共和国环境影响评价法》。

环境保护相关法是指一些自然资源保护和其他有关部门法律，如《中华人民共和国森林法》《中华人民共和国草原法》《中华人民共和国渔业法》《中华人民共和国矿产资源法》《中华人民共和国水法》和《中华人民共和国清洁生产促进法》等都涉及环境保护的有关要求，也是环境保护法律法规体系的一部分。

2.2.1.2 环境保护行政法规

环境保护行政法规是由国务院制定并公布或经国务院批准有关主管部门公布的环境保护规范性文件。它包括两类：一是根据法律授权制定的环境保护法的实施细则或条例；二是针对环境保护的某个领域而制定的条例、规定和办法，如《建设项目环境保护管理条例》和《规划环境影响评价条例》。

2.2.1.3 政府部门规章

政府部门规章是指国务院生态环境主管部门单独发布或与国务院有关部门联合发布的环境保护规范性文件，以及政府其他有关行政主管部门依法制定的环境保护规范性文件。政府部门规章是以环境保护法律和行政法规为依据而制定的，或者是针对某些尚未有相应法律和行政法规的领域作出的相应规定。

2.2.1.4 环境保护地方性法规和地方性规章

环境保护地方性法规和地方性规章是享有立法权的地方权力机关和地方政府机关依据《中华人民共和国宪法》和相关法律制定的环境保护规范性文件。这些规范性文件是根据本地实际情况和特定环境问题制定的，并在本地区实施，有较强的可操作性。

环境保护地方性法规和地方性规章不能和法律、国务院行政法规相抵触。

2.2.1.5 环境标准

环境标准是环境保护法律法规体系的一个组成部分，是环境执法和环境管理工作的技术依据。我国的环境标准分为国家环境标准、地方环境标准和生态环境部标准。

2.2.1.6 环境保护国际公约

环境保护国际公约是指我国缔结和参加的环境保护国际公约、条约和议定书。国际公约与我国环境法有不同规定时，优先适用国际公约的规定，但我国声明保留的条款除外。

2.2.2 环境保护法律法规体系中各层次间的关系

《中华人民共和国宪法》是环境保护法律法规体系建立的依据和基础，法律层次中，不管是环境保护的综合法、单行法还是相关法，其中对环境保护的要求、法律效力是一样的。如果法律规定中有不一致的地方，应遵循后法大于先法（见图 2-1）。

国务院环境保护行政法规的法律地位仅次于法律。部门行政规章、地方环境法规和地

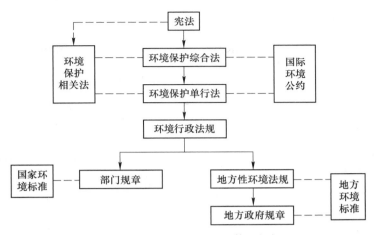

图 2-1　环境保护法律法规体系框架

方政府规章均不得违背法律和行政法规的规定。地方法规和地方政府规章只在制定法规、规章的辖区内有效。

我国的环境保护法律法规如与参加和签署的国际公约有不同规定时，应优先适用国际公约的规定，但我国声明保留的条款除外。

2.2.3　我国的环境影响评价的制度体系

环境影响评价是一种科学的方法和严格的管理制度，作为一个完整体系，应包括健全的环境影响评价管理制度，实用完善的环境影响评价技术导则、评价标准和评价方法研究成果，一支高素质的为环境影响评价提供技术服务的机构和人员队伍。我国的环境影响评价经过 30 多年的发展，目前已基本具备了上述条件，有多部法律规范环境影响评价，并制定了专门的环境影响评价法；有配套的规范环境影响评价的国务院行政法规；有涉及有关区域、行业环境影响评价的部门规章和地方发布的法规规章，初步形成了我国环境影响评价制度体系（见图 2-2）。

1979 年《中华人民共和国环境保护法（试行）》颁布，第一次用法律规定了建设项目环境影响评价，在我国开始确立了环境影响评价制度。1989 年颁布的《中华人民共和国环境保护法》（2014 年修订），进一步用法律确立和规范了我国的环境影响评价制度。2002 年 10 月 28 日通过的《中华人民共和国环境影响评价法》，用法律把环境影响评价从项目环境影响评价拓展到规划环境影响评价，成为我国环境影响评价史的重要里程碑，中国的环境影响评价制度跃上新台阶，发展到一个新阶段。

1979 年之后，国家陆续颁布的各项环境保护单行法，如 1982 年颁布的《中华人民共和国海洋环境保护法》（1999 年修订，2013 年、2016 年和 2017 年三次修正）、1984 年颁布的《中华人民共和国水污染防治法》（1996 年修正，2008 年修订、2017 年第二次修正）、1987 年颁布的《中华人民共和国大气污染防治法》（1995 年修正、2000 年修订、2015 年第二次修订，2018 年第二次修正）、1995 年颁布的《中华人民共和国固体废物污染环境防治法》（2004 年修订，2013 年、2015 年和 2016 年三次修正）、1996 年颁布的《中华人民共和国环境噪声污染防治法》、2003 年颁布的《中华人民共和国放射性污染防

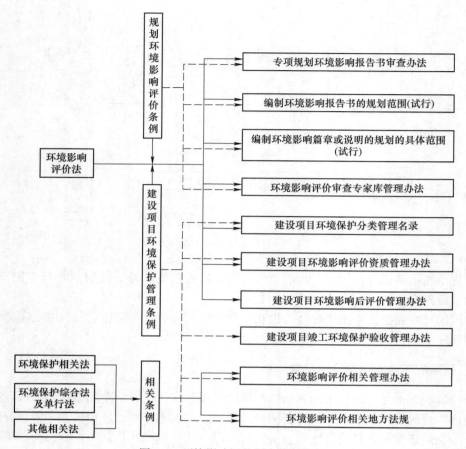

图 2-2   环境影响评价制度体系框架

治法》和 2018 年颁布的《中华人民共和国土壤污染防治法》都对建设项目环境影响评价有具体条文规定。颁布的自然资源保护法律，如 1985 年颁布的《中华人民共和国草原法》（2002 年修订，2009 年、2013 年两次修正）、1988 年颁布的《中华人民共和国野生动物保护法》（2004 年、2009 年两次修正，2016 年修订）、1988 年颁布的《中华人民共和国水法》（2002 年修订）、1991 年颁布的《中华人民共和国水土保持法》（2010 年修订）和 2001 年颁布的《中华人民共和国防沙治沙法》（2018 年修正）也有关于环境影响评价的规定。其他相关法律，如 2002 年颁布的《中华人民共和国清洁生产促进法》（2012 年修正），也同样有环境影响评价的相应规定。这些法律对完善我国的环境影响评价制度起到了重要的促进作用。

1998 年国务院颁布的《建设项目环境保护管理条例》，规定了对建设项目实行分类管理，对建设项目环境影响评价单位实施资质管理，并明确了建设单位、评价单位、负责环境影响审批的政府有关部门工作人员在环境影响评价中违法行为的法律责任，成为指导建设项目环境影响评价极为重要和可操作性强的行政法规。

根据 2017 年修订的《建设项目环境保护管理条例》，国家根据建设项目对环境的影响程度对建设项目实行分类管理，同时取消了对环评单位的资质管理，将环评登记表由审批改为备案，并明确了建设单位自主开展竣工环保验收。

为落实国务院深化"放管服"改革、优化营商环境要求，实现环评审批正面清单改革试点的常态化、制度化；提高《建设项目环境影响评价分类管理名录》的科学性、可操作性，如与《国民经济行业分类》不够衔接，一些分类不够科学等；推进构建环境治理体系、治理能力现代化，加强环评与排污许可制度衔接、减轻企业负担。2020年生态环境部对建设项目环境影响评价分类管理进行了第五次修订，发布《建设项目环境影响评价分类管理名录（2021版）》，其中第二条到第五条规定：

"第二条 根据建设项目特征和所在区域的环境敏感程度，综合考虑建设项目可能对环境产生的影响，对建设项目的环境影响评价实行分类管理。建设单位应当按照本名录的规定，分别组织编制建设项目环境影响报告书、环境影响报告表或者填报环境影响登记表。

第三条 本名录所称环境敏感区是指依法设立的各级各类保护区域和对建设项目产生的环境影响特别敏感的区域，主要包括下列区域：

（一）国家公园、自然保护区、风景名胜区、世界文化和自然遗产地、海洋特别保护区、饮用水水源保护区；

（二）除（一）外的生态保护红线管控范围，永久基本农田、基本草原、自然公园（森林公园、地质公园、海洋公园等）、重要湿地、天然林，重点保护野生动物栖息地，重点保护野生植物生长繁殖地，重要水生生物的自然产卵场、索饵场、越冬场和洄游通道，天然渔场，水土流失重点预防区和重点治理区、沙化土地封禁保护区、封闭及半封闭海域；

（三）以居住、医疗卫生、文化教育、科研、行政办公为主要功能的区域，以及文物保护单位。

环境影响报告书、环境影响报告表应当就建设项目对环境敏感区的影响做重点分析。

第四条 建设单位应当严格按照本名录确定建设项目环境影响评价类别，不得擅自改变环境影响评价类别。

建设内容涉及本名录中两个及以上项目类别的建设项目，其环境影响评价类别按照其中单项等级最高的确定。

建设内容不涉及主体工程的改建、扩建项目，其环境影响评价类别按照改建、扩建的工程内容确定。

第五条 本名录未作规定的建设项目，不纳入建设项目环境影响评价管理；省级生态环境主管部门对本名录未作规定的建设项目，认为确有必要纳入建设项目环境影响评价管理的，可以根据建设项目的污染因子、生态影响因子特征及其所处环境的敏感性质和敏感程度等，提出环境影响评价分类管理的建议，报生态环境部认定后实施。"

为规范建设项目环境影响报告书和环境影响报告表编制行为，加强监督管理，保障环境影响评价工作质量，维护环境影响评价技术服务市场秩序，2019年9月生态环境部发布部令第9号《建设项目环境影响报告书（表）编制监督管理办法》，办法指出：建设单位可以委托技术单位对其建设项目开展环境影响评价，编制环境影响报告书（表）；建设单位具备环境影响评价技术能力的，可以自行对其建设项目开展环境影响评价，编制环境影响报告书（表）。建设单位应当对环境影响报告书（表）的内容和结论负责；技术单位对其编制的环境影响报告书（表）承担相应责任。

依据《中华人民共和国环境影响评价法》《建设项目环境保护管理条例》和《规划环境影响评价条例》，国务院生态环境主管部门和国务院有关部委及各省、自治区、直辖市人民政府和有关部门，陆续颁布了一系列环境影响评价的部门行政规章和地方行政法规，成为环境影响评价制度体系的重要组成部分。

2.3 　我国的环境影响评价的标准体系

2.3.1 　环境保护标准概述

2.3.1.1 　环境保护标准的定义

环境保护标准是为了防治环境污染，维护生态平衡，保障公众健康，对环境保护工作中需要统一的各项技术规范和技术要求所作的规定。具体来讲，环境保护标准是国家为了保障公众健康，促进生态良性循环，实现社会经济发展目标，根据国家的环境政策和法规，在综合考虑本国自然环境特征、社会经济条件和科学技术水平的基础上，规定了环境中的污染物或其他有害因素的允许含量（浓度）和污染源排放污染物或其他有害因素的种类、数量、浓度、排放方式，以及监测方法和其他有关技术规范。

随着科技进步和环境科学的发展，环境保护标准也随之而发展，其种类和数量也越来越多。我国目前已形成两级五类的环境保护标准体系，级别为国家级和地方级标准；类别包括环境质量标准、污染物排放（控制）标准、环境监测类标准、环境管理规范类标准和环境基础类标准。

2.3.1.2 　环境保护标准的作用

A 　环境保护标准是国家环境保护法规的重要组成部分

我国环境保护标准本身所具有的法规特征是：国家环境保护标准很多是法律规定必须严格贯彻执行的强制性标准。国家环境保护强制性标准由国务院生态环境主管部门制定，与国务院标准化行政主管部门联合发布；地方环境保护强制性标准由省级人民政府制定，并报国务院生态环境主管部门备案。这就使我国环境保护标准具有行政法规的效力。国家环境保护标准又是国家有关环境政策在技术方面的具体表现，如我国环境质量标准兼顾了我国环境保护工作的区域性和阶段性特征，体现了我国经济建设和环境建设协调发展的战略政策；我国污染物排放标准综合体现了国家关于资源综合利用的能源政策、淘劣奖优的产业政策、鼓励科技进步的科技政策等，其中行业污染物排放标准又着重体现了我国行业环境管理政策。

B 　环境保护标准是环境保护规划的体现

环境保护规划的目标主要是用标准来表示的。我国环境质量标准就是将环境保护规划总目标依据环境组成要素和控制项目在规定时间和空间内予以分解并定量化的产物。因而环境质量标准是具有鲜明的阶段性和区域性特征的规划指标，是环境保护规划的定量描述。污染物排放标准则是根据环境质量目标要求，将规划措施根据我国的技术和经济水平以及行业生产特征，按污染控制项目进行分解和定量化，它是具有阶段性和区域性特征的控制措施指标。

环境保护规划确定的技术方法用来实施环境标准。通过环境保护标准提供了可列入国民经济和社会发展计划中的具体环境保护指标，为环境保护计划切实纳入国家各级经济和社会发展计划创造了条件；环境保护标准为其他行业部门提出了环境保护具体指标，有利于其他行业部门在制订和实施行业发展计划时协调行业发展与环境保护工作；环境标准提供了检验环境保护工作的尺度，有利于生态环境部门对环保工作的监督管理，对于加强人民群众对环保工作的监督和参与、提高全民族的环境保护意识也有积极意义。

C　环境保护标准是生态环境主管部门依法行政的依据

环境管理制度和措施的一个基本特征是定量管理，定量管理就要求在污染源控制与环境目标管理之间建立定量评价关系，并进行综合分析。因而就需要通过环境保护标准统一技术方法，作为环境管理制度实施的技术依据。

目标管理的核心首先是对不同时间、空间、污染类型，确定相应要达到的环境标准，以便落实重点控制目标；其次需要从污染物排放标准和区域总量控制指标出发，确定建设项目环境影响评价指标和"三同时"验收指标，确定集中控制工程与限期治理项目对污染源的不同控制要求，确定工业点源执行排放标准和总量指标的负荷分配量以及相应的排污收税额度。

总之，环境保护标准是强化环境管理的核心，环境质量标准提供了衡量环境质量状况的尺度，污染物排放标准为判别污染源是否违法提供了依据。同时，环境监测类标准、环境管理规范类标准和环境基础类标准统一了环境质量标准和污染物排放标准实施的技术与管理要求，为环境质量标准和污染物排放标准的正确实施提供了保障，并相应提高了环境监督管理的科学水平和可比程度。

D　环境保护标准是推动环境保护科技进步的动力

环境保护标准与其他任何标准一样，是以科学与实践的综合成果为依据制定的，具有科学性和先进性，代表了今后一段时期内科学技术的发展方向。环境保护标准在某种程度上成为判断污染防治技术、生产工艺与设备是否先进可行的依据，成为筛选、评价环保科技成果的一个重要尺度，对技术进步起到导向作用。环境保护标准的实施还可以起到强制推广先进科技成果的作用，加速科技成果转化为生产力的步伐，使切合我国实际情况的无废、少废、节能、节水及污染治理新技术、新工艺、新设备尽快得到推广应用。

E　环境保护标准是进行环境影响评价的准绳

无论是进行环境质量现状评价，编制环境质量报告书，还是进行环境影响预测评价，编制环境影响评价文件，都需要环境保护标准。只有依靠环境保护标准，方能做出定量化的比较和评价，正确判断环境质量的好坏，从而为控制环境质量，进行环境污染综合整治，以及设计切实可行的治理方案提供科学依据。

F　环境保护标准具有投资导向作用

环境保护标准中指标值高低是确定污染源治理资金投入的技术依据；在基本建设和技术改造项目中也是根据标准值，确定治理程度，提前安排污染防治资金。环境保护标准对环境投资的这种导向作用是明显的。

2.3.2　环境保护标准体系

2.3.2.1　环境保护标准体系的定义

体系：指在一定系统范围内具有内在联系的有机整体。

环境保护标准体系：各种不同环境保护标准依其性质功能及其客观的内在联系，相互依存、相互衔接、相互补充、相互制约所构成的一个有机整体，即构成了环境保护标准体系。

2.3.2.2　环境保护标准体系的结构

环境保护标准分为国家环境保护标准和地方环境保护标准（见图2-3）。国家环境保护标准包括国家环境质量标准、国家污染物排放（控制）标准、国家环境监测类标准、国家环境管理规范类标准和国家环境基础类标准，统一编号 GB、GB/T、HJ 或 HJ/T。地方环境保护标准主要包括地方环境质量标准和地方污染物排放（控制）标准，统一编号 DB。

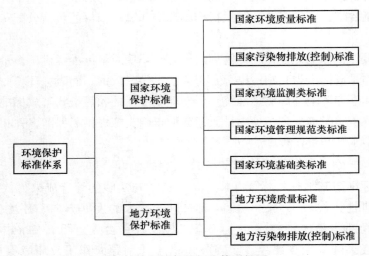

图 2-3　环境保护标准体系框图

A　国家环境保护标准

（1）国家环境质量标准。国家环境质量标准是为了保障公众健康、维护生态环境和保障社会物质财富与经济社会发展阶段相适应，对环境中有害物质和因素所作的限制性规定。国家环境质量标准是一定时期内衡量环境优劣程度的标准，是为保护人体健康和生态环境而规定的具体、明确的环境保护目标。

（2）国家污染物排放（控制）标准。国家污染物排放（控制）标准是根据国家环境质量标准，以及适用的污染控制技术，并考虑经济承受能力，对排入环境的有害物质和产生污染的各种因素所作的限制性规定，是对污染源控制的标准，是结合环保需求和行业经济、技术发展水平对排污单位提出的最基本的污染物排放控制要求。

（3）国家环境监测类标准。国家环境监测类标准是为监测环境质量和污染物排放，规范采样、分析、测试、数据处理等所作的统一规定（指分析方法、测定方法、采样方法、试验方法、检验方法、生产方法、操作方法、标准物质等所作的统一规定）。环境监测类标准主要包括环境监测分析方法标准、环境监测技术规范、环境监测仪器与系统技术要求以及环境标准样品四个子类。

（4）国家环境管理规范类标准。国家环境管理规范类标准是为提高环境管理的科学性、规范性，对环境影响评价、排污许可、污染防治、生态保护、环境监测、监督执法、环境统计与信息等各项环境管理工作中需要统一的技术要求、管理要求所作出的规定。

其中环境影响评价技术导则由规划环境影响评价技术导则和建设项目环境影响评价技术导则组成。

规划环境影响评价技术导则由总纲、综合性规划环境影响评价技术导则和专项规划环境影响评价技术导则构成，总纲对后两项导则有指导作用，后两项导则的制定要遵循总纲总体要求。目前发布的规划环境影响评价技术导则主要有《规划环境影响评价技术导则　总纲》和《规划环境影响评价技术导则　煤炭工业矿区总体规划》。

建设项目环境影响评价技术导则由总纲、污染源源强核算技术指南、环境要素环境影响评价技术导则、专题环境影响评价技术导则和行业建设项目环境影响评价技术导则等构成。污染源源强核算技术指南包括污染源源强核算准则和火电、造纸、水泥、钢铁等行业污染源源强核算技术指南；环境要素环境影响评价技术导则是指大气、地表水、地下水、声环境、生态、土壤等环境影响评价技术导则；专题环境影响评价技术导则是指环境风险评价、人群健康风险评价、环境影响经济损益分析、固体废物等环境影响评价技术导则；行业建设项目环境影响评价技术导则是指水利水电、采掘、交通、海洋工程等建设项目环境影响评价技术导则。

（5）国家环境基础类标准。国家环境基础类标准是对环境保护标准工作中需要统一的技术术语、符号、代号（代码）、图形、指南、导则、量纲单位及信息编码等作的统一规定。

B　地方环境保护标准

地方环境保护标准是对国家环境保护标准的补充和完善。由省、自治区、直辖市人民政府制定。近年来为控制环境质量的恶化趋势，一些地方已将总量控制指标纳入地方环境保护标准。

（1）地方环境质量标准。对国家环境质量标准中未作规定的项目，可以制定地方环境质量标准；对国家环境质量标准中已作规定的项目，可以制定严于国家环境质量标准的地方环境质量标准。地方环境质量标准应报国务院生态环境主管部门备案。

（2）地方污染物排放（控制）标准。对于国家污染物排放标准中未作规定的项目，可以制定地方污染物排放标准；对于国家污染物排放标准已作规定的项目，可以制定严于国家污染物排放标准的地方污染物排放标准。地方污染物排放标准应报国务院生态环境主管部门备案。

2.3.2.3　环境保护标准之间的关系

A　国家环境保护标准与地方环境保护标准的关系

地方环境保护标准应严于国家环境保护标准，在执行上，地方环境保护标准优先于国家环境保护标准。国家发布了最新的国家环境保护标准，造成早期发布的地方环境保护标准宽松于国家标准要求的，地方环境保护标准中宽松的技术内容自动失效，应及时对地方环境保护标准进行修改或废止。

B　国家污染物排放标准之间的关系

国家污染物排放标准分为综合性排放标准（如污水综合排放标准、大气污染物综合排放标准）和行业性排放标准（如火电厂大气污染物排放标准、造纸工业水污染物排放标准等）。综合性排放标准与行业性排放标准不交叉执行。即有行业性排放标准的执行行业性排放标准，没有行业性排放标准的执行综合性排放标准。

C　环境保护标准体系的体系要素

一方面，由于环境的复杂多样性，使得在环境保护领域中需要建立针对不同对象的环境保护标准，因而它们各具有不同的内容用途、性质特点等；另一方面，为使不同种类的环境保护标准有效地完成环境管理的总体目标，又需要科学地从环境管理的目的对象、作用方式出发，合理地组织协调各种标准，使其互相支持、相互匹配以发挥标准系统的综合作用。

2.3.2.4　环境质量标准与环境功能区之间的关系

环境质量一般分等级，与环境功能区类别相对应。高功能区环境质量要求严格，低功能区环境质量要求宽松一些。如环境空气功能区分二类：一类区为自然保护区、风景名胜区和其他需要特殊保护的区域，执行《环境空气质量标准》一级限值；二类区为居住区、商业交通居民混合区、文化区、工业区和农村地区，执行《环境空气质量标准》二级限值。

2.3.2.5　污染物排放标准与环境功能区之间的关系

过去，对于水、气污染物排放标准，大部分是分级别的，分别对应于相应的环境功能区。处在高功能区的污染源执行严格的排放限值，处在低功能区的污染源执行宽松的排放限值。目前，污染物排放标准的制定思路有所调整，正在逐步改变现有国家污染物排放标准与环境质量功能区对应的关系。

首先，制定国家污染物排放标准时，明确以技术为依据，采用"污染物达标排放技术"，即现有源以现阶段所能达到的经济可行的最佳实用控制技术为标准的制定依据。国家污染物排放标准不分级别，不再根据污染源所在地区环境功能不同而不同，而是根据不同工业行业的工艺技术、污染物产生量水平、清洁生产水平、处理技术等因素确定各种污染物排放限值。污染物排放标准以减少单位产品或单位原料消耗量的污染物排放量为目标，根据行业工艺的进步和污染治理技术的发展，适时对污染物排放标准进行修订，逐步达到减少污染物排放总量以实现改善环境质量的目标。

其次，国家污染物排放标准与环境质量功能区逐步脱离对应关系，由国家或地方根据具体需要进行补充制定排入特殊保护区的排放标准。排放标准的作用对象是污染源，污染源排污量水平与生产工艺和处理技术密切相关。近几年制定的排放标准基本按照直接排放和间接排放确定的污染物限值。同时根据环境保护工作的要求，在国土开发密度已经较高、环境承载能力开始减弱，或环境容量较小、生态环境脆弱，容易发生严重环境污染问题而需要采取特别保护措施的地区，制定了特别排放限值。

2.3.3 环境保护标准的实施与实施监督

组织实施标准，是指有计划、有组织、有措施地贯彻执行标准的活动。县级以上地方人民政府生态环境主管部门负责组织实施。对标准实施监督，是指对标准贯彻执行情况进行督促检查处理的活动。

2.3.3.1 环境质量标准的实施

在实施环境质量标准时，应结合所管辖区域环境要素的使用目的和保护目的来划分环境功能区，对各类环境功能区按照环境质量标准的要求进行相应标准级别的管理；县级以上地方人民政府生态环境主管部门在实施环境质量标准时，应按国家规定，选定环境质量标准的监测点位或断面。经批准确定的监测点位、断面不得任意变更；各级环境监测站和有关环境监测机构应按照环境质量标准和与之相关的其他环境标准规定的采样方法、频率和分析方法进行环境质量监测；承担环境影响评价工作的单位应按照环境质量标准及规范进行环境质量评价；跨省河流、湖泊以及由大气传输引起的环境质量标准执行方面的争议，由有关省、自治区、直辖市人民政府生态环境主管部门协调解决，协调无效时，报生态环境部协调解决。

2.3.3.2 污染物排放标准的实施

县级以上人民政府生态环境主管部门在审批建设项目环境影响报告书（表）时，应根据下列因素或情形确定该建设项目应执行的污染物排放标准：（1）建设项目所属的行业类别、所处环境功能区、排放污染物种类、污染物排放去向和建设项目环境影响报告书（表）批准的时间；（2）建设项目向已有地方污染物排放标准的区域排放污染物时，应执行地方污染物排放标准，对于地方污染物排放标准中没有规定的指标，执行国家污染物排放标准中相应的指标；（3）实行总量控制区域的建设项目，在确定排污单位应执行的污染物排放标准的同时，还应确定排污单位应执行的污染物排放总量控制指标；（4）在国家及地方污染物排放标准中未包括的评价因子，由相关生态环境主管部门确认应执行的污染物排放要求。建设项目的设计、施工、验收及投产后，均应执行生态环境主管部门在批准的建设项目环境影响报告书（表）中所确定的污染物排放标准。企事业单位和个体工商业者排放污染物，应按所属的行业类型、所处环境功能区、排放污染物种类、污染物排放去向执行相应的国家和地方污染物排放标准，生态环境主管部门应加强监督检查。

2.3.3.3 环境监测类标准的实施

被环境质量标准和污染物排放标准等强制性标准引用的方法标准具有强制性，必须执行；在进行环境监测时，应按照环境质量标准和污染物排放标准的规定，确定采样位置和采样频率，并按照国家环境监测方法标准的规定进行测试与计算；对于地方环境质量标准和污染物排放标准中规定的项目，如果没有相应的国家环境监测方法标准，可由省、自治区、直辖市人民政府生态环境主管部门组织制定地方统一分析方法，与地方环境质量标准或污染物排放标准配套执行。因采用不同的国家环境监测方法标准所得监测数据发生争议时，由上级生态环境主管部门裁定，或者指定采用一种国家环境监测方法标准进行复测；对各级环境监测分析实验室及分析人员进行质量控制考核，确保环境监测活动中使用国家环境标准样品，保证环境监测数据真实可靠。

2.3.3.4 环境管理规范类标准与环境基础类标准的实施

使用环境保护专业用语和名词术语时，执行环境名词术语标准；排污口和污染物处理、处置场所图形标志，执行国家环境保护图形标志标准；环境保护档案、信息进行分类和编码时，采用环境档案、信息分类与编码标准；制定各类环境标准时，执行环境标准编写技术原则及技术规范；划分各类环境功能区时，执行环境功能区划分技术规范；进行生态和环境质量影响评价时，执行有关环境影响评价技术导则及规范；进行自然保护区建设和管理时，执行自然保护区管理的技术规范和标准；对环境保护专用仪器设备进行认定时，采用有关仪器设备生态环境部标准。

2.3.3.5 环境保护标准的监督实施

A 实施监督部门

生态环境部负责对地方生态环境主管部门实施环境标准情况进行检查监督，在全国环保执法检查中要将环境保护标准执行情况作为一项重要内容。县级以上地方人民政府生态环境主管部门在向同级人民政府和上级生态环境主管部门汇报环保工作时，应将标准执行情况作为一项重要内容。

B 实施监督方式

标准实施的监督可分为自我监督和管理性监督。自我监督主要由排污单位及其主管部门承担，其基本出发点主要是"达到标准规定要求"。按照《环境保护法》第四十二条、第五十五条要求，重点排污单位应进行自行监测和对社会公开污染物排放信息。为配合法律实施，生态环境部发布了多个行业的自行监测技术指南，建设了国家重点监控企业自行监测信息公开平台，目前已初步建立自行监测和信息公开制度。自我监督属于标准实施监督系统的一个重要组成部分，从守法的高度加以强化，也正是目前国外环境管理的一个特点；管理性监督主要由各级生态环境主管部门负责，体现对标准实施的监察与督导。其基本出发点是"达标"，采用的手段一般为监督性监测和检查、抽查。对环境质量标准的实施监督，一般为固定采样点位、固定频率的例行监测，以相应标准进行质量评定；对排放标准的实施监督，往往采用抽样测试检查制度，对排污单位的排污行为以相应标准进行判定；方法、样品标准一般通过监测质量控制考核活动进行监督检查。

总体来说，环境保护标准实施监督系统应形成归口管理—实施—自我监督—管理性监督的运行机制。

习　题

2-1　简述我国环境影响评价制度的形成与发展。

2-2　我国环境标准体系是怎样划分的？论述各级、各类环境标准的关系。

3　建设项目工程分析

3.1　工程分析的定义

工程分析是环境影响评价中分析项目建设影响环境内在因素的重要环节。通过对建设项目的工程方案和整个工程活动进行分析，从环境保护角度分析项目性质、清洁生产水平、工程环保措施方案以及总图布置、选址选线方案等并提出要求和建议，确定项目在建设期、运行使用期以及服务期满以后的主要污染源强及生态影响等其他环境影响因素。

由于建设项目对环境影响的表现不同，可以分为以污染影响为主的污染型建设项目的工程分析和以生态破坏为主的生态影响型建设项目的工程分析。污染型项目以污染物排放对大气环境、土壤环境或声环境的影响为主，其工程分析是以项目的工艺过程分析为重点，核心是确定工程污染源；生态影响型项目以建设期、运行使用期对生态环境的影响为主，其工程分析以建设期施工方式及使用期的运行方式分析为重点，核心是确定工程主要生态影响因素。

需要注意，有些项目（如采掘、建材类等）各阶段既有显著的污染物排放，又会有明显的生态影响，工程分析中对这类项目要全面分析，不能片面地只强调其污染影响，或仅分析其生态影响。

3.2　工程分析的目的

工程分析的目的有以下四个方面：

（1）工程分析是项目决策的重要依据。污染型项目工程分析从项目建设性质、产品结构、生产规模、原料路线、工艺技术、设备选型、能源结构、技术经济指标、总图布置方案等基础资料入手，确定工程建设和运行过程中的产污环节，核算污染源强，计算排放总量。从环境保护的角度分析技术经济先进性、污染治理措施可行性、总图布置合理性和达标排放可能性。

（2）为各专题预测评价提供基础数据。工程分析专题是环境影响评价的基础，工程分析给出的产污节点、污染源坐标、源强、污染物排放方式和排放去向等技术参数是大气环境、水环境、噪声环境影响预测计算的依据，为定量评价建设项目对环境影响的程度和范围提供了可靠的保证，为评价污染防治对策的可行性提出完善改进建议，从而为实现污染物排放总量控制创造了条件。

（3）为环保设计提供优化建议。项目的环境保护设计是在已知生产工艺过程中产生污染物的环节和数量的基础上，采用必要的治理措施，实现达标排放，一般很少考虑对环境质量的影响，对于改扩建项目则更少考虑原有生产装置环保"欠账"问题以及环境承载能力。环境影响评价中的工程分析需要对治理措施进行优化论证，提出满足清洁生产要求的清洁生产方案，使环境质量得以改善或不使环境质量恶化，起到对环保设计优化的作用。

分析所采取的污染防治措施的先进性、可靠性，必要时要提出进一步完善、改进治理措施的建议，对改扩建项目还须提出"以新带老"的计划，并反馈到设计中落实。

（4）为环境的科学管理提供依据。工程分析筛选的主要污染因子是项目运营单位和环境管理部门日常管理的对象，所提出的环境保护措施是工程验收的重要依据，为保护环境所核定的污染物排放总量是开发建设活动进行污染控制的目标。

工程分析也是建设项目环境管理的基础，工程分析对建设项目污染物排放情况的核算，将成为排污许可证的主要内容，也是排污许可证申领的基础。我国目前实施的固定污染源环境管理的核心制度——排污许可制，向企事业单位核发的排污许可证，是生产运营期排污行为的唯一行政许可。根据排污许可证管理的相关要求，排污许可制与环境影响评价制度有机衔接，污染物总量控制由行政区域向企事业单位转变，新建项目申领排污许可证时，环境影响评价文件及批复中与污染物排放相关的主要内容会纳入排污许可证。

3.3　工程分析的原则

工程分析应以清洁生产理念为主线，按各类型建设项目的工程内容及其原辅材料消耗特点，对生产过程中的主要产污节点，选择可能对环境产生影响的因素进行分析，采取的环境保护措施应以污染源头预防、过程控制和末端治理的全过程控制为基础。

当建设项目的规划、可行性研究和设计等技术文件中记载的资料、数据等能够满足工程分析的需要和精度要求时，应先复核校对再引用。对于污染物的排放量等可定量表述的内容，应通过分析尽量给出定量的结果。工程分析应体现建设项目的工程特点，能反映建设项目污染物产生及排放的环节，明确适用的环境保护措施和对环境可能产生影响的途径。

3.4　工程分析的基础数据来源及重点

（1）基础数据的来源。工程分析的基础数据来源于项目的可行性研究报告，但不能完全照抄。由于可行性研究报告编制单位的专业水平、行业特长等方面的差异，部分可行性研究报告的质量不能满足工程分析的要求，出现这种情况应及时与建设单位的工程技术人员、可行性研究报告编制单位的技术人员沟通、交流，以使工程分析的有关数据能正确反映工程的实际情况。

对于没有编制可行性研究报告，直接进行工程设计的建设项目，可将工程分析所需的有关资料列出明细，由设计单位提供。

工程分析完成后，可将初稿交与建设单位和设计单位，广泛征求意见，并对有关数据进行核实。

（2）工程分析需关注的重点。工程分析的重点是通过对工程建设项目的工艺过程分析、核算，确定污染源强，其中应特别注意非正常工况下污染源强的核算与确定。资源能源的储运、交通运输及场地开发利用分析的内容与深度，应根据工程、环境特点及评价工作等级决定。

由于建设项目对环境影响的表现不同，可以分为以污染影响为主的污染型建设项目和以生态破坏为主的生态影响型建设项目。不同类型的建设项目需考虑建设项目实施过程的不同阶段，如施工期、运营期和服务期满（即退役期）。根据建设项目的不同性质和实施周期，可选择其中的不同阶段进行工程分析。

比如大多污染型建设项目都应重点分析运行阶段所产生的环境影响，包括正常工况和非正常工况两种情况；而很多生态影响型的建设项目，由于其建设周期长、影响因素复杂且影响区域广，需重点进行建设期的工程分析。个别建设项目由于运行期的长期影响、累积影响或毒害影响，会造成项目所在区域的环境发生质的变化，如核设施退役或矿山退役等，此类项目需要进行服务期满的工程分析。

3.5　污染型项目工程分析

3.5.1　工程分析的方法

一般地讲，建设项目的工程分析都应根据项目规划、可行性研究和设计方案等技术资料进行工作。由于国家建设项目审批体制改革，有些建设项目，如大型资源开发、水利工程建设以及国外引进项目，在可行性研究阶段所能提供的工程技术资料不能满足工程分析的需要时，可以根据具体情况选用其他适用的方法进行工程分析。目前可供选用的方法有类比法、物料衡算法、实测法、实验法和查阅参考资料分析法。

（1）类比法。类比法是用与拟建项目类型相同的现有项目的设计资料或实测数据进行工程分析的一种常用方法。采用此法时，为提高类比数据的准确性，应充分注意分析对象与类比对象之间的相似性和可比性。例如：

1）工程一般特征的相似性。所谓一般特征，包括建设项目的性质、建设规模、车间组成、产品结构、工艺路线、生产方法、原料、燃料成分与消耗量、用水量和设备类型等。

2）污染物排放特征的相似性。其包括污染物排放类型、浓度、强度与数量、排放方式与去向以及污染方式与途径等方面的相似性。

3）环境特征的相似性。其包括气象条件、地貌状况、生态特点、环境功能以及区域污染情况等方面的相似性。因为在生产建设中常会遇到这种情况，即某污染物在甲地是主要污染因素，在乙地则可能是次要因素，甚至是可被忽略的因素。

类比法也常用单位产品的经验排污系数去计算污染物排放量。但是采用此法必须注意，一定要根据生产规模等工程特征、生产管理以及外部因素等实际情况进行必要的修正。

经验排污系数法公式：

$$A = AD \times M$$
$$AD = BD - (aD + bD + cD + dD) \tag{3-1}$$

式中　　A——某污染物的排放总量；

　　AD——单位产品某污染物的排放定额；

　　M——产品总产量；

　　BD——单位产品投入或生成的某污染物量；

　　aD——单位产品中某污染物的量；

　　bD——单位产品所生成的副产物、回收品中某污染物的量；

　　cD——单位产品分解转化掉的污染物量；

　　dD——单位产品被净化处理掉的污染物量。

　　采用经验排污系数法计算污染物排放量时，必须对生产工艺、化学反应、副反应和管理等情况进行全面了解，掌握原料、辅助材料、燃料的成分和消耗定额。一些项目计算结果可能与实际情况存在一定的误差，在实际工作中应注意结果的一致性。

　　（2）物料衡算法。物料衡算法是用于计算污染物排放量的常规和最基本的方法。在具体建设项目产品方案、工艺路线、生产规模、原材料和能源消耗以及治理措施确定的情况下，运用质量守恒定律核算污染物排放量，即在生产过程中投入系统的物料总量必须等于产品数量和物料流失量之和。其计算通式如下：

$$\sum G_{投入} = \sum G_{产品} + \sum G_{流失} \tag{3-2}$$

式中　　$\sum G_{投入}$——投入系统的物料总量；

　　　　$\sum G_{产品}$——产出产品总量；

　　　　$\sum G_{流失}$——物料流失总量。

　　当投入的物料在生产过程中发生化学反应时，可按总量法公式进行衡算。

　　总物料衡算公式为：

$$\sum G_{排放} = \sum G_{投入} - \sum G_{回收} - \sum G_{处理} - \sum G_{转化} - \sum G_{产品} \tag{3-3}$$

式中　　$\sum G_{投入}$——投入物料中的某污染物总量；

　　　　$\sum G_{产品}$——进入产品结构中的某污染物总量；

　　　　$\sum G_{回收}$——进入回收产品中的某污染物总量；

　　　　$\sum G_{处理}$——经净化处理掉的某污染物总量；

　　　　$\sum G_{转化}$——生产过程中被分解、转化的某污染物总量；

　　　　$\sum G_{排放}$——某污染物的排放量。

　　单元工艺过程或单元操作的物料衡算：对某单元过程或某工艺操作进行物料衡算，可以确定这些单元工艺过程、单一操作的污染物产生量。例如对管道和泵输送、吸收过程、分离过程、反应过程等进行物料衡算，可以核定这些加工过程的物料损失量，从而了解污染物产生量。

　　工程分析中常用的物料衡算有总物料衡算、有毒有害物料衡算、有毒有害元素物料衡算。

　　在可研文件提供的基础资料比较翔实或对生产工艺熟悉的条件下，应优先采用物料衡算法计算污染物排放量。理论上讲，该方法是最精确的。

（3）实测法。通过选择相同或类似工艺实测一些关键的污染参数。

（4）实验法。通过一定的实验手段来确定一些关键的污染参数。

（5）查阅参考资料分析法。此法是利用同类工程已有的环境影响评价资料或可行性研究报告等资料进行工程分析的方法。虽然此法较为简便，但所得数据的准确性很难保证，所以只能在评价工作等级较低的建设项目工程分析中使用。

3.5.2 基本工作内容

建设项目工程分析的工作内容在环境影响评价各工作阶段有所不同。在制定环评工作方案阶段，主要工作内容包括根据项目工艺特点、原料及产品方案，结合实际工程经验，按清洁生产的理念，识别可能的环境影响，进行初步的污染影响因素分析，筛选可能对环境产生较大影响的主要因素，以进行深入分析工作。

在评价专题影响分析预测阶段，工作内容是对筛选的主要环境影响因素进行详细和深入的分析。对于环境影响以污染因素为主的建设项目来说，工程分析的工作内容，原则上是应根据建设项目的工程特征，包括建设项目的类型、性质、规模、开发建设方式与强度、能源与资源用量、污染物排放特征以及项目所在地的环境条件来确定。工程分析的主要工作内容是常规污染物和特征污染物排放污染源强核算，提出污染物排放清单，发挥污染源头预防、过程控制和末端治理的全过程控制理念，客观评价项目产污负荷。对于建设项目可能存在的具有致癌、致畸、致突变的物质及具有持久性影响的污染物，应分析其产生的环节、污染物转移途径和流向。其工作内容通常包括六部分，详见表3-1。

表 3-1　工程分析基本工作内容

工程分析项目	工 作 内 容
工程概况	工程一般特征简介 物料与能源消耗定额 项目组成
工艺流程及产污环节分析	工艺流程及污染物产生环节
污染源源强核算	污染源分布及污染物源强核算 物料平衡与水平衡 无组织排放源强统计及分析 非正常排放源强统计及分析 污染物排放总量建议指标
清洁生产分析	从原料、产品、工艺技术、装备水平分析清洁生产情况
环保措施方案分析	分析环保措施方案、所选工艺及设备的先进水平和可靠程度 分析与处理工艺有关技术经济参数的合理性 分析环保设施投资构成及其在总投资中占有的比例
总图布置方案分析	分析厂区与周围的保护目标之间所定防护距离的安全性 根据气象、水文等自然条件分析工厂和车间布置的合理性 分析环境敏感点（保护目标）处置措施的可行性

3.5.3 工程概况

工程分析的范围应包括主体工程、辅助工程、公用工程、环保工程、储运工程及依托工程等。首先对建设项目概况、工程一般特征作简介，通过项目组成分析找出项目建设存在的主要环境问题，列出项目组成表（可参照表3-2）和建设项目的产品方案（包括主要产品及副产品），为项目产生的环境影响分析和提出合适的污染防治措施奠定基础。在工程概况中应明确项目建设地点、生产工艺、主要生产设备、总平面布置、建设周期、总投资及环境保护投资等内容，根据工程组成和工艺，给出主要原料与辅料的名称、单位产品消耗量、年总耗量和来源（可参照表3-3）。对于含有毒有害物质的原料、辅料还应给出组分。给出建设项目涉及的原料、辅助材料、产品、中间产品、副产物等主要物料的理化性质、毒理特性等。

对于分期建设项目，则应按不同建设期分别说明建设规模；改扩建及异地搬迁项目应列出现有工程基本情况、污染物排放及达标情况、存在的环境保护问题及拟采取的工程方案等内容，说明与建设项目的依托关系。

表 3-2　建设项目组成

项　目　名　称		建设规模
主体工程	1	
	2	
	⋮	
辅助工程	1	
	2	
	⋮	
公用工程	1	
	2	
	⋮	
环保工程	1	
	2	
	⋮	
办公室及生活设施	1	
	2	
	⋮	
储运工程	1	
	2	
	⋮	
依托工程	1	
	2	
	⋮	

表 3-3 建设项目原、辅材料消耗

序号	名称	单位产品耗量	年耗量	来源
1				
2				
3				
⋮				

3.5.4 工艺流程及产污环节分析

一般情况下，工艺流程应在设计单位、建设单位的可研或设计文件基础上，根据工艺过程的描述及同类项目生产的实际情况进行绘制。环境影响评价工艺流程图有别于工程设计工艺流程图，环境影响评价关心的是工艺过程中产生污染物的具体部位、污染物的种类和数量。所以绘制污染工艺流程应包括涉及产生污染物的装置和工艺过程，不产生污染物的过程和装置可以简化，有化学反应发生的工序要列出主要化学反应和副反应式，并在总平面布置图上标出污染源的准确位置，以便为其他专题评价提供可靠的污染源资料。工艺流程的叙述应与工艺流程图相对应，注意产排污节点的编号应一致。在产污环节分析中，应包括主体工程、公用工程、辅助工程、储运工程等项目组成的内容，说明是否会增加依托工程污染物排放量。对于现有工程回顾性评价，应明确项目污染物排放统计的基准年份。

3.5.5 污染源源强分析与核算

3.5.5.1 污染物分布及污染物源强核算

污染源分布和污染物类型及排放量是各专题评价的基础资料，必须按建设过程、运营过程两个时期详细核算和统计。根据项目评价需要，一些项目还应对服务期满后（退役期）影响源强进行核算，力求完善。因此，对于污染源分布应根据已经绘制的污染流程图，并按排放点标明污染物排放部位，然后列表逐点统计各种污染物的排放强度、浓度及数量。对于最终排入环境的污染物，确定其是否达标排放，达标排放必须以项目的最大负荷核算。比如燃煤锅炉二氧化硫、烟尘排放量，必须要以锅炉最大产气量时所耗的燃煤量为基础进行核算。

对于废气可按点源、面源、线源进行核算，说明源强、排放方式和排放高度及存在的有关问题；废水应说明种类、成分、浓度、排放方式和排放去向。按《中华人民共和国固体废物污染环境防治法》对废物进行分类，废液应说明种类、成分、浓度、是否属于危险废物、处置方式和去向等有关问题；废渣应说明有害成分、溶出物浓度、是否属于危险废物、排放量、处理和处置方式及贮存方法；噪声和放射性应列表说明源强、剂量及分布。

污染源源强的核算基本要求是根据污染物产生环节、产生方式和治理措施，核算建设项目正常工况和非正常工况（开车、停车、检维修等）的污染物排放量，一方面要确定污染源的主要排放因子，另一方面需要明确污染源的排放参数和位置。对于改扩建项目，需要分别按现存工程、在建、改扩建项目实施后等多种情形下的污染物产生量、排放量及其变化量，明确改扩建项目建成后最终的污染物排放量。对国家和地方限期达标规划及其他相关环境管理规定有特殊要求的时段，包括重污染天气应急预警期间等，应说明建设项目的污染物排放情况的调整措施。

工程分析中污染源源强核算可参考具体行业污染源源强核算指南规定的方法。

污染物的源强统计可参照表 3-4 进行，分别列废水、废气、固废排放表，噪声统计比较简单，可单列。

表 3-4 污染源源强

序号	污染源	污染因子	产生量	治理措施	排放量	排放方式	排放去向	达标分析

（1）对于新建项目污染物排放量统计，须按废水和废气污染物分别统计各种污染物排放总量，固体废物按我国规定统计一般固体废物和危险废物。并应算清"两本账"，即生产过程中的污染物产生量和实现污染防治措施后的污染物削减量，二者之差为污染物最终排放量，参见表 3-5。

表 3-5 新建项目污染物排放量统计

类别	污染物名称	产生量	治理削减量	排放量
废气				
废水				
固体废物				

统计时应以车间或工段为核算单元，对于泄漏和放散量部分，原则上要求实测，实测有困难时，可以利用年均消耗定额的数据进行物料平衡推算。

（2）技改扩建项目污染物源强。在统计污染物排放量的过程中，应算清新老污染源"三本账"，即技改扩建前污染物排放量、技改扩建项目污染物排放量、技改扩建完成后（包括"以新带老"削减量）污染物排放量，其相互的关系可表示为：

技改扩建前排放量−"以新带老"削减量+

技改扩建项目排放量＝技改扩建完成后排放量

可以用表 3-6 的形式列出。

表 3-6 技改扩建项目污染物排放量统计

类别	污染物	现有工程排放量	拟建项目排放量	"以新代老"削减量	技改工程完成后总排放量	增减量变化
废气						

续表 3-6

类别	污染物	现有工程排放量	拟建项目排放量	"以新代老"削减量	技改工程完成后总排放量	增减量变化
废水						
固体废物						

3.5.5.2　物料平衡和水平衡

在环境影响评价进行工程分析时，必须根据不同行业的具体特点，选择若干有代表性的物料，主要是针对有毒有害的物料进行物料衡算。

水作为工业生产中的原料和载体，在任一用水单元内都存在着水量的平衡关系，也同样可以依据质量守恒定律，进行质量平衡计算，这就是水平衡。根据《工业用水分类及定义》（CJ 40—1999）规定，工业用水量和排水量的关系见图 3-1，水平衡式如下：

$$Q + A = H + P + L \tag{3-4}$$

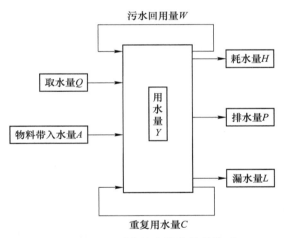

图 3-1　工业用水量和排水量的关系

（1）取水量 Q：工业用水的取水量是指取自地表水、地下水、自来水、海水、城市污水及其他水源的总水量。对于建设项目，工业取水量包括生产用水和生活用水，主要指建设项目取用的新鲜水量，生产用水又包括间接冷却水、工艺用水和锅炉给水。

工业取水量＝生产用水＋生活用水量

（2）重复用水量 C：指生产厂（建设项目）内部循环使用和循序使用的总水量。

（3）耗水量 H：指整个工程项目消耗掉的新鲜水量总和，即

$$H = Q_1 + Q_2 + Q_3 + Q_4 + Q_5 + Q_6 \tag{3-5}$$

式中　Q_1——产品含水，即由产品带走的水；

　　　　Q_2——间接冷却水系统补充水量，即循环冷却水系统补充水量；

　　　　Q_3——洗涤用水（包括装置和生产区地坪冲洗水）、直接冷却水和其他工艺用水量之和；

Q_4——锅炉运转消耗的水量；

Q_5——水处理用水量，指再生水处理装置所需的用水量；

Q_6——生活用水量。

在建设项目工程分析阶段，为便于计算和统计，通常简化为

$$Y = Q + C \tag{3-6}$$

$$Q = H + P \tag{3-7}$$

对于一个项目，尤其是工业项目，其工业水重复利用率是考察其清洁生产中资源利用水平的重要指标。工业水重复利用率越大，说明项目越节水，清洁生产水平的资源能源利用水平越高。工业水重复利用率计算公式为

$$R_c = \frac{C}{Y} \times 100\% = \frac{C}{Q + C} \times 100\% \tag{3-8}$$

式中　R_c——工业水重复利用率；

C——重复用水量；

Y——项目总用水量；

Q——项目取新鲜水量。

有些项目使用间接冷却水（冷却用水与被冷介质之间由热交换器壁或设备隔开，如通过盘管或夹套、换热器等）转移过程多余热量。通常该部分冷却水循环使用，称为间接循环冷却水。间接冷却水的循环率是考察项目水资源利用水平的另一个重要指标，其计算公式为

$$R_L = \frac{C_L}{Y_L} \times 100\% = \frac{C_L}{C_L + Q_L} \times 100\% \tag{3-9}$$

式中　R_L——间接冷却水循环率；

C_L——间接冷却水循环量；

Y_L——间接冷却水系统用水总量；

Q_L——间接循环冷却水系统补水量。

3.5.5.3　污染物排放总量控制建议指标

在核算污染物排放量的基础上，按国家对污染物排放总量控制指标的要求，提出工程污染物排放总量控制建议指标。污染物排放总量控制建议指标应包括国家规定的指标和项目的特征污染物，通常污染物总量单位为 t/a，对于排放量较小的污染物总量可用适宜的单位。提出的工程污染物排放总量控制建议指标必须满足以下条件：满足达标排放的要求；符合其他相关环保要求（如特殊控制的区域与河段）；技术上可行。

建设项目污染物排放总量的核算，与排污许可制度紧密衔接，环境质量不达标地区，要通过提高排放标准或加严许可排放量等措施，对企事业单位实施更为严格的污染物排放总量控制，推动改善环境质量。

3.5.5.4　无组织排放源的统计

无组织排放是对应于有组织排放而言的，主要针对废气排放，表现为生产工艺过程中产生的污染物没有进入收集和排气系统，而通过厂房天窗或直接弥散到环境中。工程分析中将没有排气筒或排气筒高度低于 15 m 的排放源定为无组织排放。其确定方法主要有三种：

（1）物料衡算法。通过全厂物料的投入产出分析，核算无组织排放量。

（2）类比法。与工艺相同、使用原料相似的同类工厂进行类比，在此基础上，核算本厂无组织排放量。

（3）反推法。通过对同类工厂，正常生产时无组织监控点进行现场监测，利用面源扩散模式反推，以此确定工厂无组织排放量。

3.5.5.5 非正常排污的源强统计与分析

非正常排污包括两部分：

（1）正常开、停车或部分设备检修时排放的污染物。

（2）其他非正常工况排污是指工艺设备或环保设施达不到设计规定指标运行时的可控排污，因为这种排污不代表长期运行的排污水平，所以列入非正常排污评价中。此类异常排污分析都应重点说明异常情况产生的原因、发生频率和处置措施。

3.5.5.6 污染源参数及排放口类型

根据行业排污许可证管理的要求，建设项目废气排放口通常可划分为主要排放口、一般排放口和特殊排放口，实行分类管理。主要排放口管控许可排放浓度和许可排放量，一般排放口管控许可排放浓度，特殊排放口暂不管控许可排放浓度和许可排放量。在相关行业建设项目环境影响评价中，应按照各排放口污染物排放特点及排放负荷说明排放口的类型。建设项目废水总排放口为主要排放口，通常不区分装置内部的排放口、车间排放口、生产设施排放口。如在《排污许可证申请与核发技术规范 化肥工业-氮肥》（HJ 864.1—2017）中，规定了废气污染源、污染物和排放口类型，污染源及排放口类型确定后，污染源及排放口还应给出对应的参数，包括排放口坐标、高度、温度、压力、流量、内径、污染物排放速率、状态、排放规律（连续排放、间断排放、排放频次）无组织排放源的位置及范围等。

3.5.6 清洁生产水平分析

清洁生产是我国工业可持续发展的重要战略，也是实现我国污染控制重点，即由末端控制向生产全过程控制转变的重要措施。清洁生产强调预防污染物的产生，即从源头和生产过程防止污染物的产生。项目实施清洁生产，可以减轻项目末端处理的负担，提高项目建设的环境可行性。

清洁生产分析应考虑生产工艺和装备是否先进可靠，资源和能源的选取、利用和消耗是否合理，产品的设计、产品的寿命、产品报废后的处置等是否合理，对在生产过程中排放出来的废物是否做到尽可能地循环利用和综合利用，从而实现从源头消灭环境污染问题。清洁生产提出的环保措施建议，应是从源头围绕生产过程的节能、降耗和减污的清洁生产方案建议。

建设项目工程分析应参考项目可行性研究中工艺技术比选、节能、节水、设备等篇章的内容，分析项目从原料到产品的设计是否符合清洁生产的理念，包括工艺技术来源和技术特点、装备水平、资源能源利用效率、废弃物产生量、产品指标等方面说明。

3.5.7 环保措施方案分析

环保措施方案分析应对项目可研报告等文件提供的污染防治措施进行技术先进性、经济合理性及运行可靠性评价，若所提措施有的不能满足环保要求，则需提出切实可行的改进完善建议，包括替代方案。分析要点如下：

（1）分析建设项目可研阶段环保措施方案的技术经济可行性。根据建设项目产生的污染物特点，充分调查同类企业的现有环保处理方案的经济技术运行指标，分析建设项目可研阶段所采用的环保设施的技术可行性、经济合理性及运行可靠性，在此基础上提出进一步改进的意见，包括替代方案。

（2）分析项目采用污染处理工艺，排放污染物达标的可靠性。根据现有的同类环保设施的运行技术经济指标，结合建设项目排放污染物的基本特点，和所采用污染防治措施的合理性，分析建设项目环保设施运行参数是否合理，有无承受冲击负荷能力，能否稳定运行，确保污染物排放达标的可靠性，并提出进一步改进的意见。

（3）分析环保设施投资构成及其在总投资（或建设投资）中所占比例。汇总建设项目环保设施的各项投资，分析其投资结构，并计算环保投资在总投资（或建设投资）中所占比例。环保投资一览表可按表3-7给出，该表是指导建设项目竣工环境保护验收的重要参照依据。对于技改扩建项目，环保设施投资一览表中还应包括"以新带老"的环保投资内容。

表 3-7　建设项目环保投资

项　　目		建设内容	投　　资
废气治理	1		
	2		
	⋮		
废水治理	1		
	2		
	⋮		
噪声治理	1		
	2		
	⋮		
固体废物处置	1		
	2		
	⋮		
厂区绿化			
其他	1		
	2		
	⋮		

（4）依托设施的可行性分析。对于改扩建项目，原有工程的环保设施有相当一部分是可以利用的，如现有污水处理厂、固废填埋厂、焚烧炉等。原有环保设施是否能满足改扩建后的要求，需要认真核实，分析依托的可靠性。随着经济的发展，依托公用环保设施已经成为区域环境污染防治的重要组成部分。对于项目产生废水，经过简单处理后排入区域或城市污水处理厂进一步处理或排放的项目，除了对其所采用的污染防治技术的可靠

性、可行性进行分析评价外，还应对接纳排水的污水处理厂的工艺合理性进行分析，其处理工艺是否与项目排水的水质相容；对于可以进一步利用的废气，要结合所在区域的社会经济特点，分析其集中、收集、净化、利用的可行性；对于固体废物，则要根据项目所在地的环境、社会经济特点，分析综合利用的可能性；对于危险废物，则要分析能否得到妥善的处置。

3.5.8　总图布置方案与外环境关系分析

（1）分析厂区与周围的保护目标之间所定卫生防护距离的可靠性。参考大气导则、国家的有关卫生防护距离规范，分析厂区与周围的保护目标之间所定卫生防护距离的可靠性，合理布置建设项目的各构筑物及生产设施，给出总图布置方案与外环境关系图。图中应标明：

1）保护目标与建设项目的方位关系；

2）保护目标与建设项目的距离；

3）保护目标（如学校、医院、集中居住区等）的内容与性质。

（2）根据气象、水文等自然条件分析工厂和车间布置的合理性。在充分掌握项目建设地点的气象、水文和地质资料的条件下，认真考虑这些因素对污染物的污染特性的影响，合理布置工厂和车间，尽可能减少对环境的不利影响。

（3）分析对周围环境敏感点处置措施的可行性。分析项目所产生的污染物的特点及其污染特征，结合现有的有关资料，确定建设项目对附近环境敏感点的影响程度，在此基础上提出切实可行的处置措施（如搬迁、防护等）。

（4）在总图上标示建设项目主要污染源的位置。设计文件较详细时，在厂区平面布置图中还可标明主要生产单元及公用工程单元设施名称、位置，有组织废气排放源、废水排放口、雨水排放口位置等。

3.5.9　污染型项目工程分析示例

3.5.9.1　工程概况

项目基本构成见表3-8。

表3-8　项目基本构成一览表

项目名称	田镇污水处理厂（一期）工程		
建设单位	武穴市田家镇办事处（武穴市田镇办事处）		
总投资	8047.81万元	建设性质	新建
建设周期	10个月		
建设地点	武穴市田镇马口医药化工园内		
建设内容	污水处理厂：田镇污水处理厂分两期实施，本次评价为一期工程，位于武穴市田镇马口医药化工园内，用地面积25809 m^2，处理规模15000 m^3/d，处理田镇马口医药工业园区排放的工业废水，采用水解酸化+改良 A^2/O+深度处理工艺，污水经处理后水质达到《城镇污水处理厂污染物排放标准》（GB 18918—2002）一级A标准后，经武穴市污水处理厂总排口排入长江（武穴段）		

3.5.9.2　项目组成

项目组成见表3-9。

表 3-9　项目组成一览表

项　　目		主要建设内容
主体工程	污水处理厂	预处理系统包括粗格栅、提升泵房、细格栅及沉砂池等按照远期规模 30000 m^3/d 设计，水解酸化池、生化池、二沉池、滤池、臭氧氧化等按照一期规模 15000 m^3/d 设计，预留远期规模建设用地，接触消毒池和污泥脱水按照远期规模设计。污水处理厂采用水解酸化+改良 A^2/O+深度处理工艺，污水经处理后水质达到《城镇污水处理厂污染物排放标准》（GB 18918—2002）一级 A 标准后，经武穴市污水处理厂总排口排入长江（武穴段）
	尾水排放系统	本污水处理厂污水经处理后水质达到《城镇污水处理厂污染物排放标准》（GB 18918—2002）一级 A 标准后，经武穴市污水处理厂总排口排入长江（武穴段）
辅助工程	综合楼	设置 1 幢 3F 综合楼，内设办公区、维修间、仓库、食堂及餐厅、化验室等
	门卫	设置 1 幢 1F 门卫
	停车位	厂区空地上设置停车位，用于车辆停放
公用工程	供电工程	由供电部门引 10 kV 电源线至厂区高低压配电柜
	照明工程	室内照明光源主要采用 T8 型三基色日光灯和紧凑型节能灯，室外照明采用 LED 节能高效照明灯具
	给水工程	由当地自来水公司提供
	排水工程	采用雨污分流系统
	供暖及制冷工程	控制室和办公室配置普通风冷分体空调
储运工程	机修间及仓库	在综合楼内设置 1 个机修间及仓库，主要负责厂内机电、仪表设备和零配件修理，满足日常保养维护服务等要求
	储药间	厂区内不单独设置储药间，污水处理过程中需要投加药剂存储在加药间内
环保工程	废气污染防治措施	工程共设置 1 套除臭设备，采用风量为 $Q=15000\ m^3/h$ 的风机收集粗格栅及进水泵房、细格栅及曝气沉砂池、调节池等预处理系统产生的臭气，风量为 $Q=2000\ m^3/h$ 风机收集污泥脱水系统所产生的臭气，风量为 $Q=3000\ m^3/h$ 风机收集水解酸化池、生化池系统所产生的臭气，臭气经风机收集后至厂区除臭设备（共用 1 套设备），除臭采用生物滤池除臭工艺，恶臭气体经处理后于 15 m 高排气筒排放
	废水污染防治措施	采用雨污分流系统，项目本身为污水处理厂，厂区内产生的生活污水及生产废水均进入本污水处理厂处理。采用水解酸化+改良 A^2/O+深度处理工艺，污水经处理后水质达到《城镇污水处理厂污染物排放标准》（GB 18918—2002）一级 A 标准后，经武穴市污水处理厂总排口排入长江（武穴段）
	地下水污染防治措施	按照源头控制、分区防控及设置监测井等防止地下水污染
	固废污染防治措施	设置污泥脱水机房及储泥池各 1 座，污水脱水采用高压隔膜板框压滤机脱水后含水率约 50%。污泥脱水若鉴定为一般工业固体废物，则交由华新水泥进行协同处置；若鉴定为危险废物，则交由具有处理资质单位进行处置
		厂区内在污泥脱水机房外南侧设置 1 个危险废物暂存间，对厂区内产生的危险废物进行贮存后，交由具有资质的单位处置
	环境风险防范系统	设置监测室，对厂区内情况进行监测，厂区内设置事故池及应急抢险设施设备

项 目		主要建设内容
依托工程	企业"一企一管"收集管控	企业实行"一企一管"收集管控，分厂收集，各工业企业应对其出水排口进行监控，若达到污水处理厂接管标准，方可接入污水管网进入污水处理厂处理；若未达到污水处理厂接管标准，应立即关闭厂区污水排放口，经污水暂存企业厂区事故池，再经处理达标后方可接入污水管网进入污水处理厂处理
	污水提升泵站	污水提升泵站规模 12000 m³/d，本工程建成后尾水排放量为 15000 m³/d。武穴市田镇工业新区总体规划（2016～2030 年）拟将此泵站升级改造为 20000 m³/d，改造完成后具有依托可行性
	尾水排放管道	污水处理厂尾水排放管道依托现有尾水排放管道，将厂区污水输送至武穴市污水处理厂总排口处
	武穴市污水处理厂总排口	本项目污水排放依托武穴市污水处理厂污水总排口，已经提交了排污口论证报告并取得了湖北省生态环境厅的批复文件，在原武穴市污水处理厂排污口的基础上进行改扩建，核定污水排放量为 15000 t/d，本项目依托具有可行性

田镇污水处理厂（一期）工程净用地面积 25809 m²，工程主要技术经济指标见表 3-10。

表 3-10　主要技术经济指标表

序号	项 目	单位	指标	备注
1	一期净用地面积	m²	25809	合 38.72 亩
2	建（构）筑物用地面积	m²	6388	
3	道路、场地铺砌面积	m²	8338	
4	绿化面积	m²	11083	
5	容积率	%	32.3	
6	绿地率	%	42.9	
7	围墙长度	m²	638	
8	生态停车位	个	8	

田镇污水处理厂（一期）工程在构筑物设计上，其预处理系统包括粗格栅、集水池、细格栅及沉砂池按照远期规模 30000 m³/d 设计；同时考虑事故池和事故沉淀池等应急事故情况，水解酸化池、生化池（A/A/O）、二沉池、絮凝沉淀池、中间水池、石英砂滤罐、臭氧氧化罐、生物活性炭过滤罐、臭氧制备房等按照一期规模 15000 m³/d 设计，远期建设用地另行征用；接触消毒池、综合楼和污泥脱水按照远期规模土建一次完成，设备分期实施。

主要原辅材料消耗一览表及原辅料性质见表 3-11 和表 3-12。

表 3-11　主要原辅材料消耗一览表

序号	名 称	用量/t·a⁻¹	最大贮存量/t	备 注
1	聚丙烯酰胺	15	2	絮凝剂
2	聚合氯化铝	540	15	

序号	名　称	用量/t·a^{-1}	最大贮存量/t	备　注
3	生石灰	40	3	污泥调理
4	二氧化氯	15	0.3	消毒剂

表 3-12　主要原辅料性质

序号	名称	理　化　性　质	燃烧爆炸性	急性毒性	贮存方法
1	聚丙烯酰胺（PAM）	英文名称为 Polyacrylamide，CAS 号为 9003-05-8，分子式为（C$_3$H$_5$NO）$_n$，是由丙烯酰胺（AM）单体经自由基引发聚合而成的水溶性线性高分子聚合物，不溶于大多数有机溶剂，具有良好的絮凝性、黏合性、增稠性，可以降低液体之间的摩擦阻力。按离子特性可分为非离子、阴离子、阳离子和两性型四种类型。聚丙烯酰胺为白色粉末或者小颗粒状物，密度为 1.32 g/cm^3（23 ℃），玻璃化温度为 188 ℃，软化温度约 210 ℃，温度超过 120 ℃时易分解	不易燃	无毒	密闭于阴凉干燥环境中
2	聚合氯化铝（PAC）	英文名称为 Polyaluminium Chloride，CAS 号为 1327-41-9，是一种无机高分子的高价聚合电解质混凝剂。聚合氯化铝为无色或黄色树脂状固体。其溶液为无色或黄褐色透明液体。易溶于水及稀酒精，不溶于无水酒精及甘油	不易燃	无毒	贮存在阴凉、通风、干燥、清洁的库房中
3	生石灰	主要成分是氧化钙，分子式为 CaO，外形为白色或灰白色粉末，遇水生成 Ca(OH)$_2$ 并放热，易潮解结块	不易燃	无毒	密闭干燥库房内，防潮、防水
4	二氧化氯	二氧化氯（ClO$_2$）是一种黄绿色到橙黄色的气体，是国际上公认为安全、低毒的绿色消毒剂。11 ℃时液化成红棕色液体，−59 ℃时凝固成橙红色晶体。沸点 11 ℃。相对蒸气密度 2.3 g/L。遇热水则分解成次氯酸、氯气、氧气，受光也易分解，其溶液于冷暗处相对稳定。二氧化氯能与许多化学物质发生爆炸性反应	不易燃	低毒	贮存于阴凉、通风的库房。远离火种、热源

3.5.9.3　工艺流程及产污环节分析

本项目工程分析的重点是项目运营期产生的污染物，项目运营期工艺流程及产污环节见图 3-2。

污水处理厂自身也有一些污水产生，如污泥脱水、设备清洗水、车间地坪冲洗废水、生物除臭塔产生的滤液、污泥处理工艺产生的滤液废水等，此外还产生一定量的生活污水，污水处理厂自身污水进入污水处理厂处理。

A　废水污染源

a　自身产生的污水

（1）厂区职工生活废水：本项目投入运行后，自身产生的废水主要为职工生活污水。项目劳动定员 10 人，生活用水量以 160 L/（人·d）计，污水产生量以 85%计，则本项目

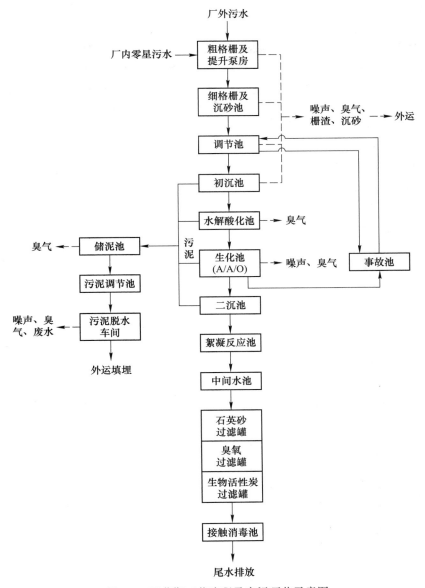

图 3-2 运营期工艺流程及产污环节示意图

职工生活污水产生量 1.36 m³/d。该生活污水与进入污水处理厂内的其他污水一起经厂内污水处理设施处理达到《城镇污水处理厂污染物排放标准》（GB 18918—2002）一级 A 标准后排入长江（武穴段）。

（2）污水处理厂化验废水：项目投入运行后，需对厂区污水水质进行抽样分析。类比其他污水处理厂运行实际，项目化验用水量约为 0.85 m³/d，水量较小，为危险废物，交由具有处理资质的单位处置。

（3）设备及地面冲洗水：设备（格栅等）冲洗采用污水处理厂处理后的尾水，冲洗后废水返回污水处理厂污水处理系统处理。类比同类型项目，污水处理厂设备冲洗废水产生量约为 22 m³/d。

（4）生物滤池除臭系统排水：生物滤池除臭系统用水单元包括前期预处理单元和生物滤池，预处理单元的作用是把臭气中的大颗粒灰尘洗掉，同时通过喷淋将臭气中可溶解于水的成分去除，并将臭气加湿。预处理单元中的水通过管道间歇喷淋至生物滤池，以使填料保持适度湿润，为微生物提供适宜的环境。系统内配备循环喷淋系统，水内部循环使用，排水量较小。生物滤池除臭系统排水可直接送至调节池，进入污水处理系统进行处理。

b　污水处理厂出水

污水处理厂的尾水经现有污水泵站及管网输送至武穴市污水处理厂总排口排入长江（武穴段），尾水排放量 15000 t/d。尾水中污染物浓度及排放量见表 3-13。

表 3-13　污染物浓度及排放量一览表

序号	污染物	排放浓度/mg·L⁻¹	排放量/t·d⁻¹	排放量/t·a⁻¹
1	pH	6~9（无量纲）	—	—
2	COD	≤50	≤0.75	≤273.750
3	BOD$_5$	≤10	≤0.15	≤54.750
4	SS	≤10	≤0.15	≤54.750
5	TP	≤0.5	≤0.0075	≤2.738
6	TN	≤15	≤0.225	≤82.125
7	NH$_3$-N	≤5（8）①	≤0.075	≤27.375
8	石油类	≤1	≤0.015	≤5.475
9	总铜	≤0.5	≤0.0075	≤2.738
10	总砷	≤0.1	≤0.0015	≤0.548
11	六价铬	≤0.05	≤0.00075	≤0.274
12	总镉	≤0.01	≤0.00015	≤0.055
13	总氰化物	≤0.5	≤0.0075	≤2.738
14	氯化物	—	—	—
15	挥发酚	≤0.5	≤0.0075	≤2.738
16	硫化物	≤1	≤0.015	≤5.475
17	苯	≤0.1	≤0.0015	≤0.548
18	甲苯	≤0.1	≤0.0015	≤0.548
19	苯胺类	≤0.5	≤0.0075	≤2.738
20	邻-二甲苯	≤0.4	≤0.006	≤2.190
21	对-二甲苯	≤0.4	≤0.006	≤2.190
22	间-二甲苯	≤0.4	≤0.006	≤2.190
23	硝基苯	≤2.0	≤0.03	≤10.95
24	邻氯二苯	—	—	—
25	色度	≤30 倍		

①括号外为水温>12 ℃时的控制指标，括号内为水温≤12 ℃时的控制指标。

B 废气污染源

a 臭气源强

污水处理厂产生的废气主要为恶臭污染物，其主要污染因子为 H_2S、NH_3、臭气浓度等，根据污水处理的过程，这些臭气产生源可分为污水处理系统和污泥处理系统。污水处理系统中的臭气源主要为粗格栅及提升泵房、细格栅及沉砂池、水解酸化池、生化池、污泥浓缩池、污泥脱水间。

主要臭气产生源、产生原因及其相对污染程度详见表 3-14。

表 3-14 污水厂臭气源分析

处理单元	处理阶段	位置	臭气源/原因	臭气强度
污水处理单元	预处理阶段	提升泵房	污水、沉淀物和浮渣的腐化	高
		调节池	池表面浮渣堆积造成腐烂	高
		细格栅、粗格栅	栅渣的腐烂	高
		沉砂池	污水中臭气释放，沉砂中有机成分腐烂	高
	生物处理阶段	水解酸化池	水解酸化过程产生的臭气	高
		生化池（A/A/O）	生物代谢过程中产生的臭气	高
		沉淀单元	污泥/浮渣	低/中
污泥处理单元	污泥处理阶段	储泥池	浮泥，堰和槽/浮渣和污泥腐化，温度高，水流紊动	高/中
		脱水间	泥饼/易腐烂物质，化学药剂，氨气释放	高/中

从表 3-14 可知，污水预处理阶段的格栅、调节池、污水提升泵房、沉砂池以及生物处理阶段的水解酸化池、生化池（A/A/O）和污泥处理部分的储泥池、脱水间等是除臭的重点。工程共设置 1 套除臭设备，采用风量为 $Q = 15000$ m^3/h 的风机收集粗格栅及进水泵房、细格栅及曝气沉砂池、调节池等预处理系统产生的臭气，风量为 $Q = 2000$ m^3/h 风机收集污泥脱水系统所产生的臭气，风量为 $Q = 3000$ m^3/h 风机收集水解酸化池、生化池系统所产生的臭气，臭气经风机收集后至厂区除臭设备（共用 1 套设备），除臭采用生物滤池除臭工艺，恶臭气体经处理后于 15 m 高排气筒排放。

根据污水处理工艺流程及上述臭气污染源分析，项目废气污染源按照平面布局主要为下述构（建）筑物：粗格栅、调节池及提升泵房，细格栅及沉砂池，水解酸化池及生化池（A/A/O），储泥池、脱水间。恶臭废气成分主要有 H_2S、NH_3 和臭气浓度，还包括有机硫类和胺类等。废气排放方式均为连续式，排放去向均为周围环境空气。

由于污水处理过程中恶臭污染物的产生情况不稳定，数据实际检测值具有瞬时性与偶然性。本次工程分析主要综合考虑湖北省其他城市污水处理厂内恶臭污染物的产生情况来确定本项目内污水处理区恶臭产生情况。

综合天津纪庄子污水处理厂、杭州四堡污水处理厂、宁波市江南污水处理厂一期工程（均采用水解酸化+改良 A^2/O 处理工艺）等类比调查资料以及国内外同类干化设备资料，确定本项目的恶臭物质产生源强，见表 3-15。

根据设计的构筑物表面积可估算污水处理厂的臭气源强，臭气的收集率按 90%计，经收集处理的 90%废气为有组织排放，未经收集的 10%废气为无组织排放。则本污水处理厂恶臭污染源的产生及排放情况见表 3-16。

表 3-15   污水处理构筑物单位面积恶臭污染源排放源强

构筑物名称	NH₃/mg·(s·m²)⁻¹	H₂S/mg·(s·m²)⁻¹
粗格栅及进水泵房、细格栅及曝气沉砂池	0.0075	$1.39×10^{-4}$
生物反应池	0.0008	$0.3×10^{-4}$
储泥池和污泥浓缩脱水机房	0.006	$7.12×10^{-4}$

表 3-16   污水处理厂恶臭污染源的产生及排放情况一览表

构筑物名称	构筑物面积/m²	污染物产生速率		
		NH₃/kg·h⁻¹	H₂S/kg·h⁻¹	臭气浓度（无量纲）
粗格栅及提升泵站	56	$1.51×10^{-3}$	$2.80×10^{-5}$	85
细格栅及沉砂池	112.5	$3.04×10^{-3}$	$5.63×10^{-5}$	60
调节池	600	$1.62×10^{-2}$	$3.00×10^{-4}$	45
储泥池	10.89	$2.35×10^{-4}$	$2.79×10^{-5}$	200
污泥脱水机房	388.8	$8.40×10^{-3}$	$9.97×10^{-4}$	400
水解酸化池	2808	$8.09×10^{-3}$	$3.03×10^{-4}$	45
生化池	6091.8	$1.75×10^{-2}$	$6.58×10^{-4}$	30

b 食堂油烟

项目食堂设在综合楼一楼，就餐人员 10 人，单位食堂设置 2 个灶头，排烟口设在综合楼楼顶。项目食堂为小型食堂，就餐人数较少，油烟的产生量较小，按每名员工用油量 0.1 kg/d，油烟挥发量以 2.5% 计，根据类比分析，动植物油烟产生浓度为 8 mg/m³、0.009 t/a，均超过《饮食业油烟排放标准（试行）》（GB 18483—2001）规定的 2 mg/m³ 浓度限值。食堂设置油烟净化设施，且最低去除效率为 75%，油烟经处理后能满足《饮食业油烟排放标准（试行）》（GB 18483—2001）中的排放要求。

C 噪声

项目运营期噪声源主要分布在污水处理厂内，噪声设备主要有鼓风机、污水泵、污泥泵、浓缩脱水机、运输车辆等，其源强值一般在 60~95 dB(A) 之间，详见表 3-17。

表 3-17   运营期主要设备噪声声级值

序号	噪声源位置	设备名称	数量	声级范围/dB(A)
1	提升泵站	潜污泵	3	80~90
2		罗茨风机	2	85~95
3	剩余污泥泵站	污泥回流泵	2	80~90
4		潜水排污泵	2	80~90
5	鼓风机房	罗茨风机	3	85~95

序号	噪声源位置	设备名称	数量	声级范围/dB（A）
6		高压隔膜板框压滤机	1	75～90
7	污泥脱机房	提升泵	2	60～70
8		污泥泵	2	80～90
9		反冲洗泵	3	80～90
10		滤布冲洗水泵	2	80～90
11	车辆噪声	—	—	75～90

D 固体废物

根据对污水处理工艺方案的分析，运营期产生的固体废物主要有以下几类：

（1）栅渣、沉砂。污水处理厂粗、细格栅和沉砂池中由回转式格栅除污机分离出的粗细垃圾、漂浮物等，栅渣产生量按 0.04 kg/m³ 计，预计污水处理厂每天将产生 0.6 t 栅渣。

（2）剩余污泥。污泥产生量根据《排污许可证申请与核发技术规范 水处理（试行）》（HJ 978—2018）中的污泥产生量公式进行计算：

$$E_{产生量} = 1.7 \times Q \times W_{深} \times 10^{-4} \tag{3-10}$$

式中 $E_{产生量}$——污水处理过程中产生的污泥量，以干泥计，t；

Q——核算时段内排污单位废水排放量，m³；

$W_{深}$——有深度处理工艺（添加化学药剂）时按 2 计，无深度处理工艺时按 1 计，量纲一的量。

经计算，本工程干污泥产生量为 5.1 t/d（1861.5 t/a），换算成含水率 50% 的污泥产生量为 10.2 t/d（3723 t/a）。

（3）生活垃圾。全厂劳动定员 10 人计算，每人每天产生生活垃圾 1 kg，全厂全天生活垃圾产生总量为 10 kg。

（4）项目在综合楼内设置维修间，用于存放维修物品，厂区内设备在维修过程中会产生废润滑油，产生量约 0.1 t/a。

（5）化验废液。化验废液产生量约 0.3 t/a。

（6）废活性炭。活性炭吸附有机物质后，如果不进行更换会产生饱和状态，造成吸附效率下降，影响污水的处理效率。鉴于本项目为工业污水处理厂项目，对活性炭进行再生经济及技术不合理，因此考虑定期对活性炭进行更换。活性炭的吸附能力与处理污水中有机物质含量有关，活性炭一般更换频次为 3～6 个月，根据压差实时监测活性炭吸附效率，及时对活性炭进行更换。根据估算，废活性炭的产生量约 1 t/次。

E 非正常排放分析

a 尾水非正常排放

污水处理厂非正常排放主要有以下几种情况：（1）设备设施事故或故障。由于人为操作失误、停电或某处理单元故障导致污水超越构筑物直接排放。（2）工艺处理原因。由于参数条件达不到设计指标要求，导致超标排放。（3）尾水管道出现破裂、漏水情况导致尾水不能正常排放。

尾水非正常排放源强我们考虑最不利情况，即污水处理厂污水未经任何处理直接排放，尾水排放量为 15000 t/d。尾水非正常排放污染物排放浓度和排放量见表 3-18。

表 3-18　项目非正常排放尾水污染物排放情况一览表

类别	污染源位置	排水量 /t·d^{-1}	主要污染物及指标			排放去向
			名称	排放浓度	排放量	
废水	污水处理厂污水排放口处	15000	COD	500 mg/L	7.5 t/d	长江（武穴段）
			BOD$_5$	150 mg/L	2.25 t/d	
			SS	300 mg/L	4.5 t/d	
			NH$_3$-N	45 mg/L	0.675 t/d	
			TN	70 mg/L	1.05 t/d	
			TP	6 mg/L	0.09 t/d	
			石油类	1 mg/L	0.015 t/d	
			总铜	0.5 mg/L	0.0075 t/d	
			总砷	0.1 mg/L	0.0015 t/d	
			六价铬	0.05 mg/L	0.00075 t/d	
			总镉	0.01 mg/L	0.00015 t/d	
			总氰化物	0.5 mg/L	0.0075 t/d	
			氯化物	800 mg/L	12 t/d	
			挥发酚	0.5 mg/L	0.0075 t/d	
			硫化物	1 mg/L	0.015 t/d	
			苯	0.1 mg/L	0.0015 t/d	
			甲苯	0.1 mg/L	0.0015 t/d	
			苯胺类	0.5 mg/L	0.0075 t/d	
			邻-二甲苯	0.4 mg/L	0.006 t/d	
			对-二甲苯	0.4 mg/L	0.006 t/d	
			间-二甲苯	0.4 mg/L	0.006 t/d	
			硝基苯	2.0 mg/L	0.03 t/d	
			邻氯二苯	—	—	
			色度	64 倍		

b　恶臭污染物非正常排放

恶臭污染物非正常排放，考虑最不利情况，即恶臭污染物未经收集措施收集，且生物除臭塔失效，恶臭污染物未经处理直接排放。恶臭污染物非正常排放污染物呈面源排放情况见表 3-19。

表 3-19　项目非正常排放恶臭污染物排放情况一览表

构筑物名称	非正常情况污染物排放率		
	NH$_3$/kg·h^{-1}	H$_2$S/kg·h^{-1}	臭气浓度（无量纲）
粗格栅及提升泵站	1.51×10^{-3}	2.80×10^{-5}	85

续表 3-19

构筑物名称	非正常情况污染物排放率		
	NH$_3$/kg·h^{-1}	H$_2$S/kg·h^{-1}	臭气浓度（无量纲）
细格栅及沉砂池	3.04×10^{-3}	5.63×10^{-5}	60
调节池	1.62×10^{-2}	3.00×10^{-4}	45
储泥池	2.35×10^{-4}	2.79×10^{-5}	200
污泥脱水机房	8.40×10^{-3}	9.97×10^{-4}	400
水解酸化池	8.09×10^{-3}	3.03×10^{-4}	45
生化池	1.75×10^{-2}	6.58×10^{-4}	30

F 总量控制因子

根据中华人民共和国环境保护部对污染物排放总量控制的要求和对项目污染特征的详细分析，项目涉及的污染物总量控制因子为排放污水中的 COD 和 NH$_3$-N。

根据环保部《建设项目主要污染物排放总量指标审核及管理暂行办法》（环发〔2014〕197 号），本评价的总量控制因子如表 3-20 所示。

表 3-20 项目各总量控制污染物排放量指标 （t/a）

污染项目	控制指标	总排放量	总量控制指标申请量
废水（排放量 1.5×10^4 m^3/d、	COD	273.75	273.75
5.475×10^6 m^3/a）	NH$_3$-N	27.375	27.375

建设单位应向黄冈市生态环境局武穴市分局申请相应的总量控制指标。根据《湖北省主要污染物排污权交易办法实施细则（试行）》中第十条"对 2008 年 10 月 27 日前已建成项目和取得环境保护行政主管部门环境影响评价批复文件的项目，主要污染物排放配额原则采取无偿分配方式分配给各排污单位。2008 年 10 月 27 日之后国家和省环境保护行政主管部门审批的工业建设项目新增主要污染物排污量必须通过排污权交易市场有偿获得"的规定，本项目为市级审批项目，项目污染物总量控制指标可通过市内污染物总量指标调剂获得。

3.5.9.4 环保措施方案分析

A 污水处理工艺分析

本项目污水处理工艺优缺点对比如表 3-21 所示。

表 3-21 工艺特点对比表

工艺类型	主要污染物去除效果					处理流程	规模占地	先进性	成熟性	单位建设成本	单位运行成本
	SS	COD	BOD	TN	TP						
A^2/O	较好	好	好	好	好	简单	中等	较好	较好	中等	中等
改良型氧化沟	较好	好	好	一般	一般	简单	较大	好	较好	较高	较高
CASS	好	较好	好	一般	好	复杂	低	好	一般	较高	中等

由表 3-21 可见，三种工艺都具有良好的脱氮除磷效果，均能满足设计要求，其中 A²/O 运行管理及设备的维护最为方便，运行的可靠度高及工艺的成熟性好，因此本工程的综合污水处理采用水解酸化+改良 A²/O+深度处理工艺。

工艺流程说明：工业园区生活污水通过管网进入粗格栅后，经提升泵提升进细格栅进一步截留污水中的杂物后进入旋流沉砂池，再通过集配水井进入 A²/O 生化池，A²/O 生化池采用底部曝气方式对水体进行供氧，通过氧化沟中活性污泥去除污水中的有机物与磷类物质，A²/O 出水进入二沉池进行泥水分离，上清液经泵提升后依次进入石英砂过滤罐、臭氧氧化罐、生物活性炭过滤罐，进一步去除污水中的有机物、悬浮物及磷类物质，出水最终经接触消毒池消毒达标后排入现有污水泵站及管网，再排入武穴市污水处理厂，经武穴市污水处理厂尾水排放口排入长江（武穴段）。

B　深度处理工艺

为进一步降低二级处理出水中的有机物和 SS，确保各项污染指标能稳定达到一级 A 排放标准，必须在生物处理工艺后增加深度处理工艺。因本工程原水为工业废水，水中 COD 难以降解，为确保出水水质，采用臭氧氧化结合生物活性炭技术进行深度处理，臭氧氧化可以将难降解的大分子有机物分解为易吸附降解的小分子有机物，生物活性炭可吸附易降解的小分子有机物，在微生物的作用下进一步去除污水中的有机污染物。

C　消毒工艺

目前，国内主要的消毒方法有液氯消毒、臭氧消毒、二氧化氯消毒和紫外线消毒等几种方式。消毒工艺比选见表 3-22。

表 3-22　消毒工艺比选

项目	液氯	二氧化氯	臭氧	紫外线
杀菌率	90%~99%	90%~99%	99%~99.9%	>99.99%
投资费用	低	低	高	高
接触时间	10~30 min	30~60 min	10~20 min	0.5~5 s
维护工作量	低	低	高	低
运行成本	低	中等	高	低
安全隐患	低	适中	低	低
优点	价格低；技术成熟；有持续性杀菌的能力	有后续消毒作用；设备简单；传统方式，工艺成熟	有较强杀菌及氧化能力；出水水质好；无后续消毒作用	符合环境保护要求，不会产生三卤甲烷等"三致物"；杀菌迅速，无化学反应；接触时间短，无后续消毒作用
缺点	形成致癌物质	有臭味；对周边环境构成潜在危险；使用时安全措施高	需现场制备维修；管理要求高	消毒效果受出水水质影响较大，没有持续杀菌能力

经过比选，本项目消毒工艺采用二氧化氯消毒工艺。

D 污泥处理处置工艺

本工程污泥脱水处理采用重力浓缩+污泥调理（投加絮凝剂及石灰)+脱水处理，脱水采用高压隔膜板框压滤机压滤。根据《城镇污水处理厂污泥处理处置污染防治最佳可行技术指南（试行)》（HJ-BTA-002），高压脱水机的工作原理是将湿污泥（含水率87%左右）投入由高压和低压系统组成的机械挤压系统中，经过多级连续挤压，脱水污泥含水率降至30%~50%，且本项目污泥采用化学调质，因此本工程污泥经处理后含水率可降至50%以下。

本污水处理厂为工业污水处理厂，根据《关于污（废）水处理设施产生污泥危险特性鉴别有关意见的函》（环函〔2010〕129号）"二、专门处理工业废水（或同时处理少量生活污水）的处理设施产生的污泥，可能具有危险特性，应按《国家危险废物名录》、国家环境保护标准《危险废物鉴别技术规范》（HJ/T 298—2007）和危险废物鉴别标准的规定，对污泥进行危险特性鉴别"，因此本工程产生的污泥需进行属性鉴定，根据鉴定结果采取对应的处置方式。

根据《排污许可证申请与核发技术规范 水处理（试行)》（HJ 978—2018）中提供的污泥处置可行技术，若污泥为一般固体废物，可采取综合利用（土地利用、建筑材料等）、焚烧、填埋的处置方式；若污泥为危险废物，可采取焚烧或委托具有危险废物处理资质的单位进行处理。

对脱水后污泥进行属性鉴定，若鉴定为一般工业固体废物，则交由华新水泥进行协同处置；若鉴定为危险废物，则交由具有处理资质的单位进行处置。

E 臭气处理

工程共设置1套除臭设备，采用风量为 $Q = 15000$ m³/h 的风机收集粗格栅及进水泵房、细格栅及曝气沉砂池、调节池等预处理系统产生的臭气，风量为 $Q = 2000$ m³/h 风机收集污泥脱水系统所产生的臭气，风量为 $Q = 3000$ m³/h 风机收集水解酸化池、生化池系统所产生的臭气，臭气经风机收集后至厂区除臭设备（共用1套设备），除臭采用生物滤池除臭工艺，恶臭气体经处理后于15 m 高排气筒排放。

F 污水处理厂与园区排水收集系统关系

园区内各企业污水经各自污水预处理系统处理达标后经污水总排口接入市政污水管网，进入田镇污水处理厂（一期）工程处理，园区内企业污水总排口设置在线监测系统，当监测水质超标时，关闭总排口，污水经厂区污水预处理系统处理达标后方可进入市政污水管网；当田镇污水处理厂（一期）工程厂内设备发生故障，发生设备故障的处理环节之前的废水引入调节池暂时存放，之后的水处理系统进入自我封闭的循环状态，以保持污水厂的正常运转和生化系统的活性。尽快修理故障设备，将污水处理厂进水和调节池暂存水引入污水处理构筑物，恢复正常污水处理。田镇污水处理厂（一期）工程厂内设置事故池，事故池与调节池合建，调节池有效容积3000 m³，事故池有效容积3000 m³，能满足全流量时暂存至少4.8 h 的要求。污水经贮存后，水处理系统达到正常情况后再经污水处理厂进行处理后排放。

田镇污水处理厂（一期）工程厂区内设置雨污分流系统，园区内设置雨污分流系统。田镇污水处理厂（一期）工程及园区内各企业雨水经各自雨水排放口接入市政雨水管网，就近排入附近地表水体。

3.5.9.5　总图布置方案分析

厂区总平面布置以满足工艺流程为前提，将厂区分为生物处理区、污泥处理区、深度处理区和办公区四大块。生物处理区位于厂区北部，污泥处理区位于厂区南部，深度处理区位于厂区中部，办公楼位于厂区东部，各区之间通过绿化带和道路隔离。

污水处理区由粗格栅及提升泵房、细格栅及沉砂池、初沉池、水解酸化池、生化池（A/A/O）、二沉池、絮凝反应池、中间水池、深度处理车间、接触氧化沟、除臭罐、污泥脱水机房、储泥池、风机房、空配电房、臭氧制备间等构成。

污水处理部分构筑物在设计上按远期 30000 m³/d 进行设计，远期需另行征地。马口医药化工园管委会应对本污水处理厂的建设预留应急、提标、回用设施等建设用地，为后期发展做铺垫。

厂区设置 2 个出入口，主出入口设置于厂区东侧临规划道路，次出入口位于厂区北部临鸿鑫路一侧，方便工作人员及物料的运输。

3.6　生态影响型项目工程分析

3.6.1　导则的基本要求

《环境影响评价技术导则　生态影响》（HJ 19—2022）对生态影响型建设项目的工程分析有如下要求：

（1）按照《建设项目环境影响评价技术导则　总纲》（HJ 2.1—2016）的要求开展工程分析，主要采用工程设计文件的数据和资料以及类比工程的资料，明确建设项目地理位置、建设规模、总平面及施工布置、施工方式、施工时序、建设周期和运行方式，各种工程行为及其发生的地点、时间、方式和持续时间，以及设计方案中的生态保护措施等。

（2）结合建设项目特点和区域生态环境状况，分析项目在施工期、运行期以及服务期满后（可根据项目情况选择）可能产生生态影响的工程行为及其影响方式，判断生态影响性质和影响程度。重点关注影响强度大、范围广、历时长或涉及重要物种、生态敏感区的工程行为。

（3）工程设计文件中包括工程位置、工程规模、平面布局、工程施工及工程运行等不同比选方案的，应对不同方案进行工程分析。现有方案均占用生态敏感区，或明显可能对生态保护目标产生显著不利影响，还应补充提出基于减缓生态影响考虑的比选方案。

3.6.2　工程分析时段

导则明确要求，工程分析时段应涵盖勘察期、施工期、运营期和退役期，即应全过程分析，其中以施工期和运营期为调查分析的重点。在实际工作中，针对各类生态影响型建设项目的影响性质和所处的区域环境特点的差异，其关注的工程行为和重要生态影响会有所侧重，不同阶段有不同的问题需要关注和解决。

勘察设计期一般不晚于环评阶段结束，主要包括初勘、选址选线和工程可行性（预）研究报告。初勘和选址选线工作在进入环评阶段前已完成，其主要成果在工程可行性（预）研究报告会有体现；而工程可行性（预）研究报告与环评是一个互动阶段，环评以工程可行性（预）研究报告为基础，评价过程中发现初勘、选址选线和相关工程设计中存在环境影响问题应提出调整或修改建议，工程可行性（预）研究报告据此进行修改或调整，最终形成科学的工程可行性（预）研究报告与环评报告。

施工期时间跨度少则几个月，多则几年。对生态影响来说，施工期和运营期的影响同等重要且各具特点，施工期产生的直接生态影响一般属临时性质的，但在一定条件下，其产生的间接影响可能是永久性的。在实际工程中，施工期生态影响注重直接影响的同时，也不应忽略可能造成的间接影响。施工期是生态影响评价必须重点关注的时段。

运营期一般比施工期长得多，在工程可行性（预）研究报告中会有明确的期限要求。由于时间跨度长，该时期的生态和污染影响可能会造成区域性的环境问题，如水库蓄水会使周边区域地下水位抬升，进而可能造成区域土壤盐渍化甚至沼泽化；井工采矿时大量疏干排水可能导致地表沉降和地面植被生长不良甚至荒漠化。运营期是环评必须重点关注的时段。

退役期不仅包括主体工程的退役，也涉及主要设备和相关配套工程的退役。如矿井（区）闭矿、渣场封闭、设备报废更新等，也可能存在环境影响问题需要解决。

3.6.3　工程分析的对象

生态影响型建设项目应明确项目组成、建设地点、占地规模、总平面及现场布置、施工方式、施工时序、建设周期和运行方式、总投资及环境保护投资等。一方面，要求工程组成要完全，应包括临时性/永久性、勘察期施工期运营期/退役期的所有工程；另一方面，要求重点工程应突出，对环境影响范围大、影响时间长的工程和处于环境保护目标附近的工程应重点分析。工程分析对象分类及界定依据如表 3-23 所示。

表 3-23　工程分析对象分类及界定依据

	分　类	界　定　依　据	备　注
1	主体工程	一般指永久性工程，由项目立项文件确定工程主体	
2	配套工程	一般指永久性工程，由项目立项文件确定的主体工程外的其他相关工程	
	公用工程	除服务于本项目外，还服务于其他项目，可以是新建，也可以依托原有工程或改扩建原有工程	在此不包括公用的环保工程和储运工程，应分别列入环保工程和储运工程
	环保工程	根据环境保护要求，专门新建或依托、改扩建原有工程，其主体功能是生态保护、污染防治、节能、提高资源利用效率和综合利用等	包括公用的或依托的环保工程
	储运工程	指原辅材料、产品和副产品的储存设施和运输道路	包括公用的或依托的环保工程
3	辅助工程	一般指施工期的临时性工程，项目立项文件中不一定有明确的说明，可通过工程行为分析和类比的方法确定	

工程组成应有完善的项目组成表，一般按主体工程、配套工程和辅助工程分别说明工程位置、规模、施工和运营设计方案、主要技术参数和服务年限等主要内容。

　　重点工程分析既考虑工程本身的环境影响特点，也要考虑区域环境特点和区域敏感目标。在各评价时段内，应突出该时段存在主要环境影响的工程；区域环境特点不同，同类工程的环境影响范围和程度可能会有明显的差异；同样的环境影响强度，因与区域敏感目标相对位置关系不同，其环境影响敏感性也不同。

　　改扩建及异地搬迁建设项目还应包括现有工程的基本情况、污染物排放及达标情况、存在的环境保护问题及拟采取的整改方案等内容。

3.6.4　工程分析的内容

　　（1）工程概况。介绍工程的名称、建设地点、性质、规模以给出工程的经济技术指标；介绍工程特征，给出工程特征表；完全交代工程项目组成，包括施工期临时工程，给出项目组成表：阐述工程施工和运营设计方案，给出施工期和运营期的工程布置示意图；有比选方案时，在上述内容中均应有介绍。

　　应给出地理位置图、总平面布置图、施工平面布置图、物料（含土石方）平衡图和水平衡图等工程基本图件。

　　（2）初步论证。主要从宏观上进行项目可行性论证，必要时提出替代或调整方案。初步论证主要包括以下三个方面的内容：

　　1）建设项目与法律法规、产业政策、环境政策和相关规划的符合性；

　　2）建设项目选址选线、施工布置和总图布置的合理性；

　　3）清洁生产和区域循环经济的可行性，提出替代或调整方案。

　　（3）影响源识别。应明确建设项目在建设阶段、生产运行、服务期满后（可根据项目情况选择）等不同阶段的各种行为与可能受影响的环境要素间的作用效应关系、影响性质、影响范围、影响程度等，分析建设项目可能产生的生态影响。生态影响型建设项目除了主要产生生态影响外，同样会有不同程度的污染影响，其影响源识别主要从工程自身的影响特点出发，识别可能带来生态影响或污染影响的来源，包括工程行为和污染源。影响源分析时，应尽可能给出定量或半定量数据。

　　工程行为分析时，应明确给出土地征用量、临时用地量、地表植被破坏面积、取土量、弃渣量、库区淹没面积和移民数量等。

　　污染源分析时，原则上按污染型建设项目要求进行，从废水、废气、固体废物、噪声与振动、电磁等方面分别考虑，明确污染源位置、属性、产生量、处理处置量和最终排放量。

　　对于改扩建项目，还应分析原有工程存在的环境问题，识别原有工程影响源和源强。

　　（4）环境影响识别。建设项目环境影响识别一般从社会影响、生态影响和环境污染三个方面考虑，在结合项目自身环境影响特点、区域环境特点和具体环境敏感目标的基础上进行识别。

　　应结合建设项目所在区域发展规划、环境保护规划、环境功能区划、生态功能区划、生态保护红线及环境现状，分析可能受建设行为影响的环境影响因素。生态影响型建设项目的生态影响识别，则不仅要识别工程行为造成的直接生态影响，而且要注意污染影响造成的间接生态影响，甚至要求识别工程行为和污染影响在时间或空间上的累积效应（累积影响），明确各类影响的性质（有利/不利）和属性（可逆/不可逆、临时/长期等）。

（5）环境保护方案分析。初步论证是从宏观上对项目可行性进行论证，环境保护方案分析要求从经济、环境、技术和管理方面来论证环境保护措施和设施的可行性，必须满足达标排放、总量控制、环境规划和环境管理要求，技术先进且与社会经济发展水平相适宜，确保环境保护目标可达性。环境保护方案分析至少应有以下五个方面内容：

1）施工和运营方案合理性分析；

2）工艺和设施的先进性和可靠性分析；

3）环境保护措施的有效性分析；

4）环保设施处理效率合理性和可靠性分析；

5）环境保护投资估算及合理性分析。

经过环境保护方案分析，对于不合理的环境保护措施应提出比选方案，进行比选分析后提出推荐方案或替代方案。

对于改扩建工程，应明确"以新带老"环保措施。

（6）其他分析。包括非正常工况类型及源强、事故风险识别和源项分析，以及防范与应急措施说明。

工程分析的主要内容如表 3-24 所示。

表 3-24　工程分析的主要内容

工程项目分析	工作内容	基本要求
工程概况	一般特征简介 工程特征 项目组成 施工和运营方案 工程布置示意图 比选方案	工程组成全面，突出重点工程
项目初步论证	法律法规、产业政策、环境政策和相关规划符合性 总图布置和选址选线合理性 清洁生产和循环经济可行性	从宏观方面进行论证，必要时提出替代或调整方案
影响源识别	工程行为识别 污染源识别 重点工程识别 原有工程识别	从工程本身的环境影响特点进行识别，确定项目环境影响的来源和强度
环境影响识别	社会环境影响识别 生态影响识别 环境污染识别	应结合项目自身环境影响特点、区域环境特点和具体环境敏感目标综合考虑
环境保护方案分析	施工和运营方案合理性 工艺和设施的先进性和可靠性 环境保护设施的有效性 环保设施处理效率合理性和可靠性	从经济、环境、技术和管理方面来论证环境保护方案的可行性
其他分析	非正常工况分析 事故风险识别 防范与应急措施	可在工程分析中专门分析，也可纳入其他部分或专题进行分析

3.6.5 生态影响型工程分析技术要点

按建设项目环境影响评价资质的评价范围划分，生态影响型建设项目主要包括交通运输、采掘和农林水利三大类别，征租用地面积大，直接生态影响范围较大，影响程度较为严重，多为一级或二级评价；海洋工程和输变电工程涉及征租用地面积较大，结合考虑直接生态影响范围或直接影响程度，二级评价较为常见；而其他类建设项目征租用地范围有限，直接生态影响一般局限于征租用地范围，直接影响范围和程度有限，一般为三级评价。

根据项目特点（线型/区域型）和影响方式不同，以下选择公路、管线、航运码头、油气开采和水利水电项目为代表，明确工程分析技术要求。

3.6.5.1 公路项目

工程分析应涉及勘察设计期、施工期和运营期，以施工期和运营期为主，按环境生态、声环境、水环境、环境空气、固体废物和社会环境等要素识别影响源和影响方式，并估算源影响源强。

勘察设计期工程分析的重点是选址选线和移民安置，详细说明工程与各类保护区、区域路网规划、各类建设规划和环境敏感区的相对位置关系及可能存在的影响。

施工期是公路工程产生生态破坏和水土流失的主要环节，应重点考虑工程用地、桥隧工程和辅助工程（施工期临时工程）所带来的环境影响和生态破坏。在工程用地分析中说明临时租地和永久征地的类型、数量，特别是占用基本农田的位置和数量；桥隧工程要说明位置、规模、施工方式和施工时间计划；辅助工程包括进场道路、施工便道、施工营地、作业场地、各类料场和废弃渣料场等，应说明其位置、临时用地类型和面积及恢复方案，不要忽略表土保存和利用问题。施工期要注意主体工程行为带来的环境问题，如路基开挖工程涉及弃土利用和运输问题，路基填筑需要借方和运输，隧道开挖涉及弃方和爆破，桥梁基础施工涉及底泥清淤弃渣等。

运营期主要考虑交通噪声、管理服务区"三废"、线性工程阻隔和景观等方面的影响，同时根据沿线区域环境特点和可能运输货物的种类，识别运输过程中可能产生的环境污染和风险事故。

3.6.5.2 管线项目

工程分析应包括勘察设计期、施工期和运营期，一般管道工程生态影响主要发生在施工期。

勘察设计期工程分析的重点是管线路由和工艺、站场的选择。

施工期工程分析对象应包括施工作业带清理（表土保存和回填）、施工便道、管沟开挖和回填、管道穿越（定向钻和隧道）工程、管道防腐和铺设工程、站场建设和监控工程。重点明确管道防腐、管道铺设、穿越方式、站场建设工程的主要内容和影响源、影响方式，对于重大穿越工程（如穿越大型河流）和处于环境敏感区工程（如自然保护区、水源地等），应重点分析其施工方案和相应的环保措施。施工期工程分析时，应注意管道不同的穿越方式可造成不同影响。

（1）大开挖方式：管沟回填后多余的土方一般就地平整，一般不产生弃方问题。

（2）悬架穿越方式：不产生弃方和直接环境影响，但存在空间、视觉干扰问题。

（3）定向钻穿越方式：存在施工期泥浆处理处置问题。

（4）隧道穿越方式：除隧道工程弃渣外，还可能对隧道区域的地下水和坡面植被产生影响；若有施工爆破则产生噪声、振动影响，甚至局部地质灾害。

运营期主要是污染影响和风险事故。工程分析应重点关注增压站的噪声源强、清管站的废水废渣源强、分输站超压放空的噪声源和排空废气源、站场的生活废水和生活垃圾以及相应环保措施。风险事故应根据输送物品的理化性质和毒性，一般以管道潜在的各种灾害识别源头，按自然灾害、人类活动和人为破坏三种原因造成的事故分别估算事故源强。

3.6.5.3 航运码头项目

工程分析应涉及勘察设计期、施工期和运营期，以施工期和运营期为主，按水环境（或海洋环境）、环境生态、环境空气、声环境和固体废物等环境要素识别影响源和影响方式，并估算源影响源强。

可研和初步设计期工程分析的重点是码头选址和航路选线。

施工期是航运码头工程产生生态破坏和环境污染的主要环节，重点考虑填充造陆工程、航道疏浚工程、护岸工程和码头施工对水域环境和生态系统的影响，说明施工工艺和施工布置方案的合理性，从施工全过程识别和估算影响源。

运营期主要考虑陆域生活污水、运营过程中产生的含油污水、船舶污染物和码头、航道的风险事故。海运船舶污染物（船舶生活污水、含油污水、压载水、垃圾等）的处理处置有相应的法律规定。同时，应特别注意从装卸货物的理化性质及装卸工艺分析，识别可能产生的环境污染和风险事故。

3.6.5.4 油气开采项目

工程分析涉及勘察设计期、施工期、运营期和退役期四个时段，各时段影响源和主要影响对象存在一定差异。

工程概况中应说明工程开发性质、开发形式、建设内容、产能规划等，项目组成应包括主体工程（井场工程）、配套工程（各类管线、井场道路、监控中心、办公和管理中心、储油（气）设施、注水站、集输站、转运站点、环保设施、供水、供电、通信等）和施工辅助工程，分别给出位置、占地规模、平面布局、污染设施（设备）和使用功能等相关数据和工程总体平面图、主体工程（井位）平面布置图、重要工程平面布置图和土石方、水平衡图等。

勘察设计时段工程分析以探井作业、选址选线和钻井工艺、井组布设等作为重点。井场、站场、管线和道路布设的选择要尽量避开环境敏感区域，应采用定向井或丛式井等先进钻井及布局，其目的均是从源头上避免或减少对环境敏感区域的影响。而探井作业是勘察设计期主要影响源，勘探期钻井防渗和探井科学封堵有利于防止地下水串层，保护地下水。

施工期，土建工程的生态保护应重点关注水土保持、表层保存和恢复利用、植被恢复等措施；对钻井工程更应注意钻井泥浆的处理处置、落地油处理处置、钻井套管防渗等措施的有效性，避免土壤、地表水和地下水受到污染。

运营期，以污染影响和事故风险分析和识别为主。按环境要素进行分析，重点分析含油废水、废弃泥浆、落地油、油泥的产生点，说明其产生量、处理处置方式和排放量、排放去向。对滚动开发项目，应按"以新带老"要求，分析原有污染源并估算源强。风险事故应考虑到钻井套管破裂、井场和站场漏油（气）、油气罐破损和油气管线破损等而产生泄漏、爆炸和火灾情形。

退役期，主要考虑封井作业。

3.6.5.5　水利水电项目

工程分析应涉及勘察设计期、施工期和运营期，以施工期和运营期为主。

勘察设计期工程分析以坝体选址选型、电站运行/输水方案设计合理性和相关流域规划的合理性为主。移民安置也是水利工程特别是蓄水工程设计时应考虑的重点。工程设计文件中包括工程位置、工程规模、平面布局、工程施工及工程运行等不同比选方案的，应对不同方案进行工程分析。项目工程方案均占用生态敏感区，或明显可能对生态保护目标产生显著不利影响的，应补充提出基于减缓生态影响考虑的比选方案。

施工期工程分析，应在掌握施工内容、施工量、施工时序和施工方案的基础上，结合项目特点和区域生态环境状况，识别可能引发的环境问题。重点关注影响强度大、范围广、历时长或涉及重要物种、生态敏感区的工程行为。

运营期的影响源应包括水库淹没高程及范围、淹没区地表附属物名录和数量、耕地和植被类型与面积、机组发电用水及梯级开发联合调配方案、枢纽建筑布置等方面。可能对区域水文情势、水环境质量以及水资源供需情况等产生影响。运营期生态影响识别时应注意水库、电站、引水工程等项目运行方式不同，运营期生态影响也有差异：

对于引水式电站，厂址间段会出现不同程度的脱水河段，其水生生态、用水设施和景观影响较大。

对于日调节水电站，下泄流量、下游河段河水流速和水位在日内变化较大，对下游河道的航运和用水设施影响明显。

对于年调节电站，水库水温分层相对稳定，下泄河水温度相对较低，对下游水生生物和农灌作物影响较大。

对于抽水蓄能电站，上库区域易造成区域景观、旅游资源等影响。

3.6.6　生态影响型项目工程分析示例（水利项目）

按照导则要求开展工程分析，本项目位于湖北省天门市、仙桃市，以兴隆库区为水源，新建输水管道自流引水，于深江新闸后入通顺河，天门境内东西向沿天南长渠布置，于蒋场镇黑流村穿越汉江进入仙桃境内卢庙村，南北向布置至通顺河，线路总长40.1 km。本工程设计文件中包括不同比选方案，故应对不同方案进行环境比选和工程分析。

3.6.6.1　建设方案的环境比选分析

A　水源方案环境比选分析

方案Ⅰ（兴隆库区自流引水方案）：以兴隆库区为水源，引水入通顺河。引水线路在天门境内沿汉江堤防北侧布设输水管道，穿汉江左岸堤防后在仙桃境内于深江新闸后1.5 km入通顺河。

方案Ⅱ（引江济汉渠引水方案）：以长江为水源，于引江济汉渠首附近、徐鸳口泵站处分别新建龙洲垸二泵站、徐鸳口二泵站提水入通顺河，通过龙洲垸二泵站提水经引江济汉渠入汉江，后从徐鸳口泵站附近处新建徐鸳口二泵站提汉江水经 7.5 km 输水暗涵至通顺河。

方案Ⅲ（汉江提水方案）：以汉江为水源，于徐鸳口泵站附近新建徐鸳口二泵站提水入通顺河。

由于方案Ⅱ和方案Ⅲ均为提水方案，引水口选址均不涉及国家级种质资源保护区、湿地公园、生态保护红线等生态敏感区；涉及基本农田和水源保护区。方案Ⅱ需新建两处泵站，占地面积较大，同时工程直接投资和运行费用明显高于方案Ⅲ，方案Ⅲ优于方案Ⅱ，因此本次从环境影响角度重点比较方案Ⅰ和方案Ⅲ。

从生态敏感区、水源保护区、工程占地、汉江生态环境以及其他用水户等五方面进行比选，根据比选结果，方案Ⅰ相对于方案Ⅲ，对生态敏感区、水源保护区和工程占地方面短期影响较大，但长期累积类型方案Ⅲ对环境影响较大。同时，方案Ⅲ具有高能耗，对兴隆坝址以下汉江水位以及其他用水户影响较大。综合比选，本环评推荐可研阶段推荐的水源方案，即方案Ⅰ兴隆库区自流引水方案，见表3-25。

表 3-25 水源方案环境比选一览表

比选项目	方案Ⅰ	方案Ⅲ	比选结果
生态敏感区	取水口位于汉江沙洋段长吻鮠瓦氏黄颡鱼国家级水产种质资源保护区实验区，施工期引水渠施工以及运行期供水会对种质资源保护区产生一定的不利影响。同时，也会对下游汉江潜江段四大家鱼国家级水产种质资源保护区产生一定的不利影响。但兴隆水库枢纽坝址上游来水量较大，工程取水占坝址多年平均来水量的 1.28%，影响相对较小	取水口不涉及国家级水产种质资源保护区。施工期不会对汉江潜江段四大家鱼国家级水产种质资源保护区产生影响。运行期由于工程取水水位较低，枯水年份会对上游约 7.5 km 的汉江潜江段四大家鱼国家级水产种质资源保护区产生一定不利影响	从种质资源保护区保护角度看，方案Ⅲ略优方案Ⅰ
水源保护区	方案Ⅰ以隧洞盾构方式穿越郑场镇马垸中心水厂水源地二级保护区，属于无害化穿越，对饮用水源保护区影响较小	方案Ⅲ取水口位于仙桃自来水公司文泉水厂水源地二级保护区，施工期间会对该水厂供水产生一定的不利影响	方案Ⅰ优于方案Ⅲ
工程占地	引水水源输送距离 40.1 km，工程占地以临时占地为主，临时占地面积 1998.72 亩，对生态环境影响较大，施工结束后通过植被恢复这种影响将逐渐消失。但工程永久占地面积较小，为 50.94 亩，相对分散，不涉及永久基本农田，且相对分散，影响相对较小	输水方案距离 7.5 km，工程占地以永久占地为主，面积 261.59 亩，施工期临时占地面积较小，为 707.34 亩。其中，永久占地涉及永久基本农田，且占地比较集中，属于不可逆影响	从保护永久基本农田的角度，方案Ⅰ优于方案Ⅲ
对汉江上下游影响	取水水源受下游兴隆水利枢纽坝址调控，工程取水量占该坝址多年平均来水量比例较小，对汉江上下游生态环境影响总体较小	水源方案无梯级调控，运行取水，下游河道水位下降，对下游河道生态环境影响较大。随着河道进一步下切，远期供水得不到保障	方案Ⅰ优于方案Ⅲ
对其他取水口影响	兴隆坝址上游取水口以及取水量相对较少，方案Ⅰ取水水源受下游兴隆水利枢纽坝址调控，主要影响河段为兴隆坝址至泽口河段，根据预测分析，运行期水位最大降幅为 0.128 m，对下游河道取水口取水影响较小	水源方案无梯级调控，本工程运行后取水引起兴隆坝址以下河道下切，枯水年份水位降低，对其他取水口取水产生不利影响较大	方案Ⅰ优于方案Ⅲ

续表 3-25

比选项目	方案Ⅰ	方案Ⅲ	比选结果
能源消耗	自流引水方案，运行期基本无能源消耗，主要为天门二水厂泵站提水，年能源消耗量 45 kW·h	提水方案，年能源消耗量大，年能源消耗量 562.8 kW·h	方案Ⅰ优于方案Ⅲ
综合比选	推荐方案Ⅰ		

B　输水干线环境比选分析

在坚持输水干线选线原则上，拟定潜江线路方案（方案一，布置于汉江右岸）、天门线路方案（方案二，布置于汉江左岸）进行环境比选。经综合比选，推荐采用天门线路方案，见表 3-26。

表 3-26　输水干线环境比选一览表

比选项目	方案一（潜江线路方案）	方案二（天门线路方案）	比选结果
地形条件	两条输水线路位于汉江河道两岸，地形地貌条件基本相当		两者相当
地质条件	输水管线下穿地表水体较多，主要为东荆河、引江济汉渠、兴隆河等，且地下浅层分布透镜状砂层，透水性较好，局部分布淤泥质土层，具高压缩性、微弱透水性，施工中存在涌水、涌砂可能。管线多处穿越居民区、工业园区、油田管道密布区和地表沟渠，地下管网复杂，区内地表水系发育，淤泥质土层间断分布，工程地质条件复杂，施工可能导致浅层砂液化和软土层剪切破坏甚至地面塌陷和隆起，导致地表建筑物变形破坏	输水管线下穿的地表水体较少，主要为汉江，但设置的江底管线长度较长。汉江是区内最大的地表水体，江底分布的砂、砂砾石层透水性好，汉江江水与地下水水力联系紧密，施工中发生涌水、涌砂的可能性大，易造成开挖面失稳。天门线路方案与潜江线路方案地质条件相差不大，但天门线路方案地表及地下结构相对简单，由此产生的环境影响也相对较小	方案二较优
环境保护目标	输水线路沿线声环境和大气环境保护目标较多，输水线路难以避让，移民规模相对较大	沿线大气和声环境敏感目标较少，移民工程量较少。运营期对种质资源保护区影响相差不大	方案二较优
生态敏感区	避开了国家级水产种质资源保护区和饮用水水源保护区。但运行期工程取水导致的水文情势的变化，也会对汉江沙洋段长吻鮠黄颡鱼国家级水产种质资源保护区和汉江潜江段四大家鱼国家级水产种质资源保护区产生一定的不利影响	占用汉江沙洋段长吻鮠黄颡鱼国家级水产种质资源保护区实验区，工程施工会对其产生一定的不利影响，运行期工程取水导致水文情势变化，也会对其产生一定的不利影响。同时采用盾构无害化方式施工，对水源保护区影响较小	方案一较优
生态环境	线路穿越区主要以农田生态系统为主，输水线路无重点保护动植物	输水线路生态环境与潜江线路方案相差不大，无重点保护野生动植物分布	两者相当
工程布置	潜江线路总长度 46.1 km，工程占地规模较大，线路需要穿越多处河流、道路、村镇以及江汉油田、潜江新能源新材料产业园，线路布置需保证与管线之间的安全距离，线路布置该段较复杂	天门线路总长 40.1 km，管线主要穿越耕地，地表建筑物较少，且主要为临时占地，工程占地规模较小。同时，穿越汉江段长度为 2.0 km，可单独设置一个盾构施工区以降低施工难度	方案二优

续表 3-26

比选项目	方案一（潜江线路方案）	方案二（天门线路方案）	比选结果
施工条件	潜江干线需穿越引江济汉渠道、兴隆河及东荆河等地表水体，天门线路仅需穿越汉江。虽然盾构法施工已在多个水利输水项目中采用，地下掘进技术成熟，但是盾构在穿越河流时易发生突涌现象，施工期不可预见因素较大，穿越的地表水体越多，施工期间环境风险越大。同时潜江线路方案虽然不穿越汉江，但穿越的引江济汉渠道、兴隆河及东荆河均与汉江相连通，若发生突涌也会对汉江水环境产生不利影响		方案二优
工程投资	29.39 亿元（含移民及盾构设备费用）	26.22 亿元（含移民及盾构设备费用）	方案二优
综合比选	推荐方案二		

C　输水支线环境比选分析

从地形地质条件、总体布置、移民征迁、环境保护目标、施工影响和工程投资等方面进行比选分析，从环境影响角度推荐输水支线线路方案。

3.6.6.2　施工总布置的环境合理性分析

A　施工布置区

根据施工总布置，本工程共规划了 19 个施工布置区，其中输水干线设置施工布置区 11 个，天南长渠分水支线设置 3 个布置区，天门二水厂分水线路设置 5 个布置区。各施工布置区在设置上优先避开了自然保护区、生态保护红线、集中居民分布点，施工生产生活区布设依托盾构工作井或阀井，可减少临时道路的设置，减少扰动面积，降低了对生态环境的破坏。占地类型主要为旱地和设施农用地，施工结束后对施工布置区表层硬化混凝土进行拆除，然后将其复垦为耕地。对于距离中心点 200 m 范围内零星分布的居民点，施工布置区在设置的时候应尽可能优化平面布置，优先满足与居民点的距离不低于 200 m，对于距离居民点无法满足 200 m 要求的，施工期间通过采取降尘、围挡、合理安排作业等措施后，对居民点的不利影响可控。因此，本工程施工布置区选址具有一定的环境合理性。

B　弃渣场设置的环境合理性分析

本工程产生的弃土石进行综合利用具有可行性，可不规划设置弃渣场。

C　料场与临时堆放场的环境合理性分析

本工程规划的 6 个料场均为源于开挖产生的土料，采用 1 m³ 反铲挖掘机配合 5~8 t 自卸汽车开采运输。减少了新增料场占地对区域生态环境的破坏。

同时工程规划了 17 处临时堆料场，总占地面积 66.52 万平方米，平均堆高 2 m。各堆料场在布置上均就近依托施工布置区和输水管线布设，避免敷设太远而导致新增临时便道占地，占地类型为旱地，占地不涉及生态保护红线、生态公益林等生态敏感区；大部分临时堆料场周边 200 m 范围内均无居民点分布，少量距离居民点较近的堆料场经优化布置后可满足距离周边居民点 200 m 的要求。同时，考虑区域分布有永久基本农田，应优先避让，确实无法避让，施工结束要及时恢复耕地质量，确保耕地质量不降低。因此，堆料场的设置具有环境合理性。

3.6.6.3   工程规模的环境合理性分析

工程设计流量的合理性分析：本工程引水严格根据"以供定需"的原则，充分考虑需水实际情况，罗汉寺闸检修时段一般为 11 ~ 12 月份，需要应急补水；此时，泽口灌区灌溉用水需求相对较少，依据长系列供需平衡成果分析，在考虑泽口供水区、天门市二水厂以及天南长渠应急供水 30 m³/s 的情况下，渠首引水闸设计流量为 50 m³/s，较理论渠首设计流量减少了 30%。因此，工程设计流量规模具有环境合理性。

工程引水规模的环境合理性分析：引隆补水工程不新增灌溉和生活用水引水，主要为南水北调中线规划分配给区域的水量，仅新增 0.18 亿立方米的生态补水，且新增生态供水主要在汉江水量相对充沛的时间。根据汉江水量适时进行生态补水，不仅保障了汉江下游基本生态流量，同时也保障了通顺河流域基本生态用水，有利于通顺河流域水环境质量的改善。从通顺河流域水环境质量改善和水资源配置成果上看，本工程引水规模具有环境合理性。

工程给天门市第二水厂供水的环境合理性分析：引隆补水工程作为天门第二水厂水源地为天门市城区供水，不仅能解决河道下切天门第二水厂引水困难的问题，也可使地表水环境质量更有保障。同时，汉江岳口段作为天门第二水厂的备用水源地，实现双水源供水（一用一备），进一步保障了天门市城市供水安全。因此，引隆补水工程给天门第二水厂供水作为其水源地具有环境合理性。

3.6.6.4   工程施工环境影响分析

施工方式，输水干线、工作井等主体工程位置和形式，这些往往是整个项目对周边环境影响程度的决定性因素，合理的设计可以消除许多建成后难以消除的环境影响。工程施工环境影响分析见表 3-27。

表 3-27   工程施工环境影响分析简表

分 类		环境影响简析
施工导截流		地表水环境：主要施工导截流作业施工扰动地表水体；基坑初期排水与经常性排水。主要污染物为 SS。 水生生态环境：扰动地表水体引起水体 SS 含量增加，导致水体透明度下降，影响水生生境后对浮游生物以及鱼类资源产生不利影响；扰动水体底部破坏扰动区域河床地质，进而对底栖动物、鱼类等产生个体伤害
输水干线施工	工作井施工	地下水环境：工作井开挖引起周边地下水水位的变化；混凝土灌浆对周边地下水水质的影响。 陆生生态环境：主要表现为工作井施工占地对陆生生态环境的破坏，考虑工作井都为点状工程，占地面积较小，对陆生生态环境影响有限。 声环境：施工机械产生的噪声。 大气环境：主要为地表开挖、土石方堆填、交通运输等产生的扬尘，主要污染物为 TSP；施工机械、运输车辆等产生的燃油废气，主要污染物为 SO_2 和 NO_2。 水土流失：土石方开挖回填过程中，如不采取措施遇地表径流易造成水土流失
	盾构施工	地下水环境：主要为盾构施工引起周边地下水水位的变化，以及注浆过程中对周边地下水水质的影响，主要污染因子为 pH 和 SS。 声环境：主要施工机械以及施工活动产生的噪声对周边声环境的影响。

续表 3-27

分 类		环境影响简析
输水干线施工	盾构施工	固体废物：盾构施工产生的渣土、盾构泥浆，经土石方平衡，渣土经翻晒后优先回用于土方填筑，不能利用渣土外运调配至其他项目进行综合利用。 大气环境：主要为地表开挖、扰动土石方堆填、交通运输等产生的扬尘，主要为 TSP；施工机械、运输车辆等产生的燃油废气，主要污染物为 SO_2 和 NO_2
	隧洞二次衬砌施工	施工机械产生的噪声对区域声环境的影响
	进水闸、出水阀室施工	水生生态环境：施工抛石护坡护底等涉水作业施工对水生生境的破坏，进而对浮游动植物、底栖动物以及鱼类资源等产生不利影响。 大气环境：地表开挖、扰动土石方堆填、交通运输等产生的扬尘，主要为 TSP；施工机械、运输车辆等产生的燃油废气，主要污染物为 SO_2 和 NO_2。 固体废物：土方开挖后不能利用的弃渣。 地表水环境：涉水作业施工扰动地表水水体，主要污染因子是 SS；混凝土浇筑施工对地表水环境的影响，主要污染因子为 pH 和 SS。 声环境影响：主要施工机械以及施工活动产生的噪声对周边声环境的影响
分水支线施工		陆生生态环境：主要分水支线 PCCP 埋管敷设，施工作业带占地对陆生植物、陆生动物以及陆生生态系统的影响。 水生生态环境：主要天南支渠出水口节制闸施工涉水作业引起的水生生境的变化，对水生生物产生不利影响。 地下水影响：为输水管道开挖可能导致地下水涌水，进而对管线两侧地下水水位的影响；混凝土镇墩等施工也对会地下水水质产生不利影响。 大气环境：地表开挖、扰动土石方堆填、交通运输等产生的扬尘，主要为 TSP；施工机械、运输车辆等产生的燃油废气，主要污染物为 SO_2 和 NO_2。 声环境：施工机械以及施工活动产生的噪声；运行期泵站运行产生的噪声。 地表水环境：管道试压水，主要污染因子为 SS。 固体废物：工程弃渣等
检修放空系统施工		大气环境：地表开挖、扰动土石方堆填、交通运输等产生的扬尘，主要为 TSP；施工机械、运输车辆等产生的燃油废气，主要污染物为 SO_2 和 NO_2。 声环境：施工期机械施工产生的噪声；运行期输水管线放空水泵产生的噪声。 固体废物：主要为工程弃渣。 地下水环境：主要基坑开挖引起周边地下水水位的变化以及混凝土浇筑引起的周边地下水水质的变化
运行道路施工		大气环境：地表开挖、扰动土石方堆填、交通运输等产生的扬尘，主要为 TSP；施工机械、运输车辆等产生的燃油废气，主要污染物为 SO_2 和 NO_2。 陆生生态环境：主要为工程占地对地表植被的破坏，影响相对较小。 声环境：施工期机械施工产生的噪声。 固体废物：主要为工程弃渣

续表 3-27

分 类		环境影响简析
辅助工程施工	施工布置区	生态环境：主要为施工布置区占地对生态环境的破坏。 水环境：施工人员活动产生的生活污水；混凝土系统产生的混凝土拌和系统冲洗废水，机械、车辆维修冲洗废水。 声环境：钢筋加工厂、模板加工厂等产生的噪声。 固体废物：施工人员产生的生活垃圾，建筑废料等
	交通运输道路	施工期运输路线车辆运行可能导致当地交通运输压力增加。 道路建设过程中对水环境（SS）、声环境（噪声）、大气环境（粉尘、废气）产生影响，并易形成水土流失
	堆料场	占地对生态环境的破坏；土料翻晒期间产生的扬尘，并易形成水土流失
移民安置		本工程为线性工程，征地主要为取水口和阀井，工程征地量小，影响甚小。在征求意愿后，拟采取一次性货币补偿，不涉及生产安置人口。工程涉及范围农村搬迁共计 10 户 40 人，占地对各乡镇的影响很小。总体而言，移民安置对移民生活质量、人群健康、社会经济等产生的影响微乎其微

3.6.6.5 工程环境因素污染影响分析

A 污染因素分析与源强核算

根据项目产物环节进行源强核算，本案例主要针对生态影响进行分析。

B 生态影响因素分析

（1）陆生生态影响分析。工程施工对生态环境的影响表现在工程占地对土地资源的影响，施工活动对土壤和植被、野生动物的影响。工程总占地面积为 2049.66 亩（1 亩 ≈ 666.67 m^2），其中永久占地 50.94 亩，临时占地 1998.72 亩。工程永久占地属于不可逆影响，将对当地土地资源造成一定损失，但工程永久占地规模较小且分散，占地对各区域整体影响较小；工程临时占地会造成植被破坏、对占地区生物量和陆生动物生境产生影响，这种影响是暂时可逆的。

（2）水生生态影响分析。本工程涉水作业主要为输水干线进出水口施工、天南长渠出水口节制闸施工，一方面涉水作业扰动水体，影响水环境质量；另一方面护坡、抛石护底施工改变河道地质生境，影响水生生物。总体而言，本工程涉水作业施工内容较少，对水生生态影响较小。

（3）生态保护目标影响分析。本工程涉及的生态保护目标主要为汉江沙洋段长吻鮠瓦氏黄颡鱼国家级水产种质资源保护区、汉江潜江段四大家鱼国家级水产种质资源保护区以及汉江沿线饮用水源保护区。其中本工程输水干线引水口工程位于汉江沙洋段长吻鮠瓦氏黄颡鱼国家级水产种质资源保护区实验区，工程施工及运行可能会对其产生一定的不利影响。其他生态保护目标，工程不直接涉及，工程施工和运行对其影响有限。

（4）工程运行影响分析。本工程运行后，从汉江兴隆库区引水会对汉江下游河道水文情势及其他用水户产生一定的影响；受水区泽口灌区农业灌溉退水以及通顺河流域生态补水，会对通顺河流域水环境质量产生一定影响。

运营期分析在环境影响预测与评价章节进一步展开。

3.6.6.6 水资源配置预测分析

依据工程任务，汉北河流域生态供水为应急供水，天门市二水厂为城市生活供水，本工程主要保障天门市二水厂的 $20×10^4$ t/d 的供水要求。

工程规划范围包括河道外用水范围和河道内生态环境用水范围两部分。河道外用水范围为泽口灌区自泽口闸引水的供水区（以下称泽口闸灌区），涉及仙桃市全市，设计灌溉面积为 178.6 万亩；河道内生态环境用水范围为通顺河流域。

对泽口闸灌区河道外需水（包括生活、生产和生态用水）、天门二水厂供水范围需水（供水规模）进行定量预测；对现有设施、加上规划的新水源工程，对不同工程（蓄、引、提等）进行长系列逐旬调算，进行基准年以及设计水平年可供水量预测分析。在此基础上分析项目的水资源供需情况。

3.6.6.7 工程建设与相关产业政策的符合性分析

根据中华人民共和国国家发展和改革委员会令第 29 号《产业结构调整指导目录（2019 年本）》（2021 年修改），湖北省汉江生态经济带引隆补水工程属于"第一类 鼓励类"中"二、水利"的"3、城乡供水水源工程"，因此本项目的建设符合国家产业政策。

3.6.6.8 工程建设与相关法律法规等符合性分析

根据自然资源和规划部门查询的本工程与生态保护红线位置关系，湖北省引隆补水工程输水线路与临时占地经优化调整后不涉及湖北省生态保护红线。因此，本工程建设与生态保护红线管理要求相符合。

根据工程水资源配置成果，引隆补水工程引水量满足 2030 年受水区用水总量控制要求，不会突破汉江水资源利用上线。因此，本工程与资源利用上线相符合。

本工程施工期会产生一定的废水和废气，通过在施工期落实环评报告提出的废水和废气污染防治措施后，对环境影响可防可控；运行期不排放废水、废气，同时对通顺河进行生态补水有利于水环境质量的改善。因此，工程实施不会导致区域环境质量恶化，不突破环境质量底线，与环境质量底线管理要求相符合。

3.7 污染源源强核算

污染源源强核算是工程分析中的重要工作内容，污染源分析及源强核算的准确性直接影响环境保护措施的选取，直接影响环境影响预测评价的结论。因此污染源强核算应当依据科学的方法逐步进行。首先，开展污染源识别和污染物确定；其次，进行污染源核算方法的选取和相关参数的确定；最后，开展污染源源强的准确核算及结果统计。

建设项目环境影响评价污染源源强核算技术指南体系由准则及行业指南构成。准则规定污染源源强核算的总体要求、核算程序、源强核算原则要求；行业指南指导和规范具体行业的污染源源强核算工作。已颁布实施的污染源源强核算技术指南如下：

（1）《污染源源强核算技术指南　准则》（HJ 884—2018）；

（2）《污染源源强核算技术指南　电镀》（HJ 984—2018）；

（3）《污染源源强核算技术指南　纺织印染工业》（HJ 990—2018）；

　　（4）《污染源源强核算技术指南　钢铁工业》（HJ 885—2018）；

　　（5）《污染源源强核算技术指南　锅炉》（HJ 991—2018）；

　　（6）《污染源源强核算技术指南　化肥工业》（HJ 994—2018）；

　　（7）《污染源源强核算技术指南　火电》（HJ 888—2018）；

　　（8）《污染源源强核算技术指南　炼焦化学工业》（HJ 981—2018）；

　　（9）《污染源源强核算技术指南　农副食品加工工业—制糖工业》（HJ 966.1—2018）；

　　（10）《污染源源强核算技术指南　农副食品加工工业—淀粉工业》（HJ 996.2—2018）；

　　（11）《污染源源强核算技术指南　农药制造工业》（HJ 993—2018）；

　　（12）《污染源源强核算技术指南　平板玻璃制造》（HJ 980—2018）；

　　（13）《污染源源强核算技术指南　石油炼制工业》（HJ 982—2018）；

　　（14）《污染源源强核算技术指南　水泥工业》（HJ 886—2018）；

　　（15）《污染源源强核算技术指南　有色金属冶炼》（HJ 983—2018）；

　　（16）《污染源源强核算技术指南　制革工业》（HJ 995—2018）；

　　（17）《污染源源强核算技术指南　制浆造纸》（HJ 887—2018）；

　　（18）《污染源源强核算技术指南　制药工业》（HJ 992—2018）。

3.7.1　相关概念及定义

　　根据《污染源源强核算技术指南　准则》（HJ 884—2018），相关概念及定义如下：

　　（1）污染源：指造成环境污染的污染物发生源，通常指向环境排放有害物质或对环境产生有害影响的场所、设备或装置等。

　　（2）源强：指对产生或排放的污染物强度的度量，包括废气源强、废水源强、噪声源强、振动源强、固体废物源强等。

　　1）废气、废水源强是指污染源单位时间内产生的废气、废水污染物排出产生有害影响的场所、设备、装置或污染防治（控制）设施的数量。通常包括废气和废水污染源正常排放和非正常排放，不包括事故排放。

　　2）噪声源强是指噪声污染源的强度，即反映噪声辐射强度和特征的指标，通常用辐射噪声的声功率级或确定环境条件下、确定距离的声压级（均含频谱）以及指向性等特征来表示。

　　3）振动源强是指振动污染源的强度，即反映振动源强度的加速度、速度或位移等特征指标，通常用参考点垂直于地面方向的 Z 振级表示。

　　4）固体废物源强是指污染源单位时间内产生的固体废物的数量。

　　（3）污染物产生量：指污染源某种污染物生成的数量。

　　（4）污染物排放量：指污染源排入环境或其他设施的某种污染物的数量。

　　（5）非正常工况：指生产设施非正常工况或污染防治（控制）设施非正常状况，其中生产设施非正常工况指开停炉（机）、设备检修、工艺设备运转异常等工况，污染防治（控制）设施非正常状况指达不到应有治理效率或同步运转率等情况。

　　（6）事故排放：指突发泄漏、火灾、爆炸等情况下污染物的排放。

　　（7）物料衡算法：指根据质量守恒定律，利用物料数量或元素数量在输入端与输出端之间的平衡关系，计算确定污染物单位时间产生量或排放量的方法。

（8）类比法：指对比分析在原辅料及燃料成分、产品、工艺、规模、污染控制措施、管理水平等方面具有相同或类似特征的污染源，利用其相关资料，确定污染物浓度、废气量、废水量等相关参数进而核算污染物单位时间产生量或排放量，或者直接确定污染物单位时间产生量或排放量的方法。

（9）实测法：指通过现场测定得到的污染物产生或排放相关数据，进而核算出污染物单位时间产生量或排放量的方法，包括自动监测实测法和手工监测实测法。

（10）产污系数法：指根据不同的原辅料及燃料、产品、工艺、规模，选取相关行业污染源源强核算技术指南给定的产污系数，依据单位时间产品产量计算出污染物产生量，并结合所采用治理措施情况，核算污染物单位时间排放量的方法。

（11）排污系数法：指根据不同的原辅料及燃料、产品、工艺、规模和治理措施，选取相关行业污染源源强核算技术指南给定的排污系数，结合单位时间产品产量直接计算确定污染物单位时间排放量的方法。

（12）实验法：指模拟实验确定相关参数，核算污染物单位时间产生量或排放量的方法。

（13）核算时段：指相关管理规定确定核算污染物排放量的时间范围，一般以年、小时等为核算时段。

3.7.2 总体要求

应按照污染源源强核算技术指南体系规定的工作程序、核算方法、技术要求进行污染源源强核算，识别所有涉及的污染源和规定的污染物，按照规定的优先级别选取核算方法，给出完整的源强核算结果和相关参数。

核算方法所需参数的测定应满足国家或地方相关技术标准、规范的要求。通过资料收集方式获取参数时，选用的参数依据（如可研报告、设计文本、台账记录等）应规范有效。

位于环境质量不达标区域的新（改、扩）建工程污染源，应采用具备最优排放水平的污染防治可行技术，并选取对应的参数进行源强核算；位于环境质量达标区域的新（改、扩）建工程污染源，应采用污染防治可行技术，并选取对应的参数进行源强核算。

污染物排放量的核算应包括正常排放和非正常排放两种情况，并分别明确正常排放量和非正常排放量。

废水污染源源强核算应考虑生产装置运行时间与污染治理措施运行时间的差异，分别确定废水污染物的产生量核算时段和排放量核算时段，

采用实测法进行源强核算时，应同步记录监测期间生产装置的运行工况参数，如物料投加量、产品产量、燃料消耗量、副产物产生量等；进行废水污染源源强核算时，还应分别详细记录调质前废水的来源、水量、污染物浓度等情况。

3.7.3 源强核算程序

污染源源强核算程序包括污染源识别与污染物确定、核算方法及参数选定、源强核算、核算结果汇总等。

（1）污染源识别与污染物确定。结合工艺流程，识别产生废气、废水、噪声、振动、

固体废物等的污染源，确定污染源类型和数量，针对每个污染源识别所有规定的污染物及其治理措施。

（2）核算方法及参数选定。按照行业指南规定的优先级别选取适当的核算法，合理选取或科学确定相关参数。

（3）源强核算。根据选定的核算方法和参数，结合核算时段确定污染物源强，一般为污染物年排放量和小时排放量等。

（4）核算结果。列表给出源强核算结果及相关参数。

3.7.4　污染源识别和污染物确定

3.7.4.1　污染源的识别

污染源的识别应结合行业特点，涵盖所有工艺和装备类型，明确所有可能产生废气、废水、噪声、振动、固体废物等污染物的场所、设备或装置，包括可能对水环境和土壤环境产生不利影响的"跑冒滴漏"等环节。行业指南应结合行业特点和相关技术导则的要求，对行业的重要污染源进行详细说明。

应分别对废气、废水、噪声、振动等污染源进行分类。

（1）废气污染源类型。按照污染源形式可划分为点源、面源、线源、体源；按照排放方式可划分为有组织排放源、无组织排放源；按照排放特性可划分为连续排放源、间歇排放源；按照排放状态可划分为正常排放源、非正常排放源。

（2）废水污染源类型。按照排放形式可划分为点源、非点源；按照排放特性可划分为连续排放、间歇排放；按照排放状态可划分为正常排放源、非正常排放源。

（3）噪声源类型。按照声源位置可划分为固定声源、流动声源；按照发声时间可划分为频发噪声源、偶发噪声源；按照发声形式可划分为点声源、线声源和面声源。

（4）振动源类型。按照振动变化情况可划分为稳态振动源、冲击振动源、无规振动源、轨道振动源。

（5）地下水排放类型。按照排放状态可划分为正常状况及非正常状况下的排放。

3.7.4.2　污染物的确定

行业指南应根据国家、地方颁布的行业污染物排放标准，确定污染源废气、废水相关污染物。没有行业污染物排放标准的，可结合国家、地方颁布的综合排放标准，或参照具有类似产排污特性的相关行业的排放标准，确定污染源废气、废水相关污染物。也可依据原辅料及燃料使用和生产工艺情况，分析确定污染源废气、废水污染物。

行业指南应按照固体废物的属性，即第Ⅰ类一般工业固体废物、第Ⅱ类一般工业固体废物、危险废物（按照《国家危险废物名录》划分）、生活垃圾等，分别确定固体废物名称。

3.7.5　源强核算结果与统计

污染源源强核算结果应清晰明确地进行统计及分析，统计结果为后续竣工环保验收及排污许可工作中的重要参考。

3.7.6　源强核算方法

污染源源强核算可采用实测法、物料衡算法、产污系数法、排污系数法、类比法、实验法等方法。行业指南应分别明确各核算方法的适用对象、计算公式、参数意义以及核算要求。

污染物排放量多根据监测数据，一般使用实测法计算。如在使用物料衡算法和产排污系数法确定排污单位的污染物的排污量时，一定要结合工业企业的生产工艺、使用的原料、生产规模、生产技术水平和污染防治设施的去除率等，才能合理反映排污量。实测法的数据应满足《城市区域环境振动测量方法》（GB 10071）、《固定污染源排气中颗粒物测定与气态污染物采样方法》（GB/T 16157）、《环境监测质量管理技术导则》（HJ 630）、《固定污染源烟气（SO_2、NO_x、颗粒物）排放连续监测技术规范》（HJ 75）、《固定污染源烟气（SO_2、NO_x、颗粒物）排放连续监测系统技术要求及检测方法》（HJ 76）、《地表水和污水监测技术规范》（HJ/T 91）、《水污染源在线监测系统运行与考核技术规范（试行）》（HJ/T 355）、《水污染源在线监测系统数据有效性判别技术规范（试行）》（HJ/T 356）、《固定污染源监测质量保证与质量控制技术规范（试行）》（HJ/T 373）、《固定源废气监测技术规范》（HJ/T 397）等监测规范的要求。

物料衡算法和类比法参考本书 3.5 节工程分析方法。物料衡算法是根据质量守恒定律，利用物料数量或元素数量在输入端与输出端之间的平衡关系，计算确定污染物单位时间产生量或排放量的方法。物料衡算步骤：（1）确定物料衡算系统；（2）收集物料衡算基础资料（生产工艺流程图、反应方程式）；（3）确定计算基准物；（4）进行物料衡算计算（总量法、定额法）；（5）衡算结果的分析及应用。本法是根据理论计算求得结果，比较简单，但计算中设备运行均按理想状态考虑，所以计算结果有时偏低。类比法是基于已有和拟建项目类型相同的现有项目的设计资料或实测数据，需充分注意分析对象与类比对象之间的相似性和可比性。

经验产排污系数法是根据生产过程中单位产品的经验产排污系数进行计算，求得污染物排放量的计算方法。只要取得准确的单位产品的经验排放系数，就可以使污染物排放量的计算工作大幅简化。

除《污染源源强核算技术指南　准则》（HJ 884—2018）外，生态环境部颁布了电镀等 17 行业的污染源源强核算技术指南。行业指南针对不同污染源类型、污染物特性，区分新（改、扩）建工程污染源和现有工程污染源，分别确定污染源源强核算方法，并给出核算方法的优先级别。核算方法优先级别的确定应遵循简便高效、科学准确、统一规范的原则。新（改、扩）建工程污染源源强的核算，应依据污染源和污染物特性确定核算方法的优先级别，不断提高产污系数法、排污系数法的适用性和准确性。现有工程污染源源强的核算应优先采用实测法，各行业指南也可根据行业特点确定其他核算方法；采用实测法核算时，对于排污单位自行监测技术指南及排污许可证等要求采用自动监测的污染因子，仅可采用有效的自动监测数据进行核算；对于排污单位自行监测技术指南及排污许可证等未要求采用自动监测的污染因子，核算源强时优先采用自动监测数据，其次采用手工监测数据。行业指南应明确产污系数和排污系数的选取原则。

行业指南应明确核算方法相关参数的获取途径，规定重要参数的数值，并细化相关系数、参数所对应的生产工艺、装置以及污染防治措施，明确相关系数、参数所代表的水平。

下面以《污染源源强核算技术指南　锅炉》（HJ 991—2018）为例，说明污染源源强核算的具体方法。

锅炉污染源源强核算方法包括实测法、类比法、物料衡算法和产污系数法等，核算方法选取次序见表3-28。

表 3-28　源强核算方法选取次序表

环境要素	污染源	核算因子	核算方法及选取优先次序	
			新（改、扩）建工程污染源	现有工程污染源
有组织废气（正常工况）	锅炉烟囱	颗粒物、二氧化硫、氮氧化物、汞及其化合物	（1）物料衡算法；（2）类比法；（3）产污系数法	实测法
有组织废气（非正常工况）	锅炉烟囱	颗粒物、氮氧化物	类比法	（1）实测法；（2）产污系数法
		二氧化硫		（1）实测法；（2）物料衡算法
		汞及其化合物		（1）实测法；（2）类比法
无组织废气	煤场/油（气）罐、灰渣场等原辅料和副产品储存、卸载、运输、制备系统	燃料为煤、生物质；颗粒物燃料为油、气；非甲烷总烃	类比法	类比法
	液氨/氨水储存系统	氨		
废水	锅炉废水排口	化学需氧量、氨氮、悬浮物、石油类、氟化物、硫化物、挥发酚、总磷等	（1）类比法；（2）产污系数法	实测法
噪声	锅炉风机、水泵、磨机等设备	噪声级	类比法	
固体废物	锅炉和除尘、脱硫系统等	灰渣、脱硫副产品等	（1）物料衡算法；（2）类比法；（3）产污系数法	
	脱硝系统	废脱硝催化剂	类比法	

注：1. 现有工程污染源未按照相关管理要求进行手工监测、安装污染物自动监测设备或者自动监测设备不符合规定的，环境影响评价管理过程中，应依法依规整改到位后按照本标准方法核算；排污许可管理过程中，按照排污许可相关规定进行核算。

2. 废气核算因子根据《锅炉大气污染物排放标准》（GB 13271）确定。

3. 废水核算因子根据《污水综合排放标准》（GB 8978）、《排污单位自行监测技术指南　火力发电及锅炉》（HJ 820）确定，外排废水不含生活污水时不核算总磷。间接排放的，由受纳的污水集中处理设施（单位）统一核算。

3.7.6.1 废气源强核算

新（改、扩）建工程污染源源强核算：正常工况时，废气有组织源强优先采用物料衡算法核算，其次采用类比法、产污系数法核算；非正常工况时，废气有组织源强采用类比法核算。废气无组织源强采用类比法核算，料/堆场采用全封闭型式、储罐采用密闭容器的，废气无组织源强可忽略不计。

现有工程污染源源强核算：正常工况时，废气有组织源强采用实测法核算；非正常工况时，优先采用实测法核算，无法采用实测法核算的，二氧化硫采用物料衡算法、颗粒物和氮氧化物采用产污系数法、汞及其化合物采用类比法核算。采用实测法核算源强时，对《排污单位自行监测技术指南 火力发电及锅炉》（HJ 820）及排污单位排污许可证等要求采用自动监测的污染因子，仅可采用有效的自动监测数据进行核算；对《排污单位自行监测技术指南 火力发电及锅炉》（HJ 820）及排污单位排污许可证等未要求采用自动监测的污染因子，优先采用有效的自动监测数据，其次采用手工监测数据。废气无组织源强采用类比法核算。

A　物料衡算法

a　燃煤、燃生物质锅炉

（1）颗粒物（烟尘）排放量按式（3-11）计算。

$$E_A = \frac{R \times \dfrac{A_{ar}}{100} \times \dfrac{d_{fh}}{100} \times \left(1 - \dfrac{\eta_c}{100}\right)}{1 - \dfrac{C_{fh}}{100}} \tag{3-11}$$

式中　E_A——核算时段内颗粒物（烟尘）排放量，t；

R——核算时段内锅炉燃料耗量，t；

A_{ar}——收到基灰分的质量分数，%；

d_{fh}——锅炉烟气带出的飞灰份额，%；

η_c——综合除尘效率，%；

C_{fh}——飞灰中的可燃物含量，%。

当流化床锅炉添加石灰石等脱硫剂时，入炉物料的灰分 A_{ar} 可用折算灰分表示，即将式（3-12）折算灰分 A_{zs} 代入式（3-11）。

$$A_{zs} = A_{ar} + 3.125S_{ar} \times \left[m \times \left(\frac{100}{K_{CaCO_3}} - 0.44\right) + \frac{0.8\,\eta_{ls}}{100}\right] \tag{3-12}$$

式中　A_{zs}——折算灰分的质量分数，%；

A_{ar}——收到基灰分的质量分数，%；

S_{ar}——收到基硫的质量分数，%

m——Ca/S 摩尔比；

K_{CaCO_3}——石灰石纯度，碳酸钙在石灰石中的质量分数，%；

η_{ls}——炉内脱硫效率，%。

（2）二氧化硫排放量按式（3-13）计算。

$$E_{SO_2} = 2R \times \frac{S_{ar}}{100} \times \left(1 - \frac{q_4}{100}\right) \times \left(1 - \frac{\eta_s}{100}\right) \times K \tag{3-13}$$

式中　E_{SO_2}——核算时段内二氧化硫排放量，t；

　　　R——核算时段内锅炉燃料耗量，t；

　　　S_{ar}——收到基硫的质量分数，%；

　　　q_4——锅炉机械不完全燃烧热损失，%；

　　　η_s——脱硫效率，%；

　　　K——燃料中的硫燃烧后氧化成二氧化硫的份额，量纲一的量。

（3）氮氧化物排放量采用锅炉生产商提供的氮氧化物控制保证浓度值或类比同类锅炉氮氧化物浓度值按式（3-14）计算。

$$E_{NO_x} = \rho_{NO_x} \times Q \times \left(1 - \frac{\eta_{NO_x}}{100}\right) \times 10^{-9} \tag{3-14}$$

式中　E_{NO_x}——核算时段内氮氧化物排放量，t；

　　　ρ_{NO_x}——锅炉炉膛出口氮氧化物质量浓度，mg/m³；

　　　Q——核算时段内标态干烟气排放量，m³；

　　　η_{NO_x}——脱硝效率，%。

（4）汞及其化合物排放量按式（3-15）计算。

$$E_{Hg} = R \times m_{Hgar} \times \left(1 - \frac{\eta_{Hg}}{100}\right) \times 10^{-6} \tag{3-15}$$

式中　E_{Hg}——核算时段内汞及其化合物排放量（以汞计），t；

　　　R——核算时段内锅炉燃料耗量，t；

　　　m_{Hgar}——收到基汞的含量，μg/g；

　　　η_{Hg}——汞的协同脱除效率，%。

b　燃油、燃气锅炉

燃油、燃气锅炉颗粒物排放量按照类比法、产污系数法核算。

燃油、燃气锅炉氮氧化物排放量参照式（3-14）计算。

燃油锅炉二氧化硫排放量参照式（3-13）计算，燃气锅炉二氧化硫排放量按照式（3-16）计算。

$$E_{SO_2} = 2R \times S_t \times \left(1 - \frac{\eta_s}{100}\right) \times K \times 10^{-5} \tag{3-16}$$

式中　E_{SO_2}——核算时段内二氧化硫排放量，t；

　　　R——核算时段内锅炉燃料耗量，万立方米；

　　　S_t——燃料总硫的质量浓度，mg/m³；

　　　η_s——脱硫效率，%；

　　　K——燃料中的硫燃烧后氧化成二氧化硫的份额，量纲一的量。

锅炉废气污染源源强核算参数参考值：

（1）锅炉废气污染源源强核算参数优先采用实测资料取值，其次采用锅炉生产商热平衡计算、控制性能保证值等资料取值；锅炉启动、停炉等阶段燃烧不稳定，氮氧化物浓度类比同类、同等技术水平锅炉实测值。对于现有工程污染源源强核算参数应取核算时段内的有效监测数据，并为基于使用量的加权平均值。

（2）没有实测或相关资料时，锅炉机械不完全燃烧热损失可参考表3-29；烟气带出的飞灰份额可参考表3-30；燃料中硫分在燃烧后生成二氧化硫的份额可参考表3-31；飞灰、炉渣中可燃物含量（含碳量）可在《燃煤工业锅炉节能监测》（GB/T 15317）和《工业锅炉经济运行》（GB/T 17954）限值范围内选取，可燃物含量的取值大小排序为褐煤、烟煤<煤矸石<贫煤无烟煤；流化床锅炉添加石灰石等脱硫剂的Ca/S摩尔比通常为1.5~2.5，炉内脱硫效率低、燃料硫分低时Ca/S摩尔比取低值。

表 3-29　锅炉机械不完全燃烧热损失的一般取值

炉　型		$q_4/\%$	炉　型	$q_4/\%$
层燃炉	链条炉排炉	5~15	流化床炉	5~27，2（生物质）
	往复炉排炉	7~12	煤粉炉	2~4

注：燃料挥发分高、灰分低可取低值，取值大小排序一般为褐煤<烟煤<贫煤<无烟煤或煤矸石。

表 3-30　锅炉烟气带出飞灰份额的一般取值

炉　型		$d_{\text{fh}}/\%$	炉　型	$d_{\text{fh}}/\%$
层燃炉	链条炉排炉	10~20	流化床炉	40~60
	往复炉排炉	15~20	煤粉炉	85~95

注：1. 燃料挥发分高、灰分低可取高值，一般的取值大小排序为煤矸石<无烟煤、贫煤、烟煤<褐煤。
　　2. 燃用生物质时，飞灰份额加30%。

表 3-31　燃料中硫转化率的一般取值

炉　型		K
燃煤炉	层燃炉	0.80~0.85
	流化床炉（未加固硫剂）	0.75~0.80
	煤粉炉	0.90
燃生物质炉		0.30~0.50
燃油（气）炉		1.00

（3）没有实测或相关资料时，锅炉炉膛出口NO_x浓度可参考表3-32；锅炉烟气脱硝、除尘、脱硫常规技术的一般性能可参考表3-33~表3-35；烟气SCR脱硝、除尘和湿法脱硫等污染防治设施对汞及其化合物具有协同脱除效果，脱除效率约70%。国家或地方发布锅炉烟气污染物防治技术规范性文件或手册后，从其规定。

表 3-32　锅炉炉膛出口 NO_x 浓度范围

炉　型		质量浓度范围/mg·m^{-3}
燃煤炉	层燃炉	100~600
	流化床炉	100~300
	煤粉炉	100~600
燃生物质炉		100~600
燃油炉		100~800
燃气炉		30~300

表 3-33　烟气脱硝常规技术的一般性能

措　　施		NO$_x$脱除效率/%
选择性催化还原法（SCR）		50~90
选择性非催化还原法（SNCR）	层燃炉	30~50
	流化床炉	60~80
	煤粉炉	30~40
SNCR+SCR 联合法		55~85

注：采取优化烟气流场、增加催化剂装载量（提高单层尺寸或层数）等措施可适当提高脱硝效率。

表 3-34　烟气除尘常规技术的一般性能

措　　施		颗粒物脱除效率/%
干式	静电除尘器	96~99.9
	袋式除尘器	99~99.99
	电袋除尘器	99~99.99
湿式	湿式电除尘器	70~90

注：采用湿法脱硫时，可协同脱除 50%~70%的颗粒物，一般情况取 50%，如取高效率应提供相应证明材料。

表 3-35　烟气脱硫常规技术的一般性能

措　　施		SO$_2$脱除效率/%
湿法	石灰石/石灰-石膏法	90~99
	氧化镁法	90~99
	钠碱（双碱）法	90~99
	氨法	90~99
干法/半干法	烟气循环流化床法	80~95
	炉内喷钙法	30~90

　　c　烟气量的计算

　　有实测数据时，标准状态下的干烟气排放量应采用实测值。标准状态下的干烟气排放量用式（3-17）计算。

$$V_g = V_s \times \left(1 - \frac{X_{H_2O}}{100} \right) \tag{3-17}$$

式中　V_g——每台锅炉干烟气排放量，m^3/h；

　　　　V_s——每台锅炉湿烟气排放量，m^3/h；

　　　　X_{H_2O}——烟气含湿量，%。

　　对于 1 kg 固体或液体燃料，有元素成分分析时理论空气量用式（3-18）计算。

$$V_0 = 0.0889(C_{ar} + 0.375S_{ar}) + 0.265H_{ar} - 0.0333O_{ar} \tag{3-18}$$

式中　V_0——理论空气量，m^3/kg；

　　　　C_{ar}——收到基碳的质量分数，%；

S_{ar}——收到基硫的质量分数,%;

H_{ar}——收到基氢的质量分数,%;

O_{ar}——收到基氧的质量分数,%。

对于 1 m³ 气体燃料,理论空气量可按其气体组成用式（3-19）计算。

$$V_0 = 0.0476\left[0.5\varphi(CO) + 0.5\varphi(H_2) + 1.5\varphi(H_2S) + \sum\left(m + \frac{n}{4}\right)\varphi(C_mH_n) - \varphi(O_2)\right]$$

$$(3-19)$$

式中　　V_0——理论空气量,m³/m³;

　$\varphi(CO)$——一氧化碳体积分数,%;

　$\varphi(H_2)$——氢体积分数,%;

　$\varphi(H_2S)$——硫化氢体积分数,%;

$\varphi(C_mH_n)$——烃类体积分数,%,m 为碳原子数,n 为氢原子数;

　$\varphi(O_2)$——氧体积分数,%。

锅炉中实际燃烧过程是在过量空气系数 $\alpha>1$ 的条件下进行的,1 kg 固体或液体燃料产生的烟气排放量可用式（3-20）~式（3-24）计算。

$$V_{RO_2} = V_{CO_2} + V_{SO_2} = 1.866 \times \frac{C_{ar} + 0.375S_{ar}}{100} \tag{3-20}$$

$$V_{N_2} = 0.79V_0 + 0.8 \times \frac{N_{ar}}{100} \tag{3-21}$$

$$V_g = V_{RO_2} + V_{N_2} + (\alpha - 1)V_0 \tag{3-22}$$

$$V_{H_2O} = 0.111H_{ar} + 0.0124M_{ar} + 0.0161V_0 + 1.24G_{wh} \tag{3-23}$$

$$V_s = V_g + V_{H_2O} + 0.0161 \times (\alpha - 1)V_0 \tag{3-24}$$

式中　　V_{RO_2}——烟气中二氧化碳（V_{CO_2}）和二氧化硫（V_{SO_2}）容积之和,m³/kg;

　　C_{ar}——收到基碳的质量分数,%;

　　S_{ar}——收到基硫的质量分数,%;

　　V_{N_2}——烟气中氮气量,m³/kg;

　　N_{ar}——收到基氮的质量分数,%;

　　V_0——理论空气量,m³/kg;

　　V_g——干烟气排放量,m³/kg;

　　　α——过量空气系数,燃料燃烧时实际空气供给量与理论空气需要量之比值,燃煤锅炉、燃油锅炉及燃气锅炉的规定过量空气系数分别为 1.75、1.2,对应基准氧含量分别为 9%、3.5%;

　V_{H_2O}——烟气中水蒸气量,m³/kg;

　　H_{ar}——收到基氢的质量分数,%;

　　M_{ar}——收到基水分的质量分数,%;

　　G_{wh}——雾化燃油时消耗的蒸汽量,kg/kg;

　　V_s——湿烟气排放量,m³/kg。

对于 1 m³ 气体燃料,烟气排放量仍用式（3-20）~式（3-24）计算,但 V_{RO_2}、V_{N_2}、

V_{H_2O}按气体燃料组成用式（3-25）~式（3-27）计算。

$$V_{RO_2} = 0.01[\varphi(CO_2) + \varphi(CO) + \varphi(H_2S) + \sum m\varphi(C_mH_n)] \tag{3-25}$$

$$V_{N_2} = 0.79V_0 + \frac{\varphi(N_2)}{100} \tag{3-26}$$

$$V_{H_2O} = 0.01[\varphi(H_2S) + \varphi(H_2) + \sum \frac{n}{2}\varphi(C_mH_n) + 0.124d] + 0.0161V_0 \tag{3-27}$$

式中　　V_{RO_2}——烟气中二氧化碳和二氧化硫容积之和，m^3/m^3；

$\varphi(CO_2)$——二氧化碳体积分数，%；

$\varphi(CO)$——一氧化碳体积分数，%；

$\varphi(H_2S)$——硫化氢体积分数，%；

$\varphi(C_mH_n)$——烃类体积分数，%，m 为碳原子数，n 为氢原子数；

V_{N_2}——烟气中氮气量，m^3/m^3；

V_0——理论空气量，m^3/m^3；

$\varphi(N_2)$——氮体积分数，%；

V_{H_2O}——烟气中水蒸气量，m^3/m^3；

$\varphi(H_2)$——氢体积分数，%；

d——气体燃料中含有的水分，一般取 10 g/kg（干空气）。

没有元素分析时，理论空气量、湿烟气排放量可用经验公式计算。

（1）固体燃料。

$V_{daf} \geq 15\%$ 的贫煤和烟煤：

$$V_0 = 0.251\frac{Q_{net,\,ar}}{1000} + 0.278 \tag{3-28}$$

$V_{daf} < 15\%$ 的贫煤和烟煤：

$$V_0 = 0.241\frac{Q_{net,\,ar}}{1000} + 0.61 \tag{3-29}$$

$$V_s = 0.248\frac{Q_{net,\,ar}}{1000} + 0.77 + 1.0161(\alpha - 1)V_0 \tag{3-30}$$

$Q_{net,\,ar} < 12560$ kJ/kg 的劣质煤：

$$V_0 = 0.241\frac{Q_{net,\,ar}}{1000} + 0.455 \tag{3-31}$$

$$V_s = 0.248\frac{Q_{net,\,ar}}{1000} + 0.54 + 1.0161(\alpha - 1)V_0 \tag{3-32}$$

（2）液体燃料。

$$V_0 = 0.203\frac{Q_{net,\,ar}}{1000} + 2 \tag{3-33}$$

$$V_s = 0.265\frac{Q_{net,\,ar}}{1000} + 1.0161(\alpha - 1)V_0 \tag{3-34}$$

（3）气体燃料。

$Q_{net, ar} < 10467 \text{ kJ/m}^3$:

$$V_0 = 0.209 \frac{Q_{net, ar}}{1000} \qquad (3-35)$$

$$V_s = 0.173 \frac{Q_{net, ar}}{1000} + 1.0 + 1.0161(\alpha - 1)V_0 \qquad (3-36)$$

$Q_{net, ar} > 10467 \text{ kJ/m}^3$:

$$V_0 = 0.260 \frac{Q_{net, ar}}{1000} - 0.25 \qquad (3-37)$$

$$V_s = 0.272 \frac{Q_{net, ar}}{1000} - 0.25 + 1.0161(\alpha - 1)V_0 \qquad (3-38)$$

式中　V_{daf}——干燥无灰基挥发分的质量分数,%;

　　　V_0——理论空气量,m^3/kg 或 m^3/m^3;

　$Q_{net,ar}$——收到基低位发热量,kJ/kg 或 kJ/m^3;

　　　V_s——湿烟气排放量,m^3/kg 或 m^3/m^3;

　　　α——过量空气系数。

　　没有元素分析时,干烟气排放量的经验公式计算参照《排污许可证申请与核发技术规范　锅炉》(HJ 953)。锅炉排污单位若无燃料元素分析数据或气体组成成分分析数据,可根据燃料低位发热量计算基准烟气量,相关经验公式见表3-36。

表 3-36　基准烟气量取值表

锅　　炉		基准烟气量（标态）	单位
燃煤锅炉	$Q_{net,ar} \geq 12.54 \text{ MJ/kg}$　$V_{daf} \geq 15\%$	$V_{gy} = 0.411Q_{net,ar} + 0.918$	m^3/kg
	$Q_{net,ar} \geq 12.54 \text{ MJ/kg}$　$V_{daf} < 15\%$	$V_{gy} = 0.406Q_{net,ar} + 1.157$	m^3/kg
	$Q_{net,ar} < 12.54 \text{ MJ/kg}$	$V_{gy} = 0.402Q_{net,ar} + 0.822$	m^3/kg
燃油锅炉		$V_{gy} = 0.29Q_{net,ar} + 0.379$	m^3/kg
燃气锅炉	天然气	$V_{gy} = 0.285Q_{net} + 0.343$	m^3/m^3
	高炉煤气	$V_{gy} = 0.194Q_{net} + 0.946$	m^3/m^3
	转炉煤气	$V_{gy} = 0.19Q_{net} + 0.926$	m^3/m^3
	焦炉煤气	$V_{gy} = 0.265Q_{net} + 0.114$	m^3/m^3
燃生物质锅炉	$Q_{net,ar} \geq 12.54 \text{ MJ/kg}$　$V_{daf} \geq 15\%$	$V_{gy} = 0.393Q_{net,ar} + 0.876$	m^3/kg
	$Q_{net,ar} \geq 12.54 \text{ MJ/kg}$　$V_{daf} < 15\%$	$V_{gy} = 0.385Q_{net,ar} + 1.095$	m^3/kg
	$Q_{net,ar} < 12.54 \text{ MJ/kg}$	$V_{gy} = 0.385Q_{net,ar} + 0.788$	m^3/kg

注:1. V_{daf},燃料干燥无灰基挥发分(%);V_{gy},基准烟气量(m^3/kg 或 m^3/m^3)。

　　2. $Q_{net,ar}$,固体/液体燃料收到基低位发热量(MJ/kg);Q_{net},气体燃料低位发热量(MJ/m^3)。按前三年所有批次燃料低位发热量的平均值进行选取,未投运或投运不满一年的锅炉按设计燃料低位发热量进行选取,投运满一年但未满三年的锅炉按运行周期年内所有批次燃料低位发热量的平均值选取。

　　3. 经验公式估算法不适用于使用型煤、水煤浆、煤矸石、石油焦、油页岩、发生炉煤气、沼气、黄磷尾气、生物质气等燃料的基准烟气量计算。

以混合气体为燃料的燃气锅炉，其基准烟气量为各类气体燃料的体积百分比与相应基准烟气量乘积的加和。煤和生物质混烧锅炉，其基准烟气量为各类燃料的质量百分比与相应基准烟气量乘积的加和。

此外，流化床锅炉添加石灰石等脱硫剂时，脱硫剂中 $CaCO_3$ 会分解产生 CO_2，当 Ca/S 摩尔比为 1.5~2.5 时增加的烟气量占比一般 <0.3%，计算时可忽略。石灰石煅烧分解吸热和脱硫反应放热之和比燃料收到基低位发热量一般要小 2 个数量级以上，计算时可忽略。锅炉燃烧过程较复杂，可采用锅炉生产商热平衡计算资料中基于热力平衡参数给出的烟气量。

B　类比法

污染物排放情况可类比符合条件的现有工程有效实测数据进行核算，同时满足以下 3 条适用原则，方可适用类比法：

（1）燃料、辅料、副产物类型相同（原则上成分差异不超过 20%）；

（2）锅炉类型和规模等级相同（原则上规模差异不超过 30%）；

（3）污染控制措施相似，且污染物设计脱除效率不低于类比对象脱除效率。

C　实测法

实测法是通过实际废气排放量及其所对应污染物排放浓度核算污染物排放量，适用于具有有效自动监测或手工监测数据的现有工程污染源。

a　采用自动监测系统数据核算

采用自动监测数据核算源强时，应采用核算时段内所有的小时平均数据进行计算。自动监测的污染物采样、监测及数据质量应符合《锅炉大气污染物排放标准》（GB 13271）、《固定污染源烟气（SO_2、NO_x、颗粒物）排放连续监测技术规范》（HJ 75）、《固定污染源烟气（SO_2、NO_x、颗粒物）排放连续监测系统技术要求及检测方法》（HJ 76）、《固定污染源监测质量保证与质量控制技术规范》（HJ/T 373）、《固定源废气监测技术规范》（HJ/T 397）、《环境监测质量管理技术导则》（HJ 630）、《排污单位自行监测技术指南 火力发电及锅炉》（HJ 820）及核发的排污许可证的规定。

废气污染物源强按式（3-39）计算

$$E = \sum_{k=1}^{t} (\rho_k \times Q_k) \times 10^{-9} \tag{3-39}$$

式中　E——核算时段内某污染物排放量，t；

　　　t——核算时段内运行小时数，h；

　　　ρ_k——第 k 小时标态干烟气污染物的小时排放质量浓度，mg/m^3；

　　　Q_k——第 k 小时标态干烟气排放量，m^3/h。

b　采用手工监测数据核算

采用手工监测数据核算污染物源强时，应采用核算时段内所有有效的手工监测数据进行计算。排污单位手工监测的采样、监测及数据质量应符合《锅炉大气污染物排放标准》（GB 13271）、《固定污染源排气中颗粒物测定与气态污染物采样方法》（GB/T 16157）、《固定污染源监测质量保证与质量控制技术规范》（HJ/T 373）、《固定源废气监测技术规范》（HJ/T 397）、《环境监测质量管理技术导则》（HJ 630）、《排污单位自行监测技术指

南 火力发电及锅炉》（HJ 820）及核发的排污许可证的规定。除执法监测外，其他所有手工监测时段的生产负荷应不低于本次监测与上一次监测周期内的平均生产负荷，并给出生产负荷的对比结果。

废气污染物源强按式（3-40）进行计算

$$E = \frac{\sum\limits_{k=1}^{n}(\rho_k \times Q_k)}{n} \times t \times 10^{-9} \tag{3-40}$$

式中 E——核算时段内某污染物排放量，t；

ρ_k——第 k 次监测标态干烟气污染物的小时排放质量浓度，mg/m^3；

Q_k——第 k 次监测标态干烟气排放量，m^3/h；

n——核算时段内有效监测数据数量，量纲一的量；

t——核算时段内运行小时数，h。

D 产污系数法

污染物源强按式（3-41）计算。

$$E_j = R \times \beta_j \times \left(1 - \frac{\eta}{100}\right) \times 10^{-3} \tag{3-41}$$

式中 E_j——核算时段内第 j 种污染物排放量，t；

R——核算时段内燃料耗量，t 或万立方米；

β_j——产污系数，kg/t 或 kg/万立方米，参见全国污染源普查工业污染源普查数据（以最新版本为准）和《排污许可证申请与核发技术规范 锅炉》（HJ 953）；采用罕见、特殊原料或工艺的，或手册中未涉及的，可类比国外同类工艺对应的产排污系数文件或咨询行业专业技术人员选取近似产品、原料、炉型的产污系数代替；

η——污染物的脱除效率，%。

3.7.6.2 废水源强核算

新（改、扩）建工程污染源优先采用类比法核算，其次采用产污系数法核算。现有工程污染源采用实测法核算。

A 类比法

废水污染物排放情况可类比符合条件的现有工程废水污染物有效实测数据进行核算，相关参数也可采用符合规范的设计资料。

B 实测法

实测法是通过实际废水排放量及其所对应污染物排放浓度核算污染物排放量，适用于具有有效自动监测或手工监测数据的现有工程污染源。

a 采用自动监测系统数据核算

采用自动监测数据进行污染物排放量核算时，污染源自动监测系统及数据需符合《水污染源在线监测系统（COD_{Cr}、NH_3-N 等）安装技术规范》（HJ 353）、《水污染源在线监测系统（COD$_{Cr}$、NH$_3$-N 等）验收技术规范》（HJ 354）、《水污染源在线监测系统（COD$_{Cr}$、NH$_3$-N 等）运行技术规范》（HJ 355）、《水污染源在线监测系统（COD$_{Cr}$、NH$_3$-N 等）数据有效性判别技术规范》（HJ 356）、《固定污染源监测质量保证与质量控制技术规范（试行）》（HJ/T 373）、《环境监测质量管理技术导则》（HJ 630）及排污许可证等要求。

废水污染物源强按式（3-42）计算。

$$E = \sum_{k=1}^{t} (\rho_k \times Q_k \times 10^{-6}) \tag{3-42}$$

式中　E——核算时段内废水某污染物排放量，t；

　　　ρ_k——第 k 日监测废水中某种污染物日均排放质量浓度，mg/L；

　　　Q_k——第 k 日废水排放量，m^3/d；

　　　t——核算时段内废水污染物排放时间，d。

b　采用手工监测数据核算

采用执法监测、排污单位自行监测等手工监测数据进行核算时，监测频次、监测期间生产工况、数据有效性等需符合《地表水和污水监测技术规范》（HJ/T 91）、《水污染物排放总量监测技术规范》（HJ/T 92）、《固定污染源监测质量保证与质量控制技术规范（试行）》（HJ/T 373）、《环境监测质量管理技术导则》（HJ 630）、《排污单位自行监测技术指南　火力发电及锅炉》（HJ 820）及排污许可证等要求。除执法监测外，其他所有手工监测时段的生产负荷应不低于本次监测与上一次监测周期内的平均生产负荷，并给出生产负荷的对比结果。

废水污染物源强按式（3-43）计算。

$$E = \frac{\sum_{k=1}^{n} (\rho_k \times Q_k)}{n} \times t \times 10^{-6} \tag{3-43}$$

式中　E——核算时段内废水某污染物排放量，t；

　　　ρ_k——第 k 次监测废水中某种污染物日均排放质量浓度，mg/L；

　　　Q_k——核算时段内第 k 次监测的日废水排放量，m^3/d；

　　　n——核算时段内有效日监测数据数量，量纲一的量；

　　　t——核算时段内废水污染物排放时间，d。

3.7.6.3　噪声源强核算

新（改、扩）建工程污染源采用类比法核算，现有工程污染源采用实测法核算。

A　类比法

根据类似设备（即类比对象）的噪声源强估算锅炉相关设备在运行状态下的噪声源强。类比对象的优先顺序为噪声源设备技术协议中确定的源强参数、同型号设备。同类设备。设备型号未确定时，应根据同类设备噪声水平按保守原则确定噪声源强或参考表 3-37 确定噪声源强。

表 3-37 锅炉相关设备噪声源声压级及常见降噪措施一览表

序号	主要声源设备	声频特性	监测位置	声压级/dB(A)	常见隔声措施
1	碎煤机	中低频	设备外 1 m	85~95	隔声罩壳、厂房隔声
2	磨煤机	中低频	设备外 1 m	85~100	厂房隔声
3	锅炉给水泵	宽频分布	设备外 1 m	70~90	隔声罩壳、厂房隔声
4	燃气（油）锅炉	宽频分布	结构外 1 m	70~90	隔声封闭
5	鼓风机	中低频	吸风口外 3 m	75~90	进风口消声器、管道外壳阻尼
6	流化风机	中低频	罩壳外 1 m	75~90	进风口消声器、管道外壳阻尼
7	引风机	中低频	罩壳外 1 m	75~90	隔声罩壳、管道外壳阻尼、隔声小间
8	空压机	中低频	吸风口外 1 m	75~90	厂房隔声、进风口消声器
9	氧化风机	中低频	吸风口外 1 m	75~90	进风口消声器、隔声小间
10	增压风机	中低频	罩壳外 1 m	75~90	进风口消声器、隔声小间
11	浆液循环泵	中低频	设备外 1 m	75~90	厂房隔声、隔声罩壳、隔声小间
12	锅炉排汽口	中高频	排汽口外 2 m	100~120	消声器

注：本表罩壳为设备自带罩壳，罩壳外声压级已考虑自带罩壳隔声效果。

B 实测法

依据相关噪声测量技术规范等，对现有工程正常运行工况下噪声污染源源强进行实测。

3.7.6.4 固体废物

新（改、扩）建工程污染源源强核算：灰渣、脱硫副产物等固体废物源强优先采用物料衡算法核算，其次采用类比法、产污系数法核算；废脱硝催化剂采用类比法核算。现有工程污染源采用实测法核算。

A 物料衡算法

（1）燃煤、燃生物质钢炉灰渣产生量可根据灰渣平衡按式（3-44）计算。

$$E_{hz} = R \times \left(\frac{A_{ar}}{100} + \frac{q_4 \times Q_{net,ar}}{100 \times 33870} \right) \qquad (3-44)$$

式中 E_{hz} ——核算时段内灰渣产生量，t，根据飞灰份额 d_{fh} 可分别核算飞灰、炉渣产生量；

       R ——核算时段内锅炉燃料耗量，t；

       A_{ar} ——收到基灰分的质量分数，%，流化床锅炉添加石灰石等脱硫剂时应采用式（3-12）折算灰分 A_{zs} 代入式（3-44）；

q_4——锅炉机械不完全燃烧热损失,%;

$Q_{\mathrm{net,ar}}$——收到基低位发热量,kJ/kg。

(2) 采用石灰石-石膏湿法等烟气脱硫工艺时,脱硫副产物采用式(3-45)计算。

$$E = \frac{M_{\mathrm{F}} \times E_{\mathrm{s}}}{64 \times \left(1 - \dfrac{C_{\mathrm{s}}}{100}\right) \times \dfrac{C_{\mathrm{g}}}{100}} \tag{3-45}$$

式中　E——核算时段内脱硫副产物产生量,t;

　　M_{F}——脱硫副产物摩尔质量;

　　E_{s}——核算时段内二氧化硫脱除量,t;

　　64——二氧化硫摩尔质量;

　　C_{s}——脱硫副产物含水率,%,副产物为石膏时含水率一般≤10%;

　　C_{g}——脱硫副产物纯度,%,副产物为石膏时纯度一般≥90%。

E_{s}可采用式(3-46)计算,

$$E_{\mathrm{s}} = 2 \times K \times R \times \left(1 - \frac{q_4}{100}\right) \times \frac{\eta_{\mathrm{s}}}{100} \times \frac{S_{\mathrm{ar}}}{100} \tag{3-46}$$

式中　K——燃料中的硫燃烧后氧化成二氧化硫的份额,量纲一的量;

　　R——核算时段内锅炉燃料耗量,t;

　　q_4——锅炉机械不完全燃烧热损失,%;

　　η_{s}——脱硫效率,%;

　　S_{ar}——收到基硫的质量分数,%。

(3) 采用干法/半干法烟气脱工艺时,脱硫副产物产生情况可由脱硫工艺供应商提供。

B　实测法

使用锅炉的单位应建立固体废物台账登记制度,统计各固体废物的种类、数量,流向、贮存、利用处置等信息,其中废脱硝催化剂等危险废物应建立与生产记录相衔接的专门台账,据此核算各固体废物源强。

废气、废水和固体废物污染物产生或排放量为所有污染源产生或排放量之和,其中废气污染源强的核算应包括正常和非正常两种情况的产生或排放量,正常排放的污染物排放量为有组织和无组织排放量之和,采用式(3-47)计算。

$$D = \sum_{i=1}^{n} (D_i + D_i') \tag{3-47}$$

式中　D——核算时段内某污染物产生或排行量,t;

　　D_i——核算时段内某污染物正常工况下产生或排放量,t;

　　D_i'——核算时段内某污染物非正常工况下产生或排放量,t;

　　n——污染源数量,量纲一的量。

源强核算过程中,工作程序、源强识别、核算方法及参数选取应符合要求。如存在其他有效的源强核算方法，也可以用于核算污染源源强，但须提供源强核算过程及参数取值，给出核算方法的适用性分析及不能采用本标准推荐方法的理由。对于没有实际运行经验的生产工艺、污染治理技术等，可参考工程化实验数据确定污染源源强。

习 题

3-1 简述工程分析的方法和工程分析的主要内容。

3-2 某工业车间工段的水平衡图如图 3-3 所示（单位为 m³/d），计算该项目的工艺水回用率、间接冷却水循环率和全厂水重复利用率。

3-3 改扩建项目三本账问题。其中改扩建前废水排放量为 1200 t/d，其中 COD 浓度为 180 mg/L；改扩建后废水排放量为 2000 t/d，其中 1300 t 回用于工序，COD 浓度为 100 mg/L；计算改扩建前后、改扩建部分、以新代老部分的 COD 排放量（t/d），以及区域增减量。

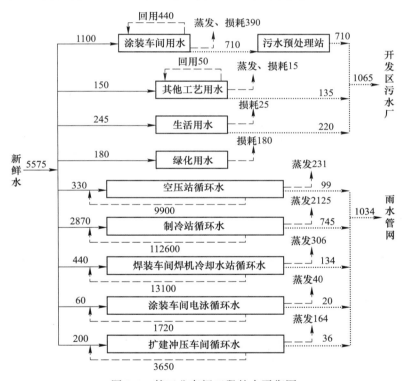

图 3-3 某工业车间工段的水平衡图

4 大气环境影响评价

4.1 概　　述

4.1.1 基本概念

（1）大气污染。从科学意义上讲，大气污染是指大气因某种物质的介入而导致化学、物理、生物或者放射性等方面的特性改变，从而影响大气的有效利用，危害人体健康或者破坏生态，造成大气质量恶化的现象。法律和法规意义上认定的大气污染是相对环境空气质量标准和污染物排放而言的。通常人们所说的大气污染是指由于人类活动而使空气质量变坏的现象。

（2）大气污染源。一个能够释放污染物到大气中的装置（指排放大气污染物的设施或者排放大气污染物的建筑构造），称为大气污染源（排放源）。大气污染源按预测模式的模拟形式分为点源、面源、线源、体源四种类别。

点源：通过某种装置集中排放的固定点状源，如烟囱、集气筒等。

面源：在一定区域范围内，以低矮密集的方式自地面或近地面的高度排放污染物的源，如工艺过程中的无组织排放，贮存堆、渣场等排放源。

线源：污染物呈线状排放或者由移动源构成的线状排放的源，如城市道路的机动车排放源等。

体源：由源本身或附近建筑物的空气动力学作用使污染物呈一定体积向大气排放的源，如焦炉炉体、屋顶天窗等。

（3）大气污染物。大气污染源排放的污染物按存在形态分为颗粒态污染物和气态污染物。按生成机理分为一次污染物和二次污染物。其中由人类或自然活动直接产生，由污染源直接排入环境的污染物称为一次污染物；排入环境中的一次污染物在物理、化学因素的作用下发生变化，或与环境中的其他物质发生反应所形成的新污染物称为二次污染物。

（4）基本污染物。《环境空气质量标准》（GB 3095）中所规定的基本项目污染物。包括二氧化硫（SO_2）、二氧化氮（NO_2）、可吸入颗粒物（PM_{10}）、细颗粒物（$PM_{2.5}$）、一氧化碳（CO）、臭氧（O_3）。

（5）其他污染物。除基本污染物以外的其他项目污染物。

（6）非正常排放。生产过程中开停车（工、炉）、设备检修、工艺设备运转异常等非正常工况下的污染物排放，以及污染物排放控制措施达不到应有效率等情况下的排放。

（7）短期浓度。某污染物的评价时段小于等于 24 h 的平均质量浓度，包括 1 h 平均质量浓度、8 h 平均质量浓度以及 24 h 平均质量浓度（也称为日平均质量浓度）。

（8）长期浓度。某污染物的评价时段大于等于 1 个月的平均质量浓度，包括月平均质量浓度、季平均质量浓度和年平均质量浓度。

（9）环境空气保护目标。评价范围内按《环境空气质量标准》（GB 3095）规定划分为一类区的自然保护区、风景名胜区和其他需要特殊保护的区域，二类区中的居住区、文化区和农村地区中人群较集中的区域。

4.1.2　常用大气环境标准

4.1.2.1　《环境影响评价技术导则　大气环境》（HJ 2.2—2018）

本标准规定了大气环境影响评价的一般性原则、内容、工作程序、方法和要求。适用于建设项目的大气环境影响评价。规划的大气环境影响评价可参照使用。本标准是对《环境影响评价技术导则　大气环境》（HJ/T 2.2—93）的第二次修订，第一次修订版本为《环境影响评价技术导则　大气环境》（HJ 2.2—2008）。主要修订内容有：调整、补充规范了相关术语和定义；改进了评价等级判定方法；简化了环境空气质量现状监测内容；简化了三级评价项目的评价内容；增加了二次污染物的大气环境影响预测与评价方法；增加了达标区与不达标区的大气环境影响评价要求；改进了大气环境防护距离确定方法；增加了污染物排放量核算内容；增加了环境监测计划要求；补充、完善了附录。本标准由生态环境部 2018 年 7 月 31 日发布，2018 年 12 月 1 日起实施，自实施之日起，《环境影响评价技术导则　大气环境》（HJ 2.2—2008）废止。

4.1.2.2　《环境空气质量标准》（GB 3095—2012）

本标准规定了环境空气功能区分类、标准分级、污染物项目、平均时间及浓度限值、监测方法、数据统计的有效性规定及实施与监督等内容。本标准首次发布于 1982 年。1996 年第一次修订，2000 年第二次修订，2012 年为第三次修订。修订的主要内容：调整了环境空气功能区分类，将三类区并入二类区；增设了颗粒物（粒径小于等于 2.5 μm）浓度限值和臭氧 8h 平均浓度限值；调整了颗粒物（粒径小于等于 10 μm）、二氧化氮、铅和苯并［a］芘等的浓度限值；调整了数据统计的有效性规定。

A　环境空气功能区分类

环境空气功能区分为二类：一类区为自然保护区、风景名胜区和其他需要特殊保护的区域；二类区为居住区、商业交通居民混合区、文化区、工业区和农村地区。

B　环境空气功能区质量要求

一类区适用一级浓度限值，二类区适用二级浓度限值。一、二类环境空气功能区质量要求见表 4-1 和表 4-2。环境空气中镉、汞、砷、六价铬和氟化物参考浓度限值如表 4-3 所示。

4.1.2.3　《大气污染物综合排放标准》（GB 16297—1996）

本标准适用于现有污染源大气污染物排放管理，以及建设项目的环境影响评价、设计、环境保护设施竣工验收及其投产后的大气污染物排放管理。国家在控制大气污染物排放方面，除本标准为综合性排放标准外，还有若干行业性排放标准共同存在，即除若干行业执行各自的行业性国家大气污染物排放标准外，其余均执行本标准。

表 4-1   环境空气污染物基本项目浓度限值

序号	污染物项目	平均时间	浓度限值		单位
			一级	二级	
1	二氧化硫（SO$_2$）	年平均	20	60	μg/m^3
		24 h 平均	50	150	
		1 h 平均	150	500	
2	二氧化氮（NO$_2$）	年平均	40	40	
		24 h 平均	80	80	
		1 h 平均	200	200	
3	一氧化碳（CO）	24 h 平均	4	4	mg/m^3
		1 h 平均	10	10	
4	臭氧（O$_3$）	日最大 8 h 平均	100	160	μg/m^3
		1 h 平均	160	200	
5	颗粒物（粒径小于等于 10 μm）	年平均	40	70	
		24 h 平均	50	150	
6	颗粒物（粒径小于等于 2.5 μm）	年平均	15	35	
		24 h 平均	35	75	

表 4-2   环境空气污染物其他项目浓度限值

序号	污染物项目	平均时间	浓度限值		单位
			一级	二级	
1	总悬浮颗粒物（TSP）	年平均	80	200	μg/m^3
		24 h 平均	120	300	
2	氮氧化物（NO$_x$）	年平均	50	50	
		24 h 平均	100	100	
		1 h 平均	250	250	
3	铅（Pb）	年平均	0.5	0.5	
		季平均	1	1	
4	苯并［a］芘（BaP）	年平均	0.001	0.001	
		24 h 平均	0.0025	0.0025	

表 4-3   环境空气中镉、汞、砷、六价铬和氟化物参考浓度限值

序号	污染物项目	平均时间	浓度（通量）限值		单位
			一级	二级	
1	镉（Cd）	年平均	0.005	0.005	μg/m^3
2	汞（Hg）	年平均	0.05	0.05	
3	砷（As）	年平均	0.006	0.006	
4	六价铬（Cr(Ⅵ)）	年平均	0.000025	0.000025	

续表 4-3

序号	污染物项目	平均时间	浓度（通量）限值		单位
			一级	二级	
5	氟化物（F）	1 h 平均	20①	20①	μg/（dm³·d）
		24 h 平均	7①	7①	
		月平均	1.8②	3.0③	
		植物生长季平均	1.2②	2.0③	

①适用于城市地区；

②适用于牧业区和以牧业为主的半农半牧区，蚕桑区；

③适用于农业和林业区。

本标准规定了 33 种大气污染物的排放限值，并设置了下列三项指标：

（1）通过排气筒排放的污染物最高允许排放浓度。

（2）通过排气筒排放的污染物，按排气筒高度规定的最高允许排放速率。

任何一个排气筒必须同时遵守上述两项指标，超过其中任何一项均为超标排放。

（3）以无组织方式排放的污染物，规定无组织排放的监控点及相应的监控浓度限值。

1997 年 1 月 1 日起设立（包括新建、扩建、改建）的污染源（以下简称为新污染源）执行表 4-4 所列标准值。

表 4-4　新污染源大气污染物排放限值（部分）

序号	污染物	最高允许排放浓度/mg·m⁻³	最高允许排放速率/kg·h⁻¹			无组织排放监控浓度限值	
			排气筒高度/m	二级	三级	监控点	浓度/mg·m⁻³
1	二氧化硫	960（硫、二氧化硫、硫酸和其他含硫化合物生产）	15	2.6	3.5	周界外浓度最高点①	0.40
			20	4.3	6.6		
			30	15	22		
			40	25	38		
			50	39	58		
		550（硫、二氧化硫、硫酸和其他含硫化合物使用）	60	55	83		
			70	77	120		
			80	110	160		
			90	130	200		
			100	170	270		
2	氮氧化物	1400（硝酸、氮肥和火炸药生产）	15	0.77	1.2	周界外浓度最高点	0.12
			20	1.3	2.0		
			30	4.4	6.6		
			40	7.5	11		
			50	12	18		
		240（硝酸使用和其他）	60	16	25		
			70	23	35		
			80	31	47		
			90	40	61		
			100	52	78		

序号	污染物	最高允许排放浓度/mg·m⁻³	最高允许排放速率/kg·h⁻¹			无组织排放监控浓度限值	
			排气筒高度/m	二级	三级	监控点	浓度/mg·m⁻³
3	颗粒物	18（炭黑尘、染料尘）	15	0.51	0.74	周界外浓度最高点	肉眼不可见
			20	0.85	1.3		
			30	3.4	5.0		
			40	5.8	8.5		
		60②（玻璃棉尘、石英粉尘、矿渣棉尘）	15	1.9	2.6	周界外浓度最高点	1.0
			20	3.1	4.5		
			30	12	18		
			40	21	31		
		120（其他）	15	3.5	5.0	周界外浓度最高点	1.0
			20	5.9	8.5		
			30	23	34		
			40	39	59		
			50	60	94		
			60	85	130		
4	氯化氢③	100	15	0.26	0.39	周界外浓度最高点	0.20
			20	0.43	0.65		
			30	1.4	2.2		
			40	2.6	3.8		
			50	3.8	5.9		
			60	5.4	8.3		
			70	7.7	12		
			80	10	16		
5	铬酸雾	0.070	15	0.008	0.012	周界外浓度最高点	0.0060
			20	0.013	0.020		
			30	0.043	0.066		
			40	0.076	0.12		
			50	0.12	0.18		
			60	0.16	0.25		
6	硫酸雾	430（火炸药厂）	15	1.5	2.4	周界外浓度最高点	1.2
			20	2.6	3.9		
			30	8.8	13		
			40	15	23		
		45（其他）	50	23	35		
			60	33	50		
			70	46	70		
			80	63	95		
7	氟化物	90（普钙工业）	15	0.10	0.15	周界外浓度最高点	20（μg/m³）
			20	0.17	0.26		
			30	0.59	0.88		
			40	1.0	1.5		
		9.0（其他）	50	1.5	2.3		
			60	2.2	3.3		
			70	3.1	4.7		
			80	4.2	6.3		

续表 4-4

序号	污染物	最高允许排放浓度/mg·m⁻³	最高允许排放速率/kg·h⁻¹			无组织排放监控浓度限值	
			排气筒高度/m	二级	三级	监控点	浓度/mg·m⁻³
8	氯气③	65	25	0.52	0.78	周界外浓度最高点	0.40
			30	0.87	1.3		
			40	2.9	4.4		
			50	5.0	7.6		
			60	7.7	12		
			70	11	17		
			80	15	23		

①周界外浓度最高点一般应设置于无组织排放源下风向的单位周界外 10 m 范围内，若预计无组织排放的最大落地浓度点越出 10 m 范围，可将监控点移至该预计浓度最高点。
②均指含游离二氧化硅超过 10% 的各种尘。
③排放氯气的排气筒不得低于 25 m。

4.1.3　污染气象基础知识

大气污染可看作是污染源排放的污染物和对污染物起着扩散稀释作用的大气，以及承受污染的物体三者相互关联所产生的一种效应。一个地区的大气污染情况与该地区污染源排放出的污染物总量有关，这个总量不因气象条件的影响而发生变化。但是，排放出的污染物的浓度在时空分布上受到气象条件的控制。由于气象条件的不同，污染物作用于承受者的污染程度也就不一样。

4.1.3.1　相关概念

大气圈：随地球引力而转的大气层叫大气圈。大气圈最外层的界限是很难确切划分的，但大气也不能认为是无限的。在地球场内受引力而旋转的气层高度可达 10000 km。根据大气圈中大气组成状况及大气在垂直高度上的温度变化，一般情况下，大气圈层可划分为对流层、平流层、中间层、电离层、散逸层。对流层中，由于太阳的辐射以及下垫面特性和大气环流的影响，使得在该层中出现极其复杂的自然现象，有时形成易于扩散的气象特征，有时形成对生态系统产生危害的逆温气象条件，雨、雪、霜、雾、雷电等自然现象也都出现在这一层。

大气边界层：受下垫面影响而湍流化的低层大气，通常为距地面 1~2 km 的大气层。在大气边界层内，风速随高度增加而增大。

大气混合层：在大气边界层内，如果下层空气湍流强，上部空气湍流弱，中间存在着一个湍流特征不连续界面。湍流特征不连续界面以下的大气称为混合层。混合层高度即从地面算起至第一稳定层底的高度。大气混合层表征污染物在垂直方向被热力湍流稀释的范围，即低层空气热力对流与湍流所能达到的高度。

4.1.3.2　主要气象要素

A　干球温度、湿球温度

气温是指空气冷热程度。干球温度是温度计在普通空气中测出的温度，即一般天气预报里常说的气温。在常规标准地面气象站的百叶箱里，安装了一对并列的温度表，其中一支温度表用于测量空气温度的称为"干球温度表";另一支温度表的球部缠着纱布,纱布一端引入水杯,称为"湿球温度表"。根据两温度表的示度,利用湿度查算表可查得观测时空气的绝对湿度、相对湿度、饱和差和露点温度。

B 云量

云是发生在高空的水汽凝结现象。形成云的基本条件是水蒸气和使水蒸气达到饱和凝结的环境。根据云离地面的高度可以分为高云、中云、低云。

云量是指云遮蔽天空的成数。将天空分为 10 份,这 10 份中被云遮盖的成数称为云量。如在云层中还有少量空隙(空隙总量不到天空的 1/20)记为 10;当天空无云或云量不到 1/20 时,云量为 0。总云量指所有云遮蔽天空的成数,不论云的层次和高度。低云量是指低云掩盖天空的成数。云量的记录方法是以总云量/低云量的形式记录,如 10/7。

C 风

风是指空气相对于地面的水平运动,风与气压的大小有关。风的特性用风向与风速表示,它是向量。风在不同时刻有着相应的风向和风速,它不仅对污染物起着输送的作用,还起着扩散和稀释的作用。风向决定污染物迁移运动方向,风速决定污染物的扩散稀释程度。排入大气中的污染物在风的作用下,会被输送到其他地区,风速愈大,单位时间内污染物被输送的距离愈远;混入的空气量愈多,污染物浓度愈低,所以风不但对污染物进行水平搬运,而且有稀释冲淡的作用,同时污染物总是分布在污染源的下风方。

风速是指空气在单位时间内移动的水平距离(m/s)。风速是随时间和高度变化的。从气象台站获得的风速资料有两种表达方式:一种以数值表示;另一种以字母 C 表示,代表风速已小于测风仪的最低阈值,通常称为静风。

风向是指风的来向。气象台站风向资料通常用 16 个风向或风向角来表达,即北风 N、东北偏北风 NNE、东北风 NE、东北偏东风 ENE、东风 E、东南偏东风 ESE、东南风 SE、东南偏南风 SSE、南风 S、西南偏南风 SSW、西南风 SW、西南偏西风 WSW、西风 W、西北偏西风 WNW、西北风 NW、西北偏北风 NNW,静风的风向用 C 表示。在模式计算中,若给静风风速赋一固定值,应同时分配静风一个风向,可利用静风前后观测资料的风向进行插值,或在气象资料比较完整,即日观测次数比较多的情况下,利用静风前一次的观测资料中的风向作为当前静风风向。

风频是指吹某一风向的风的次数占总的观测统计次数的百分比。

风玫瑰图是指统计多年地面气象资料,在极坐标中按 16 个风向标出其频率的大小(静风也需表示)。

风廓线:风速随高度变化用风廓线表示,以研究大气边界层内的风速规律。

局地风场:由于受地形影响引起局地风速、风向发生变化,包括海陆风、山谷风、过山气流、城市热岛环流等。

海陆风:在海滨地区,只要天气晴朗,白天风总是从海上吹向陆地;到夜里,风则从陆地吹向海上。从海上吹向陆地的风,叫做海风;从陆地吹向海上的风,叫做陆风。气象上常把两者合称为海陆风。由于海陆风的交换,有时低层排放的污染物被海陆风输送到一定距离后,又会被高空反气流带回到原地,导致原地污染物浓度增加。

山谷风:在狭长的山谷中,由于地形起伏,造成日辐射强度和辐射冷却不均而引起的热力环流,称为地形风,也称山谷风。白天风从山谷吹向山坡,这种风叫做谷风;到夜晚，风从山坡吹向山谷，这种风叫做山风。

过山气流：由于地形阻碍作用使流场发生局地变化而产生。气流在过小山时流场会发生改变，在强风条件下，贴近小山下风向常会出现空腔区和湍流尾流区，在此处会出现背风区坡底的污染。

城市热岛环流：由于城市热岛而引起城市与郊区之间的大气环流，即空气在城区上升，在郊区下沉，而四周较冷的空气又流向城区，在城市和郊区之间形成一个小型的局地环流，称为热岛环流。城市风对城市空气的污染产生扩散、稀释作用，同时加剧了城市污染向农村的扩散。

D　能见度

在当时的天气情况下，正常人的眼睛所能看到的最大距离叫能见度。

4.1.3.3　影响大气污染的气象因子

在一个区域或一个城市里即使从污染源排向大气的污染物的量没有很大变化，但对周围环境造成的污染效应会有很大不同，有时会对人和动植物造成严重危害，有时影响却很轻，这主要是由于在不同的气象条件下大气具有不同的扩散稀释能力。影响大气扩散能力的主要因素有两个：一是气象的动力因子；二是气象的热力因子。

气象的动力因子主要是指风和湍流，风和湍流对污染物在大气中的扩散和稀释起着决定性作用。大气不规则的运动称为大气湍流。大气除在水平方向运动外，还会有上、下、左、右运动。

气象的热力因子主要是指温度层结、稳定度等。温度层结指温度随高度的分布情况。它影响大气垂直方向的流动情况，由于地面构筑物不同，温度层结也不同。在对流层内，一般情况下，温度随高度的增加而降低，海拔每上升 100 m 气温下降 0.65 ℃左右。气温随海拔高度增加而增加的现象称为逆温。具有逆温的大气层是强稳定的大气层。大气稳定度是指整层空气的稳定程度，是大气对在其中做垂直运动的气团加速、遏制还是不影响运动的一种热力学性质。大气不稳定，湍流和对流充分发展，大气污染物扩散稀释能力强，反之，扩散稀释能力弱。

污染物在大气中扩散、输送、迁移、转化，与风向风速和气温的空间分布、大气湍流运动、太阳辐射、湿度、云、降水等气象条件有很密切的关系。

太阳辐射是地球大气的主要能量来源，地面和大气层一方面吸收太阳辐射能，另一方面不断地放出辐射能。地面及大气的热状况、温度的分布和变化制约着大气运动状态，影响着云与降水的形成，对空气污染起着一定的作用。在晴朗的白天，太阳辐射首先加热了地面，近地层的空气温度升高，使大气处于不稳定状态；夜间地面辐射失去热量，使近地层气温下降，形成逆温，大气稳定。

云对太阳辐射有反射作用，它的存在会减少到达地面的太阳直接辐射，同时云层又加强大气逆辐射，减小地面的有效辐射，因此云层的存在可以减小气温随高度的变化。有探测结果表明，某些地区冬季阴天时，温度层结几乎没有昼夜变化。在缺乏温度层结观测资料的情况下，可以根据季节、每天的时间和云量来估计大气的稳定度状况，再结合风速的大小可以进一步断定大气的扩散能力。

天气现象与气象状况都是在相应的天气形势背景下产生的。一般情况下，在低气压控制时，空气有上升运动，云量较多，假若风速再稍大，大气多为中性或不稳定性状态，有利于污染物的扩散；相反，在高气压控制下，一般天气晴朗，风速较小，并伴有空气的下沉运动，往往在几百米或一二千米的高度上形成下沉逆温，抑制湍流的向上发展。夜间有利于形成辐射逆温阻止污染物扩散，容易造成地面污染。由一些地区的污染潜势条件，可以总结出一些有利于扩散和不利于扩散的天气形势类型，并得出各种类型天气形势出现的气象参数及其临界值。

降水、雾等对空气污染状况也有影响。降水对清除大气中的污染物质起着重要的作用，由于有些污染气体能溶解在水中或者与水起化学反应产生其他的物质，颗粒物与雨滴碰撞可附着在雨滴上并随着降水带到地面，所以降水可以迁移空气污染物。雾是悬浮在大气近地面层的小水滴或小冰晶，可清洗空气中的一些粒子污染物或气体污染物。对雾的观测取样分析表明，气层中气溶胶粒子在雾形成后明显比雾形成前减少。但由于雾是在近地面气层非常稳定条件下产生的，这种条件下，空气污染物不易扩散，所以雾的出现可能会造成不利的地面空气污染状况。

此外，下垫面条件即地形和下垫面的非均匀性，对气流运动和气象条件会产生动力和热力的影响，从而改变空气污染物的扩散条件。其中山区地形、水陆界面和城市热岛效应是三个最典型的下垫面对大气污染的影响。城市上空的热岛效应和粗糙度效应，有利于污染物的扩散，但在一些建筑物背后，局地气流的分流和滞留会使污染物积聚。由于地形的影响会使地表面受热不均从而形成山谷风，以及由于地表性质不均而形成的海陆风等，都会改变大气流场和温度场的分布，从而影响空气污染物的散布。

4.1.3.4　污染气象学

污染气象学是研究大气运动和大气中污染物质相互作用的学科。它是现代气象学的一个分支，也是环境科学的重要组成部分。污染气象学的研究内容包括：大气运动对污染物扩散的影响，地形和下垫面对污染物输送和扩散的影响，气象因素对污染物分解和化合的作用，大气污染对局部气候的影响，大气自净过程以及大气污染的全球效应。

污染气象学是气象学和技术科学的结合体，又是气象学和化学、空气动力学等学科的结合体。它的发展将促进气象科学和相应科学的发展。大气污染证明了人类本身也参加了气象过程，并且影响越来越大。因此，污染气象学的出现也是气象科学向综合性学科发展的一个里程碑。

污染气象学主要研究近地层大气运动对污染物扩散、输送、沉降等物理过程和分解、化合等化学过程，以及大气污染对天气和气候变化的影响。污染气象学是气象学与物理学、化学以及技术科学的交叉学科。主要采用施放烟体，搜集空气样品和摄影等办法研究污染物浓度的时空分布以及传播和扩散规律，数学模拟也是普遍采用的方法。20 世纪 70年代以来污染气象学已成为国际科学协作的重大项目和联合国有关环境问题的大型国际会议的重要议题。它是现代气象学的一个分支，也是环境科学的重要组成部分。

污染气象学主要研究内容：大气运动影响、地势和下垫面影响、气象因素作用、局部气候影响、大气自净过程和全球效应。

4.1.4　大气环境影响评价的工作任务和工作程序

（1）工作任务。通过调查、预测等手段，对项目在建设阶段、生产运行和服务期满后（可根据项目情况选择）所排放的大气污染物对环境空气质量影响的程度、范围和频率进行分析、预测和评估，为项目的选址选线、排放方案、大气污染治理设施与预防措施制定、排放量核算，以及其他有关的工程设计、项目实施环境监测等提供科学依据或指导性意见。

（2）工作程序。

1）第一阶段。主要工作包括研究有关文件，项目污染源调查，环境空气保护目标调查，评价因子筛选与评价标准确定，区域气象与地表特征调查，收集区域地形参数，确定评价等级和评价范围等。

2）第二阶段。主要工作依据评价等级要求开展，包括与项目评价相关污染源调查与核实，选择适合的预测模型，环境质量现状调查或补充监测，收集建立模型所需气象、地表参数等基础数据，确定预测内容与预测方案，开展大气环境影响预测与评价工作等。

3）第三阶段。主要工作包括制定环境监测计划，明确大气环境影响评价结论与建议，完成环境影响评价文件的编写等。大气环境影响评价工作程序见图4-1。

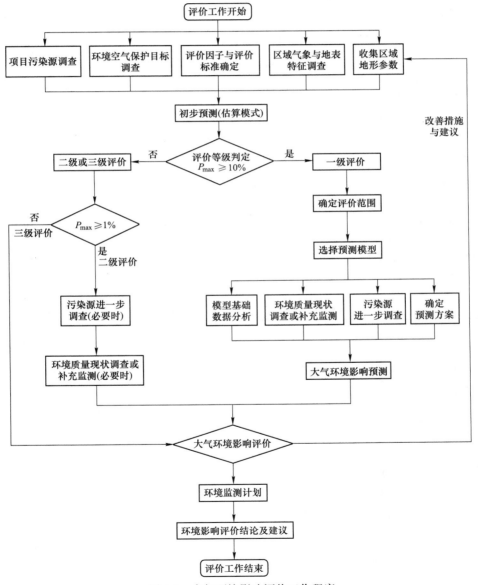

图 4-1　大气环境影响评价工作程序

4.2　大气环境影响评价等级与评价范围

4.2.1　环境影响识别与评价因子筛选

按《建设项目环境影响评价技术导则　总纲》（HJ 2.1）或《规划环境影响评价技术导则　总纲》（HJ 130）的要求识别大气环境影响因素，并筛选出大气环境影响评价因子。大气环境影响评价因子主要为项目排放的基本污染物及其他污染物。

当建设项目排放的 SO_2 和 NO_x 年排放量大于或等于 500 t/a 时，评价因子应增加二次污染物 $PM_{2.5}$，见表4-5。当规划项目排放的 SO_2、NO_x 及 VOCs 年排放量达到表4-5规定的量时，评价因子应相应增加二次污染物 $PM_{2.5}$ 及 O_3。

表4-5　二次污染物评价因子筛选

类别	污染物排放量/t·a⁻¹	二次污染物评价因子
建设项目	$SO_2+NO_x \geqslant 500$	$PM_{2.5}$
规划项目	$SO_2+NO_x \geqslant 500$	$PM_{2.5}$
	$NO_x+VOCs \geqslant 2000$	O_3

4.2.2　评价标准确定

确定各评价因子所适用的环境质量标准及相应的污染物排放标准。其中环境质量标准选用 GB 3095 中的环境空气质量浓度限值，如已有地方环境质量标准，应选用地方标准中的浓度限值。对于 GB 3095 及地方环境质量标准中未包含的污染物，可参照表4-6中的浓度限值。

表4-6　其他污染物空气质量浓度参考限值

编号	污染物名称	标准值/μg·m⁻³		
		1 h 平均	8 h 平均	日平均
1	氨	200	—	—
2	苯	110	—	—
3	苯胺	100	—	30
4	苯乙烯	10	—	—
5	吡啶	80	—	—
6	丙酮	800	—	—
7	丙烯腈	50	—	—
8	丙烯醛	100	—	—
9	二甲苯	200	—	—
10	二硫化碳	40	—	—
11	环氧氯丙烷	200	—	—
12	甲苯	200	—	—

续表 4-6

编号	污染物名称	标准值/$\mu g \cdot m^{-3}$		
		1 h 平均	8 h 平均	日平均
13	甲醇	3000	—	1000
14	甲醛	50	—	—
15	硫化氢	10	—	—
16	硫酸	300	—	100
17	氯	100	—	30
18	氯丁二烯	100	—	—
19	氯化氢	50	—	15
20	锰及其化合物（以 MnO_2 计）	—	—	10
21	五氧化二磷	150	—	50
22	硝基苯	10	—	—
23	乙醛	10	—	—
24	总挥发性有机物（TVOC）		600	

对上述标准中都未包含的污染物，可参照选用其他国家、国际组织发布的环境质量浓度限值或基准值，但应作出说明，经生态环境主管部门同意后执行。

4.2.3 评价等级判定

选择项目污染源正常排放的主要污染物及排放参数，采用导则推荐模型中估算模型分别计算项目污染源的最大环境影响，然后按评价工作分级判据进行分级。

4.2.3.1 评价工作分级方法

根据项目污染源初步调查结果，分别计算项目排放主要污染物的最大地面空气质量浓度占标率 P_i（第 i 个污染物，简称"最大浓度占标率"），以及第 i 个污染物的地面空气质量浓度达到标准值的 10% 时所对应的最远距离 $D_{10\%}$。其中 P_i 定义见式（4-1）。

$$P_i = \frac{\rho_i}{\rho_{0i}} \times 100\% \qquad (4-1)$$

式中　　P_i——第 i 个污染物的最大地面空气质量浓度占标率,%；

　　　　ρ_i——采用估算模型计算出的第 i 个污染物的最大 1 h 地面空气质量浓度，$\mu g/m^3$；

　　　　ρ_{0i}——第 i 个污染物的环境空气质量浓度标准，$\mu g/m^3$。

一般选用《环境空气质量标准》（GB 3095）中 1 h 平均质量浓度的二级浓度限值，如项目位于一类环境空气功能区，应选择相应的一级浓度限值；对该标准中未包含的污染物，使用各评价因子 1 h 平均质量浓度限值；对仅有 8 h 平均质量浓度限值、日平均质量浓度限值或年平均质量浓度限值的，可分别按 2 倍、3 倍、6 倍折算为 1 h 平均质量浓度限值。

编制环境影响报告书的项目在采用估算模型计算评价等级时，应输入地形参数。

评价等级按表 4-7 的分级判据进行划分。最大地面空气质量浓度占率 P_i 按式（4-1）计算，如污染物数 i 大于 1，取 P 值中最大者 P_{max}。

表 4-7 评价等级判别表

评价工作等级	评价工作分级判据
一级评价	$P_{max} \geqslant 10\%$
二级评价	$1\% \leqslant P_{max} < 10\%$
三级评价	$P_{max} < 1\%$

4.2.3.2 评价等级判定应遵守的规定

（1）同一项目有多个污染源（两个及以上，下同）时，则按各污染源分别确定评价等级，并取评价等级最高者作为项目的评价等级。

（2）对电力、钢铁、水泥、石化、化工、平板玻璃、有色等高耗能行业的多源项目或以使用高污染燃料为主的多源项目，并且编制环境影响报告书的项目评价等级提高一级。

（3）对等级公路、铁路项目，分别按项目沿线主要集中式排放源（如服务区、车站大气污染源）排放的污染物计算其评价等级。

（4）对新建包含 1 km 及以上隧道工程的城市快速路、主干路等城市道路项目，按项目隧道主要通风竖井及隧道出口排放的污染物计算其评价等级。

（5）对新建、迁建及飞行区扩建的枢纽及干线机场项目，应考虑机场飞机起降及相关辅助设施排放源对周边城市的环境影响，评价等级取一级。

（6）确定评价等级同时应说明估算模型计算参数和判定依据，相关内容与格式要求见表 4-8 评价因子和评价标准表。

4.2.3.3 评价等级判断的基本内容与图表

A 评价因子和评价标准筛选

评价因子和评价标准见表 4-8。

表 4-8 评价因子和评价标准表

评价因子	平均时段	标准值/$\mu g \cdot m^{-3}$	标准来源

地形图应标示地形高程、项目位置、评价范围、主要环境保护目标、比例尺、图例、指北针等。

B 估算模型参数及结果

估算模型参数见表 4-9。

表 4-9 估算模型参数表

参 数		取 值
城市/农村选项	城市/农村	
	人口数（城市选项时）	
最高环境温度/℃		
最低环境温度/℃		

续表 4-9

参　　数		取　　值	
土地利用类型			
区域湿度条件			
是否考虑地形	考虑地形	□是　□否	
	地形数据分辨率/m		
是否考虑岸线熏烟	考虑岸线熏烟	□是　□否	
	岸线距离/km		
	岸线方向/(°)		

主要污染源估算模型计算结果见表 4-10。

表 4-10　主要污染源估算模型计算结果表

下风向距离/m	污染源 1		污染源 2		…	
	预测质量浓度/μg·m⁻³	占标率/%	预测质量浓度/μg·m⁻³	占标率/%	…	…
50						
75						
⋮						
下风向最大质量浓度及占标率/%						
$D_{10\%}$ 最远距离/m						

4.2.4　评价范围确定及评价基准年筛选

（1）一级评价项目根据建设项目排放污染物的最远影响距离（$D_{10\%}$）确定大气环境影响评价范围。即以项目厂址为中心区域，自厂界外延 $D_{10\%}$ 的矩形区域作为大气环境影响评价范围。当 $D_{10\%}$ 超过 25 km 时，确定评价范围为边长 50 km 的矩形区域；当 $D_{10\%}$ 小于 2.5 km 时，评价范围边长取 5 km。

（2）二级评价项目大气环境影响评价范围边长取 5 km。

（3）三级评价项目不需设置大气环境影响评价范围。

（4）对于新建、迁建及飞行区扩建的枢纽及干线机场项目，评价范围还应考虑受影响的周边城市，最大取边长 50 km。

（5）规划的大气环境影响评价范围为以规划区边界为起点，外延规划项目排放污染物的最远影响距离（$D_{10\%}$）的区域。

评价基准年筛选依据评价所需环境空气质量现状、气象资料等数据的可获得性、数据质量、代表性等因素，选择近 3 年中数据相对完整的 1 个日历年作为评价基准年。

4.3　环境空气质量现状调查与评价

4.3.1　调查内容和目的

（1）一级评价项目。

调查项目所在区域环境质量达标情况，作为项目所在区域是否为达标区的判断依据。调查评价范围内有环境质量标准的评价因子的环境质量监测数据或进行补充监测，用于评价项目所在区域污染物环境质量现状，以及计算环境空气保护目标和网格点的环境质量现状浓度。

（2）二级评价项目。

调查项目所在区域环境质量达标情况。调查评价范围内有环境质量标准的评价因子的环境质量监测数据或进行补充监测，用于评价项目所在区域污染物环境质量现状。

（3）三级评价项目。

只调查项目所在区域环境质量达标情况。

4.3.2　数据来源

4.3.2.1　基本污染物环境质量现状数据

项目所在区域达标判定，优先采用国家或地方生态环境主管部门公开发布的评价基准年环境质量公告或环境质量报告中的数据或结论。

采用评价范围内国家或地方环境空气质量监测网中评价基准年连续 1 年的监测数据，或采用生态环境主管部门公开发布的环境空气质量现状数据。

评价范围内没有环境空气质量监测网数据或公开发布的环境空气质量现状数据的，可选择符合《环境空气质量监测点位布设技术规范（试行）》（HJ 664）规定，并且与评价范围地理位置邻近，地形、气候条件相近的环境空气质量城市点或区域点监测数据。

对于位于环境空气质量一类区的环境空气保护目标或网格点，各污染物环境质量现状浓度可取符合 HJ 664 规定，并且与评价范围地理位置邻近，地形、气候条件相近的环境空气质量区域点或背景点监测数据。

环境空气质量评价城市点应位于各城市的建成区内，并相对均匀分布，覆盖全部建成区。

采用城市加密网格点实测或模式模拟计算的方法，估计所在城市建成区污染物浓度的总体平均值。全部城市点的污染物浓度的算术平均值应代表所在城市建成区污染物浓度的总体平均值。

城市加密网格点实测是指将城市建成区均匀划分为若干加密网格点，单个网格不大于 2 km×2 km（面积大于 200 km^2 的城市也可适当放宽网格密度），在每个网格中心或网格线的交点上设置监测点，了解所在城市建成区的污染物整体浓度水平和分布规律，监测项目包括 GB 3095—2012 中规定的 6 项基本项目（可根据监测目的增加监测项目），有效监测天数不少于 15 天。

模式模拟计算是通过污染物扩散、迁移及转化规律，预测污染分布状况进而寻找合理的监测点位的方法。拟新建城市点的污染物浓度的平均值与同一时期用城市加密网格点实测或模式模拟计算的城市总体平均值估计值相对误差应在 10% 以内。

用城市加密网格点实测或模式模拟计算的城市总体平均值计算出 30、50、80 和 90 百分位数的估计值；拟新建城市点的污染物浓度平均值计算出的 30、50、80 和 90 百分位数与同一时期城市总体估计值计算的各百分位数的相对误差在 15% 以内。

各城市环境空气质量评价城市点的最少监测点位数量应符合表 4-11 的要求。按建成区城市人口和建成区面积确定的最少监测点位数不同时，取两者中的较大值。

表 4-11 环境空气质量评价城市点设置数量要求

建成区城市人口/万人	建成区面积/km^2	最少监测点数
<25	<20	1
25~50	20~50	2
50~100	50~100	4
100~200	100~200	6
200~300	200~400	8
>300	>400	按每 50~60 km^2 建成区面积设 1 个监测点，并且不少于 10 个点

环境空气质量评价城市点的监测项目依据 GB 3095—2012 确定，分为基本项目和其他项目。环境空气质量评价区域点、背景点的监测项目除 GB 3095—2012 中规定的基本项目外，由国务院环境保护行政主管部门根据国家环境管理需求和点位实际情况增加其他特征监测项目，包括湿沉降、有机物、温室气体、颗粒物组分和特殊组分等，具体见表 4-12。

表 4-12 环境空气质量评价区域点、背景点监测项目

监测类型	监测项目
基本项目	二氧化硫（SO_2）、二氧化氮（NO_2）、一氧化碳（CO）、臭氧（O_3）、可吸入颗粒物（PM_{10}）、细颗粒物（$PM_{2.5}$）
湿沉降	降雨量、pH、电导率、氯离子、硝酸根离子、硫酸根离子、钙离子、镁离子、钾离子、钠离子、铵离子等
有机物	挥发性有机物 VOCs、持久性有机物 POPs 等
温室气体	二氧化碳（CO_2）、甲烷（CH_4）、氧化亚氮（N_2O）、六氟化硫（SF_6）、氢氟碳化物（HFCs）、全氟化碳（PFCs）
颗粒物主要物理化学特性	颗粒物数浓度谱分布、$PM_{2.5}$ 或 P 盐、硝酸盐、氯盐、钾盐、钙盐、钠盐、镁盐、铵盐等 PM_{10} 中的有机碳、元素碳、硫酸

4.3.2.2 其他污染物环境质量现状数据

优先采用评价范围内国家或地方环境空气质量监测网中评价基准年连续 1 年的监测数据。

评价范围内没有环境空气质量监测网数据或公开发布的环境空气质量现状数据的，可收集评价范围内近 3 年与项目排放的其他污染物有关的历史监测资料。

在没有以上相关监测数据或监测数据不能满足评价内容与方法规定的评价要求时，应按补充监测要求进行监测。

4.3.3　补充监测

（1）监测时段。根据监测因子的污染特征，选择污染较重的季节进行现状监测。补充监测原则上应取得 7d 有效数据。对于部分无法进行连续监测的其他污染物，可监测其一次空气质量浓度，监测时次应满足所用评价标准的取值时间要求。

（2）监测布点。以近 20 年统计的当地主导风向为轴向，在厂址及主导风向下向 5 km 范围内设置 1~2 个监测点。如需在一类区进行补充监测，监测点应设置在不受人为活动影响的区域。

（3）监测方法。应选择符合监测因子对应环境质量标准或参考标准所推荐的监测方法，并在评价报告中注明。

（4）监测采样。环境空气监测中的采样点、采样环境、采样高度及采样频率，按《环境空气质量监测点位布设技术规范（试行)》（HJ 664）及相关评价标准规定的环境监测技术规范执行。

4.3.4　评价内容与方法

4.3.4.1　环境空气保护目标及网格点环境质量现状浓度

对采用多个长期监测点位数据进行现状评价的，取各污染物相同时刻各监测点位的浓度平均值，作为评价范围内环境空气保护目标及网格点环境质量现状浓度，计算方法见式（4-2）。

$$\rho_{现状(x,\,y,\,t)} = \frac{1}{n}\sum_{j=1}^{n}\rho_{现状(j,\,t)} \tag{4-2}$$

式中　$\rho_{现状(x,\,y,\,t)}$——环境空气保护目标及网格点（x，y）在 t 时刻环境质量现状浓度，$\mu g/m^3$；

$\quad\quad\ \rho_{现状(j,t)}$——第 j 个监测点位在 t 时刻环境质量现状浓度（包括短期浓度和长期浓度），$\mu g/m^3$；

$\quad\quad\ n$——长期监测点位数。

对采用补充监测数据进行现状评价的，取各污染物不同评价时段监测浓度的最大值，作为评价范围内环境空气保护目标及网格点环境质量现状浓度。对于有多个监测点位数据的，先计算相同时刻各监测点位平均值，再取各监测时段平均值中的最大值。计算方法见式（4-3）。

$$\rho_{现状(x,\,y)} = \max\left[\frac{1}{n}\sum_{j=1}^{n}\rho_{监测(j,\,t)}\right] \tag{4-3}$$

式中　$\rho_{现状(x,y)}$——环境空气保护目标及网格点（x，y）环境质量现状浓度，$\mu g/m^3$；

$\quad\quad\ \rho_{监测(j,t)}$——第 j 个监测点位在 t 时刻环境质量现状浓度（包括 1 h 平均、8 h 平均或日平均质量浓度），$\mu g/m^3$；

$\quad\quad\ n$——现状补充监测点位数。

4.3.4.2 项目所在区域达标判断

城市环境空气质量达标情况评价指标为 SO_2、NO_2、PM_{10}、$PM_{2.5}$、CO 和 O_3，六项污染物全部达标即为城市环境空气质量达标。

根据国家或地方生态环境主管部门公开发布的城市环境空气质量达标情况，判断项目所在区域是否属于达标区。如项目评价范围涉及多个行政区（县级或以上，下同），需分别评价各行政区的达标情况，若存在不达标行政区，则判定项目所在评价区域为不达标区。

国家或地方生态环境主管部门未发布城市环境空气质量达标情况的，可按照 HJ 663 中各评价项目的年评价指标进行判定。年评价指标中的年均浓度和相应百分位数 24 h 平均或 8 h 平均质量浓度满足《环境空气质量标准》（GB 3095）中浓度限值要求的即为达标。

4.3.4.3 各污染物的环境质量现状评价

长期监测数据的现状评价内容，按《环境空气质量评价技术规范（试行）》（HJ 663）中的统计方法对各污染物的年评价指标进行环境质量现状评价。对于超标的污染物，计算其超标倍数和超标率。

补充监测数据的现状评价内容，分别对各监测点位不同污染物的短期浓度进行环境质量现状评价。对于超标的污染物，计算其超标倍数和超标率。

按 HJ 663 评价项目分为基本评价项目和其他评价项目两类。基本评价项目包括二氧化硫（SO_2）、二氧化氮（NO_2）、一氧化碳（CO）、臭氧（O_3）、可吸入颗粒物（PM_{10}）、细颗粒物（$PM_{2.5}$）共 6 项。各项目的评价指标见表 4-13。其他评价项目包括总悬浮颗粒物（TSP）、氮氧化物（NO_x）、铅（Pb）和苯并 [a] 芘（BaP）共 4 项。各项目的评价指标见表 4-14。

表 4-13　基本评价项目及平均时间

评价时段	评价项目及平均时间
小时评价	SO_2、NO_2、CO、O_3 的 1 h 平均
日评价	SO_2、NO_2、PM_{10}、$PM_{2.5}$、CO 的 24 h 平均、O_3 的日最大 8 h 平均
年评价	SO_2 年平均、SO_2 24 h 平均第 98 百分位数 NO_2 年平均、NO_2 24 h 平均第 98 百分位数 PM_{10} 年平均、PM_{10} 24 h 平均第 95 百分位数 $PM_{2.5}$ 年平均、$PM_{2.5}$ 24 h 平均第 95 百分位数 CO 24 h 平均第 95 百分位数 O_3 日最大 8 h 滑动平均值的第 90 百分位数

表 4-14　其他评价项目及平均时间

评价时段	评价项目及平均时间
日评价	TSP、BaP、NO_x 的 24 h 平均
季评价	Pb 的季平均
年评价	TSP 年平均、TSP 24 h 平均第 95 百分位数 Pb 年平均 BaP 年平均 NO_x 年平均、NO_x 24 h 平均第 98 百分位数

城市环境空气质量评价中，各评价时段内污染物的统计指标和统计方法见表 4-15 和表 4-16。

表 4-15　不同评价时段内基本评价项目的统计方法（城市范围）

评价时段	评价项目	统 计 方 法
小时评价	城市 SO_2、NO_2、CO、O_3 的 1 h 平均	各点位[①] 1 h 平均浓度值的平均值
日评价	城市 SO_2、NO_2、CO、PM_{10}、$PM_{2.5}$ 的 24 h 平均	各点位[①] 24 h 平均浓度值的算术平均值
	城市 O_3 的日最大 8 h 平均	各点位[①]臭氧日最大 8 h 平均浓度值的算术平均值
年评价	城市 SO_2、NO_2、PM_{10}、$PM_{2.5}$ 的年平均	一个日历年内城市 24 h 平均浓度值的算术平均值
	城市 SO_2、NO_2 24 h 平均第 98 百分位数	一个日历年内城市日评价项目的相应百分位数浓度
	城市 PM_{10}、$PM_{2.5}$ 24 h 平均第 95 百分位数	
	城市 CO 24 h 平均第 95 百分位数	
	城市 O_3 日最大 8 h 平均第 90 百分位数	

①点位指城市点，不包括区域点、背景点、污染监控点和路边交通点。

表 4-16　不同评价时段内其他评价项目的统计方法（城市范围）

评价时段	评价项目	统 计 方 法
日评价	城市 NO_x、BaP、TSP 的 24 h 平均	各点位[①] 24 h 平均浓度值的算术平均值
季评价	城市 Pb 的季平均	日历季内城市 24 h 平均浓度的算术平均值，城市 24 h 平均浓度值为各点位[①] 24 h 平均浓度值的算术平均值
年评价	城市 NO_x、Pb、BaP、TSP 的年平均	一个日历年内城市 24 h 平均浓度值的算术平均值
	TSP 24 h 平均浓度第 95 百分位数、NO_x 24 h 平均浓度第 98 百分位数	一个日历年内城市 TSP、NO_x 的 24 h 平均浓度值的相应百分位数浓度

①点位指城市点，不包括区域点、背景点、污染监控点和路边交通点。

A　污染物浓度序列的第 p 百分位数计算方法

将污染物浓度序列按数值从小到大排序，排序后的浓度序列为 $\{X_i, i = 1, 2, \cdots, n\}$。

计算第 p 百分位数 m_p 的序数 k，序数 k 按式（4-4）计算：

$$k = 1 + (n - 1) \cdot p\% \tag{4-4}$$

式中　k——$p\%$ 位置对应的序数；

　　　n——污染物浓度序列中的浓度值数量。

第 p 百分位数 m_p 按式（4-5）计算：

$$m_p = X_{(s)} + (X_{(s+1)} - X_{(s)}) \times (k - s) \qquad (4-5)$$

式中 s——k 的整数部分，当 k 为整数时，s 与 k 相等。

B 区域数据统计方法

区域内城市建成区的评价以区域内各个城市的评价结果为基础，评价项目与表 4-15 和表 4-16 相同，分别统计区域内各个城市的达标情况。国务院环境保护主管部门进行的区域环境空气质量评价，以区域内地级及以上城市建成区为参评城市。省级或地市级环境主管部门进行的区域环境空气质量评价可将区域内县级市共同作为参评城市。

区域内非城市建成区空气质量评价以各空气质量评价区域点为单元进行统计。

区域环境空气质量达标指区域范围内所有城市建成区达标且非城市建成区中每个区域点均达标。

C 超标项目 i 的超标倍数

超标倍数按式（4-6）计算：

$$B_i = (C_i - S_i)/S_i \qquad (4-6)$$

式中 B_i——超标项目 i 的超标倍数；

C_i——超标项目 i 的浓度值；

S_i——超标项目 i 的浓度限值标准，一类区采用一级浓度限值标准，二类区采用二级浓度限值标准。

在年度评价时，对于 SO_2、NO_2、PM_{10}、$PM_{2.5}$，分别计算年平均浓度和 24 h 平均的特定百分位数浓度相对于年均值标准和日均值标准的超标倍数；对于 O_3，计算日最大 8 h 平均的特定百分位数浓度相对于 8 h 平均浓度限值标准的超标倍数；对于 CO，计算 24 h 平均的特定百分位数浓度相对于浓度限值标准的超标倍数。

D 达标率计算方法

评价项目 i 的小时达标率、日达标率按式（4-7）计算：

$$D_i(\%) = (A_i/B_i) \times 100 \qquad (4-7)$$

式中 D_i——评价项目 i 的达标率；

A_i——评价时段内评价项目 i 的达标天（小时）数；

B_i——评价时段内评价项目 i 的有效监测天（小时）数。

多项目日综合评价的达标率参照式（4-7）计算。

4.3.4.4 环境空气质量现状评价内容与格式要求

环境空气质量现状评价内容与格式要求见表 4-17~表 4-20。

空气质量达标区判定包括各评价因子的浓度、标准及达标判定结果等，内容要求参见表 4-17。

表 4-17 区域空气质量现状评价表

污染物	年评价指标	现状浓度/μg·m⁻³	标准值/μg·m⁻³	占标率/%	达标情况
	年平均质量浓度				
	百分位数日平均或 8 h 平均质量浓度				

基本污染物环境质量现状包括监测点位、污染物、评价标准、现状浓度及达标判定等，内容要求见表4-18。

表4-18　基本污染物环境质量现状

点位名称	监测点坐标/m		污染物	年评价指标	评价标准/μg·m⁻³	现状浓度/μg·m⁻³	最大浓度占标率/%	超标频率/%	达标情况
	X	Y			评价标准/$\mu g\cdot m^{-3}$	现状浓度/$\mu g\cdot m^{-3}$			

其他污染物环境质量现状包括其他污染物的监测点位、监测因子、监测时段及监测结果等内容，参见表4-19和表4-20。

表4-19　其他污染物补充监测点位基本信息

监测点名称	监测点坐标/m		监测因子	监测时段	相对厂址方位	相对厂界距离/m
	X	Y				

表4-20　其他污染物环境质量现状（监测结果）表

监测点位	监测点坐标/m		污染物	平均时间	评价标准/μg·m⁻³	监测浓度范围/μg·m⁻³	最大浓度占标率/%	超标率/%	达标情况
	X	Y			评价标准/$\mu g\cdot m^{-3}$	监测浓度范围/$\mu g\cdot m^{-3}$			

监测点位图要求：在基础底图上叠加环境质量现状监测点位分布，并明确标示国家监测站点、地方监测站点和现状补充监测点的位置。

4.4　大气污染源调查与分析

4.4.1　污染源调查基本要求

（1）一级评价项目。

1）调查本项目不同排放方案有组织及无组织排放源，对于改建、扩建项目还应调查本项目现有污染源。本项目污染源调查包括正常排放和非正常排放，其中非正常排放调查内容包括非正常工况、频次、持续时间和排放量。

2）调查本项目所有拟被替代的污染源（如有），包括被替代污染源名称、位置、排放污染物及排放量、拟被替代时间等。

3）调查评价范围内与评价项目排放污染物有关的其他在建项目、已批复环境影响评价文件的拟建项目等污染源。

4）对于编制报告书的工业项目，分析调查受本项目物料及产品运输影响新增的交通运输移动源，包括运输方式、新增交通流量、排放污染物及排放量。

（2）二级评价项目，参照一级评价项目中1）和2）调查本项目现有及新增污染源和拟被替代的污染源。

（3）三级评价项目，只调查本项目新增污染源和拟被替代的污染源。

（4）对于城市快速路、主干路等城市道路的新建项目，需调查道路交通流量及污染物排放量。

（5）对于采用网格模型预测二次污染物的，需结合空气质量模型及评价要求，开展区域现状污染源排放清单调查。

4.4.2 污染源调查的内容

按点源、面源、体源、线源、火炬源、烟塔合一排放源、机场源等不同污染源排放形式，分别给出污染源参数。对于网格污染源，按照源清单要求给出污染源参数，并说明数据来源。当污染源排放为周期性变化时，还需给出周期性变化排放系数。

4.4.2.1 点源调查内容

（1）排气筒底部中心坐标（坐标可采用 UTM 坐标或经纬度，下同），以及排气筒底部的海拔高度（m）。

（2）排气筒几何高度（m）及排气筒出口内径（m），烟气流速（m/s）。

（3）排气筒出口处烟气温度（℃）。

（4）各主要污染物排放速率（kg/h），排放工况（正常排放和非正常排放，下同），年排放小时数（h）。

（5）点源（包括正常排放和非正常排放）参数调查清单参见表4-21。

表 4-21　点源参数表

编号	名称	排气筒底部中心坐标/m		排气筒底部海拔高度/m	排气筒高度/m	排气筒出口内径/m	烟气流速/m·s^{-1}	烟气温度/℃	年排放小时数/h	排放工况	污染物排放速率/kg·h^{-1}		
		X	Y								污染物1	污染物2	…

4.4.2.2 面源调查内容

（1）面源坐标，其中：

1）矩形面源：初始点坐标，面源的长度（m），面源的宽度（m），与正北方向逆时针的夹角，见图4-2。

2）多边形面源：多边形面源的顶点数或边数（3~20）以及各顶点坐标，见图4-3。

3）近圆形面源：中心点坐标，近圆形半径（m），近圆形顶点数或边数，见图4-4。

（2）面源的海拔高度和有效排放高度（m）。

（3）各主要污染物排放速率（kg/h），排放工况，年排放小时数（h）。

（4）各类面源参数调查清单参见表4-22~表4-24。

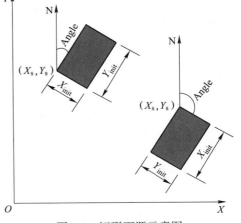

图 4-2　矩形面源示意图

（（X_s，Y_s）为面源的起始点坐标；Angle 为面源 Y 方向的边长与正北方向的夹角（逆时针方向）；X_{init} 为面源 X 方向的边长；Y_{init} 为面源 Y 方向的边长）

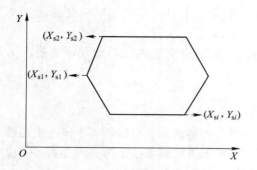

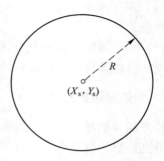

图 4-3　多边形面源示意图　　　　　　　　图 4-4　近圆形面源示意图

（（X_{s1}，Y_{s1}）、（X_{s2}，Y_{s2}）、（X_{si}，Y_{si}）为多边形面源顶点坐标）　　　（（X_s，Y_s）为圆弧弧心坐标；R 为圆弧半径）

表 4-22　矩形面源参数表

编号	名称	面源起点坐标/m		面源海拔高度/m	面源长度/m	面源宽度/m	与正北向夹角/(°)	面源有效排放高度/m	年排放小时数/h	排放工况	污染物排放速率/kg·h⁻¹		
		X	Y								污染物 1	污染物 2	…

表 4-23　多边形面源参数表

编号	名称	面源各顶点坐标/m		面源海拔高度/m	面源有效排放高度/m	年排放小时数/h	排放工况	污染物排放速率/kg·h⁻¹		
		X	Y					污染物 1	污染物 2	…

表 4-24　（近）圆形面源参数表

编号	名称	面源中心点坐标/m		面源海拔高度/m	面源半径/m	顶点数或边数(可选)	面源有效排放高度/m	年排放小时数/h	排放工况	污染物排放速率/kg·h⁻¹		
		X	Y							污染物 1	污染物 2	…

4.4.2.3　体源调查内容

（1）体源中心点坐标，以及体源所在位置的海拔高度（m）。

（2）体源有效高度（m）。

（3）体源排放速率（kg/h），排放工况，年排放小时数（h）。

（4）体源的边长（m）（把体源划分为多个正方形的边长，见图 4-5 和图 4-6 中的 W）。

（5）初始横向扩散参数（m），初始垂直扩散参数（m）。体源初始扩散参数的估算见表 4-25 和表 4-26。

（6）体源参数调查清单参见表 4-27。

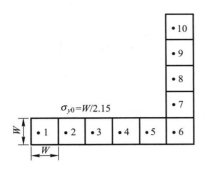

图 4-5 连续划分的体源
（W 为单个体源的边长）

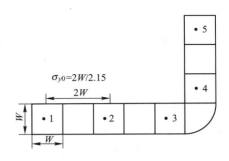

图 4-6 间隔划分的体源
（W 为单个体源的边长）

表 4-25 体源初始横向扩散参数的估算

源 类 型	初始横向扩散参数
单个源	$\sigma_{y0} = $ 边长/4.3
连续划分的体源（见图 4-5）	$\sigma_{y0} = $ 边长/2.15
间隔划分的体源（见图 4-6）	$\sigma_{y0} = $ 两个相邻间隔中心点的距离/2.15

表 4-26 体源初始垂直扩散参数的估算

源 位 置		初始垂直扩散参数
源基底处地形高度 $H_0 \approx 0$		$\sigma_{z0} = $ 源的高度/2.15
源基底处地形高度 $H_0 > 0$	在建筑物上，或邻近建筑物	$\sigma_{z0} = $ 建筑物高度/2.15
	不在建筑物上，或不邻近建筑物	$\sigma_{z0} = $ 源的高度/4.3

表 4-27 体源参数表

编号	名称	体源中心点坐标/m		体源海拔高度 /m	体源边长/m	体源有效高度 /m	年排放小时数/h	排放工况	初始扩散参数/m		污染物排放速率/kg·h⁻¹		
		X	Y						横向	垂直	污染物1	污染物2	…

4.4.2.4 线源调查内容

（1）线源几何尺寸（分段坐标），线源宽度（m），距地面高度（m），有效排放高度（m），街道街谷高度（可选）（m）。

（2）各种车型的污染物排放速率（kg/(km·h)）。

（3）平均车速（km/h），各时段车流量（辆/h）、车型比例。

（4）线源参数调查清单参见表 4-28。

表 4-28　线源参数表

编号	名称	各段顶点坐标/m		线源宽度/m	线源海拔高度/m	有效排放高度/m	街道街谷高度/m	污染物排放速率/kg·(km·h)⁻¹		
		X	Y					污染物 1	污染物 2	…

4.4.2.5　火炬源调查内容

（1）火炬底部中心坐标，以及火炬底部的海拔高度（m）。

（2）火炬等效内径 D(m)：

$$D = 9.88 \times 10^{-4} \times \sqrt{\mathrm{HR} \times (1 - \mathrm{HL})} \tag{4-8}$$

式中　HR——总热释放速率，cal/s；

　　　HL——辐射热损失比例，一般取 0.55。

（3）火炬的等效高度 h_{eff}：

$$h_{\mathrm{eff}} = H_{\mathrm{s}} + 4.56 \times 10^{-3} \times \mathrm{HR}^{0.478} \tag{4-9}$$

式中　H_{s}——火炬高度，m。

（4）火炬等效烟气排放速度（m/s），默认设置为 20 m/s。

（5）排气筒出口处的烟气温度（℃），默认设置为 1000 ℃。

（6）火炬源排放速率（kg/h），排放工况，年排放小时数（h）。

（7）火炬源参数调查清单参见表 4-29。

表 4-29　火炬源参数表

编号	名称	坐标/m		底部海拔高度/m	火炬等效高度/m	等效出口内径/m	烟气温度/℃	等效烟气流速/m·s⁻¹	年排放小时数/h	排放工况	燃烧物质及热释放速率			污染物排放速率/kg·h⁻¹		
		X	Y								燃烧物质	燃烧速率/kg·h⁻¹	总热释放速率/cal·s⁻¹	污染物 1	污染物 2	…

注：1 cal = 4.1868 J。

4.4.2.6　烟塔合一排放源调查内容

（1）冷却塔底部中心坐标，以及排气筒底部的海拔高度（m）。

（2）冷却塔高度（m）及冷却塔出口内径（m）。

（3）冷却塔出口烟气流速（m/s）。

（4）冷却塔出口烟气温度（℃）。

（5）烟气中液态水含量（kg/kg）。

（6）烟气相对湿度（%）。

（7）各主要污染物排放速率（kg/h），排放工况，年排放小时数（h）。

（8）冷却塔排放源参数调查清单参见表 4-30。

表 4-30 烟塔合一排放源参数表

编号	名称	坐标/m		底部海拔高度/m	冷却塔高度/m	冷却塔出口内径/m	烟气流速/m·s⁻¹	烟气温度/℃	烟气液态含水量/kg·kg⁻¹	烟气相对湿度/%	年排放小时数/h	排放工况	污染物排放速率/kg·h⁻¹		
		X	Y										污染物1	污染物2	…

4.4.2.7 城市道路源调查内容

调查内容包括不同路段交通流量及污染物排放量，见表 4-31。

表 4-31 城市道路交通流量及污染物排放量

路段名称	典型时段	平均车流量/辆·h⁻¹			污染物排放速率/kg·(km·h)⁻¹			
		大型车	中型车	小型车	NO_x	CO	THC	其他污染物
	近期							
	中期							
	远期							

4.4.2.8 机场源调查内容

（1）不同飞行阶段的跑道面源排放参数，包括：飞行阶段，面源起点坐标，有效排放高度（m），面源宽度(m)，面源长度(m)，与正北向夹角(°)，污染物排放速率(kg/(m²·h))。调查清单见表 4-32。

表 4-32 机场跑道排放源参数表

不同飞行阶段	跑道面源起点坐标/m		有效排放高度/m	面源宽度/m	面源长度/m	与正北向夹角/(°)	污染物排放速率/kg·(m²·h)⁻¹		
	X	Y					污染物1	污染物2	…

（2）机场其他排放源调查内容参考点源、面源、体源、线源调查的要求。

4.4.2.9 周期性排放系数

常见污染源周期性排放系数见表 4-33。

表 4-33 污染源周期性排放系数表

季节	春	夏	秋	冬								
排放系数												
月份	1	2	3	4	5	6	7	8	9	10	11	12
排放系数												
星期	日	一	二	三	四	五	六					
排放系数												
小时	1	2	3	4	5	6	7	8	9	10	11	12
排放系数												
小时	13	14	15	16	17	18	19	20	21	22	23	24
排放系数												

4.4.2.10 非正常排放调查内容

非正常排放调查内容见表4-34。

表4-34 非正常排放参数表

非正常排放源	非正常排放原因	污染物	非正常排放速率/kg·h^{-1}	单次持续时间/h	年发生频次/次

4.4.2.11 拟被替代源调查内容

拟被替代源基本情况见表4-35，基本参数调查内容参考点源、面源、体源、线源调查的要求。

表4-35 拟被替代源基本情况表

被替代污染源	坐标/m		年排放时间/h	污染物排放量/t·a^{-1}			拟被替代时间
	X	Y		污染物1	污染物2	...	

此外，环境空气保护目标调查表见表4-36，其中环境空气保护目标坐标取距离厂址最近点位位置。

表4-36 环境空气保护目标

名称	坐标/m		保护对象	保护内容	环境功能区	相对厂址方位	相对厂界距离/m
	X	Y					

4.4.3 数据来源与要求

（1）新建项目的污染源调查。依据《建设项目环境影响评价技术导则 总纲》（HJ 2.1）、《规划环境影响评价技术导则 总纲》（HJ 130）、《排污许可证申请与核发技术规范 总则》（HJ 942）及各污染源源强核算技术指南，并结合工程分析从严确定污染物排放量。

（2）评价范围内在建和拟建项目的污染源调查。可使用已批准的环境影响评价文件中的资料；改建、扩建项目现状工程的污染源和评价范围内拟被替代的污染源调查，可根据数据的可获得性，依次优先使用项目监督性监测数据、在线监测数据、年度排污许可执行报告、自主验收报告、排污许可证数据、环评数据或补充污染源监测数据等。污染源监测数据应采用满负荷工况下的监测数据或者换算至满负荷工况下的排放数据。

（3）网格模型模拟所需的区域现状污染源排放清单调查按国家发布的清单编制相关技术规范执行。污染源排放清单数据应采用近3年内国家或地方生态环境主管部门发布的包含人为源和天然源在内所有区域污染源清单数据。在国家或地方生态环境主管部门未发布污染源清单之前，可参照污染源清单编制指南自行建立区域污染源清单，并对污染源清单准确性进行验证分析。

4.5 大气环境影响预测与评价

4.5.1 一般性要求

一级评价项目应采用进一步预测模型开展大气环境影响预测与评价。

二级评价项目不进行进一步预测与评价，只对污染物排放量进行核算。

三级评价项目不进行进一步预测与评价。

预测因子根据评价因子而定，选取有环境质量标准的评价因子作为预测因子。

4.5.2 预测范围和预测周期

预测范围应覆盖评价范围，并覆盖各污染物短期浓度贡献值占标率大于 10% 的区域。

对于经判定需预测二次污染物的项目，预测范围应覆盖 $PM_{2.5}$ 年平均质量浓度贡献值占标率大于 1% 的区域。

对于评价范围内包含环境空气功能区一类区的，预测范围应覆盖项目对一类区最大环境影响。

预测范围一般以项目厂址为中心，东西向为 X 坐标轴、南北向为 Y 坐标轴。

选取评价基准年作为预测周期，预测时段取连续 1 年。选用网格模型模拟二次污染物的环境影响时，预测时段应至少选取评价基准年 1 月、4 月、7 月、10 月。

4.5.3 预测模型

4.5.3.1 概述

预测模型指生态环境主管部门按照一定的工作程序遴选，并以推荐名录形式公开发布的环境模型。列入推荐名录的环境模型简称推荐模型。当推荐模型适用性不能满足需要时，可采用替代模型。替代模型一般需经模型领域专家评审推荐，并经生态环境主管部门同意后方可使用。《环境影响评价技术导则　大气环境》（HJ 2.2—2018）推荐模型见表 4-37。

空气质量模型指采用数值方法模拟大气中污染物的物理扩散和化学反应的数学模型，包括高斯扩散模型和区域光化学网格模型。

高斯扩散模型：也叫高斯烟团或烟流模型，简称高斯模型。采用非网格、简化的输送扩散算法，没有复杂化学机理，一般用于模拟一次污染物的输送与扩散，或通过简单的化学反应机理模拟二次污染物。

区域光化学网格模型：简称网格模型。采用包含复杂大气物理（平流、扩散、边界层、云、降水、干沉降等）和大气化学（气、液、气溶胶、非均相）算法以及网格化的输送化学转化模型，一般用于模拟城市和区域尺度的大气污染物输送与化学转化。

4.5.3.2 预测模型的选择

环境空气质量模型适用性需考虑预测范围、污染源的排放形式、污染物性质、特殊气象条件等。

A　按预测范围

模型选取需考虑所模拟的范围。模型按模拟尺度可分为三类，即局地尺度（50 km 以下）、城市尺度（几十到几百千米）、区域尺度（几百千米以上）模型。

在模拟局地尺度环境空气质量影响时，一般选用 HJ 2.2—2018 推荐的估算模型、AERMOD、ADMS、AUSTAL2000 等模型；在模拟城市尺度环境空气质量影响时，一般选用 HJ 2.2—2018 推荐的 CALPUFF 模型；在模拟区域尺度空气质量影响或需考虑对二次 $PM_{2.5}$ 及 O_3 有显著影响的排放源时，一般选用 HJ 2.2—2018 推荐的包含有复杂物理、化学过程的区域光化学网格模型。

B　按污染源的排放形式

模型选取需考虑所模拟污染源的排放形式。污染源从排放形式上可分为点源（含火炬源）、面源、线源、体源、网格源等；从排放时间上可分为连续源、间断源、偶发源等；从排放的运动形式上可分为固定源和移动源，其中移动源包括道路移动源和非道路移动源。此外还有一些特殊排放形式，比如烟塔合一源和机场源。

AERMOD、ADMS 及 CALPUFF 等模型可直接模拟点源、面源、线源、体源；AUSTAL2000 可模拟烟塔合一源；EDMS/AEDT 可模拟机场源；光化学网格模型需要使用网格化污染源清单。

C　按污染物性质

模型选取需考虑评价项目和所模拟污染物的性质。污染物从性质上可分为颗粒态污染物和气态污染物，也可分为一次污染物和二次污染物。

当模拟 SO_2、NO_2 等一次污染物时，可依据预测范围选用适合尺度的模型。

当模拟二次污染物 $PM_{2.5}$ 时，可采用系数法进行估算，或选用包括物理过程和化学反应机理模块的城市尺度模型。

对于规划项目需模拟二次污染物 $PM_{2.5}$ 和 O_3 时，也可选用区域光化学网格模型。

D　按适用特殊气象条件

岸边熏烟。当在近岸内陆上建设高烟囱时，需要考虑岸边熏烟问题。由于水陆地表的辐射差异，水陆交界地带的大气由地面不稳定层结过渡到稳定层结，当聚集在大气稳定层内污染物遇到不稳定层结时将发生熏烟现象，在某固定区域将形成地面的高浓度。在缺少边界层气象数据或边界层气象数据的精确度和详细程度不能反映真实情况时，可选用大气导则推荐的估算模型获得近似的模拟浓度，或者选用 CALPUFF 模型。

长期静、小风。长期静、小风的气象条件是指静风和小风持续时间达几个小时到几天，在这种气象条件下，空气污染扩散（尤其是来自低矮排放源），可能会形成相对高的地面浓度。CALPUFF 模型对静风湍流速度做了处理，当模拟城市尺度以内的长期静、小风时的环境空气质量时，可选用大气导则推荐的 CALPUFF 模型。

HJ 2.2—2018 推荐的模型包括估算模型 AERSCREEN、进一步预测模型 AERMOD、ADMS、AUSTAL2000、EDMS/AEDT、CALPUFF 以及 CMAQ 等光化学网格模型，见表 4-37。

表 4-37 推荐模型适用情况表

模型名称	适用性	适用污染源	适用排放形式	推荐预测范围	适用污染物	输出结果	其他特性
AERSCREEN	用于评价等级及评价范围判定	点源（含火炬源）、面源（矩形或圆形）、体源	连续源			短期浓度最大值及对应距离	可以模拟熏烟和建筑物下洗
AERMOD	用于进一步预测	点源（含火炬源）、面源、线源、体源	连续源、间断源	局地尺度（≤50 km）	一次污染物、二次 $PM_{2.5}$（系数法）	短期和长期平均质量浓度及分布	可以模拟建筑物下洗、干湿沉降
ADMS		点源、面源、线源、体源、网格源					可以模拟建筑物下洗、干湿沉降，包含街道窄谷模型
AUSTAL2000		烟塔合一源					可以模拟建筑物下洗
EDMS/AEDT		机场源					可以模拟建筑物下洗、干湿沉降
CALPUFF		点源、面源、线源、体源		城市尺度（50 km 到几百千米）	一次污染物和二次 $PM_{2.5}$		可以用于特殊风场，包括长期静、小风和岸边熏烟
光化学网格模型（CMAQ 或类似模型）		网格源	连续源、间断源	区域尺度（几百千米）	一次污染物和二次 $PM_{2.5}$、O_3		网格化模型，可以模拟复杂化学反应及气象条件对污染物浓度的影响等

注：1. 生态环境部模型管理部门推荐的其他模型，按相应推荐模型适用情况进行选择。

2. 对光化学网格模型（CMAQ 或类似的模型），在应用前应根据应用案例提供必要的验证结果。

推荐模型的说明、执行文件、用户手册以及技术文档可到环境质量模型技术支持网站下载。

一级评价项目应结合项目环境影响预测范围、预测因子及推荐模型的适用范围等选择空气质量模型。各推荐模型适用范围见表4-38。当推荐模型适用性不能满足需要时，可选择适用的替代模型。

表 4-38 推荐模型适用范围

模型名称	适用污染源	适用排放形式	推荐预测范围	模拟污染物			其他特性
				一次污染物	二次 $PM_{2.5}$	O_3	
AERMOD	点源、面源、线源、体源	连续源、间断源	局地尺度（≤50 km）	模型模拟法	系数法	不支持	—
ADMS							
AUSTAL2000	烟塔合一源						
EDMS/AEDT	机场源						

模型名称	适用污染源	适用排放形式	推荐预测范围	模拟污染物			其他特性
				一次污染物	二次 PM$_{2.5}$	O$_3$	
CALPUFF	点源、面源、线源、体源	连续源、间断源	城市尺度（50 km 到几百千米）	模型模拟法	模型模拟法	不支持	局地尺度特殊风场，包括长期静、小风和岸边熏烟
区域光化学网格模型	网格源	连续源、间断源	区域尺度（几百千米）	模型模拟法	模型模拟法	模型模拟法	模拟复杂化学反应

预测模型选取的其他规定：

当项目评价基准年内存在风速≤0.5 m/s 的持续时间超过 72 h 或近 20 年统计的全年静风（风速≤0.2 m/s）频率超过 35%时，应采用 CALPUFF 模型进行进一步模拟。

当建设项目处于大型水体（海或湖）岸边 3 km 范围内时，应首先采用推荐模型中的估算模型判定是否会发生熏烟现象。如果存在岸边熏烟，并且估算的最大 1h 平均质量浓度超过环境质量标准，应采用 CALPUFF 模型进行进一步模拟。

4.5.3.3　推荐模型使用要求

采用《环境影响评价技术导则　大气环境》（HJ 2.2—2018）中的推荐模型时，应按要求提供污染源、气象、地形、地表参数等基础数据。环境影响预测模型所需气象、地形、地表参数等基础数据应优先使用国家发布的标准化数据。采用其他数据时，应说明数据来源、有效性及数据预处理方案。

A　污染源参数

估算模型应采用满负荷运行条件下排放强度及对应的污染源参数。

进一步预测模型应包括正常排放和非正常排放下排放强度及对应的污染源参数。

对于源强排放有周期性变化的，还需根据模型模拟需要输入污染源周期性排放系数。

B　污染源清单数据及前处理

光化学网格模型所需污染源包括人为源和天然源两种形式。其中人为源按空间几何形状分为点源（含火炬源）、面源和线源。道路移动源可以按线源或面源形式模拟，非道路移动源可按面源形式模拟。点源清单应包括烟囱坐标、地形高程、排放口几何高度、出口内径、烟气量、烟气温度等参数。面源应按行政区域提供或按经纬度网格提供。

点源、面源和线源需要根据光化学网格模型所选用的化学机理和时空分辨率进行前处理，包括污染物的物种分配和空间分配、点源的抬升计算、所有污染物的时间分配以及数据格式转换等。模型网格上按照化学机理分配好的物种还需要进行月变化、日变化和小时变化的时间分配。

光化学网格模型需要的天然源排放数据由天然源估算模型按照光化学网格模型所选用的化学机理模拟提供。天然源估算模型可以根据植被分布资料和气象条件，计算不同模型模拟网格的天然源排放。

C 气象数据

估算 AERSCREEN 模型所需最高和最低环境温度，一般需选取评价区域近 20 年或以上资料统计结果。最小风速可取 0.5 m/s，风速计高度取 10 m。

AERMOD 和 ADMS 地面气象数据选择距离项目最近或气象特征基本一致的气象站的逐时地面气象数据，要素至少包括风速、风向、总云量和干球温度。根据预测精度要求及预测因子特征，可选取观测资料包括：湿球温度、露点温度、相对湿度、降水量、降水类型、海平面气压、地面气压、云底高度、水平能见度等。其中对观测站点缺失的气象要素，可采用经验证的模拟数据或采用观测数据进行插值得到。

高空气象数据选择模型所需观测或模拟的气象数据，要素至少包括一天早晚两次不同等压面上的气压、离地高度和干球温度等，其中离地高度 3000 m 以内的有效数据层数应不少于 10 层。

AUSTAL2000 地面气象数据选择距离项目最近或气象特征基本一致的气象站的逐时地面气象数据，要素至少包括风向、风速、干球温度、相对湿度，以及采用测量或模拟气象资料计算得到的稳定度。

CALPUFF 地面气象资料应尽量获取预测范围内所有地面气象站的逐时地面气象数据，要素至少包括风速、风向、干球温度、地面气压、相对湿度、云量、云底高度。若预测范围内地面观测站少于 3 个，可采用预测范围外的地面观测站进行补充，或采用中尺度气象模拟数据。

高空气象资料应获取最少 3 个站点的测量或模拟气象数据，要素至少包括一天早晚两次不同等压面上的气压、离地高度、干球温度、风向及风速，其中离地高度 3000 m 以内的有效数据层数应不少于 10 层。

光化学网格模型的气象场数据可由 WRF 或其他区域尺度气象模型提供。气象场应至少涵盖评价基准年 1 月、4 月、7 月、10 月。气象模型的模拟区域范围应略大于光化学网格模型的模拟区域，气象数据网格分辨率、时间分辨率与光化学网格模型的设定相匹配。在气象模型的物理参数化方案选择时，应注意和光化学网格模型所选择参数化方案的兼容性。非在线的 WRF 等气象模型计算的气象数据提供给光化学网格模型应用时，需要经过相应的数据前处理，处理的过程包括光化学网格模拟区域截取、垂直差值、变量选择和计算、数据时间处理以及数据格式转换等。

D 地形数据

原始地形数据分辨率不得小于 90 m。

E 地表参数

估算模型 AERSCREEN 和 ADMS 的地表参数根据模型特点取项目周边 3 km 范围内占地面积最大的土地利用类型来确定。AERMOD 地表参数一般根据项目周边 3 km 范围内的土地利用类型进行合理划分，或采用 AERSURFACE 直接读取可识别的土地利用数据文件。

AERMOD 和 AERSCREEN 所需的区域湿度条件划分可根据中国干湿地区划分进行选择。CALPUFF 采用模型可以识别的土地利用数据来获取地表参数，土地利用数据的分辨率一般不小于模拟网格分辨率。

F 模型计算设置

（1）城市/农村选项：当项目周边 3 km 半径范围内一半以上面积属于城市建成区或者规划区时，选择城市，否则选择农村。当选择城市时，城市人口数按项目所属城市实际人口或者规划的人口数输入。

（2）岸边熏烟选项：对估算模型 AERSCREEN，当污染源附近 3 km 范围内有大型水体时，需选择岸边熏烟选项。

（3）计算点和网格点设置：

1）估算模型 AERSCREEN 在距污染源 10 m~25 km 处默认为自动设置计算点，最远计算距离不超过污染源下风向 50 km。

2）采用估算模型 AERSCREEN 计算评价等级时，对于有多个污染源的可取污染物等标排放量 P_0 最大的污染源坐标作为各污染源位置。污染物等标排放量 P_0 计算见式（4-10）。

$$P_0 = \frac{Q}{C_0} \times 10^{12} \tag{4-10}$$

式中　P_0——污染物等标排放量，m^3/a；

　　　Q——污染源排放污染物的年排放量，t/a；

　　　C_0——污染物的环境空气质量浓度标准，g/m^3，取值同式（4-1）中 ρ_{0i}。

3）AERMOD 和 ADMS 预测网格点的设置应具有足够的分辨率以尽可能精确预测污染源对预测范围的最大影响。网格点间距可以采用等间距或近密远疏法进行设置，距离源中心 5 km 的网格间距不超过 100 m，5~15 km 的网格间距不超过 250 m，大于 15 km 的网格间距不超过 500 m。

4）CALPUFF 模型中需要定义气象网格、预测网格和受体网格（包括离散受体）。其中气象网格范围和预测网格范围应大于受体网格范围，以保证有一定的缓冲区域考虑烟团的迂回和回流等情况。预测网格间距根据预测范围确定，应选择足够的分辨率以尽可能精确预测污染源对预测范围的最大影响。预测范围小于 50 km 的网格间距不超过 500 m，预测范围大于 100 km 的网格间距不超过 1000 m。

5）光化学网格模型模拟区域的网格分辨率根据所关注的问题确定，并能精确到可以分辨出新增排放源的影响。模拟区域的大小应考虑边界条件对关心点浓度的影响。为提高计算精度，预测网格间距一般不超过 5 km。

6）对于邻近污染源的高层住宅楼，应适当考虑不同代表高度上的预测受体。

G 建筑物下洗

如果烟囱实际高度小于根据周围建筑物高度计算的最佳工程方案（GEP）烟囱高度时，且位于 GEP 的 5L 影响区域内时，则要考虑建筑物下洗的情况。GEP 烟囱高度计算见式（4-11）。

$$\text{GEP}_{\text{烟囱高度}} = H + 1.5L \tag{4-11}$$

式中　H——从烟囱基座地面到建筑物顶部的垂直高度，m；

　　　L——建筑物高度（BH）或建筑物投影宽度（PBW）的较小者，m。

GEP 的 5L 影响区域：每个建筑物在下风向会产生一个尾迹影响区，下风向影响最大距离为距建筑物 5L 处，迎风向影响最大距离为距建筑物 2L 处，侧风向影响最大距离为距

建筑物 $0.5L$ 处，即图 4-7 虚线范围内为建筑物影响区域。不同风向下的影响区域是不同的，所有风向构成的一个完整的影响区域，即图 4-8 虚线范围内，称为 GEP 的 $5L$ 影响区域，即建筑物下洗的最大影响范围。图 4-8 中烟囱 1 在建筑物下洗影响范围内，而烟囱 2 则在建筑物下洗影响范围外。

进一步预测考虑建筑物下洗时，需要输入建筑物角点横坐标和纵坐标，建筑物高度、宽度与方位角等参数。

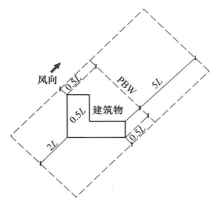

图 4-7 建筑物影响区域

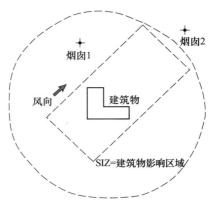

图 4-8 GEP 的 $5L$ 影响区域

4.5.3.4 其他选项

A AERMOD 模型

当 AERMOD 计算考虑颗粒物湿沉降时，地面气象数据中需要包括降雨类型、降雨量、相对湿度和站点气压等气象参数。考虑颗粒物干沉降需要输入的参数是干沉降速度，用户可根据需要自行输入干沉降速度，也可输入气体污染物的相关沉降参数和环境参数自动计算干沉降速度。

AERMOD 模型的 SO_2 转化算法，模型中采用特定的指数衰减模型，需输入的参数包括半衰期或衰减系数。通常半衰期和衰减系数的关系为：衰减系数（s^{-1}）= 0.693/半衰期（s）。AERMOD 模型中缺省设置的 SO_2 指数衰减的半衰期为 14400 s。

AERMOD 模型的 NO_2 转化算法，可采用 PVMRM（烟羽体积摩尔率法）、OLM（O_3 限制法）或 ARM2 算法（环境比率法 2）。对于能获取到有效环境中 O_3 浓度及烟道内 NO_2/NO_x 比率数据时，优先采用 PVMRM 或 OLM 方法。如果采用 ARM2 选项，对 1 h 浓度采用内定的比例值上限 0.9，年均浓度内置比例下限 0.5。当选择 NO_2 化学转化算法时，NO_2 源强应输入 NO_x 排放源强。

B CALPUFF 模型

CALPUFF 在考虑化学转化时需要 O_3 和 NH_3 的现状浓度数据。O_3 和 NH_3 的现状浓度可采用预测范围内或邻近的例行环境空气质量监测点监测数据，或其他有效现状监测资料进行统计分析获得。

C 光化学网格模型

光化学网格模型的初始条件和边界条件可通过模型自带的初始边界条件处理模块产

生，以保证模拟区域范围、网格数、网格分辨率、时间和数据格式的一致性。初始条件使用上一个时次模拟的输出结果作为下一个时次模拟的初始场；边界条件使用更大模拟区域的模拟结果作为边界场，如子区域网格使用母区域网格的模拟结果作为边界场，外层母区域网格可使用预设的固定值或者全球模型的模拟结果作为边界场。

针对相同的物理、化学过程，光化学网格模型往往提供几种不同的算法模块。在模拟中根据需要选择合适的化学反应机理、气溶胶方案和云方案等参数化方案，并保证化学反应机理、气溶胶方案以及其他参数之间的相互匹配。

在应用中，应根据使用的时间和区域，对不同参数化方案的光化学网格模型应用效果进行验证比较。

4.5.4 预测方法

采用推荐模型预测建设项目或规划项目对预测范围不同时段的大气环境影响。当建设项目或规划项目排放 SO_2、NO_x 及 VOCs 年排放量达到表 4-5 规定的量时，可按表 4-39 推荐的方法预测二次污染物。

表 4-39   二次污染物预测方法

	污染物排放量/$t \cdot a^{-1}$	预测因子	二次污染物预测方法
建设项目	$SO_2 + NO_x \geqslant 500$	$PM_{2.5}$	AERMOD/ADMS（系数法）或 CALPUFF（模型模拟法）
规划项目	$500 \leqslant SO_2 + NO_x < 2000$	$PM_{2.5}$	AERMOD/ADMS（系数法）或 CALPUFF（模型模拟法）
	$SO_2 + NO_x \geqslant 2000$	$PM_{2.5}$	网格模型（模型模拟法）
	$NO_x + VOCs \geqslant 2000$	O_3	网格模型（模型模拟法）

采用 AERMOD、ADMS 等模型模拟 $PM_{2.5}$ 时，需将模型模拟的 $PM_{2.5}$ 一次污染物的质量浓度，同步叠加按 SO_2、NO_2 等前体物转化比率估算的二次污染物 $PM_{2.5}$ 质量浓度，得到 $PM_{2.5}$ 的贡献浓度。前体物转化比率可引用科研成果或有关文献，并注意地域的适用性。对于无法取得 SO_2、NO_2 等前体物转化比率的，可取 φ_{SO_2} 为 0.58、φ_{NO_2} 为 0.44，按式（4-12）计算二次污染物 $PM_{2.5}$ 贡献浓度。

$$\rho_{二次PM_{2.5}} = \varphi_{SO_2} \times \rho_{SO_2} + \varphi_{NO_2} \times \rho_{NO_2} \tag{4-12}$$

式中　$\rho_{二次PM_{2.5}}$——二次污染物 $PM_{2.5}$ 质量浓度，$\mu g/m^3$；

　　φ_{SO_2}，φ_{NO_2}——SO_2、NO_2 浓度换算为 $PM_{2.5}$ 浓度的系数；

　　ρ_{SO_2}，ρ_{NO_2}——SO_2、NO_2 的预测质量浓度，$\mu g/m^3$。

采用 CALPUFF 或网格模型预测 $PM_{2.5}$ 时，模拟输出的贡献浓度应包括一次 $PM_{2.5}$ 和二次 $PM_{2.5}$ 质量浓度的叠加结果。

4.5.5 预测结果表达

（1）项目环境影响评价预测结果。

本项目贡献质量浓度预测结果见表 4-40。

表 4-40   本项目贡献质量浓度预测结果表

污染物	预测点	平均时段	最大贡献值/μg·m⁻³	出现时间	占标率/%	达标情况
	环境空气保护目标名称					
	区域最大落地浓度					

叠加现状环境质量浓度及其他污染源影响后预测结果见表 4-41。

表 4-41   叠加后环境质量浓度预测结果表

污染物	预测点	平均时段	贡献值/μg·m⁻³	占标率/%	现状浓度/μg·m⁻³	叠加后浓度/μg·m⁻³	占标率/%	达标情况
	环境空气保护目标名称							
	区域最大落地浓度							

年平均质量浓度增量预测结果见表 4-42。

表 4-42   年平均质量浓度增量预测结果表

污染物	年均浓度增量最大值/μg·m⁻³	占标率/%

（2）区域规划预测结果。

不同规划年各污染物保证率日平均质量浓度和年平均质量浓度的预测结果见表 4-43。

表 4-43   区域规划环境影响预测结果表

污染物	预测点	平均时段	最大贡献值/μg·m⁻³	占标率/%	现状浓度/μg·m⁻³	叠加后浓度/μg·m⁻³	占标率/%	达标情况
	环境空气保护目标名称							
	区域最大落地浓度点							

（3）大气环境影响预测结果图。

在基础底图上绘制各污染物保证率日平均质量浓度分布图，年平均质量浓度分布图，或短期平均质量浓度分布图。

（4）大气环境防护区域图。

在项目基本信息图上绘制最终确定的大气环境防护区域，并标示大气环境防护距离预测网格，厂界污染物贡献浓度，超标区域、敏感点分布等信息。

（5）污染治理设施与预防措施方案比选结果见表 4-44。

表 4-44   污染治理设施与预防措施方案比选结果表

序号	比选方案名称	主要污染治理设施与预防措施	污染源排放方式	排放强度/kg·a⁻¹	叠加后浓度			
					保证率日平均质量浓度/μg·m⁻³	占标率/%	年平均质量浓度/μg·m⁻³	占标率/%

4.5.6　预测与评价内容

4.5.6.1　达标区的评价项目

（1）项目正常排放条件下，预测环境空气保护目标和网格点主要污染物的短期浓度与长期浓度贡献值，评价其最大浓度占标率。

（2）项目正常排放条件下，预测评价叠加环境空气质量现状浓度后，环境空气保护目标和网格点主要污染物的保证率日平均质量浓度与年平均质量浓度的达标情况；对于项目排放的主要污染物仅有短期浓度限值的，评价其短期浓度叠加后的达标情况。如果是改建、扩建项目，还应同步减去"以新带老"污染源的环境影响；如果有区域削减项目，应同步减去削减源的环境影响；如果评价范围内还有其他排放同类污染物的在建、拟建项目，还应叠加在建、拟建项目的环境影响。

（3）项目非正常排放条件下，预测评价环境空气保护目标和网格点主要污染物的1h最大浓度贡献值及占标率。

4.5.6.2　不达标区的评价项目

（1）项目正常排放条件下，预测环境空气保护目标和网格点主要污染物的短期浓度与长期浓度贡献值，评价其最大浓度占标率。

（2）项目正常排放条件下，预测评价叠加大气环境质量限期达标规划（简称"达标规划"）的目标浓度后，环境空气保护目标和网格点主要污染物保证率日平均质量浓度与年平均质量浓度的达标情况；对于项目排放的主要污染物仅有短期浓度限值的，评价其短期浓度叠加后的达标情况。如果是改建、扩建项目，还应同步减去"以新带老"污染源的环境影响；如果有区域达标规划之外的削减项目，应同步减去削减源的环境影响；如果评价范围内还有其他排放同类污染物的在建、拟建项目，还应叠加在建、拟建项目的环境影响。

（3）对于无法获得达标规划目标浓度场或区域污染源清单的评价项目，需评价区域环境质量的整体变化情况。

（4）项目非正常排放条件下，预测评价环境空气保护目标和网格点主要污染物的1h最大浓度贡献值及占标率。

4.5.6.3　区域规划

（1）预测评价区域规划方案中不同规划年叠加现状浓度后，环境空气保护目标和网格点主要污染物保证率日平均质量浓度与年平均质量浓度的达标情况；对于规划排放的其他污染物仅有短期浓度限值的，评价其叠加现状浓度后短期浓度的达标情况。

（2）预测评价区域规划实施后的环境质量变化情况，分析区域规划方案的可行性。

4.5.6.4　污染控制措施

（1）对于达标区的建设项目，要求预测评价不同方案主要污染物对环境空气保护目标和网格点的环境影响及达标情况，比较分析不同污染治理设施、预防措施或排放方案的有效性。

（2）对于不达标区的建设项目，要求预测不同方案主要污染物对环境空气保护目标和网格点的环境影响，评价达标情况或评价区域环境质量的整体变化情况，比较分析不同污染治理设施、预防措施或排放方案的有效性。

4.5.6.5　大气环境防护距离

（1）对于项目厂界浓度满足大气污染物厂界浓度限值，但厂界外大气污染物短期贡献浓度超过环境质量浓度限值的，可以自厂界向外设置一定范围的大气环境防护区域，以确保大气环境防护区域外的污染物贡献浓度满足环境质量标准。

（2）对于项目厂界浓度超过大气污染物厂界浓度限值的，应要求削减排放源强或调整工程布局，待满足厂界浓度限值后，再核算大气环境防护距离。

（3）大气环境防护距离内不应有长期居住的人群。

4.5.7 评价方法

（1）环境影响叠加。

1）达标区环境影响叠加。预测评价项目建成后各污染物对预测范围的环境影响，应用本项目的贡献浓度，叠加（减去）区域削减污染源以及其他在建、拟建项目污染源环境影响，并叠加环境质量现状浓度。计算方法如下：

$$\rho_{\text{叠加}(x,y,t)} = \rho_{\text{本项目}(x,y,t)} - \rho_{\text{区域削减}(x,y,t)} + \rho_{\text{拟在建}(x,y,t)} + \rho_{\text{现状}(x,y,t)} \quad (4\text{-}13)$$

式中　$\rho_{\text{叠加}(x,y,t)}$——在 t 时刻，预测点 $(x，y)$ 叠加各污染源及现状浓度后的环境质量浓度，$\mu g/m^3$；

$\rho_{\text{本项目}(x,y,t)}$——在 t 时刻，本项目对预测点 $(x，y)$ 的贡献浓度，$\mu g/m^3$；

$\rho_{\text{区域削减}(x,y,t)}$——在 t 时刻，区域削减污染源对预测点 $(x，y)$ 的贡献浓度，$\mu g/m^3$；

$\rho_{\text{现状}(x,y,t)}$——在 t 时刻，预测点 $(x，y)$ 的环境质量现状浓度，$\mu g/m^3$，各预测点环境质量现状浓度按 4.3.4.1 方法计算；

$\rho_{\text{拟在建}(x,y,t)}$——在 t 时刻，其他在建、拟建项目污染源对预测点 $(x，y)$ 的贡献浓度，$\mu g/m^3$。

其中本项目预测的贡献浓度除新增污染源环境影响外，还应减去"以新带老"污染源的环境影响。计算方法如下：

$$\rho_{\text{本项目}(x,y,t)} = \rho_{\text{新增}(x,y,t)} - \rho_{\text{以新带老}(x,y,t)} \quad (4\text{-}14)$$

式中　$\rho_{\text{本项目}(x,y,t)}$——在 t 时刻，本项目新增污染源对预测点 $(x，y)$ 的贡献浓度，$\mu g/m^3$；

$\rho_{\text{以新带老}(x,y,t)}$——在 t 时刻，"以新带老"污染源对预测点 $(x，y)$ 的贡献浓度，$\mu g/m^3$。

2）不达标区环境影响叠加。对于不达标区的环境影响评价，应在各预测点上叠加达标规划中达标年的目标浓度，分析达标规划年的保证率日平均质量浓度和年平均质量浓度的达标情况。叠加方法可以用达标规划方案中的污染源清单参与影响预测，也可直接用达标规划模拟的浓度场进行叠加计算。计算方法如下：

$$\rho_{\text{叠加}(x,y,t)} = \rho_{\text{本项目}(x,y,t)} - \rho_{\text{区域削减}(x,y,t)} + \rho_{\text{拟在建}(x,y,t)} + \rho_{\text{规划}(x,y,t)} \quad (4\text{-}15)$$

式中　$\rho_{\text{规划}(x,y,t)}$——在 t 时刻，预测点 $(x，y)$ 的达标规划年目标浓度，$\mu g/m^3$。

（2）保证率日平均质量浓度。对于保证率日平均质量浓度，首先按 1）或 2）的方法计算叠加后预测点上的日平均质量浓度，然后对该预测点所有日平均质量浓度从小到大进行排序，根据各污染物日平均质量浓度的保证率 (p)，计算排在 p 百分位数的第 m 个序数，序数 m 对应的日平均质量浓度即为保证率日平均质量浓度 ρ_m。其中序数 m 计算方法如下：

$$m = 1 + (n - 1) \times p \tag{4-16}$$

式中　　p——该污染物日平均质量浓度的保证率，按《环境空气质量评价技术规范（试行）》（HJ 633）规定的对应污染物年评价中 24 h 平均百分位数取值，%；

n——1 个日历年内单个预测点上的日平均质量浓度的所有数据个数；

m——百分位数 p 对应的序数（第 m 个），向上取整数。

（3）浓度超标范围。以评价基准年为计算周期，统计各网格点的短期浓度或长期浓度的最大值，所有最大浓度超过环境质量标准的网格，即为该污染物浓度超标范围。超标网格的面积之和即为该污染物的浓度超标面积。

（4）区域环境质量变化评价。当无法获得不达标区规划达标年的区域污染源清单或预测浓度场时，也可评价区域环境质量的整体变化情况。按式（4-17）计算实施区域削减方案后预测范围的年平均质量浓度变化率 k。当 $k \leqslant -20\%$ 时，可判定项目建设后区域环境质量得到整体改善。

$$k = \left[\bar{\rho}_{本项目(\alpha)} - \bar{\rho}_{区域削减(\alpha)} \right] / \bar{\rho}_{区域削减(\alpha)} \times 100\% \tag{4-17}$$

式中　　k——预测范围年平均质量浓度变化率，%；

$\bar{\rho}_{本项目(\alpha)}$——本项目对所有网格点的年平均质量浓度贡献值的算术平均值，$\mu g / m^3$；

$\bar{\rho}_{区域削减(\alpha)}$——区域削减污染源对所有网格点的年平均质量浓度贡献值的算术平均值，$\mu g / m^3$。

（5）大气环境防护距离确定。

1）采用进一步预测模型模拟评价基准年内，本项目所有污染源（改建、扩建项目应包括全厂现有污染源）对厂界外主要污染物的短期贡献浓度分布。厂界外预测网格分辨率不应超过 50 m。

2）在底图上标注从厂界起所有超过环境质量短期浓度标准值的网格区域，以自厂界起至超标区域的最远垂直距离作为大气环境防护距离。

（6）污染控制措施有效性分析与方案比选。

1）达标区建设项目选择大气污染治理设施、预防措施或多方案比选时，应综合考虑成本和治理效果，选择最佳可行技术方案，保证大气污染物能够达标排放，并使环境影响可以接受。

2）不达标区建设项目选择大气污染治理设施、预防措施或多方案比选时，应优先考虑治理效果，结合达标规划和替代源削减方案的实施情况，在只考虑环境因素的前提下选择最优技术方案，保证大气污染物达到最低排放强度和排放浓度，并使环境影响可以接受。

3）污染治理设施及预防措施有效性分析与方案比选内容、结果与格式要求见表 4-44 污染治理设施与预防措施方案比选结果表。

（7）污染物排放量核算。

1）污染物排放量核算包括本项目的新增污染源及改建、扩建污染源（如有）。

2）根据最终确定的污染治理设施、预防措施及排污方案，确定本项目所有新增及改建、扩建污染源大气排污节点、排放污染物、污染治理设施与预防措施以及大气排放口基本情况。

3）本项目各排放口排放大气污染物的核算排放浓度、排放速率及污染物年排放量，应为通过环境影响评价，并且环境影响评价结论为可接受时对应的各项排放参数。

4）本项目大气污染物年排放量包括项目各有组织排放源和无组织排放源在正常排放条件下的预测排放量之和。污染物年排放量按式（4-18）计算。

$$E_{年排放} = \sum_{i=1}^{n}(M_{i有组织} \times H_{i有组织})/1000 + \sum_{j=1}^{n}(M_{j无组织} \times H_{j无组织})/1000 \qquad (4-18)$$

式中　$E_{年排放}$——项目年排放量，t/a；

　　　$M_{i有组织}$——第 i 个有组织排放源排放速率，kg/h；

　　　$H_{i有组织}$——第 i 个有组织排放源年有效排放小时数，h/a；

　　　$M_{j无组织}$——第 j 个无组织排放源排放速率，kg/h；

　　　$H_{j无组织}$——第 j 个无组织排放源全年有效排放小时数，h/a。

5）本项目各排放口非正常排放量核算，应结合非正常排放预测结果，优先提出相应的污染控制与减缓措施。当出现 1 h 平均质量浓度贡献值超过环境质量标准时，应提出减少污染排放直至停止生产的相应措施。明确列出发生非正常排放的污染源、非正常排放原因、排放污染物、非正常排放浓度与排放速率、单次持续时间、年发生频次及应对措施等。

4.5.8　评价结果表达

（1）基本信息底图。基本信息底图包含项目所在区域相关地理信息的底图，至少应包括评价范围内的环境功能区划、环境空气保护目标、项目位置、监测点位，以及图例、比例尺、基准年风频玫瑰图等要素。

（2）项目基本信息图。在基本信息底图上标示项目边界、总平面布置、大气排放口位置等信息。

（3）达标评价结果表。列表给出各环境空气保护目标及网格最大浓度点主要污染物现状浓度、贡献浓度、叠加现状浓度后保证率日平均质量浓度和年平均质量浓度、占标率、是否达标等评价结果。

（4）网格浓度分布图。网格浓度分布图包括叠加现状浓度后主要污染物保证率日平均质量浓度分布图和年平均质量浓度分布图。网格浓度分布图的图例间距一般按相应标准值的 5%～100% 进行设置。如果某种污染物环境空气质量超标，还需在评价报告及浓度分布图上标示超标范围与超标面积，以及与环境空气保护目标的相对位置关系等。

（5）大气环境防护区域图。在项目基本信息图上沿出现超标的厂界外延按确定的大气环境防护距离所包括的范围，作为本项目的大气环境防护区域。大气环境防护区域应包含自厂界起连续的超标范围。

（6）污染治理设施、预防措施及方案比选结果表。列表对比不同污染控制措施及排放方案对环境的影响，评价不同方案的优劣。

（7）污染物排放量核算表。污染物排放量核算表包括有组织及无组织排放量、大气污染物年排放量、非正常排放量等。

（8）一级评价应包括（1）～（7）的内容。二级评价一般应包括（1）、（2）及（7）的内容。

4.6 环境监测计划

4.6.1 一般性要求

（1）一级评价项目按《排污单位自行监测技术指南 总则》（HJ 819）的要求，提出项目在生产运行阶段的污染源监测计划和环境质量监测计划。

（2）二级评价项目按同样标准的要求，提出项目在生产运行阶段的污染源监测计划。

（3）三级评价项目可参照上述标准的要求，并适当简化环境监测计划。

4.6.2 污染源监测计划

（1）按照《排污单位自行监测技术指南 总则》（HJ 819）、《排污许可证申请与核发技术规范 总则》（HJ 942）、各行业排污单位自行监测技术指南及排污许可证申请与核发技术规范执行。

（2）污染源监测计划应明确监测点位、监测指标、监测频次、执行排放标准。

4.6.3 环境质量监测计划

（1）筛选按 4.2.3 要求计算的项目排放污染物 $P_i \geqslant 1\%$ 的其他污染物作为环境质量监测因子。

（2）环境质量监测点位一般在项目厂界或大气环境防护距离（如有）外侧设置 1~2 个监测点。

（3）各监测因子的环境质量每年至少监测一次，监测时段参照 4.3.3 节执行。

（4）新建 10 km 及以上的城市快速路、主干路等城市道路项目，应在道路沿线设置至少 1 个路边交通自动连续监测点，监测项目包括道路交通源排放的基本污染物。

（5）环境质量监测采样方法、监测分析方法、监测质量保证与质量控制等应符合所执行的环境质量标准《排污单位自行监测技术指南 总则》（HJ 819）、《排污许可证申请与核发技术规范 总则》（HJ 942）的相关要求。

（6）环境空气质量监测计划包括监测点位、监测指标、监测频次、执行环境质量标准等。相关格式要求见表 4-45。

表 4-45 环境质量监测计划表

监测点位	监测指标	监测频次	执行环境质量标准

信息报告和信息公开按照《排污单位自行监测技术指南 总则》（HJ 819）执行。

4.7 大气环境影响评价结论与建议

4.7.1 大气环境影响评价结论

（1）达标区域的建设项目环境影响评价，当同时满足以下条件时，则认为环境影响可以接受。

1）新增污染源正常排放下污染物短期浓度贡献值的最大浓度占标率≤100%；

2）新增污染源正常排放下污染物年均浓度贡献值的最大浓度占标率≤30%（其中一类区≤10%）；

3）项目环境影响符合环境功能区划。叠加现状浓度、区域削减污染源以及在建、拟建项目的环境影响后，主要污染物的保证率日平均质量浓度和年平均质量浓度均符合环境质量标准；对于项目排放的主要污染物仅有短期浓度限值的，叠加后的短期浓度符合环境质量标准。

（2）不达标区域的建设项目环境影响评价，当同时满足以下条件时，则认为环境影响可以接受。

1）达标规划未包含的新增污染源建设项目，需另有替代源的削减方案；

2）新增污染源正常排放下污染物短期浓度贡献值的最大浓度占标率≤100%；

3）新增污染源正常排放下污染物年均浓度贡献值的最大浓度占标率≤30%（其中一类区≤10%）；

4）项目环境影响符合环境功能区划或满足区域环境质量改善目标。现状浓度超标的污染物评价，叠加达标年目标浓度、区域削减污染源以及在建、拟建项目的环境影响后，污染物的保证率日平均质量浓度和年平均质量浓度均符合环境质量标准或满足达标规划确定的区域环境质量改善目标，或预测范围内年平均质量浓度变化率 $k \leqslant -20\%$；对于现状达标的污染物评价，叠加后污染物浓度符合环境质量标准；对于项目排放的主要污染物仅有短期浓度限值的，叠加后的短期浓度符合环境质量标准。

（3）区域规划的环境影响评价，当主要污染物的保证率日平均质量浓度和年平均质量浓度均符合环境质量标准，对于主要污染物仅有短期浓度限值的，叠加后的短期浓度符合环境质量标准时，则认为区域规划环境影响可以接受。

4.7.2 污染控制措施可行性及方案比选结果

（1）大气污染治理设施与预防措施必须保证污染源排放以及控制措施均符合排放标准的有关规定，满足经济、技术可行性。

（2）从项目选址选线、污染源的排放强度与排放方式、污染控制措施技术与经济可行性等方面，结合区域环境质量现状及区域削减方案、项目正常排放及非正常排放下大气环境影响预测结果，综合评价治理设施、预防措施及排放方案的优劣，并对存在的问题（如果有）提出解决方案。经对解决方案进行进一步预测和评价比选后，给出大气污染控制措施可行性建议及最终的推荐方案。

4.7.3 大气环境防护距离

（1）根据大气环境防护距离计算结果，并结合厂区平面布置图，确定项目大气环境防护区域。若大气环境防护区域内存在长期居住的人群，应给出相应优化调整项目选址、布局或搬迁的建议。

（2）项目大气环境防护区域之外，大气环境影响评价结论应符合4.7.1规定的要求。

4.7.4 污染物排放量核算结果

（1）环境影响评价结论是环境影响可接受的，根据环境影响评价审批内容和排污许可证申请与核发所需表格要求，明确给出污染物排放量核算结果表。

（2）评价项目完成后污染物排放总量控制指标能否满足环境管理要求，并明确总量控制指标的来源和替代源的削减方案。

4.7.5 大气环境影响评价自查表

大气环境影响评价完成后，应对大气环境影响评价主要内容与结论进行自查。建设项目大气环境影响评价自查表内容与格式见表4-46。

表4-46 建设项目大气环境影响评价自查表

工作内容		自查项目					
评价等级与范围	评价等级	一级□		二级□		三级□	
	评价范围	边长＝50 km□		边长 5~50 km□		边长＝5 km□	
评价因子	SO_2+NO_x排放量	≥2000 t/a□		500~2000 t/a□		<500 t/a□	
	评价因子	基本污染物 （ ） 其他污染物 （ ）			包括二次 $PM_{2.5}$□ 不包括二次 $PM_{2.5}$□			
评价标准	评价标准	国家标准□	地方标准 □		附录 D[①]□		其他标准□
现状评价	环境功能区	一类区□		二类区□		一类区和二类区□	
	评价基准年	（ ）年					
	环境空气质量现状调查数据来源	长期例行监测数据□		主管部门发布的数据□		现状补充监测□	
	现状评价	达标区□			不达标区□		
污染源调查	调查内容	本项目正常排放源 □ 本项目非正常排放源 □ 现有污染源 □		拟替代的污染源□	其他在建、拟建项目污染源□		区域污染源□
大气环境影响预测与评价	预测模型	AERMOD □	ADMS □	AUSTAL2000 □	EDMS/AEDT □	CALPUFF □	网格模型 □	其他 □
	预测范围	边长≥ 50 km□		边长 5~50 km□		边长＝5 km□	
	预测因子	预测因子 （ ）			包括二次 $PM_{2.5}$□ 不包括二次 $PM_{2.5}$□		
	正常排放短期浓度贡献值	$C_{本项目}$最大占标率≤100%□			$C_{本项目}$最大占标率>100% □		
	正常排放年均浓度贡献值	一类区	$C_{本项目}$最大占标率≤10% □		$C_{本项目}$最大占标率>10% □		
		二类区	$C_{本项目}$最大占标率≤30% □		$C_{本项目}$最大占标率>30% □		
	非正常排放 1 h 浓度贡献值	非正常持续时长 （ ）h	$C_{非正常}$占标率≤100%□		$C_{非正常}$占标率>100% □		
	保证率日平均浓度和年平均浓度叠加值	$C_{叠加}$ 达标 □			$C_{叠加}$ 不达标 □		
	区域环境质量的整体变化情况	k≤−20% □			k>−20% □		
环境监测计划	污染源监测	监测因子：（ ）		有组织废气监测 □ 无组织废气监测 □		无监测□	
	环境质量监测	监测因子：（ ）		监测点位数 （ ）		无监测□	

工作内容		自查项目			
评价结论	环境影响	可以接受 □		不可以接受 □	
	大气环境防护距离	距（　）厂界最远（　）m			
	污染源年排放量	SO₂：（　）t/a	NOₓ：（　）t/a	颗粒物：（　）t/a	VOCs：（　）t/a

注："□"为勾选项，填"√"；"（　）"为内容填写项。
① 《环境影响评价技术导则　大气环境》（HJ 2.2—2018）附录 D。

4.8　大气环境影响评价案例

4.8.1　项目概述

建设项目基本信息见表 4-47。

表 4-47　建设项目基本信息一览表

项目名称	竹林养殖小区升级改造绿色发展项目	
总投资	4857 万元	建设性质 改　建
建设周期	6 个月	投产时间 2020 年 1 月开工建设，主体工程建设内容已建成大半，现已按要求停止建设，本次环评获得批复后重新开工，预计 2020 年 8 月可建成投产
建设地点	项目位于湖北省武汉市黄陂区姚集街竹林村，场地中心位于北纬 30°16′21.27″，东经 114°8′20.11″	
建设规模	已建设 1 栋公猪舍、两栋母猪舍、一栋产房、一栋隔离舍及沼气池、沼液池、生活配套设施；本次评价获批后继续完成一栋母猪舍、粪污处理其他功能单元、危险废物暂存间等其他环境保护设施的建设	
产品	自繁自养，出场断奶仔猪，折算年出栏规模 2 万头	

本次建设将现有工程主要生产、生活及配套设施，环境保护设施全部拆除，在场区原址重新规划布局进行建设，主要工程内容如表 4-48 所示。

表 4-48　建设项目主要工程内容

项目名称			建设内容
现状建筑拆除			拆除现有工程主要生产、生活及配套设施，环境保护设施
主体工程	猪舍		总面积 14000 m²，其中包括公猪舍一栋、母猪舍三栋、产房一栋、隔离舍一栋，共设置限位栏 3200 个、产床 540 个、公猪栏 40 个，建成一个出场断奶仔猪的养殖场，折算年出栏规模 2 万头
	办公生活区	办公及宿舍	会议接待、行政办公及职工宿舍，位于场区中部偏北的区域，呈凹字形。建筑面积共计 686 m²，为单层砖混建筑，含厨房一个，使用家用燃气灶具为猪场职工提供一日三餐
		盥洗及厕所	单独设置的盥洗室及厕所，位于办公及宿舍楼南侧，建筑面积 123 m²

续表 4-48

项目名称		建　设　内　容
配套工程	生产用水	采用自来水作为生产用水水源，建设一座 300 m³ 容积的水塔用于确保供水量及供水压力，通过主干管将水引至各个猪舍，通过分管引至每个栏位，末端安装自动节水型饮水器
	饲料供应	项目不设饲料加工车间，每栋猪舍均配备成套自动化喂料系统，包含饲料储存塔、提升机、输送管线、自动上料系统、自动落料系统等
储运工程	仓库	本项目不设专用大型仓库，在办公宿舍楼设置工具及杂物间；在配电房南侧设置一个专用库房存放各类工具杂物等；防疫及免疫用药品及器具存放使用冰柜，存放于办公宿舍楼
	运输	项目不配备专用运输车辆，场地内不设专用停车场，饲料、商品猪、生活用品及其他必需品的运输均由建设单位、供货或购买方自行运输或委托第三方专业运输单位使用专用车辆运输
公用工程	给水	本项目厂区生活用水采用自来水供水系统，使用 PVC 材质 DN50 水管由附近村屯引自来水至场区生活用房，分支处接阀门及计量器件使用小管径支管将水输送至各用水单元
	排水	项目厂区按雨污分流、污污分流的原则设计排水管线。厂房屋檐下修建雨水明沟，雨水沟为混凝土结构排水沟，按照厂区地势将雨水就近引至厂区南侧的水塘排放，排水沟混凝土采用抗渗等级为 P6 以上的混凝土，承接场区部分雨水的水塘紧邻场区南部，无水环境功能区划，在猪场承包地范围内，现状无明确使用功能；污水采用地下暗管的方式引至黑膜沼气池处理，沼液通过管道排入沼液池，沼气池地势较沼液池高，利用重力作用自流，无需设置泵房
	沼气供应系统	项目污水采用黑膜沼气池处理，黑膜沼气池为产生、贮存一体的设施，沼气在利用前经氧化铁脱硫装置处理，通过管道输送至场内各用气单元；沼气的用途主要为炊用及场内消毒
	供电	使用市政电源供电，备用电源使用柴油发电机
	通风	生活区主要采用自然通风；猪舍为全封闭式猪舍，设置机械送排风系统
	供热	保暖灯、暖风机结合的方式保证供热
环保工程	污水前处理	预处理工艺为格栅→集水池→固液分离→水解酸化，格栅（过流能力 5 m³/h）、集水池（容积 28 m³）、水解酸化池（容积 28 m³）均为混凝土结构，固液分离采用螺旋挤压分离机，分离车间密闭，面积 15 m²，高 3 m
	黑膜沼气池	容积 10500 m³（3500 m²×3 m），采用压实黏土层基底，HDPE 土工膜防渗
	沼液储存池	容积 4800 m³（已建成一个 800 m²×3 m 规格沼液储存池，尚有一个相同规格的沼液储存池未建成），采用压实黏土层基底，HDPE 土工膜防渗
	病死猪冷库	利用现有工程专用冷库储存病死猪及分娩胎衣，面积为 20 m²，位于厂区东北部
	干粪暂存	"n" 型结构，单侧开口，总面积 30 m²，主体结构为钢结构。按照防渗要求使用压实黏土层为基础，抗渗混凝土（抗渗等级不低于 P6）浇筑基础及地坪，底部建设 1.5 m 高挡墙，顶棚采用防雨设计，干粪棚四周环绕雨水收集沟，内部设计渗滤液收集沟井，并设管道通向集水池
	危险废物暂存间	项目设置 10 m² 危险废物暂存间一个，主要收集养殖过程中猪仔防疫、病猪治疗等过程产生的医疗废物，设置在场区东北部，紧邻冷库建设
	生活垃圾收集	设置带盖的垃圾桶及密闭垃圾收集器收集场区产生的生活垃圾

本项目建成后存栏公猪数量为 40 头，母猪 3200 头，产房产床数量为 540 个。满负荷运行时最大存栏情况为公猪、母猪共计 3240 头，断奶仔猪 6480 头。母猪每年平均繁育 2.5 次，每胎平均生产 12 头仔猪，则项目全年出场仔猪数量为 96000 头。21 日龄断奶仔猪体重平均在 5 kg，《畜禽养殖业污染物排放标准》（GB 18596—2001）中在计算生猪存栏数时要求生猪体重为 25 kg，本次评价参考此值将 6480 头断奶仔猪折算为存栏数 1296 头，则场区折算最大存栏数为 4536 头。本次评价将 96000 头出栏仔猪数折算为约 2 万头商品猪。

4.8.2 项目大气评价因子和评价标准

根据该项目污染特征，其主要评价及预测因子如表 4-49 所示。

表 4-49 评价及预测因子筛选结果

类 别	要 素	因 子
环境质量现状评价	环境空气	基本因子：SO_2、NO_2、PM_{10}、$PM_{2.5}$、CO、O_3 特征因子：NH_3、H_2S（养殖恶臭气体中主要污染物）
环境影响评价预测因子	废气	NH_3、H_2S

本项目位于武汉市黄陂区，根据该工程的排污分析，结合项目所在区域环境功能要求，采用如下环境质量标准、污染物排放标准和方法标准。

（1）评价区环境功能区划。环境空气：环境空气质量功能二类区。

（2）环境质量标准。根据《市人民政府办公厅关于转发武汉市环境空气质量功能区类别规定的通知》（武政办〔2013〕129 号），本项目所处区域为环境空气质量功能二类区，环境空气质量评价执行以下标准：基本污染物 SO_2、NO_2、PM_{10}、$PM_{2.5}$、CO、O_3 执行《环境空气质量标准》（GB 3095—2012）二级标准；其他污染物 NH_3、H_2S 取《环境影响评价技术导则 大气环境》（HJ 2.2—2018）附录 D 中相应限值，其标准值详见表 4-50。

表 4-50 环境空气质量标准

评价因子	标准值/$\mu g \cdot m^{-3}$			标 准 来 源
	小时值	日均值	年均值	
SO_2	500	150	60	《环境空气质量标准》（GB 3095—2012）二级标准
NO_2	200	80	40	
PM_{10}	—	150	70	
$PM_{2.5}$	—	75	35	
CO	10000	4000		
O_3	200	160（8h 均值）		
NH_3	200	—	—	《环境影响评价技术导则 大气环境》（HJ 2.2—2018）附录 D
H_2S	10	—	—	

（3）废气污染物排放标准。该项目主要大气污染物包括 NH_3、H_2S、油烟、PM_{10}、SO_2、NO_x 等，其中 NH_3、H_2S 厂界处无组织排放执行《恶臭污染物排放标准》（GB 14554—1993）中厂界二级标准，臭气浓度执行《畜禽养殖业污染物排放标准》（GB 18596—2001）中规定限值；项目为畜禽养殖类项目，地处武汉市黄陂区姚家集街道竹林村范围内，不属于城市建成区，因《饮食业油烟排放标准（试行）》（GB 18483—2011）1.2 中规定标准适用于城市建成区，故本项目油烟排放无适用污染物排放标准；PM_{10}、SO_2、NO_x 来源于项目粪污处理过程中产生的沼气的燃烧，项目沼气主要用作项目场内炊用及消毒，本次评价沼气燃烧废气中的 PM_{10}、SO_2、NO_x 不作为项目主要大气污染物考虑。项目执行的排放标准详见表 4-51。

表 4-51　大气污染物排放标准

评价因子	平均时段	标　准　值	标　准　来　源
NH_3	1 h 平均值	1.5 mg/m³（无组织排放）	《恶臭污染物排放标准》（GB 14554—1993）二级标准限值（新改扩建）
	—	4.9 kg/h（有组织排放）	
H_2S	1 h 平均值	0.06 mg/m³（无组织排放）	
	—	0.33 kg/h（有组织排放）	
臭气浓度 （无量纲）	1 h 平均值	20（无组织排放）	
	—	2000（有组织排放）	
	日均值	70	《畜禽养殖业污染物排放标准》（GB 18596—2001）

4.8.3　项目评价工作等级的判定

根据《环境影响评价技术导则　大气环境》（HJ 2.2—2018）中相关规定，选取本项目污染源正常排放的主要污染物及其排放参数，采用导则附录 A 推荐模型中的估算模型 AERSCREEN 分别计算每一种污染物的最大地面浓度占标率 P_i（第 i 个污染物），及第 i 个污染物的地面浓度达标准限值 10% 时所对应的最远距离 $D_{10\%}$。具体评价等级的计算和评价等级的判别方法参照本书 4.2.3.1 节的相关内容。本项目估算模型参数如表 4-52 所示。

表 4-52　估算模型参数表

参　　数		取　　值
城市/农村选项	城市/农村	农村
	人口数（城市选项时）	—
最高环境温度/℃		39.6
最低环境温度/℃		−9.4
土地利用类型		农作地
区域湿度条件		潮湿
是否考虑地形	考虑地形	是
	地形数据分辨率	90 m×90 m
是否考虑海岸线熏烟	是/否	否
	海岸线距离/m	—
	海岸线方向/(°)	—

根据工程分析中各污染源排放主要污染物源强，计算得项目评价等级判据一览表，如表 4-53 所示。

表 4-53　项目大气环境影响评价工作等级判据一览表

序号	污染源名称	NH_3		H_2S	
		占标率/%	$D_{10\%}/m$	占标率/%	$D_{10\%}/m$
1	产房	34.0	500	12.5	125
2	公猪舍	1.7	0	0.7	0
3	母猪舍	51.2	1000	22.7	425
4	干粪棚	3.5	0	4.7	0
5	污水处理设施	13.8	150	19.4	175
各源最大值		51.2	1000	22.7	425

由表 4-53 可见，厂区各种污染物中最大占标率为 51.2%，大于 10%。根据《环境影响评价技术导则　大气环境》（HJ 2.2—2018），本项目大气环境评价等级为一级。

4.8.4　项目评价范围、时段及内容

（1）评价范围。根据项目的规模和特点，结合当地环境特征，本项目大气评价范围为自项目厂界外延 2.5 km 的矩形区域。

（2）评价时段。本次评价时段：施工期及运行期，重点评价运行期环境影响。

（3）评价重点。

1）工程分析。针对养殖行业特点，调查分析废气污染物特性，重点核实项目废气污染物的排放源强和排放特征。

2）环境影响预测与评价。依据核实项目污染物的废气排放源强和排放特征，预测判断项目建设完成后对评价区环境的影响程度和范围。

3）污染防治措施及技术经济分析。根据建设项目产生的废气污染物特点，充分分析废气污染治理措施的技术先进性、经济合理性及运行的可靠性、生态养殖的可靠性。

4.8.5　环境空气质量现状调查与评价

本项目大气环境评价等级为一级，根据《环境影响评价技术导则　大气环境》（HJ 2.2—2018）中对一级评价项目区域环境质量调查的要求，本次评价对项目所处区域是否为达标区进行判定，并调查评价范围内由环境质量标准的评价因子的监测数据。

（1）评价基准年。根据监测数据及气象数据的可获得性，本项目评价基准年选取 2017 年。

（2）项目所处区域达标区判定。根据《环境影响评价技术导则　大气环境》（HJ 2.2—2018）6.2.1.1 中规定，评价项目所在区域达标判定直接采用武汉市环境保护局公开发布的 2017 年（本次大气环境影响评价基准年）环境质量公告数据判定。

根据《2017 年武汉市环境质量状况公报》，2017 年全市 $PM_{2.5}$ 年均浓度为 53 $\mu g/m^3$，超过环境空气质量标准二级标准 0.51 倍；PM_{10} 年均浓度为 88 $\mu g/m^3$，超过环境空气质量标准二级标准 0.26 倍；SO_2 年均浓度为 10 $\mu g/m^3$，达到环境空气质量标准二级标准

要求；NO_2 年均浓度为 50 $\mu g/m^3$，超过环境空气质量标准二级标准 0.25 倍；O_3 日均浓度为 8~199 $\mu g/m^3$，达标率为 92.9%；CO 日均浓度为 0.4~2.1 mg/m^3，达标率为 100%。

根据《环境影响评价技术导则 大气环境》（HJ 2.2—2018）6.4.1 中规定，六项基本污染物全部达标方可判断项目所处区域为达标区，结合《2017 年武汉市环境质量状况公报》中基本污染物年均值及日均值达标情况判断，本项目所处区域为不达标区。

（3）基本污染物环境质量现状。根据《环境影响评价技术导则 大气环境》（HJ 2.2—2018）6.2.1.2 中规定，采用武汉市环境保护局公开发布的城区 2017 年 SO_2、NO_2、PM_{10}、$PM_{2.5}$、CO、O_3 的逐日环境空气质量现状数据（表4-54）（所有国控点各基本污染物各点位浓度平均值）进行评价。

表 4-54　基本污染物环境质量现状表

点位名称	坐标/m		污染物	平均时间	评价标准/$\mu g \cdot m^{-3}$	现状浓度范围/$\mu g \cdot m^{-3}$	最大浓度占标率/%	超标概率/%	达标情况
	X	Y							
武汉城区	—	—	SO_2	日平均	150	3~32	21.33	0	达标
武汉城区	—	—	NO_2	日平均	80	23~117	146.25	25.21	有超标
武汉城区	—	—	PM_{10}	日平均	150	9~500	333.33	0.55	有超标
武汉城区	—	—	$PM_{2.5}$	日平均	75	9~273	364	37.26	有超标
武汉城区	—	—	CO	日平均	4000	12~53	1.3	0	达标
武汉城区	—	—	O_3	8 h 平均	160	4~136	85	0	达标

注：因采用城区均值，故无点位坐标。

（4）环境空气质量现状监测与评价。为了了解项目所在地环境空气评价因子中其他污染物（NH_3、H_2S）的环境质量现状，评价委托某公司对项目所在地的环境质量现状进行了一期监测。

1）监测布点。本期监测其他污染物监测点位设置了 1 个大气环境质量监测点位，位于项目厂址下风向。《环境影响评价技术导则 大气环境》（HJ 2.2—2018）6.3.2 中要求在项目厂址及下风向 5 km 范围内设置 1~2 个监测点位，项目监测点位数量及位置可以满足 HJ 2.2—2018 对监测点位数量及位置的要求。监测点位信息见表4-55。

表 4-55　其他污染物补充监测点位基本信息

监测点名称	监测点位坐标		监测因子	监测时段	相对方位	相对厂界距离/m
厂址下风向	30°1′46.65″北	114°29′51.07″东	NH_3 和 H_2S	1 h 平均	—	200

2）监测时段。监测时间为 2019 年 9 月 24—30 日，其他污染物监测因子为 NH_3 和 H_2S，满足《环境影响评价技术导则 大气环境》（HJ 2.2—2018）6.3.1.1 中选择污染较重的季节及取得 7 天有效数据的要求。

3）监测结果及统计分析。其他污染物环境质量现状（监测结果）见表4-56。

表 4-56 其他污染物环境质量现状（监测结果）表

监测点位	监测因子	平均时间	评价标准 /μg·m⁻³①	浓度范围 /μg·m⁻³	最大浓度占标率/%	超标率/%	达标情况
厂址下风向	NH₃	1 h 平均	200	30~40	20	0	达标
	H₂S	1 h 平均	10	ND	25	0	达标

①标准状态下的体积。

综上所述，评价区域为环境空气质量不达标区，基本污染物中 NO_2、$PM_{2.5}$、PM_{10} 浓度无法满足《环境空气质量标准》（GB 3095—2012）二级标准，其他污染物中 H_2S 和 NH_3 小时值可以满足《环境影响评价技术导则 大气环境》（HJ 2.2—2018）附录 D 中小时均值限值要求。

（5）达标规划。为改善环境空气质量，2014 年，武汉市人民政府出台了《武汉市城市环境空气质量达标规划（2013~2027 年)》。

4.8.6 大气污染源强分析

本项目为畜禽养殖项目，根据项目行业特点，运营期产生的大气污染物主要为生产区恶臭气体、食堂油烟及沼气燃烧（场区炊用、场内消毒）废气。

4.8.6.1 生产区恶臭气体

A 生产区恶臭污染源概况

恶臭气体是本项目主要大气污染物，主要成分为 NH_3 和 H_2S，此外还有臭气浓度。由于臭气浓度属无量纲指标，其数值含义为恶臭气体稀释至无臭时的稀释倍数，由多名嗅辨员按照《空气质量 恶臭的测定 三点比较式臭袋法》（GB 14675—1993）中规定方法和流程嗅辨后取均值得出，臭气浓度尚无可靠方法由恶臭污染物浓度换算，本次评价仅对臭气浓度提出运行期监测要求。

生产区设施恶臭气体污染源情况见表 4-57。

表 4-57 生产区恶臭气体污染源一览表

序号	类别	名称	是否产生并排放恶臭气体	排放形式	备注
1	猪舍	公猪舍	是	无组织排放	
2		母猪舍	是	无组织排放	
3		产房	是	无组织排放	
4	公辅设施	给排水系统	否	—	排水系统全部为地下 PVC 管道，粪污排放过程不产生恶臭
5		饲料供应	否	—	
6		供电、暖通、通信等	否	—	

续表 4-57

序号	类别	名　称	是否产生并排放恶臭气体	排放形式	备　注
7	环保设施	格栅渠、集水池、水解酸化池	是	有组织排放	地下封闭结构，三个池体相连，顶部连通，使用引风机抽排恶臭气体，排口编号 DA001
8		固液分离车间	是	有组织排放	封闭结构，引风机抽排恶臭气体，排口编号 DA001
9		干粪棚	是	无组织排放	
10		黑膜沼气池	否	—	黑膜沼气池属全密闭的沼气池，整个池体顶部被顶膜全覆盖，在顶膜安装完好的情况下不会有臭气泄漏
11		沼液池	否	—	从沼气池中排出的充分腐熟后的沼液不再因厌氧发酵而产生沼气及恶臭气体
12		危险废物暂存间及病死猪冷库	否	—	

由表 4-57 可见，生产区恶臭气体有组织恶臭污染源为格栅渠、集水池、水解酸化池及固液分离车间公用的排口 DA001，无组织恶臭污染源为猪舍及干粪棚。

B　场区恶臭控制方式

a　猪舍恶臭的产生及控制方式

猪舍内生猪的新鲜粪便、消化道排出气体、皮脂腺和汗腺的分泌物、黏附在体表的污物、畜体外激素、呼出气体中的 CO_2 等均会散发出特有的难闻气味，其中以粪便产生的恶臭为主。猪舍恶臭废气的产生强度受到许多因素的影响，包括季节、气温、湿度、养殖种类、室内排风情况以及粪便的堆积时间等。

本项目猪舍均为环境调控式封闭猪舍，猪舍内部的温度、湿度基本恒定，因此季节变化对项目猪舍内部恶臭源强影响不大，项目猪舍产生的恶臭源强较为稳定，且猪舍内养殖温度均在 20 ℃左右，不会导致高温、高湿度情况下粪便的迅速发酵进一步产生大量臭气；项目清粪工艺采用干清粪工艺，最大限度减少了猪舍恶臭气体的产生。

在饲养过程中，建设单位采取了科学设计日粮、清粪方式采用人工干清粪结合浅坑拔塞粪沟辅助清粪、保持猪舍的清洁等措施，在源头上削减了猪舍内恶臭气体的产生量，无法避免的恶臭气体喷洒除臭剂处理后通过猪舍的通风系统排出。

b　干粪棚恶臭气体处理方式

干粪运至干粪棚内暂存，在暂存过程中将会产生恶臭，建设单位拟采取物理及化学除臭结合的方式处理暂存区恶臭，采取人工喷洒除臭剂的方式处理干粪棚恶臭，必要时投加锯末、沸石等吸附材料。

c　污水前处理设施恶臭控制方式

根据本项目的粪污处理设计资料，预处理阶段的格栅渠、调节池均为地下密闭结构，产生的臭气均不会直接排放，项目拟采用管道引风抽排、生物除臭塔处理的方式抽排污水处理各密闭处理单元内的恶臭气体；其中污水处理设施格栅渠、调节池、水解酸化池封盖下方设有约 0.3 m 净空，池体上部联通，采用一台引风机引至生物除臭塔（与固液分离设备间恶臭气体共用）处理后经 15 m 高排气筒排放，排气筒内径 0.2 m，排口编号 DA001。

固液分离设备车间为全封闭结构，内设螺旋挤压式固液分离机，通过分离机内部泵单元经管道从集水池抽出粪污水，经脱水后干粪通过卸料口卸出，经全封闭斜槽落至干粪棚；污水通过分离机出水管道排至水解酸化池。固液分离过程中产生的恶臭气体通过引风机引至生物除臭塔处理后经 15 m 高排气筒（DA001）排放。

d 恶臭控制措施

项目运营期各恶臭污染源均采取了恶臭控制措施，其处理效率见表 4-58。

表 4-58 恶臭控制措施处理效率一览表

序号	类别	控制措施	说　明	处理效率取值
1	猪舍	喷洒除臭剂	人工喷洒除臭剂时，处理效率约为 40%~50%	40%
2	环保设施	格栅渠、集水池、水解酸化池	密闭收集，生物除臭塔处理，一般生物除臭塔处理效率为 75%~85%	80%
3		固液分离车间		
4		干粪棚	人工喷洒除臭剂时，处理效率约为 40%~50%	40%

C　恶臭污染物源强计算

a　无组织污染源

评价参考《某畜牧有限责任公司升级改造项目环境影响报告书》中未采取任何处理措施时，猪舍及干粪棚的臭气源强，结合本项目养殖情况及清粪特点，得出项目猪舍恶臭污染源强，详见表 4-59。

表 4-59 臭气污染源强一览

污染物	公猪 /g·(头·d)$^{-1}$	母猪 /g·(头·d)$^{-1}$	保育及育肥猪 /g·(头·d)$^{-1}$	粪沟 /g·(m^2·d)$^{-1}$	干粪棚 /g·(m^2·d)$^{-1}$
NH$_3$	0.07	0.08	0.04	0.45	1.5
H$_2$S	0.004	0.004	0.002	0.007	0.1

按照表 4-59 中源强数据计算本项目猪舍、干粪棚（30 m^2）的恶臭源强，详见表 4-60。

表 4-60 项目猪舍及干粪棚污染源强一览　　　　　　　（kg/h）

污染物	本项目新增污染源						
	公猪舍（40 头）		母猪舍（2660 头）		产房（540 头）		干粪棚（30 m^2）
	饲养区	粪沟（50 m^2）	饲养区	粪沟（2000 m^2）	饲养区	粪沟（1100 m^2）	
NH$_3$	0.000117	0.000938	0.008867	0.037500	0.001800	0.020625	0.001875
H$_2$S	0.000007	0.000015	0.000443	0.000583	0.000090	0.000321	0.000125

污染物	被替代污染源					
	公猪舍（10 头）	母猪舍（400 头）	产房（100 头）	保育及育肥舍（5000 头）	干粪棚（187 m^2）	多级沉淀池（600 m^2）
NH$_3$	0.000029	0.001333	0.000333	0.008333	0.011688	0.000333
H$_2$S	0.000002	0.000067	0.000017	0.000417	0.000779	0.000017

b　有组织污染源

有组织污染源为污水预处理单元（格栅、集水池、水解酸化池及固液分离设备间），源强类比城镇污水处理厂中相应处理单元源强，详见表4-61。

表 4-61　项目粪污处理设施恶臭污染源强一览　　（kg/d）

污染物	污水前处理设施污染源			
	格栅渠（3 m²）	集水池（10 m²）	水解酸化池（10 m²）	固液分离设备间（15 m²）
NH_3	0.0052	0.0138	0.0069	0.0225
H_2S	0.0004	0.0010	0.0009	0.0015

c　全场恶臭气体产生及排放情况

项目生产区恶臭气体排放一览表见表4-62，本项目恶臭气体无组织排放及有组织排放情况分别如表4-63和表4-64所示。

表 4-62　项目恶臭产生情况一览表　　（kg/h）

污染源		排放方式		主要污染物	产生量
猪舍养殖恶臭		无组织排放	公猪舍	NH_3	0.001054
				H_2S	0.000021
			母猪舍	NH_3	0.046367
				H_2S	0.001027
			产房	NH_3	0.022425
				H_2S	0.000411
粪污处理设施	格栅渠、集水池、水解酸化	公用一套除臭设备处理后通过15m高排气筒有组织排放		NH_3	0.001079
				H_2S	0.000096
	固液分离设备间			NH_3	0.000938
				H_2S	0.000063
	干粪棚	无组织排放		NH_3	0.001875
				H_2S	0.000125

表 4-63　项目新增无组织废气排放情况一览表　　（kg/h）

污染源		排放方式		主要污染物	排放量
猪舍养殖恶臭		无组织排放	公猪舍	NH_3	0.000633
				H_2S	0.000013
			母猪舍	NH_3	0.027820
				H_2S	0.000616
			产房	NH_3	0.013455
				H_2S	0.000247
干粪棚		无组织排放		NH_3	0.001125
				H_2S	0.000075

表 4-64 新增有组织废气排放情况一览表

污染源	污染物	风量 /m³·h⁻¹	产生浓度 /mg·m⁻³	处理效率/%	排放浓度 /mg·m⁻³	排放量 /kg·h⁻¹	排放标准 /kg·h⁻¹	达标情况
固液分离间、格栅渠、集水池、水解酸化池	NH₃	500（一天运行 6 h）	16.1	80	3.23	0.01	4.9	达标
	H₂S		1.23		0.25	0.0007	0.33	达标

d 非正常排放

项目使用生物除臭塔除臭，当设备出现故障或长期使用维护不当导致除臭塔处理效率下降时，会出现非正常排放情况。生物除臭塔由喷淋装置、滤料、喷淋水循环泵及管道等组成，出现故障的单元主要为机电部分，目前暂无本项目拟采用设备设计资料，因此故障率按照一般机电设备故障率取1%，项目除臭塔每天运行6h，一年工作365天，则非正常排放时间估算为22h，故障时设备无法正常运转，报警后停机维修，处理效率取0。由此得出非正常排放情况见表4-65。

表 4-65 非正常排放情况一览表

污染源	污染物	风量/m³·h⁻¹	浓度/mg·m⁻³	排放量 /kg·h⁻¹	排放总时长 /h·a⁻¹	年排放量 /kg·a⁻¹
固液分离间、格栅渠、集水池、水解酸化池	NH₃	500	16.1	0.05	22	1.1
	H₂S		1.23	0.0035		0.77

4.8.6.2 食堂油烟

食堂废气中主要污染物为食堂油烟。本项目厂区常驻职工人数为10人，食堂为员工提供三餐，猪场年运行360天。根据对有关统计资料的类比分析，人均消耗食用油30 g/d，烹饪时食用油的挥发量为3%，项目油烟产生总量为0.009 kg/d（3.24 kg/a）。食堂设置基本灶头1个，日运行时间约5 h计，抽油烟机风量为300 m³/h计，则油烟产生浓度为6 mg/m³。油烟机效率取75%，则油烟排放量约为0.0023 kg/d（0.81 kg/a），油烟排放浓度为1.5 mg/m³。

4.8.6.3 燃料燃烧废气

本项目污水中COD浓度均值为4000 mg/m³，黑膜沼气池对COD的去除效率以90%计，项目污水量约为51.6 m³/d，沼气产生量按经验系数1 kg COD产生0.3 m³沼气计算，经计算得项目沼气日产生量约为58.9 m³/d，沼气年产生量为21498.5 m³/a。

项目产生的沼气用于猪场生活区日常生活的能源，同时在猪场消毒时作为火焰喷枪的燃料使用，在沼气作为燃料的燃烧过程中会产生颗粒物、NO₂、SO₂等大气污染物，污染物产生后即无组织排放。

4.8.7 环境空气影响预测与评价

4.8.7.1 预测因子及预测范围

根据《环境影响评价技术导则 大气环境》（HJ 2.2—2018）8.2中规定，评价选取评价因子中的主要污染物 H₂S 和 NH₃ 作为预测因子。所有评价因子 $D_{10\%}$ 最大范围均未超出评价范围，且本项目评价范围内不包含环境空气质量一类区，根据 HJ 2.2—2018 8.3 中规定，本次预测范围仅覆盖整个评价范围。

4.8.7.2 污染源调查

本项目为补办环评手续，建设性质属于新建项目，位于武汉市黄陂区姚集街竹林村范围内，按导则要求调查本项目污染源、评价范围内已批在建及已批未建排放本项目同种污染物的建设项目污染源。

A 本项目污染源

本项目主要大气污染源为：各猪舍恶臭气体、污水前处理封闭单元恶臭气体及固液分离车间恶臭气体收集处理后排放、干粪棚恶臭气体、食堂油烟废气、沼气燃烧废气，废气中的污染物有 NH_3、H_2S、油烟、SO_2、NO_x、烟尘等。其中猪舍恶臭、污水前处理封闭单元恶臭及固液分离车间恶臭气体、干粪棚恶臭气体为项目的主要污染源。其次，按照导则中的规定，油烟没有环境质量标准故不进行预测，故本次评价仅对排放恶臭气体的单元进行预测。本项目为补办环评项目，监测期间现有工程尚未拆除，现有工程所有污染源属被替代污染源。

B 项目周边排放同种污染物污染源调查

据调查，本项目评价范围内无其他已批在建或已批未建畜禽养殖企业或其他排放 NH_3、H_2S 的企业存在。

4.8.7.3 预测模型及预测周期

按照导则要求预测周期选择评价基准年，预测时段取连续一年。预测模型选择导则附录中推荐的 AERMOD 进一步预测模式。本项目使用 AERMOD 预测模型时采用的气象、地形、地表参数基础数据信息如表 4-66 所示。模拟气象数据信息见表 4-67。

表 4-66 观测气象数据信息

气象站名称	气象站编号	气象站坐标/m		相对距离/m	气象站等级	海拔高度	数据年份	气象要素
		X	Y					
武汉市市级站	57494	−44122	−36577	57439	基本站	34	2017	风向、风速、总云、低云、干球温度

表 4-67 模拟气象数据信息

模拟点坐标/m		相对距离/m	数据年限	气象要素	模拟方式
X	Y				
−19	326	36	2017	气压、离地高度、干球温度	—

4.8.7.4 气象特征分析

A 近二十年气象资料统计

本次评价采用国家环境保护环境影响评价数值模拟重点实验室提供的地面及高空气象数据。项目采用的是武汉气象站（57494）1997～2016 年气象数据统计分析资料（表 4-68），气象站地理坐标为东经 114.0506°，北纬 30.5978°，海拔高度 23.6 m。月均气温及风速统计见表 4-69。

表 4-68 武汉气象站常规气象项目统计（1997~2016 年）

统计项目		统计值	极值出现时间	极 值
多年平均气温/℃		17.4		
累年极端最高气温/℃		37.9	2003-08-01	39.6
累年极端最低气温/℃		−4.8	2016-01-25	−9.4
多年平均气压/hPa		1013.1		
多年平均水汽压/hPa		16.7		
多年平均相对湿度/%		75.1		
多年平均降雨量/mm		1310.3	1998-07-21	285.7
灾害天气统计	多年平均沙暴日数/d	0.0		
	多年平均雷暴日数/d	23.1		
	多年平均冰雹日数/d	0.1		
	多年平均大风日数/d	0.1		
多年实测极大风速（m/s）、相应风向		6.3	2015-05-11	18.7NW
多年平均风速/m·s⁻¹		1.5		
多年主导风向、风向频率/%		NE11.5		

表 4-69 月均气温及平均风速统计（1997~2016 年）

月份	1	2	3	4	5	6	7	8	9	10	11	12
月均气温/℃	4.1	7.03	11.88	18.0	22.91	26.54	29.46	28.46	24.41	18.77	12.11	6.14
平均风速	1.4	1.5	1.6	1.6	1.5	1.4	1.6	1.7	1.5	1.2	1.2	1.3

根据表 4-70，武汉市近 20 年主要风向为 NE 和 C、NNE、N，占 46.5%，其中以 NE 为主风向，占到全年 11.5%。

表 4-70 风频统计一览表（1997~2016 年）

风向	N	NNE	NE	ENE	E	ESE	SE	SSE	S	SSW	SW	WSW	W	WNW	NW	NNW	C
频率	7.2	10.1	11.5	6.4	5.4	4.8	4.4	3.1	3.3	3.2	3.0	2.7	4.6	2.5	3.7	6.3	17.7

B 2017 年（评价基准年）气象资料统计

a 气温

武汉市 2017 年 12 月平均温度最低，为 5.85 ℃；7 月温度最高，为 30.60 ℃。武汉市 2017 年气温变化情况见表 4-71。

表 4-71   2017 年武汉市年平均气温的月变化情况   （℃）

月份	1	2	3	4	5	6
气温/℃	6.69	7.61	11.64	17.74	22.74	25.15
月份	7	8	9	10	11	12
气温/℃	30.60	28.65	23.64	16.84	12.22	5.85

b   风速、风向

武汉市 2017 年 7 月风速最大，为 2.07 m/s；12 月风速最小，为 1.18 m/s。武汉市 2017 年风速变化情况见表 4-72。武汉市 2017 年四季、年平均风速、风向频率结果见图 4-9。

表 4-72   2017 年武汉市风速

月份	1	2	3	4
风速/m·s⁻¹	1.78	1.82	1.90	1.88
月份	5	6	7	8
风速/m·s⁻¹	1.51	1.28	2.07	1.50
月份	9	10	11	12
风速/m·s⁻¹	1.27	1.78	1.46	1.18

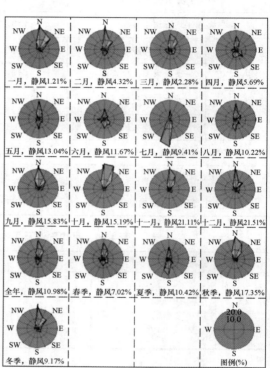

图 4-9   武汉市 2017 年平均风速、风向频率图

4.8.7.5   大气环境影响预测与评价

A   正常排放环境影响

正常排放情况下主要环境空气保护目标及网格点各污染物浓度贡献值最大值叠加现状浓度后环境质量浓度及占标率，NH_3 及 H_2S 小时浓度分布图如图 4-10 和图 4-11 所示。

B   非正常排放环境影响

根据《环境影响评价技术导则   大气环境》（HJ 2.2—2018）第 8 部分预测与评价内容中 8.7.6 表 5 的预测内容与要求，预测 NH_3 与 H_2S 的 1 h 平均质量浓度贡献值，评价其最大浓度占标率，预测结果见表 4-73。

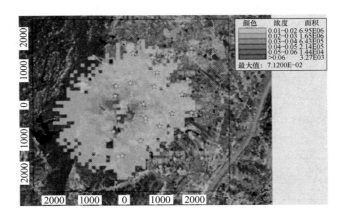

图 4-10　NH₃ 小时浓度分布图

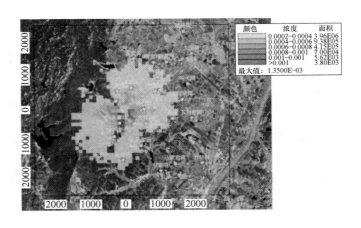

图 4-11　H₂S 小时浓度分布图

表 4-73　非正常排放情况下项目排放恶臭污染物浓度一览表

污染物	1 h 平均质量浓度最大值/mg·m⁻³	评价标准/mg·m⁻³	占标率/%	达标情况
NH₃	0.0767	0.2	38.35	达标
H₂S	0.0022	0.01	22.2	达标

项目非正常排放主要产生于生物除臭塔设备故障时，根据《环境影响评价技术导则　大气环境》（HJ 2.2—2018）8.8.7.5 中规定（当出现 1 h 平均质量浓度贡献值超过环境质量标准时，应提出减少污染物排放直至停止生产的相应措施），考虑到项目非正常排放并未产生污染物落地浓度超标情况，本次评价主要提出采取管理措施控制非正常排放。在除臭设备无法正常运行时，固液分离间、格栅渠及调节池等风机关闭，不对外排放恶臭气体。污染物正常排放量核算见表 4-74，大气污染物无组织排放申报表见表 4-75。

表 4-74　大气污染物有组织排放申报表

序号	排放口编号	污染物	申报排放浓度限值 /$\mu g \cdot m^{-3}$	申报排放速率限值 /$kg \cdot h^{-1}$	申报年排放量 /$t \cdot a^{-1}$
主要排放口					
—	—	—	—	—	—
主要排放口合计			—		—
					—
一般排放口					
1	DA001	NH_3	3.23×10^3	1.00×10^{-2}	8.76×10^{-2}
2	DA001	H_2S	2.5×10^2	0.7×10^{-3}	6.5×10^{-3}
一般排放口合计					
全厂有组织排放总计					
全厂有组织排放总计		NH_3			8.76×10^{-2}
		H_2S			6.13×10^{-3}

表 4-75　大气污染物无组织排放申报表

全厂无组织排放总计/$t \cdot a^{-1}$	NH_3	3.72×10^{-1}
	H_2S	0.8×10^{-2}

C　预测结果分析

从预测结果可以看出：本项目主要大气污染物为 NH_3、H_2S，此两项污染物于评价范围内最大值分别为 0.111 mg/m³、0.00352 mg/m³，可以满足《恶臭污染物排放标准》（GB 14554—1993）表 1 中 2 级新改扩建厂界排放标准限值，故可判断项目厂界处恶臭污染物可以做到达标排放。项目排放的 NH_3 和 H_2S 于项目周边敏感目标处预测值可满足导则附录 D 中浓度限值要求。

根据工程分析中内容，沼气主要用于场内及周边居民生活，沼气经脱硫处理后作为场内做饭及消毒用燃料直接燃烧利用；固液分离车间排气筒恶臭污染物有组织排放速率可满足《恶臭污染物排放标准》（GB 14554—1993）中 15 m 高排放速率限值要求。

NH_3 及 H_2S 仅有小时浓度限值，经预测，在叠加背景值后，在项目预测范围内（涵盖整个评价范围）未出现超标点。

根据《环境影响评价技术导则　大气环境》（HJ 2.2—2018）10.1 中评价结论的规定，项目改扩建后的大气环境影响可接受。

4.8.7.6　环境防护距离

A　大气防护距离

大气环境防护距离确定方法：采用推荐模式中的大气环境防护距离模式计算各无组织源大气环境防护距离。计算出的距离是以污染源中心点为起点的控制距离，并结合厂区平面布置图，确定控制距离范围，超出厂界以外的范围，即为项目大气环境防护区域。

本项目生产过程中产生的无组织废气主要为 NH_3、H_2S，根据 4.8.7.5 中计算结果，本项目排放的 NH_3、H_2S 在厂界外无超标点，故本项目不设大气环境防护距离。

B 卫生防护距离

根据《大气有害物质无组织排放卫生防护距离推导技术导则》（GB/T 39499—2020），各类工业、企业卫生防护距离按下式计算：

$$\frac{Q_c}{c_m} = \frac{1}{A}(BL^C + 0.25r^2)^{0.50}L^D \tag{4-19}$$

式中　　c_m——标准浓度限值，mg/m^3；

L——工业企业所需卫生防护距离，m；

r——有害气体无组织排放源所在生产单元的等效半径，m，根据该生产单元占地面积 $S(m^2)$ 计算，$r = (S/\pi)^{0.5}$；

A，B，C，D——卫生防护距离计算数，无因次，根据工业企业所在地近五年平均风速及工业企业大气污染源构成类别从《大气有害物质无组织排放卫生防护距离推导技术导则》（GB/T 39499—2020）第 5 条规定的表 1 中查取；

Q_c——工业企业有害气体无组织排放量可以达到的控制水平，kg/h。

本评价考虑拟建工程无组织排放的 2 种污染因子（H_2S 和 NH_3）的卫生防护距离的计算。采用 Screen3Model 软件进行计算，项目应以猪舍（含隔离舍）、干粪棚边界外延100 m 设置卫生防护距离。卫生防护距离计算软件计算结果如图 4-12 所示。

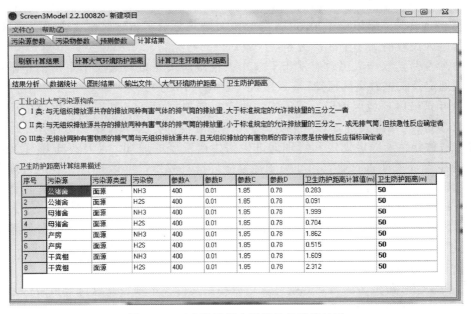

图 4-12 卫生防护距离计算软件计算结果

根据项目卫生防护距离包络线图，项目卫生防护距离内无现状敏感目标。在卫生防护距离划定后，卫生防护距离之内不得新建环境敏感目标。

C 与《畜禽养殖业污染防治技术规范》500 m 禁建距离的相符性分析

《畜禽养殖业污染防治技术规范》（HJ/T 81—2001）中 3.1.2 规定"禁止在城市和城镇居民区，包括文教科研区、医疗区、商业区、工业区、游览区等人口集中地区建设畜牧养殖场。在禁建区域附近建设的，应设在上述规定的禁建区域常年主导风向的下风向或侧风向处，场界与禁建区域边界的最小距离不得小于 500 m"。

对该条款的相符性分析，本次环评主要依据生态环境部部长信箱的回复意见，分析如下：

（1）部长信箱于 2018 年 2 月 26 日，对咨询"关于畜禽养殖业选址问题"进行了回复，根据部长信箱回复："村屯居民区不属于城市和城镇居民区。因此，不属于《畜禽养殖业污染防治技术规范》（HJ/T 81—2001）中 3.1.2 规定的人口集中区。2004 年 2 月 3 日国家环境保护总局印发了《关于加强畜禽养殖业环境监管、严防高致病性禽流感疫情扩散的紧急通知》（环发〔2004〕18 号），该通知属于紧急通知，是专门针对'严防高致病性禽流感疫情扩散'作出的，不宜作为养殖场与农村居民区 500 米距离选址的依据。"

（2）根据姚家集街出具的说明，项目周边 500 m 范围内的居民点均属于村屯居民区，不属于城市及城镇居民区。

因此，本项目 500 m 范围内无《畜禽养殖业污染防治技术规范》（HJ/T 81—2001）中 3.1.2 规定的人口集中区，项目建设符合《畜禽养殖业污染防治技术规范》（HJ/T 81—2001）相关条款要求。

D 本项目与武汉市、黄陂区畜禽养殖三区划分相关文件的相符性分析

2016 年 7 月，黄陂区人民政府根据《关于印发〈湖北省畜禽养殖区域划分技术规范（试行）〉的通知》（鄂环发〔2016〕5 号）文件要求划分了黄陂区畜禽养殖"三区"，并发布了《区人民政府关于全区畜禽养殖区域划分的意见》。

2016 年 9 月武汉市人民政府发布了《市人民政府关于批转武汉市畜禽禁止限制和适宜养殖区划定及实施方案的通知》（武政规〔2016〕18 号）。

2019 年黄陂区环境保护局、黄陂区农业农村局根据国办《关于稳定生猪生产促进转型升级的意见》（国办发〔2019〕44 号）、《生态环境部办公厅农业农村部办公厅关于进一步规范畜禽养殖禁养区划定和管理促进生猪生产发展的通知》（环办土壤〔2019〕55 号）、《省生态环境厅省农业农村厅关于抓紧做好畜禽养殖禁养区排查和规范管理促进生猪生产发展的通知》（鄂环发〔2019〕17 号）等文件精神，重新调整了黄陂区畜禽养殖三区划分范围，于 2019 年 11 月 6 日发布了《区环境保护局、区农业农村局关于调整畜禽养殖禁养区划定方案的通知》（陂环〔2019〕12 号），目前武汉市级三区划分调整文件尚未发布，因此本项目分析与黄陂区畜禽养殖三区划分文件相符性时，按照陂环〔2019〕12 号文中规定进行。

根据武汉市和黄陂区的畜禽养殖三区划分相关文件，本项目选址符合黄陂区划定的畜禽养殖三区划分相关文件要求。

4.8.8 大气污染防治措施

拟建项目运行期排放产生的废气主要包括恶臭气体、沼气燃烧废气及食堂油烟废气。养殖场恶臭气体来源复杂，大部分属于无组织面源排放。单靠某一种除臭技术很难取得良好的治理效果，只有采取综合除臭措施，断绝臭气产生的源头、防止恶臭扩散等多种方法并举，才能有效地防止和减轻其危害，保证人畜健康，促进畜牧业生产的可持续发展。恶臭防治措施主要包括管理方面措施和技术方面措施。

（1）统筹规划、合理布局。在厂区总体布置上，统筹规划、合理布局，将猪舍、污水处理站等主要恶臭产生源放在办公及生活区域的年主导风向的侧方位。同时，避免布置在项目所在地敏感保护目标的上风向，尽量避免对周边环境敏感目标的影响。

（2）恶臭污染源的源头控制。

1）猪舍。

①清粪工艺。本项目猪舍清粪工艺采用干清粪工艺，残余猪粪通过辅助清粪方式迅速清入猪舍底部的粪沟内，猪舍内部饲养区域基本无粪污存在，基本没有残余粪便经猪群的踩踏、倒卧并携带至栏位各处形成大量的分散恶臭污染源的情况。

②环境控制。猪舍内部的恶臭气体除了来自猪群特有的味道外，很大一部分来源于未及时清理干净的粪尿等污物在高温条件下进行厌氧发酵进而产生的大量恶臭气体。一般来说，厌氧发酵最适宜的温度为 30～45 ℃，本项目猪舍均为环境调控式全封闭猪舍，猪舍内部的温度由自动温控系统（包括温度探头，自动启动的通风及湿帘降温系统）控制在20 ℃左右，有效地抑制了厌氧菌的活动，减少了残留的污物在高温条件下迅速厌氧发酵而产生的恶臭气体。

2）粪污处置系统。养殖场的粪污处置设施也是恶臭污染物的一个重要污染源，本项目为了最大程度减少粪污处置带来的恶臭污染，粪污收集管道、格栅渠、粪污收集池等均采用地下式设计，有效减少恶臭气体排放。

项目采取干清粪工艺，干粪清出后运至干粪棚堆存，而后交予某生物科技有限公司处置；粪污水经固液分离后的固相部分也运至干粪棚暂存；干粪棚采取喷洒除臭剂及投加吸附剂的方式除臭。

（3）科学地设计日粮，提高饲料利用率。畜禽采食饲料后，饲料在消化道内消化过程中（尤其是后段肠道），因微生物腐败分解而产生臭气；同时，没有消化吸收部分在体外被微生物降解，也会产生大量恶臭气体。因此提高日粮的消化率、减少干物质（特别是蛋白质）排出量，既能够减少肠道臭气的产生，又可减少粪便排出后的臭气的产生，这是减少恶臭来源的有效措施。可在饲料中添加饲用酶制剂，即通过补充动物体内消化酶的分泌不足或提供动物无法自行合成的酶，来提高饲料的消化率，可有效减少排泄中的恶臭气体。

（4）养殖场加强绿化。

1）鉴于养殖行业的特殊性，在树种选择上，建设单位不仅考虑美化效果，还考虑其在除臭、防火、吸尘、杀菌等方面的作用。选用桂花树、栀子树、桑树、女贞、泡桐、樟树、夹竹桃、紫薇、广玉兰、桃树等树种；白兰、茉莉、结缕草、蜈蚣草、美人蕉、菊花、金鱼草等花草。

2）在办公区、职工生活区有足够的绿化，厂内空地和道路边尽量植树及种植花草形成多层防护层，以最大限度地防止厂区畜禽粪便臭味对周围居民的影响。

通过采取以上恶臭污染防控措施，可将恶臭污染对周边环境的影响控制在最低水平，其污染防治措施从经济、技术方面来说具有可行性。

本项目食堂油烟采用净化效率75%的油烟机处理后排放。沼气经脱硫处理后，属于清洁能源，主要用于炊用及消毒，燃烧后无组织排放。

4.8.9 大气环境影响评价结论与建议

本项目运营期排放的主要废气为养殖恶臭气体、食堂油烟及沼气燃烧废气。

食堂油烟通过油烟净化设备处理后经专用烟道于办公宿舍楼顶排放；沼气主要用于炊用及场内消毒，燃烧后的废气无组织排放，废气中主要为颗粒物、SO_2 及 NO_2，沼气燃烧废气类比类似项目落地浓度占标率小于 1%，对大气环境影响小，环境影响可接受。

养殖恶臭气体中主要污染物为 NH_3 及 H_2S；主要污染源为各猪舍及配套的污水处理设施、固液分离车间及干粪棚。猪舍恶臭主要采取科学设计日粮、清粪采用人工干清粪工艺、保持猪舍的清洁等措施在源头上削减了猪舍内恶臭气体的产生量，无法避免的恶臭气体通过喷洒除臭剂处理后无组织排放；污水处理设施产生恶臭气体的单元采取封闭处理，恶臭气体集中抽至生物除臭塔处理，固液分离车间恶臭气体与污水处理设施公用生物除臭塔处理，经处理的恶臭气体通过 15 m 高排气筒（编号 DA001）排放；干粪棚采取人工喷洒除臭剂的方式处理恶臭气体。经预测，项目有组织、无组织排放的恶臭气体对周边环境的影响控制在较低水平，环境影响可接受。

习　题

4-1　简述大气环境影响评价的工作任务和工作程序。

4-2　简述大气污染源现状调查的内容。

4-3　分析《环境影响评价技术导则　大气环境》（HJ 2.2—2018）推荐大气环境影响预测模型的适用范围。

5 地表水环境影响评价

5.1 概　　述

5.1.1 基本概念

地表水：存在于陆地表面的河流（江河、运河及渠道）、湖泊、水库等地表水体以及入海河口和近岸海域。

水环境保护目标：饮用水水源保护区、饮用水取水口，涉水的自然保护区、风景名胜区，重要湿地、重点保护与珍稀水生生物的栖息地，重要水生生物的自然产卵场及索饵场、越冬场和洄游通道，天然渔场等渔业水体，以及水产种植资源保护区等。

水污染当量：根据污染物或者污染排放活动对地表水环境的有害程度以及处理的技术经济性，衡量不同污染物对地表水环境污染的综合性指标或者计量单位。

控制单元：综合考虑水体、汇水范围和控制断面三要素而划定的水环境空间管控单元。

生态流量：满足河流、湖库生态保护要求，维持生态系统结构和功能所需要的流量（水位）与过程。

安全余量：考虑污染负荷和受纳水体水环境质量之间关系的不确定因素，为保障受纳水体水环境质量改善目标安全而预留的负荷量。

5.1.2 水文学基本知识

5.1.2.1 自然界的水循环、径流形成与水体污染

A　自然界的水循环

地球上的水蒸发为水汽后，经上升、输送、冷却、凝结，在适当条件下降落到地面，这种不断的反复过程称为水循环，如图 5-1 所示。如果循环是在海洋与陆地之间进行的，称为大循环；如果循环是在海洋或陆地内部进行的，称为小循环。人类活动可以影响小循环，例如大量砍伐森林会减少枯季径流，而且常常是造成沙漠化的主要原因。

B　径流的形成

降落的雨、雪、雹等通称为降水。一次较大的降雨经过植物的枝叶截留、填充地面洼地、下渗和蒸发等损失以后，余下的水经坡面漫流（呈片状流动）进入河网，再汇入江河，最后流入海洋，这部分水流称为地面径流。从地表下渗的水在地下流动，经过一段时间以后有一部分逐渐渗入河道，这部分水流称为地下径流。河川径流包括地面径流与地下径流两部分。

在径流形成过程中，常常将从降雨到径流形成称为产流阶段，把坡面漫流及河网汇流称为汇流阶段。

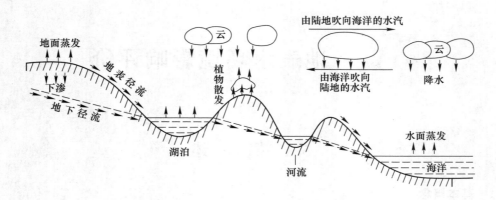

图 5-1   水循环及径流形成

河流某断面以上区域内，由降水所产生的地面与地下径流均通过该断面流出时，则这块区域称作流域面积或集水面积。显然，流域的周界就是分水线，一般可从地形图上勾绘出来。

C   水文现象的变化特点

水文现象是许多因素综合作用的结果，它在时间和空间上都有很大变化。对于河川径流主要有以下的变化：

（1）年际变化。一般大江大河多水年比少水年的水量多 1~2 倍甚至更多，而小河流则多达 4~5 倍甚至 10 倍以上。

（2）年内变化。一般丰水季比枯水季或多水月比少水月水量多几倍至几十倍，而最大日流量比最小日流量大几百倍甚至几千倍。

（3）地区变化。我国北方地区雨季短，年降水量少；南方地区雨季长，年降水量多。一般北方地区河川径流在时间上的变化比南方剧烈。

对于湖泊来说，由于它与河流关系密切，所以湖泊水量的变化基本上受河流水量变化的制约。

关于感潮河段的水文现象，一方面受上游来水量的影响，另一方面还受潮汐现象的制约，因此它在时间上的变化规律与天然河川径流有较大的差异。

地球上的水文现象虽然变化多端，但它们均服从确定的或随机的两种基本规律。确定规律主要反映的是物理成因关系，例如，地球的公转导致河川径流在一年内呈有规律的季节性交替变化；又如在一个流域上降了一场大暴雨，必然要产生一场大洪水等。有些水文现象主要受随机因素的支配，而现象的产生是随机的，例如，一个河流断面上年最大洪峰流量出现的时间和数量等，它们服从的是统计规律。实际上绝大多数水文现象中两种规律同时存在，只是程度上不同。

针对水文现象所存在的基本规律，构成了三种主要研究途径：成因分析、数理统计与地区综合。

5.1.2.2   河流的基本环境水文与水力学特征

由于河道断面形态、底坡变化走向各异，上游、下游水边界条件各异等，河道中的水流呈现着各种不同的流动形态。按不同的标准，可将河道水流分成不同的类型。例如，洪水季节或上游有电站的非恒定泄流或河道位于感潮段等，在河道里的水流均呈非恒定流流态；而当上游、下游水边界均匀（或近似为）恒定时，则呈恒定流流态。

当河道断面为棱柱形且底坡均匀时，河道中的恒定流呈均匀流流态，反之为非均匀流。非恒定流均属非均匀流范畴。当河道形态变化不剧烈时，河道中沿程的水流要素变化缓慢，则称为渐变流，反之称为急变流。

随河道底坡的大小变化，大于、等于或小于临界底坡时，又有急流、临界流与缓流之分，亦即其水流的弗劳德数 Fr 大于、等于或小于 1。

河道为单支时，水流仅顺河道流动；而当河道有汊口或多支河道相连呈河网状时，随汊口形态的不同在汊口处的分流也不相同。一般而言，河网地处沿海地区，往往受到径流或潮流顶托的影响，因而流态更为复杂。

一般而言，计算河道水流只需采用一维恒定或非恒定流方程。但在一些特殊情况，例如研究的河段为弯道时，会有螺旋运动出现，在河道的支流入汇处会有局部回流区；研究近岸或近建筑物的局部流场时，流态又往往各异，需根据需要选择二维甚至三维模型求解。

5.1.2.3　湖泊、水库的环境水文特征

A　湖泊、水库的水文情势概述

内陆低洼地区蓄积着停止流动或慢流动而不与海洋直接联系的天然水体称为湖泊。人类为了控制洪水或调节径流，在河流上筑坝，拦蓄河水而形成的水体称为水库，亦称为人工湖泊。

湖泊与水库均有深水型与浅水型之分；水面形态有宽阔型与窄条型。

对深水湖泊、水库而言，在一定条件下有可能出现温度分层现象。在水库里由于洪水携带泥沙入库等有可能造成异重流现象。

（1）湖泊、水库蓄水量的变化。任一时刻湖泊、水库的水量平衡可写为下式：

$$W_\text{入} = W_\text{出} + W_\text{损} \pm \Delta W \tag{5-1}$$

式中　$W_\text{入}$——湖泊、水库的时段内来水总量，包括湖、库面降水量，水汽凝结量，入湖、库地表径流与地下径流量；

$\quad\quad W_\text{出}$——湖泊、水库的时段内出水量，包括出湖、库的地表径流与地下径流量以及工农业及生活用水量等；

$\quad\quad W_\text{损}$——时段内湖泊、水库的水面蒸发与渗漏等损失总量；

$\quad\quad \Delta W$——时段内湖泊、水库蓄水量的增减值。

式（5-1）中各要素是随时间而变的，要研究湖泊、水库蓄水量的变化规律，实质上就是研究式中各要素的变化规律及相互间影响，这些要素与湖泊、水库水环境容量的关系较大。

（2）湖泊、水库的动力特征。湖泊、水库运动分为振动和前进两种，前者如波动和波漾，后者包括湖流、混合和增减水。在湖泊与水库中，水流流动比较缓慢，水流形态主要是受风、太阳辐射、进出水流、地球自转力等外力作用，其中风的影响往往是至关紧要的。

湖流：指湖、库水在水力坡度力、密度梯度力、风力等作用下产生沿一定方向的流

动。按其成因，湖流分为风成流（漂流）、梯度流、惯性流和混合流。湖流经常呈环状流动，分为水平环流与垂直环流两种。此外还有一种在表层形成的螺旋形流动，称为兰米尔环流。

湖水混合：湖、库水混合的方式分紊动混合与对流混合。前者系由风力和水力坡度作用产生的，后者主要是由湖水密度差异引起。

波浪：湖泊、水库中的波浪主要是由风引起的，所以又称风浪。风浪的产生与发展与风速、风向、吹程、作用的持续时间、水深和湖盆等因素有关。

波漾：湖、库中水位有节奏的升降变化，称为波漾或定振波，其发生的原因是升力突变（如持续风应力、强气压力、梯度、湖面局部大暴雨及地震作用等）引起的湖、库水整个或局部呈周期性的摆动，而湖、库边水位出现有节奏的升降。

湖、库水运动影响湖、库水温度与化学成分，以及湖、库中水生生物的变化与分布，影响物质的沉淀与分布，还影响溶解氧进入湖、库水从而影响湖泊、水库的自净能力。

（3）水温。湖泊、水库水温受湖面以上气象条件（主要是气温与风）、湖泊、水库容积和水深，以及湖、库盆形态等因素的影响，呈现时间与空间的变化规律，比较明显的季节性变化与垂直变化。一般容积大、水深深的湖泊、水库，水温常呈垂向分层型。通常水温的垂向分布有三个层次，上层温度较高，下层温度较低，中间为过渡带，称为温跃层。冬季因表面水温不高，可能没有显著的温跃层；夏季的温跃层较为明显。水中溶解氧在温跃层以上比较多甚至可接近饱和，而温跃层以下，大气溶解进水中的氧很难到达，加之有机污染物被生物降解消耗了水中的氧，因此下层的溶解氧较低，成为缺氧区。对于容积和水深都比较小的湖泊，由于水能充分混合，因此往往不存在垂向分层的问题。

湖泊、水库水温是否分层，区别方法较多，比较简单而常用的方法是通过湖泊、水库水替换的次数指标 α 和 β 经验性标准来判别。

$$\alpha = 年总入流量 / 湖泊、水库总容积$$
$$\beta = 一次洪水总量 / 湖泊、水库总容积$$

当 $\alpha<10$，认为湖泊、水库为稳定分层型；若 $\alpha>20$，认为湖泊、水库为混合型。对于洪水期，如按 α 判别为分层型，而实际可能是混合型，因此洪水时以指标 β 作为第二判别标准。当 $\beta<1/2$ 时，洪水对湖泊水温分层几乎没有影响；若 $\beta>1$，认为在大洪水时可能是临时性混合型。另外还有一种最简单的经验判别法，即当湖泊、水库的平均水深 $H>10\ m$ 时，认为下层水常不受上层影响而保持一定的温度（4~8 ℃），此种情况为分层型；反之若 $H<10\ m$，则湖泊、水库可能是混合型。

B　湖泊、水库水量

湖泊、水库水量与总容积是随时间而变的，因此在计算时存在标准问题。一般以年水量变化的频率为10%时代表多水年，50%时代表中水年，75%～95%时代表少水年。按此标准选择代表年，以代表年的年水量及年平均容积计算 α，再以代表年各次洪水的洪流量及平均容积计算 β，然后对 β 进行综合分析。对于水库，由于总库容已定，故只需确定代表年的年水量和次洪水的流量，即可计算 α 与 β。

入湖、库径流是指通过各种渠道进入湖泊、水库的水流，它通常由三部分组成：通过干支流水文站或计算断面进入湖泊、水库的径流；集水面积上计算断面没有控制的区间进入湖泊、水库的区间径流；直接降落在湖、库水面上的雨水。

5.1.2.4　河口与近海的基本环境水文及水动力特征

A　河口、海湾及陆架浅海的环境特点

河口是指入海河流受到潮汐作用的一段河段，又称感潮河段。它与一般河流最显著的区别是受到潮汐的影响。

海湾相对来说有比较明确的形态特征，是海洋凸入陆地的那部分水域。根据海湾的形状、湾口的大小和深浅以及通过湾口与外海的水交换能力，可以把海湾划分为闭塞型和开敞型海湾。闭塞型的海湾是指湾口的宽度和水深相对窄浅、水交换和水更新的能力差的海湾。湾口开阔、水深、形状呈喇叭形、水交换和更新能力强的海湾为开敞型的海湾。

陆架浅水区是指位于大陆架上水深 200 m 以下，海底坡度不大的沿岸海域，是大洋与大陆之间的连接部。

河口、海湾与陆架浅海水域是位于陆地与大洋之间，由大气、海底、陆地与外海所包围起来的水域，在上述四个边界不断地进行动量、热量、淡水、污染物质等的交换，这一部分海域与人类关系最为密切，具有最剧烈时空变化。由于这个水域水深较浅，容量小，极易接受通过边界来自外部的影响。复杂的外部影响导致了复杂的环流与混合扩散过程等与环境有关的各种物理过程，并形成不同特性的海洋结构。

（1）江河的淡水径流。在河口水域，淡水径流对于盐度、密度的分布起着极为重要的作用。河口区是海水与河流淡水相互汇合和混合之处，一般情况下淡的径流水因密度较海水小，于表层向外海扩展，并通过卷吸和混合过程逐渐与海水混合，而高盐度的海水从底层楔入河口，形成河口盐水楔，见图 5-2 (a)。这样的河口楔由底层的入流与表层的出流构成垂向环流来维持。盐水楔溯江而上入侵河口段的深度主要由径流大小决定，径流小入侵就深，径流大入侵就浅。

河口段的水结构并不是只有这一种形式，在潮流发达的河口，或者在秋季、冬季降温期，垂直对流发展，混合增强的情况下盐水楔被破坏，按垂直向的混合程度强弱和盐度分布的特征呈现图 5-2 (b)、(c) 的情况，(b) 为部分混合型，(c) 为充分混合型。

在有河流入海的海湾和沿岸海域，于丰水期常常形成表层低盐水层，而且恰好与夏季高温期叠合，因而形成低盐高温的表层水，深度一般在 10 m 左右，它与下层高盐低温海水之间有一强的温、盐跃层相隔，形成界面分明的上下两层结构，从而使流场变得非常复杂。

河流的径流还把大量营养物质带给海洋，形成河口区有极高的初级生产力。另一方面江河沿岸的工业和城市生活水大量排入，随径流带入沿岸海域，也威胁河口水域的水生生态环境。

（2）潮汐与潮流。陆架浅海中的潮汐现象主要来自大洋，本地区产生的潮汐现象是微不足道的。尽管大洋中的潮汐现象也是微弱的，但潮波传入陆架浅水区后，能量迅速集中，潮高变高，潮流流速变大，因此，在大洋边缘，陆架浅海水域出现显著的潮汐现象。在我国沿岸绝大部分海域潮流是主要的流动水流。因此，潮流对于这些海域污染物的输运和扩散、海湾的水交换等起着极为重要的作用。

B　河口海湾的基本水流形态

水流的动力条件是污染物在河口海湾中得以输运扩散的决定性因素。在河口海湾等近

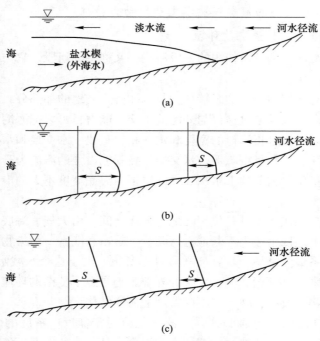

图 5-2 沿着河口段的盐度分布
（a）盐水楔河口；（b）部分混合河口；（c）充分混合河口

海水域，潮流对污染物的输运和扩散起主要作用。潮流是内外海潮波进入沿岸海域和海湾时的变形而形成的浅海特有的潮波运动形态。所以，潮流数值模型实质上是浅海潮波传播模型，这样的模型还可以同时考虑风的影响，构成风潮耦合模型。我国大部分沿岸海湾水深不大，潮流的混合作用很强，水体上下掺混均匀，故大部分情况下采用平面二维模型研究环境容量是适宜的。对于存在盐水入侵的弱混合型河口和夏季层化明显的沿岸海域，应考虑使用三维模型。

有些河口受河道泄流影响较大，尤其是在汛期，上游河道来水对海水的稀释作用及局部流场的影响比较明显，研究时应充分予以重视，必要时需考虑用一维、二维连接模型求解。

5.1.3 常用地表水环境标准

5.1.3.1 《地表水环境质量标准》（GB 3838—2002）

本标准由国家环境保护总局 2002 年 4 月 26 日批准，自 2002 年 6 月 1 日起实施，标准项目分为地表水环境质量标准基本项目、集中式生活饮用水地表水源地补充项目和集中式生活饮用水地表水源地特定项目。地表水环境质量标准基本项目适用于全国江河、湖泊、运河、渠道、水库等具有使用功能的地表水水域；集中式生活饮用水地表水源地补充项目和特定项目适用于集中式生活饮用水地表水源地一级保护区和二级保护区。本标准项目共计 109 项，其中地表水环境质量标准基本项目 24 项，集中式生活饮用水地表水源地补充项目 5 项，集中式生活饮用水地表水源地特定项目 80 项。与近海水域相连的地表水河口水域根据水环境功能按本标准相应类别标准值进行管理，近海水功能区水域根据使用功能按《海水水质标准》相应类别标准值进行管理。批准划定的单一渔业水域按《渔业水质标准》进行管理；处理后的城市污水及与城市污水水质相近的工业废水用于农田灌溉用水的水质按《农田灌溉水质标准》进行管理。

A　水域功能区划分

依据地表水水域环境功能和保护目标，按功能高低依次划分为五类：

Ⅰ类：主要适用于源头水、国家自然保护区；

Ⅱ类：主要适用于集中式生活饮用水地表水源地一级保护区、珍稀水生生物栖息地、鱼虾类产卵场、仔稚幼鱼的索饵场等；

Ⅲ类：主要适用于集中式生活饮用水地表水源地二级保护区、鱼虾类越冬场、洄游通道、水产养殖区等渔业水域及游泳区；

Ⅳ类：主要适用于一般工业用水区及人体非直接接触的娱乐用水区；

Ⅴ类：主要适用于农业用水区及一般景观要求水域。

B　地表水水质标准

对应地表水上述五类水域功能，将地表水环境质量标准基本项目标准值分为五类，不同功能类别分别执行相应类别的标准值。水域功能类别高的标准值严于水域功能类别低的标准值。同一水域兼有多类使用功能的，执行最高功能类别对应的标准值。实现水域功能与达功能类别标准为同一含义。

地表水环境质量标准基本项目标准限值和集中式生活饮用水地表水源地补充项目标准限值分别见表 5-1 和表 5-2。

表 5-1　地表水环境质量标准基本项目标准限值

序号	标准分类 项目	Ⅰ类	Ⅱ类	Ⅲ类	Ⅳ类	Ⅴ类
1	水温/℃	人为造成的环境水温变化应限制在：周平均最大温升≤1；周平均最大温降≤2				
2	pH 值	6~9				
3	溶解氧/mg·L^{-1}　　≥	饱和率90%（或7.5）	6	5	3	2
4	高锰酸盐指数/mg·L^{-1}　≤	2	4	6	10	15
5	化学需氧量（COD）/mg·L^{-1}　≤	15	15	20	30	40
6	五日生化需氧量（BOD$_5$）/mg·L^{-1} ≤	3	3	4	6	10
7	氨氮（NH$_3$-N）/mg·L^{-1}　≤	0.15	0.5	1.0	1.5	2.0
8	总磷（以 P 计）/mg·L^{-1}　≤	0.02（湖、库 0.01）	0.1（湖、库 0.025）	0.2（湖、库 0.05）	0.3（湖、库 0.1）	0.4（湖、库 0.2）
9	总氮（湖、库，以 N 计）/mg·L^{-1} ≤	0.2	0.5	1.0	1.5	2.0

序号	标准 分类 项目		I 类	II 类	III 类	IV 类	V 类
10	铜/mg·L⁻¹	≤	0.01	1.0	1.0	1.0	1.0
11	锌/mg·L⁻¹	≤	0.05	1.0	1.0	2.0	2.0
12	氟化物（以 F⁻计）/mg·L⁻¹	≤	1.0	1.0	1.0	1.5	1.5
13	硒/mg·L⁻¹	≤	0.01	0.01	0.01	0.02	0.02
14	砷/mg·L⁻¹	≤	0.05	0.05	0.05	0.1	0.1
15	汞/mg·L⁻¹	≤	0.00005	0.00005	0.0001	0.001	0.001
16	镉/mg·L⁻¹	≤	0.001	0.005	0.005	0.005	0.01
17	铬（六价）/mg·L⁻¹	≤	0.01	0.05	0.05	0.05	0.1
18	铅/mg·L⁻¹	≤	0.01	0.01	0.05	0.05	0.1
19	氰化物/mg·L⁻¹	≤	0.005	0.05	0.2	0.2	0.2
20	挥发酚/mg·L⁻¹	≤	0.002	0.002	0.005	0.01	0.1
21	石油类/mg·L⁻¹	≤	0.05	0.05	0.05	0.5	1.0
22	阴离子表面活性剂/mg·L⁻¹	≤	0.2	0.2	0.2	0.3	0.3
23	硫化物/mg·L⁻¹	≤	0.05	0.1	0.2	0.5	1.0
24	粪大肠菌群/个·L⁻¹	≤	200	2000	10000	20000	40000

表 5-2   集中式生活饮用水地表水源地补充项目标准限值   （mg/L）

序号	项 目	标准值
1	硫酸盐（以 SO₄²⁻计）	250
2	氯化物（以 Cl⁻计）	250
3	硝酸盐（以 N 计）	10
4	铁	0.3
5	锰	0.1

5.1.3.2 《污水综合排放标准》（GB 8978—1996）

本标准按照污水排放去向，分年限规定了 69 种水污染物最高允许排放浓度及部分行业最高允许排水量。本标准适用于现有单位水污染物的排放管理，以及建设项目的环境影响评价、建设项目环境保护设施设计、竣工验收及其投产后的排放管理。按照国家综合排放标准与国家行业排放标准不交叉执行的原则，有国家行业水污染物排放标准的行业，按其适用范围执行相应的国家水污染物行业标准，不执行本标准。

A   标准分级

（1）排入 GB 3838 中 III 类水域（划定的保护区和游泳区除外）和排入 GB 3097 中二类海域的污水，执行一级标准。

（2）排入 GB 3838 中 IV、V 类水域和排入 GB 3097 中三类海域的污水，执行二级标准。

（3）排入设置二级污水处理厂的城镇排水系统的污水，执行三级标准。

（4）排入未设置二级污水处理厂的城镇排水系统的污水，必须根据排水系统出水受纳水域的功能要求，分别执行（1）和（2）的规定。

（5）GB 3838 中Ⅰ、Ⅱ类水域和Ⅲ类水域中划定的保护区，GB 3097 中一类海域，禁止新建排污口，现有排污口应按水体功能要求，实行污染物总量控制，以保证受纳水体水质符合规定用途的水质标准。

B　标准值

本标准将排放的污染物按其性质及控制方式分为两类。第一类污染物：不分行业和污水排放方式，也不分受纳水体的功能类别，一律在车间或车间处理设施排放口采样，其最高允许排放浓度必须达到本标准要求（采矿行业的尾矿坝出水口不得视为车间排放口）。第二类污染物：在排污单位排放口采样，其最高允许排放浓度必须达到本标准要求。

本标准按年限规定了第一类污染物和第二类污染物最高允许排放浓度及部分行业最高允许排水量。第一类污染物和第二类污染物最高允许排放浓度分别如表 5-3 和表 5-4 所示。

表 5-3　第一类污染物最高允许排放浓度

序号	污染物	最高允许排放浓度
1	总汞	0.05 mg/L
2	烷基汞	不得检出
3	总镉	0.1 mg/L
4	总铬	1.5 mg/L
5	六价铬	0.5 mg/L
6	总砷	0.5 mg/L
7	总铅	1.0 mg/L
8	总镍	1.0 mg/L
9	苯并［a］芘	0.00003 mg/L
10	总铍	0.005 mg/L
11	总银	0.5 mg/L
12	总 α 放射性	1 Bq/L
13	总 β 放射性	10 Bq/L

表 5-4　第二类污染物最高允许排放浓度（1998 年 1 月 1 日后建设的单位，部分污染物）

（mg/L）

序号	污染物	适用范围	一级标准	二级标准	三级标准
1	pH	一切排污单位	6～9	6～9	6～9
2	色度（稀释倍数）	一切排污单位	50	80	—
3	悬浮物（SS）	采矿、选矿、选煤工业	70	300	—
		脉金选矿	70	400	—
		边远地区砂金选矿	70	800	—
		城镇二级污水处理厂	20	30	—
		其他排污单位	70	150	400

续表 5-4

序号	污染物	适用范围	一级标准	二级标准	三级标准
4	五日生化需氧量（BOD₅）	甘蔗制糖、苎麻脱胶、湿法纤维板、染料、洗毛工业	20	60	600
		甜菜制糖、酒精、味精、皮革、化纤浆粕工业	20	100	600
		城镇二级污水处理厂	20	30	
		其他排污单位	20	30	300
5	化学需氧量（COD）	甜菜制糖、合成脂肪酸、湿法纤维板、染料、洗毛、有机磷农药工业	100	200	1000
		味精、酒精、医药原料药、生物制药、苎麻脱胶、皮革、化纤浆粕工业	100	300	1000
		石油化工工业（包括石油炼制）	60	120	500
		城镇二级污水处理厂	60	120	—
		其他排污单位	100	150	500
6	石油类	一切排污单位	5	10	20
7	动植物油	一切排污单位	10	15	100
8	挥发酚	一切排污单位	0.5	0.5	2.0
9	总氰化合物	一切排污单位	0.5	0.5	1.0
10	硫化物	一切排污单位	1.0	1.0	1.0
11	氨氮	医药原料药、染料、石油化工工业	15	50	—
		其他排污单位	15	25	

5.1.3.3 《城镇污水处理厂污染物排放标准》（GB 18918—2002）

为贯彻《中华人民共和国环境保护法》《中华人民共和国水污染防治法》《中华人民共和国海洋环境保护法》《中华人民共和国大气污染防治法》《中华人民共和国固体废物污染环境防治法》，促进城镇污水处理厂的建设和管理，加强城镇污水处理厂污染物的排放控制和污水资源化利用，保障人体健康，维护良好的生态环境，结合我国《城市污水处理及污染防治技术政策》，制定本标准。

本标准由国家环境保护总局于 2002 年 12 月 2 日批准。本标准规定了城镇污水处理厂出水、废气排放和污泥处置（控制）的污染物限值，适用于城镇污水处理厂出水、废气排放和污泥处置（控制）的管理。居民小区和工业企业内独立的生活污水处理设施污染物的排放管理，也按本标准执行。排入城镇污水处理厂的工业废水和医院污水，应达到 GB 8978《污水综合排放标准》、相关行业的国家排放标准、地方排放标准的相应规定限值及地方总量控制的要求。

A 控制项目及分类

根据污染物的来源及性质，将污染物控制项目分为基本控制项目和选择控制项目两类。基本控制项目主要包括影响水环境和城镇污水处理厂一般处理工艺可以去除的常规污染物，以及部分一类污染物，共 19 项。选择控制项目包括对环境有较长期影响或毒性较大的污染物，共计 43 项。

基本控制项目必须执行；选择控制项目，由地方环境保护行政主管部门根据污水处理厂接纳的工业污染物的类别和水环境质量要求选择控制。

　　B　标准分级

根据城镇污水处理厂排入地表水域环境功能和保护目标，以及污水处理厂的处理工艺，将基本控制项目的常规污染物标准值分为一级标准、二级标准、三级标准。一级标准分为 A 标准和 B 标准。一类重金属污染物和选择控制项目不分级。

一级标准的 A 标准是城镇污水处理厂出水作为回用水的基本要求。当污水处理厂出水引入稀释能力较小的河湖作为城镇景观用水和一般回用水等用途时，执行一级标准的 A 标准。

城镇污水处理厂出水排入 GB 3838 地表水Ⅲ类功能水域（划定的饮用水水源保护区和游泳区除外）、GB 3097 海水二类功能水域和湖、库等封闭或半封闭水域时，执行一级标准的 B 标准。

城镇污水处理厂出水排入 GB 3838 地表水Ⅳ、Ⅴ类功能水域或 GB 3097 海水三、四类功能海域，执行二级标准。

非重点控制流域和非水源保护区的建制镇的污水处理厂，根据当地经济条件和水污染控制要求，采用一级强化处理工艺时，执行三级标准。但必须预留二级处理设施的位置，分期达到二级标准。

　　C　标准值

城镇污水处理厂水污染物排放基本控制项目，执行表 5-5 和表 5-6 的规定。选择控制项目最高允许排放浓度（日均值）执行表 5-7 的规定。

表 5-5　基本控制项目最高允许排放浓度（日均值）　　　（mg/L）

序号	基本控制项目		一级标准		二级标准	三级标准
			A 标准	B 标准		
1	化学需氧量（COD）		50	60	100	120[①]
2	生化需氧量（BOD$_5$）		10	20	30	60[①]
3	悬浮物（SS）		10	20	30	50
4	动植物油		1	3	5	20
5	石油类		1	3	5	15
6	阴离子表面活性剂		0.5	1	2	5
7	总氮（以 N 计）		15	20	—	—
8	氨氮[②]（以 N 计）		5（8）	8（15）	25（30）	—
9	总磷（以 P 计）	2005 年 12 月 31 日前建设的	1	1.5	3	5
		2006 年 1 月 1 日起建设的	0.5	1	3	5
10	色度（稀释倍数）		30	30	40	50
11	pH		6~9			

续表 5-5

序号	基本控制项目	一级标准		二级标准	三级标准
		A 标准	B 标准		
12	粪大肠菌群数/个·L^{-1}	10^3	10^4	10^4	—

①下列情况下按去除率指标执行：当进水 COD 大于 350 mg/L 时，去除率应大于 60%；BOD 大于 160 mg/L 时，去除率应大于 50%。

②括号外数值为水温>12 ℃时的控制指标，括号内数值为水温≤12 ℃时的控制指标。

表 5-6　部分一类污染物最高允许排放浓度（日均值）　　　　（mg/L）

序号	项目	标准值
1	总汞	0.001
2	烷基汞	不得检出
3	总镉	0.01
4	总铬	0.1
5	六价铬	0.05
6	总砷	0.1
7	总铅	0.1

表 5-7　选择控制项目最高允许排放浓度（日均值）　　　　（mg/L）

序号	选择控制项目	标准值	序号	选择控制项目	标准值
1	总镍	0.05	23	三氯乙烯	0.3
2	总铍	0.002	24	四氯乙烯	0.1
3	总银	0.1	25	苯	0.1
4	总铜	0.5	26	甲苯	0.1
5	总锌	1.0	27	邻-二甲苯	0.4
6	总锰	2.0	28	对-二甲苯	0.4
7	总硒	0.1	29	间-二甲苯	0.4
8	苯并［a］芘	0.00003	30	乙苯	0.4
9	挥发酚	0.5	31	氯苯	0.3
10	总氰化物	0.5	32	1，4-二氯苯	0.4
11	硫化物	1.0	33	1，2-二氯苯	1.0
12	甲醛	1.0	34	对硝基氯苯	0.5
13	苯胺类	0.5	35	2，4-二硝基氯苯	0.5
14	总硝基化合物	2.0	36	苯酚	0.3
15	有机磷农药（以 P 计）	0.5	37	间-甲酚	0.1
16	马拉硫磷	1.0	38	2，4-二氯酚	0.6
17	乐果	0.5	39	2，4，6-三氯酚	0.6
18	对硫磷	0.05	40	邻苯二甲酸二丁酯	0.1
19	甲基对硫磷	0.2	41	邻苯二甲酸二辛酯	0.1
20	五氯酚	0.5	42	丙烯腈	2.0
21	三氯甲烷	0.3	43	可吸附有机卤化物（AOX 以 Cl 计）	1.0
22	四氯化碳	0.03			

5.1.4　地表水环境影响评价的工作任务和工作程序

（1）基本任务。在调查和分析评价范围地表水环境质量现状与水环境保护目标的基础上，预测和评价建设项目对地表水环境质量、水环境功能区、水功能区、水环境保护目标及水环境控制单元的影响范围与影响程度，提出相应的环境保护措施、环境管理要求与监测计划，明确给出地表水环境影响是否可接受的结论。

（2）工作程序。地表水环境影响评价的工作程序见图 5-3，一般分为三个阶段。

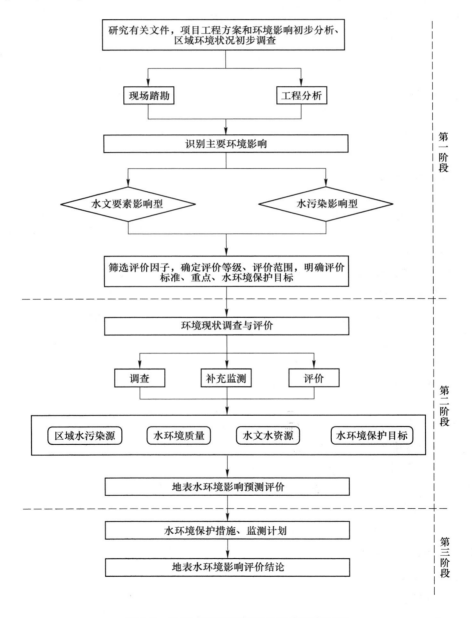

图 5-3　地表水环境影响评价工作程序框图

第一阶段，研究有关文件，进行工程方案和环境影响的初步分析，开展区域环境状况的初步调查，明确水环境功能区或水功能区管理要求，识别主要环境影响，确定评价类别。根据不同评价类别，进一步筛选评价因子，确定评价等级与评价范围，明确评价标准、评价重点和水环境保护目标。

第二阶段，根据评价类别、评价等级及评价范围等，开展与地表水环境影响评价相关的污染源、水环境质量现状、水文水资源与水环境保护目标调查与评价，必要时开展补充监测；选择适合的预测模型，开展地表水环境影响预测评价，分析与评价建设项目对地表水环境质量、水文要素及水环境保护目标的影响范围与程度，在此基础上核算建设项目的污染源排放量、生态流量等。

第三阶段，根据建设项目地表水环境影响预测与评价的结果，制定地表水环境保护措施，开展地表水环境保护措施的有效性评价，编制地表水环境监测计划，给出建设项目污染物排放清单和地表水环境影响评价的结论，完成环境影响评价文件的编写。

5.2　地表水环境影响评价等级与评价范围

5.2.1　环境影响识别与评价因子筛选

地表水环境影响因素识别应按照《建设项目环境影响评价技术导则　总纲》（HJ 2.1）的要求，分析建设项目建设阶段、生产运行阶段和服务期满后（可根据项目情况选择）各阶段对地表水环境质量、水文要素的影响行为。

（1）水污染影响型建设项目评价因子的筛选应符合以下要求：

1）按照污染源源强核算技术指南，开展建设项目污染源与水污染因子识别，结合建设项目所在水环境控制单元或区域水环境质量现状，筛选水环境现状调查评价与影响预测评价的因子；

2）行业污染物排放标准中涉及的水污染物应作为评价因子；

3）在车间或车间处理设施排放口排放的第一类污染物应作为评价因子；

4）水温应作为评价因子；

5）面源污染所含的主要污染物应作为评价因子；

6）建设项目排放的，且为建设项目所在控制单元的水质超标因子或潜在污染因子（指近 3 年来水质浓度值呈上升趋势的水质因子），应作为评价因子。

（2）水文要素影响型建设项目评价因子，应根据建设项目对地表水体水文要素影响的特征确定。河流、湖泊及水库主要评价水面面积、水量、水温、径流过程、水位、水深、流速、水面宽、冲淤变化等因子；湖泊和水库需要重点关注水域面积或蓄水量及水力停留时间等因子；感潮河段、入海河口及近岸海域主要评价流量、流向、潮区界、潮流界、纳潮量、水位、流速、水面宽、水深、冲淤变化等因子。

（3）建设项目可能导致受纳水体富营养化的，评价因子还应包括与富营养化有关的因子，如总磷、总氮、叶绿素 a、高锰酸盐指数和透明度等。其中，叶绿素 a 为必须评价的因子。

5.2.2 评价等级确定

建设项目地表水环境影响评价等级按照影响类型、排放方式、排放量或影响情况、受纳水体环境质量现状、水环境保护目标等综合确定。水污染影响型建设项目主要根据废水排放方式和排放量划分评价等级，见表 5-8。直接排放建设项目评价等级分为一级、二级和三级 A，根据废水排放量、水污染物污染当量数确定；间接排放建设项目评价等级为三级 B。

表 5-8　水污染影响型建设项目评价等级判定表

评价等级	判 定 依 据	
	排放方式	废水排放量 $Q/m^3 \cdot d^{-1}$ 水污染物当量数 W（无量纲）
一级	直接排放	$Q \geqslant 20000$ 或 $W \geqslant 600000$
二级	直接排放	其他
三级 A	直接排放	$Q < 200$ 且 $W < 6000$
三级 B	间接排放	—

注：1. 水污染物当量数等于该污染物的年排放量除以该污染物的污染当量值，计算排放污染物的污染物当量数，应区分第一类水污染物和其他类水污染物。统计第一类污染物当量数总和，然后与其他类污染物按照污染物当量数从大到小排序，取最大当量数作为建设项目评价等级确定的依据。

2. 废水排放量按行业排放标准中规定的废水种类统计，没有相关行业排放标准要求的通过工程分析合理确定，应统计含热量大的冷却水的排放量，可不统计间接冷却水、循环水及其他含污染物极少的清净下水的排放量。

3. 厂区存在堆积物（露天堆放的原料、燃料、废渣等以及垃圾堆放场）、降尘污染的，应将初期雨污水纳入废水排放量，相应的主要污染物纳入水污染当量计算。

4. 建设项目直接排放第一类污染物的，其评价等级为一级；建设项目直接排放的污染物为受纳水体超标因子的，评价等级不低于二级。

5. 直接排放受纳水体影响范围涉及饮用水水源保护区、饮用水取水口、重点保护与珍稀水生生物的栖息地、重要水生生物的自然产卵场等保护目标时，评价等级不低于二级。

6. 建设项目向河流、湖库排放温排水引起受纳水体水温变化超过水环境质量标准要求，且评价范围有水温敏感目标时，评价等级为一级。

7. 建设项目利用海水作为调节温度介质，排水量 $\geqslant 5 \times 10^6 \ m^3/d$，评价等级为一级；排水量 $< 5 \times 10^6 \ m^3/d$，评价等级为二级。

8. 仅涉及清净下水排放的，如其排放水质满足受纳水体水环境质量标准要求的，评价等级为三级 A。

9. 依托现有排放口，且对外环境未新增排放污染物的直接排放建设项目，评价等级参照间接排放，定为三级 B。

10. 建设项目生产工艺中有废水产生，但作为回水利用，不排放到外环境的，按三级 B 评价。

水文要素影响型建设项目评价等级划分根据水温、径流与受影响地表水域等三类水文要素的影响程度进行判定，见表 5-9。

表 5-9　水文要素影响型建设项目评价等级判定表

评价等级	水温	径流		受影响地表水域		
	年径流量与总库容之比 α	兴利库容占年径流量百分比 $\beta/\%$	取水量占多年平均径流量百分比 $\gamma/\%$	工程垂直投影面积及外扩范围 A_1/km^2；工程扰动水底面积 A_2/km^2；过水断面宽度占用比例或占用水域面积比例 $R/\%$		工程垂直投影面积及外扩范围 A_1/km^2；工程扰动水底面积 A_2/km^2
				河流	湖库	入海河口、近岸海域
一级	$\alpha \leq 10$；或稳定分层	$\beta \geq 20$；或完全年调节与多年调节	$\gamma \geq 30$	$A_1 \geq 0.3$；或 $A_2 \geq 1.5$；或 $R \geq 10$	$A_1 \geq 0.3$；或 $A_2 \geq 1.5$；或 $R \geq 20$	$A_1 \geq 0.5$；或 $A_2 \geq 3$
二级	$20 > \alpha > 10$；或不稳定分层	$20 > \beta > 2$；或季调节与不完全年调节	$30 > \gamma > 10$	$0.3 > A_1 > 0.05$；或 $1.5 > A_2 > 0.2$；或 $10 > R > 5$	$0.3 > A_1 > 0.05$；或 $1.5 > A_2 > 0.2$；或 $20 > R > 5$	$0.5 > A_1 > 0.15$；或 $3 > A_2 > 0.5$
三级	$\alpha \geq 20$；或混合型	$\beta \leq 2$；或无调节	$\gamma \leq 10$	$A_1 \leq 0.05$；或 $A_2 \leq 0.2$；或 $R \leq 5$	$A_1 \leq 0.05$；或 $A_2 \leq 0.2$；或 $R \leq 5$	$A_1 \leq 0.15$；或 $A_2 \leq 0.5$

注：1. 影响范围涉及饮用水水源保护区、重点保护与珍稀水生生物的栖息地、重要水生生物的自然产卵场、自然保护区等保护目标，评价等级应不低于二级。

2. 跨流域调水、引水式电站、可能受到大型河流感潮段感潮影响的建设项目，评价等级不低于二级。

3. 造成入海河口（湾口）宽度束窄（束窄尺度达到原宽度的 5% 以上），评价等级应不低于二级。

4. 对不透水的单方向建筑尺度较长的水工建筑物（如防波堤、导流堤等），其与潮流或水流主流向切线垂直方向投影长度大于 2 km 时，评价等级应不低于二级。

5. 允许在一类海域建设的项目，评价等级为一级。

6. 同时存在多个水文要素影响的建设项目，分别判定各水文要素影响评价等级，并取其中最高等级作为水文要素影响型建设项目评价等级。

　　水污染物当量数等于该污染物的年排放量除以该污染物的污染当量值，计算排放污染物的污染物当量数，应区分第一类水污染物和其他类水污染物，统计第一类污染物当量数总和，然后与其他类污染物按照污染物当量数从大到小排序，取最大当量数作为建设项目评价等级确定的依据。污染物污染当量值采用《中华人民共和国环境保护税法》规定应税污染物，是指根据污染物或者污染排放活动对环境的有害程度以及处理的技术经济性，衡量不同污染物对环境污染的综合性指标或者计量单位。同一介质相同污染当量的不同污染物，其污染程度基本相当。各污染物和当量值见表 5-10～表 5-13。

表 5-10　第一类水污染物污染当量值表

污染物	污染当量值/kg	污染物	污染当量值/kg
（1）总汞	0.0005	（6）总铅	0.025
（2）总镉	0.005	（7）总镍	0.025
（3）总铬	0.04	（8）苯并［a］芘	0.0000003
（4）六价铬	0.02	（9）总铍	0.01
（5）总砷	0.02	（10）总银	0.02

表 5-11　第二类水污染物污染当量值表

污染物	污染当量值/kg	污染物	污染当量值/kg
（11）悬浮物（SS）	4	（37）五氯酚及五氯酚钠（以五氯酚计）	0.25
（12）生化需氧量（BOD₅）	0.5	（38）三氯甲烷	0.04
（13）化学需氧量（COD_{Cr}）	1	（39）可吸附有机卤化物（AOX）（以 Cl 计）	0.25
（14）总有机碳（TOC）	0.49	（40）四氯化碳	0.04
（15）石油类	0.1	（41）三氯乙烯	0.04
（16）动植物油	0.16	（42）四氯乙烯	0.04
（17）挥发酚	0.08	（43）苯	0.02
（18）总氰化物	0.05	（44）甲苯	0.02
（19）硫化物	0.125	（45）乙苯	0.02
（20）氨氮	0.8	（46）邻-二甲苯	0.02
（21）氟化物	0.5	（47）对-二甲苯	0.02
（22）甲醛	0.125	（48）间-二甲苯	0.02
（23）苯胺类	0.2	（49）氯苯	0.02
（24）硝基苯类	0.2	（50）邻-二氯苯	0.02
（25）阴离子表面活性剂（LAS）	0.2	（51）对-二氯苯	0.02
（26）总铜	0.1	（52）对-硝基氯苯	0.02
（27）总锌	0.2	（53）2，4-二硝基氯苯	0.02
（28）总锰	0.2	（54）苯酚	0.02
（29）彩色显影剂（CD-2）	0.2	（55）间-甲酚	0.02
（30）总磷	0.25	（56）2，4-二氯酚	0.02
（31）单质磷（以 P 计）	0.05	（57）2，4，6-三氯酚	0.02
（32）有机磷农药（以 P 计）	0.05	（58）邻苯二甲酸二丁酯	0.02
（33）乐果	0.05	（59）邻苯二甲酸二辛酯	0.02
（34）甲基对硫磷	0.05	（60）丙烯腈	0.125
（35）马拉硫磷	0.05	（61）总硒	0.02
（36）对硫磷	0.05		

注：同一排放口中的化学需氧量、生化需氧量和总有机碳只征收一项。

表5-12 pH值、色度、大肠菌群数、余氯量水污染物污染当量值表

污 染 物			污染当量值	备 注
（1）pH值	1)	0~1，13~14	0.06 t 污水	pH 值 5~6 是大于等于5，小于6； pH 值 9~10 是大于9，小于等于10； 其余类推
	2)	1~2，12~13	0.125 t 污水	
	3)	2~3，11~12	0.25 t 污水	
	4)	3~4，10~11	0.5 t 污水	
	5)	4~5，9~10	1 t 污水	
	6)	5~6	5 t 污水	
（2）色度			5 t 水·倍	
（3）大肠菌群数（超标）			3.3 t 污水	大肠菌群数和余氯量 只征收一项
（4）余氯量（用氯消毒的医院废水）				

表5-13 禽畜养殖业、小型企业和第三产业水污染物污染当量值表

类 型		污染当量值
禽畜养殖场	（1）牛	0.1 头
	（2）猪	1 头
	（3）鸡、鸭等家禽	30 羽
（4）小型企业		1.8 t 污水
（5）餐饮娱乐服务业		0.5 t 污水
（6）医院	消毒	0.14 床
		2.8 t 污水
	不消毒	0.07 床
		1.4 t 污水

5.2.3 评价范围确定

建设项目地表水环境影响评价范围指建设项目整体实施后可能对地表水环境造成的影响范围。

5.2.3.1 水污染影响型建设项目评价范围

根据评价等级、工程特点、影响方式及程度、地表水环境质量管理要求等确定。

A 一级、二级及三级A

一级、二级及三级A评价范围应符合以下要求：

（1）应根据主要污染物迁移转化状况，至少需覆盖建设项目污染影响所及水域。

（2）受纳水体为河流时，应满足覆盖对照断面、控制断面与消减断面等关心断面的要求。

（3）受纳水体为湖泊、水库时，一级评价，评价范围宜不小于以入湖（库）排放口为中心、半径为5 km的扇形区域；二级评价，评价范围宜不小于以入湖（库）排放口为中心、半径为3 km的扇形区域；三级A评价，评价范围宜不小于以入湖（库）排放口为中心、半径为1 km的扇形区域。

（4）受纳水体为入海河口和近岸海域时，评价范围按照《海洋工程环境影响评价技术导则》（GB/T 19485）执行。

（5）影响范围涉及水环境保护目标的，评价范围至少应扩大到水环境保护目标内受到影响的水域。

（6）同一建设项目有两个及两个以上废水排放口，或排入不同地表水体时，按各排放口及所排入地表水体分别确定评价范围；有叠加影响的，叠加影响水域应作为重点评价范围。

B　三级 B

三级 B 评价范围应符合以下要求：

（1）应满足其依托污水处理设施环境可行性分析的要求；

（2）涉及地表水环境风险的，应覆盖环境风险影响范围所及的水环境保护目标水域。

5.2.3.2　水文要素影响型建设项目评价范围

根据评价等级、水文要素影响类别、影响及恢复程度确定，评价范围应符合以下要求：

（1）水温要素影响评价范围为建设项目形成水温分层水域，以及下游未恢复到天然（或建设项目建设前）水温的水域；

（2）径流要素影响评价范围为水体天然性状发生变化的水域，以及下游增减水影响水域；

（3）地表水域影响评价范围为相对建设项目建设前日均或潮均流速及水深，或高（累积频率 5%）低（累积频率 90%）水位（潮位）变化幅度超过 5% 的水域；

（4）建设项目影响范围涉及水环境保护目标的，评价范围至少应扩大到水环境保护目标内受影响的水域；

（5）存在多类水文要素影响的建设项目，应分别确定各水文要素影响评价范围，取各水文要素评价范围的外包线作为水文要素的评价范围。

评价范围应以平面图的方式表示，并明确起、止位置等控制点坐标。

5.2.4　评价时期确定

建设项目地表水环境影响评价时期根据受影响地表水体类型、评价等级等确定，见表5-14。三级 B 评价，可不考虑评价时期。

表 5-14　评价时期确定表

受影响地表水体类型	评　价　等　级		
	一级	二级	水污染影响型（三级 A）/水文要素影响型（三级）
河流、湖库	丰水期、平水期、枯水期；至少丰水期和枯水期	丰水期和枯水期；至少枯水期	至少枯水期
入海河口（感潮河段）	河流：丰水期、平水期和枯水期；河口：春季、夏季和秋季；至少丰水期和枯水期，春季和秋季	河流：丰水期和枯水期；河口：春季、秋季 2 个季节；至少枯水期或 1 个季节	至少枯水期或 1 个季节
近岸海域	春季、夏季和秋季；至少春季、秋季 2 个季节	春季或秋季；至少 1 个季节	至少 1 次调查

注：1. 感潮河段、入海河口、近岸海域在丰、枯水期（或春夏秋冬四季）均应选择大潮期或小潮期中一个潮期开展评价（无特殊要求时，可不考虑一个潮期内高潮期、低潮期的差别）。选择原则为：依调查监测海域的环境特征，以影响范围较大或影响程度较重为目标，定性判别和选择大潮期或小潮期作为调查潮期。

2. 冰封期较长且作为生活饮用水与食品加工用水的水源或有渔业用水需求的水域，应将冰封期纳入评价时期。

3. 具有季节性排水特点的建设项目，根据建设项目排水期对应的水期或季节确定评价时期。

4. 水文要素影响型建设项目对评价范围内的水生生物生长、繁殖与洄游有明显影响的时期，需将对应的时期作为评价时期。

5. 复合影响型建设项目分别确定评价时期，按照覆盖所有评价时期的原则综合确定。

5.2.5 水环境保护目标确定

依据环境影响因素识别结果，调查评价范围内水环境保护目标，确定主要水环境保护目标。

应在地图中标注各水环境保护目标的地理位置、四至范围，并列表给出水环境保护目标内主要保护对象和保护要求，以及与建设项目占地区域的相对距离、坐标、高差，与排放口的相对距离、坐标等信息，同时说明与建设项目的水力联系。

5.2.6 环境影响评价标准确定

建设项目地表水环境影响评价标准，应根据评价范围内水环境质量管理要求和相关污染物排放标准的规定，确定各评价因子适用的水环境质量标准与相应的污染物排放标准。

根据《海水水质标准》(GB 3097)、《地表水环境质量标准》(GB 3838)、《农田灌溉水质标准》(GB 5084)、《渔业水质标准》(GB 11607)、《海洋生物质量》(GB 18421)、《海洋沉积物质量》(GB 18668) 及相应的地方标准，结合受纳水体水环境功能区或水功能区、近岸海域环境功能区、水环境保护目标、生态流量等水环境质量管理要求，确定地表水环境质量评价标准。

根据现行国家和地方排放标准的相关规定，结合项目所属行业、地理位置，确定建设项目污染物排放评价标准。对于间接排放建设项目，若建设项目与污水处理厂在满足排放标准允许范围内，签订了纳管协议和排放浓度限值，并报相关生态环境主管部门备案，可将此浓度限值作为污染物排放评价的依据。

未划定水环境功能区或水功能区、近岸海域环境功能区的水域，或未明确水环境质量标准的评价因子，由地方人民政府生态环境主管部门确认应执行的环境质量要求；在国家及地方污染物排放标准中未包括的评价因子，由地方人民政府生态环境主管部门确认应执行的污染物排放要求。

5.3 地表水环境质量现状调查与评价

5.3.1 总体要求

环境现状调查与评价应按照《建设项目环境影响评价技术导则 总纲》(HJ 2.1) 的要求，遵循问题导向与管理目标导向统筹、流域（区域）与评价水域兼顾、水质水量协调、常规监测数据利用与补充监测互补、水环境现状与变化分析结合的原则。

应满足建立污染源与受纳水体水质响应关系的需求，符合地表水环境影响预测的要求。

工业园区规划环评的地表水环境现状调查与评价可依据本节内容执行，流域规划环评参照执行，其他规划环评根据规划特性与地表水环境评价要求，参考执行或选择相应的技术规范。

5.3.2 调查范围

（1）地表水环境的现状调查范围应覆盖评价范围，应以平面图方式表示，并明确起、止断面的位置及涉及范围。

（2）对于水污染影响型建设项目，除覆盖评价范围外，受纳水体为河流时，在不受回水影响的河流段，排放口上游调查范围宜不小于 500 m，受回水影响河段的上游调查范围原则上与下游调查的河段长度相等；受纳水体为湖库时，以排放口为圆心，调查半径在评价范围基础上外延 20% ~ 50%。

（3）对于水文要素影响型建设项目，受影响水体为河流、湖库时，除覆盖评价范围外，一级、二级评价时，还应包括库区及支流回水影响区、坝下至下一个梯级或河口、受水区、退水影响区。

（4）对于水污染影响型建设项目，建设项目排放污染物中包括氮、磷或有毒污染物且受纳水体为湖泊、水库时，一级评价的调查范围应包括整个湖泊、水库；二级、三级 A 评价时，调查范围应包括排放口所在水环境功能区、水功能区或湖（库）湾区。

（5）受纳或受影响水体为入海河口及近岸海域时，调查范围依据《海洋工程环境影响评价技术导则》（GB/T 19485）要求执行。

5.3.3 调查因子与调查时期

地表水环境现状调查因子根据评价范围水环境质量管理要求、建设项目水污染物排放特点与水环境影响预测评价要求等综合分析确定。调查因子应不少于评价因子。

调查时期和评价时期一致，见表 5-14。

5.3.4 调查内容与方法

地表水环境现状调查内容包括建设项目及区域水污染源调查、受纳或受影响水体水环境质量现状调查、区域水资源与开发利用状况、水文情势与相关水文特征值调查，以及水环境保护目标、水环境功能区或水功能区、近岸海域环境功能区及其相关的水环境质量管理要求等调查。涉及涉水工程的，还应调查涉水工程运行规则和调度情况。

5.3.4.1 建设项目污染源

根据建设项目工程分析、污染源源强核算技术指南，结合排污许可技术规范等相关要求，分析确定建设项目所有排放口（包括涉及一类污染物的车间或车间处理设施排放口、企业总排口、雨水排放口、清净下水排放口、温排水排放口等）的污染物源强，明确排放口的相对位置并附图件、地理位置（经纬度）、排放规律等。改建、扩建项目还应调查现有企业所有废水排放口。

5.3.4.2 区域水污染源调查

（1）点污染源调查内容，主要包括：

1）基本信息。主要包括污染源名称、排污许可证编号等。

2）排放特点。主要包括排放形式，分散排放或集中排放，连续排放或间歇排放；排放口的平面位置（附污染源平面位置图）及排放方向；排放口在断面上的位置。

3）排污数据。主要包括污水排放量、排放浓度、主要污染物等数据。

4）用排水状况。主要调查取水量、用水量、循环水量、重复利用率、排水总量等。

5）污水处理状况。主要调查各排污单位生产工艺流程中的产污环节、污水处理工艺、处理效率、处理水量、中水回用量、再生水量、污水处理设施的运转情况等。

6）根据评价等级及评价工作需要，选择上述全部或部分内容进行调查。

（2）面污染源调查内容，按照农村生活污染源、农田污染源、分散式畜禽养殖污染源、城镇地面径流污染源、堆积物污染源、大气沉降源等分类，采用源强系数法、面源模型法等方法，估算面源源强、流失量与入河量等。主要包括：

1）农村生活污染源。调查人口数量、人均用水量指标、供水方式、污水排放方式、去向和排污负荷量等。

2）农田污染源。调查农药和化肥的施用种类、施用量、流失量及入河系数、去向及受纳水体等情况（包括水土流失、农药和化肥流失强度、流失面积、土壤养分含量等调查分析）。

3）畜禽养殖污染源。调查畜禽养殖的种类、数量、养殖方式、粪便污水收集与处置情况、主要污染物浓度、污水排放方式和排污负荷量、去向及受纳水体等。畜禽粪便污水作为肥水进行农田利用的，需考虑畜禽粪便污水土地承载力。

4）城镇地面径流污染源。调查城镇土地利用类型及面积、地面径流收集方式与处理情况、主要污染物浓度、排放方式和排污负荷量、去向及受纳水体等。

5）堆积物污染源。调查矿山、冶金、火电、建材、化工等单位的原料、燃料、废料、固体废物（包括生活垃圾）的堆放位置、堆放面积、堆放形式及防护情况、污水收集与处置情况、主要污染物和特征污染物浓度、污水排放方式和排污负荷量、去向及受纳水体等。

6）大气沉降源。调查区域大气沉降（湿沉降、干沉降）的类型、污染物种类、污染物沉降负荷量等。

（3）内源污染。一级、二级评价，建设项目直接导致受纳水体内源污染变化，或存在与建设项目排放污染物同类的且内源污染影响受纳水体水环境质量的，应开展内源污染调查，必要时应开展底泥污染补充监测。底泥物理指标包括力学性质、质地、含水率、粒径等；化学指标包括水域超标因子、与本建设项目排放污染物相关的因子。

5.3.4.3　水文情势调查

水文情势调查内容见表5-15。

表5-15　水文情势调查内容

水体类型	水污染影响型	水文要素影响型
河流	水文年及水期划分、不利水文条件及特征水文参数、水动力学参数等	水文系列及其特征参数；水文年及水期的划分；河流物理形态参数；河流水沙参数、丰枯水期水流及水位变化特征等
湖库	湖库物理形态参数；水库调节性能与运行调度方式；水文年及水期划分；不利水文条件特征及水文参数；出入湖（库）水量过程；湖流动力学参数；水温分层结构等	
入海河口（感潮河段）	潮汐特征、感潮河段的范围、潮区界与潮流界的划分；潮位及潮流；不利水文条件组合及特征水文参数；水流分层特征等	
近岸海域	水温、盐度、泥沙、潮位、流向、流速、水深等，潮汐性质及类型，潮流、余流性质及类型，海岸线、海床、滩涂、海岸蚀淤变化趋势等	

5.3.4.4 水资源开发利用状况调查

（1）水资源现状。调查水资源总量、水资源可利用量、水资源时空分布特征、人类活动对水资源量的影响等。主要涉水工程概况调查，包括数量、等级、位置、规模，主要开发任务、开发方式、运行调度及其对水文情势、水环境的影响。应涵盖大型、中型、小型等各类涉水工程，绘制涉水工程分布示意图。

（2）水资源利用状况。调查城市、工业、农业、渔业、水产养殖业、水域景观等各类用水现状与规划（包括用水时间、取水地点、取用水量等），各类用水的供需关系（包括水权等）、水质要求和渔业、水产养殖业等所需的水面面积。

调查方法主要采用资料收集、现场监测、无人机或卫星遥感遥测等方法。

5.3.5 水质调查与水质参数选择原则

（1）水质调查原则。水质调查时应尽量使用现有数据资料，如资料不足时应实测。应优先采用国务院生态环境主管部门统一发布的水环境状况信息。

水污染影响型建设项目一级、二级评价时，应调查受纳水体近 3 年的水环境质量数据，分析其变化趋势。

（2）水质参数选择原则。所选择的水质参数应包括两类：一类是常规水质参数，它能反映水域水质一般状况；另一类是特征水质参数，它能代表建设项目将来排放的水质。

常规水质参数以《地表水环境质量标准》（GB 3838—2002）中提出的 pH、溶解氧、高锰酸盐指数、五日生化需氧量、凯氏氮或非离子氨、酚、氰化物、砷、汞、铬（六价）、总磷以及水温为基础，根据水域类别、评价等级、污染源状况适当删减。

特征水质参数根据建设项目特点、水域类别及评价等级选定。

5.3.6 调查要求

建设项目污染源调查应在工程分析基础上，确定水污染物的排放量及进入受纳水体的污染负荷量。

5.3.6.1 区域水污染源调查

（1）应详细调查与建设项目排放污染物同类的，或有关联关系的已建项目、在建项目、拟建项目（已批复环境影响评价文件，下同）等污染源。

1）一级评价，以收集利用排污许可证登记数据、环评及环保验收数据和既有实测数据为主，并辅以现场调查及现场监测；

2）二级评价，主要收集利用排污许可证登记数据、环评及环保验收数据和既有实测数据，必要时补充现场监测；

3）水污染影响型三级 A 评价与水文要素影响型三级评价，主要收集利用与建设项目排放口的空间位置和所排污染物的性质关系密切的污染源资料，可不进行现场调查及现场监测；

4）水污染影响型三级 B 评价，可不开展区域污染源调查，主要调查依托污水处理设施的日处理能力、处理工艺、设计进水水质、处理后的废水稳定达标排放情况，同时应调查依托污水处理设施执行的排放标准是否涵盖建设项目排放的有毒有害的特征水污染物。

（2）一级、二级评价，建设项目直接导致受纳水体内源污染变化，或存在与建设项目排放污染物同类的且内源污染影响受纳水体水环境质量，应开展内源污染调查，必要时应开展底泥污染补充监测。

（3）具有已审批入河排放口的主要污染物种类及其排放浓度和总量数据，以及国家或地方发布的入河排放口数据的，可不对入河排放口汇水区域的污染源开展调查。

（4）面污染源调查主要采用收集利用既有数据资料的调查方法，可不进行实测。

（5）建设项目的污染物排放指标需要等量替代或减量替代时，还应对替代项目开展污染源调查。

5.3.6.2　水环境质量现状调查

（1）应根据不同评价等级对应的评价时期要求开展水环境质量现状调查。

（2）应优先采用国务院生态环境主管部门统一发布的水环境状况信息。

（3）当现有资料不能满足要求时，应按照不同等级对应的评价时期要求开展现状监测。

（4）水污染影响型建设项目一级、二级评价时，应调查受纳水体近 3 年的水环境质量数据，分析其变化趋势。

水环境保护目标调查。应主要采用国家及地方人民政府颁布的各相关名录中的统计资料。

水资源与开发利用状况调查。水文要素影响型建设项目一级、二级评价时，应开展建设项目所在流域、区域的水资源与开发利用状况调查。

5.3.6.3　水文情势调查

（1）应尽量收集临近水文站既有水文年鉴资料和其他相关的有效水文观测资料。当上述资料不足时，应进行现场水文调查与水文测量，水文调查与水文测量宜与水质调查同步。

（2）水文调查与水文测量宜在枯水期进行。必要时，可根据水环境影响预测需要、生态环境保护要求，在其他时期（丰水期、平水期、冰封期等）进行。

（3）水文测量的内容应满足拟采用的水环境影响预测模型对水文参数的要求。在采用水环境数学模型时，应根据所选用的预测模型需输入的水文特征值及环境水力学参数决定水文测量内容；在采用物理模型法模拟水环境影响时，水文测量应提供模型制作及模型试验所需的水文特征值及环境水力学参数。

（4）水污染影响型建设项目开展与水质调查同步进行的水文测量，原则上可只在一个时期（水期）内进行。在水文测量的时间、频次和断面与水质调查不完全相同时，应保证满足水环境影响预测所需的水文特征值及环境水力学参数的要求。

5.3.7　补充监测

5.3.7.1　补充监测要求

（1）应对收集资料进行复核整理，分析资料的可靠性、一致性和代表性，针对资料的不足，制定必要的补充监测方案，确定补充监测时期、内容、范围。

（2）需要开展多个断面或点位补充监测的，应在大致相同的时段内开展同步监测。需要同时开展水质与水文补充监测的，应按照水质水量协调统一的要求开展同步监测，测量的时间、频次和断面应保证满足水环境影响预测的要求。

（3）应选择符合监测项目对应环境质量标准或参考标准所推荐的监测方法，并在监测报告中注明。水质采样与水质分析应遵循相关的环境监测技术规范。水文调查与水文测量的方法可参照《河流流量测验规范》（GB 50179）、《海洋调查规范》（GB/T 12763）、《海滨观测规范》（GB/T 14914）的相关规定执行。河流及湖库底泥调查参照《地表水和污水监测技术规范》（HJ/T 91）执行，入海河口、近岸海域沉积物调查参照《海洋监测规范》（GB 17378）、《近岸海域环境监测规范》（HJ 442）执行。

5.3.7.2 监测内容

（1）应在常规监测断面的基础上，重点针对对照断面、控制断面以及环境保护目标所在水域的监测断面开展水质补充监测。

（2）建设项目需要确定生态流量时，应结合主要生态保护对象敏感用水时段进行调查分析，有针对性地开展必要的生态流量与径流过程监测等。

（3）当调查的水下地形数据不能满足水环境影响预测要求时，应开展水下地形补充测绘。

5.3.7.3 监测布点与采样频次

底泥污染调查与评价的监测点位布设应能够反映底泥污染物空间分布特征的要求，根据底泥分布区域、分布深度、扰动区域、扰动深度、扰动时间等设置。监测布点与采样频次具体要求如下。

A 河流监测断面设置

（1）水质监测断面布设。应布设对照断面、控制断面。水污染影响型建设项目在拟建排放口上游应布置对照断面（宜在 500 m 以内），根据受纳水域水环境质量控制管理要求设定控制断面。控制断面可结合水环境功能区或水功能区、水环境控制单元区划情况，直接采用国家及地方确定的水质控制断面。评价范围内不同水质类别区、水环境功能区或水功能区、水环境敏感区及需要进行水质预测的水域，应布设水质监测断面。评价范围以外的调查或预测范围，可以根据预测工作需要增设相应的水质监测断面。

（2）水质取样断面上取样垂线的布设。按照《地表水和污水监测技术规范》（HJ/T 91）的规定执行。

（3）采样频次。每个水期可监测一次，每次同步连续调查取样 3~4 d，每个水质取样点每天至少取一组水样，在水质变化较大时，每间隔一定时间取样一次。水温观测频次，应每间隔 6 h 观测一次水温，统计计算日平均水温。

B 湖库监测点位设置与采样频次

（1）水质取样垂线的布设。对于水污染影响型建设项目，水质取样垂线的设置可采用以排放口为中心、沿放射线布设或网格布设的方法，按照下列原则及方法设置：一级评价在评价范围内布设的水质取样垂线数宜不少于 20 条；二级评价在评价范围内布设的水质取样垂线数宜不少于 16 条。评价范围内不同水质类别区、水环境功能区或水功能区、水环境敏感区、排放口和需要进行水质预测的水域，应布设取样垂线。

对于水文要素影响型建设项目，在取水口、主要入湖（库）断面、坝前、湖（库）中心水域、不同水质类别区、水环境敏感区和需要进行水质预测的水域，应布设取样垂线。对于复合影响型建设项目，应兼顾进行取样垂线的布设。

（2）水质取样垂线上取样点的布设。按照《地表水和污水监测技术规范》（HJ/T 91）的规定执行。

（3）采样频次。每个水期可监测一次，每次同步连续取样 2~4 d，每个水质取样点每天至少取一组水样，但在水质变化较大时，每间隔一定时间取样一次。溶解氧和水温监测频次，每间隔 6 h 取样监测一次，在调查取样期内适当监测藻类。

C 入海河口、近岸海域监测点位设置与采样频次

（1）水质取样断面和取样垂线的设置。一级评价可布设 5~7 个取样断面；二级评价可布设 3~5 个取样断面。

（2）水质取样点的布设。根据垂向水质分布特点，参照《海洋调查规范》（GB/T 12763）和《近岸海域环境监测规范》（HJ 442）执行。排放口位于感潮河段内的，其上游设置的水质取样断面，应根据实际情况参照河流决定，其下游断面的布设与近岸海域相同。

（3）采样频次。原则上一个水期在一个潮周期内采集水样，明确所采样品所处潮时，必要时对潮周日内的高潮和低潮采样。当上、下层水质变幅较大时，应分层取样。入海河口上游水质取样频次参照感潮河段相关要求执行，下游水质取样频次参照近岸海域相关要求执行。对于近岸海域，一个水期宜在半个太阴月内的大潮期或小潮期分别采样，明确所采样品所处潮时；对所有选取的水质监测因子，在同一潮次取样。

5.3.8 环境现状评价内容与要求

根据建设项目水环境影响特点与水环境质量管理要求，选择以下全部或部分内容开展评价：

（1）水环境功能区或水功能区、近岸海域环境功能区水质达标状况。评价建设项目评价范围内水环境功能区或水功能区、近岸海域环境功能区各评价时期的水质状况与变化特征，给出水环境功能区或水功能区、近岸海域环境功能区达标评价结论，明确水环境功能区或水功能区、近岸海域环境功能区水质超标因子、超标程度，分析超标原因。

（2）水环境控制单元或断面水质达标状况。评价建设项目所在控制单元或断面各评价时期的水质现状与时空变化特征，评价控制单元或断面的水质达标状况，明确控制单元或断面的水质超标因子、超标程度，分析超标原因。

（3）水环境保护目标质量状况。评价涉及水环境保护目标水域各评价时期的水质状况与变化特征，明确水质超标因子、超标程度，分析超标原因。

（4）对照断面、控制断面等代表性断面的水质状况。评价对照断面水质状况，分析对照断面水质水量变化特征，给出水环境影响预测的设计水文条件；评价控制断面水质现状、达标状况，分析控制断面来水水质水量状况，识别上游来水不利组合状况，分析不利条件下的水质达标问题。评价其他监测断面的水质状况，根据断面所在水域的水环境保护目标和水质要求，评价水质达标状况与超标因子。

（5）底泥污染评价。评价底泥污染项目及污染程度，识别超标因子，结合底泥处置排放去向，评价退水水质与超标情况。

（6）水资源与开发利用程度及其水文情势评价。根据建设项目水文要素影响特点，

评价所在流域（区域）水资源与开发利用程度、生态流量满足程度、水域岸线空间占用状况等。

（7）水环境质量回顾评价。结合历史监测数据与国家及地方生态环境主管部门公开发布的环境状况信息，评价建设项目所在水环境控制单元或断面、水环境功能区或水功能区、近岸海域环境功能区的水质变化趋势，评价主要超标因子变化状况，分析建设项目所在区域或水域的水质问题，从水污染、水文要素等方面，综合分析水环境质量现状问题的原因，明确与建设项目排污影响的关系。

（8）流域（区域）水资源（包括水能资源）与开发利用总体状况、生态流量管理要求与现状满足程度、建设项目占用水域空间的水流状况与河湖演变状况。

（9）依托污水处理设施稳定达标排放评价。评价建设项目依托的污水处理设施稳定达标状况，分析建设项目依托污水处理设施环境可行性。

5.3.9　评价方法

水环境功能区或水功能区、近岸海域环境功能区及水环境控制单元或断面水质达标状况评价方法，参考国家或地方政府相关部门制定的水环境质量评价技术规范、水体达标方案编制指南、水功能区水质达标评价技术规范等。

监测断面或点位水环境质量现状采用水质指数法评价，底泥污染状况采用单项污染指数法评价。

5.3.9.1　水质指数法

（1）一般性水质因子（随着浓度增加而水质变差的水质因子）的指数计算公式：

$$S_{i,j} = C_{i,j}/C_{si} \tag{5-2}$$

式中　$S_{i,j}$——评价因子 i 的水质指数，大于 1 表明该水质因子超标；

　　　$C_{i,j}$——评价因子 i 在 j 点的实测统计代表值，mg/L；

　　　C_{si}——评价因子 i 的水质评价标准限值，mg/L。

（2）溶解氧（DO）的标准指数计算公式：

$$S_{DO,j} = \frac{DO_s}{DO_j} \qquad DO_j \leqslant DO_f \tag{5-3}$$

$$S_{DO,j} = \frac{|DO_f - DO_j|}{DO_f - DO_s} \qquad DO_j > DO_f \tag{5-4}$$

式中　$S_{DO,j}$——溶解氧的标准指数，大于 1 表明该水质因子超标；

　　　DO_j——溶解氧在 j 点的实测统计代表值，mg/L；

　　　DO_s——溶解氧的水质评价标准限值，mg/L；

　　　DO_f——饱和溶解氧浓度，mg/L，对于河流，$DO_f = 468/(31.6 + T)$；对于盐度比较高的湖泊、水库及入海河口、近岸海域，$DO_f = (491 - 2.65S)/(33.5 + T)$；

　　　S——实用盐度符号，量纲一；

　　　T——水温，℃。

（3）pH 值的指数计算公式：

$$S_{\mathrm{pH},\,j} = \frac{7.0 - \mathrm{pH}_j}{7.0 - \mathrm{pH}_{sd}} \qquad \mathrm{pH}_j \leqslant 7.0 \tag{5-5}$$

$$S_{\mathrm{pH},\,j} = \frac{\mathrm{pH}_j - 7.0}{\mathrm{pH}_{su} - 7.0} \qquad \mathrm{pH}_j > 7.0 \tag{5-6}$$

式中　$S_{\mathrm{pH},\,j}$——pH 值的指数，大于 1 表明该水质因子超标；

pH_j——pH 值实测统计代表值；

pH_{sd}——评价标准中 pH 值的下限值；

pH_{su}——评价标准中 pH 值的上限值。

5.3.9.2　底泥污染指数法

底泥污染指数计算公式：

$$P_{i,\,j} = C_{i,\,j} / C_{si} \tag{5-7}$$

式中　$P_{i,j}$——底泥污染因子 i 的单项污染指数，大于 1 表明该污染因子超标；

$C_{i,j}$——调查点位污染因子 i 的实测值，mg/L；

C_{si}——污染因子 i 的评价标准值或参考值，mg/L。

底泥污染评价标准值或参考值可以根据土壤环境质量标准或所在水域的背景值确定。

5.4　地表水环境影响预测

5.4.1　预测原则与预测方法

5.4.1.1　预测原则

可能产生对地表水环境影响的建设项目，应预测其产生的影响；预测的范围、时段、内容和方法应根据评价工作等级、工程与环境的特性、当地的环境保护要求来确定；同时应尽量考虑预测范围内规划的建设项目可能产生的环境影响。

一级、二级、水污染影响型三级 A 与水文要素影响型三级评价应定量预测建设项目水环境影响，水污染影响型三级 B 评价可不进行水环境影响预测。

影响预测应考虑评价范围内已建、在建和拟建项目中，与建设项目排放同类（种）污染物、对相同水文要素产生的叠加影响。

建设项目分期规划实施的，应估算规划水平年进入评价范围的污染负荷，预测分析规划水平年评价范围内地表水环境质量变化趋势。

对于环境质量不符合环境功能要求或环境质量改善目标的，应结合区域限期达标规划。

5.4.1.2　预测方法

预测环境影响时尽量选用通用、成熟、简便并能满足准确度要求的方法。预测方法包括数学模式法、物理模型法、类比分析法和专业判断法。

对于季节性河流，应依据当地生态环境部门所定的水体功能，结合建设项目的特性确定其预测的原则、范围、时段、内容及方法。

当水生生物保护对地表水环境要求较高时（如水生生物及鱼类保护区、经济鱼类养殖区等），应分析建设项目对水生生物的影响。分析时一般可采用类比分析法或专业判断法。

（1）数学模式法。此方法是利用表达水体净化机制的数学方程预测建设项目引起的水体水质变化。该法能给出定量的预测结果，在许多水域有成功应用水质模型的范例。一般情况此法比较简便，应首先考虑。但这种方法需一定的计算条件和输入必要的参数，而且污染物在水中的净化机制，在很多方面尚难用数学模式表达。

（2）物理模型法。此方法是依据相似理论，在一定比例缩小的环境模型上进行水质模拟实验，以预测由建设项目引起的水体水质变化。此方法能反映比较复杂的水环境特点，且定量化程度较高，再现性好。但需要有相应的试验条件和较多的基础数据，且制作模型要耗费大量的人力、物力和时间。在无法利用数学模式法预测，而评价级别较高，对预测结果要求较严时，应选用此法。但污染物在水中的化学、生物净化过程难于在实验中模拟。

（3）类比分析法。调查与建设项目性质相似，且其纳污水体的规模、流态、水质也相似的工程。根据调查结果，分析预估拟建设项目的水环境影响。此种预测属于定性或半定量性质。已建的相似工程有可能找到，但此工程与拟建项目有相似的水环境状况则不易找到。所以类比调查法所得结果往往比较粗略，一般多在评价工作级别较低，且评价时间较短，无法取得足够的参数、数据时，用类比求得数学模式中所需的若干参数、数据。

（4）专业判断法。定性地反映建设项目的环境影响。当水环境影响问题较特殊，一般环评人员难以准确识别其环境影响特征或者无法利用常用方法进行环境影响预测，或者由于建设项目环境影响评价的时间无法满足采用上述其他方法进行环境影响预测等情况下，可选用此种方法。

5.4.2 预测因子

水质影响预测的因子，应根据评价因子确定，重点选择与建设项目地表水环境影响关系密切的因子。

水质预测因子选取的数目应既能说明问题又不过多，一般应少于水环境现状调查的水质因子数目。

筛选出的水质预测因子，应能反映拟建项目废水排放对地表水体的主要影响和纳污水体受到污染影响的特征。建设期、运行期、服务期满后各阶段可以根据具体情况确定各自的水质预测因子。

对于河流水体，可按下式将水质参数排序后从中选取：

$$\text{ISE} = C_{pi}Q_{pi}/[(C_{si} - C_{hi})Q_{hi}] \qquad (5-8)$$

式中　　C_{pi}——水污染物 i 的排放浓度，mg/L；

$\qquad$ Q_{pi}——含水污染物 i 的废水排放量，m^3/s；

$\qquad$ C_{si}——水污染物 i 的地表水水质标准，mg/L；

$\qquad$ C_{hi}——评价河段水污染物 i 的浓度，mg/L；

$\qquad$ Q_{hi}——评价河段的流量，m^3/s。

ISE 值是负值或者越大，说明拟建项目排污对该项水质因子的污染影响越大。

5.4.3 预测时期

水环境影响预测的时期应满足不同评价等级的评价时期要求（见表 5-14）。水污染影响型建设项目，水体自净能力最不利以及水质状况相对较差的不利时期、水环境现状补充监测时期应作为重点预测时期；水文要素影响型建设项目，以水质状况相对较差或对评价范围内水生生物影响最大的不利时期为重点预测时期。

5.4.4　预测情景

（1）根据建设项目特点分别选择建设期、生产运行期和服务期满后三个阶段进行预测。

（2）生产运行期应预测正常排放、非正常排放两种工况对水环境的影响，如建设项目具有充足的调节容量，可只预测正常排放对水环境的影响。

（3）应对建设项目污染控制和减缓措施方案进行水环境影响模拟预测。

（4）对受纳水体环境质量不达标区域，应考虑区（流）域环境质量改善目标要求情景下的模拟预测。

5.4.5　预测内容

预测分析内容根据影响类型、预测因子、预测情景、预测范围地表水体类别、所选用的预测模型及评价要求确定。

（1）水污染影响型建设项目，主要包括：

1）各关心断面（控制断面、取水口、污染源排放核算断面等）水质预测因子的浓度及变化；

2）到达水环境保护目标处的污染物浓度；

3）各污染物最大影响范围；

4）湖泊、水库及半封闭海湾等，还需关注富营养化状况与水华、赤潮等；

5）排放口混合区范围。

（2）水文要素影响型建设项目，主要包括：

1）河流、湖泊及水库的水文情势预测分析主要包括水域形态、径流条件、水力条件以及冲淤变化等内容，具体包括水面面积、水量、水温、径流过程、水位、水深、流速、水面宽、冲淤变化等，湖泊和水库需要重点关注湖库水域面积或蓄水量及水力停留时间等因子；

2）感潮河段、入海河口及近岸海域水动力条件预测分析主要包括流量、流向、潮区界、潮流界、纳潮量、水位、流速、水面宽、水深、冲淤变化等因子。

5.4.6　模型概化

当选用解析解方法进行水环境影响预测时，可对预测水域进行合理的概化。

（1）河流水域概化要求：

1）预测河段及代表性断面的宽深比大于等于 20 时，可视为矩形河段；

2）河段弯曲系数大于 1.3 时，可视为弯曲河段，其余可概化为平直河段；

3）对于河流水文特征值、水质急剧变化的河段，应分段概化，并分别进行水环境影响预测；河网应分段概化，分别进行水环境影响预测。

（2）湖库水域概化。根据湖库的入流条件、水力停留时间、水质及水温分布等情况，分别概化为稳定分层型、混合型和不稳定分层型。

（3）受人工控制的河流，根据涉水工程（如水利水电工程）的运行调度方案及蓄水、泄流情况，分别视其为水库或河流进行水环境影响预测。

（4）入海河口、近岸海域概化要求：

1）可将潮区界作为感潮河段的边界；

2）采用解析解方法进行水环境影响预测时，可按潮周平均、高潮平均和低潮平均三种情况，概化为稳态进行预测；

3）预测近岸海域可溶性物质水质分布时，可只考虑潮汐作用；预测密度小于海水的不可溶物质时应考虑潮汐、波浪及风的作用；

4）注入近岸海域的小型河流可视为点源，可忽略其对近岸海域流场的影响。

（5）污染源简化的要求。

污染源简化包括排放方式的简化和排放规律的简化。

排放方式可简化为点源和面源，排放规律可简化为连续恒定排放和非连续恒定排放。在地表水环境影响预测中，通常可以把排放规律简化为连续恒定排放。

对于点源排放口位置的处理，有如下情况：

1）排入河流的两个排放口的间距较小时，可以简化为一个排放口，其位置假设在两排放口之间，其排放量为两者之和；

2）排入小湖（库）的所有排放口可以简化为一个排放口，其排放量为所有排放量之和；

3）排入大湖（库）的两个排放口间距较小时，可以简化成一个排放口，其位置假设在两排放口之间，其排放量为两者之和。

一级、二级评价且排入海湾的两个排放口间距小于沿岸方向差分网格的步长时，可以简化为一个排放口，其排放量为两者之和。

三级评价时，海湾污染源的简化与大湖（库）相同。

无组织排放可以简化成面源；从多个间距很近的排放口分别排放污水时，也可以简化为面源。

5.4.7 基础数据要求

水文气象、水下地形等基础数据原则上应与工程设计保持一致，采用其他数据时，应说明数据来源、有效性及数据预处理情况。获取的基础数据应能够支持模型参数率定、模型验证的基本需求。

（1）水文数据。水文数据应采用水文站点实测数据或根据站点实测数据进行推算，数据精度应与模拟预测结果精度要求匹配。河流、湖库建设项目水文数据时间精度应根据建设项目调控影响的时空特征，分析典型时段的水文情势与过程变化影响，涉及日调度影响的，时间精度宜不小于 1 h；感潮河段、入海河口及近岸海域建设项目应考虑盐度对污染物运移扩散的影响，一级评价时间精度不得低于 1 h。

（2）气象数据。气象数据应根据模拟范围内或附近的常规气象监测站点数据进行合理确定。气象数据应采用多年平均气象资料或典型年实测气象资料数据。气象数据指标应包括气温、相对湿度、日照时数、降雨量、云量、风向、风速等。

（3）水下地形数据。采用数值解模型时，原则上应采用最新的现有或补充测绘成果，水下地形数据精度原则上应与工程设计保持一致。建设项目实施后可能导致河道地形改变的，如疏浚及堤防建设以及水底泥沙淤积造成的库底、河底高程发生的变化，应考虑地形变化的影响。

（4）涉水工程资料。包括预测范围内的已建、在建及拟建涉水工程，其取水量或工程调度情况、运行规则应与国家或地方发布的统计数据、环评及环保验收数据保持一致。

一致性及可靠性分析：对评价范围调查收集的水文资料（流速、流量、水位、蓄水量等）、水质资料、排放口资料（污水排放量与水质浓度）、支流资料（支流水量与水质浓度）、取水口资料（取水量、取水方式、水质数据）、污染源资料（排污量、排污去向与排放方式、污染物种类及排放浓度）等进行数据一致性分析。应明确模型采用基础数据的来源，保证基础数据的可靠性。

建设项目所在水环境控制单元如有国家生态环境主管部门发布的标准化土壤及土地利用数据、地形数据、环境水力学特征参数的，影响预测模拟时应优先使用标准化数据。

5.4.8　初始条件

初始条件（水文、水质、水温等）设定应满足所选用数学模型的基本要求，需合理确定初始条件，控制预测结果不受初始条件的影响。

当初始条件对计算结果的影响在短时间内无法有效消除时，应延长模拟计算的初始时间，必要时应开展初始条件敏感性分析。

5.4.9　边界条件

5.4.9.1　设计水文条件确定要求

（1）河流、湖库设计水文条件要求。

1）河流不利枯水条件宜采用90%保证率最枯月流量或近10年最枯月平均流量；流向不定的河网地区和潮汐河段，宜采用90%保证率流速为零时的低水位相应水量作为不利枯水水量；湖库不利枯水条件应采用近10年最低月平均水位或90%保证率最枯月平均水位相应的蓄水量，水库也可采用死库容相应的蓄水量。其他水期的设计水量则应根据水环境影响预测需求确定。

2）受人工调控的河段，可采用最小下泄流量或河道内生态流量作为设计流量。

3）根据设计流量，采用水力学、水文学等方法确定水位、流速、河宽、水深等其他水力学数据。

（2）入海河口、近岸海域设计水文条件要求。

1）感潮河段、入海河口的上游水文边界条件参照上述河流、湖库设计水文条件的要求确定；下游水位边界的确定，应选择对应时段潮周期作为基本水文条件进行计算，可取用保证率为10%、50%和90%潮差，或上游计算流量条件下相应的实测潮位过程。

2）近岸海域的潮位边界条件界定，应选择一个潮周期作为基本水文条件，选用历史实测潮位过程或人工构造潮型作为设计水文条件。

（3）河流、湖库设计水文条件的计算可按《水利水电工程水文计算规范》（SL 278）的规定执行。

5.4.9.2 污染负荷的确定要求

（1）根据预测情景，确定各情景下建设项目排放的污染负荷量，应包括建设项目所有排放口（涉及一类污染物的车间或车间处理设施排放口、企业总排口、雨水排放口、温排水排放口等）的污染物源强。

（2）应覆盖预测范围内的所有与建设项目排放污染物相关的污染源或污染源负荷占预测范围总污染负荷的比例超过95%。

（3）规划水平年污染源负荷预测要求。

1）点源及面源污染源负荷预测要求。应包括已建、在建及拟建项目的污染物排放，综合考虑区域经济社会发展及水污染防治规划、区（流）域环境质量改善目标要求，按照点源、面源分别确定预测范围内的污染源的排放量与入河量。采用面源模型预测规划水平年污染负荷时，面源模型的构建、率定、验证等要求参照5.4.10节相关规定执行。

2）内源负荷预测要求。内源负荷估算可采用释放系数法，必要时可采用释放动力学模型方法。内源释放系数可采用静水、动水试验进行测定或者参考类似工程资料确定；水环境影响敏感且资料缺乏区域需开展静水试验、动水试验确定释放系数；类比时需结合施工工艺、沉积物类型、水动力等因素进行修正。

5.4.10 参数确定与验证要求

（1）水动力及水质模型参数包括水文及水力学参数、水质（包括水温及富营养化）参数等。其中水文及水力学参数包括流量、流速、坡度、糙率等；水质参数包括污染物综合衰减系数、扩散系数、耗氧系数、复氧系数、蒸发散热系数等。

（2）模型参数确定可采用类比、经验公式、实验室测定、物理模型试验、现场实测及模型率定等，可以采用多类方法比对确定模型参数。当采用数值解模型时，宜采用模型率定法核定模型参数。

（3）在模型参数确定的基础上，通过将模型计算结果与实测数据进行比较分析，验证模型的适用性、误差及精度。

（4）选择模型率定法确定模型参数的，模型验证应采用与模型参数率定不同组实测资料数据进行。

（5）应对模型参数确定与模型验证的过程和结果进行分析说明，并以河宽、水深、流速、流量以及主要预测因子的模拟结果作为分析依据，当采用二维或三维模型时，应开展流场分析。模型验证应分析模拟结果与实测结果的拟合情况，阐明模型参数率定取值的合理性。

5.4.11 预测点位设置及结果合理性分析

（1）预测点位设置要求。

1）应将常规监测点、补充监测点、水环境保护目标、水质水量突变处及控制断面等作为预测重点；

2）当需要预测排放口所在水域形成的混合区范围时，应适当加密预测点位。

（2）模型结果合理性分析。

1）模型计算成果的内容、精度和深度应满足环境影响评价要求；

2）采用数值解模型进行影响预测时，应说明模型时间步长、空间步长设定的合理性，在必要的情况下应对模拟结果开展质量或热量守恒分析；

3）应对模型计算的关键影响区域和重要影响时段的流场、流速分布、水质（水温）等模拟结果进行分析，并给出相关图件；

4）区域水环境影响较大的建设项目，宜采用不同模型进行比对分析。

5.4.12　预测模型

地表水环境影响预测模型包括数学模型、物理模型。地表水环境影响预测宜选用数学模型。评价等级为一级且有特殊要求时选用物理模型，物理模型应遵循水工模型实验技术规程等要求。

数学模型包括面源污染负荷估算模型、水动力模型、水质（包括水温及富营养化）模型等，可根据地表水环境影响预测的需要选择。

（1）面源污染负荷估算模型。根据污染源类型分别选择适用的污染源负荷估算或模拟方法，预测污染源排放量与入河量。面源污染负荷预测可根据评价要求与数据条件，采用源强系数法、水文分析法以及面源模型法等，有条件的地方可以综合采用多种方法进行比对分析确定，各方法适用条件如下：

1）源强系数法。当评价区域有可采用的源强产生、流失及入河系数等面源污染负荷估算参数时，可采用源强系数法。

2）水文分析法。当评价区域具备一定数量的同步水质水量监测资料时，可基于基流分割确定暴雨径流污染物浓度、基流污染物浓度，采用通量法估算面源的负荷量。

3）面源模型法。面源模型选择应结合污染特点、模型适用条件、基础资料等综合确定。

（2）水动力模型及水质模型。按照时间分为稳态模型与非稳态模型；按照空间分为零维、一维（包括纵向一维及垂向一维，纵向一维包括河网模型）、二维（包括平面二维及立面二维）以及三维模型；按照是否需要采用数值离散方法分为解析解模型与数值解模型。水动力模型及水质模型的选取根据建设项目的污染源特性、受纳水体类型、水力学特征、水环境特点及评价等级等要求，选取适宜的预测模型。各地表水体适用的数学模型选择要求如下：

1）河流数学模型。河流数学模型选择要求见表5-16。在模拟河流顺直、水流均匀且排污稳定时可以采用解析解。

表 5-16　河流数学模型适用条件

模型分类	模型空间分类						模型时间分类	
	零维模型	纵向一维模型	河网模型	平面二维	立面二维	三维模型	稳态	非稳态
适用条件	水域基本均匀混合	沿程横断面均匀混合	多条河道相互连通，使得水流运动和污染物交换相互影响的河网地区	垂向均匀混合	垂向分层特征明显	垂向及平面分布差异明显	水流恒定、排污稳定	水流不恒定，或排污不稳定

2）湖库数学模型。湖库数学模型选择要求见表 5-17。在模拟湖库水域形态规则、水流均匀且排污稳定时可以采用解析解模型。

表 5-17 湖库数学模型适用条件

模型分类	模型空间分类						模型时间分类	
	零维模型	纵向一维模型	平面二维	垂向一维	立面二维	三维模型	稳态	非稳态
适用条件	水流交换作用较充分、污染物质分布基本均匀	污染物在断面上均匀混合的河道型水库	浅水湖库，垂向分层不明显	深水湖库，水平分布差异不明显，存在垂向分层	深水湖库，横向分布差异不明显，存在垂向分层	垂向及平面分布差异明显	流场恒定、源强稳定	流场不恒定，或源强不稳定

3）感潮河段、入海河口数学模型。污染物在断面上均匀混合的感潮河段、入海河口，可采用纵向一维非恒定数学模型，感潮河网区宜采用一维河网数学模型。浅水感潮河段和入海河口宜采用平面二维非恒定数学模型。如感潮河段、入海河口的下边界难以确定，宜采用一、二维连接数学模型。

4）近岸海域数学模型。近岸海域宜采用平面二维非恒定模型。如果评价海域的水流和水质分布在垂向上存在较大的差异（如排放口附近水域），宜采用三维数学模型。

地表水环境影响预测模型，应优先选用国家生态环境主管部门发布的推荐模型。

5.4.13 常用数学模型基本方程及解法

5.4.13.1 混合过程段长度估算公式

$$L_m = \left\{ 0.11 + 0.7 \left[0.5 - \frac{a}{B} - 1.1 \left(0.5 - \frac{a}{B} \right)^2 \right]^{\frac{1}{2}} \right\} \frac{uB^2}{E_y} \tag{5-9}$$

式中 L_m ——混合段长度，m；

B ——水面宽度，m；

a ——排放口到岸边的距离，m；

u ——断面流速，m/s；

E_y ——污染物横向扩散系数，m^2/s。

5.4.13.2 零维数学模型

A 河流均匀混合模型

$$C = (C_p Q_p + C_h Q_h)/(Q_p + Q_h) \tag{5-10}$$

式中 C ——污染物浓度，mg/L；

C_p ——污染物排放浓度，mg/L；

Q_p ——污水排放量，m^3/s；

C_h ——河流上游污染物浓度，mg/L；

Q_h ——河流流量，m^3/s。

B 湖库均匀混合模型

基本方程为：

$$V \frac{\mathrm{d}C}{\mathrm{d}t} = W - QC + f(C)V \tag{5-11}$$

式中　V——水体体积，m^3；

　　　t——时间，s；

　　　W——单位时间污染物排放量，g/s；

　　　Q——水量平衡时流入与流出湖（库）的流量，m^3/s；

　$f(C)$——生化反应项，$\mathrm{g}/(\mathrm{m}^3 \cdot \mathrm{s})$；

　　其他符号说明同式（5-10）。

　　如果生化过程可以用一级动力学反应表示，$f(C) = -kC$，上式存在解析解，当稳定时：

$$C = \frac{W}{Q + kV} \tag{5-12}$$

式中　k——污染物综合衰减系数，s^{-1}；

　　　其他符号说明同式（5-10）、式（5-11）。

C　狄龙模型

描述营养物平衡的狄龙模型：

$$[P] = \frac{I_\mathrm{P}(1 - R_\mathrm{P})}{rV} = \frac{L_\mathrm{P}(1 - R_\mathrm{P})}{rH} \tag{5-13}$$

$$R_\mathrm{P} = 1 - \frac{\sum q_\mathrm{a}[P]_\mathrm{a}}{\sum q_\mathrm{i}[P]_\mathrm{i}} \tag{5-14}$$

$$r = Q/V \tag{5-15}$$

式中　$[P]$——湖（库）中氮、磷的平均浓度，mg/L；

　　　I_P——单位时间进入湖（库）的氮（磷）质量，g/a；

　　　L_P——单位时间、单位面积进入湖（库）的氮、磷负荷量，$\mathrm{g}/(\mathrm{m}^2 \cdot \mathrm{a})$；

　　　H——平均水深，m；

　　　R_P——氮、磷在湖（库）中的滞留率，量纲一；

　　　q_a——年出流的水量，m^3/a；

　　　q_i——年入流的水量，m^3/a；

　　$[P]_\mathrm{a}$——年出流的氮（磷）平均浓度，mg/L；

　　$[P]_\mathrm{i}$——年入流的氮（磷）平均浓度，mg/L；

　　　Q——湖（库）年出流水量，m^3/a；

　　　其他符号说明同式（5-11）。

5.4.13.3　纵向一维数学模型

A　基本方程

水动力数学模型的基本方程为：

$$\frac{\partial A}{\partial t} + \frac{\partial Q}{\partial x} = q \tag{5-16}$$

$$\frac{\partial Q}{\partial t} + \frac{\partial}{\partial x}\left(\frac{Q^2}{A}\right) - q\,\frac{Q}{A} = -g\left(A\,\frac{\partial Z}{\partial x} + \frac{n^2 Q\,|Q|}{Ah^{4/3}}\right) \tag{5-17}$$

式中　Q ——断面流量，m^3/s；

　　　q ——单位河长的旁侧入流，m^2/s；

　　　A ——断面面积，m^2；

　　　Z ——断面水位，m；

　　　n ——河道糙率，量纲一；

　　　h ——断面水深，m；

　　　g ——重力加速度，m/s^2；

　　　x ——笛卡尔坐标系 X 向的坐标，m；

　　　t ——时间，s。

水温数学模型的基本方程为：

$$\frac{\partial(AT)}{\partial t} + \frac{\partial(uAT)}{\partial x} = \frac{\partial}{\partial x}\left(AE_{tx}\,\frac{\partial T}{\partial x}\right) + qT_L + \frac{BS}{\rho c_p} \tag{5-18}$$

式中　T ——水温，℃。

　　　E_{tx} ——水温纵向扩散系数，m^2/s；

　　　T_L ——旁侧出入流（源汇项）水温，℃；

　　　ρ ——水体密度，kg/m^3；

　　　c_p ——水的比热容，$J/(kg\cdot℃)$；

　　　S ——表面积净热交换通量，W/m^2；

　　　其他符号说明同式（5-9）、式（5-11）、式（5-16）。

水质数学模型的基本方程为：

$$\frac{\partial(AC)}{\partial t} + \frac{\partial(QC)}{\partial x} = \frac{\partial}{\partial x}\left(AE_x\,\frac{\partial C}{\partial x}\right) + Af(C) + qC_L \tag{5-19}$$

式中　E_x ——污染物纵向扩散系数，m^2/s；

　　　C_L ——旁侧出入流（源汇项）污染物浓度，mg/L；

　　　其他符号说明同式（5-10）、式（5-11）、式（5-17）。

B　解析方法

a　连续稳定排放

根据河流纵向一维水质模型方程的简化、分类判别条件（即 O'Connor 数 α 和贝克来数 Pe 的临界值），选择相应的解析解公式。

$$\alpha = \frac{kE_x}{u^2} \tag{5-20}$$

$$Pe = \frac{uB}{E_x} \tag{5-21}$$

当 $\alpha \leqslant 0.027$，$Pe \geqslant 1$ 时，适用对流降解模型：

$$C = C_0\exp\left(-\frac{kx}{u}\right) \quad x \geqslant 0 \tag{5-22}$$

当 $\alpha \leqslant 0.027$，$Pe < 1$ 时，适用对流扩散降解简化模型：

$$C = C_0 \exp\left(\frac{ux}{E_x}\right) \quad x < 0 \tag{5-23}$$

$$C = C_0 \exp\left(-\frac{kx}{u}\right) \quad x \geqslant 0 \tag{5-24}$$

$$C_0 = (C_p Q_p + C_h Q_h)/(Q_p + Q_h) \tag{5-25}$$

当 $0.027 < \alpha \leqslant 380$ 时，适用对流扩散降解模型：

$$C(x) = C_0 \exp\left[\frac{ux}{2E_x}(1 + \sqrt{1 + 4a})\right] \quad x < 0 \tag{5-26}$$

$$C(x) = C_0 \exp\left[\frac{ux}{2E_x}(1 - \sqrt{1 + 4a})\right] \quad x \geqslant 0 \tag{5-27}$$

$$C_0 = (C_p Q_p + C_h Q_h)/\left[(Q_p + Q_h)\sqrt{1 + 4a}\right] \tag{5-28}$$

当 $\alpha > 380$ 时，使用扩散降解模型：

$$C = C_0 \exp\left(x\sqrt{\frac{k}{E_x}}\right) \quad x < 0 \tag{5-29}$$

$$C = C_0 \exp\left(-x\sqrt{\frac{k}{E_x}}\right) \quad x \geqslant 0 \tag{5-30}$$

$$C_0 = (C_p Q_p + C_h Q_h)/(2A\sqrt{kE_x}) \tag{5-31}$$

式中　α——O'Connor 数，量纲一，表征物质离散降解通量与移流通量比值；

Pe——贝克来数，量纲一，表征物质移流通量与离散通量比值；

C_0——河流排放口初始断面混合浓度，mg/L；

x——河流沿程坐标，m，$x = 0$ 指排放口处，$x > 0$ 指排放口下游段，$x < 0$ 指排放口上游段；

其他符号说明同式（5-9）、式（5-10）、式（5-11）、式（5-17）、式（5-19）。

b　瞬时排放

瞬时排放源河流一维对流扩散方程的浓度分布公式为：

$$C(x, t) = \frac{M}{A\sqrt{4\pi E_x t}}\exp(-kt)\exp\left[-\frac{(x - ut)^2}{4E_x t}\right] \tag{5-32}$$

在 t 时刻，距离污染源下游 $x = ut$ 处的污染物浓度峰值为：

$$C_{\max}(x) = \frac{M}{A\sqrt{4\pi E_x x/u}}\exp\left(-\frac{kx}{u}\right) \tag{5-33}$$

式中　$C(x, t)$——在距离排放口 x 处，t 时刻的污染物浓度，mg/L；

x——离排放口距离，m；

t——排放发生后的扩散历时，s；

M——污染物的瞬时排放总质量，g；

其他符号说明同式（5-9）、式（5-12）、式（5-17）、式（5-19）。

c　有限时段排放

有限时段排放源河流一维对流扩散方程的浓度分布，在排放持续期间 $0 < t_j < t_0$ 公式为：

$$C(x,\ t_j) = \frac{\Delta t}{A\sqrt{4\pi E_x}} \sum_{i=1}^{j} \frac{W_i}{\sqrt{t_j - t_{i-0.5}}} \exp[-k(t_j - t_{i-0.5})] \exp\left\{-\frac{[x - u(t_j - t_{i-0.5})]^2}{4E_x(t_j - t_{i-0.5})}\right\}$$

$$(5-34)$$

在停止排放后（$t_j > t_0$），公式为：

$$C(x,\ t_j) = \frac{\Delta t}{A\sqrt{4\pi E_x}} \sum_{i=1}^{n} \frac{W_i}{\sqrt{t_j - t_{i-0.5}}} \exp[-k(t_j - t_{i-0.5})] \exp\left\{-\frac{[x - u(t_j - t_{i-0.5})]^2}{4E_x(t_j - t_{i-0.5})}\right\}$$

$$(5-35)$$

式中　$C(x,\ t_j)$ ——在距离排放口 x 处，t_j 时刻的污染物浓度，mg/L；

t_0 ——污染源的排放持续时间，s；

Δt ——计算时间步长，s；

n ——计算分段数，$n = t_0/\Delta t$；

$t_{i-0.5}$ ——污染源排放的时间变量，$t_{i-0.5} = (i - 0.5)\Delta t < t_0$，s；

i ——最大为 n 的自然数；

j ——自然数；

W_i —— t_{i-1} 到 t_i 时间段内，单位时间污染物的排放质量，g/s；

其他符号说明同式（5-9）、式（5-12）、式（5-17）、式（5-19）、式（5-33）。

5.4.13.4　常见污染物转化过程的一般描述

对于不同种类的污染物，基本方程中的 $f(C)$ 有相应的数学表达式，HJ 2.1 列出了常见污染物转化过程的一般性描述方法，评价过程中可以根据评价水域的实际情况进行选取或者进行一定的调整。对于不同空间维数的数学模型，这些表达式中与某些系数相关的空间变量应有相应的变化。

A　持久性污染物

如果污染物在水体中难以通过物理、化学及生物作用进行转化，并且污染物在水体中是溶解状态，可以作为非降解物质进行处理。

$$f(C) = 0 \qquad\qquad (5-36)$$

B　化学需氧量（COD）

$$f(C) = -k_{COD} C \qquad\qquad (5-37)$$

式中　C ——COD 浓度，mg/L；

k_{COD} ——COD 降解系数，s^{-1}。

C　五日生化需氧量（BOD$_5$）

$$f(C) = -k_1 C \qquad\qquad (5-38)$$

式中　C ——BOD$_5$ 浓度，mg/L；

k_1 ——耗氧系数，s^{-1}。

D　溶解氧（DO）

$$f(C) = -k_1 C_b + k_2(C_s - C) - \frac{S_0}{h} \qquad\qquad (5-39)$$

式中 C ——DO 浓度，mg/L；

      k_1 ——耗氧系数，s^{-1}；

      k_2 ——复氧系数，s^{-1}；

      C_b ——BOD 的浓度，mg/L；

      C_s ——饱和溶解氧的浓度，mg/L；

      S_O ——底泥耗氧系数，$g/(m^2 \cdot s)$；

     其他符号说明同式（5-17）。

     E   氮循环

     水体中的氮包括氨氮、亚硝酸盐氮、硝酸盐氮三种形态，三种形态之间的转换关系可以表示为：

$$f(N_{NH}) = -b_1 N_{NH} + \frac{S_{NH}}{h} \tag{5-40}$$

$$f(N_{NO_2}) = b_1 N_{NH} - b_2 N_{NO_2} \tag{5-41}$$

$$f(N_{NO_3}) = b_2 N_{NO_2} \tag{5-42}$$

式中 N_{NH}，N_{NO_2}，N_{NO_3} ——分别为氨氮、亚硝酸盐氮、硝酸盐氮浓度，mg/L；

          b_1，b_2 ——分别为氨氮氧化成亚硝酸盐氮、亚硝酸盐氮氧化成硝酸盐氮的反应速率，s^{-1}；

          S_{NH} ——氨氮的底泥（沉积）释放率，$g/(m^2 \cdot s)$；

     其他符号说明同式（5-17）。

     F   总氮（TN）

$$f(C) = -k_{TN} C + \frac{S_{TN}}{h} \tag{5-43}$$

式中 C ——TN 浓度，mg/L；

      k_{TN} ——总氮的综合沉降系数，s^{-1}；

      S_{TN} ——总氮的底泥释放（沉积）系数，$g/(m^2 \cdot s)$；

     其他符号说明同式（5-17）。

     G   磷循环

     水体中的磷可以分为无机磷和有机磷两种形态，两种形态之间的转换关系可以表示为：

$$f(C_{PS}) = -G_P C_{PS} A_P + c_P C_{PD} + \frac{S_{PS}}{h} \tag{5-44}$$

$$f(C_{PD}) = D_P C_{PD} A_P - c_P C_{PD} + \frac{S_{PD}}{h} \tag{5-45}$$

式中 C_{PS} ——无机磷浓度，mg/L；

      C_{PD} ——有机磷浓度，mg/L；

      G_P ——浮游植物生长速率，s^{-1}；

      A_P ——浮游植物磷含量系数；

      c_P ——有机磷氧化成无机磷的反应速率，s^{-1}；

D_P ——浮游植物死亡速率，s^{-1}；

S_{PS} ——无机磷的底泥释放（沉积）系数，$g/(m^2 \cdot s)$；

S_{PD} ——有机磷的底泥释放（沉积）系数，$g/(m^2 \cdot s)$；

其他符号说明同式（5-17）。

H 总磷（TP）

$$f(C) = -k_{TP}C + \frac{S_{TP}}{h} \tag{5-46}$$

式中 C ——TP 浓度，mg/L；

k_{TP} ——总磷的综合沉降系数，s^{-1}；

S_{TP} ——总磷的底泥释放（沉积）系数，$g/(m^2 \cdot s)$；

其他符号说明同式（5-17）。

I 叶绿素 a(Chl-a)

$$f(C) = (G_P - D_P)C \tag{5-47}$$

$$G_P = \mu_{max}f(T)f(L)f(TP)f(TN) \tag{5-48}$$

式中

C ——叶绿素 a 浓度，mg/L；

G_P ——浮游植物生长速率，s^{-1}；

D_P ——浮游植物死亡速率，s^{-1}；

μ_{max} ——浮游植物最大生长速率，s^{-1}；

$f(T)$，$f(L)$，$f(TP)$，$f(TN)$ ——分别为水温、光照、TP、TN 的影响函数，可以根据评价水域的实际情况以及基础资料条件选择适合的函数形式。

J 重金属

泥沙对水体重金属污染物具有显著的吸附和解吸作用，因此重金属污染物的模拟需要考虑泥沙冲淤、吸附解吸的影响。一般情况下，泥沙淤积时，吸附在泥沙上的重金属由悬浮相转化为底泥相，对水相浓度影响不大；泥沙冲刷时，水体中重金属浓度会发生一定的变化。吸附解吸作用可以采用动力学方程进行描述，由于吸附作用一般历时较短，也可以采用吸附热力学方程描述。

重金属污染物数学模型可以根据评价工作的实际情况，查阅相关文献，选择适宜的模型。

K 热排放

$$f(C) = -\frac{k_T C}{\rho c_p} + qT_0 \tag{5-49}$$

式中 C ——水体温升，℃；

k_T ——水面综合散热系数，$J/(s \cdot m^2 \cdot ℃)$；

c_p ——水的比热容，$J/(kg \cdot ℃)$；

q ——温排水的源强，m/s；

T_0 ——温排水的温升，℃；

其他符号说明同式（5-18）。

L　余氯

$$f(C) = -k_{Cl}C \tag{5-50}$$

式中　　C ——余氯浓度，mg/L；

　　k_{Cl} ——余氯衰减系数，s^{-1}。

M　泥沙

a　挟沙力法

$$f(C) = \alpha\omega(S_* - S) \tag{5-51}$$

式中　　α ——恢复饱和系数；

　　ω ——泥沙颗粒沉速，m/s；

　　S_* ——水流挟沙能力，kg/m^3；

　　S ——泥沙含量，kg/m^3。

b　切应力方法

（1）当 $\tau \leqslant \tau_d$ 时，水中泥沙处于落淤状态，则：

$$f(C) = \alpha\omega S\left(1 - \frac{\tau}{\tau_d}\right) \tag{5-52}$$

（2）当 $\tau_d < \tau \leqslant \tau_e$ 时，床面处于不冲不淤状态，水中泥沙既不减少，也不增加。

（3）当 $\tau \geqslant \tau_e$ 时，床面泥沙发生冲刷：

$$f(C) = -M\left(\frac{\tau}{\tau_e} - 1\right) \tag{5-53}$$

式中　　τ_d ——临界淤积切应力，可由实验确定，也可由验证计算确定；

　　τ_e ——临界冲刷切应力，可由实验确定，也可由验证计算确定；

　　M ——冲刷系数，由实验确定，也可由验证计算确定。

5.5　地表水环境影响评价

5.5.1　评价原则

评价建设项目的地表水环境影响是环境影响预测的继续。原则上可以采用单项水质参数评价方法或多项水质参数综合评价方法。

单项水质参数评价是以国家、地方的有关法规、标准为依据，评定与评价各评价项目的单个质量参数的环境影响。预测值未包括环境质量现状值（背景值）时，评价时注意应叠加环境质量现状值。

地表水环境影响的评价范围与其影响预测范围相同。

所有预测点和所有预测的水质参数均应进行各生产阶段不同情况的环境影响评价，但应有重点。空间方面，水文要素和水质急剧变化处、水域功能改变处、取水口附近等应作为重点；水质方面，影响较重的水质参数应作为重点。

多项水质参数综合评价的评价方法和评价的水质参数应与环境现状综合评价相同。

5.5.2 评价内容

一级、二级、水污染影响型三级 A 及水文要素影响型三级评价，其主要评价内容包括：污染控制和水环境影响减缓措施有效性评价；水环境影响评价。水污染影响型三级 B 评价，其主要评价内容包括：水污染控制和水环境影响减缓措施有效性评价；依托污水处理设施的环境可行性评价。

5.5.3 评价要求

水污染控制和水环境影响减缓措施有效性评价应满足以下要求：

（1）污染控制措施及各类排放口排放浓度限值等应满足国家和地方相关排放标准及符合有关标准规定的排水协议关于水污染物排放的条款要求；

（2）水动力影响、生态流量、水温影响减缓措施应满足水环境保护目标的要求；

（3）涉及面源污染的，应满足国家和地方有关面源污染控制治理要求；

（4）受纳水体环境质量达标区的建设项目选择废水处理措施或多方案比选时，应满足行业污染防治可行技术指南要求，确保废水稳定达标排放且环境影响可以接受；

（5）受纳水体环境质量不达标区的建设项目选择废水处理措施或多方案比选时，应满足区（流）域水环境质量限期达标规划和替代源的削减方案要求、区（流）域环境质量改善目标要求及行业污染防治可行技术指南中最佳可行技术要求，确保废水污染物达到最低排放强度和排放浓度，且环境影响可以接受。

水环境影响评价应满足以下要求。

（1）排放口所在水域形成的混合区，应限制在达标控制（考核）断面以外水域，且不得与已有排放口形成的混合区叠加。混合区外水域应满足水环境功能区或水功能区的水质目标要求。

（2）水环境功能区或水功能区、近岸海域环境功能区水质达标。说明建设项目对评价范围内的水环境功能区或水功能区、近岸海域环境功能区的水质影响特征，分析水环境功能区或水功能区、近岸海域环境功能区水质变化状况，在考虑叠加影响的情况下，评价建设项目建成以后各预测时期水环境功能区或水功能区、近岸海域环境功能区达标状况。涉及富营养化问题的，还应评价水温、水文要素、营养盐等变化特征与趋势，分析判断富营养化演变趋势。

（3）满足水环境保护目标水域水环境质量要求。评价水环境保护目标水域各预测时期的水质（包括水温）变化特征、影响程度与达标状况。

（4）水环境控制单元或断面水质达标。说明建设项目污染排放或水文要素变化对所在控制单元各预测时期的水质影响特征，在考虑叠加影响的情况下，分析水环境控制单元或断面的水质变化状况，评价建设项目建成以后水环境控制单元或断面在各预测时期下的水质达标状况。

（5）满足重点水污染物排放总量控制指标要求。重点行业建设项目，主要污染物排放满足等量或减量替代要求。

（6）满足区（流）域水环境质量改善目标要求。

（7）水文要素影响型建设项目同时应包括水文情势变化评价、主要水文特征值影响评价、生态流量符合性评价。

（8）对于新设或调整入河（湖库、近岸海域）排放口的建设项目，应包括排放口设置的环境合理性评价。

（9）满足生态保护红线、水环境质量底线、资源利用上线和环境准入清单管理要求。

依托污水处理设施的环境可行性评价，主要从污水处理设施的日处理能力、处理工艺、设计进水水质、处理后的废水稳定达标排放情况及排放标准是否涵盖建设项目排放的有毒有害的特征水污染物等方面开展评价，满足依托的环境可行性要求。

5.5.4　污染源排放量核算

5.5.4.1　一般要求

（1）污染源排放量是新（改、扩）建项目申请污染物排放许可的依据。

（2）对改建、扩建项目，除应核算新增源的污染物排放量外，还应核算项目建成后全厂的污染物排放量，污染源排放量为污染物的年排放量。

（3）建设项目在批复的区域或水环境控制单元达标方案的许可排放量分配方案中有规定的，按规定执行。

（4）污染源排放量核算，应在满足地表水环境影响要求的前提下进行核算。

（5）规划环评污染源排放量核算与分配应遵循水陆统筹、河海兼顾、满足"三线一单"（生态保护红线、环境质量底线、资源利用上线、环境准入清单）约束要求的原则，综合考虑水环境质量改善目标要求、水环境功能区或水功能区及近岸海域环境功能区管理要求、经济社会发展、行业排污绩效等因素，确保发展不超载，底线不突破。

5.5.4.2　污染源排放量核算

间接排放建设项目污染源排放量核算根据依托污水处理设施的控制要求核算确定。直接排放建设项目污染源排放量核算，根据建设项目达标排放的地表水环境影响、污染源源强核算技术指南及排污许可申请与核发技术规范进行核算，并从严要求。

直接排放建设项目污染源排放量核算应在满足地表水环境影响要求的基础上，遵循以下原则要求。

（1）污染源排放量的核算水体为有水环境功能要求的水体。

（2）建设项目排放的污染物属于现状水质不达标的，包括本项目在内的区（流）域污染源排放量应调减至满足区（流）域水环境质量改善目标要求。

（3）当受纳水体为河流时，不受回水影响的河段，建设项目污染源排放量核算断面位于排放口下游，与排放口的距离应小于 2 km；受回水影响的河段，应在排放口的上下游设置建设项目污染源排放量核算断面，与排放口的距离应小于 1 km。建设项目污染源排放量核算断面应根据区间水环境保护目标位置、水环境功能区或水功能区及控制单元断面等情况调整。当排放口污染物进入受纳水体在断面混合不均匀时，应以污染源排放量核算断面污染物最大浓度作为评价依据。

（4）当受纳水体为湖库时，建设项目污染源排放量核算点位应布置在以排放口为中心、半径不超过 50 m 的扇形水域内，且扇形面积占湖库面积比例不超过 5%，核算点位应不少于 3 个。建设项目污染源排放量核算点应根据区间水环境保护目标位置、水环境功能区或水功能区及控制单元断面等情况调整。

（5）遵循地表水环境质量底线要求，主要污染物（化学需氧量、氨氮、总磷、总氮）需预留必要的安全余量。安全余量可按地表水环境质量标准、受纳水体环境敏感性等确定：受纳水体为《地表水环境质量标准》（GB 3838）Ⅲ类水域，以及涉及水环境保护目标的水域，安全余量按照不低于建设项目污染源排放量核算断面（点位）处环境质量标准的10%确定（安全余量≥环境质量标准×10%）；受纳水体水环境质量标准为 GB 3838 Ⅳ、Ⅴ类水域，安全余量按照不低于建设项目污染源排放量核算断面（点位）环境质量标准的8%确定（安全余量≥环境质量标准×8%）；地方如有更严格的环境管理要求，按地方要求执行。

（6）当受纳水体为近岸海域时，参照《污水海洋处置工程污染控制标准》（GB 18486）执行。

按照上述规定要求预测评价范围的水质状况，如预测的水质因子满足地表水环境质量管理及安全余量要求，污染源排放量即为水污染控制措施有效性评价确定的排污量；如果不满足地表水环境质量管理及安全余量要求，则进一步根据水质目标核算污染源排放量。

5.5.5 生态流量确定

5.5.5.1 一般要求

（1）根据河流、湖库生态环境保护目标的流量（水位）及过程需求确定生态流量（水位）。河流应确定生态流量，湖库应确定生态水位。

（2）根据河流和湖库的形态、水文特征及生物重要生境分布，选取代表性的控制断面综合分析评价河流和湖库的生态环境状况、主要生态环境问题等。生态流量控制断面或点位选择应结合重要生境和重要环境保护对象等保护目标的分布、水文站网分布以及重要水利工程位置等统筹考虑。

（3）依据评价范围内各水环境保护目标的生态环境需水确定生态流量，生态环境需水的计算方法可参考有关标准规定执行。

5.5.5.2 河流、湖库生态环境需水计算要求

（1）河流生态环境需水。河流生态环境需水包括水生生态需水、水环境需水、湿地需水、景观需水、河口压咸需水等。应根据河流生态环境保护目标要求，选择合适方法计算河流生态环境需水及其过程，符合以下要求：

1）水生生态需水计算中，应采用水力学法、生态水力学法、水文学法等方法计算水生生态流量。水生生态流量最少采用两种方法计算，基于不同计算方法成果对比分析，合理选择水生生态流量成果；鱼类繁殖期的水生生态需水宜采用生境分析法计算，确定繁殖期所需的水文过程，并取外包线作为计算成果，鱼类繁殖期所需水文过程应与天然水文过程相似。水生生态需水应为水生生态流量与鱼类繁殖期所需水文过程的外包线。

2）水环境需水应根据水环境功能区或水功能区确定控制断面水质目标，结合计算范围内的河段特征和控制断面与概化后污染源的位置关系，采用5.4.6的数学模型方法计算水环境需水。

3）湿地需水应综合考虑湿地水文特征和生态保护目标需水特征，综合不同方法合理确定湿地需水。河岸植被需水量采用单位面积用水量法、潜水蒸发法、间接计算法、彭曼公式法等方法计算；河道内湿地补给水量采用水量平衡法计算。保护目标在繁育生长关键

期对水文过程有特殊需求时，应计算湿地关键期需水量及过程。

4）景观需水应综合考虑水文特征和景观保护目标要求，确定景观需水。

5）河口压咸需水应根据调查成果，确定河口类型，可采用 HJ 2.3—2018 附录 E 中的相关数学模型计算河口压咸需水。

6）其他需水应根据评价区域实际情况进行计算，主要包括冲沙需水、河道蒸发和渗漏需水等。对于多泥沙河流，需考虑河流冲沙需水计算。

（2）湖库生态环境需水计算要求：

1）湖库生态环境需水包括维持湖库生态水位的生态环境需水及入（出）湖河流生态环境需水。湖库生态环境需水可采用最小值、年内不同时段值和全年值表示。

2）湖库生态环境需水计算中，可采用不同频率最枯月平均值法或近 10 年最枯月平均水位法确定湖库生态环境需水最小值。年内不同时段值应根据湖库生态环境保护目标所对应的生态环境功能，分别计算各项生态环境功能敏感水期要求的需水量。维持湖库形态功能的水量，可采用湖库形态分析法计算；维持生物栖息地功能的需水量，可采用生物空间法计算。

3）入（出）湖库河流的生态环境需水应根据本书 5.5.5.2（1）计算确定，计算成果应与湖库生态水位计算成果相协调。

5.5.5.3　河流、湖库生态流量综合分析与确定

（1）河流应根据水生生态需水、水环境需水、湿地需水、景观需水、河口压咸需水和其他需水等计算成果，考虑各项需水的外包关系和叠加关系，综合分析需水目标要求，确定生态流量；湖库应根据湖库生态环境需水确定最低生态水位及不同时段内的水位。

（2）应根据国家或地方政府批复的综合规划、水资源规划、水环境保护规划等成果中相关的生态流量控制等要求，综合分析生态流量成果的合理性。

5.6　地表水环境保护措施与监测计划

5.6.1　一般要求

（1）在建设项目污染控制治理措施与废水排放满足排放标准与环境管理要求的基础上，针对建设项目实施可能造成地表水环境不利影响的阶段、范围和程度，提出预防、治理、控制、补偿等环保措施或替代方案等内容，并制订监测计划。

（2）水环境保护对策措施的论证应包括水环境保护措施的内容、规模及工艺、相应投资、实施计划，所采取措施的预期效果、达标可行性、经济技术可行性及可靠性分析等内容。

（3）对水文要素影响型建设项目，应提出减缓水文情势影响，保障生态需水的环保措施。

5.6.2　水环境保护措施

（1）对建设项目可能产生的水污染物，需通过优化生产工艺和强化水资源的循环利用，提出减少污水产生量与排放量的环保措施，并对污水处理方案进行技术经济及环保论

证比选，明确污水处理设施的位置、规模、处理工艺、主要构筑物或设备、处理效率。采取的污水处理方案要实现达标排放，满足总量控制指标要求，并对排放口设置及排放方式进行环保论证。

（2）达标区建设项目选择废水处理措施或多方案比选时，应综合考虑成本和治理效果，选择可行技术方案。

（3）不达标区建设项目选择废水处理措施或多方案比选时，应优先考虑治理效果，结合区（流）域水环境质量改善目标、替代源的削减方案实施情况，确保废水污染物达到最低排放强度和排放浓度。

（4）对水文要素影响型建设项目，应考虑保护水域生境及水生态系统的水文条件以及生态环境用水的基本需求，提出优化运行调度方案或下泄流量及过程，并明确相应的泄放保障措施与监控方案。

（5）因建设项目引起的水温变化可能对农业、渔业生产或鱼类繁殖与生长等产生不利影响，应提出水温影响减缓措施。对产生低温水影响的建设项目，对其取水与泄水建筑物的工程方案提出环保优化建议，可采取分层取水设施、合理利用水库洪水调度运行方式等方法；对产生温排水影响的建设项目，可采取优化冷却方式减少排放量，通过余热利用措施降低热污染强度，合理选择温排水口的布置和型式，控制高温区范围等。

5.6.3 监测计划

（1）按建设项目建设期、生产运行期、服务期满后等不同阶段，针对不同工况、不同地表水环境影响的特点，根据《排污单位自行监测技术指南 总则》（HJ 819）、《水污染物排放总量监测技术规范》（HJ/T 92）、相应的污染源源强核算技术指南和自行监测技术指南，提出水污染源的监测计划，包括监测点位、监测因子、监测频次、监测数据采集与处理、分析方法等。明确自行监测计划内容，提出应向社会公开的信息内容。

（2）提出地表水环境质量监测计划，包括监测断面或点位位置（经纬度）、监测因子、监测频次、监测数据采集与处理、分析方法等。明确自行监测计划内容，提出应向社会公开的信息内容。

（3）监测因子需与评价因子相协调。地表水环境质量监测断面或点位设置需与水环境现状监测、水环境影响预测的断面或点位相协调，并应强化其代表性、合理性。

（4）建设项目排放口应根据污染物排放特点、相关规定设置监测系统，排放口附近有重要水环境功能区或水功能区及特殊用水需求时，应对排放口下游控制断面进行定期监测。

（5）对下泄流量有泄放要求的建设项目，在闸坝下游应设置生态流量监测系统。

5.7 地表水环境影响评价结论

5.7.1 水环境影响评价结论

（1）根据水污染控制和水环境影响减缓措施有效性评价、地表水环境影响评价的结果，明确给出地表水环境影响是否可接受的结论。

（2）达标区的建设项目环境影响评价，依据本书5.5.3节要求，同时满足水污染控制和水环境影响减缓措施有效性评价、水环境影响评价的情况下，认为地表水环境影响可以接受，否则认为地表水环境影响不可接受。

（3）不达标区的建设项目环境影响评价，依据本书5.5.3节要求，在考虑区（流）域环境质量改善目标要求、削减替代源的基础上，同时满足水污染控制和水环境影响减缓措施有效性评价、水环境影响评价的情况下，认为地表水环境影响可以接受，否则认为地表水环境影响不可接受。

5.7.2　污染源排放量与生态流量

明确给出污染源排放量核算结果，填写建设项目污染物见《环境影响评价技术导则 地表水环境》（HJ 2.3—2018）附录G。新建项目的污染物排放指标需要等量替代或减量替代时，还应明确给出替代项目的基本信息，主要包括项目名称、排污许可证编号、污染物排放量等。有生态流量控制要求的，根据水环境保护管理要求，明确给出生态流量控制节点及控制目标。

5.8　地表水环境影响评价案例

本节以田镇污水处理厂（一期）工程为例说明地表水环境影响评价，工程基本情况及工程分析内容见本书3.5.9。

5.8.1　环境功能区划、环境保护目标及评价标准

地表水：按湖北省人民政府办公厅鄂政办发〔2000〕10号文《省人民政府办公厅转发省环境保护局关于湖北省地表水环境功能类别的通知》，长江（武穴段）水质执行《地表水环境质量标准》（GB 3838—2002）Ⅱ类标准。

根据《武穴市田镇污水处理厂入河排污口设置论证报告（报批稿）》，排污口附近江段水功能区划见表5-18。

表5-18　排污口附近江段水功能区划表

一级水功能区名称	二级水功能区名称	起始断面	终止断面	长度/km	水质目标
长江武穴 开发利用区	长江武穴田镇饮用水水源、 工业用水区（左岸）	武穴建材厂	祥云集团 武穴化肥厂	9	Ⅱ
	长江武穴田镇工业 用水区（左岸）	祥云集团 武穴化肥厂	下州	7	Ⅲ
	长江武穴饮用水水源、 工业用水区（左岸）	下州	武穴大闸	11	Ⅲ
长江武穴、 黄梅保留区		武穴刊江街 办武穴大闸	黄梅分路 胡家洲	33	Ⅲ

项目排污口所处河段一级水功能区属于长江武穴开发利用区，该功能区起于武穴田镇

武穴建材厂（北岸），止于武穴刊江街办武穴大闸，长度 27.0 km；二级水功能区属于长江武穴饮用水源、工业用水区（左岸），该功能区起于下州，止于武穴大闸，长度 11.0 km，水质管理目标为Ⅲ类。水功能区划图如图 5-4 所示。

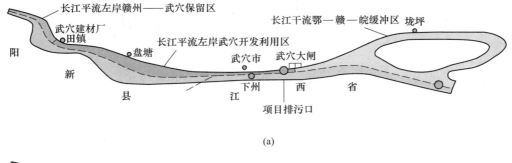

(a)

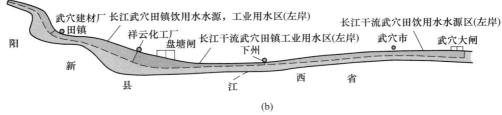

(b)

图 5-4　水功能区划图

（a）一级水功能区划图；（b）二级水功能区划图

本项目主要水环境保护目标及水环境现状评价标准见表 5-19。

表 5-19　主要环境敏感目标一览表

保护目标名称	方位	距离本项目红线距离	规模	保护要求
长江（武穴段）	WS	距离污水处理厂直线距离 1.3 km，紧邻武穴市污水处理厂污水总排口（本项目依托）	大河	《地表水环境质量标准》（GB 3838—2002）Ⅲ类标准
龙坪水厂取水口	—	武穴市污水处理厂总排口下游 7.7 km 处，距离其饮用水水源一级保护区上游边界 6.7 km，距离其饮用水水源二级保护区上游边界 4.7 km	集中式饮用水水源保护区	
蔡山水厂取水口	—	武穴市污水处理厂总排口下游 16.4 km 处，距离其饮用水水源一级保护区上游边界 15.4 km，距离其饮用水水源二级保护区上游边界 13.4 km	集中式饮用水水源保护区	
东马口湖	ES	0.7 km	小湖	《地表水环境质量标准》（GB 3838—2002）Ⅲ类标准
西马口湖	N	2.3 km	小湖	

根据项目所在地环境功能区划要求，地表水环境影响评价采用的污染物排放标准列于表5-20。

表 5-20 本次环评采用评价标准一览表

类别	标准名称	类别	标准限值		备注
			参数名称	浓度限值	
污染物排放标准	废水	一级 A	COD	50 mg/L	项目运营期污水排放标准
			BOD$_5$	10 mg/L	
			SS	10 mg/L	
			NH$_3$-N	5（8）[①] mg/L	
			TN	15 mg/L	
			TP	0.5 mg/L	
			pH	6~9	
			石油类	1 mg/L	
			色度	30 倍	
	《城镇污水处理厂污染物排放标准》（GB 18918—2002）	表2一类污染物排放限值	总砷	0.1 mg/L	
			六价铬	0.05 mg/L	
			总镉	0.01 mg/L	
		表3排放限值	总铜	0.5 mg/L	
			总氰化物	0.5 mg/L	
			氯化物	—	
			挥发酚	0.5 mg/L	
			硫化物	1 mg/L	
			苯	0.1 mg/L	
			甲苯	0.1 mg/L	
			苯胺类	0.5 mg/L	
			邻-二甲苯	0.4mg/L	
			对-二甲苯	0.4mg/L	
			间-二甲苯	0.4mg/L	
			邻氯二苯	—	
	《污水综合排放标准》（GB 8978—1996）	表4一级	硝基苯	2.0 mg/L	

①括号外数值为水温>12 ℃时的控制指标，括号内数值为水温≤12 ℃时的控制指标。

5.8.2 评价工作等级及评价范围

本项目地表水影响类型为污染影响型，污水排放量为 1.5×10^4 m^3/d，排放方式为直接排放，根据《环境影响评价技术导则　地表水环境》判定依据（见表 5-8 备注 4），本项目排放废水涉及第一类污染物总砷、六价铬、总镉、总氰化物，因此项目地表水评价等级为一级。地表水环境评价范围为尾水入长江（武穴段）上游 0.5 km 至下游 10 km。

5.8.3　地表水环境质量现状调查与评价

5.8.3.1　长江（中官铺）断面环境质量现状调查与评价

根据黄冈市环境保护局发布的《黄冈环境质量状况》（2018 年），长江干流（中官铺、白沙洲村、唐家渡大桥上游 1 km、姚港 4 个断面）2018 年水质均满足《地表水环境质量标准》（GB 3838—2002）Ⅱ类标准要求。

长江（中官铺）断面为长江在湖北省的出境断面，位于本项目污水排污口上游 15 km 处，本次评价根据黄冈市生态环境局发布的《黄冈环境质量状况》（2015～2018 年）对长江（中官铺）断面 2015～2018 年水质监测现状进行评价，结果见表 5-21。

表 5-21　长江（中官铺）断面 2015～2018 年水质监测情况一览表

监测断面	水质目标	2015 年水质现状	2016 年水质现状	2017 年水质现状	2018 年水质现状
长江（中官铺）	Ⅱ	Ⅱ	Ⅲ（超标项目为总磷）	Ⅱ	Ⅱ

根据表 5-21 分析表明：长江（中官铺）断面水质 2015 年为Ⅱ类水质，2016 年出现恶化为Ⅲ类水质，2017 年出现好转为Ⅱ类水质，2018 年为平稳状态为Ⅱ类水质。

5.8.3.2　补充监测

本次评价期间委托某检测服务有限公司对项目周边水体东马口湖、西马口湖开展一期（平水期）监测，对受纳水体长江开展一期（枯水期）监测。

A　监测断面

布置 6 个监测点位，分别为东马口湖、西马口湖、武穴市污水处理厂污水排放口上游 500 m 处、武穴市污水处理厂污水排放口处、百米大港与长江交汇处和龙坪水厂取水口处。

B　评价标准

受纳江段、东马口湖、西马口湖执行《地表水环境质量标准》（GB 3838—2002）Ⅲ类水质标准。

C　评价方法

按照《环境影响评价技术导则　地表水环境》（HJ/T 2.3）建议，地表水环境影响评价采用单因子指数评价法，具体见本书 5.3.9 节。

D　监测时间

东马口湖、西马口湖平水期监测时间为 2018 年 10 月 5～7 日，长江枯水期监测时间为 2018 年 12 月 24～26 日。

E　监测及评价结果

监测结果表明：长江（中官铺）断面水质 2015 年为Ⅱ类水质，2016 年出现恶化为Ⅲ类水质，2017 年出现好转为Ⅱ类水质，2018 年为平稳状态为Ⅱ类水质。本次评价期间对东马口湖、西马口湖、长江断面监测结果表明：东马口湖、西马口湖满足《地表水环境质量标准》（GB 3838—2002）Ⅲ类水质标准，受纳江段4个采样断面满足《地表水环境质量标准》（GB 3838—2002）Ⅲ类水质标准。

5.8.4　水污染源调查

根据调查，长江（武穴段）共分布4个污水排口，其分布情况见表5-22。

表5-22　长江（武穴段）排口分布情况一览表

序号	排污口名称	经度	纬度	排污口类型	入河（海）方式	受纳水体名称
1	武穴市田镇办事处田镇社区居民委员会生活污水排放口	115°25′38.56″	29°55′34.98″	生活污水排污口	明渠	长江
2	某化工股份有限公司企业排污口	115°27′2.15″	29°52′46.82″	工业废水排污口	明渠	长江
3	武穴市田镇办事处盘塘社区生活污水排污口	115°27′46.52″	29°52′37.48″	生活污水排污口	暗管	长江
4	武穴市污水处理厂污水排放口	115°36′31″	29°51′05″	市政污水	明渠	长江

根据《环境影响评价技术导则　地表水环境》（HJ 2.3—2018），具有已审批入河排放口的主要污染物种类及其排放浓度和总量数据，以及国家或地方发布的入河排放口数据的，可不对入河排放口汇水区域的污染源开展调查。

根据《武穴市田镇污水处理厂入河排污口设置论证报告（报批稿）》，论证范围内主要排污口为1个，为武穴市污水处理厂尾水排放口，排放量为$3×10^4$ t/d，该排污口已经取得了湖北省水利厅关于武穴市污水处理厂工程入河排污口设置的批复（鄂水利资复〔2007〕285号）。该排污口地处武穴市新矶村，地理坐标为东经115°36′31″，北纬29°51′05″。排水类型为市政排污口，排放方式为连续排放，入河方式为明渠。污水排放量$3×10^4$ t/d，化学耗氧量排放量657 t/a，污染物最大排放浓度不得超过《污水综合排放标准》（GB 8978—1996）规定的排放标准，污染物排放总量应符合水功能区管理要求。

本项目污水经处理达标后，经管道输送至武穴市污水处理厂排污口排入长江。

5.8.5　水文情势调查

根据汉口水文站近百年的观察统计资料，汉口站1954～2013年多年平均流量22300 m³/s，对应水位19.55 m（冻结基面，2013年9月4日）。考虑三峡水库调蓄作用，汉口水文站90%保证率的最枯月均流量7960 m³/s，对应水位13.92 m（冻结基面，2001年1月13日）。

5.8.6　施工期地表水环境影响分析

施工期间所产生的污水主要有基础施工中泥浆水，建材冲洗水，车辆出入冲洗水等生产废水和施工人员所产生的生活污水等。生活污水中主要含有COD、NH_3-N类等污染物；生产废水中主要含有泥砂、石油类等污染物。

施工人员生活排水按90%计算,施工现场的生活污水排放量约13.5 m³/d,属一般性城市生活污水,污水中化学需氧量浓度为100~150 mg/L,氨氮浓度为10~30 mg/L;生产排水主要为冲洗过程排水,按90%计算,排放量约31.5 m³/d,污水中石油类浓度为10~30 mg/L,悬浮物浓度100~300 mg/L。

施工现场设置临时化粪池,施工人员生活污水经临时化粪池处理后,由地方环卫部门定期清运处理,生活污水未直接进入沿线河渠等地表水体。

施工生产废水经隔油池、沉淀池处理后,上清液回用,喷洒在裸露的表土上,一方面起到降尘作用,另一方面对场地的压实和沉降起到有利作用,避免施工废水排放造成水环境污染。

施工期施工人员生活污水及生产废水均得到妥善处置,未对周围环境产生不利影响。

5.8.7 运营期地表水环境影响分析

根据《环境影响评价技术导则 地表水环境》(HJ 2.3—2018),一级评价项目应定量预测建设项目水环境影响,同时影响预测应考虑评价范围内已建、在建和拟建项目中,与建设项目排放同类(种)污染物产生的叠加影响。

(1)尾水排放方案。本污水处理厂污水经处理后水质达到《城镇污水处理厂污染物排放标准》(GB 18918—2002)一级A标准后,经污水排放管网输送至武穴市污水处理厂污水总排口(经纬度:东经115°36′31″,北纬29°51′05″)排入长江(武穴段)。

(2)依托的入河排污口。本污水处理厂依托的入河排污口为武穴市污水处理厂污水总排口,该入河排污口已经取得了湖北省水利厅《关于武穴市污水处理厂工程入河排污口设置的批复》(鄂水利资复〔2007〕285号),入河排污口地处武穴市新矶村,黄广大堤桩号71+098,位于长江武穴饮用水水源、工业用水区,地理坐标为东经115°36′31″,北纬29°51′05″。排水类型为市政排污口,排放方式为连续排放,入河方式为明渠。排污口设置不在武穴市第二水厂水源地保护区范围内,河段河势较稳定,污水排放量3×10⁴ t/d,化学耗氧量排放量675 t/a。污染物最大排放浓度不得超过《污水综合排放标准》(GB 8978—1996)规定的排放标准,污染物排放总量应符合水功能区管理要求。

1)现状废水来源。武穴市污水处理厂位于武穴市武穴办事处新矶村,服务范围包含武穴市中心城区、马口工业园区、大金工业园区和东、西港泵站。该污水厂总设计规模为5×10⁴ m³/d,分三期建设,一期建设规模为1.5×10⁴ m³/d(已投产);二期建设规模为2.0×10⁴ m³/d(已投产);三期建设规模1.5×10⁴ m³/d(已建)。

武穴市污水处理厂设计出水标准为《城镇污水处理厂污染物排放标准》(GB 18918—2002)中一级B标准,尾水受纳水体为长江武穴段,三期工程进行提标升级改造,改造完成后出水水质达到一级A标准。

武穴市污水处理厂收集范围为武穴市生活污水、少量工业污水及现状马口医药化工园工业污水,进水水质见表5-23。

表5-23 武穴市污水处理厂进水水质 (mg/L)

项目	pH	COD	BOD$_5$	NH$_3$-N	SS	TN	TP
进水	6~9	500	250	70	250	80	10

2）现状污染物排放量调查。武穴市污水处理厂经提标升级改造完成后尾水执行《城镇污水处理厂污染物排放标准》（GB 18918—2002）一级 A 标准。现状污染物排放量见表 5-24。

表 5-24　现状污染物排放量一览表

污染物	排放浓度	排放量
污水量	—	50000 m^3/d
COD	50 mg/L	912.5 t/a
BOD$_5$	10 mg/L	182.5 t/a
NH$_3$-N	5（8）mg/L	91.25 t/a
SS	10 mg/L	182.5 t/a
TN	10 mg/L	182.5 t/a
TP	0.5 mg/L	9.125 t/a

3）现状污染物总量控制。根据《建设项目主要污染物排放总量指标审核及管理暂行办法》（环发〔2014〕197 号）总体要求第一条规定"本办法适用于各级环境保护主管部门对建设项目（不含城镇生活污水处理厂、垃圾处理场、危险废物和医疗废物处置厂）主要污染物排放总量指标的审核与管理"，武穴市污水处理厂为城镇生活污水处理厂，因此不需实行污染物总量控制。

4）入河排污口改扩建完成后情况。本污水处理厂依托的入河排污口为武穴市污水处理厂污水总排口，根据湖北省生态环境厅《关于武穴市田镇污水处理厂入河排污口设置论证报告的审查意见》（鄂环审〔2019〕332 号），田镇污水处理厂污水经处理达标后，经管道输送至武穴市污水处理厂排污口排入长江，排污口位于武穴市新矶村，所在水功能区为长江武穴饮用水水源、工业用水区（左岸），入河排污口为混合型，属改扩建排污口，排放方式为连续排放，入河方式为管道泵排。核定污水排放量为 $1.5×10^4$ t/d，尾水排放执行《城镇污水处理厂污染物排放标准》（GB 18918—2002）一级 A 标准。

改扩建完成后该入河排污口排放量为 $4.5×10^4$ t/d，尾水排放执行《城镇污水处理厂污染物排放标准》（GB 18918—2002）一级 A 标准。

（3）尾水排放方案可行性分析。本污水处理厂污水依托武穴市污水处理厂污水总排口排放，已经取得了湖北省生态环境厅《关于武穴市田镇污水处理厂入河排污口设置论证报告的审查意见》（鄂环审〔2019〕332 号），同意本项目尾水排放口的设置方案。且本项目建成后，可有效削减武穴市污水处理厂的处理负荷。

排放方式为由园区泵站提升后经污水管网输送至武穴市污水处理厂污水总排口，现状泵站规模为 2000 m^3，本项目对其扩容至 $1.5×10^4$ m^3，泵站改扩建完成后可满足本项目需要。对本项目污水安装在线监测，进行实时监控，确保尾水达标排放。

尾水排放江段水功能区为长江武穴饮用水水源、工业用水区（左岸），水质管理目标为Ⅲ类，入河排污口为混合型。根据《水功能区管理办法》在工业用水区设置排污口符合相关法律法规规定，通过计算本排污口废污水排放不会改变水功能区的水质管理目标。因此本项目的排污的设置是合理可行的。

5.8.8 地表水环境影响预测

《武穴市田镇污水处理厂入河排污口设置论证报告（报批稿）》对排污口附近超标水域、下游武穴大闸断面水质、水环境功能区、国控断面进行了预测，此部分内容引用《武穴市田镇污水处理厂入河排污口设置论证报告（报批稿）》中预测结果。本次评价对排污口对长江（武穴段）的影响分析采用模型预测。

（1）预测评价因子。基本污染物选择 COD、NH$_3$-N、TP 作为预测评价的因子；特征污染物采用 ISE 进行计算，选择 ISE 最大的作为预测评价因子，本次评价选择苯胺类作为特征预测评价因子。

（2）预测评价范围。项目预测范围为田镇污水处理厂（一期）工程排污口至下游 10 km，水域保护等级为水体。

（3）预测评价标准。根据《地表水环境质量标准》（GB 3838—2002）中的规定，受纳江段Ⅲ类水质标准：COD 20 mg/L、NH$_3$-N 1.0 mg/L、TP 0.2 mg/L、苯胺类 0.1 mg/L。

（4）预测方法、预测模型。本项目地表水环境评价工作等级为一级。根据《环境影响评价技术导则　地表水环境》（HJ 2.3—2018）中有关规定选取预测方法及模式，采用长江丰水期和枯水期相应的流量分别作为计算条件进行评价。

项目污水入长江稀释扩散和自净行为是一个非常复杂的过程，长江属于平直河流，混合过程段预测采用二维稳态混合模式，根据《环境影响评价技术导则　地表水环境》（HJ 2.3—2018）中推荐的平面二维数学模型中解析方法，不考虑岸边反射影响的宽浅型平直恒定均匀河流，岸边点源稳定排放，浓度分布公式见式（5-54）：

$$C(x, y) = C_{h+} \frac{m}{h\sqrt{\pi E_y u x}} \exp\left(-\frac{u y^2}{4 E_y x}\right) \exp\left(-k \frac{x}{u}\right) \tag{5-54}$$

式中　$C(x, y)$——纵向距离 x、横向距离 y 点的污染物浓度，mg/L；

　　　　m——污染物排放速率，g/s；

其他符号说明同式（5-9）、式（5-10）、式（5-12）、式（5-17）。

（5）参数的确定。

1）水文参数。据长江武穴段水文站资料记载，项目排污口处长江断面枯水期及平水期预测水文参数见表 5-25。

表 5-25　长江武穴段水文参数及预测参数一览表

水期	项目	流量 Q_h/m$^3 \cdot$ s^{-1}	平均水深 H/m	平均流速 u/m · s^{-1}	河宽 B/m
长江	枯水期	7960	8.50	0.85	830
	丰水期	29900	22.5	1.5	1900

2）河流简化。长江（武穴段）为大型河流，枯水期河流断面宽深比 830/8.5 = 97.6 > 20；丰水期河流断面宽深比 1050/22.5 = 46.67 > 20，因此预测时可视为矩形平直河流。

3）横向混合系数。根据《武穴市田镇污水处理厂入河排污口设置论证报告（报批稿）》，横向混合系数 E_y 为 0.28 m^2/s。

4）降解系数。根据《武穴市田镇污水处理厂入河排污口设置论证报告（报批稿）》，COD 降解系数 0.12/d，NH$_3$-N 降解系数 0.08/d。TP 降解系数按照经验确定为 0.19/d。

5）源强的确定。本项目污水经处理达标后，经管道输送至武穴市污水处理厂排污口排入长江，属改扩建排污口。武穴市污水处理厂已批复规模为 3×10^4 t/d，本项目新增 1.5×10^4 t/d，本次评价按照改扩建完成后 4.5×10^4 t/d 进行预测，其排放的流量为 0.521 m^3/s。

排污口尾水排放执行《城镇污水处理厂污染物排放标准》（GB 18918—2002）中一级 A 排放标准。在正常排放情况下，尾水排放浓度为处理后的达标排放浓度；在非正常排放情况下，考虑最不利情况即污水未经任何处理排入长江（武穴段），即排放浓度为处理前浓度。污水处理厂的污染物排放浓度见表 5-26。

表 5-26 污水处理厂尾水水质指标　　　　　　　　　　　　　　　（mg/L）

污染指标	COD	NH$_3$-N	TP	苯胺类
正常排放浓度	50	5（8）	0.5	0.5
非正常排放浓度	500	45	6	0.5

6）背景浓度。背景浓度采用其排污口上游 500 m 断面现场监测最大浓度值，其污染物浓度为 COD 12 mg/L、NH$_3$-N 0.314 mg/L、TP 0.082 mg/L、苯胺类 0.038 mg/L。

7）预测工况。本项目地表水环境影响预测与评价分为正常排放和非正常排放两种情况，并分别预测丰水期和枯水期的影响，如表 5-27 所示。

表 5-27 预测工况一览表

		水量	COD	NH$_3$-N	TP	苯胺类
丰水期	正常排放		COD	NH$_3$-N	TP	苯胺类
		4.5×10^4 t/d	50 mg/L	5 mg/L	0.5 mg/L	0.5 mg/L
	非正常排放	水量	COD	NH$_3$-N	TP	苯胺类
		4.5×10^4 t/d	500 mg/L	45 mg/L	6mg/L	0.5 mg/L
枯水期	正常排放	水量	COD	NH$_3$-N	TP	苯胺类
		4.5×10^4 t/d	50 mg/L	5 mg/L	0.5 mg/L	0.5 mg/L
	非正常排放	水量	COD	NH$_3$-N	TP	苯胺类
		4.5×10^4 t/d	500 mg/L	45 mg/L	6mg/L	0.5 mg/L

（6）预测结果分析。

1）正常排放。丰水期：COD 浓度预测值在排污口下游 10 m 处为 12.3186 mg/L，NH$_3$-N 浓度预测值在排污口下游 10 m 处为 0.3459 mg/L，TP 浓度预测值在排污口下游 10 m 处为 0.0852 mg/L，苯胺类浓度预测值在排污口下游 10 m 处为 0.0412 mg/L，可满足《地表水环境质量标准》（GB 3838—2002）Ⅲ类标准水质标准要求（COD：20 mg/L，NH$_3$-N：1.0 mg/L，TP：0.2 mg/L，苯胺类：0.1 mg/L）。枯水期：COD 浓度预测值在排污口下游 10 m 处为 13.1206 mg/L，NH$_3$-N 浓度预测值在排污口下游 10 m 处为 0.4261 mg/L，TP 浓度预测值在排污口下游 10 m 处为 0.0932 mg/L，苯胺类浓度预测值在排污口下游 10 m 处为 0.0492 mg/L，可满足《地表水环境质量标准》（GB 3838—2002）Ⅲ类标准水质标准要求（COD：20 mg/L，NH$_3$-N：1.0 mg/L，TP：0.2 mg/L，苯胺类：0.1 mg/L）。

2）非正常排放。丰水期：COD 浓度预测值在排污口下游 10 m 处为 15.1872 mg/L，NH$_3$-N 浓度预测值在排污口下游 10 m 处为 0.6009 mg/L，TP 浓度预测值在排污口下游 10 m 处为 0.1202 mg/L，苯胺类浓度预测值在排污口下游 10 m 处为 0.0412 mg/L，可满足《地表水环境质量标准》（GB 3838—2002）Ⅲ类标准水质标准要求（COD：20 mg/L，NH$_3$-N：1.0 mg/L，TP：0.2 mg/L，苯胺类：0.1 mg/L）。枯水期：COD 浓度预测值在排污口下游 410 m 处为 13.7412 mg/L，NH$_3$-N 浓度预测值在排污口下游 410 m 处为 0.4713 mg/L，TP 浓度预测值在排污口下游 410 m 处为 0.1029 mg/L，苯胺类浓度预测值在排污口下游 410 m 处为 0.0492 mg/L，可满足《地表水环境质量标准》（GB 3838—2002）Ⅲ类标准水质标准要求（COD：20 mg/L，NH$_3$-N：1.0 mg/L，TP：0.2 mg/L，苯胺类：0.1 mg/L）。

3）结果评价。本项目在正常排放情况下，在长江经扩散和自然降解后，丰水期及枯水期在排污口下游 10 m 处预测值可以满足《地表水环境质量标准》（GB 3838—2002）Ⅲ类标准水质标准要求；本项目在非正常排放情况下，在长江经扩散和自然降解后，丰水期在排污口下游 10 m 处预测值可以满足《地表水环境质量标准》（GB 3838—2002）Ⅲ类标准水质标准要求，枯水期在排污口下游 410 m 处预测值可以满足《地表水环境质量标准》（GB 3838—2002）Ⅲ类标准水质标准要求。

（7）污染源核算断面 COD、NH$_3$-N、TP 安全余量。根据 HJ 2.3—2018 "8.3.3.1c) 当受纳水体为河流时，不受回水影响的河段，建设项目污染源排放量核算断面位于排放口下游，与排放口的距离应小于 2 km"，本次评价选取污染源核算断面位于排污口下游 1 km 处，符合 HJ 2.3—2018 要求。工程正常排放情况下污染源核算断面 COD、NH$_3$-N、TP 浓度最大值详见表 5-28。

表 5-28 不同时期正常排放情况下污染源核算断面 COD、NH$_3$-N、TP 安全余量一览表

（mg/L）

核算断面	预测时期及工况	污染物	预测浓度	标准限值	安全余量	导则要求安全余量①	是否满足
排污口下游 1 km 处	丰水期	COD	12.0207	20	7.9793	≥2	是
		NH$_3$-N	0.317	1	0.683	≥0.1	是
		TP	0.0822	0.2	0.1178	≥0.02	是
	枯水期正常排放	COD	12.0923	20	7.9077	≥2	是
		NH$_3$-N	0.3249	1	0.6751	≥0.1	是
		TP	0.0829	0.2	0.1171	≥0.02	是

①根据 HJ 2.3—2018 "8.3.3.1 e) 安全余量可按地表水环境质量标准、受纳水体环境敏感性等确定：受纳水体为 GB 3838 Ⅲ类水域时，以及涉及水环境保护目标的水域，安全余量按照不低于建设项目污染源排放量核算断面（点位）处环境质量标准的10%确定（安全余量≥环境质量标准×10%）"，即 COD 安全余量≥2 mg/L，NH$_3$-N 安全余量≥0.1 mg/L，TP 安全余量≥0.02 mg/L。

正常排放情况下，丰水期和枯水期污染源核算断面 COD、NH$_3$-N、TP 安全余量满足《环境影响评价技术导则 地表水环境》（HJ 2.3—2018）要求，符合地表水环境质量底线要求。

（8）排放口混合区范围。根据《武穴市田镇污水处理厂入河排污口设置论证报告（报批稿）》，枯水期不同工况下污染混合区范围的计算结果详见表 5-29。

表 5-29   枯水期不同工况下污染物污染混合区范围

预测时期及工况		污染物	污染混合区范围	
			纵向最大长度/m	横向最大长度/m
枯水期	正常排放	COD	2378	44
		NH$_3$-N	2705	50
		TP	2682	47
	非正常排放	COD	3159	58
		NH$_3$-N	3574	60
		TP	3973	64

枯水期在正常排放情况下，岸边水域将产生长约 2705m，宽约 50 m 的污染带；非正常排放情况下，岸边水域将产生长约 3973 m，宽约 64 m 的污染带，但不会对区域水功能产生影响。

（9）对下游武穴大闸断面影响分析。根据《武穴市田镇污水处理厂入河排污口设置论证报告（报批稿）》，本项目拟设排污口位于长江武穴饮用水水源、工业用水区（左岸），距离水功能区上断面约 9.9 km，下断面约 1.1 km。不同工况下，该功能区末端武穴大闸断面污染物浓度均受到不同程度的影响。

正常排放工况下，排放口排放规模 4.5×10^4 t/d，武穴大闸断面左岸 49 m 范围内，COD 岸边最大浓度为 12.6 mg/L，NH$_3$-N 最大浓度为 0.85 mg/L，TP 最大浓度为 0.130 mg/L。各指标均满足《地表水环境质量标准》（GB 3838—2002）Ⅲ类水质标准要求，满足水功能区控制目标要求。

非正常排放工况下，排放口排放规模 4.5×10^4 t/d，武穴大闸断面左岸 54 m 范围内，COD 岸边最大浓度为 46.3 mg/L，NH$_3$-N 最大浓度为 3.84 mg/L，TP 最大浓度为 0.610 mg/L。各指标均超出《地表水环境质量标准》（GB 3838—2002）Ⅲ类水质标准要求。由于断面超标水域仅局限于近岸水域，对武穴大闸断面平均水质浓度影响不大。

（10）对水功能区水质影响分析。根据《武穴市田镇污水处理厂入河排污口设置论证报告（报批稿）》，项目排污口位于长江武穴饮用水水源、工业用水区（左岸），其管理目标执行《地表水环境质量标准》（GB 3838—2002）Ⅲ类水标准。

本项目排污口尾水经过长江水体的稀释后其主要控制指标（COD、NH$_3$-N、TP）均能够达到Ⅲ类水质标准，没有改变功能区的使用功能，也不会对相邻功能区产生影响。非正常排放工况时，对水功能区水质则有明显影响。

（11）对饮用水水源地影响分析。龙坪水厂取水口位于武穴市污水处理厂总排口下游 7700 m 处、蔡山水厂取水口位于武穴市污水处理厂总排口下游 16400 m 处，根据《武穴市田镇污水处理厂入河排污口设置论证报告（报批稿）》预测结果，正常排放时，污水排放量为 45000 m³/d 时，污染带范围长 2705 m，宽 50 m。

发生事故排放，污水排放量为 45000 m³/d 时，污染带范围长 3973 m，宽 64 m，超标范围最大的因子为 TP。

本项目排污口离下游龙坪水厂取水口 7700 m，因此不会对龙坪水厂造成影响。

综上，项目运行后，削减了该江段的入河排污量，对长江武穴段的水质改善起到积极作用，正常运行情况下，不会对下游水源地水质产生明显不利影响，应尽量避免事故排放。

5.8.9 水污染防治措施

5.8.9.1 进水水质控制要求

《田镇污水处理厂（一期）工程初步设计》对常规污染物指标作出了进水水质控制要求，本项目为马口医药化工园配套的工业污水处理厂，马口医药化工园主要产业为新型建材、精细化工及港口物流，特征污染物为石油类、铜、砷、六价铬、镉、氰化物、氯化物、挥发酚、硫化物、苯、甲苯、硝基苯、苯胺类、二甲苯、邻氯二苯等，鉴于本污水处理厂未设计特征污染物的处理单元，因此园区内污水在进入本污水处理厂前需满足其行业排放标准及《城镇污水处理厂污染物排放标准》（GB 18918—2002）一级 A 标准，污水处理厂进水水质指标见表 5-30。

表 5-30 污水处理厂设计进水水质指标

序号	污染物	设计进水指标/mg·L^{-1}	备 注
1	COD	≤500	—
2	BOD$_5$	≤150	—
3	SS	≤300	—
4	氨氮（以 N 计）	≤45	—
5	总氮（以 N 计）	≤70	—
6	总磷（以 P 计）	≤6	—
7	pH 值	6~9	无量纲
8	石油类	≤1	《城镇污水处理厂污染物排放标准》（GB 18918—2002）一级 A 标准
9	总砷	≤0.1	《城镇污水处理厂污染物排放标准》（GB 18918—2002）表 2 一类污染物排放限值
10	六价铬	≤0.05	
11	总镉	≤0.01	
12	总铜	≤0.5	《城镇污水处理厂污染物排放标准》（GB 18918—2002）表 3 排放限值
13	总氰化物	≤0.5	
14	挥发酚	≤0.5	
15	硫化物	≤1	
16	苯	≤0.1	
17	甲苯	≤0.1	
18	苯胺类	≤0.5	
19	邻-二甲苯	≤0.4	
20	对-二甲苯	≤0.4	
21	间-二甲苯	≤0.4	

序号	污染物	设计进水指标/mg·L⁻¹	备　注
22	邻氯二苯	—	
23	硝基苯	≤2.0	《污水综合排放标准》(GB 8978—1996) 表 4 一级标准
24	氯化物	≤800	《污水排入城镇下水道水质标准》 (GB/T 31962—2015)表 1 B 级标准
25	色度	≤64 倍	

5.8.9.2　污水处理工艺分析

A　预处理系统

综合污水通过管网进入一体化提升泵站后，经提升泵提升进细格栅进一步截留污水中的杂物，然后污水进入调节池。当来水水质或水量变化较大时，即来水 COD 接近 500 mg/L 或调节池液位达到上限时，污水进入事故池。在来水相对稳定后，事故池的污水经泵提升进入事故反应沉淀池预处理后，再进入调节池进行后续处理。

B　生化处理系统

调节池污水经泵提升进入水解酸化池，在水解酸化池内微生物的作用下，提高污水的可生化性。然后自流进入缺氧池和好氧池。水解酸化池、缺氧池、好氧池组成 A²/O 脱氮除磷生化系统。污水在水解酸化池、缺氧池、好氧池通过活性污泥去除污水中的有机物与磷类物质，经生化处理后的污水自流进入平流二沉池进行固液分离，上清液进入深度处理单元，分离出的污泥一部分回流到水解酸化池和缺氧池进行生物接种，剩余污泥排入储泥池。

C　深度处理系统

平流沉淀池上清液自流进入絮凝沉淀池进行化学沉淀反应后，进入中间水池，然后经泵提升至石英砂过滤罐进行粗滤，然后自流进入臭氧氧化罐进行强制氧化后，再进行生物活性炭吸附。

本处理系统用于去除难生物降解的物质。

最终出水经接触消毒池消毒后排放或回用。

D　污泥脱水系统

本污水处理厂内产生污泥单元有事故沉淀池、二沉池及絮凝沉淀池，各污泥在储泥池浓缩后，经泵提升至污泥调质罐，再经高压隔膜板框压滤机脱水后，若鉴定为一般工业固体废物，则交由华新水泥进行协同处置；若鉴定为危险废物，则交由具有处理资质的单位进行处置。

5.8.9.3　污水处理可行技术分析

根据《排污许可证申请与核发技术规范　水处理（试行）》（HJ 978—2018）中提供的污水处理可行技术参照表，工业废水处理可行技术与本工程采取的污水处理工艺对比情况见表 5-31。

表 5-31 污水处理可行技术分析一览表

废水类别	可行技术	本污水处理厂处理工艺
工业废水	预处理：沉淀、调节、气浮、水解酸化	预处理：格栅、沉淀、调节、水解酸化
	生化处理：好氧、缺氧好氧、厌氧缺氧好氧、序批式活性污泥、氧化沟、移动生物床反应器、膜生物反应器	生化处理：改良 A^2/O
	深度处理：反硝化滤池、化学沉淀、过滤、高级氧化、曝气生物滤池、生物接触氧化、膜分离、离子交换	深度处理：臭氧氧化

根据表 5-31 分析可知，本项目采用预处理+水解酸化+改良 A^2/O+深度处理的工艺为《排污许可证申请与核发技术规范　水处理（试行）》（HJ 978—2018）工业污水处理厂可行技术，采取该工艺处理工业废水具有可行性，污水处理工艺满足《排污许可证申请与核发技术规范　水处理（试行）》（HJ 978—2018）可行技术要求。

5.8.9.4　出水水质达标可行性分析

A　出水水质达标可行性分析

本污水处理厂采用预处理+水解酸化+改良 A^2/O+深度处理的工艺，进入本污水处理厂的污水中特征污染物需满足其行业排放标准及《城镇污水处理厂污染物排放标准》（GB 18918—2002）一级 A 标准，故此处出水水质达标分析仅分析 COD、BOD_5、SS、TP、TN、NH_3-N 等指标，污水处理工艺对各指标的去除效率见表 5-32。

表 5-32 污水处理厂各处理单元处理效率一览表

项　目	COD	BOD_5	SS	TP	TN	NH_3-N
进水水质/$mg \cdot L^{-1}$	≤500	≤300	≤300	≤8	≤70	≤45
预处理单元去除效率/%	≥50	≥60	≥90	≥60	≥45	≥65
生化处理单元去除效率/%	≥80	≥85	≥62.5	≥85	≥62	≥70
深度处理单元去除效率/%	—	≥50	≥20	—	—	—
总去除效率/%	≥90	≥97	≥97	≥94	≥79	≥89
出水水质/$mg \cdot L^{-1}$	≤50	≤10	≤10	≤0.5	≤15	≤5（8）
标准限值/$mg \cdot L^{-1}$	≤50	≤10	≤10	≤0.5	≤15	≤5

根据表 5-32 分析，污水经本污水处理厂处理后出水水质可达到《城镇污水处理厂污染物排放标准》（GB 18918—2002）一级 A 排放标准。

此外，《田镇污水处理厂（一期）工程初步设计》已经通过评审，专家审查意见认为选择的技术路线基本合理，经进一步修改完善后，可作为下一步工作的依据。根据《田镇污水处理厂（一期）工程初步设计》的结论，采用预处理+水解酸化+改良 A^2/O+深度处理的工艺，污水出水可以达到《城镇污水处理厂污染物排放标准》（GB 18918—2002）一级 A 排放标准。

B   类比监测数据可行性分析

武汉东湖新技术开发区豹澥污水处理厂为工业污水处理厂，采用改良 A²/O 处理工艺，根据《武汉东湖新技术开发区豹澥污水处理厂（一期）工程竣工阶段性验收报告》，其出水可达到《城镇污水处理厂污染物排放标准》(GB 18918—2002) 一级 A 排放标准。

根据上述分析内容可知，污水经本污水处理厂处理后出水可达到《城镇污水处理厂污染物排放标准》(GB 18918—2002) 一级 A 排放标准。

5.8.9.5   排污口规范化设置及在线监测

根据国家及省市环境管理部门有关文件精神，项目污水排放口必须实施规范化整治，该项工作是实施污染物总量控制计划的基础工作之一。对本项目排污口规范化整治技术主要要求如下：

（1）合理设置排污口位置，排污口应按规范设计，并按《污水监测技术规范》（HJ 91.1—2019）设置采样点，以便环保部门监督管理；

（2）按照 GB 15562.1—1995 及 GB 15562.2—1995《环境保护图形标志》的规定，规范化整治的排污口应设置相应的环境图形标志；

（3）规范化整治的排污口有关设施属环境保护设施，应将其纳入本单位设备管理，并选派具有专业知识的专职或兼职人员对排污口进行管理；

（4）设置规范化的计量槽和流量计，安装流量、pH、COD、NH_3-N、TP 在线监测装置，确保水质稳定达标。

5.8.9.6   废水非正常排放下的应急措施

本项目对污水处理系统可能发生的异常情况积极防范；在突发性污染事故发生后，迅速、高效、有序地开展污染事故的应急处理工作，最大限度地避免和控制污染的扩大，确定潜在的事故、事件或紧急情况，确保经过处理的污水中的污染物浓度符合国家或地方排放标准，并能在事故发生后迅速有效控制处理。

（1）进水水质异常应急处理措施。

从源头监控进水水质。为了确保排入污水管网的各企业污水符合接管要求，本评价建议对主要排污企业（如排水量大于 100 m³/d 或排放含有重金属或第一类污染物等有毒有害物质废水的企业）的污水排口建设在线监测装置，对污水流量、pH、COD 和 NH_3-N 等浓度进行在线监测，在线监测装置必须与污水处理厂监控室、当地生态环境局连通，以便接受监督。

通过污水处理厂内运行方式，保证出水稳定达标排放。环保部门的工业企业在线监测数据与厂区自控系统共享，当发生企业工业废水事故排放时，及时切换进水泵房出水管道至厂内事故池，通过调节厂内运行方式，确保出水稳定达标排放。

（2）突然停电应急处理措施。

项目电源采用双回路电源，当一路发生故障时，电源切换至另一路备用回路。

（3）设备突发事故应急处理措施。

设备突发事故时，首先关闭厂区污水总排口的阀门，同时打开事故池的控制阀，使废水贮存在事故池内。在此期间，需尽快查明设备故障原因，采取必要的保障措施，属于简单事故的，应抓紧时间立即抢修。同时对于主要的设备应在厂区内配备备用设备，一旦主要设备突发事故，要立即启动备用设备，保证污水厂的稳定运行。

5.8.9.7　总量控制因子

根据环保部《建设项目主要污染物排放总量指标审核及管理办法》（试行）（环发〔2014〕197号），本评价的水污染物总量控制因子有：COD、NH_3-N，如表5-33所示。

表5-33　项目各总量控制污染物排放量指标　　　　　　　　　　　（t/a）

污 染 项 目	控制指标	总排放量	总量控制指标申请量
废水（排放量 1.5×10⁴ m³/d、	COD	273.75	273.75
5.475×10⁶ m³/a）	NH_3-N	27.375	27.375
固体废物	—	0	0

建设单位应向黄冈市生态环境局武穴市分局申请相应的总量控制指标。本项目为市级审批项目，项目污染物总量控制指标可通过市内污染物总量指标调剂获得。

5.8.9.8　管线标定及排口在线监测方案

基于"排口可监控、排污可追溯"的原则，项目排水管线需要定点设置明显的标志，线路标识包括线路标志桩、警示牌和警示带，其设置参照相关行业标准执行。

在排污口采样测定的污染物包括流量、pH、水温、COD、NH_3-N、TP、TN，工程管理单位必须按季、按年度向水行政主管部门报送排污口统计表，必须按规定项目如实填报报表，不得弄虚作假。水行政主管部门每年按照规定的审批权限，对排污口组织年审。监测计划如表5-34所示。

表5-34　监测计划

项　目	位置	监测因子	监测频次
污水（实施在线监测排污口水质。工程应在排污口处安装监测仪器设备、环保图形标志牌等环境保护措施，安装流量、pH、水温、COD、NH_3-N、TP、TN 等在线水质监测设备与传输系统）	进水总管	流量、COD、NH_3-N	自动监测
		TP、TN	1次/日
	厂区废水排放口	流量、pH、水温、COD、NH_3-N、TP、TN	自动监测
		悬浮物、色度	1次/日
		BOD_5、石油类	1次/月
		总镉、总铬、总汞、总铅、总砷、六价铬	1次/月
		总铜、总氰化物、挥发酚、硫化物、苯、甲苯、苯胺类、邻-二甲苯、对-二甲苯、间-二甲苯、邻氯二苯、余氯	1次/季度
雨水	雨水排放口	pH、COD、NH_3-N、悬浮物	1次/日①
废气	除臭装置排气筒1号	NH_3、H_2S	1次/半年
	厂界无组织排放	NH_3、H_2S、臭气浓度	1次/半年
噪声	厂界四周	等效连续 A 声级	1次/季度

项　　目	位置	监 测 因 子	监测频次
地下水	地下水监测井	地下水水位、pH、NH_3-N、硝酸盐、亚硝酸盐、氟化物、铁、锰、高锰酸钾盐指数、硫酸盐、大肠菌群等	1 次/年

① 雨水排放口有流动水排放时按日监测。若监测一年无异常情况，可放宽至每季度开展一次监测。

5.8.9.9　排污口信息化管理方案

在入河排污口处应设置明显的标志牌，便于公众监督。标志牌内容应包括入河排污口名称，地理坐标，主要污染物的名称、排放浓度和总量，排入的水功能区名称及水质保护目标，入河排污口设置单位，入河排污口审批单位及监督电话、微信公众号等信息。入河排污口实施在线计量监控，将已设入河排污口的在线计量监控信息接入水资源监控信息平台。

运营期监测由运营单位负责，委托有资质的单位开展运营期监测，梳理全过程监测质控要求，建立自行监测质量保障与质量控制体系。编制监测工作质量控制计划，选择与监测活动类型和工作量相适应的质控方法，包括使用标准物质、采用空白试验、平行样测定、加标回收率测定等，定期进行质控数据分析。

5.8.10　地表水环境影响评价

5.8.10.1　水污染防治措施有效性评价

（1）排放口浓度满足国家和地方标准的规定。项目设计出水水质各污染物浓度满足《城镇污水处理厂污染物排放标准》（GB 18918—2002）及其修改单一级 A 标准要求。

项目尾水排放主要污染物浓度及主要污染物排放量满足湖北省生态环境厅《关于武穴市田镇污水处理厂入河排污口设置论证报告的审查意见》（鄂环审〔2019〕332 号）要求。

（2）污水处理工艺满足行业污染防治可行技术指南要求。对照《排污许可证申请与核发技术规范　水处理（试行）》（HJ 978—2018）6.2.1 污水处理可行技术表，见表 5-35。

表 5-35　污水处理可行技术参照表

废水类别	执行标准	可 行 技 术
生活污水	GB 18918 中二级标准、一级标准的 B 标准	预处理：格栅、沉淀（沉砂、初沉）、调节； 生化处理：缺氧好氧、厌氧缺氧好氧、序批式活性污泥、氧化沟、曝气生物滤池、移动生物床反应器、膜生物反应器； 深度处理：消毒（次氯酸钠、臭氧、紫外、二氧化氯）
	执行 GB 18918 中一级标准的 A 标准或更严格标准	预处理：格栅、沉淀（沉砂、初沉）、调节； 生化处理：缺氧好氧、厌氧缺氧好氧、序批式活性污泥、接触氧化、氧化沟、移动生物床反应器、膜生物反应器； 深度处理：混凝沉淀、过滤、曝气生物滤池、微滤、超滤、消毒（次氯酸钠、臭氧、紫外、二氧化氯）

废水类别	执行标准	可 行 技 术
工业废水	—	预处理①：沉淀、调节、气浮、水解酸化； 生化处理：好氧、缺氧好氧、厌氧缺氧好氧、序批式活性污泥、氧化沟、移动生物床反应器、膜生物反应器； 深度处理：反硝化滤池、化学沉淀、过滤、高级氧化、曝气生物滤池、生物接触氧化、膜分离、离子交换

① 工业废水间接排放时可以只有预处理段。

本项目为工业污水处理厂，处理工艺为水解酸化+改良 A^2/O+深度处理工艺，出水满足《城镇污水处理厂污染物排放标准》（GB 18918—2002）及其修改单一级 A 标准要求，属于表 5-35 中的可行技术，可有效确保尾水稳定达标排放。

5.8.10.2　水环境影响评价

（1）根据《排污口论证报告》，枯水期正常排放情况下，COD 超Ⅲ类水质标准的污染带长 2378 m、宽 44 m，NH_3-N 超Ⅲ类水质标准的污染带长 2705 m、宽 50 m，TP 超Ⅲ类水质标准的污染带长 2682 m、宽 47 m，正常排放情况下，污水排放对附近江段长江干流水质影响较小；枯水期事故工况下，COD 超Ⅲ类水质标准的污染带长 3159 m、宽 58 m，NH_3-N 超Ⅲ类水质标准的污染带长 3574 m、宽 60 m，TP 超Ⅲ类水质标准的污染带长 3973 m、宽 64 m，长江（中官铺）国控断面位于排污口上游约 15 km 处，COD、NH_3-N、TP 污染带不会扩散至长江（中官铺）国控断面。该段内无其他排污口，不存在与其他排污口混合叠加现象，混合区外水质满足Ⅲ类水质要求。

（2）根据预测结果，丰水期和枯水期在正常排放及非正常排放工况条件下，项目尾水排放将不会对龙坪水厂取水口、蔡山水厂取水口水质造成不利影响。

（3）长江（中官铺）断面为长江在湖北省的出境断面，位于本项目污水排放口上游 15 km 处；本项目污水排放口下游考核断面为下游约 30 km 处江西省入境断面长江（九江断面）。前述预测结果表明：在正常排放情况下，在长江经扩散和自然降解后，丰水期及枯水期在排污口下游 10 m 处预测值可以满足《地表水环境质量标准》（GB 3838—2002）Ⅲ类标准水质标准要求；在非正常排放情况下，在长江经扩散和自然降解后，丰水期在排污口下游 10 m 处预测值可以满足《地表水环境质量标准》（GB 3838—2002）Ⅲ类标准水质标准要求，枯水期在排污口下游 410 m 处预测值可以满足《地表水环境质量标准》（GB 3838—2002）Ⅲ类标准水质标准要求。因此，项目尾水排放将不会对下游考核断面水质造成不利影响。

（4）根据环保部《建设项目主要污染物排放总量指标审核及管理办法》（试行）（环发〔2014〕197 号），本项目需申请 COD、NH_3-N 总量控制指标，由建设单位向当地生态环境保护部门进行申请。

（5）工程用地性质为基础设施用地，不涉及《省人民政府关于发布湖北省生态保护红线的通知》（鄂政发〔2018〕30 号）中按规定划入生态保护红线的保护区、生态功能极重要区或生态环境极敏感区，工程不占用生态保护红线。因此，项目的建设满足生态保护红线的管理要求。

（6）长江（武穴段）水环境质量现状达标，根据预测结果，工程正常排放下，混合区外水域水质满足水环境功能区要求，满足环境质量底线要求。

（7）工程运行过程中主要能源为电能，为清洁能源，对区域的资源消耗情况较小，未达到区域资源利用上线，符合资源利用上线的相关要求，不属于《武穴市田镇工业新区总体规划（2016~2030 年）环境影响评价报告书》及其审查意见、《长江经济带发展负面清单指南（试行）的通知》《湖北长江经济带发展负面清单指南实施细则（试行）》禁止建设项目。因此，工程符合环境准入清单的管理要求。

5.8.10.3 污染源排放量核算

本项目废水排放量核算见表 5-36。

表 5-36　项目废水污染物排放量核算表

排放口编号	污染物种类	排放浓度/mg·L^{-1}	日排放量/t·d^{-1}	年排放量/t·a^{-1}	排放口类型	备　注
DW001	pH	6~9（无量纲）	—	—	主要排放口	厂区污水经污水排放口排放后依托武穴市污水处理厂污水排放口排入长江（武穴段）
	COD	50	0.75	273.75		
	BOD$_5$	10	0.15	54.75		
	SS	10	0.15	54.75		
	TP	0.5	0.0075	2.738		
	TN	15	0.225	82.125		
	NH$_3$-N	5（8）	0.075	27.375		
	石油类	1	0.015	5.475		
	总铜	0.5	0.0075	2.738		
	总砷	0.1	0.0015	0.548		
	六价铬	0.05	0.00075	0.274		
	总镉	0.01	0.00015	0.055		
	总氰化物	0.5	0.0075	2.738		
	氯化物	—	—	—		
	挥发酚	0.5	0.0075	2.738		
	硫化物	1	0.015	5.475		
	苯	0.1	0.0015	0.548		
	甲苯	0.1	0.0015	0.548		
	苯胺类	0.5	0.0075	2.738		
	邻-二甲苯	0.4	0.006	2.19		
	对-二甲苯	0.4	0.006	2.19		
	间-二甲苯	0.4	0.006	2.19		
	硝基苯	2.0	0.03	10.95		
	邻氯二苯	—	—	—		
	色度	30 倍				

5.8.10.4　水环境正效益分析

园区内现状各企业产生污水经预处理达到武穴市污水处理厂接管标准后，经园区现有污水提升泵站及管网将园区内污水输送至武穴市污水处理厂进行处理。武穴市污水处理厂分三期实施，一期工程采用水解酸化+中沉池+CAST 工艺；二期工程采用水解酸化+多级多段 AO 工艺；三期工程对一期、二期工程进行升级改造，改造完成后出水水质由一级 B 标准提升至一级 A 标准。武穴市污水处理厂主要为城市生活污水处理厂，随着园区企业的陆续建成，园区产生的污水将对武穴市污水处理厂产生较大的冲击，影响其处理效果。

本项目建成后，园区内各企业污水经预处理达到污水处理厂接管标准后，经本污水处理厂处理后水质达到一级 A 标准后外排，本污水处理厂采用水解酸化+改良 A^2/O+深度处理工艺，该处理工艺可稳定有效处理工艺废水。因此，本项目建成后，可稳定有效处理园区产生的工业废水，可避免对武穴市污水处理厂产生冲击，有效改善区域水环境。

5.8.10.5　污水收集管网建设可行性分析

根据《武穴市西部工业新城总体规划（2014~2030 年)》，马口医药化工园分三期建设，本工程服务范围主要为田镇马口医药化工园一期及二期工业污水，总服务面积约为892.36 hm²，马口医药化工园一期及二期污水管网按照规划管网进行建设，符合规划要求。

尾水排放经污水管网输送至武穴市污水处理厂污水总排口排放，排放方式符合《武穴市西部工业新城总体规划（2014~2030 年)》要求。

5.8.10.6　地表水环境影响评价结论

根据前述水污染防治措施有效性评价及水环境影响评价，项目对地表水环境影响可以接受。

习　题

5-1　简述地表水环境现状调查内容与方法，以及不同类别水体的监测布点与采样频次的要求。

5-2　简述地表水环境影响预测的原则与方法。

5-3　概括地表水环境影响评价监测计划的编制要点。

6 地下水环境影响评价

6.1 地下水的基本知识

6.1.1 地下水的相关概念

地下水：广义上的地下水是指以各种形式埋藏在地壳空隙中的水，包括包气带和饱水带中的水。《环境影响评价技术导则　地下水环境》（HJ 610—2016）中定义的地下水为地面以下饱和含水层中的重力水。

水文地质条件：地下水埋藏和分布、含水介质和含水构造等条件的总称。

水文地质单元：指根据水文地质条件的差异性（包括地质结构、岩石性质、含水层和隔水层的产状、分布及其在地表的出露情况、地形地貌、气象和水文因素等）而划分的若干个区域，是一个具有一定边界和统一的补给、径流、排泄条件的地下水分布的区域。有时，地表流域与水文地质单元是重合的，地表分水岭就是水文地质单元的边界。从这个意义上说，可以简单地把水文地质单元理解为"埋藏"在地下的流域。

包气带：地面与地下水面之间与大气相通的，含有气体的地带。

包气带水：在包气带中，空隙壁面吸附有结合水，细小空隙中含有毛细水，未被液态水占据的空隙包含空气及气态水，空隙中的水超过吸附力和毛细力所能支持的量时，空隙中的水便以过重力水的形式向下运动。上述以各种形式存在于包气带中的水统称为包气带水。包气带水来源于大气降水的入渗，地表水体的渗漏，由地下水面通过毛细上升输送的水，以及地下水蒸发形成的气态水。

饱水带：地下水面以下，岩层的空隙全部被水充满的地带。地下水分带如图 6-1 所示。

含水层：指能够给出并透过相当数量重力水的岩层或土层。构成含水层的条件，一是岩石中要有空隙存在，并充满足够数量的重力水；二是这些重力水能够在岩石空隙中自由运动。

含水层一般分为承压含水层和潜水含水层。

承压含水层：指充满于上下两隔水层之间的含水层，它承受压力，当上覆的隔水层被

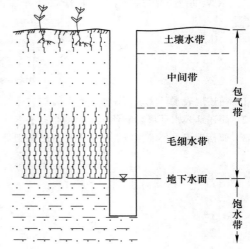

图 6-1　地下水分带

凿穿时，水能从钻孔上升或喷出。隔水层指不能给出并透过水的岩层、土层，如黏土、致密的岩层等。

潜水含水层：指地表以下，第一个稳定隔水层以上具有自由水面的地下水。在承压含水层强抽水形成的漏斗区域，或地形切割严重的区域，有时承压水水头下降至承压含水层的隔水顶板之下，这部分承压水就变成了无压水，通常将这样的含水层称为无压-承压含水层。

潜水：地面以下，第一个稳定隔水层以上具有自由水面的地下水。

含水层和隔水层是相对概念，有些岩层也给出与透过一定数量的水，介于含水层与隔水层之间，于是有人提出了弱透水层（弱含水层）的概念。

弱透水层：指那些渗透性相当差的岩层，在一般的供排水中它们所能提供的水量微不足道，似乎可以看作隔水层；但是，在发生越流时，由于驱动水流的水力梯度大且发生渗透的过水断面很大（等于弱透水层分布范围），因此，相邻含水层通过弱透水层交换的水量相当大，这时把它称作隔水层就不合适了。松散沉积物中的黏性土，坚硬基岩中裂隙稀少而狭小的岩层（如砂质页岩、泥质粉砂岩等）都可以归入弱透水层之列。

地下水补给区：含水层出露或接近地表接受大气降水和地表水等入渗补给的地区。

地下水排泄区：含水层的地下水向外部排泄的范围。

地下水径流区：含水层的地下水从补给区至排泄区的流经范围。

集中式饮用水水源：进入输水管网送到用户的且具有一定供水规模（供水人口一般不小于 1000 人）的现用、备用和规划的地下水饮用水水源。

分散式饮用水水源地：供水小于一定规模（供水人口一般小于 1000 人）的地下水饮用水水源地。

地下水环境现状值：建设项目实施前的地下水环境质量监测值。

地下水污染对照值：调查评价区内有历史记录的地下水水质指标统计值，或评价区内受人类活动影响程度较小的地下水水质指标统计值。

地下水污染：人为原因直接导致地下水化学、物理、生物性质改变，使地下水水质恶化的现象。

地下水降落漏斗：在开采地下水时，会在围绕开采中心的一定区域，形成漏斗状的地下水水位（水头下降区），称为地下水降落漏斗。地下水降落漏斗在潜水含水层中表现为漏斗状的地下水水面凹面；在承压含水层中表现为抽象的漏斗状水头下降区域，承压含水层中不存在水面凹面。地下水降落漏斗区的地下水等水位线往往呈不规则同心圆状或椭圆状。由于地下水过量开采，地下水收支平衡遭到破坏，地下水位持续下降，形成区域性地下水降落漏斗。我国华北地区由于多年干旱和地下水严重超采，已经形成了区域性地下水降落漏斗。

正常状况：建设项目的工艺设备和地下水环境保护措施均达到设计要求条件下的运行状况。如防渗系统的防渗能力达到了设计要求，防渗系统完好，验收合格。

非正常状况：建设项目的工艺设备或地下水环境保护措施因系统老化、腐蚀等原因不能正常运行或保护效果达不到设计要求时的运行状况。

地下水环境保护目标：潜水含水层和可能受建设项目影响且具有饮用水开发利用价值

的含水层，集中式饮用水水源和分散式饮用水水源地，以及《建设项目环境影响评价分类管理名录》中所界定的涉及地下水的环境敏感区。

6.1.2　地下水的分类

地下水存在于岩石、土层的空隙之中。岩石、土层的空隙既是地下水的储存场所，又是地下水的渗透通道，空隙的多少、大小及其分布规律，决定着地下水分布与渗透的特点。地下水根据其物理力学性质可分为毛细水和重力水；根据含水介质（空隙）类型，可分为孔隙水、裂隙水和岩溶水三类；根据埋藏条件（地下水的埋藏条件是指含水岩层在地质剖面中所处的部位及受隔水层（弱透水层）限制的情况）可分为包气带水、潜水和承压水（见图6-2）；将后二者组合可分为9类地下水（表6-1）。

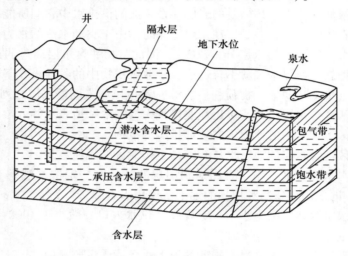

图 6-2　地下水的分类

表 6-1　地下水分类

埋藏条件	含水介质类型		
	孔隙水	裂隙水	岩溶水
包气带水	土壤水；局部黏性土隔水层上季节性存在的重力水；（上层滞水）过路及悬留毛细水及重力水	裂隙岩层浅部季节性存在的重力水及毛细水	裸露岩溶化层上部岩溶通道中季节性存在的重力水
潜水	各类松散沉积物浅部的水	裸露于地表的各类裂隙岩层中的水	裸露于地表的岩溶化岩层中的水
承压水	山间盆地及平原松散沉积物深部的水	组成构造盆地、向斜构造或单斜断块的被掩覆的各类裂隙岩层中的水	组成构造盆地、向斜构造或单斜断块的被掩覆的岩溶化岩层中的水

6.1.2.1　毛细水与重力水

毛细水指在岩土细小的孔隙和裂隙中，受毛细作用控制的水，它是岩土中三相界面上毛细力作用的结果。

重力水指存在于岩石颗粒之间，结合水层之外，不受颗粒静电引力的影响，可在重力作用下运动的水。一般所指的地下水如井水、泉水、基坑水等都是重力水，它具有液态水的一般特征。污染物进入地下水后，可随地下水的运动而迁移，并在地下水中产生溶解与沉淀、吸附与解吸、降解与转化等物理化学过程。

6.1.2.2 孔隙水、裂隙水及岩溶水

（1）孔隙水指赋存于松散沉积物颗粒构成的空隙网络之中的水。

（2）裂隙水指贮存运移于裂隙基岩中的水。

贮存并运移于裂隙基岩中的裂隙水，往往具有一系列与孔隙水不同的特点。某些情况下，打在同一岩层中相距很近的钻孔，水量悬殊，甚至一孔有水而邻孔无水；有时在相距很近的井孔测得的地下水位差别很大，水质与动态也有明显不同；在裂隙岩层中开挖矿井，通常涌水量不大的岩层中局部可能大量涌水，在裂隙岩层中抽取地下水往往发生这种情况：某方向上离抽水井很远的观测孔水位已明显下降，而在另一方向上离抽水井很近的观测孔水位却无变化。上述现象说明，与孔隙水相比，裂隙水表现出更强烈的不均匀性和各向异性。

（3）岩溶水指贮存并运移于岩溶化岩层中的水。

由于介质的可溶性以及水对介质的差异性溶蚀，岩溶水在流动过程中不断扩展介质的空隙，改变其形状，改造着自己的赋存与运动的环境，从而改造着自身的补给、径流、排泄与动态特征。

由于岩溶含水介质的空隙尺寸大小悬殊，因此在岩溶水系统中通常是层流与紊流共存。细小的孔隙、裂隙中地下水一般作层流运动，而在大的管道中地下水洪水期流速每昼夜可达数公里，一般呈紊流运动。

由于介质中空隙规模相差悬殊，不同空隙中的地下水运动不能保持同步。降雨时，通过地表的落水洞、溶斗等，岩溶管道迅速大量吸收降水及地表水，水位抬升快，形成水位高脊，在向下游流动的同时还向周围的裂隙及孔隙散流。而枯水期岩溶管道排水迅速，形成水位凹槽，周围裂隙及孔隙保持高水位，沿着垂直于管道流的方向向其汇集。在岩溶含水系统中，局部流向与整体流向常常是不一致的。岩溶水可以是潜水，也可以是承压水，然而即使赋存于裸露巨厚纯质碳酸盐岩中的岩溶潜水也与松散的沉积物中典型的潜水不同，由于岩溶管道断面沿流程变化很大，某些部分在某些时期局部的地下水是承压的，在另一些时间里又可变成无压的。

在典型的岩溶化地区，灌入式的补给、畅通的径流与集中的排泄，加上岩溶含水介质的孔隙率（给水度）不大，决定着岩溶水水位动态变化非常强烈，在远离排泄区的地段，岩溶水水位的变化可以高达数十米乃至数百米，变化迅速且缺乏滞后。

6.1.2.3 包气带水、潜水与承压水

（1）包气带水指处于地表面以下潜水位以上的包气带岩土层中的水，包括土壤水、沼泽水、上层滞水以及基岩风化壳（黏土裂隙）中季节性存在的水。主要特征是受气候控制，水量季节性变化明显，雨季水量多，旱季水量少，甚至干涸。

（2）潜水指地表以下，第一个稳定隔水层以上具有自由水面的地下水。潜水没有隔水顶板，或只有局部的隔水顶板。潜水的表面为自由水面，称作潜水面。从潜水面到隔

底板的距离为潜水含水层的厚度。潜水面到地面的距离为潜水埋藏深度。潜水含水层厚度与潜水面潜藏深度随潜水面的升降而发生相应的变化。

由于潜水含水层上面不存在完整的隔水或弱透水顶板，与包气带直接连通，因而在潜水的全部分布范围都可以通过包气带接受大气降水、地表水的补给。潜水在重力作用下由水位高的地方向水位低的地方径流。潜水的排泄，除了流入其他含水层以外，泄入大气圈与地表水圈的方式有两类：一类是径流到地形低洼处，以泉、泄流等形式向地表或地表水体排泄，这便是径流排泄；另一类是通过土面蒸发或植物蒸腾的形式进入大气，这便是蒸发排泄。

潜水的水质主要取决于气候、地形及岩性条件。湿润气候及地形切割强烈的地区，有利于潜水的径流排泄，往往形成含盐量不高的淡水。干旱气候下由细颗粒组成的盆地平原，潜水以蒸发排泄为主，常形成含盐量高的咸水，潜水容易受到污染，水质易受地面建设项目影响，对潜水水源应注意卫生防护。

（3）承压水是指充满于上下两个隔水层之间的地下水，其承受压力大于大气压力。承压含水层上部的隔水层（弱透水层）称作隔水顶板，下部的隔水层（弱透水层）称作隔水底板。隔水顶底板之间的距离为承压含水层厚度。承压性是承压水的一个重要特征。

承压水在很大程度上和潜水一样，主要来源于现代大气降水与地表水的入渗。当顶底板隔水性能良好时，它主要通过含水层出露于地表的补给区（潜水分布区）获得补给，并通过范围有限的排泄区，以泉或其他径流方式向地表或地表水体泄出；当顶底板为弱透水层时，除了含水层出露的补给区，它还可以从上下部含水层获得越流补给，也可向上下部含水层进行越流排泄。无论哪一种情况下，承压水参与水循环都不如潜水积极。因此，气象、水文因素的变化对承压水的影响较小，承压水动态比较稳定。承压水的资源不容易补充、恢复，但由于其含水层厚度通常较大，故其资源往往具有多年调节性能。

承压水的水质取决于埋藏条件及其与外界联系的程度，可以是淡水，也可以是含盐量很高的卤水。与外界联系越密切，参加水循环越积极，承压水的水质就越接近于入渗的大气降水与地表水，通常为含盐量低的淡水；与外界联系差，水循环缓慢，水的含盐量就高。

由于上部受到隔水层或弱透水层的隔离，承压水与大气圈、地表水圈的联系较差，水循环也缓慢得多。承压水不像潜水那样容易污染，但是一旦污染后则很难使其净化。

（4）潜水与承压水的相互转化。在自然与人为条件下，潜水与承压水经常处于相互转化之中。显然，除了构造封闭条件下与外界没有联系的承压含水层外，所有承压水最终都是由潜水转化而来，或由补给区的潜水侧向流入，或通过弱透水层接受潜水的补给。

对于孔隙含水系统，承压水与潜水的转化更为频繁。孔隙含水系统中不存在严格意义上的隔水层，只有作为弱透水层的黏性土层。山前倾斜平原，缺乏连续的厚度较大的黏性土层，分布着潜水。进入平原后，作为弱透水层的黏性土层与砂层交互分布。浅部发育潜水（赋存于砂土与黏性土层中），深部分布着由山前倾斜平原潜水补给形成的承压水。由于承压水水头高，在此通过弱透水层补给其上的潜水。

天然条件下，平原潜水同时接受来自上部降水入渗补给及来自下部承压水越流补给。随着深度加大，降水补给的份额减少，承压水补给的比例加大。同时，黏性土层也向下逐渐增多。因此，含水层的承压性是自上而下逐渐加强的。换句话说，平原潜水与承压水的转化是自上而下逐渐发生的，两者的界限不是截然分明的。开采平原深部承压水后其水位低于潜水时，潜水便反过来成为承压水的补给源。

6.1.3 地下水的动态与均衡

在各种天然和人为因素影响下，地下水的水位、水量、流速、水温、水质等随时间变化的现象，称为地下水动态。研究地下水动态是为了预测地下水的变化规律，以便采取相应的水文地质措施，并有助于查明含水层的补给和排泄关系，含水层之间及其与地表水体的水力联系，以了解地下水的资源状况。地下水量均衡是指地下水的补给量与排泄量之间的相互关系，主要研究潜水的水量均衡。而地下水化学成分的增加量与减少量之间的相互关系，则称为地下水的盐均衡。

均衡是地下水动态变化的内在原因，动态则是地下水均衡的外部表现。地下水动态反映了地下水要素随时间变化的状况，为了合理利用地下水或有效防范其危害，必须掌握地下水动态。地下水动态与均衡的分析，可以帮助我们查清地下水的补给与排泄，阐明其资源条件，确定含水层之间以及含水层与地表水体的关系。

地下水动态影响因素有：

（1）气象（气候）因素：气象（气候）因素对潜水动态影响最为普遍。降水的数量及其时间分布，影响潜水的补给，从而使潜水含水层水量增加，水位抬升，水质变淡；气温、湿度、风速等与其他条件结合，影响着潜水的蒸发排泄，使潜水水量变少，水位降低，水质变咸。

（2）水文因素：地表水体补给地下水而引起地下水位抬升时，随着远离河流，水位变幅减小，发生变化的时间滞后。

（3）地质因素：当降水补给地下水时，包气带厚度与岩性控制着地下水位对降水的响应。河水引起潜水位变动时，含水层的透水性越好，厚度越大，含水层的给水度越小，则波及范围越远。对于承压含水层，从补给区向承压区传递降水补给影响时，含水层的渗透性越好，厚度越大，给水度越小，则波及的范围越大。承压含水层的水位变动还可以由固体潮、地震等引起。

（4）人为因素：钻孔采水、矿坑或渠道排水通过改变地下水的排泄去路影响地下水的动态；修建水库、利用地表水灌溉等通过改变地下水的补给来源而使地下水动态发生变化。

6.1.4 地下水化学性质

地下水溶有各种不同的离子、分子、化合物以及气体，是一种成分复杂的水溶液。氯化物和碱金属、碱土金属的硫酸盐和碳酸盐属于最易溶解的化合物，Na^+、K^+、Ca^{2+}、Mg^{2+}、Cl^-、SO_4^{2-} 和 HCO_3^- 等成为地下水中的主要组分。它们的不同组合决定了地下水的化学类型。此外，还有某些数量较少的次要组分，它们在地壳中分布不广，或者分布量广但其溶解性能很低，如 NO_2^-、NO_3^-、NH_4^+、Br^-、I^-、F、Li、Sr 等；还包括以胶体状态存在于水中的物质，如 Fe、Al、SiO_2 和有机化合物以及气体物质。地下水中主要气体成分是 N_2、O_2、CO、CH_4、H_2S，有时还有放射性起源的气体（如 Rn）及惰性气体（He、Ar 等）。根据这些气体成分可判明地下水赋存的水文地球化学环境。地下水中含量甚微的稀有组分是各种金属元素，如 Pt、Co、Ni、Cu、In、Sn、Mo 以及分散在地壳中的其他元素。

地下水中的有机物质种类很多，包括生物排泄和生物残骸分解产生的有机质，也有构成水生生物机体的有机质。有机质可能是随废水进入地下水的各种废弃物分解的产物，它们是各种细菌繁殖的良好媒介。

6.1.5 水文地质图

水文地质图是反映某地区的地下水分布、埋藏、形成、转化及其动态特征的地质图件，主要表示地下水类型、性质及其储量分布状况等，它是某地区水文地质调查、勘查研究成果的主要表示形式。水文地质图按其表示的内容和应用目的，可概括为综合性水文地质图、专门性水文地质图和水文地质要素图三类。

（1）综合性水文地质图。反映某一区域内总的水文地质规律的为综合性水文地质图。以区域内的地质、地形、气候和水文等因素的内在联系为基础，综合反映地下水的埋藏、分布、水质、水量、动态变化等特征，以及区域内地下水的补给、径流、排泄等条件。综合性水文地质图的比例尺常小于 1：100000。

（2）专门性水文地质图。为某项具体目的而编制的为专门性水文地质图，如地下水开采条件图、供水水文地质图、土壤改良水文地质图等。这类图的内容以水文地质规律为基础，同时又考虑应用目的的经济技术条件。专门性水文地质图多采用大于 1：100000 的比例尺。

（3）水文地质要素图。表示某一方面水文地质要素的水文地质图，例如水文地质柱状图、地下水等水位线图、地下水水化学类型图、地下水污染程度图等。

1）水文地质柱状图是指将水文钻孔揭示的地层按其时代顺序接触关系及各层位的厚度大小编制的图件。编制水文地质柱状图所需的资料是在野外地质工作中取得的，并附有简要说明。图中标有钻孔口径、深度、套管位置、地层时代、地层名称、地层代号、厚度、岩性和接触关系等信息，还有含水层位置、厚度、岩性、渗透性，隔水层的位置、岩性和厚度等水文地质信息。

2）地下水等水位线图就是潜水水位或承压水水头标高相等的各点的连线图。在专业水文地质图中，等水位线图既含有地下水人工露头（钻孔、探井、水井）和天然露头（泉、沼泽）信息，还可能含有地层岩性、含水层富水性、地面标志物等信息。等水位线图主要有以下用途：

①确定地下水流向。在等水位线图上，垂直于等水位线的方向，即为地下水的流向。

②计算地下水的水力坡度。

③确定潜水与地表水之间的关系。如果潜水流向指向河流，则潜水补给河水；如果潜水流向背向河流，则潜水接受河水补给。

④确定潜水的埋藏深度。某一点的地形等高线标高与潜水等水位线标高之差即为该点潜水的埋藏深度。

⑤确定泉或沼泽的位置。在潜水等水位线与地形等高线高程相等处，潜水出露，即是泉或沼泽的位置。

⑥推断给水层的岩性或厚度的变化。在地形坡度变化不大的情况下，若等水位线由密

变疏，表明含水层透水性变好或含水层变厚；相反，则说明含水层透水性变差或厚度变小。

⑦确定富水带位置。在含水层厚度大、渗透性好、地下水流汇集的地方即为地下水富集区。

6.1.6 常用的水文地质参数

6.1.6.1 孔隙度与有效孔隙度

松散岩石是由大小不等的颗粒组成的。颗粒或颗粒集合体之间的空隙，称为孔隙。岩石中孔隙体积的多少是影响其储容地下水能力大小的重要因素。孔隙体积的多少可用孔隙度表示。孔隙度是指某一体积岩石（包括孔隙在内）中孔隙体积所占的比例。

若以 n 表示岩石的孔隙度，V 表示包括孔隙在内的岩石体积，V_n 表示岩石中孔隙的体积，则

$$n = \frac{V_n}{V} \times 100\% \tag{6-1}$$

孔隙度是一个比值，可用小数或百分数表示。

孔隙度的大小主要取决于分选程度及颗粒排列情况，另外，颗粒形状及胶结充填情况也影响孔隙度。在黏性上，结构及次生孔隙常是影响孔隙度的重要因素。岩石孔隙是地下水储存场所和运动通道。孔隙的多少、大小、形状、连通情况和分布规律，对地下水的分布和运动具有重要影响。表 6-2 列出了自然界中主要松散岩石孔隙度的参考数值。

表 6-2　主要松散岩石孔隙度的参考数值

岩石名称	砾石	砂	粉砂	黏土
孔隙度变化区间/%	25~40	25~50	35~50	40~70

由于多孔介质中并非所有的孔隙都是连通的，于是人们提出了有效孔隙度的概念。有效孔隙度为重力水流动的孔隙体积（不包括结合水占据的空间）与岩石体积之比。显然，有效孔隙度小于孔隙度。

6.1.6.2 给水度与贮水系数

若使潜水地下水面下降，则下降范围内饱水岩石及相应的支持毛细水带中的水，将因重力作用而下移并部分地从原先赋存的空隙中释出。把地下水水位下降一个单位深度，从地下水位延伸到地表面的单位水平面积岩石柱体，在重力作用下释出的水的体积，称为给水度，用 μ 表示。

对于均质的松散岩石，给水度的大小与岩性、初始地下水位埋藏深度以及地下水位下降速率等因素有关。表 6-3 给出了常见松散岩石的给水度。对于承压含水层，可以比照潜水含水层给水度定义其贮水系数。承压含水层的贮水系数（S）是指其测压水位下降（或上升）一个单位深度，单位水平面积含水层释出（或储存）的水的体积。

可以看出，在形式上，潜水含水层的给水度与承压含水层的贮水系数非常相似，但是在释出（或储存）水的机理方面是很不相同的。水位下降时潜水含水层所释出的水来自部分空隙的排水；而测压水位下降时承压含水层所释出的水来自含水层体积的膨胀及含水

介质的压密（从而与承压含水层厚度有关）。显然，测压水位下降时承压含水层以此种形式释出的水，远较潜水含水层水位下降时释出的小。承压含水层的贮水系数一般为 0.00005 ~ 0.005（Freez and Cherry，1979），常较潜水含水层小 1 ~ 3 个数量级。由此不难理解，开采承压含水层往往会形成大面积测压水位大幅下降。

表 6-3   常见松散岩石的给水度   （%）

岩石名称	给水度变化区间	平均给水度
砾砂	0.20 ~ 0.35	0.25
粗砂	0.20 ~ 0.35	0.27
中砂	0.15 ~ 0.32	0.26
细砂	0.10 ~ 0.28	0.21
粉砂	0.05 ~ 0.19	0.18
亚黏土	0.03 ~ 0.12	0.07
黏土	0 ~ 0.05	0.02

6.1.6.3   渗透系数

岩石的透水性是指岩石允许水透过的能力。表征岩石透水性的定量指标是渗透系数，一般采用 m/d 或 cm/s 为单位。

渗透系数又称水力传导系数。在各向同性介质中，它定义为单位水力梯度下的单位流量，表示流体通过孔隙骨架的难易程度；在各向异性介质中，渗透系数以张量形式表示。渗透系数越大，岩石透水性越强。

渗透系数 K 是综合反映岩石渗透能力的一个指标。影响渗透系数大小的因素很多，主要取决于介质颗粒的形状、大小、不均匀系数和水的黏滞性等。不过，在实际工作中，由于不同地区地下水的黏性差别并不大，在研究地下水流动规律时，常常可以忽略地下水的黏性，即认为渗透系数只与含水层介质的性质有关，使得问题简单化。要建立计算渗透系数 K 的精确理论公式比较困难，通常可通过试验方法（包括实验室测定法和现场测定法）或经验估算法来确定 K 值。表 6-4 给出了松散岩石渗透系数的参考值。

表 6-4   松散岩石渗透系数的参考值

岩性名称	主要颗粒粒径/mm	渗透系数/m·d^{-1}	渗透系数/cm·s^{-1}
轻亚黏土		0.05 ~ 0.1	$5.79 \times 10^{-5} ~ 1.16 \times 10^{-4}$
亚黏土		0.1 ~ 0.25	$1.16 \times 10^{-4} ~ 2.89 \times 10^{-4}$
黄土		0.25 ~ 0.5	$2.89 \times 10^{-4} ~ 5.79 \times 10^{-4}$
粉土质砂		0.5 ~ 1.0	$5.79 \times 10^{-4} ~ 1.16 \times 10^{-3}$
粉砂	0.05 ~ 0.1	1.0 ~ 1.5	$1.16 \times 10^{-3} ~ 1.74 \times 10^{-3}$
细砂	0.1 ~ 0.25	5.0 ~ 10	$5.79 \times 10^{-3} ~ 1.16 \times 10^{-2}$
中砂	0.25 ~ 0.5	10.0 ~ 25	$1.16 \times 10^{-2} ~ 2.89 \times 10^{-2}$
粗砂	0.5 ~ 1.0	25 ~ 50	$2.89 \times 10^{-2} ~ 5.78 \times 10^{-2}$

续表 6-4

岩性名称	主要颗粒粒径/mm	渗透系数/m·d^{-1}	渗透系数/cm·s^{-1}
砾砂	1.0~2.0	50~100	$5.78×10^{-2}~1.16×10^{-1}$
圆砾	75~150		$8.68×10^{-2}~1.74×10^{-1}$
卵石	100~200		$1.16×10^{-1}~2.31×10^{-1}$
块石	200~500		$2.31×10^{-1}~5.79×10^{-1}$
漂石	500~1000		$5.79×10^{-1}~1.16×10^{0}$

6.2 常用地下水环境标准

6.2.1 《地下水质量标准》(GB/T 14848—2017)

本标准代替《地下水质量标准》(GB/T 14848—1993),GB/T 14848—1993 是以地下水形成背景为基础,适应了当时的评价需要。新标准结合修订的《生活饮用水卫生标准》(GB 5749—2006)、国土资源部近 20 年地下水方面的科研成果和国际最新研究成果进行了修订,增加了指标数量。指标由 GB/T 14848—1993 的 39 项增加至 93 项,增加了 54 项;调整了 20 项指标分类限值,直接采用了 19 项指标分类限值;减少了综合评价规定,使标准具有更广泛的应用性。与 GB/T 14848—1993 相比,具体变化如下:参照《生活饮用水卫生标准》(GB 5749—2006),将地下水质量指标划分为常规指标和非常规指标。感官性状及一般化学指标由 17 项增至 20 项,增加了铝、硫化物和钠 3 项指标;用耗氧量替换了高锰酸盐指数。修订了总硬度、铁、锰、氨氮 4 项指标。毒理学指标中无机化合物指标由 16 项增至 20 项,增加了硼、锑、银和铊 4 项指标。修订了亚硝酸盐、碘化物、汞、砷、镉、铅、铍、钡、镍、钴和钼 11 项指标。毒理学指标中有机化合物指标由 2 项增至 49 项,增加了三氯甲烷、四氯化碳、1,1,1-三氯乙烷、三氯乙烯、四氯乙烯、二氯甲烷、1,2-二氯乙烷、1,1,2-三氯乙烷、1,2-二氯丙烷、三溴甲烷、氯乙烯、1,1-二氯乙烯、1,2-二氯乙烯、氯苯、邻二氯苯、对二氯苯、三氯苯(总量)、苯、甲苯、乙苯、二甲苯、苯乙烯、2,4 二硝基甲苯、2,6-二硝基甲苯、萘、蒽、荧蒽、苯并[b]荧蒽、苯并[a]芘、多氯联苯(总量)、γ-六六六(林丹)、六氯苯、七氯、莠去津、五氯酚、2,4,6-三氯酚、邻苯二甲酸二(2-乙基己基)酯、克百威、涕灭威、敌敌畏、甲基对硫磷、马拉硫磷、乐果、百菌清、2,4 滴、毒死蜱和草甘膦;滴滴涕和六六六分别用滴滴涕(总量)和六六六(总量)代替,并进行了修订。放射性指标中修订了总 α 放射性。修订了地下水质量综合评价的有关规定。

依据我国地下水质量状况和人体健康风险,参照生活饮用水、工业、农业等用水质量要求,依据各组分含量高低(pH 除外),分为五类。

Ⅰ类:地下水化学组分含量低,适用于各种用途;

Ⅱ类:地下水化学组分含量较低,适用于各种用途;

Ⅲ类:地下水化学组分含量中等,以《生活饮用水卫生标准》(GB 5749—2006)为依据,主要适用于集中式生活饮用水水源及工农业用水;

Ⅳ类：地下水化学组分含量较高，以农业和工业用水质量要求以及一定水平的人体健康风险为依据，适用于农业和部分工业用水，适当处理后可作生活饮用水；

Ⅴ类：地下水化学组分含量高，不宜作为生活饮用水水源，其他用水可根据使用目的选用。

6.2.2　《环境影响评价技术导则　地下水环境》(HJ 610—2016)

本标准规定了地下水环境影响评价的一般性原则、工作程序、内容、方法和要求，适用于对地下水环境可能产生影响的建设项目的环境影响评价，规划环境影响评价中的地下水环境影响评价可参照执行。本标准于 2011 年首次发布，HJ 610—2016 为第一次修订，修订的主要内容如下：调整、补充和规范了相关术语和定义；调整地下水流场和地下水位为调查内容；调整了地下水环境影响评价工作等级分级判定依据；调整了地下水环境现状调查范围的确定方法；修改简化了地下水环境现状监测要求；强化并明确了地下水环境保护措施与对策的相关要求；删除了地下水环境影响评价专题文件编写的要求；增加了地下水环境影响评价结论章节；修订了附录，补充了附录 A《地下水环境影响评价行业分类表》。

本标准自 2016 年 1 月 7 日实施之日起，《环境影响评价技术导则　地下水环境》(HJ 610—2011) 废止。

6.3　地下水环境影响评价的工作任务和工作程序

地下水环境影响评价应对建设项目在建设期、运营期和服务期满后对地下水水质可能造成的直接影响进行分析、预测和评估，提出预防、保护或者减轻不良影响的对策和措施，制定地下水环境影响跟踪监测计划，为建设项目地下水环境保护提供科学依据。根据建设项目对地下水环境影响的程度，结合《建设项目环境影响评价分类管理名录》，将建设项目分为四类。Ⅰ类、Ⅱ类、Ⅲ类建设项目的地下水环境影响评价应执行本标准，Ⅳ类建设项目不开展地下水环境影响评价。

地下水环境影响评价应按本标准划分的评价工作等级开展相应评价工作，基本任务包括：识别地下水环境影响，确定地下水环境影响评价工作等级；开展地下水环境现状调查，完成地下水环境现状监测与评价；预测和评价建设项目对地下水水质可能造成的直接影响，提出有针对性的地下水污染防控措施与对策，制定地下水环境影响跟踪监测计划和应急预案。

地下水环境影响评价工作可划分为准备阶段、现状调查与评价阶段、影响预测与评价阶段和结论阶段。地下水环境影响评价工作程序见图 6-3。

各阶段主要工作内容。

(1) 准备阶段。搜集和分析有关国家和地方地下水环境保护的法律、法规、政策、标准及相关规划等资料；了解建设项目工程概况，进行初步工程分析，识别建设项目对地下水环境可能产生的直接影响；开展现场踏勘工作，识别地下水环境敏感程度；确定评价工作等级、评价范围、评价重点。

(2) 现状调查与评价阶段。开展现场调查、勘探、地下水监测、取样、分析、室内

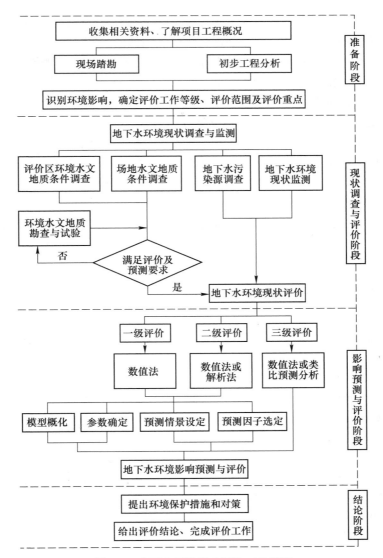

图 6-3　地下水环境影响评价工作程序

外试验和室内资料分析等工作，进行现状评价。

（3）影响预测与评价阶段。进行地下水环境影响预测，依据国家、地方有关地下水环境的法规及标准，评价建设项目对地下水环境的直接影响。

（4）结论阶段。综合分析各阶段成果，提出地下水环境保护措施与防控措施，制定地下水环境影响跟踪监测计划，完成地下水环境影响评价。

6.4　地下水环境影响识别

地下水环境影响的识别应在初步工程分析和确定地下水环境保护目标的基础上进行，根据建设项目建设期、运营期和服务期满后三个阶段的工程特征，识别其正常状况和非正常状况下的地下水环境影响。

对于随着生产运行时间推移对地下水环境影响有可能加剧的建设项目，还应按运营期的变化特征分为初期、中期和后期分别进行环境影响识别。

根据《环境影响评价技术导则　地下水环境》（HJ 610—2016）附录 A 地下水环境影响评价行业分类表，识别建设项目所属的行业类别。根据建设项目的地下水环境敏感特征，识别建设项目的地下水环境敏感程度。

识别可能造成地下水污染的装置和设施（位置、规模、材质等）及建设项目在建设期、运营期、服务期满后可能的地下水污染途径。识别建设项目可能导致地下水污染的特征因子。特征因子应根据建设项目污废水成分（可参照《环境影响评价技术导则　地面水环境》（HJ/T 2.3））、液体物料成分、固废浸出液成分等确定。

6.5　地下水环境影响评价工作分级与技术要求

6.5.1　地下水环境影响评价工作分级

评价工作等级的划分应依据建设项目行业分类和地下水环境敏感程度分级进行判定，可划分为一、二、三级。

建设项目的地下水环境敏感程度可分为敏感、较敏感、不敏感三级，分级原则见表 6-5。

表 6-5　地下水环境敏感程度分级表

敏感程度	地下水环境敏感特征
敏感	集中式饮用水水源（包括已建成的在用、备用、应急水源，在建和规划的饮用水水源）准保护区；除集中式饮用水水源以外的国家或地方政府设定的与地下水环境相关的其他保护区，如热水、矿泉水、温泉等特殊地下水资源保护区
较敏感	集中式饮用水水源（包括已建成的在用、备用、应急水源，在建和规划的饮用水水源）准保护区以外的补给径流区；未划定准保护区的集中式饮用水水源，其保护区以外的补给径流区；分散式饮用水水源地；特殊地下水资源（如矿泉水、温泉等）保护区以外的分布区等其他未列入上述敏感分级的环境敏感区[①]
不敏感	上述地区之外的其他地区

① "环境敏感区"是指《建设项目环境影响评价分类管理名录》中所界定的涉及地下水的环境敏感区。

建设项目地下水环境影响评价工作等级划分见表 6-6。

表 6-6　评价工作等级分级表

项目类别 环境敏感程度	Ⅰ类项目	Ⅱ类项目	Ⅲ类项目
敏感	一	一	二
较敏感	一	二	三
不敏感	二	三	三

注：Ⅰ类、Ⅱ类、Ⅲ类项目参照《环境影响评价技术导则　地下水环境》（HJ 610—2016）附录 A 地下水环境影响评价行业分类表。

对于利用废弃盐岩矿井洞穴或人工专制盐岩洞穴、废弃矿井巷道加水幕系统、人工硬岩洞库加水幕系统、地质条件较好的含水层储油、枯竭的油气层储油等形式的地下储油库，危险废物填埋场应进行一级评价，不按表6-6划分评价工作等级。当同一建设项目涉及两个或两个以上场地时，各场地应分别判定评价工作等级，并按相应等级开展评价工作。线性工程根据所涉地下水环境敏感程度和主要站场位置（如输油站、泵站、加油站、机务段、服务站等）进行分段，判定评价等级，并按相应等级分别开展评价工作。

6.5.2 地下水环境影响评价技术要求

地下水环境影响评价应充分利用已有资料和数据，当已有资料和数据不能满足评价要求时，应开展相应评价等级要求的补充调查，必要时进行勘察试验。

6.5.2.1 一级评价要求

（1）详细掌握调查评价区环境水文地质条件，主要包括含（隔）水层结构及分布特征、地下水补径排条件、地下水流场、地下水动态变化特征、各含水层之间以及地表水与地下水之间的水力联系等，详细掌握调查评价区内地下水开发利用现状与规划。

（2）开展地下水环境现状监测，详细掌握调查评价区地下水环境质量现状和地下水动态监测信息，进行地下水环境现状评价。

（3）基本查清场地环境水文地质条件，有针对性地开展现场勘察试验，确定场地包气带特征及其防污性能。

（4）采用数值法进行地下水环境影响预测，对于不宜概化为等效多孔介质的地区，可根据自身特点选择适宜的预测方法。

（5）预测评价应结合相应环保措施，针对可能的污染情景，预测污染物运移趋势，评价建设项目对地下水环境保护目标的影响。

（6）根据预测评价结果和场地包气带特征及其防污性能，提出切实可行的地下水环境保护措施与地下水环境影响跟踪监测计划，制定应急预案。

6.5.2.2 二级评价要求

（1）基本掌握调查评价区的环境水文地质条件，主要包括含（隔）水层结构及其分布特征、地下水补径排条件、地下水流场等。了解调查评价区地下水开发利用现状与规划。

（2）开展地下水环境现状监测，基本掌握调查评价区地下水环境质量现状，进行地下水环境现状评价。

（3）根据场地环境水文地质条件的掌握情况，有针对性地补充必要的现场勘察试验。

（4）根据建设项目特征、水文地质条件及资料掌握情况，选择采用数值法或解析法进行影响预测，预测污染物运移趋势和对地下水环境保护目标的影响。

（5）提出切实可行的环境保护措施与地下水环境影响跟踪监测计划。

6.5.2.3 三级评价要求

（1）了解调查评价区和场地环境水文地质条件。

（2）基本掌握调查评价区的地下水补径排条件和地下水环境质量现状。

（3）采用解析法或类比分析法进行地下水影响分析与评价。

（4）提出切实可行的环境保护措施与地下水环境影响跟踪监测计划。

6.5.2.4　其他技术要求

（1）一级评价要求场地环境水文地质资料的调查精度应不低于 1∶10000 比例尺，评价区的环境水文地质资料的调查精度应不低于 1∶50000 比例尺。

（2）二级评价环境水文地质资料的调查精度要求能够清晰反映建设项目与环境敏感区、地下水环境保护目标的位置关系，并根据建设项目特点和水文地质条件复杂程度确定调查精度，建议一般以不低于 1∶50000 比例尺为宜。

6.6　地下水环境质量现状调查与评价

6.6.1　调查目的与任务

地下水环境现状调查目的是查明天然及人为条件下地下水的形成、赋存和运移特征，地下水水量、水质的变化规律，为地下水环境现状评价、地下水环境影响预测、开发利用与保护、环境水文地质问题的防治提供所需的资料。

地下水环境现状调查应查明地下水系统的结构、边界、水动力系统及水化学系统的特征，具体需查明下面五个基本问题：

（1）水文地质条件。包括地下水的赋存条件，查明含水介质的特征及埋藏分布情况；地下水的补给、径流、排泄条件。查明地下水的运动特征及水质、水量变化规律。

（2）地下水的水质特征。不仅要查明地下水的化学成分，还要查明地下水化学成分的形成条件及影响因素。

（3）地下水污染源分布。查明与建设项目污染特征相关的污染源分布。

（4）环境水文地质问题。原生环境水文地质问题调查，包括天然劣质水分布状况，以及由此引发的地方性疾病等环境问题；地下水开采过程中水质、水量、水位的变化情况，以及引起的环境水文地质问题。

（5）地下水开发利用状况。查明分散、集中式地下水开发利用规模、数量、位置等，并收集集中式饮用水水源地水源保护区划分资料。

地下水环境现状调查是一项复杂而重要的工作，其复杂性是由地下水自身特征所决定的。地下水赋存、运动在地下岩石的空隙中，既受地质环境制约，又受水循环系统控制，影响因素复杂多变，因此地下水环境现状调查需要采用种类繁多的调查方法，除采用地质调查方法之外，还要应用各种调查水资源的方法，调查工作十分复杂。

6.6.2　调查方法

地下水由于埋藏于地下，其调查方法要更复杂。除需要采用一些地表水环境调查方法外，因地下水与地质环境关系密切，还要采用一些地质调查的技术方法。

（1）访问。采用走访、座谈、问卷调查等多种方式，重点了解污染状况和污染事件。对获得的信息及时分析整理，对重要信息现场核实。

（2）地面调查。地面调查应贯穿于调查的始终，应注意观察调查点及沿线与污染发生有关的现象，做好野外记录，填写调查表格，拍摄典型照片。

区域调查时，应采用穿越法，观察调查点及周边的地形地貌、植被、水点、污染现象等；在污染源调查时，宜采用溯源法，观察典型污染现象，追踪污染源及其延伸分布。

（3）遥感图像应用。区域调查宜选用 TM/ETM 等卫星遥感图像，用于区分地貌类型、地质构造、水体、地下水溢出带、土地利用变化等。

重点区调查宜选用彩色红外片、紫外或红外扫描航空遥感片和 TM/SPOT 等卫星遥感图像，主要用于识别点、线、面污染源，如管线泄漏污染调查、城市垃圾和工业固体废物的堆放及规模、城市建设发展变化和工业布局等的调查。

（4）地球物理勘探。

1）水文测井。在重点调查区配合钻探取样划分地层，查明水文地质条件，为取得有关参数提供依据。各种方法使用见表 6-7。

表 6-7 用于地下水污染调查钻孔的主要地球物理测井方法

地球物理测井方法	用 途
电阻率（常规和单点）	测定不同岩层的特性和厚度，识别多孔沉积物分布，说明水质和可能受到的污染；区别黏土/页岩、砂/砂岩的岩性以及淡水和咸水；追踪回灌水的运移，污染质的扩散、稀释和迁移等
自然电位（SP）	确定地下水流向
天然伽马测井（无管和有管）	定性分析岩层间的相关关系和透水性，评估岩石类型
测径仪	测量钻孔直径，测定下管深度、洞穴位置、碳酸盐岩含水层等
流量测井	测定井中水来源和流动状况（特别是裂隙水和强透水带）、井管渗漏等
温度测井	确定污染含水层位置
井下电视视频	确定洞穴、节理位置，划分岩层

2）地面物探。地面物探工作布置根据待查的水文地质条件而定，重点布置在地面调查难以判断而又需要解决问题的地段（钻探困难或仅需初步探测的地段）。其探测深度应大于钻探深度。

在地下水典型污染调查中可采用的主要物探技术方法有地质雷达法、高密度电法和电磁法，见表 6-8。

表 6-8 污染调查中常用的地面物探方法

方法	参 数	应 用
地质雷达法	介电常数、电磁波速吸收衰减系数等	①石油类污染源、污染晕等污染调查； ②垃圾填埋场边界及渗液污染空间分布； ③探测废弃管道、阀井及污染物渗漏位置； ④划分地层结构、岩性及水位等； ⑤圈定污灌渠、线状污染及扩散范围
高密度电法	土壤电阻率、场地电阻率空间变化情况	①用于石油渗漏源、污染晕等污染调查； ②勘测垃圾填埋位置、边界及渗液空间范围； ③圈定城市污水界、管道渗漏及扩散范围； ④测量地下水矿化度，划分成淡水分界面
电磁法	地下介质分层电导率测量	①石油渗漏源、污染晕、污染羽分布等调查； ②圈定浅地表污染源、边界范围； ③城市污水界、管道渗漏及扩散范围； ④测量土壤导电特性、矿化度，以及划分咸淡水分界面等

电磁法有可控源电磁法（CSAMT）和音频电磁法（AMT）。其中可控源电磁法 1：50000 测网密度为线距 1~2 km，点距 0.3~0.5 km；磁法 1：50000 测网密度为线距 0.5 km，点距 0.05~0.2 km；核磁共振法 1：50000 测网密度为线距 0.3 km，点距 0.1 km；其他方法，如探地雷达无需考虑工作比例尺，或可参照相关规程及专题需要确定测网密度。

（5）水文地质钻探。该方法主要用于重点区调查。钻孔设置要求目的明确，尽量一孔多用，如水样和/或岩（土）样采取、试验等，项目结束后应留作监测孔。

（6）环境同位素及其他示踪技术的应用：

1）可采用碳、氢、氧、硫、氮稳定同位素分析资料及 ^3H、^{14}C、CFCs、SF_6 或 ^{85}Kr 等，分析地下水形成过程、污染物迁移转化及地下水与地表水之间的水力联系等。

2）可采用有机化合物中 O、C、S、N、Cl 等单体稳定同位素识别污染源，并结合溶解气体含量及同位素组成等资料，分析污染物迁移转化过程。

3）可选用 Cl^-、Br^-、I^- 等离子化合物，^{131}I、^{79}Br、^{81}Br、^{60}Co 等放射性核素，荧光素、甲基盐、苯胺盐等有机染料或微量元素等开展示踪试验，获取含水层水文地质参数。

6.6.3　环境水文地质条件调查

调查内容一般包括地下水露头调查、地表水调查、气象资料调查及不同地区地下水环境地面调查。

6.6.3.1　地下水露头调查

地下水露头的调查是整个地下水环境地面调查的核心，是认识和寻找地下水直接可靠的方法。地下水露头的种类有：地下水的天然露头，包括泉、地下水溢出带、某些沼泽湿地、岩溶区的暗河出口及岩溶洞穴等；地下水的人工露头，包括水井、钻孔、矿山井巷及地下开挖工程等。在地下水露头的调查中，应用最多的是水井（钻孔）和泉。

（1）泉的调查研究。泉是地下水的天然露头，泉水的出流表明地下水的存在。

泉的调查研究内容有：查明泉水出露的地质条件（特别是出露的地层层位和构造部位）、补给的含水层，确定泉的成因类型和出露的高程；观测泉水的流量、涌势及其高度，水质和泉水的动态特征，现场测定泉水的物理特性，包括水温、沉淀物、色、味及有无气体逸出等；泉水的开发利用状况及居民长期饮用后的反映；对矿泉和温泉，在研究前述各项内容的基础上，应查明其含有的特殊组分、出露条件及与周围地下水的关系，并对其开发利用的可能性做出评价。

通过对泉水出露条件和补给水源的分析，可帮助确定区内的含水层层位，即有哪几个含水层或含水带。据泉的出露标高，可确定地下水的埋藏条件。泉的流量、涌势、水质及其动态，在很大程度上代表着含水层（带）的富水性、水质和动态变化规律，并在一定程度上反映出地下水是承压水还是潜水。据泉水的出露条件，还可判别某些地质或水文地质条件，如断层、侵入体接触带或某种构造界面的存在，或区内存在多个地下水系统等。

（2）水井（钻孔）的调查。调查水井比调查泉的意义更大。调查水井能可靠地帮助确定含水层的埋深、厚度、出水段岩性和构造特征，反映出含水层的类型，调查水井还能帮助我们确定含水层的富水性、水质和动态特征。水井（钻孔）的调查内容有：调查和收集水井（孔）的地质剖面和开凿时的水文地质观测记录资料；记录井（孔）所处的地形、地貌、地质环境及其附近的卫生防护情况；测量井孔的水位埋深、井深、出水量、水质、水温及其动态特征；查明井孔的出水层位，补给、径流、排泄特征，使用年限，水井结构等。

在泉、井调查中，都应取水样，测定其化学成分。需要时，应在井孔中进行抽水试验等，以取得必需的参数。

6.6.3.2 地表水调查

在自然界中，地表水和地下水是地球大陆上水循环最重要的两个组成部分。两者之间一般存在相互转化的关系。只有查明两者的相互转化关系，才能正确评价地表水和地下水的资源量，避免重复和夸大；才能了解地下水水质的形成和遭受污染的原因；才能正确制定区域水资源的开发利用和环境保护的措施。

对于地表水，除了调查研究地表水体的类型、水系分布、所处地貌单元和地质构造位置外，还要进一步调查以下内容：

（1）查明地表水与周围地下水的水位在空间、时间上的变化特征。

（2）观测地表水的流速及流量，研究地表水与地下水之间量的转化性质，即地表水补给地下水地段或排泄地下水地段的位置；在各段的上游、下游测定地表水流量，以确定其补排量及预测补排量的变化。

（3）结合岩性结构、水位及其动态，确定两者间的补排形式，常见的有：集中补给（注入式），常见于岩溶地区；直接渗透补给，常见于冲洪积扇上部的渠道两侧；间接渗透补给，常见于冲洪积扇中部的河谷阶地区；越流补给，常见于丘陵岗地的河谷地区。从时间上考虑，则常将补给（或排泄）分为常年、季节和暂时性三种方式。

（4）分析、对比地表水与地下水的物理性质与化学成分，查明它们的水质特征及两者间的变化关系。

6.6.3.3 气象资料调查

气象资料调查主要是降水量、蒸发量的调查。

降水是地下水资源的主要来源。降水量是指在一定时间段内降落在一定面积上的水体积，一般用降水深度表示，即将降水的总体积除以对应的面积，以毫米（mm）为单位。降水量资料应到雨量站收集。降水资料序列长度的选定，既要考虑调查区大多数测站的观测系列的长短，避免过多的插补，又要考虑观测系统的代表性和一致性。在分析降水的时间变化规律时，应采用尽可能长的资料序列。调查区面积比较大时，雨量站应在面上均匀分布；在降水量变化梯度大的地区，选用的雨量站应加密，以满足分区计算要求，所采用降水资料也应为整编和审查的成果。

因蒸发面的性质不同，蒸发可分为水面蒸发、土面蒸发和植物散发，三者统称蒸发或蒸散发。水面蒸发通常是在气象站用特别的器皿直接观测获得水分损失量，称为蒸发量或蒸发率，以日、月或年为时段，以毫米（mm）为单位。调查区内实际水面蒸发量较气象站蒸发器皿测出的蒸发量要小，需要进行折算，折算系数与蒸发皿的直径有关，各个地区也有所差异，收集水位蒸发资料要说明蒸发皿的型号，查阅有关手册确定折算系数。

6.6.4 环境水文地质问题调查

6.6.4.1 调查方法

地下水污染调查是地下水污染研究的基础和出发点。其主要目的是：探测与识别地下污染物；测定污染物的浓度；查明污染物在地下水系统中的运移特性；确定地下水的流向和速度，查明主径流向及控制污染物运移的因素，定量描述控制地下水流动和污染物运移的水文地质参数。场地调查获得的水文地质信息对水文地球化学调查、数值模拟和治理技术至关重要。

A　初步场地勘察及初始评估

这一阶段包括已有资料的搜集整理和现场踏勘。该阶段的目的是：描述场地的基本地质特征及对已收集整理资料信息进行验证；搜集当地的水文资料，包括降雨和地表排水；搜集有关污染源和污染特性的资料；初步确定地下水系统概念模型。

（1）污染现场历史资料。有关过去及现在土地使用情况的资料可以指示在污染现场的地下水环境中可能存在哪些污染物。在第一阶段调查中最关键的资料涉及以下几个方面：

1）已知污染物或可能存在的污染物的性质。对可能存在的污染物的物理化学性质及其赋存与接触特性进行鉴定非常重要。另外，有关土壤、空气、水等污染迁移介质的环境管理标准也是必需的资料。

2）污染物的来源或可能来源。废物处置活动是污染物的来源之一。此外，用火车或卡车运输大批化学物质或石油产品时常常发生不可控制的溢出问题（如石化炼油厂的油品装卸区），这会对地表环境造成严重的积累性污染。虽然某些由废物处置活动及处置设备造成的污染可很容易地被发现，但其他的可能的污染来源就只可能从报告中寻找证据了，如对污染物或污泥的不正确处置，对废旧化学用品的不适当处置等。

3）污染程度。已知或不明污染物的污染程度由下列因素决定：地下水环境中污染物的含量、物理化学性质、赋存状态及地下水系统的特征。

（2）地质与水文地质资料。前人的现场调查报告可以提供有关地形、岩土体和填埋材料的厚度及分布、含水层的分布、基岩高程、岩性、厚度、区域地质条件、构造特征（例如基岩中的断层）等方面的资料。土壤类型对于推测地层的水文地质性质，如水力传导系数等也是很有用的。航空图片可以为评价地质条件及地表排水特征提供重要信息。取水井的地质柱状图则有助于对水井附近的地质情况进行解释。

任何污染现场的水文地质条件都对地下水和污染物在地下的运移起着极其重要的作用。在第一阶段调查中，应以搜集与总结有关地质情况的资料为出发点。污染物的排泄区、地下水位、地下水大致流向及地表排水方式均是这一阶段应了解的。

（3）水文资料。调查内容包括地表水的位置、流动情况、水质以及与地下水的水力联系方式等。有关地表水来源及流向的资料大多可由地形图获得，更详细的情况则可在专门的水资源报告中找到。如果可能，已有资料还应包括场地水文地质平面图、剖面图及初步的概念模型。

在资料搜集完成以后，必须进行初步现场踏勘，以证实从资料分析中得出的结论。需携带以下物件：所有相关的平面图、剖面图及航空图件；用于近地表勘察的铁铲及手工钻；用于采集地表水或泉水的采样瓶。在这一阶段，应完成以下重要的踏勘任务：

（1）检查欲用钻探设备的场地可进入性。观察现场地形及周边环境，以确定是否可进行地质测量以及现场是否可容纳钻孔设备；

（2）对现场的后勤工作进行考察，以确定是否方便清洗钻孔及获得可供钻探使用的清洁水；

（3）对现场的地质条件进行考察，以确定区域地质条件与基岩位置同背景资料是否一致；

（4）观察现场地形、排水情况及植被分布，确定钻井液排放位置；

（5）查明导致污染的化学废物的性质，特别是其活动性及暴露程度；

（6）确定研究区域内监测设备的状况，特别是它们的置放条件、深度及地下水水位；

（7）对现场气候进行研究，以获得降雨量及气温方面的资料。

调查已有资料没有记录的场地周围近期变化情况（如新建筑），可以通过分析不同时期的不同航空图片，来了解土地利用的历史变化情况。根据场地的复杂程度和已有资料的情况，初步建立起一个场地水文地质概念模型。该模型应包括以下要素：

（1）现场邻近地区的地质条件概念模型。应根据水力学性质来划分不同的地层，并指出不同地层对地下水流动系统的重要性及它们对地下水环境中污染物运移的潜在控制能力。

（2）区域及局部的地下水流动系统与地表水之间的水力联系。概念模型将确定现场周边地区的地下水系统与地表水系统的相互补给、排泄关系，以及区域地下水流动系统与局部地下水流动系统之间的相互关系。画出地下水流动系统示意图，即使这样一个初步的模型可能随着调查工作的深入，会有很大的修改，在踏勘后建立这样的概念模型有助于从一开始就带着系统的观点整体把握场地的水文地质特征。

（3）确定人类活动对地下水流动及污染物运移的影响。例如，埋藏管道、地下设施、下水道及与它们相关的粗粒回填土都会为非水相液体及地下水的流动创造条件。现场周围的抽水井也会改变水力梯度及地下水流场。

（4）确定污染物运移途径及优势流的通道。这些通道包括水力梯度很高的地层及岩石与土壤中的裂隙。

（5）确定污染物的性质。在概念模型中加入污染物的性质是非常重要的，这样可以确保污染物的产生与迁移成为现场监测与调查过程的中心。

（6）确定污染物的可能受体，以评价环境影响程度，受体可能包括人、植物、动物及水生生物。

在第一阶段调查中，整理和评价已有的背景资料并进行野外考察是非常必要的。

工作计划应考虑现场的特殊物理特征。例如，低渗透性岩层将使较深处的含水层免受附近地表污染物的影响，但钻探技术使用不当可能会破坏这些条件，使污染进一步扩大至深部。在一定的地质环境中，某些勘察技术将会比另一些更为适用，地质条件对勘察方法的选择起着极其重要的作用。

在确定工作计划时，现场污染物的特殊性质也应被考虑进去。这些需考虑的因素包括：

（1）现场勘察方法的适宜性，即应避免使污染进一步恶化；

（2）在进行现场调查时所使用的地球物理技术的适宜性；

（3）污染物与监测孔材料的相容性；

（4）安置钻孔、监测孔与取样技术的适宜性。

B　野外调查与监测

第二阶段调查的主要目的是：划分并刻画主要的含水层，确定地下水流向，形成一个仿真度较高的地下水系统概念模型，能够刻画主要含水层并绘制出场地附近地下水流场图，定性评价地下水脆弱性，并识别污染物可能的运移途径。

第二阶段调查包括对现场特征的勘察及地下水监测孔的安装。在搜集有关现场特征的资料时可采用许多不同的勘察技术。实际的现场调查包括直接方法和间接方法。直接方法包括钻探、土壤采样、土工试验等，间接方法则包括航片、卫片、探地雷达、电法等。调查者应该有机地结合直接方法与间接方法，以有效地获得全面的现场特征方面的资料。

在污染现场进行土壤采样的目的是确定有害物质的浓度是否达到了足以影响环境和人类健康的水平。具体来说，土壤采样可用于以下目的：确定土壤是否受到污染；与背景水平相对照，确定污染物是否存在及其浓度大小；确定污染物的浓度及其空间分布特征。

土壤大多复杂、易变，这就需要在调查时综合采用多种采样方法和监测手段。在研究污染土壤的性质时，野外与室内实验都是必要的。野外实验可提供有关土壤性质、地下水流动条件、污染物迁移等方面的资料。对于那些较缺乏有关地下详细信息的研究场地，可考虑使用地表物探技术来获取场地的一些地层信息。这些调查结果和已有的地质资料一起使用，有助于确定地层岩性。这些岩性特征在钻井过程中可进一步被检验，也有助于确定钻井测试深度。通过这些钻井测试可确定基岩或低渗透性沉积物这类含水层边界的位置。同样，使用地表物探可探测被掩埋的废弃容器（如金属罐和桶）。这些调查对于确定潜在污染源的位置及指导监测孔的定位，以避免在钻井过程中穿破被掩埋的废弃容器，是十分重要的。

地球物理技术可用来较好地了解地下条件及描述污染的程度。地球物理技术包括探地雷达（GPR）、电磁法（EM）、电法与地震法等。对于任何地球物理技术来说，在某一污染现场的研究中取得成功未必表明它在其他现场就一定会取得成功。理解这一点是非常重要的。一个专业人员在接手地球物理勘察项目以前，应了解每一种地球物理技术所存在的缺陷。

一旦知道了场地的地质特征，钻探测试就可以开始了，这些钻探测试可以用来对地层进行更为精确的描述。钻探工作是为了了解场地主要的含水层。描述这些含水层是评价污染物从污染源迁移的风险和确定潜在的迁移途径的基础。要详细记录在钻探过程中揭露的岩层。所选用的钻探及取样方法不仅取决于场地条件和设想的地质情况，也取决于所需样品的类型和钻孔的最终使用情况。

第二阶段初步钻探和沉积物取样需提供以下信息：每组主要地层单元的相对位置和厚度、每个单元的物理描述、沉积物或岩石类型（地质描述）、矿物组成、粒径分布、塑性、主要孔隙（裂隙）和渗透性、次要孔隙（裂隙）的迹象、饱水度。为了搜集这些资料，岩土体的取样必须在钻孔中间隔进行。如果对水文地质分层性了解甚少，就必须至少从一个钻孔中取一个相对连续的、未扰动的完整岩芯。检查岩芯样品之后，就可以确定以后所有的钻孔中在什么深度段获取主要含水层的样品。

在第二阶段所获取的部分样品将被用于第三阶段的实验分析。岩芯应及时密封，保存在相对凉爽的地方，最好在4℃条件下冷藏，以避免暴露大气后土样发生物理化学性质上的变化。除了取岩芯样外，应对岩芯进行编录和地球物理记录。

在布置钻孔时应考虑：特定的地表过程，如溪流，可对地下水流场造成局部影响，使对地下水流动模式的解释产生困难，应使初始钻孔远离这些地貌单元；污染源有时与人工的回填堆（如许多垃圾填埋场）有关，不能把初始钻孔布置在这些地方。

钻孔深浅应根据场地而定，但是一般应到达低渗透性岩层的底部边界，如果没有有关地层渗透性信息时，钻孔应到达基岩。水文地质人员应当判断钻孔是否应进入基岩，这取决于基岩的水力传导性、埋深以及作为含水层的重要性。如果上伏地层为很厚的低渗透性物质（如黏土或冰积物），就应限制钻孔深度，以确保深部的渗透性较大的含水层不因钻探过程中地表污染物进入钻孔而受到影响。如果低渗透性沉积物存在裂隙，一般钻井应加深，这与沉积物为块状或无裂隙的情况不同。

总体来说，在每个含水层中至少应安装一个测压管，如果含水层比较厚（>15 m），就应考虑使用两个测压管。监测并记录监测孔在安装后测压水位恢复情况。在渗透性较好的沉积物（如砂和砾石）中，水头恢复很快；而在低渗透性沉积物中，水头需数星期甚至数月才能完全恢复达到平衡状态。下一步，从水头完全得到恢复的监测孔中读取水头数据，并绘出水位平面图。然后进行插值，绘制等水头线图，从图中可以得出地下水的流动方向。对于每个渗透性较好的含水层应分别绘制等水位线图。同时应注意，为了把监测孔的水头与监测网中其他监测孔的水头联系起来，必须使用水准仪准确测定每个监测孔的参照点（如套管顶部）的高程。

6.6.4.2 场地环境调查

在《建设用地土壤污染状况调查技术导则》（HJ 25.1—2019）中，规定了场地环境调查的基本要求。场地指某一地块范围内的土壤、地下水、地表水以及地块内所有构筑物、设施和生物的总和。

场地环境调查的目的是为污染场地环境管理提供基础数据和信息。场地环境调查应针对场地的特征和潜在污染物特性，进行污染物分布调查，调查结果应客观反映场地的污染情况，采用的调查方法应结合当前的技术水平。

场地环境调查应采用资料收集、现场踏勘、场地环境采样分析等方法开展工作。可收集的资料包括场地利用变迁资料、场地环境监测资料、场地所在区域自然和社会信息、场地相关记录等。

6.6.4.3 调查原则

地下水环境现状调查与评价工作应遵循资料搜集与现场调查相结合、项目所在场地调查（勘察）与类比考察相结合、现状监测与长期动态资料分析相结合的原则。

地下水环境现状调查与评价工作的深度应满足相应的工作级别要求。当现有资料不能满足要求时，应通过组织现场监测或环境水文地质勘察与试验等方法获取。

对于一、二级评价的改、扩建类建设项目，应开展现有工业场地的包气带污染现状调查。对于长输油品、化学品管线等线性工程，调查评价工作应重点针对场站、服务站等可能对地下水产生污染的地区开展。

6.6.4.4 调查评价范围

地下水环境现状调查评价范围应包括与建设项目相关的地下水环境保护目标，以能说明地下水环境的现状，反映调查评价区地下水基本流场特征，满足地下水环境影响预测和评价为基本原则。

污染场地修复工程项目的地下水环境影响现状调查参照《建设用地土壤污染状况调查技术导则》(HJ 25.1) 执行。

建设项目（除线性工程外）地下水环境影响现状调查评价范围可采用公式计算法、查表法和自定义法确定。

A   公式计算法

当建设项目所在地水文地质条件相对简单，且所掌握的资料能够满足公式计算法的要求时，应采用公式计算法确定（参照《饮用水水源保护区划分技术规范》(HJ/T 338)）；当不满足公式计算法的要求时，可采用查表法确定。当计算或查表范围超出所处水文地质单元边界时，应以所处水文地质单元边界为宜。

公式计算法见式（6-2）：

$$L = \alpha \times K \times I \times T / n_e \tag{6-2}$$

式中 L——下游迁移距离，m；

     α——变化系数，$\alpha \geqslant 1$，一般取 2；

     K——渗透系数，m/d，常见渗透系数见表 6-4；

     I——水力坡度，无量纲；

     T——质点迁移天数，取值不小于 5000 d；

   n_e——有效孔隙度，无量纲。

采用该方法时应包含重要的地下水环境保护目标，所得的调查评价范围如图 6-4 所示。

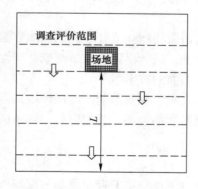

图 6-4   调查评价范围示意图

（虚线表示等水位线；空心箭头表示地下水流向；场地上游距离根据评价需求确定，场地两侧不小于 $L/2$）

B   查表法

参照表 6-9 地下水环境现状调查评价范围参照表。

C   自定义法

可根据建设项目所在地水文地质条件自行确定，须说明理由。

线性工程应以工程边界两侧向外延伸 200 m 作为调查评价范围；穿越饮用水水源准保护区时，调查评价范围应至少包含水源保护区；线性工程站场的调查评价范围确定参照上述公式计算法、查表法和自定义法。

表 6-9   地下水环境现状调查评价范围参照表

评价等级	调查评价面积/km²	备　　　注
一级	≥20	应包括重要的地下水环境保护目标，必要时适当扩大范围
二级	6~20	
三级	≤6	

6.6.4.5   调查内容与要求

A   水文地质条件调查

在充分收集资料的基础上，根据建设项目特点和水文地质条件复杂程度，开展调查工作，主要内容包括：

（1）气象、水文、土壤和植被状况；

（2）地层岩性、地质构造、地貌特征与矿产资源；

（3）包气带岩性、结构、厚度、分布及垂向渗透系数等；

（4）含水层岩性、分布、结构、厚度、埋藏条件、渗透性、富水程度等；隔水层（弱透水层）的岩性、厚度、渗透性等；

（5）地下水类型、地下水补径排条件；

（6）地下水水位、水质、水温、化学类型；

（7）泉的成因类型、出露位置、形成条件及泉水流量、水质、水温，开发利用情况；

（8）集中供水水源地和水源井的分布情况（包括开采层的成井密度、水井结构、深度以及开采历史）；

（9）地下水现状监测井的深度、结构以及成井历史、使用功能；

（10）地下水环境现状值（或地下水污染对照值）。

场地范围内应重点调查包气带岩性、结构、厚度、分布及垂向渗透系数等。

B   地下水污染源调查

调查评价区内具有与建设项目产生或排放同种特征因子的地下水污染源。

对于一、二级的改、扩建项目，应在可能造成地下水污染的主要装置或设施附近开展包气带污染现状调查，对包气带进行分层取样，一般在 0~20 cm 埋深范围内取一个样品，其他取样深度应根据污染源特征和包气带岩性、结构特征等确定，并说明理由。样品进行浸溶试验，测试分析浸溶液成分。

C   地下水环境现状监测

建设项目地下水环境现状监测应通过对地下水水质、水位的监测，掌握或了解评价区地下水水质现状及地下水流场，为地下水环境现状评价提供基础资料。

污染场地修复工程项目的地下水环境现状监测参照《场地环境监测技术导则》（HJ 25.2）执行。

D   现状监测点的布设原则

（1）地下水环境现状监测点采用控制性布点与功能性布点相结合的布设原则。监测点应主要布设在建设项目场地、周围环境敏感点、地下水污染源以及对于确定边界条件有控制意义的地点。当现有监测点不能满足监测位置和监测深度要求时，应布设新的地下水现状监测井，现状监测井的布设应兼顾地下水环境影响跟踪监测计划。

（2）监测层位应包括潜水含水层、可能受建设项目影响且具有饮用水开发利用价值的含水层。

（3）一般情况下，地下水水位监测点数宜大于相应评价级别地下水水质监测点数的2倍。

（4）地下水水质监测点布设的具体要求：

1）监测点布设应尽可能靠近建设项目场地或主体工程，监测点数应根据评价等级和水文地质条件确定。

2）一级评价项目潜水含水层的水质监测点应不少于7个，可能受建设项目影响且具有饮用水开发利用价值的含水层3~5个。原则上建设项目场地上游和两侧的地下水水质监测点均不得少于1个，建设项目场地及其下游影响区的地下水水质监测点不得少于3个。

3）二级评价项目潜水含水层的水质监测点应不少于5个，可能受建设项目影响且具有饮用水开发利用价值的含水层2~4个。原则上建设项目场地上游和两侧的地下水水质监测点均不得少于1个，建设项目场地及其下游影响区的地下水水质监测点不得少于2个。

4）三级评价项目潜水含水层的水质监测点应不少于3个，可能受建设项目影响且具有饮用水开发利用价值的含水层1~2个。原则上建设项目场地上游及下游影响区的地下水水质监测点各不得少于1个。

（5）管道型岩溶区等水文地质条件复杂的地区，地下水现状监测点应视情况确定，并说明布设理由。

（6）在包气带厚度超过100 m的评价区或监测井较难布置的基岩山区，地下水水质监测点数无法满足（4）要求时，可视情况调整数量，并说明调整理由。一般情况下，该类地区一、二级评价项目至少设置3个监测点，三级评价项目根据需要设置一定数量的监测点。

E　地下水水质现状监测取样要求

（1）地下水水质取样应根据特征因子在地下水中的迁移特性选取适当的取样方法。

（2）一般情况下，只取一个水质样品，取样点深度宜在地下水位以下1.0 m左右。

（3）建设项目为改、扩建项目，且特征因子为DNAPLs（重质非水相液体）时，应至少在含水层底部取一个样品。

F　地下水水质现状监测因子

（1）检测分析地下水环境中K^+、Na^+、Ca^{2+}、Mg^{2+}、CO_3^{2-}、HCO_3^-、Cl^-、SO_4^{2-}的浓度。

（2）地下水水质现状监测因子原则上应包括两类：一类是基本水质因子；另一类为特征因子。

1）基本水质因子以pH、氨氮、硝酸盐、亚硝酸盐、挥发性酚类、氰化物、砷、汞、铬（六价）、总硬度、铅、氟、镉、铁、锰、溶解性总固体、高锰酸盐指数、硫酸盐、氯化物、总大肠菌群、细菌总数等及背景值超标的水质因子为基础，可根据区域地下水类型、污染源状况适当调整。

2）特征因子根据 6.4 节的识别结果确定，可根据区域地下水化学类型、污染源状况适当调整。

G 地下水环境现状监测频率要求

（1）水位监测频率要求。

1）评价等级为一级的建设项目，若掌握近 3 年内至少一个连续水文年的枯、平、丰水期地下水位动态监测资料，评价期内至少开展一期地下水水位监测；若无上述资料，依据表 6-10 开展水位监测。

2）评价等级为二级的建设项目，若掌握近 3 年内至少一个连续水文年的枯、丰水期地下水位动态监测资料，评价期可不再开展现状地下水位监测；若无上述资料，依据表 6-10 开展水位监测。

3）评价等级为三级的建设项目，若掌握近 3 年内至少一期的监测资料，评价期内可不再进行现状水位监测；若无上述资料，依据表 6-10 开展水位监测。

（2）基本水质因子的水质监测频率应参照表 6-10，若掌握近 3 年至少一期水质监测数据，基本水质因子可在评价期补充开展一期现状监测；特征因子在评价期内需至少开展一期现状值监测。

（3）在包气带厚度超过 100 m 的评价区或监测井较难布置的基岩山区，若掌握近 3 年内至少一期的监测资料，评价期内可不进行现状水位、水质监测；若无上述资料，至少开展一期现状水位、水质监测。

地下水环境现状监测频率设定可参照表 6-10。

表 6-10　地下水环境现状监测频率参照表

评价等级　频次　分布区	水位监测频率			水质监测频率		
	一级	二级	三级	一级	二级	三级
山前冲（洪）积	枯平丰	枯丰	一期	枯丰	枯	一期
滨海（含填海区）	二期[①]	一期	一期	一期	一期	一期
其他平原区	枯丰	一期	一期	枯	一期	一期
黄土地区	枯平丰	一期	一期	二期	一期	一期
沙漠地区	枯丰	一期	一期	一期	一期	一期
丘陵山区	枯丰	一期	一期	一期	一期	一期
岩溶裂隙	枯丰	一期	一期	枯丰	一期	一期
岩溶管道	二期	一期	一期	二期	一期	一期

① "二期"的间隔有明显水位变化，其变化幅度接近年内变幅。

H 地下水样品采集与现场测定

（1）地下水样品应采用自动式采样泵或人工活塞闭合式与敞口式定深采样器进行采集。

（2）样品采集前，应先测量井孔地下水水位（或地下水位埋深）并做好记录，然后采用潜水泵或离心泵对采样井（孔）进行全井孔清洗，抽汲的水量不得小于井筒（量）体积的 3 倍。

（3）地下水水质样品的管理、分析化验和质量控制按照《地下水环境监测技术规范》（HJ/T 164）执行。pH、DO、水温等不稳定项目应在现场测定。

6.6.5　环境水文地质勘察与试验

环境水文地质勘察与试验是在充分收集已有资料和地下水环境现状调查的基础上，针对需要进一步查明的地下水含水层特征和为获取预测评价中必要的水文地质参数而进行的工作。

除一级评价应进行必要的环境水文地质勘察与试验外，对环境水文地质条件复杂且资料缺少的地区，二级、三级评价也应在区域水文地质调查的基础上对场地进行必要的水文地质勘察。

环境水文地质勘察可采用钻探、物探和水土化学分析以及室内外测试、试验等手段开展，具体参见相关标准与规范。

环境水文地质试验项目通常有抽水试验、注水试验、渗水试验、浸溶试验及土柱淋滤试验等，在评价工作过程中可根据评价等级和资料掌握情况选用。进行环境水文地质勘察时，除采用常规方法外，还可采用其他辅助方法配合勘察。

有关试验原则与方法简介如下：

（1）抽水试验。抽水试验目的是确定含水层的导水系数、渗透系数、给水度、影响半径等水文地质参数，也可以通过抽水试验查明某些水文地质条件，如地表水与地下水之间及含水层之间的水力联系，以及边界性质和强径流带位置等。

根据要解决的问题，可以进行不同规模和方式的抽水试验。单孔抽水试验只用一个井抽水，不另设置观测孔，取得的资料精度较差；多孔抽水试验是用一个主孔抽水，同时配置若干个监测水位变化的观测孔，以取得比较准确的水文地质参数；群井开采试验是在某一范围内用大量生产井同时长期抽水，以查明群井采水量与区域水位下降的关系，求得可靠的水文地质参数。

为确定水文地质参数而进行的抽水试验，有稳定流抽水和非稳定流抽水两类。前者要求试验终了以前抽水流量及抽水影响范围内的地下水位达到稳定不变。后者则只要求抽水流量保持定值而水位不一定到达稳定，或保持一定的水位降深而允许流量变化。具体的试验方法可参见《供水水文地质勘察规范》（GB 50027）。

（2）注水试验。注水试验目的与抽水试验相同。当钻孔中地下水位埋藏很深或试验层透水不含水时，可用注水试验代替抽水试验，近似地测定该岩层的渗透系数。在研究地下水人工补给或废水地下处置时，常需进行钻孔注水试验。注水试验时可向井内定流量注水，抬高井中水位，待水位稳定并延续到一定时间后，可停止注水，观测恢复水位。

由于注水试验常常是在不具备抽水试验条件下进行的，故注水井在钻进结束后，一般都难以进行洗井（孔内无水或未准备洗井设备）。因此，用注水试验方法求得的岩层渗透系数往往比抽水试验求得的值小得多。

（3）渗水试验。渗水试验目的是测定包气带渗透性能及防污性能。渗水试验是一种在野外现场测定包气带土层垂向渗透系数的简易方法，在研究大气降水、灌溉水、渠水等对地下水的补给时，常需要进行此种试验。

试验时在试验层中开挖一个截面积约 $0.3\sim0.5~m^2$ 的方形或圆形试坑，不断将水注入坑中，并使坑底的水层厚度（一般为 10 cm）保持一定，当单位时间注入水量（即包气带岩层的渗透流量）保持稳定时，可根据达西渗透定律计算出包气带土层的渗透系数。

（4）浸溶试验。浸溶试验目的是查明固体废弃物受雨水淋滤或在水中浸泡时，其中的有害成分转移到水中，对水体环境直接形成的污染或通过地层渗漏对地下水造成的间接影响。

有关固体废弃物的采样、处理和分析方法，可参照执行关于固体废弃物的国家环境保护标准或技术文件。

（5）土柱淋滤试验。土柱淋滤试验目的是模拟污水的渗入过程，研究污染物在包气带中的吸附、转化、自净机制，确定包气带的防护能力，为评价污水渗漏对地下水水质的影响提供依据。

试验土柱应在评价场地有代表性的包气带地层中采取。通过滤出水水质的测试，分析淋滤试验过程中污染物的迁移、累积等引起地下水水质变化的环境化学效应的机理。

试剂的选取或配制，宜采取评价工程排放的污水做试剂。对于取不到污水的拟建项目，可取生产工艺相同的同类工程污水替代，也可按设计提供的污水成分和浓度配制试剂。如果试验目的是确定污水排放控制要求，则需要配制几种浓度的试剂分别进行试验。

6.7 地下水环境现状评价

6.7.1 地下水水质评价方法

《地下水质量标准》（GB/T 14848）和有关法规及当地的环保要求是地下水环境现状评价的基本依据。对属于 GB/T 14848 水质指标的评价因子，应按其规定的水质分类标准值进行评价；对于不属于 GB/T 14848 水质指标的评价因子，可参照国家（行业、地方）相关标准（如《地表水环境质量标准》（GB 3838）、《生活饮用水卫生标准》（GB 5749）、《地下水水质标准》（DZ/T 0290）等）进行评价。现状监测结果应进行统计分析，给出大值、小值、均值、标准差、检出率和超标率等。

地下水水质现状评价应采用标准指数法。标准指数>1，表明该水质因子已超标，标准指数越大，超标越严重。标准指数计算公式分为以下两种情况：

（1）对于评价标准为定值的水质因子，其标准指数计算方法为

$$P_i = \frac{C_i}{C_{si}} \qquad (6\text{-}3)$$

式中　　P_i ——第 i 个水质因子的标准指数，无量纲；

$\quad\quad C_i$ ——第 i 个水质因子的监测浓度值，mg/L；

$\quad\quad C_{si}$ ——第 i 个水质因子的标准浓度值，mg/L。

（2）对于评价标准为区间值的水质因子（如 pH 值），其标准指数计算方法为

$$P_{pH} = \frac{7.0 - pH}{7.0 - pH_{sd}} \qquad pH \leqslant 7 \text{ 时} \tag{6-4}$$

$$P_{pH} = \frac{pH - 7.0}{pH_{su} - 7.0} \qquad pH > 7 \text{ 时} \tag{6-5}$$

式中　P_{pH}——pH 的标准指数，无量纲；

　　　　pH——pH 监测值；

　　　pH_{su}——标准中 pH 的上限值；

　　　pH_{sd}——标准中 pH 的下限值。

对于污染场地修复工程项目和评价工作等级为一、二级的改、扩建项目，应开展包气带污染现状调查，分析包气带污染状况。

6.7.2 地下水防护性能

6.7.2.1 包气带防护性能

地下水面以上是包气带，以下是饱水带。包气带是大气水和地表水同地下水发生联系并进行水分交换的地带，它是岩土颗粒、水、空气三者同时存在的一个复杂系统。包气带具有吸收水分、保持水分和传递水分的能力。包气带还是地表污染物渗入地下水的主要途径。污染物在包气带中发生复杂的物理、化学和生物过程，包括机械过滤、溶解和沉淀、吸附和解吸、氧化和还原等物理化学过程；有机污染物在一定的温度、pH 值和包气带中的微生物作用下，还可能发生生物降解作用。包气带对污染物具有阻隔和消减作用，是地下水环境保护的一个重要屏障。因此，包气带是地下水环境影响评价中需要考虑的一个重要因素。

包气带防护性能指包气带的土壤、岩石、水、气系统抵御污染物污染地下水的能力，分为固有和特殊防污染性能两种。固有防污染性能是指在一定的地质条件和水文地质条件下，防止人类活动产生的各种污染物污染地下水的能力，它与包气带地质条件和包气带水文地质条件有关，与污染物性质无关；特殊防污染性能是指防止某种或某类污染物污染地下水的能力，它与污染物性质及其在地下水环境中的迁移能力有关。

6.7.2.2 地下水脆弱性影响因素

地下水脆弱性：是指污染物自顶部含水层以上某一位置到达地下水系统中某一特定位置的趋势和可能性。

地下水的脆弱性主要取决于地下水埋深、净补给量、含水层介质、土壤介质、地形坡度、包气带影响、水力传导系数七个因子。

（1）地下水埋深。地下水埋深是指地表至潜水位的深度或地表至承压含水层顶部（即隔水层顶板底部）的深度，它是一个很重要的因子，因为它决定污染物到达含水层前要迁移的深度，它有助于确定污染物与周围介质接触的时间。一般来说，地下水埋深越大，污染物迁移的时间越长，污染物衰减的机会越多。此外，地下水埋深越大，污染物受空气中氧的氧化机会也越多。

（2）净补给量。补给水使污染物垂直迁移至潜水并在含水层中水平迁移，并控制着污染物在包气带和含水层中的弥散和稀释。在潜水含水层地区，垂直补给快，比承压含水层更易受污染；在承压含水层地区，由于隔水层渗透性差，污染物迁移滞后，对承压含水层的污染起到一定的保护作用。在承压含水层向上补给上部潜水含水层地区，承压含水层受污染的机会极少。补给水是淋滤、传输固体和液体污染物的主要载体，入渗水越多，由补给水带给潜水含水层的污染物越多。补给水量足够大而引起污染物稀释时，污染可能性不再增加而是降低。此外，净补给量中包括灌溉补给。

（3）含水层介质。含水层介质既控制污染物渗流途径和渗流长度，也控制污染物衰减作用（像吸附、各种反应和弥散等）可利用的时间及污染物与含水层介质接触的有效面积。污染物渗透途径和渗流长度受含水层介质性质的强烈影响。一般来说，含水层中介质颗粒越大、裂隙或溶隙越多，渗透性越好，污染物的衰减能力越低，防污性能越差。

（4）土壤介质。土壤介质是指包气带顶部具有生物活动特征的部分，它明显影响渗入地下的补给量，所以也明显影响污染物垂直进入包气带的能力。在土壤带很厚的地方，入渗、生物降解、吸附和挥发等污染物衰减作用十分明显。一般来说，土壤防污性能明显受土壤中的黏土类型、黏土胀缩性和颗粒大小的影响，黏土胀缩性小、颗粒小的，防污性能好。此外，有机质也可能是一个重要因素。

（5）地形坡度。地形坡度控制污染物是产生地表径流还是渗入地下。施用的杀虫剂和除草剂是否易积累于某一地区，地形坡度因素特别重要。地形坡度<2%地区，因为不会产生地表径流，污染物入渗的机会多；相反，地形坡度>18%地区，地表径流大，入渗小，地下水受污染的可能性也小。

（6）包气带影响。包气带指的是潜水位以上非饱水带，这个严格的定义可用于所有的潜水含水层。但在评价承压含水层时，包气带影响既包括以上所述的包气带，也包括承压含水层以上的饱水带。承压水的隔水层是包气带中最重要的影响最大的介质。包气带介质的类型决定着土壤层以下、水位以上地段内污染物衰减的性质。生物降解、中和、机械过滤、化学反应、挥发和弥散是包气带内可能发生的所有作用，生物降解和挥发通常随深度增加而降低。介质类型控制着渗透途径和渗流长度，并影响污染物衰减和与介质接触时间。

（7）水力传导系数。在一定的水力梯度下水力传导系数控制着地下水的流速，同时也控制着污染物离开污染源场地的速度。水力传导系数受含水层中的粒间孔隙、裂隙、层间裂隙等所产生的空隙的数量和连通性控制。水力传导系数越高，防污性能越差，因为污染物能快速离开污染源场地进入含水层的位置。

6.8　地下水环境影响分析与预测

6.8.1　污染物在地下水中的迁移与转化

水是最为常见的良好溶剂，也是污染物运移的载体。它溶解岩土的组分，搬运这些组分，并在某些情况下将某些组分从水中析出。污染物进入包气带中和含水层中将发生机械过滤、溶解和沉淀、氧化和还原、吸附和解吸、对流和弥散等一系列物理、化学和生物过程；有机污染物在一定的温度、pH值和包气带中的微生物作用下，还可能发生生物降解作用。这些作用既可以单独存在，也可以多种同时发生。正是这些复杂的物理和化学作用的结果，使得污染物在包气带和地下水系统中进行各种转化和不断迁移。因此，研究污染物在包气带和地下水系统中的物理和化学作用规律，对确定地下水污染程度、预测污染物的迁移范围、制定相应的污染防治措施是非常有意义的。

（1）机械过滤。机械过滤作用指污染物经过包气带和含水层介质过程中，一些颗粒较大的物质团因不能通过介质孔隙，而被阻挡在介质中的现象。如一些悬浮的污染物经过砂层时，会被砂层过滤。机械过滤作用只能使污染物部分停留在介质中，而不能从根本上消除污染物。

（2）对流和弥散。污染物在地下水中的运移受地下水的对流、水动力弥散和生物化学反应等的影响。污染物随地下水的运动称为对流运动。水动力弥散则使污染物在介质中扩散，不断地占据着越来越多的空间。产生水动力弥散的原因主要有：1）浓度场的作用存在着质点的分子扩散；2）在微观上，孔隙结构的非均质性和孔隙通道的弯曲性导致了污染物的弥散现象；3）宏观上所有孔隙介质都存在着的非均质性。

（3）吸附和解吸。吸附和解吸是污染物在地下水中与水相、气相、固相介质之间发生的重要的物理化学过程，吸附为污染物由液相或气相进入固相的过程，解吸过程则相反。吸附和解吸影响着污染物与地下水、空气之间的迁移或富集，也影响着污染物的化学反应和有机物的微生物降解过程。

物质的吸附有两种机理：分配作用和表面吸附作用。介质对有机污染物的吸附实际上是其中的矿物组分与土壤中有机质共同作用的结果，且土壤有机质起着重要作用。在给定的污染物质与固相介质情况下，污染物质的吸附和解吸主要与污染物在水中的浓度和污染物质被吸附在固体介质上的固相浓度有关。

（4）溶解和沉淀。溶解和沉淀是水-岩相互作用的一种，地下水在渗流过程中会将污染物或由其转化产生的可溶物质溶解出来，当某些污染物的温度、pH 值、氧化还原电位等发生变化，水中的污染物浓度大于饱和度，一些已经溶解的污染物会沉淀析出。

溶解与沉淀实质上是强极性水分子和固体盐类表面离子产生了较强的相互作用。如果这种作用的强度超过了盐类离子间的内聚力，就会生成水合离子。这种水合离子逐层从盐类表面进入水溶液，扩散到整个溶液中去，并随着水分向下或向上运动而迁移。化合物的溶解和沉淀主要取决于其组成的离子半径、电价、极化性能、化学键的类型及其他物理化学性质；另外，它与环境条件如温度、压力、水中其他离子浓度、水的 pH 值和氧化还原条件密切相关。例如，对于 Cd^{2+}，在碱性条件下容易形成 $Cd(OH)_2$ 沉淀，在 CO_2 参与的开放体系中，容易形成 $CdCO_3$。

（5）氧化和还原。氧化与还原反应是指地下水中的元素或化合物电子发生转移，导致化合价态改变的过程。氧化与还原作用受 pH 值影响，并与地下水所处的氧化还原环境有关。例如，元素 Cr 在还原条件下，以 Cr^{3+} 的化合物形式存在，不易迁移；而在氧化环境下，以 Cr^{6+} 的化合物形式存在，则很容易迁移。在碱性条件下，Fe^{2+} 更容易转化为 Fe^{3+}，生成 $Fe(OH)_3$ 沉淀，其半反应式为：$Fe^{2+}+3H_2O \rightarrow Fe(OH)_3 \downarrow +3H^+ +e$。

6.8.2　地下水污染途径

地下水污染与地表水污染不同。污染物质进入地下含水层及在其中运移的速度都很缓慢，若不进行专门监测，往往在发现时，地下水污染已达到相当严重的程度。地表水循环流动迅速，只要排除污染源，水质能在短期内改善净化。地下水由于循环交替缓慢，即使排除污染源，已经进入地下水的污染物质，也会在含水层中长期滞留；随着地下水流动，污染范围还将不断扩大。因此，要使已经污染的含水层自然净化，往往需要几十年、几百年甚至几千年；如果采取打井抽汲污染水的方法消除污染，则要付出相当大的代价。

进入地下水的污染物主要来自人类活动。通过雨水淋滤，堆放在地面的垃圾与废渣中的有毒物质进入含水层。各类污水排入河湖坑塘，再渗入补给含水层。长期利用污水灌溉农田，可使大范围的地下水受污染，农药、化肥也可对地下水造成污染。农业耕作活动可促进土壤有机物的氧化，如有机氮氧化为无机氮（主要是硝态氮），随渗水进入地下水。止水不良的井孔，会将浅部的污染水导向深层。废气溶解于大气降水，形成酸雨，也可补给污染地下水。有些行业，如石油、天然气开采、钛白粉冶炼等，将生产废水注入地下，如处理不当，也会对地下水造成影响。

地下水污染方式可分为直接污染和间接污染两种。直接污染的特点是：污染物直接进入含水层，在污染过程中，污染物的性质不变。这是地下水污染的主要方式。间接污染的特点是：地下水污染并不是污染物直接进入含水层引起的，而是污染物作用于其他物质，使这些物质中的某些成分进入地下水造成的。例如，污染引起的地下水硬度的增加、溶解氧的减少等。间接污染过程复杂，污染原因易被掩盖，要查清污染来源和途径较为困难。

地下水污染途径是多种多样的，大致可归为四类：（1）间歇入渗型。大气降水或其他灌溉水使污染物随水通过非饱水带，周期性地渗入含水层，主要污染对象是潜水。固体废物在淋滤作用下，淋滤液下渗引起的地下水污染，也属此类。（2）连续入渗型。污染物随水不断地渗入含水层，主要也是污染潜水。废水渠、废水池、废水渗井等和受污染的地表水体连续渗漏造成地下水污染，即属此类。（3）越流型。污染物是通过越流的方式从已受污染的含水层（或天然咸水层）转移到未受污染的含水层（或天然淡水层）。污染物或者是通过整个层间，或者是通过地层尖灭的天窗，或者是通过破损的井管，污染潜水和承压水。地下水的开采改变了越流方向，使已受污染的潜水进入未受污染的承压水，即属此类。（4）径流型。污染物通过地下径流进入含水层，污染潜水或承压水。污染物通过地下岩溶孔道进入含水层，即属此类。

污染物质能否进入含水层取决于地质、水文地质条件。显然，承压含水层由于上部有隔水顶板，只要污染源不分布在补给区，就不会污染地下水；如果承压含水层的顶板为厚度不大的弱透水层，污染物则有可能通过顶板进入含水层。潜水含水层到处都可以接受补给，污染的危险性取决于包气带的岩性与厚度。包气带中的细小颗粒可以滤去或吸附某些污染物质。土壤中的微生物则能将许多有机物分解为无害的产物（如 H_2O、CO_2 等）。因此，颗粒细小且厚度较大的包气带构成良好的天然净水器。粗颗粒的砾石过滤净化作用弱。裂隙岩层也缺乏过滤净化能力。岩溶含水层通道宽大，很容易遭受污染。

在分析污染物质的影响时，要仔细分析污染源与地下水流动系统的关系：污染源处于流动系统的什么部位？污染源处于哪一级流动系统？当污染源分布于流动系统的补给区时，随着时间延续，污染物质将沿流线从补给区向排泄区逐渐扩展，最终可波及整个流动系统，即使将污染源移走，在污染物质最终由排泄区泄出之前，污染影响也将持续存在；污染源分布于排泄区，污染影响的范围比较局限，污染源一旦排除，地下水很快便可净化。当然，当人为地抽取或补充地下水形成新的势源或势汇时，流动系统将发生变化，原来的排泄区可能转化为补给区。因此，在分析时不仅要考虑天然条件，还要预测人类活动的影响。

　　污染源分布于不同等级的流动系统，污染影响也不相同。污染源分布在局部流动系统中时，由于局部流动系统深度不大，规模小，水的交替循环快，短期内污染影响可以波及整个流动系统；但在去除污染源后，自然净化也快，数月到数年即可消除污染影响。区域流动系统影响范围深大，流程长而流速小，水的交替循环缓慢，在其范围内存在污染源时，污染物质的扩展缓慢，但如有足够的时间，污染影响可以波及相当广大的范围；区域流动系统遭受污染后，即使将污染源排除以后，污染影响仍将持续相当长的时间，自然净化期可以长达数百年乃至数千年，污染后再治理相当困难，有时甚至是不可能的。

6.8.3　地下水污染源强计算

　　常用的污染源强计算公式如下：
　　（1）渗坑或渗井：

$$Q_0 = q \cdot \beta \tag{6-6}$$

　　（2）排污渠或河流：

$$Q_0 = Q_{上游} - Q_{下游} \tag{6-7}$$

　　（3）固体废物填埋场：

$$Q_0 = \alpha F X \cdot 10^{-3} \tag{6-8}$$

　　如无地下水动态观测资料，入渗系数 β 可取经验值，一般为 0.10~0.92。
　　（4）污水土地处理：

$$Q_0 = \beta \cdot Q_g \tag{6-9}$$

式中　Q_0——入渗量，m^3/d 或 m^3/a；
　　　q——渗坑或渗井污水排放量，m^3/d 或 m^3/a；
　　　β——渗坑或渗井底部包气带的垂向入渗系数；
　　$Q_{上游}$——上游断面流量，m^3/d 或 m^3/a；
　　$Q_{下游}$——下游断面流量，m^3/d 或 m^3/a；
　　　α——降水入渗补给系数；
　　　F——固体废物渣场渗水面积，m^2；
　　　X——降水量，mm；
　　　Q_g——实际处理水量，m^3/d 或 m^3/a。

　　（5）污水处理设施中渗漏量计算。
　　1）管渠。根据《给水排水管道工程施工及验收规范》（GB 50268）的相关规定，其允许渗水量按下式计算。
　　压力管渠：

$$Q_1 = 0.014 D_i = 0.014 \frac{S}{\pi} \tag{6-10}$$

　　无压管渠：

$$Q_2 = 1.25 \sqrt{D_i} = 1.25 \sqrt{\frac{S}{\pi}} \tag{6-11}$$

式中　Q_1——压力管渠允许渗水量，L/(min·km)；

　　　Q_2——无压管渠允许渗水量，m^3/(d·km)；

　　　D_i——管道内径，mm；

　　　S——管渠的湿周周长，mm。

2）管道。压力管道允许渗水量见表6-11。

表 6-11　压力管道允许渗水量

管道内径 D_i/mm	允许渗水量/L·(min·km)$^{-1}$		
	焊接接口钢管	球墨铸铁管、玻璃钢管	预（自）应力混凝土管、 预应力钢筒混凝土管
100	0.28	0.70	1.40
150	0.42	1.05	1.72
200	0.56	1.40	1.98
300	0.85	1.70	2.42
400	1.00	1.95	2.80
600	1.20	2.40	3.14
800	1.35	2.70	3.96
900	1.45	2.90	4.20
1000	1.50	3.00	4.42
1200	1.65	3.30	4.70
1400	1.75	—	5.00

①当管道内径大于表6-11中数值时，渗水量q按下式计算。

钢管：

$$q = 0.05\sqrt{D_i} \tag{6-12}$$

球墨铸铁管、玻璃钢管：

$$q = 0.1\sqrt{D_i} \tag{6-13}$$

预（自）应力混凝土管、预应力钢筒混凝土管：

$$q = 0.14\sqrt{D_i} \tag{6-14}$$

②现浇钢筋混凝土管道实测渗水量应小于或等于按下式计算的允许渗水量。

钢管：

$$q = 0.05\sqrt{D_i} \tag{6-15}$$

球墨铸铁管、玻璃钢管：

$$q = 0.1\sqrt{D_i} \tag{6-16}$$

预（自）应力混凝土管、预应力钢筒混凝土管：

$$q = 0.14\sqrt{D_i} \tag{6-17}$$

③硬聚氯乙烯管实测渗水量应小于或等于按下式计算的允许渗水量：

$$q = 3 \cdot \frac{D_\mathrm{i}}{25} \cdot \frac{p}{0.3\alpha} \cdot \frac{1}{1440} \tag{6-18}$$

式中 q ——允许渗水量，L/（min·km）；

         D_i ——管道内径，mm；

         p ——压力管道的工作压力，MPa；

         α ——温度-压力折减系数。当实验水温 0~25 ℃时，α 取 1；25~35 ℃时，α 取 0.8；35~45 ℃时，α 取 0.63。

3）水池。

按照《给水排水构筑物工程施工及验收规范》（GB 50141），水池渗水量应按池壁（不含内隔墙）和池底的浸湿面积计算。钢筋混凝土结构水池渗水量不得超过 2 L/（m² · d）；砌体结构水池渗水量不得超过 3 L/（m² · d）。

6.8.4 地下水环境影响预测的基本要求

（1）预测原则。建设项目地下水环境影响预测应遵循《环境影响评价技术导则 总纲》（HJ 2.1）中确定的原则。考虑到地下水环境污染的复杂性、隐蔽性和难恢复性，还应遵循保护优先、预防为主的原则，预测应为评价各方案的环境安全和环境保护措施的合理性提供依据。预测的范围、时段、内容和方法均应根据评价工作等级、工程特征与环境特征，结合当地环境功能和环保要求确定，应预测建设项目对地下水水质产生的直接影响，重点预测对地下水环境保护目标的影响。在结合地下水污染防控措施的基础上，对工程设计方案或可行性研究报告推荐的选址（选线）方案可能引起的地下水环境影响进行预测。

（2）预测范围。地下水环境影响预测范围一般与调查评价范围一致。预测层位应以潜水含水层或污染物直接进入的含水层为主，兼顾与其水力联系密切且具有饮用水开发利用价值的含水层。当建设项目场地天然包气带垂向渗透系数小于 1×10^{-6} cm/s 或厚度超过 100 m 时，预测范围应扩展至包气带。

（3）预测时段。地下水环境影响预测时段应选取可能产生地下水污染的关键时段，至少包括污染发生后 100 d、1000 d，服务年限或能反映特征因子迁移规律的其他重要的时间节点。

（4）情景设置。一般情况下，建设项目须对正常状况和非正常状况的情景分别进行预测。已依据《生活垃圾填埋场污染控制标准》（GB 16889）、《危险废物贮存污染控制标准》（GB 18597）、《危险废物填埋污染控制标准》（GB 18598）、《一般工业固体废物贮存和填埋污染控制标准》（GB 18599）、《石油化工工程防渗技术规范》（GB/T 50934）设计地下水污染防渗措施的建设项目，可不进行正常状况情景下的预测。

（5）预测因子。预测因子应包括：根据本书 6.4 节识别出的特征因子，按照重金属、持久性有机污染物和其他类别进行分类，并对每一类别中的各项因子采用标准指数法进行排序，分别取标准指数大的因子作为预测因子；现有工程已经产生的且改、扩建后将继续产生的特征因子，改、扩建后新增加的特征因子；污染场地已查明的主要污染物；国家或地方要求控制的污染物。

（6）预测源强。地下水环境影响预测源强的确定应充分结合工程分析。正常状况下，预测源强应结合建设项目工程分析和相关设计规范确定，如《给水排水构筑物工程施工及验收规范》（GB 50141）、《给水排水管道工程施工及验收规范》（GB 50268）等。非正常状况下，预测源强可根据工艺设备或地下水环境保护措施因系统老化或腐蚀程度等情况设定。

（7）预测内容。给出特征因子不同时段的影响范围、程度、最大迁移距离；给出预测期内场地边界或地下水环境保护目标处特征因子随时间的变化规律；当建设项目场地天然包气带垂向渗透系数小于 1×10^{-6} cm/s 或厚度超过 100 mm 时，须考虑包气带阻滞作用，预测特征因子在包气带中迁移规律；污染场地修复治理工程项目应给出污染物变化趋势或污染控制的范围。

6.8.5 地下水环境影响预测方法

建设项目地下水环境影响预测方法包括数学模型法和类比分析法。其中，数学模型法包括数值法、解析法等方法。

预测方法的选取应根据建设项目工程特征、水文地质条件及资料掌握程度来确定，当数值方法不适用时，可用解析法或其他方法预测。一般情况下，一级评价应采用数值法，不宜概化为等效多孔介质的地区除外；二级评价中水文地质条件复杂且适宜采用数值法时，建议优先采用数值法；三级评价可采用解析法或类比分析法。

采用数值法预测前，应先进行参数识别和模型验证。

采用解析模型预测污染物在含水层中的扩散时，一般应满足以下条件：

（1）污染物的排放对地下水流场没有明显的影响；

（2）评价区内含水层的基本参数（如渗透系数、有效孔隙度等）不变或变化很小。

采用类比分析法时，应给出类比条件。类比分析对象与拟预测对象之间应满足以下要求：

（1）二者的环境水文地质条件、水动力场条件相似；

（2）二者的工程类型、规模及特征因子对地下水环境的影响具有相似性。

地下水环境影响预测过程中，对于采用非《环境影响评价技术导则　地下水环境》（HJ 610—2016）推荐模式进行预测评价时，须明确所采用模式适用条件，给出模型中的各参数物理意义及参数取值，并尽可能地采用 HJ 610—2016 中的相关模式进行验证。

6.9　地下水环境影响评价

（1）评价原则。评价应以地下水环境现状调查和地下水环境影响预测结果为依据，对建设项目各实施阶段（建设期、运营期及服务期满后）不同环节及不同污染防控措施下的地下水环境影响进行评价；地下水环境影响预测未包括环境质量现状值时，应叠加环境质量现状值后再进行评价；应评价建设项目对地下水水质的直接影响，重点评价建设项目对地下水环境保护目标的影响。

（2）评价范围。地下水环境影响评价范围一般与调查评价范围一致。

（3）评价方法。采用标准指数法对建设项目地下水水质影响进行评价，具体方法同本书 6.7.1 节。对属于《地下水质量标准》（GB/T 14848）水质指标的评价因子，应按其规定的水质分类标准值进行评价；对于不属于 GB/T 14848 水质指标的评价因子，可参照国家（行业、地方）相关标准的水质标准值，如《地表水环境质量标准》（GB 3838）、《生活饮用水卫生标准》（GB 5749）、《地下水水质标准》（DZ/T 0290）等进行评价。

（4）评价结论。评价建设项目对地下水水质影响时，可采用以下判据评价水质能否满足标准的要求。

以下情况应得出可以满足标准要求的结论：

1）建设项目各个不同阶段，除场界内小范围以外地区，均能满足 GB/T 14848 或国家（行业、地方）相关标准要求的；

2）在建设项目实施的某个阶段，有个别评价因子出现较大范围超标，但采取环保措施后，可满足 GB/T 14848 或国家（行业、地方）相关标准要求的。

以下情况应得出不能满足标准要求的结论：

1）新建项目排放的主要污染物，改、扩建项目已经排放的及将要排放的主要污染物在评价范围内地下水中已经超标的；

2）环保措施在技术上不可行，或在经济上明显不合理的。

6.10　地下水环境保护措施与对策

地下水环境保护措施与对策应符合《中华人民共和国水污染防治法》和《中华人民共和国环境影响评价法》的相关规定，按照"源头控制、分区防控、污染监控、应急响应"，且重点突出饮用水水质安全的原则确定。

地下水环境环保对策措施建议应根据建设项目特点、调查评价区和场地环境水文地质条件，在建设项目可行性研究提出的污染防控对策的基础上，根据环境影响预测与评价结果，提出需要增加或完善的地下水环境保护措施和对策；改、扩建项目应针对现有工程引起的地下水污染问题，提出"以新带老"的对策和措施，有效减轻污染程度或控制污染范围，防止地下水污染加剧；给出各项地下水环境保护措施与对策的实施效果，列表给出初步估算各措施的投资概算，并分析其技术、经济可行性；提出合理、可行、操作性强的地下水污染防控的环境管理体系，包括地下水环境跟踪监测方案和定期信息公开等。现将建设项目污染防控对策介绍如下。

6.10.1　源头控制措施

源头控制措施主要包括：提出各类废物循环利用的具体方案，减少污染物的排放量；提出工艺、管道、设备、污水储存及处理构筑物应采取的污染控制措施，将污染物跑、冒、滴、漏降到低限度。

6.10.2　分区防控措施

结合地下水环境影响评价结果，对工程设计或可行性研究报告提出的地下水污染防控方案提出优化调整的建议，给出不同分区的具体防渗技术要求。一般情况下，应以水平防渗为主，防控措施应满足以下要求：

（1）已颁布污染控制国家标准或防渗技术规范的行业，水平防渗技术要求按照相应标准或规范执行，如《生活垃圾填埋场污染控制标准》（GB 16889）、《危险废物贮存污染控制标准》（GB 18597）、《危险废物填埋污染控制标准》（GB 18598）、《一般工业固体废物贮存和填埋污染控制标准》（GB 18599）、《石油化工工程防渗技术规范》（GB/T 50934）等；

（2）未颁布相关标准的行业，根据预测结果和场地包气带特征及其防污性能，提出防渗技术要求；或根据建设项目场地天然包气带防污性能、污染控制难易程度和污染物特性，参照表 6-12 提出防渗技术要求。其中污染控制难易程度分级和天然包气带防污性能分级分别参照表 6-13 和表 6-14 进行相关等级的确定。

表 6-12 地下水污染防渗分区参照表

防渗分区	天然包气带防污性能	污染控制难易程度	污染物类型	防渗技术要求
重点防渗区	弱	难	重金属、持久性有机污染物	等效黏土防渗层 Mb≥6.0 m，K≤$1×10^{-7}$ cm/s；或参照 GB 18598《危险废物填埋污染控制标准》执行
	中—强	难		
	弱	易		
一般防渗区	弱	易—难	其他类型	等效黏土防渗层 Mb≥1.5 m，K≤$1×10^{-7}$ cm/s；或参照 GB 16889《生活垃圾填埋场污染控制标准》执行
	中—强	难		
	中	易	重金属、持久性有机污染物	
	强	易		
简单防渗区	中—强	易	其他类型	一般地面硬化

表 6-13 污染控制难易程度分级参照表

污染控制难易程度	主 要 特 征
难	对地下水环境有污染的物料或污染物泄漏后，不能及时发现和处理
易	对地下水环境有污染的物料或污染物泄漏后，可及时发现和处理

表 6-14 天然包气带防污性能分级参照表

分级	包气带岩土的渗透性能
强	岩（土）层单层厚度 Mb≥1.0 m，渗透系数 K≤$1×10^{-6}$ cm/s，且分布连续、稳定
中	岩（土）层单层厚度 0.5 m≤Mb<1.0 m，渗透系数 K≤$1×10^{-6}$ cm/s，且分布连续、稳定 岩（土）层单层厚度 Mb≥1.0 m，渗透系数 $1×10^{-6}$ cm/s<K≤$1×10^{-4}$ cm/s，且分布连续、稳定
弱	岩（土）层不满足上述"强"和"中"条件

对难以采取水平防渗的场地，可采用垂向防渗为主，局部水平防渗为辅的防控措施。

根据非正常状况下的预测评价结果，在建设项目服务年限内个别评价因子超标范围超出厂界时，应提出优化总图布置的建议或地基处理方案。

6.10.3   地下水污染修复措施

6.10.3.1   污染地下水的抽出-处理技术

抽出-处理系统的基本运转程序是，通过置于污染羽状体下游的抽水井，把已污染的地下水抽出；然后通过地上的处理设施，将溶解于水中的污染物去除，使其达到设计目标；最终，把净化水排入地表水体，回用或回注地下补给地下水。这个系统实际上由两部分组成：一部分是从地下抽出污染的地下水；另一部分是将抽出的污染地下水在地上设施中进行处理。抽出的最终目标是，合理地设计抽水井，使已污染的地下水完全抽出来。

该方法基于理论上非常简单的概念：从污染场地抽出被污染的水，并用洁净的水置换之；对抽出的水加以处理，污染物最终可以被去除。

图6-5显示了一个经典的抽出-处理系统：被污染的地下水被一系列抽水井抽到地表，进入污水处理厂或排入纳污水体。

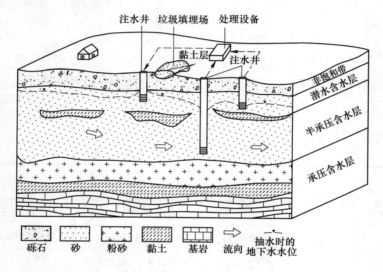

图 6-5   垃圾填埋场附近的抽出-处理系统

必须把对抽出-处理系统的监测作为修复措施整体必不可少的组成部分。处理方法可根据污染物类型和处理费用来选择，大致可分为三类：（1）物理法，包括吸附法、重力分离法、过滤法、膜处理法、吹脱法等；（2）化学法，包括混凝沉淀法、氧化还原法、离子交换法以及中和沉淀法等；（3）生物法，包括生物接触氧化法、生物滤池法等。

处理后地下水的去向有两个：一是直接使用；另一个则是用于回灌。

6.10.3.2   就地恢复工程技术

近十几年来，在发达国家，包气带土层及地下污染的就地恢复技术有很大的发展。按科学原理来分，有物理、化学和生物处理技术；按其应用方式（如何应用和在何地应用）则可分为就地控制（containment on site）或就地处理（treatment in site 或 treatment on site）和易地处理（treatment off site 或 treatment ex site）。

表6-15列举了八种受轻油污染土壤的处理技术的评价排序，它是依据可行性、费用处理水平、耗时及不良影响等几方面进行评价的。从表中可以看出，生物恢复技术虽然几

乎是耗时最长的技术，且处理水平也不是很高，但是由于生物降解的最终产物是无毒无害的，因此它的总排序为第一，这种优先选择反映了世界各国的环境排放标准越来越严格；真空抽吸费用低，且在一些国家有不少成功的应用实例，但由于污染气体排入大气，可能产生空气污染的危险，所以总排序并不靠前；热分解费用高，且难以保证达到排放标准，所以评价排序靠后。但这种评价可能已经过时，因为较新的增氧安全燃烧器处理速率增加一倍，且费用也降低了。

表 6-15 受轻油污染土壤处理技术排序（Mohammed, et al., 1996）

技术	可行性	处理水平	不良影响	费用	处理时间	总排序
生物恢复	3	5	1	4	7	1
土壤洗涤	6	2	4	5	2	2
土壤冲洗	4	4	3	8	4	3
土壤耕作	5	3	2	3	5	4
真空抽吸	2	6	5	2	6	5
自然通汽	1	8	6	1	8	6
热分解	7	1	7	7	1	7
稳定技术	8	7	8	6	3	8

注：排序1是指最好的，排序8是指最差的。

6.10.3.3 治理包气带土层有机污染的生物通风技术

生物通风技术（bioventing）是指把空气注入受有机污染的包气带土层，促进有机污染物的挥发及好氧生物降解的技术。

生物通风技术的工艺流程有以下三种。

A 单注工艺

图 6-6 是该工艺结构略图。在这种工艺中，只注入空气。优点是简单、成本低，但没有考虑注入空气的去向。含有机污染物气体的空气可能进入附近建筑物的地下室，也可能通过包气带进入大气圈，而使附近空气受污染，因此必须控制这种单注工艺排出气体的去向。美国 Hill 空军基地曾于 1991 年采用了这种工艺（Hinchee, 1994）。

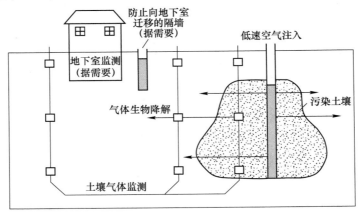

图 6-6 单注空气的生物通风工艺（Hinchee, 1994）

B   注-抽工艺

该工艺是把空气注入地下包气带的污染土壤中，然后在一定距离的非污染带土壤中抽出（见图6-7）。这种工艺的优点是，从污染带排出的含有挥发性气体的空气从注气井再进入抽气井的过程中，产生好氧生物降解，从而避免了污染气体进入大气，因此无须获得土壤空气排放的许可。但关键的问题是注气和抽气井的距离，在此距离内污染的土壤空气是否得到净化，这是必须认真设计的。

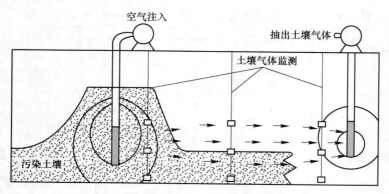

图 6-7   注-抽生物通风工艺（Hinchee，1994）

C   抽-注工艺

当包气带污染土壤带位于建筑物所在位置的地下时，应采用图6-8所示的工艺。在此工艺中，先把污染带土层中的污染气体抽出，然后在一定距离的注气井中注入地下。注气井选择在非污染区。注入前，可将含有营养物的人工空气与污染土壤空气混合，目的是促进气态污染物的生物降解。在含有人工空气的污染气体注入地下运移到抽气井的过程中，这种混合气体中的污染物和包气带土壤中的污染物同时发生降解。美国佛罗里达州的Eglin空军基地曾采用这种技术（Hinchee，1994）。

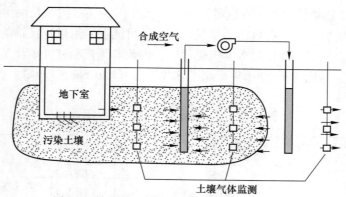

图 6-8   抽-注生物通风工艺（Hinchee，1994）

6.11   地下水环境监测与管理

（1）建立地下水环境监测管理体系，包括制定地下水环境影响跟踪监测计划、建立地下水环境影响跟踪监测制度、配备先进的监测仪器和设备，以便及时发现问题，采取措施。

（2）跟踪监测计划应根据环境水文地质条件和建设项目特点设置跟踪监测点，跟踪监测点应明确与建设项目的位置关系，给出点位、坐标、井深、井结构、监测层位、监测因子及监测频率等相关参数。

1）跟踪监测点数量要求。

一、二级评价的建设项目，一般不少于3个，应至少在建设项目场地上、下游各布设1个。一级评价的建设项目，应在建设项目总图布置基础之上，结合预测评价结果和应急响应时间要求，在重点污染风险源处增设监测点。

三级评价的建设项目，一般不少于1个，应至少在建设项目场地下游布置1个。

2）明确跟踪监测点的基本功能，如背景值监测点、地下水环境影响跟踪监测点、污染扩散监测点等。必要时，明确跟踪监测点兼具的污染控制功能。

3）根据环境管理对监测工作的需要，提出有关监测机构、人员及装备的建议。

（3）制定地下水环境跟踪监测与信息公开计划。落实跟踪监测报告编制的责任主体，明确地下水环境跟踪监测报告的内容，一般应包括：建设项目所在场地及其影响区地下水环境跟踪监测数据，排放污染物的种类、数量、浓度；生产设备、管廊或管线、贮存与运输装置、污染物贮存与处理装置、事故应急装置等设施的运行状况、跑冒滴漏记录、维护记录。信息公开计划应至少包括建设项目特征因子的地下水环境监测值。

（4）应急响应。制定地下水污染应急响应预案，明确污染状况下应采取的控制污染源、切断污染途径等措施。

6.12 地下水环境影响评价结论

（1）环境水文地质现状。概述调查评价区及场地环境水文地质条件和地下水环境现状。

（2）地下水环境影响。根据地下水环境影响预测评价结果，给出建设项目对地下水环境和保护目标的直接影响。

（3）地下水环境污染防控措施。根据地下水环境影响评价结论，提出建设项目地下水污染防控措施的优化调整建议或方案。

（4）地下水环境影响评价结论。结合环境水文地质条件、地下水环境影响、地下水环境污染防控措施、建设项目总平面布置的合理性等方面进行综合评价，明确给出建设项目地下水环境影响是否可接受的结论。

6.13 地下水环境影响评价案例

6.13.1 项目概况

6.13.1.1 基本情况

项目名称：危险废物处理处置中心（二期）项目；

建设地点：襄阳市谷城县经济开发区金洋大道；

项目性质：改扩建；

项目占地及库容：项目占地约 158 亩（1 亩≈666.67 m²），填埋总库容约 130 万立方米；

服务周期：拟分 6 个区建设，每个区使用周期约 4.5 年，服务期 28 年；

项目投资：总投资约 6207 万元；

填埋场处置规模：$3×10^4$ t/a。

6.13.1.2 主要功能

本项目受理的危险废物包括襄阳市及周边地区的工业企业产生的危险废物和危险废物处理处置中心一期项目焚烧产生的残渣、飞灰和污水站污泥等。进入填埋场处置的危险废物总量为 $3×10^4$ t/a，由两部分组成：一是可直接进入安全填埋场进行填埋的废物，二是经过稳定化/固化处理后运送至安全填埋场的固化体。

6.13.1.3 项目组成

二期工程建设内容由主体工程和配套辅助工程组成，主体工程为填埋库，配套辅助工程为进场道路。项目主要建设内容如表 6-16 所示。

表 6-16 项目建设内容情况

工程内容			规　　模	与一期项目依托关系
主体工程	1	稳定固化	固化车间 418 m³，$2×10^4$ t/a	依托一期工程已经建设车间和设备
	2	渗漏监控系统	—	本期建设
	3	填埋工程	有效库容 130 万立方米，分 6 个区分期填埋，填埋库区工程使用年限 28 年	本期建设
	4	防渗工程	防渗系统采用双复合防渗层防渗结构	
	5	渗滤液收集系统	每个填埋库区坑底铺设 30 cm 厚的卵石层，并设置一根渗滤液导排主干管，沿主干管设置渗滤液支收集管，渗滤液导排主干管进入场底集水池，然后提升进入渗滤液收集池	
	6	地下水导排系统	主要收集库区地下水	
	7	气体导排系统	设置多孔收集管为主的被动气体收集排气系统	
	8	地表水导排系统	包括库区四周排水沟、堆体表面地表水导排明渠、临时性地表水导排明沟，环填埋场地表水通过排水沟汇入地表水收集池	
	9	水土保持工程	种植植被、树木、边坡草皮	
	10	地下水监测系统	在填埋场的上游设置 1 个监测井，两侧各 1 个监测井，下游设置 3 个地下水监测井	
辅助工程	1	办公楼	2 层办公楼，2920 m²，包括分析、化验、办公、食堂和倒班宿舍	依托一期已建工程
	2	化验室	对进场废物进行检测，位于办公楼	依托一期已建工程
	3	洗车台	对进出车辆进行冲洗，12 m×9 m	新建
储运工程	1	料仓	1 个水泥料仓，1 个飞灰料仓，1 个辅料仓	依托一期已建工程

续表 6-16

		工程内容	规　　模	与一期项目依托关系
公用工程	1	供水	给水水压：0.25~0.3 MPa	依托一期工程
	2	供电	场区附近变电所 10 kV	依托一期工程
	3	称量系统		地磅依托一期项目
环保工程	1	渗滤液收集池	6429 m³	本期新建
	2	地表水收集池	5000 m³	本期新建
	3	污水处理	污水处理站处理规模为 250 m³/d；蒸发浓缩和反渗透处理规模为 50 m³/d	渗滤液经蒸发浓缩预处理后进污水处理站处理；对污水处理站进行升级改造，增加反渗透系统，对纳滤系统膜组件进行升级

本项目服务襄阳市及周边地区的危废。根据项目服务范围内产生危废行业调查结果并结合各产废行业发展趋势情况，确定本项目拟处置危废类别共计 25 类（HW07、HW17、HW18、HW19、HW20、HW21、HW22、HW23、HW24、HW25、HW26、HW27、HW28、HW29、HW30、HW31、HW32、HW33、HW34、HW35、HW36、HW46、HW47、HW49、HW50）。其中需要固化的危废量为 $2×10^4$ t/a，填埋共计 $3×10^4$ t/a。

根据《危险废物处置工程技术导则》（HJ 2042—2014）附表 I，参照上海市《危险废物处理处置工程环境防护距离技术规范》（沪环保防〔2014〕127 号）附录 A，本项目所处置 25 类危险废物的处置方式与附表 I 和附录 A 的对比，见表 6-17。由表可知，项目所采用危险废物处置方式，总体上符合附表 I 和附录 A 所列危险废物适用处理处置方法。

表 6-17　危险废物处置方式对比表

序号	本项目处置废物类别	HJ 2042—2014 中危险废物处理处置技术适用表			上海市《危险废物处理处置工程环境防护距离技术规范》		
		安全填埋	焚烧处置	非焚烧处置	焚烧	物化	填埋
1	HW07 热处理含氰废物		√		√	√	√
2	HW17 表面处理废物		√		√	√	√
3	HW18 焚烧处置残渣	√					√
4	HW19 含金属羟基化合物废物	√					
5	HW20 含铍废物	√				√	√
6	HW21 含铬废物	√				√	√
7	HW22 含铜废物	√			√	√	√
8	HW23 含锌废物	√				√	√
9	HW24 含砷废物	√				√	√
10	HW25 含硒废物	√				√	√

序号	本项目处置废物类别	HJ 2042—2014 中危险废物处理处置技术适用表			上海市《危险废物处理处置工程环境防护距离技术规范》		
		安全填埋	焚烧处置	非焚烧处置	焚烧	物化	填埋
11	HW26 含镉废物	√				√	√
12	HW27 含锑废物	√				√	√
13	HW28 含碲废物	√					√
14	HW29 含汞废物	√		√		√	√
15	HW30 含铊废物	√				√	√
16	HW31 含铅废物	√					√
17	HW32 无机氟化物废物			√			√
18	HW33 无机氰化物废物			√	√	√	√
19	HW34 废酸	√				√	√
20	HW35 废碱	√				√	√
21	HW36 石棉废物	√					√
22	HW46 含镍废物	√				√	√
23	HW47 含钡废物	√				√	√
24	HW49 其他危险废物	√	√	√	√	√	√
25	HW50 废催化剂	—	—	—	—	—	—

需要说明的是，HW07、HW29、HW32 和 HW33 推荐的是非焚烧处置方式，根据同类项目实际工程经验，大部分均可采用填埋法处置。其余填埋处理的类别均符合《危险废物处置工程技术导则》和上海市《危险废物处理处置工程环境防护距离技术规范》附表中危废处理处置方法。

6.13.2　厂区平面布置及厂界周围情况

（1）厂区平面布置。

某环境服务有限公司危险废物处理处置中心位于襄阳市谷城县经济开发区，总占地面积约 204518 m² （约 307 亩），分两期建设：一期项目主要建设内容为建设焚烧车间、物化处理车间、预处理车间，危废暂存库（有机废液储罐区、有机废物仓库、甲类废物仓库、无机废物仓库）、综合办公楼、废水处理站、地磅房、固化车间、机修车间和变电室等辅助设施和环保设施等；二期填埋场项目紧邻一期项目建设，二期项目主要建设内容为填埋场库区、渗滤液收集池和地表水收集池。

（2）厂界周围情况。

本项目所在地为襄阳市谷城县经济开发区内，项目东南侧 40 m 为某冶金股份有限公司，南侧 400 m 为北河，东侧为一期用地，西侧为农田。

6.13.3 填埋场工程方案

填埋场地位于谷城经济开发区金洋大道以西、某公司的西北侧，地处汉江右岸和汉江支流北河左岸，场区四周为山体，中间地形较平坦，相对高差约 21 m。场地北侧地势相对较低，靠近苏盘水库处地表高程为 104 m。场区向南地势逐渐增高，至场界南侧地势最高，由一山脊线与外界隔开，红线处山脊高点高程约为 126 m。

从自然地形地貌上看，填埋场区基本上是三面环丘陵状土山，地势逐渐向北走低。因此，填埋场的总平面布置利用自然地形地貌的特点与高程差形成环场合围，设置环场平台与道路。环场平台坝顶高程南侧为最高点，高程 125 m；环场平台坝东北角最低，高程为 115 m。填埋场库底南侧最高设计标高为 114 m，库底下游在北侧，高程为 107 m。

填埋场设计总库容约 $1.3×10^6$ m³，可满足服务年限约 28 年。

6.13.3.1 平面布置

本项目填埋场与危废焚烧、物化、固化等处理设施共厂建设。目前规划项目总用地面积约 204518 m²（约 307 亩），二期填埋场区红线内面积约 105502 m²（约 158 亩）。考虑到场地地形地貌，利用山坡作为填埋场边坡，利用山脊作为环库道路，既要保证边坡的结构长期安全稳定，又要考虑运营车辆及操作的空间需求，因此，实际的填埋范围面积约 66667 m²（约 100 亩）。

由于填埋场使用时间较长，根据填埋量需求和填埋库区使用进程，在填埋场总体规划和设计的基础上，结合本工程地形特点，拟分 6 个区建设。填埋场首期建设 A 单元，未建单元将保持地表植被，做好水土保持、绿化护坡、节流导排地表水等措施，维护生态环境。

在填埋场分区建设的过程中，各个单元由于面积及地形所限，尤其是先期填埋的几个单元，由于单元面积所限，能够达到的最高填埋高程往往低于整个填埋场的最终封场高程，在后续扩建的过程中将陆续加至最终的填埋场封场高程。填埋场设计最终封场高程为 150 m。

随着项目服务期的逐步增长，预计后期的进场物料量较多，各个分区的建设面积将随后期废物的接收量所需库容而确定。具体分期建设时间见表 6-18。

表 6-18 本项目填埋场分区建设一览表

序号	填埋分期名称	预计开工时间	预计建成时间	预计建设周期	预计使用周期
1	填埋 A 单元	2020 年 6 月	2020 年 12 月	6 个月	4.5 年
2	填埋 B 单元	2023 年 7 月	2023 年 12 月	6 个月	4.5 年
3	填埋 C 单元	2027 年 7 月	2027 年 12 月	6 个月	4.5 年
4	填埋 D 单元	2031 年 7 月	2031 年 12 月	6 个月	4.5 年
5	填埋 E 单元	2035 年 7 月	2035 年 12 月	6 个月	4.5 年
6	填埋 F 单元	2039 年 7 月	2039 年 12 月	6 个月	5.5 年
合计					28 年

6.13.3.2　填埋场的防渗系统设计

填埋场作为危险废物处理的终端处置方式，是不可或缺的有限资源，目标是全力保护有限资源，对填埋场的规划设计、施工建设、运营及封场后管理的各个环节实行高标准、严要求。因此，填埋库区防渗系统按双复合防渗柔性系统进行方案设计。

安全填埋场库区柔性防渗系统结构详见图6-9。

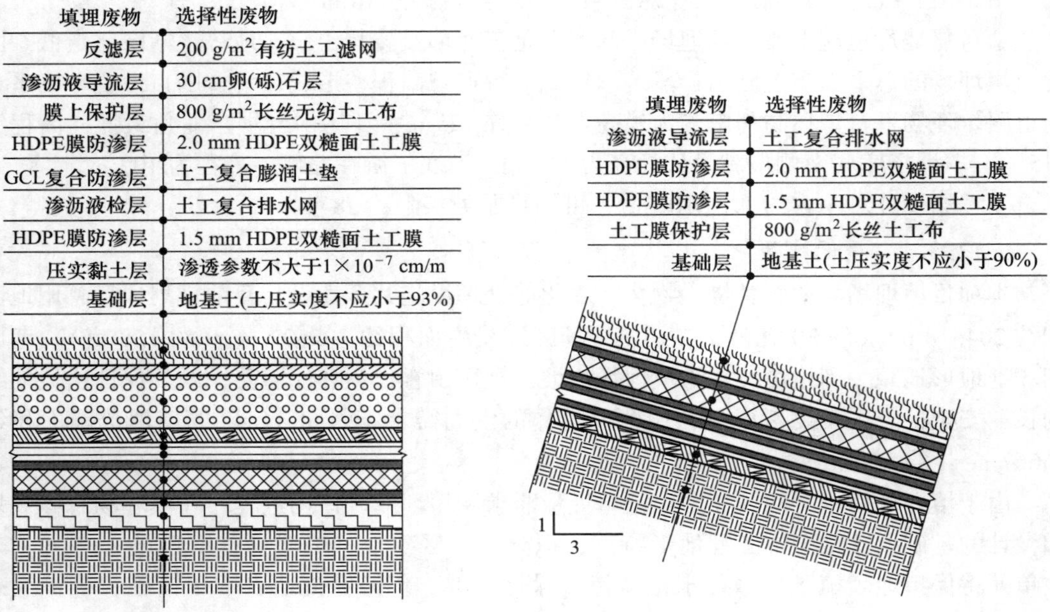

填埋废物	选择性废物
反滤层	200 g/m² 有纺土工滤网
渗沥液导流层	30 cm 卵(砾)石层
膜上保护层	800 g/m² 长丝无纺土工布
HDPE膜防渗层	2.0 mm HDPE双糙面土工膜
GCL复合防渗层	土工复合膨润土垫
渗沥液检层	土工复合排水网
HDPE膜防渗层	1.5 mm HDPE双糙面土工膜
压实黏土层	渗透参数不大于1×10^{-7} cm/m
基础层	地基土(土压实度不应小于93%)

填埋废物	选择性废物
渗沥液导流层	土工复合排水网
HDPE膜防渗层	2.0 mm HDPE双糙面土工膜
HDPE膜防渗层	1.5 mm HDPE双糙面土工膜
土工膜保护层	800 g/m² 长丝土工布
基础层	地基土(土压实度不应小于90%)

(a)   (b)

图6-9　填埋场防渗系统结构示意图
（a）填埋场底部防渗系统大样（无比例）；（b）填埋场边坡防渗系统大样（无比例）

6.13.4　评价标准及评价因子

目前尚未进行该区域地下水功能区划分，项目所在地地下水无饮用功能，主要适用于工、农业用水，因此，地下水水质保护级别为《地下水质量标准》（GB/T 14848—2017）中的Ⅲ类。项目所在地地下水执行 GB/T 14848—2017 Ⅲ类标准。

地下水现状调查与评价因子：pH、氨氮、亚硝酸盐、硝酸盐氮、挥发酚、高锰酸盐指数、总硬度、总大肠菌群、细菌总数、氟化物、氰化物、汞、铜、锰、镉、铅、六价铬、砷、镍、溶解性总固体共22项。

地下水影响评价因子：砷、铅、汞。

6.13.5　评价工作等级和评价范围

（1）地下水影响评价工作等级。根据《环境影响评价技术导则　地下水环境》（HJ 610—2016），危险废物填埋场应进行一级评价。本项目地下水为一级评价。

（2）评价范围。依据 HJ 610—2016，拟建项目的评价范围利用自定义法确定。根据野外实地调查与室内分析工作，确定评价范围西至高家桥-丁家湾一线以地表分水岭为界，北至高家桥-佘家湾-何家湾一线作为隔水边界，东沿莫家河由何家湾-苏家盘村-莫家河村作为排泄边界，南部沿北河由丁家湾-莫家河村作为排泄边界，圈定了一个相对独立的水文地质单元，面积约 8.46 km²。

6.13.6 环境水文地质条件调查

（1）场地水文地质勘察工作。专业公司承担并完成了危险废弃物处理处置中心（二期）填埋场的岩土工程勘察任务。

根据《岩土工程勘察规范》（GB 50021—2001）（2009 年版）、《市政工程勘察规范》（CJJ 56—2012）综合判定：工程重要性等级为二级；场地复杂程度等级为二级场地（中等复杂场地）；地基复杂程度等级为二级地基（中等复杂地基）；岩土工程勘察等级为乙级。

根据拟建项目的特点和技术要求，在充分收集拟建场区附近有关地质资料的基础上，确定本次勘察综合采用钻探、室内土工试验、标准贯入试验、超重型动力触探试验、注水（压水）试验、岩石单轴抗压强度试验等并结合水文地质调查及水质全分析等多种手段和方法，对拟建场地进行了详细勘察阶段的岩土工程勘察工作。勘察方案科学、可行，勘察手段齐全，数据真实可靠。

勘探队于 2019 年 4 月 2 日进场，根据建设单位提供的勘探点平面布置图及技术要求，完成钻探孔 36 个，其中：控制性钻孔 6 个，钻孔深度为 15.5～22.0 m；一般性钻孔 25 个，钻孔深度为 11.4～28.2 m；水位观测孔 6 个，钻孔深度为 7.2～30.5 m。除水位观测孔外，所有钻探孔均采取膨润土加水泥进行了封孔回填。于 2019 年 4 月 16 日完成外业工作，完成实物工作量见表 6-19。

表 6-19　勘察工作量统计表

工作项目		单位	工作量	完成单位
钻探		m/孔	649.2/36	
封孔回填		m/孔	530.9/30	
动力勘探试验		m/孔	26.7/19	
标准贯入试验		次/孔	52/23	
取样	原状样	组	18	某岩土工程有限责任公司
	扰动样	组	15	
	岩石样	组	4	
	水样	组	3	
	击实试验	组	3	
测试	常规分析	组	18	某地质局实验测试中心
	颗粒分析	组	15	
	岩石单轴抗压试验	组	4	
	水质分析报告	组	3	
	易溶盐分析	组	2	
	固结试验	组	3	
	击实试验	组	3	

工作项目		单位	工作量	完成单位
测试	石油类	组	3	某检测有限公司
	总大肠菌群	组	3	
	细菌总数	组	3	
测试	岩石渗透性试验	组	3	某大学土木工程测试中心
工程测量	勘探点+2 个控制点+7 口本场已有水位观测井	点次	45	某岩土工程有限责任公司
水位测量	勘探点+2 个控制点+7 口本场已有水位观测井	孔	43	

（2）填埋场地质岩土层情况。根据二期填埋场详勘的野外工程地质钻探、原位测试及室内土工试验结果，本场地在勘察深度（30.5 m）范围内共有五个层组七个单元层，各层岩土特征简述如下：

①-1 层（素填土（Qpf））：灰褐色，湿，松散，主要成分为黏性土，未经压实，孔隙度变化大，力学性质不稳定，回填时间小于五年。全场地仅 ZK7 及 ZK12 孔有分布，层厚 1.3~2.7 m，平均厚度约 2.00 m，层顶高程 110.03~113.47 m。

①-2 层（耕植土（Qpd））：灰褐色，湿，松散，主要成分为黏性土，夹杂大量植物根系，成分不均一，力学性质不稳定。全场地除 ZK7 及 ZK12 孔以外均有分布，层厚 0.3~0.8 m，平均厚度约 0.39 m，层顶高程 104.65~127.15 m。

②层（黏土（Q3al+pl））：褐黄色，稍湿，呈硬塑状态，可见少量灰白色高岭土条带及蒙脱石团块，含少量铁锰质结核，切面较光滑，有光泽，无摇振反应，干强度高，韧性高，底部含少量粉土、粉砂。全场地均有分布，层厚 2.6~25.0 m，平均厚度约 10.73 m，层顶高程 104.35~126.35 m。

③层（粉砂（Q3al+pl））：黄褐色，饱和，稍密，主要成分为石英、长石、云母及少量黏土矿物，底部含少量圆砾，粒径 5~10 mm。全场地不均匀分布，层厚 0.4~3.7 m，平均厚度约 1.98 m，层顶高程 101.35~107.21 m。

④层（圆砾（Q3al+pl））：杂色，饱和，密实，主要成分为石英、长石，分选性较差，粒径以 3~15 mm 为主，夹少量卵石，粒径 20~50 mm，磨圆度较好，呈圆状~次圆状，充填物为粉细砂及黏土。全场地均有分布，层厚 1.5~6.3 m，平均厚度约 3.52 m，层顶高程 100.75~105.81 m。

⑤-1 层（强风化泥岩（E））：棕红色、棕褐色，结构构造风化严重，岩芯呈碎块、碎屑状，手易捏碎，岩芯采取率 65%~70%，RQD＝10%，岩体极破碎，为极软岩，岩体基本质量等级为 V 类。全场地均有分布，仅部分孔已揭穿，层厚 0.3~2.1 m，平均厚度约 1.19 m，层顶高程 97.45~100.68 m。

⑤-2 层（中风化泥岩（E））：棕红色、棕褐色，泥质结构，块状构造，岩芯呈短长

柱状、少量碎块、片状，岩芯采取率 75%~85%，RQD=60%，岩体较完整，为极软岩，岩体基本质量等级为Ⅴ类，无洞穴、临空面、破碎岩体或软弱夹层。全场地均有分布，最大揭露厚度 3.5 m，层顶高程 96.84~99.74 m。

从以上详勘揭露的填埋场区各岩土层情况可见，黏土层正处于填埋场底，作为填埋场的基础层。黏土层的平均厚度约 10.72 m，从表 6-20 可见黏土的渗透系数均小于 1.0×10^{-6} cm/s，具有很好的自然防渗衬层条件。

表 6-20 室内岩土层渗透性试验结果

样品编号	取样深度	地层代号	岩性	水平渗透系数/cm·s^{-1}	垂直渗透系数/cm·s^{-1}
ZK8-1	4.20~4.40	②	黏土	8.51×10^{-7}	8.32×10^{-7}
ZK8-2	6.20~6.40	②	黏土	9.72×10^{-7}	9.53×10^{-7}
ZK15-3	7.10~7.30	②	黏土	8.25×10^{-7}	8.07×10^{-7}
ZK26-1	7.20~7.40	②	黏土	9.58×10^{-7}	9.72×10^{-7}
ZK35-3	14.40~14.60	②	黏土	7.25×10^{-7}	7.43×10^{-8}
ZK13-1	16.30~16.50	⑤-2	中风化泥岩	—	9.0×10^{-8}
ZK34-1	30.0~30.12	⑤-2	中风化泥岩	—	3.9×10^{-8}
ZK34-2	31.50~31.70	⑤-2	中风化泥岩	—	2.3×10^{-8}

（3）地下水类型及含水岩组特点。根据场区地层分布情况，参考《某公司危险废弃物处理处置中心（二期）岩土工程勘察报告》相应成果，场地内地下水类型有上层滞水、砂砾石层孔隙水和基岩裂隙水三类。调查评价区域综合水文地质图如图 6-10 所示。

1）上层滞水：由于素填土和耕植土层结构松散，土体中存在孔、空隙，大气降水渗入其中而形成无自由水面的孔隙水，水量受当地气候影响很大，一般在原始地面低坳处的素填土和耕植土中赋存富集。

2）砂砾石层孔隙水：含水层由第四系上更新统冲洪积砂砾石层组成，上覆黏土渗透性和富水性较差，构成下部砂砾层顶部的相对隔水层。地下水稳定水位埋深 1.60~25.40 m（高程为 101.75~103.75 m）。属地下水松散岩类孔隙水，局部具承压性。

3）基岩裂隙水：场地中钻孔深度范围内揭露的岩层属下第三系泥岩，其下伏于砂砾石层孔隙含水层之下，其中强风化泥岩风化强烈，风化裂隙及原生裂隙发育，水位和水量与上部孔隙水直接相关；而中风化泥岩岩体较完整，受裂隙多数闭合和贯通性差等条件制约，水量极微。

根据《某公司危险废弃物处理处置中心（二期）岩土工程勘察报告》室内渗透试验结果，黏土层水平渗透系数为 7.25×10^{-7}~9.72×10^{-7} cm/s、垂直渗透系数为 7.43×10^{-8}~9.72×10^{-7} cm/s，中风化泥岩垂直渗透系数为 $(2.3~9.0) \times 10^{-8}$ cm/s。综上，场区地下水主要赋存于第四系砂砾石层中，其上覆黏土层和下伏泥岩渗透性和富水性较差，分布构成砂砾石含水层的相对隔水顶板和底板。

（4）地下水补径排条件。

1）地下水的形成、补给条件。在自然条件下，大气降水（地表水体是降水而积攒的水）渗入地下，是本区地下水的一个补给来源，就补给的条件而言，降水直接于地表的

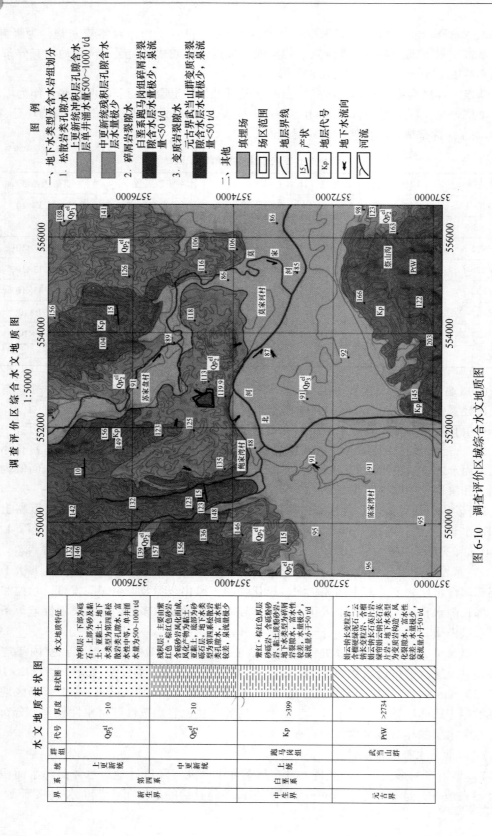

图 6-10 调查评价区域综合水文地质图

渗入受控于降水的强度与降水的时效性，而地表水系、水体的下渗补给具有长效性；而开采条件下，可激发相邻含水层地下水的侧向的或越流的补给。

地下水的富集是由含水层内可贮水的空间（有效孔隙、裂隙、岩溶洞穴等）条件所决定。本场地中第四系上更新统冲洪积层（Q3al+pl）砂砾石层具有颗粒粗、孔隙连通性好的特点，构成区内地下水在该层中能形成的条件。

2）地下水的径流条件。在自然条件下，场内地下水遵循其自然流场作运移，满足由高水位处向低水位处径流的规律，场区下部砂砾石层孔隙水总体符合北河河谷沿岸一带区域冲积层下部砂砾石孔隙水系统的运动规律，以北河为区域排泄基准面，地下水流向为西北向东南。开采条件下，特别是大降深开采条件下，可使地下水向开采漏斗中心运移。

3）地下水的排泄条件。区内地下水的排泄条件与自然的、人为的条件相关，排泄方式主要有三种，即蒸发排泄、地形切割排泄和开采排泄。

①蒸发引起的排泄。排泄对象为上层滞水，由于毛细作用可上升至地表，以蒸发方式排泄于大气中。

②地形切割发生的排泄。主要是地形被自然地或人为地切割或开挖而揭露到地下水时，便可使地下水以散流形式或泉的形式向外排泄，形成明流，一部分参与蒸发排泄，亦有部分可以侧向或垂直补给于地下水。本项目场地不会深挖至地下水含水层，不会引起地下水这种形式的排泄。

③开采产生的排泄。当开采（抽取）地下水时，即产生地下水开采排泄，开采量愈大则排泄的量亦愈大。在项目区东侧约 200 m 某公司内有 1 口工业用水井仍在开采及使用，该井直径 $\phi500$ mm，高程 112.15m，动水位埋深约为 26.0 m，日总抽水量 200～300 m^3，对场地地下水具有一定影响。

（5）包气带防污性能。根据该项目勘查成果，场区表层第四系黏土平均厚度为 10.72 m，该黏土层分布稳定、连续；根据土样测试结果，渗透系数最小为 7.43×10^{-8} cm/s，最大为 9.72×10^{-7} cm/s，平均值为 8.61×10^{-7} cm/s。其透水性及富水性较差，场区地下水主要赋存于该黏土、亚黏土层下部的砂砾石层。参考地下水导则中天然包气带防污性能分级参照表，场区包气带防污性能级别为中～强，建议结合场地黏土层厚度及地下水水位埋深情况来设计填埋库区开挖深度，确保填埋场底部黏土层的连续稳定性。

（6）地下水利用现状。区内见民井分布，但民井均已处于闲置状态，当地居民均饮用自来水，民井中地下水已不作生活饮用水水源。

（7）地下水污染源调查。拟建场区东南侧为某生物质发电厂、某气体有限公司、某能源科技有限公司年产 4.7×10^6 kV·A·h 阀控密封式铅酸蓄电池厂和某冶金股份有限公司；场区东侧为轨枕场。

（8）地下水环境现状调查结论。拟建场区位于湖北省西北部，汉江中游平原腹地，地貌类型为汉江冲积平原地貌，场地北侧为丘陵山地，东、西、南三面均为平原地貌，总体地势北高南低，调查区出露地层由老至新依次为白垩系上统跑马岗组（Kp）粉砂岩、第四系中更新统冲洪积层（Qp_2^{al+pl}）和第四系上更新统冲积层（Qp_3^{al}）。区内地下水主要为第四系松散岩类孔隙水、碎屑岩裂隙水两大类型，第四系松散岩类孔隙水赋存于第四系中更新统冲洪积层（Qp_2^{al+pl}）孔隙含水层和上更新统冲积层（Qp_3^{al}）孔隙含水层中；碎屑岩裂隙水赋存于白垩系跑马岗组（Kp）含砾粉砂岩裂隙含水层中，富水性较差。

拟建场区主要出露地层为第四系中更新统冲洪积层（Qp_2^{al+pl}）黏土、砂砾石层，上部粉质黏土层平均厚度 10.72 m，渗透性和富水性较差，地下水主要赋存于下部砂砾石层，平均层厚 5.5 m，地下水具微承压性。黏土层作为填埋场天然地基层，岩性相对均一，出露连续，渗透性低，基本满足填埋场址的地质条件要求。

场区地下水主要接受大气降水入渗补给以及西北侧丘陵上去地下水的侧向补给，总体向东南径流，经分布于河谷岸边的第四系上更新统冲积层（Qp_3^{al}）孔隙含水层，排泄至南侧北河及东侧莫家河。调查评价区域综合水文地质图如图6-10所示。

6.13.7   地下水环境质量现状监测与评价

6.13.7.1   监测布点

结合水文地质条件和导则中地下水现状监测点布设原则，共布设 9 个地下水现状监测点（见表6-21、图6-11），上、下游都有分布，监测频率为丰水期和枯水期共"二期"，监测采样时间为 2016 年 11 月 18 日和 2017 年 2 月 9 日。

表 6-21   地下水监测点概况

监测点编号	点位	现状监测点布设	含水层类型	取样点类型	检测编号
XY01	拟建场区	场区内	第四系孔隙水	钻孔	XY-1
XY02	拟建场区	场区内	第四系孔隙水	钻孔	XY-2
XY03	拟建场区	场区南侧，下游	第四系孔隙水	钻孔	XY-3
XY04	拟建场区	场区东北侧	第四系孔隙水	钻孔	XY-4
XY05	拟建场区	场区内	第四系孔隙水	钻孔	XY-5
XY06	拟建场区	场区西南侧，下游	第四系孔隙水	钻孔	XY-6
XY07	拟建场区	场区西北侧，上游	第四系孔隙水	钻孔	XY-7
XY08	拟建场区	场区东侧，下游	第四系孔隙水	钻孔	XY-8
XY09	苏家盘村可家湾	场区东北侧	第四系孔隙水	民井	XY-9

6.13.7.2   监测因子

根据导则现场监测因子、水质现状监测因子和项目污废水特点，确定地下水监测因子如表6-22所示。

6.13.7.3   检测结果

根据野外现场测试及检测分析单位所出具检测结果报告，区内丰水期地下水水温在 17~21 ℃，枯水期地下水水温在 12.7~17.7 ℃，pH 值普遍在 6.24~8.17，个别点较高，整体地下水呈中性偏酸性。地下水总硬度和溶解性总固体普遍较低，属于低矿化度的淡水。地下水化学类型总体为重碳酸钙型水和重碳酸钙钠型水，部分监测点硫酸根含量较高，为硫酸重碳酸钙钠型水和重碳酸硫酸钙型水。地下水所含有害微量元素甚微，挥发酚、氰化物、汞、镉、六价铬的浓度低于检测限值，仪器未检出。

图 6-11 地下水监测点布设示意图

表 6-22 地下水监测因子一览表

分类	监测因子
现场监测因子	水温、气温、pH、溶解性总固体、溶解氧（DO）、氧化还原电位（ORP）、电导率、盐度和密度
地下水环境因子	K(钾)、Na(钠)、Ca(钙)、Mg(镁)、CO_3^{2-}(碳酸根)、HCO_3^-(重碳酸根)、Cl^-(氯化物) 和 SO_4^{2-}(硫酸盐)
基本水质因子	pH、氨氮、NO_3^-(硝酸盐)、NO_2^-(亚硝酸盐)、挥发性酚类、氰化物、As(砷)、Hg(汞)、Cr^{6+}(六价铬)、总硬度、Pb(铅)、F^-(氟化物)、Cd(镉)、Fe(铁)、Mn(锰)、溶解性总固体、高锰酸盐指数、SO_4^{2-}(硫酸盐)、和 Cl^-(氯化物)
项目特征因子	Cd(镉)、Pb(铅)、As(砷)、石油类

6.13.7.4 现状评价

根据检测结果，对 9 个地下水环境现状监测点水质进行评价分析，参考地下水质量Ⅳ类标准值，评价结果叙述如下：

参考地下水质量Ⅳ类标准值，除部分监测点铁锰值含量较高以外（超标原因主要为背景值超标），其他指标均满足地下水质量Ⅳ类标准值。评价区地下水环境总体良好，区内地下水总体属Ⅳ类水。

6.13.8 地下水环境影响预测与评价

本次工作将采用数值模拟法进行预测与评价。总体思路是：在对评价区水文地质条件综合分析的基础上确定模拟范围，通过合理概化边界条件、地下水流动特征及含水层系统结构，建立评价区的水文地质概念模型，进一步通过对模拟区三角剖分、空间离散、高程插值及非均质分区后进行水文地质参数赋值，从而构建地下水渗流数值模型，利用已有的水位观测资料，完成水流模型的识别验证，得到天然情况下模拟区地下水初始流场。针对厂区工程特点，选取典型预测因子，设计不同的情景状况，在地下水渗流数值模型的基础上耦合污染物运移方程，得到地下水溶质运移模型，使用此模型对情景状况进行预测，将得到的预测结果叠加环境现状值，并利用水质标准进行评价，进而模拟评价环保措施的有效性，最终得到地下水环境评价结论。

6.13.8.1　水文地质概念模型

水文地质概念模型是把含水层或含水系统实际的边界性质、内部结构、渗透性能、水力特征和补给排泄等条件进行合理的概化，以便可以进行数学与物理模拟。科学、准确地建立水文地质概念模型是地下水环境影响预测评价的关键。

根据地下水环境现状调查与相关水文地质资料，评价区位于襄阳市西北部谷城县，地处汉江右岸和汉江支流北河左岸，地貌类型为汉江冲积平原地貌，总体地势北高南低；拟建填埋场所处地形平缓开阔，四周为缓丘地貌环绕。主要地层为第四系中更新统冲洪积层（Qp_2^{al+pl}）和第四系上更新统冲积层（Qp_3^{al}），以及白垩系跑马岗组（Kp）粉砂岩地层。受地形与岩性控制，区内地下水主要赋存运移于第四系中更新统冲洪积层（Qp_2^{al+pl}）孔隙含水层下部砂砾石层中。

因此，形成由西侧地表分水岭与西北侧第四系与白垩系跑马岗组（Kp）分界线为隔水零通量边界，东北侧莫家河与南侧北河形成排泄定水头边界圈定的本次地下水环境影响预测范围，总面积约 8.46 km²。

总的来说，将整个单元概化为非均质、各向异性、三维非稳定流的水文地质概念模型。

基于 FEFLOW 平台，输入模拟区域矢量数据并转化为 supermesh 结构，利用 Advancing Front 剖分方法，将区域离散为不规则三角剖分网格，剖分过程严格遵循 Delaunay 法则，使三角网格内的三角形内角角度为锐角，三边长度尽量相等，三角形网中任一三角形的外接圆范围内不会有其他点存在，在散点集可能形成的三角剖分中，Delaunay 三角剖分所形成的三角形的最小角最大。

最终得到模拟区初始二维剖分结果如图 6-12（a）所示，其中结点数 7535 个，有限单元数 16461 个。

据水文地质概念模型，地质模型（含水系统）由第四系松散孔隙水潜水含水层构成，共分为二层（layer）三片（slice）。

第一层：第四系中更新统残积层（Qp_2^{el}）和第四系上更新统冲积层（Qp_3^{al}）上部黏土、亚黏土层孔隙潜水。

第二层：第四系中更新统残积层（Qp_2^{el}）和第四系上更新统冲积层（Qp_3^{al}）下部砂砾石层孔隙潜水。

三片：地表、第四系砂砾石层孔隙潜水顶板和孔隙潜水底板。

其中地表高程数据采用 ASTER GDEM 数据（数据来源于中国科学院计算机网络信息中心科学数据中心），孔隙潜水含水层底板高程根据工勘资料进行概化类比得到，利用 ESRI 公司的 ArcGIS 软件处理以上数据，输入 FEFLOW 后，即可建立模拟区三维地质模型，如图 6-12（b）所示，其中结点数 22605 个，有限单元数 29232 个。评价区网格剖分与模型结构如图 6-12 所示。

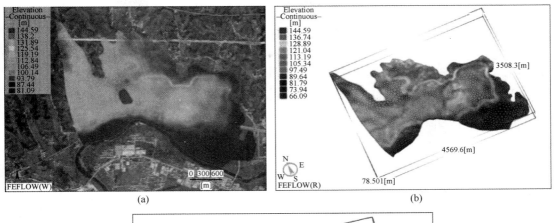

(a)   (b)

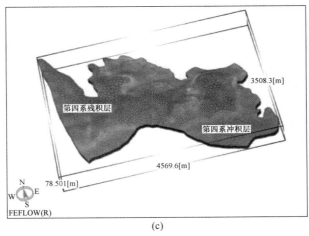

(c)

图 6-12　评价区网格剖分与模型结构图

（a）模拟区二维网格剖分；（b）模拟区三维网格剖分（加高程，Z 轴拉伸比例 1：6）；
（c）模拟区三维地质结构

通过对水文地质概念模型的分析，依据渗流连续性方程和达西定律，建立模拟区地下水系统水文地质概念模型相对应的三维非稳定流数学模型：

$$\begin{cases} \dfrac{\partial}{\partial x}\left(K_{xx}\dfrac{\partial H}{\partial x}\right) + \dfrac{\partial}{\partial y}\left(K_{yy}\dfrac{\partial H}{\partial y}\right) + \dfrac{\partial}{\partial z}\left(K_{zz}\dfrac{\partial H}{\partial z}\right) + w = \mu_{s}\dfrac{\partial H}{\partial t} \\ H(x,\ y,\ z,\ 0) = H_0,\ (x,\ y,\ z) \in \Omega \\ K\dfrac{\partial H}{\partial n}\Big|_{S_2} = q(x,\ y,\ z,\ t),\ (x,\ y,\ z) \in S_2 \\ H(x,\ y,\ z,\ t) = H_1,\ (x,\ y,\ z) \in S_1 \end{cases} \tag{6-19}$$

式中　　　Ω ——地下水渗流区域，量纲 L^2；

H_0—— 初始地下水位，量纲 L；

H_1——指定水位，量纲 L；

S_1——第一类边界；

S_2——第二类边界；

μ_s——单位储水系数，量纲 L^{-1}；

K_{xx}，K_{yy}，K_{zz}——x、y、z 主方向的渗透系数，量纲 LT^{-1}；

w——源汇项，包括蒸发、降雨入渗补给、井的抽水量，量纲 T^{-1}；

$q(x, y, z, t)$——在边界不同位置上不同时间的流量，量纲 L^3T^{-1}；

$\dfrac{\partial H}{\partial n}$——水力梯度在边界法线上的分量。

根据前述水文地质概念模型结合已有各类水文地质资料，确定本次模拟评价区边界条件如下：

（1）四周边界。

西部、西北部边界：零通量边界；

东北部、南部边界：定水头边界。

（2）上边界为降水补给、蒸发。

（3）下边界取白垩系跑马岗组相对隔水层，等效定义为零通量边界。

本次模拟工作所用到的初始水文地质参数主要依据历史水文地质资料以及结合场地水文地质勘察成果，取值如表 6-23 所示。

表 6-23　评价区水文地质初始参数取值表

参数	中更新统冲洪积层上部亚黏土层孔隙水含水层	上更新统冲积层上部亚黏土层孔隙水含水层	中、上更新统下部砂砾石层孔隙水含水层
$K_{xx}/\text{cm} \cdot \text{s}^{-1}$	2.61×10^{-5}	1.87×10^{-4}	2.20×10^{-3}
$K_{yy}/\text{cm} \cdot \text{s}^{-1}$	2.61×10^{-5}	1.87×10^{-4}	2.20×10^{-3}
$K_{zz}/\text{cm} \cdot \text{s}^{-1}$	2.61×10^{-6}	1.87×10^{-5}	2.20×10^{-4}
给水度	0.07	0.10	0.12
降雨入渗系数	0.06	0.08	—
降雨量/$\text{mm} \cdot \text{a}^{-1}$	926	926	—

利用正演试错法，反复调整需要识别的参数，输入模型并执行正演模拟，直到模型结果与现状调查中的水位观测点拟合程度较好为止。

在参数识别基础上，调整模型为非稳定流模式，设置时间为 50 年，观察水位观测点的动态特征，并记录模型水均衡数据。对出现水动态异常、水均衡失稳等情况的识别结果，重新开展参数识别，直到识别结果能通过验证工作的检验。

根据拟合结果，取表 6-24 所示参数值时模型拟合较好。

表 6-24　模型中水文地质参数拟合表

参数	中更新统冲洪积层上部亚黏土层孔隙水含水层	上更新统冲积层上部亚黏土层孔隙水含水层	中、上更新统下部砂砾石层孔隙水含水层
$K_{xx}/\text{cm} \cdot \text{s}^{-1}$	8.61×10^{-5}	9.87×10^{-5}	9.05×10^{-4}
$K_{yy}/\text{cm} \cdot \text{s}^{-1}$	8.61×10^{-5}	9.87×10^{-5}	9.05×10^{-4}
$K_{zz}/\text{cm} \cdot \text{s}^{-1}$	8.61×10^{-6}	9.87×10^{-6}	9.05×10^{-5}

6.13.8.2 地下水环境影响预测模型

A 溶质运移

由于污染物在地下水中的迁移转化过程十分复杂，存在吸附、沉淀、生物吸收、化学与生物降解等作用。本次预测评价本着风险最大原则，在模拟污染物扩散时并不考虑吸附、化学反应等降解作用，仅考虑典型污染物在对流、弥散作用下的扩散过程及其规律。

a 数学方程

溶质运移的三维水动力弥散方程的数学模型如下：

$$\frac{\partial C}{\partial t} = \frac{\partial}{\partial x}\left(D_{xx}\frac{\partial C}{\partial x}\right) + \frac{\partial}{\partial y}\left(D_{yy}\frac{\partial C}{\partial y}\right) + \frac{\partial}{\partial z}\left(D_{zz}\frac{\partial C}{\partial z}\right) - \frac{\partial(\mu_x C)}{\partial x} - \frac{\partial(\mu_y C)}{\partial y} - \frac{\partial(\mu_z C)}{\partial z} + f$$

$$(6\text{-}20)$$

$$C(x,\ y,\ z,\ 0) = C_0(x,\ y,\ z),\ (x,\ y,\ z) \in \Omega,\ t = 0$$

式中，右端前三项为弥散项，之后三项为对流项，最后一项为由于化学反应或吸附解析所产生的溶质的增量；D_{xx}、D_{yy}、D_{zz} 分别为 x、y、z 三个主方向的弥散系数；μ_x、μ_y、μ_z 为 x、y、z 方向的实际水流速度；C 为溶质浓度，量纲 ML^{-3}；Ω 为溶质渗流的区域，量纲 L^2；C_0 为初始浓度，量纲 ML^{-3}。

b 模型参数

弥散度是研究污染物在土壤及地下水中迁移转化规律的最重要参数之一，弥散系数 D 是反映渗流系统弥散特征的一个综合参数，忽略分子扩散时，它是介质弥散度且仅和孔隙流速 v 相关的函数。在地下水溶质运移方程中，表征含水层介质弥散特征的参数是水动力弥散系数，它可表示为

$$D_{ij} = \alpha_T v \delta_{ij} + (\alpha_L - \alpha_T)\frac{v_i v_j}{v} \qquad (6\text{-}21)$$

式中　α_L，α_T ——纵向和横向孔隙尺度弥散度，是仅与介质特性有关的参数。

大量的室内弥散试验和野外试验结果对比表明，空隙介质中弥散度存在着尺度效应，即弥散度随着溶质运移距离和研究问题尺度的增大而增大。水动力弥散尺度效应的存在为模拟和预测地下水中溶质在介质中的运移规律带来了困难。本次溶质运移模型中弥散度的确定主要依据是 Geihar 等人（1992）对世界范围内所收集的 59 个大区域弥散资料进行的整理分析。按照偏保守原则，最终确定的溶质运移模型参数如下：纵向弥散为 1 m、横向弥散度为 0.1 m 和有效孔隙度为 0.2。

c 弥散处理

在溶质迁移模型中施加持续性、面状污染源时，为了防止污染源边界内外较高的浓度差带来的数值弥散问题，通常的处理技巧是在边界处进行逐层加密处理，郑春苗和 Bennett 在《地下水污染物迁移模拟》一书中指出，当网格 peclet 数接近 2 时，数值弥散基本可以忽略。

基于此，针对本次溶质迁移模型预测评价对象进行如下网格剖分工作：

对拟建厂区到郑屯河 400 m 缓冲区、250 m 缓冲区、100 m 缓冲区、50 m 缓冲区进行了四次加密，对虚拟泄漏区域 50 m 缓冲区、20 m 缓冲区进行了加密，加密后结点数 47162 个，有限单元数 140625 个，加密结果如图 6-13 所示。

对填埋厂区 500 m 缓冲区、300 m 缓冲区、150 m 缓冲区、50 m 缓冲区进行了加密，加密后结点数 224688 个，有限单元数 298658 个，加密结果如图 6-13 和图 6-14 所示。

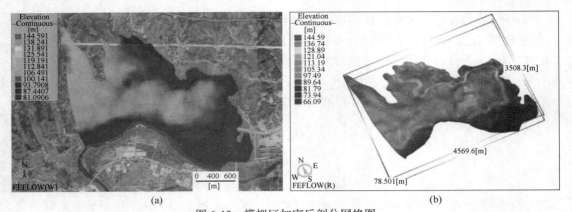

图 6-13　模拟区加密后剖分网格图

（a）二维加密剖分结果；（b）三维加密剖分结果

B　预测时段

根据拟建项目特点，施工期及服役期满后污染极小，主要产污时段为运营期，故选取运营期作为总模拟时间，假定时长为 30 年。计算时间步长为自适应模式，保存记录第 100 天、1000 天和每年的模拟预测结果，共计 32 个时间点的数据，为污染物迁移规律的分析工作提供数据支撑。

C　预测因子

依据地下水环境影响识别，拟建项目生产过程中产生的废水主要成分为 SS、重金属

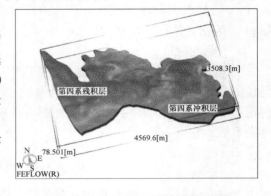

图 6-14　评价区网格剖分与模型结构图

离子、COD、石油类等物质。主要废水为含大量重金属的渗滤液，故选砷、铅、汞作为地下水环境影响评价因子，对砷、铅、汞采用标准指数法进行排序，选取标准指数最大的汞作为预测因子。预测因子选取如表 6-25 所示。

表 6-25　预测因子选取一览表

特征因子	废水浓度/mg·L^{-1}	限值/mg·L^{-1}	标准指数
铅	1	0.05	20
砷	3	0.1	30
汞	0.08	0.002	40

D　情景源强

模拟情景拟建项目属于危险废物集中处置及综合利用 I 类项目，依据地下水环境导则要求，对正常状况和非正常状况的情景进行模拟，本着风险最大化原则，增加风险事故下的情景模拟，详述如下。

a　正常状况

正常状况下，拟建项目危险废物安全填埋场防渗措施依据 GB 18598—2019《危险废物填埋污染控制标准》设计，在采取严格的防渗、防泄漏、防腐蚀等措施的前提下，污水不会渗漏进入地下，对地下水不会造成污染，故依据地下水导则，正常状况情景下不开展预测工作。

b　非正常状况

模拟情景：根据地下水环境导则，非正常排放情况下，预测填埋场防渗发生渗漏，对于本项目地下水污染非正常排放源强，假定填埋场防渗发生渗漏，污染物发生渗透。

模拟污染物：Hg；

污染源概化：连续恒定排放，面源；

泄漏点：填埋场底部；

泄漏面积：设定为 2000 m^2；

泄漏时间：持续性泄漏，共 30 年，每年按 365 天计；

泄漏浓度：按照危险废物允许进入填埋区的限值浓度，Hg 初始浓度取值 0.8 mg/L；

泄漏总量：189216 m^3。

c　风险事故情景下

模拟情景：事故排放源强主要考虑填埋场防渗层发生破裂，污染物直接渗透；

模拟污染物：Hg；

污染源概化：瞬时排放，面源；

泄漏点：考虑填埋场底部及防渗层发生破损导致泄漏；

泄漏面积：设定为 2000 m^2；

泄漏时间：泄漏 10 天；

泄漏浓度：按照危险废物允许进入填埋区的限值浓度，Hg 初始浓度取值 0.8 mg/L；

泄漏总量：172.8 m^3。

6.13.8.3　地下水环境影响评价工作

A　评价原则与评价方法

通过上述预测工作，得到不同情景下的预测结果，进而开展地下水环境影响评价工作。该工作以现状调查和预测结果为依据，利用地下水质量Ⅳ类标准中 Hg 的浓度 0.002 mg/L对结果进行评价，将污染晕按标准限值分为超标和未超标部分，并将超标部分予以显示。如果超标污染晕最终迁移出厂界范围，则进一步对采取环保措施后的预测结果进行评价。

B　非正常状况下的评价结果

利用 FEFLOW 运行溶质运移模型，将水文地质参数、溶质运移参数等代入模型中，其中 Hg 初始浓度设为 0.8 mg/L，持续泄漏 30 年，泄漏面积设定为 2000 m^2。

假设填埋场防渗层发生渗漏后，污染物下渗进入地下水中，形成超标污染晕，其迁移方向主要受水动力场控制，逐步向东南部扩散，污染范围持续扩大，在 10950 天时，超出厂界。

图 6-15 展示了模型运行 100 天、1000 天、10950 天、18250 天四个时段下地下水中污染物的迁移扩散情况。表 6-26 针对四个典型时间段，统计了污染晕的运移距离、污染面积。

图 6-15　非正常状况下 Hg 渗漏超标污染晕迁移结果图

（a）第 100 天 Hg 渗漏污染晕平面图；（b）第 1000 天 Hg 渗漏污染晕平面图；（c）第 10950 天 Hg 渗漏污染晕平面图；（d）第 18250 天 Hg 渗漏污染晕平面图

表 6-26　非正常状况下 Hg 超标污染晕预测结果

时间	水平迁移距离/m	污染面积/m²
100 天	4.29	2694.73
1000 天	28.14	4287.48
10950 天	194.03	15009.05
18250 天	302.47	22448.16

C　事故情景下的评价结果

利用 FEFLOW 运行溶质运移模型，将水文地质参数、溶质运移参数等代入模型中，其中 Hg 浓度设为 0.8 mg/L，泄漏方式为短暂泄漏，泄漏时间为 10 天，泄漏面积为 2000 m²。

泄漏事故发生后，污染物下渗进入地下水中，形成超标污染晕，迁移方向主要受水动力场控制，逐步向东南部扩散，迁移初期，污染晕逐步扩大，由于污染源为短时源强，污染物质得不到补充，在地下水稀释作用下，污染物浓度逐步降低，同时污染晕向东南部运移。

图 6-16 展示了模型运行 100 天、1000 天、10950 天和 18250 天四个时段下地下水中污染物的迁移扩散情况。表 6-27 针对四个典型时间段，统计了污染晕的运移距离、污染面积。

表 6-27　事故情景下 Hg 超标污染晕预测结果

时间	水平迁移距离/m	污染面积/m²
100 天	4.26	2621.22
1000 天	27.49	3804.55
10950 天	173.95	5483.08
18250 天	264.24	6014.94

6.13.8.4　预测评价结论

本节选取污染特征因子 Hg（汞）作为正常、非正常、事故情景下的泄漏污染物进行溶质运移模拟。模拟结果显示正常状况下，按地下水环境导则要求采取防渗措施后，污染物不会对地下水造成污染；非正常状况下，污染物下渗进入地下水中，主要影响黏土层中上层滞水，形成超标污染晕，其迁移方向主要受地下水径流控制，逐步向东南部扩散，污染晕面积持续扩大，在第 30 年，污染晕逐渐超出厂界；事故情景下，污染物下渗进入地下水中，形成超标污染晕，呈现面积逐渐扩大、浓度逐渐降低的特点，在第 30 年，污染晕逐渐超出厂界。

在非正常状况、事故情景下，运营期内，超标污染晕都呈现逐步扩大的趋势，且运移出厂界，建议加强厂区防渗，并在污染装置下游布设监测井和应急抽排水井，及时监测地下水水质，防止地下水污染物对厂区外地下水环境造成影响。

6.13.9　污染防治措施

为减小施工期对地下水环境的影响，场地施工过程中，要严格管理，积极采取有效措施尽量减少施工废水和生活污水的产生、排放量，同时注意废（污）水的收集、处理，

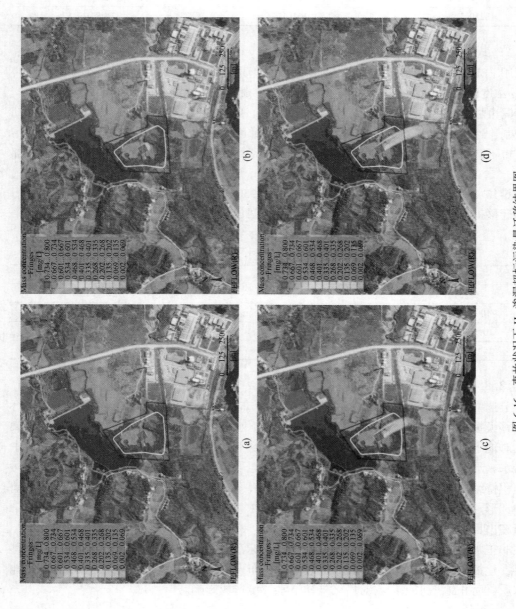

图 6-16　事故状况下 Hg 渗漏超标污染晕迁移结果图

(a) 第 100 天 Hg 渗漏污染晕平面图; (b) 第 1000 天 Hg 渗漏污染晕平面图; (c) 第 10950 天 Hg 渗漏污染晕平面图; (d) 第 18250 天 Hg 渗漏污染晕平面图

严禁废（污）水的随意排放，防止入渗污染地下水。拟建项目在后期进行的详勘等地质勘察工作结束后，钻孔要封孔。封孔时要及时采用渗透性差的黏性土等材料进行回填并确保封孔质量，防止在钻孔处地表与潜水含水层发生直接联系，在降雨等因素作用下，地表污染物通过钻孔形成的快速通道很快污染地下水。下面重点介绍运营期地下水污染防治。

本项目属于地下水环境影响评价行业分类中的 U 类：城市基础设施及房地产类，第151 小类；在危险废物集中处置及综合利用中，属于 I 类项目。正常状况下，填埋场底部渗滤液经渗滤液收集系统收集并导排至渗滤液收集池，再经管道输送至物化及废水处理车间集中处理。在渗滤液的收集、输送过程中，避免任何泄漏风险（含跑、冒、滴、漏）。采取合理的防治措施，防止污染物渗入地下水，影响地下水和土壤环境。设计科学合理的地下水环境污染防治方案，将防渗措施、监测工作和应急响应等工作相结合，对控制项目环境风险，保护地下水环境尤为重要。

针对项目可能发生的地下水污染情况，地下水防控措施按照"源头控制、分区防控、污染监控、应急响应"相结合的原则，从污染物的产生、入渗、扩散、应急响应全阶段进行控制。拟建项目以主动防渗措施为主，被动防渗措施为辅；人工防渗措施和自然防渗条件保护相结合，防止地下水、土壤受到污染。

6.13.9.1 源头防控措施

为防止和降低污染物跑、冒、滴、漏，将污染物泄漏的环境风险事故降到最低程度，建议从以下几方面着手。

A 优化布局

（1）合理、规范设置填埋场渗滤液集排系统以及渗滤液处理系统，提高处理及循环回用率，减少污染物的排放量。

（2）渗滤液收集沟、渗滤液收集池等构筑物均采用防渗结构，渗透系数小于 $1.0 \times 10^{-7} cm/s$；渗滤液输送管道施工应严格符合规范要求，接口严密、平顺，填料密实，避免发生破损污染地下水。

（3）在填埋场周围建设完善的防洪系统、排水系统，加强维护，严格控制周围地表水进入厂区。

（4）填埋场底部设置地下水收集系统，降低地下水水位，防止地下水水位上升对填埋场底部隔离层产生浮力冲顶而破坏隔离层，使渗滤液进入地下水。

B "可视化"处理

在填埋场防渗层设置永久在线渗漏监控系统，能够及时报警，准确定位渗漏位置。一旦有渗漏情况发生，监控系统可以即时报警，精准确定渗漏位置，然后对渗漏位置进行原位修复。

C 合理安排作业时间

填埋场安全填埋物料经危废固化处理后进行安全填埋，自身无渗滤液产生，降雨进入填埋场有可能产生渗滤液。为此，在下雨时停止填埋作业并及时覆盖，做好雨污分流，有效控制渗滤液的产生。

6.13.9.2 分区防控措施

根据地下水环境导则要求，结合地下水环境影响评价结果以及可研报告中对本项目的防渗要求，本着风险最大原则，拟建项目以水平防渗为主，采取整体分区防渗。

A 渗滤液收集池防渗

根据地下水环境导则，拟建场区天然包气带防污性能为中等级别，渗滤液污染物类型为重金属，对于渗滤液收集池，其污染物控制难易程度属难，故渗滤液收集池防渗技术要求按照重点防渗分区设计，按照《危险废物填埋污染控制标准》（GB 18598—2019）执行。地下水污染防渗分区参照表 6-14。

B 填埋库区防渗

a 防渗要求

根据该项目勘察成果，填埋场底部天然基础层为粉质黏土层，平均厚度 10.72 m，其渗透系数在 （7.25~9.27）×10^{-7} cm/s。依据《危险废物填埋污染控制标准》（GB 18598—2019），建议填埋场底部应采用双层人工衬层作为其防渗层，见图 6-17。

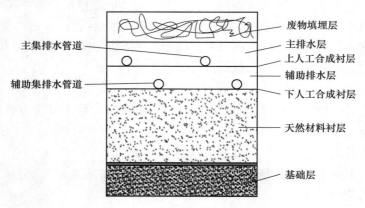

图 6-17　双层人工衬层示意图

双层人工衬层必须满足下列条件：

（1）天然材料衬层经机械压实后的渗透系数不大于 $1.0×10^{-7}$ cm/s，厚度不小于 0.5 m；

（2）上人工合成衬层可以采用高密度聚乙烯（HDPE）材料，厚度不小于 2.0 mm；

（3）下人工合成衬层可以采用 HDPE 材料，厚度不小于 1.0 mm；

（4）HDPE 材料必须是优质品，禁止使用再生产品。

双层人工衬层中主排水层即为渗滤液主集排层，位于上人工合成衬层上部，主要用于渗滤液的收集和排出；辅助排水层即为渗滤液辅助集排层，位于下人工合成衬层上部，主要用于对上人工合成衬层的渗漏监测。

b 填埋场设计防渗系统

根据《危险废物填埋污染控制标准》（GB 18598—2019），考虑到本项目作为永久设施，要做到在填埋处置的过程中不产生二次污染，保护周围的环境、土壤和地下水，故填埋库区防渗系统按双人工衬层进行方案设计，并优化防渗系统：主防渗系统增加一层复合土工膨润土垫（GCL），与 2 mm 厚 HDPE 土工膜组成复合防渗层；次防渗系统对规范要求的 1 mm 厚 HDPE 土工膜进行加厚，采用 1.5 mm 厚 HDPE 土工膜，见图 6-18。

渗滤液的收集和输送主要由渗滤液收集系统完成，主要包括导流层、收集沟、多孔收集管、集水池、潜水泵等。导流层采用碎石或者卵石铺设，使渗滤液能有效穿过导流层而

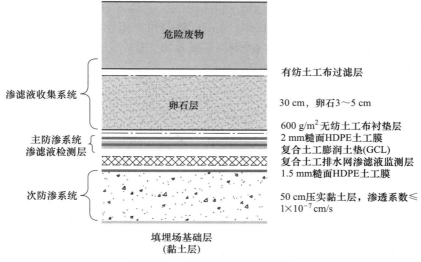

图 6-18 防渗系统结构大样图

进入开孔收集管，然后经收集管导入场底集水池，经泵送至渗滤液收集池，见图 6-19。收集的填埋场渗滤液经过管道输送至物化及废水处理车间。

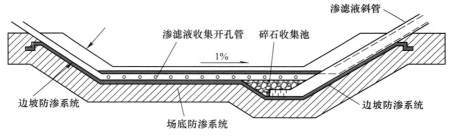

图 6-19 渗滤液收集系统剖面图

c 防渗建议

必须严格按照《危险废物填埋污染控制标准》（GB 18598—2019）要求，布设双人工衬层防渗系统，杜绝任何管道穿透防渗系统的结构设计，保证填埋场防渗系统的完整性是杜绝填埋场渗漏的关键之一；填埋场设置永久在线渗漏监控系统，能够及时报警，准确定位渗漏位置；一旦有渗漏情况发生，监控系统可以即时报警，精准确定渗漏位置，然后对渗漏位置进行原位修复。

6.13.9.3 地下水环境监测与管理

A 监测目的

为了及时准确地掌握厂区以及附近地下水环境质量状况和地下水体中各指标的动态变化，拟建项目拟建立完善的地下水长期监控系统，设计科学的地下水污染控制井，建立合理的监测制度，并配备先进的检测仪器和设备，以便及时发现并有效地控制可能产生的地下水环境风险。

B 跟踪监测计划

a 监测点参数

综合考虑建设项目特点和环境水文地质条件等因素，结合模型模拟预测结果以及

《环境影响评价技术导则 地下水环境》（HJ 610）、《地下水环境监测技术规范》（HJ 164）、《地下水监测井建设规范》（DZ/T 0270）的要求，拟在安全填埋场周边布设6个地下水监测井，用于监测场区地下水环境，点位见图6-20，参数见表6-28。监测井点位在实际施工时可作相应微调。

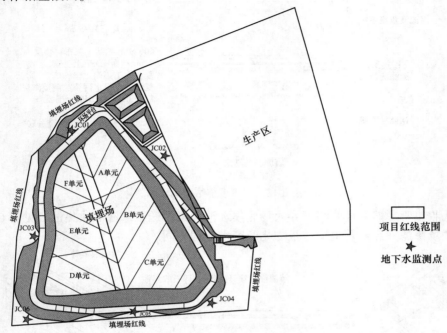

图 6-20 地下水跟踪监测点分布图

表 6-28 地下水跟踪监测点参数一览表

编号	点位	坐标 N	坐标 E	类型	井深	监测层位	功能
JC01	填埋场北侧	111°33′27.65″	32°17′40.82″	本底井	揭穿砂砾石含水层		监测点 背景值对照点
JC02	填埋场东侧	111°33′34.15″	32°17′37.39″	应急井/监测井	揭穿砂砾石含水层		应急抽水井 跟踪监测点 污染物扩散监测点
JC03	填埋场西侧	111°33′25.88″	32°17′34.81″	应急井/监测井	揭穿砂砾石含水层	浅层孔隙水	应急抽水井 跟踪监测点 污染物扩散监测点
JC04	填埋场东南侧	111°33′37.03″	32°17′29.74″	应急井/监测井	揭穿砂砾石含水层		应急抽水井 跟踪监测点 污染物扩散监测点
JC05	填埋场南侧	111°33′32.39″	32°17′29.74″	应急井/监测井	揭穿砂砾石含水层		应急抽水井 跟踪监测点 污染物扩散监测点
JC06	填埋场西南侧	111°33′28.18″	32°17′29.11″	应急井/监测井	揭穿砂砾石含水层		应急抽水井 跟踪监测点 污染物扩散监测点

JC01 位于填埋场北侧，JC02 位于填埋场东侧，JC03 位于填埋场西侧，JC04 位于填埋场东南侧，JC05 位于填埋场南侧，JC06 位于填埋场西南侧。正常状况下，JC01 处于地下水上游位置，作为背景值对照点，其余 5 个点均可作为跟踪监测点和污染物扩散监测点，监测厂区水位及水质动态变化特征。

b 监测因子及频率

为及时有效地对地下水环境风险进行预警，同时兼顾掌握地下水环境现状，将监测工作分为日常特征因子监测和年度现状监测两大层次。

其中，日常特征因子监测为每月一次，监测水位、现场指标和特征因子。年度现状监测为每年两次，应尽量分别在丰水期和枯水期实施，监测水位、现场指标、特征因子、环境因子和基本水质因子，详见表 6-29。

需注意的是，日常特征因子监测结果出现异常时，应按照企业相关风险应急响应方案开展工作。

表 6-29 跟踪监测因子一览表

分类		因　　　子	监测频率
水质	现场指标	水温、气温、pH、溶解性总固体、溶解氧（DO）、氧化还原电位（ORP）和电导率	1 次/月
	主要污染因子	砷（As）、六价铬（Cr^{6+}）、汞（Hg）、镉（Cd）、铅（Pb）、石油类、COD	
	环境因子	K（钾）、Na（钠）、Ca（钙）、Mg（镁）、CO_3^{2-}（碳酸根）、HCO_3^-（重碳酸根）、Cl^-（氯化物）和 SO_4^{2-}（硫酸盐）	2 次/年
	基本水质因子	pH、氨氮、NO_3^-（硝酸盐）、NO_2^-（亚硝酸盐）、挥发性酚类、氰化物、As（砷）、Hg（汞）、Cr^{6+}（六价铬）、总硬度、铅（Pb）、F^-（氟化物）、Cd（镉）、Fe（铁）、Mn（锰）、溶解性总固体、高锰酸盐指数、SO_4^{2-}（硫酸盐）、Cl^-（氯化物）、总大肠菌群和细菌总数	

c 监测报告内容

根据导则相关要求，结合项目特点，落实本项目跟踪监测报告的责任主体，跟踪监测报告应包括以下内容：

（1）拟建项目地下水环境跟踪监测数据，包含原始数据及分析整理数据；

（2）本项目主要排放污染物重金属、石油类的排放数量及浓度；

（3）本项目生产设备、管廊、管线、贮存与运输装置、污染物贮存与处理装置、事故应急装置等设施的运行状况、跑冒滴漏记录、维护记录，主要包括渗滤液收集池、渗滤液输送管线、渗滤液导排系统、截洪排水系统等。

C 监测管理

为保证地下水跟踪监测的有效、有序管理，须制定相关规定明确职责，采取以下管理措施和技术措施。

a　管理措施

（1）防治地下水污染管理属于环境保护管理部门的职责之一。厂环境保护管理部门指派专人负责防治地下水污染管理工作。

（2）厂环境保护管理部门负责地下水监测工作，按要求及时分析整理原始资料，开展监测报告的编写工作。

（3）建立地下水监测数据信息管理系统，与厂环境管理系统相联系。

（4）根据实际情况，按事故的性质、类型、影响范围、严重后果分等级地制订相应的预案。在制定预案时要根据本厂环境污染事故潜在威胁的情况，认真细致地考虑各项影响因素，适当的时候组织有关部门、人员进行演练，不断补充完善。

b　技术措施

（1）按照导则相关要求，及时上报地下水环境跟踪检测报告。

（2）在日常例行监测中，一旦发现地下水水质监测数据异常，应尽快核查数据，确保数据的正确性。并将核查过的监测数据通告厂安全环保部门，由专人负责对数据进行分析、核实，并密切关注生产设施的运行情况，为防止地下水污染采取措施提供正确的依据。应采取的措施如下：

1）了解厂区是否出现异常情况，加大监测密度，如监测频率由每月一次临时加密，分析变化动向。

2）周期性地编写地下水动态监测报告。

3）定期对产污装置进行检查。

6.13.9.4　地下水环境应急响应

A　应急预案

制定风险事故应急预案的目的是在发生风险事故时，能以最快的速度发挥最大的效能，有序地实施救援，尽快控制事态的发展，降低事故对地下水的污染。针对应急工作需要，参照相关技术导则，结合地下水污染治理的技术特点，制定地下水污染应急治理程序，如图6-21所示。

B　启动应急处理及其程序

一旦事故液态污染物进入地下水环境，应及时采取构筑围堤、挖坑收容和应急井抽注水措施。把液态污染物拦截住，并用抽吸软管移除液态污染物，或用防爆泵转移至槽车或专用收集器内，回收或运至废物处理场处置；少量液态污染物可用防爆泵送至污水管网，由污水站处理。迅速将被污染的土壤收集，转移到安全地方，并进一步对污染区域环境作降解消除污染物处置。其中，主要采用应急井进行抽水，将污染物质及时抽出处理，提高地下水径流速度，加快污染物的流动，使应急井能快速抽出全部污染物，形成小范围的阻水帷幕，提高应急处理的效果。

依据拟建项目工程特点，应急井实行"一井多用"的原则，即场区日常运转时，作为监测井监测厂区地下水水位和水质动态变化特征；事故情景下，作为应急抽水井，起快速抽离污染物作用。综上所述，本次应急井以打穿所在位置的潜水含水层为主要目的，建议终孔深度为揭穿场地第四系残积层下部砂砾石层，孔距及数量在后期设计中应根据含水层具体参数加以确定，终孔孔径建议不小于300 mm，具体设计孔径以保证满足所需抽水泵直径为主。

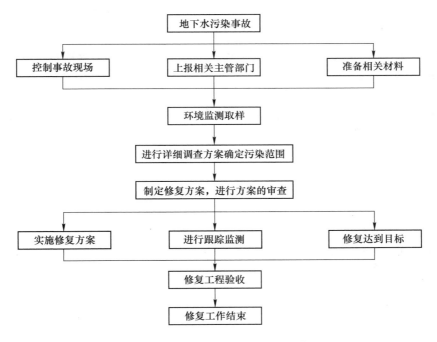

图 6-21 地下水污染应急治理程序

如此一来，场内跟踪污染监测井在厂区日常运行过程中，主要负责环境监测；在应急处理过程中，可作为部分应急抽水井，起抽水井作用，与其他抽水井一起在最短时间快速抽离事故下装置产生并进入地下水的污染物，形成阻水帷幕，防止污染物对地下水环境造成更大的影响。

6.13.9.5 地下水污染防控措施结论

拟建场区位于湖北省西北部，汉江中游平原腹地，拟建场区位于襄阳市西北部谷城县，场地北侧较远处为山地，地势相对较低，场区总体地势南高北低。沿场界南侧形成局部地势较高的山脊，由山脊线向南地势逐渐降低至北河河谷，场区处于局部山脊分水岭北侧，属于北河北侧第一重山脊线之外的莫家河水系范围。故该场址符合《襄阳市汉江流域水环境保护条例》第十二条第（二）款"为山地的向外延伸至第一重山脊"规定。

场区内主要含水层为第四系中更新统冲积层（Qp_2^{al}）孔隙含水层，地下水类型主要为第四系孔隙水，根据该项目勘察成果，对于赋存于场区浅部的上层滞水，地下水位受季节性降水、局部地势影响强，无统一自由水面，具有水量少、流动缓慢、径流途径短的特点，多局部就地蒸发或就近向低洼处缓慢汇集排泄，无连续统一固定地下水流场。而场地下部砂砾石层孔隙水（包括强风化泥岩裂隙水），属北河河谷沿岸一带区域冲积层下部砂砾石含水层中的地下水，该层地下水的径流总体受区域地下水流场控制，该层地下水流向为西北向东南，补给北河，北河为该区域砂砾石层孔隙水的总体排泄基准面。

根据水质检测结果，除受人类农业活动影响部分监测点氨氮、高锰酸盐指数轻微超标以及地质背景原因导致区内地下水铁锰含量稍高以外，其余均满足地下水质量Ⅲ类标准，评价区地下水环境总体良好；除地质背景原因导致区内地下水铁锰含量稍高以外，区内地下水总体满足地下水质量Ⅳ类标准，属Ⅳ类水。

取污染特征因子 Hg（汞）作为正常、非正常、事故情景下泄漏污染物进行溶质运移模拟。模拟结果显示正常状况下，按地下水环境导则要求采取防渗措施后，污染物不会对地下水造成污染；非正常状况及事故情景下，污染物下渗进入地下水中，形成超标污染晕，其迁移方向主要受地下水径流控制，逐步向东南部扩散，在 30 年内，污染晕超出厂界。

习 题

6-1 简述地下水的分带和分类，分别描述包气带水、潜水与承压水的特点。

6-2 根据《环境影响评价技术导则 地下水环境》（HJ 610—2016），说明地下水水质监测点布设和监测频率的具体要求。

6-3 简述地下水环境保护措施与对策。

7 声环境影响评价

7.1 概　述

声环境影响评价是在噪声源调查分析、背景环境噪声测量和声环境保护目标调查的基础上，对建设项目产生的噪声影响，按照噪声传播声级衰减和叠加的计算方法，预测环境噪声影响范围、程度和影响人口情况，对照相应的标准评价环境噪声影响，并提出相应的防治噪声的对策、措施的过程。

7.1.1　基本概念

（1）环境噪声是指在工业生产、建筑施工、交通运输和社会生活中所产生的干扰周围生活环境的声音（频率在 20~20000 Hz 的可听声范围内）。

（2）固定声源：在发声时间内位置不发生移动的声源。

（3）移动声源：在发声时间内的位置按一定轨迹移动的声源。

（4）点声源：以球面波形式辐射声波的声源，辐射声波的声压幅值与声波传播距离成反比。任何形状的声源，只要声波波长远远大于声源几何尺寸，该声源可视为点声源。在声环境影响评价中，声源中心到预测点之间的距离超过声源最大几何尺寸 2 倍时，可将该声源近似为点声源。

（5）线声源：以柱面波形式辐射声波的声源，辐射声波的声压幅值与声波传播距离的平方根成反比。

（6）面声源：以平面波形式辐射声波的声源，辐射声波的声压幅值不随传播距离改变（不考虑空气吸收）。

（7）声环境保护目标：依据法律、法规、标准政策等确定的需要保持安静的建筑物及建筑物集中区。

（8）噪声贡献值：由建设项目自身声源在预测点产生的声级。

（9）背景噪声值：评价范围内不含建设项目自身声源影响的声级。

（10）噪声预测值：预测点的贡献值和背景值按能量叠加方法计算得到的声级。

7.1.2　基础知识

7.1.2.1　声音的三要素

声音是由物体振动产生的，其中物体包括固体、液体和气体，这些振动的物体通常称为声源或发声体。物体振动产生的声能，通过周围的介质（可以是气体、液体或者固体）向外界传播，并且被感受目标所接收，例如人耳是人体的声音接收器官。在声学中，把声源（发声体）、介质（传播途径）、接收器（或称受体）称为声音三要素。

7.1.2.2　频率 (f) 和倍频带

声波的频率 (f) 为每秒钟媒质质点振动的次数，单位为赫兹（Hz）。

声波的频率划分：次声波的频率范围为 $10^{-4} \sim 20$ Hz；可听声波频率范围为 $20 \sim 2 \times 10^4$ Hz；超声波的频率范围为 $2 \times 10^4 \sim 10^9$ Hz。环境声学中研究的声波一般为可听声波。

可听声波的频率范围较宽，按下述公式将可听声波划分为 10 个频带。

$$f_2 = 2^n f_1 \tag{7-1}$$

式中　f_1——下限频率，Hz；

　　　f_2——上限频率，Hz。

$n = 1$ 时就是倍频程。

倍频程中心频率 f_0 可按下式计算。

$$f_0 = \sqrt{f_1 \cdot f_2} \tag{7-2}$$

对于倍频程，实际使用时通常可用 8 个频带进行分析。噪声监测仪器中有频谱分析仪器（滤波器），可测量不同频带的声压级。倍频带的划分范围和中心频率见表 7-1。

表 7-1　倍频带中心频率和上下限频率　　　　　　　　（Hz）

下限频率 f_1	中心频率 f_0	上限频率 f_2
22.3	31.5	44.5
44.6	63	89
89	125	177
177	250	354
354	500	707
707	1000	1414
1414	2000	2828
2828	4000	5656
5656	8000	11312
11312	16000	22624

7.1.2.3　声压级

定义：某声压 p 与基准声压 p_0 之比的常用对数乘以 20 称为该声音的声压级，以分贝（dB）计，计算式为

$$L_p = 20 \lg \frac{p}{p_0} \tag{7-3}$$

空气中的参考声压 p_0 规定为 2×10^{-5} Pa，这个数值是正常人耳 1000 Hz 声音刚刚能察觉到的最低声压值（或可听声阈）。

人耳可以听闻的声压为 2×10^{-5} Pa，痛阈声压为 20 Pa，两者相差 100 万倍。

按式（7-3）计算，L_p（听阈）= 0 dB；L_p（痛阈）= 120 dB。

如测量得到的是某一中心频率倍频带上限和下限频率范围内的声压级，则可称其为某中心频率倍频带的声压级，由可听声波范围内 10 个中心频率倍频带的声压级经对数叠加可得到总声压级。

7.1.2.4　声功率级

某声源的声功率与基准声功率之比的常用对数乘以 10，称为该声源的声功率级，以分贝（dB）计，计算式为

$$L_w = 10\lg \frac{w}{w_0} \tag{7-4}$$

式中，$w_0 = 10^{-12}\text{W}$。

声压级和声功率级的关系可由下式表示：

$$L_p = L_w - 10\lg S \tag{7-5}$$

式中　S——包围声源的面积，m^2。

上述公式的适用条件是自由声场或半自由声场，声源无指向性，其他声源的声音均小到可以忽略。自由声场指声源位于空中，它可以向周围媒质均匀、向各地同性地辐射球面声波，S 可为球面面积；半自由声场指声源位于广阔平坦的刚性反射面上，向下半个空间的辐射声波也全部被反射到上半空间来，S 可为半球面面积。倍频带声功率级指的是声波在某一中心频率倍频带上限和下限频率范围内的不同频率声波能量合成的声功率级。

以上均是描述声波的物理量，要评价噪声对人的影响，就不能单纯利用这些物理量，而是需要与人对噪声的主观反应结合起来进行评价。

7.1.2.5　A 声级 L_A 和最大 A 声级 $L_{A\text{max}}$

环境噪声的度量，不仅与噪声的物理量有关，还与人对声音的主观听觉有关。人耳对声音的感觉不仅和声压级大小有关，也和频率的高低有关。声压级相同而频率不同的声音，听起来不一样响，高频声音比低频声音响，这是人耳听觉特性所决定的。为了能用仪器直接测量出人的主观响度感觉，研究人员为测量噪声的仪器——声级计设计了一种特殊的滤波器，称为 A 计权网络。通过 A 计权网络测得的噪声值更接近人的听觉，这个测得的声压级称为 A 计权声级，简称 A 声级，以 L_{pA} 或 L_A 表示，单位为 dB(A)。由于 A 声级能较好地反映出人们对噪声吵闹的主观感觉，因此，它几乎已成为一切噪声评价的基本量。

倍频带声压级和 A 声级的换算关系如式（7-6）所示。

设各个倍频带声压级为 L_{pi}，那么 A 声级为：

$$L_A = 10\lg \left[\sum_{i=1}^{n} 10^{0.1(L_{pi} - \Delta L_i)} \right] \tag{7-6}$$

式中　ΔL_i——第 i 个倍频带的 A 计权网络修正值，dB；

n——总倍频带数。

63~16000 Hz 范围内的 A 计权网络修正值见表 7-2。

表 7-2　A 计权网络的修正值

频率/Hz	63	125	250	500	1000	2000	4000	8000	16000
ΔL_i/dB	-26.2	-16.1	-8.6	-3.2	0	1.2	1.0	-1.1	-6.6

A 声级一般用来评价噪声源。对特殊的噪声源，在测量 A 声级的同时还需要测量其

频率特性；频发、偶发噪声，非稳态噪声往往需要测量最大 A 声级（L_{Amax}）及其持续时间；而脉冲噪声应同时测量 A 声级和脉冲周期。

7.1.2.6 等效连续 A 声级 $L_{Aeq,T}$ 或 L_{eq}

A 声级用来评价稳态噪声具有明显的优点，但是在评价非稳态噪声时又有明显的不足。因此，人们提出了等效连续 A 声级（简称"等效声级"），即在规定测量时间 T 内 A 声级的能量平均值，用 $L_{Aeq,T}$，单位为 dB。

等效连续 A 声级的数学表达式：

$$L_{Aeq,T} = 10\lg\left(\frac{1}{T}\int_0^T 10^{0.1L_A(t)}\mathrm{d}t\right) \tag{7-7}$$

式中　$L_{Aeq,T}$——在时间 T 内的等效连续 A 声级，dB；

　　　　$L_A(t)$——t 时刻的瞬时 A 声级，dB；

　　　　T——规定的测量时间段，s。

等效连续 A 声级是应用较广泛的环境噪声评价量。我国制定的《声环境质量标准》《工业企业厂界环境噪声排放标准》《建筑施工厂界环境噪声排放标准》《铁路边界噪声限值及其测量方法》和《社会生活环境噪声排放标准》等项环境噪声排放标准，均采用该评价量作为标准，只是根据环境噪声实际变化情况确定不同的测量时间段，将其测量结果代表某段时间的环境噪声状况。根据《中华人民共和国环境噪声污染防治法》，"昼间"是指 6：00 至 22：00 之间的时段；"夜间"是指 22：00 至次日 6：00 之间的时段。昼间时段测得的等效声级称为昼间等效连续 A 声级（L_d），夜间时段测得的声级称为夜间等效连续 A 声级（L_n）。

7.1.2.7 累积百分声级

用于评价测量时间段内噪声强度时间统计分布特征的指标，指占测量时间段一定比例的累积时间内 A 声级的最小值，用 L_N 表示，单位 dB（A）。最常用的是 L_{10}、L_{50} 和 L_{90}，其含义如下：

L_{10}——在测量时间内有 10% 的时间 A 声级超过的值，相当于噪声的平均峰值；

L_{50}——在测量时间内有 50% 的时间 A 声级超过的值，相当于噪声的平均中值；

L_{90}——在测量时间内有 90% 的时间 A 声级超过的值，相当于噪声的平均本底值。

如果数据采集是按等间隔时间进行的，则 L_N 也表示有 $N\%$ 的数据超过的噪声级。

7.1.2.8 列车通过时段内等效连续 A 声级

预测点的列车通过时段内等效连续 A 声级（L_{Aeq,T_p}）计算公式为：

$$L_{Aeq,T_p} = 10\lg\left[\frac{1}{t_2-t_1}\int_{t_1}^{t_2}\frac{p_A^2(t)}{p_0^2}\mathrm{d}t\right] \tag{7-8}$$

式中　L_{Aeq,T_p}——列车通过时段内的等效连续 A 声级，dB；

　　　　T_p——测量经过的时间段，$T_p = t_2 - t_1$，表示始于 t_1 终于 t_2，s；

　　　$p_A(t)$——瞬时 A 计权声压，Pa；

　　　p_0——基准声压，$p_0 = 20$ μPa。

7.1.2.9 机场航空器噪声事件的有效感觉噪声级

对某一飞行事件的有效感觉噪声级按下式近似计算：

$$L_{\text{EPN}} = L_{\text{Amax}} + 10\lg(T_d/20) + 13 \tag{7-9}$$

式中 L_{EPN}——有效感觉噪声级，dB；

L_{Amax}——一次噪声事件中测量时段内单架航空器通过时的最大 A 声级，dB；

T_d——在 L_{Amax} 下 10 dB 的延续时间，s。

7.1.2.10 计权等效连续感觉噪声级 L_{WECPN} 或 WECPNL

计权等效连续感觉噪声级是在有效感觉噪声级的基础上发展起来，用于评价航空噪声的方法，其特点在于既考虑了在全天 24 h 的时间内飞机通过某一固定点所产生的有效感觉噪声级的能量平均值，同时也考虑了不同时间段内的飞机数量对周围环境所造成的影响。计权等效连续感觉噪声级计算公式见 7.5 节式（7-16）。具体的计算步骤可依据《机场周围飞机噪声测量方法》(GB 9661—1988) 进行。计权等效连续感觉噪声级仅作为评价机场飞机噪声影响的评价量，其对照评价的标准是《机场周围飞机噪声环境标准》(GB 9660—1988)。

7.1.3 噪声级的计算

7.1.3.1 分贝的相加

在实际工作中，进行噪声的叠加计算就是进行噪声级的相加即求分贝和。如果已知两个声源在某一预测点单独产生的声压级 (L_1, L_2)，这两个声源合成的声压级 (L_{1+2}) 就要进行声级（分贝）的相加。在具体计算时可应用公式法或查表法。

A 公式法

分贝相加一定要按能量（声功率或声压平方）相加，求两个声压级 L_1, L_2 合成的声压级 L_{1+2}，可按下列步骤计算：

（1）因 $L_1 = 20\lg(p_1/p_0)$，$L_2 = 20\lg(p_2/p_0)$，运用对数换算得 $p_1 = p_0 10^{L_1/20}$，$p_2 = p_0 10^{L_2/20}$。

（2）合成声压 p_{1+2}，按能量相加则 $(p_{1+2})^2 = p_1^2 + p_2^2$，即 $(p_{1+2})^2 = p_0^2(10^{L_1/10} + 10^{L_2/10})$ 或 $(p_{1+2}/p_0)^2 = 10^{L_1/10} + 10^{L_2/10}$。

（3）按声压级的定义合成的声压强。

$$L_{1+2} = 20\lg(p_{1+2}/p_0) = 10\lg(p_{1+2}/p_0)^2$$

即
$$L_{1+2} = 10\lg(10^{L_1/10} + 10^{L_2/10}) \tag{7-10}$$

几个声压级相加的通用式为

$$L_{\text{总}} = 10\lg\left(\sum_{i=1}^{n} 10^{\frac{L_i}{10}}\right) \tag{7-11}$$

式中 $L_{\text{总}}$——几个声压级相加后的总声压级，dB；

L_i——某一个声压级，dB。

若上式的几个声压级均相同，即可化简为

$$L_{\text{总}} = L_p + 10\lg N \tag{7-12}$$

式中 L_p——单个声压级，dB；

N——相同声压级的个数。

【例 1】 $L_1 = 80$ dB，$L_2 = 80$ dB，求 $L_{1+2} = ?$

解: $L_{1+2} = 10\lg(10^{80/10} + 10^{80/10}) = 10\lg2 + 10\lg10^8 = 83$ dB

【例2】 $L_1 = 100$ dB, $L_2 = 98$ dB, 求 $L_{1+2} = ?$

解: $L_{1+2} = 10\lg(10^{100/10} + 10^{98/10}) = 10\lg(10^{10} + 10^{9.8}) \approx 102.1$ dB

B　查表法

利用分贝和的增值表直接查出不同声级值加和后的增加值, 然后计算加和结果。一般在有关工具书或教科书中均附有该表, 本教材列有简表如表7-3所示。

表7-3　分贝和的增值

声压级差 $(L_1 - L_2)$/dB	0	1	2	3	4	5	6	7	8	9	10
增值 ΔL/dB	3.0	2.5	2.1	1.8	1.5	1.2	1.0	0.8	0.6	0.5	0.4

例如, $L_1 = 100$ dB, $L_2 = 98$ dB, 求 $L_{1+2} = ?$ 先算出两个声音的声压级 (分贝) 差, $L_1 - L_2 = 2$ dB, 再查表7-3找出2 dB相对应的增值 $\Delta L = 2.1$ dB, 然后加在分贝数大的 L_1 上, 得出 L_1 与 L_2 的和 $L_{1+2} = 100 + 2.1 = 102.1$ dB, 可取整数为102 dB。

7.1.3.2　噪声级的相减

如果已知两个声源在某一预测点产生的合成声压级 ($L_合$) 和其中一个声源在预测点单独产生的声压级 L_2, 则另一个声源在此点单独产生的声压级 L_1 可用下式计算:

$$L_1 = 10\lg(10^{0.1L_合} - 10^{0.1L_2}) \tag{7-13}$$

7.1.4　常用声环境标准

7.1.4.1　《环境影响评价技术导则　声环境》(HJ 2.4—2021)

本标准自2022年7月1日起实施, 规定了声环境影响评价工作的一般性原则、内容、程序、方法和要求, 适用于建设项目声环境影响评价, 规划的声环境影响评价可参照使用。本标准是对《环境影响评价技术导则　声环境》(HJ 2.4—2009) 的修订, 主要修订内容如下: 调整、补充和规范相关术语和定义; 调整机场项目声环境影响评价工作等级的划分和声环境评价范围; 完善声环境现状调查方法、噪声防治对策和措施、监测计划要求; 完善公路 (城市道路)、铁路、城市轨道交通、机场噪声影响评价预测模型等。

7.1.4.2　《声环境质量标准》(GB 3096—2008)

本标准是对《城市区域环境噪声标准》(GB 3096—93) 和《城市区域环境噪声测量方法》(GB/T 14623—93) 的修订, 自2008年10月1日起实施, 主要修改内容包括: 扩大了标准适用区域, 将乡村地区纳入标准适用范围; 将环境质量标准与测量方法标准合并为一项标准; 明确了交通干线的定义, 对交通干线两侧4类区环境噪声限值作了调整; 提出了声环境功能区监测和噪声敏感建筑物监测的要求。本标准规定了五类声环境功能区的环境噪声限值及测量方法, 适用于声环境质量评价与管理, 机场周围区域受飞机通过 (起飞、降落、低空飞越) 噪声的影响, 不适用于本标准。

A　声环境功能区分类

按区域的使用功能特点和环境质量要求, 声环境功能区分为以下五种类型:

(1) 0类声环境功能区: 指康复疗养区等特别需要安静的区域;

（2）1类声环境功能区：指以居民住宅、医疗卫生、文化教育、科研设计、行政办公为主要功能，需要保持安静的区域；

（3）2类声环境功能区：指以商业金融、集市贸易为主要功能，或者居住、商业、工业混杂，需要维护住宅安静的区域；

（4）3类声环境功能区：指以工业生产、仓储物流为主要功能，需要防止工业噪声对周围环境产生严重影响的区域；

（5）4类声环境功能区：指交通干线两侧一定距离之内，需要防止交通噪声对周围环境产生严重影响的区域，包括4a类和4b类两种类型。4a类为高速公路、一级公路、二级公路、城市快速路、城市主干路、城市次干路、城市轨道交通（地面段）、内河航道两侧区域；4b类为铁路干线两侧区域。

B　环境噪声限值

各类声环境功能区适用表7-4规定的环境噪声等效声级限值。

表 7-4　环境噪声限值　　　　　　　　　　　（dB（A））

声环境功能区类别		时　　段	
		昼间	夜间
0		50	40
1		55	45
2		60	50
3		65	55
4	4a	70	55
	4b	70	60

注：1. 4b类声环境功能区环境噪声限值，适用于2011年1月1日起环境影响评价文件通过审批的新建铁路（含新开廊道的增建铁路）干线建设项目两侧区域。

2. 在下列情况下，铁路干线两侧区域不通过列车时的环境背景噪声限值，按昼间70 dB（A）、夜间55 dB（A）执行：（1）穿越城区的既有铁路干线；（2）对穿越城区的既有铁路干线进行改建、扩建的铁路建设项目。

3. 既有铁路是指2010年12月31日前已建成运营的铁路或环境影响评价文件已通过审批的铁路建设项目。各类声环境功能区夜间突发噪声，其最大声级超过环境噪声限值的幅度不得高于15 dB（A）。

7.1.4.3 《工业企业厂界环境噪声排放标准》（GB 12348—2008）

本标准规定了工业企业和固定设备厂界环境噪声排放限值及其测量方法，适用于工业企业噪声排放的管理、评价及控制，机关、事业单位、团体等对外环境排放噪声的单位也可参照执行，本标准自2008年10月1日起实施。本标准是对《工业企业厂界噪声标准》（GB 12348—90）和《工业企业厂界噪声测量方法》（GB 12349—90）的第一次修订。主要修订内容包括：将《工业企业厂界噪声标准》（GB 12348—90）和《工业企业厂界噪声测量方法》（GB 12349—90）合并为一个标准，名称改为《工业企业厂界环境噪声排放标准》；修改了标准的适用范围、背景值修正表；补充了0类区噪声限值、测量条件、测点位置、测点布设和测量记录；增加了部分术语和定义、室内噪声限值、背景噪声测量、测量结果和测量结果评价的内容。

A 厂界环境噪声排放限值

工业企业厂界环境噪声不得超过表 7-5 规定的排放限值。

表 7-5 工业企业厂界环境噪声排放限值 （dB(A)）

厂界外声环境功能区类别	时　段	
	昼间	夜间
0	50	40
1	55	45
2	60	50
3	65	55
4	70	55

注：夜间频发噪声的最大声级超过限值的幅度不得高于 10 dB(A)。夜间偶发噪声的最大声级超过限值的幅度不得高于 15 dB(A)。工业企业若位于未划分声环境功能区的区域，当厂界外有噪声敏感建筑物时，由当地县级以上人民政府参照《声环境质量标准》(GB 3096) 和《城市区域环境噪声适用区划分技术规范》(GB/T 15190) 的规定确定厂界外区域的声环境质量要求，并执行相应的厂界环境噪声排放限值。当厂界与噪声敏感建筑物距离小于 1 m 时，厂界环境噪声应在噪声敏感建筑物的室内测量，并将表 7-5 中相应的限值减 10 dB(A) 作为评价依据。

B 结构传播固定设备室内噪声排放限值

当固定设备排放的噪声通过建筑物结构传播至噪声敏感建筑物室内时，噪声敏感建筑物室内等效声级不得超过表 7-6 规定的限值。

表 7-6 结构传播固定设备室内噪声排放限值（等效声级） （dB(A)）

噪声敏感建筑物所处声环境功能区类别	房间类型			
	A 类房间		B 类房间	
	昼间	夜间	昼间	夜间
0	40	30	40	30
1	40	30	45	35
2、3、4	45	35	50	40

注：A 类房间是指以睡眠为主要目的，需要保证夜间安静的房间，包括住宅卧室、医院病房、宾馆客房等；B 类房间是指主要在昼间使用，需要保证思考与精神集中、正常讲话不被干扰的房间，包括学校教室、会议室、办公室、住宅中卧室以外的其他房间等。

7.1.4.4 《社会生活环境噪声排放标准》(GB 22337—2008)

本标准规定了营业性文化娱乐场所和商业经营活动中可能产生环境噪声污染的设备、设施边界噪声排放限值和测量方法，自 2008 年 10 月 1 日起实施。本标准适用于对营业性文化娱乐场所、商业经营活动中使用的向环境排放噪声的设备、设施的管理、评价与控制。

社会生活噪声排放源边界噪声不得超过表 7-7 规定的排放限值。

表 7-7 社会生活噪声排放源边界噪声排放限值 （dB(A)）

边界外声环境功能区类别	时　段	
	昼间	夜间
0	50	40

续表 7-7

边界外声环境功能区类别	时　　段	
	昼间	夜间
1	55	45
2	60	50
3	65	55
4	70	55

注：在社会生活噪声排放源边界处无法进行噪声测量或测量的结果不能如实反映其对噪声敏感建筑物的影响程度的情况下，噪声测量应在可能受影响的敏感建筑物窗外 1 m 处进行。当社会生活噪声排放源边界与噪声敏感建筑物距离小于 1 m 时，应在噪声敏感建筑物的室内测量，并将表 7-8 中相应的限值减 10 dB(A) 作为评价依据。对于在噪声测量期间发生非稳态噪声（如电梯噪声等）的情况，最大声级超过限值的幅度不得高于 10 dB(A)。

7.1.4.5 《建筑施工场界环境噪声排放标准》(GB 12523—2011)

本标准规定了建筑施工场界环境噪声排放限值及测量方法，自 2012 年 7 月 1 日起实施，适用于周围有噪声敏感建筑物的建筑施工噪声排放的管理、评价及控制。市政、通信、交通、水利等其他类型的施工噪声排放可参照本标准执行。本标准是对《建筑施工场界噪声限值》(GB 12523—90) 和《建筑施工场界噪声测量方法》(GB 12524—90) 的第一次修订，主要修改内容包括：将《建筑施工场界噪声限值》(GB 12523—90) 和《建筑施工场界噪声测量方法》(GB 12524—90) 合并为一个标准，名称改为《建筑施工场界环境噪声排放标准》；修改了适用范围、排放限值及测量时间；补充了测量条件、测点位置和测量记录；增加了部分术语和定义、背景噪声测量、测量结果评价和标准实施的内容；删除了测量记录表。

建筑施工过程中场界环境噪声不得超过表 7-8 规定的排放限值。

表 7-8　建筑施工场界环境噪声排放限值　　　　　　　(dB(A))

昼　间	夜　间
70	55

注：夜间噪声最大声级超过限值的幅度不得高于 15 dB(A)。当场界距噪声敏感建筑物较近，其室外不满足测量条件时，可在噪声敏感建筑物室内测量，并将表 7-9 中相应的限值减 10 dB(A) 作为评价依据。

7.1.4.6 《机场周围飞机噪声环境标准》(GB 9660—88)

本标准规定了机场周围飞机噪声的环境标准，适用于机场周围受飞机通过所产生噪声影响的区域。噪声测量方法参照《机场周围飞机噪声测量方法》(GB 9661)，采用一昼夜的计权等效连续感觉噪声级作为评价量，用 L_{WECPN} 表示，单位为 dB。

标准值和适用区域如表 7-9 所示。

表 7-9　机场周围飞机噪声的环境标准　　　　　　　　(dB)

适用区域	标准值
一类区域	≤70
二类区域	≤75

注：一类区域指特殊住宅区，居住、文教区；二类区域指除一类区域以外的生活区。

7.1.5 声环境影响评价的工作任务和工作程序

（1）基本任务。评价建设项目实施引起的声环境质量的变化情况；提出合理可行的防治对策措施，降低噪声影响；从声环境影响角度评价建设项目实施的可行性；为建设项目优化选址、选线、合理布局以及国土空间规划提供科学依据。

（2）评价类别。

1）按评价对象划分，可分为建设项目声源对外环境的环境影响评价和外环境声源对需要安静建设项目的环境影响评价。

2）按声源种类划分，可分为固定声源和移动声源的环境影响评价。

固定声源的环境影响评价：主要指工业（工矿企业和事业单位）和交通运输（包括航空、铁路、城市轨道交通、公路、水运等）固定声源的环境影响评价。

移动声源的环境影响评价：主要指在城市道路、公路、铁路、城市轨道交通上行驶的车辆以及从事航空和水运等运输工具，在行驶过程中产生的噪声环境影响评价。

3）停车场、调车场、施工期施工设备、运行期物料运输及装卸设备等，可划分为固定声源或移动声源。

4）建设项目既拥有固定声源，又拥有流动声源时，应分别进行噪声环境影响评价；同一环境保护目标既受到固定声源影响，又受到移动声源影响时，应进行叠加环境影响评价。

（3）评价量。

1）声源源强。声源源强的评价量为：A 计权声功率级（L_{Aw}）或倍频带声功率级（L_w），必要时应包含声源指向性描述；距离声源 r 处的 A 计权声压级（$L_A(r)$）或倍频带声压级（$L_p(r)$），必要时应包含声源指向性描述；有效感觉噪声级（L_{EPN}）。

2）声环境质量。根据 GB 3096，声环境质量评价量为昼间等效 A 声级（L_d）、夜间等效 A 声级（L_n），夜间突发噪声的评价量为最大 A 声级（L_{Amax}）。

根据 GB 9660 和 GB 9661，机场周围区域受飞机通过（起飞、降落、低空飞越）噪声影响的评价量为计权等效连续感觉噪声级（L_{WECPN}）。

3）厂界、场界、边界噪声。根据 GB 12348，工业企业厂界噪声评价量为昼间等效 A 声级（L_d）、夜间等效 A 声级（L_n），夜间频发、偶发噪声的评价量为最大 A 声级（L_{Amax}）。

根据 GB 12523，建筑施工场界噪声评价量为昼间等效 A 声级（L_d）、夜间等效 A 声级（L_n）、夜间最大 A 声级（L_{Amax}）。

根据 GB 12525，铁路边界噪声评价量为昼间等效 A 声级（L_d）、夜间等效 A 声级（L_n）。

根据 GB 22337，社会生活噪声排放源边界噪声评价量为昼间等效 A 声级（L_d）、夜间等效 A 声级（L_n），非稳态噪声的评价量为最大 A 声级（L_{Amax}）。

4）列车通过噪声、飞机航空器通过噪声。铁路、城市轨道交通单列车通过时噪声影响评价量为通过时段内等效连续 A 声级（L_{Aeq,T_p}），单架航空器通过时噪声影响评价量为最大 A 声级（L_{Amax}）。

（4）工作程序。声环境影响评价的工作程序见图 7-1。

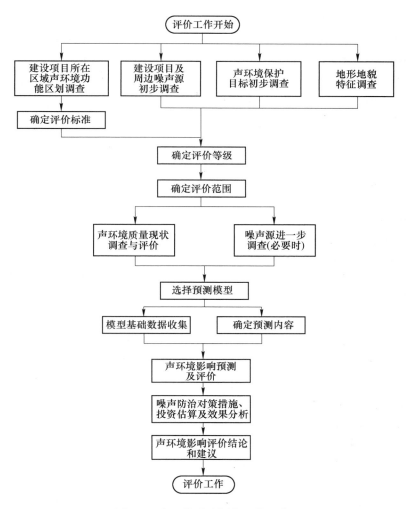

图 7-1 声环境影响评价工作程序

（5）评价水平年。根据建设项目实施过程中噪声影响特点，可按施工期和运行期分别开展声环境影响评价。运行期声源为固定声源时，将固定声源投产运行年作为评价水平年；运行期声源为移动声源时，将工程预测的代表性水平年作为评价水平年。

7.2 声环境影响评价等级、评价范围与评价标准

7.2.1 评价等级

（1）划分的依据。声环境影响评价工作等级划分依据包括：

1）建设项目所在区域的声环境功能区类别；

2）建设项目建设前后所在区域的声环境质量变化程度；

3）受建设项目影响人口的数量。

（2）评价等级划分。

1）声环境影响评价工作等级一般分为三级：一级为详细评价；二级为一般性评价；三级为简要评价。

2）评价范围内有适用于 GB 3096 规定的 0 类声环境功能区域，或建设项目建设前后评价范围内声环境保护目标噪声级增量达 5 dB(A) 以上（不含 5 dB(A)），或受影响人口数量显著增加时，按一级评价。

3）建设项目所处的声环境功能区为 GB 3096 规定的 1 类、2 类地区，或建设项目建设前后评价范围内声环境保护目标噪声级增量达 3~5 dB(A)，或受噪声影响人口数量增加较多时，按二级评价。

4）建设项目所处的声环境功能区为 GB 3096 规定的 3 类、4 类地区，或建设项目建设前后评价范围内声环境保护目标噪声级增量在 3 dB(A) 以下（不含 3 dB(A)），且受影响人口数量变化不大时，按三级评价。

5）在确定评价等级时，如果建设项目符合两个等级的划分原则，按较高等级评价。

6）机场建设项目航空器噪声影响评价等级为一级。

7.2.2　评价范围

（1）声环境影响评价范围依据评价工作等级确定。

（2）对于以固定声源为主的建设项目（如工厂、码头、站场等），评价范围如下：

1）满足一级评价的要求，一般以建设项目边界向外 200 m 为评价范围；

2）二级、三级评价范围可根据建设项目所在区域和相邻区域的声环境功能区类别及声环境保护目标等实际情况适当缩小；

3）如依据建设项目声源计算得到的贡献值到 200 m 处，仍不能满足相应功能区标准值时，应将评价范围扩大到满足标准值的距离。

（3）对于以移动声源为主的建设项目（如公路、城市道路、铁路、城市轨道交通等地面交通），评价范围如下：

1）满足一级评价的要求，一般以线路中心线外两侧 200 m 以内为评价范围；

2）二级、三级评价范围可根据建设项目所在区域和相邻区域的声环境功能区类别及声环境保护目标等实际情况适当缩小；

3）如依据建设项目声源计算得到的贡献值到 200 m 处，仍不能满足相应功能区标准值时，应将评价范围扩大到满足标准值的距离。

（4）机场项目噪声评价范围按如下方法确定：

1）机场项目按照每条跑道承担飞行量进行评价范围划分：对于单跑道项目，以机场整体的吞吐量及起降架次判定机场噪声评价范围，对于多跑道机场，根据各条跑道分别承担的飞行量情况各自划定机场噪声评价范围并取合集：

①单跑道机场，机场噪声评价范围应是以机场跑道两端、两侧外扩一定距离形成的矩形范围；

②对于全部跑道均为平行构型的多跑道机场，机场噪声评价范围应是各条跑道外扩一定距离后的最远范围形成的矩形范围；

③对于存在交叉构型的多跑道机场，机场噪声评价范围应为平行跑道（组）与交叉

跑道的合集范围。

2）对于增加跑道项目或变更跑道位置项目（例如现有跑道变为滑行道或新建一条跑道），在现状机场噪声影响评价和扩建机场噪声影响评价工作中，可分别划定机场噪声评价范围。

3）机场噪声评价范围应不小于计权等效连续感觉噪声级 70 dB 等声级线范围。

4）不同飞行量机场推荐噪声评价范围见表 7-10。

表 7-10 机场项目噪声评价范围

机场类别	起降架次 N（单条跑道承担量）	跑道两端推荐评价范围	跑道两侧推荐评价范围
运输机场	N≥15 万架次/年	两端各 12 km 以上	两侧各 3 km
	10 万架次/年≤N<15 万架次/年	两端各 10~12 km	两侧各 2 km
	5 万架次/年≤N<10 万架次/年	两端各 8~10 km	两侧各 1.5 km
	3 万架次/年≤N<5 万架次/年	两端各 6~8 km	两侧各 1 km
	1 万架次/年≤N<3 万架次/年	两端各 3~6 km	两侧各 1 km
	N<1 万架次/年	两端各 3 km	两侧各 0.5 km
通用机场	无直升飞机	两端各 3 km	两侧各 0.5 km
	有直升飞机	两端各 3 km	两侧各 1 km

7.2.3 评价标准

声环境影响评价标准应根据声源的类别和项目所处的声环境功能区类别来确定。没有划分声环境功能区的区域应采用地方生态环境主管部门确定的标准。

7.3 噪声源调查与分析

7.3.1 调查与分析对象

噪声源调查包括拟建项目的主要固定声源和移动声源。给出主要声源的数量、位置和强度，并在标准规范的图中标识固定声源的具体位置或移动声源的路线、跑道等位置。

噪声源调查内容和工作深度应符合环境影响预测模型对噪声源参数的要求。

一、二、三级评价均应调查分析拟建项目的主要噪声源。

7.3.2 源强获取方法

噪声源源强核算应按照 HJ 884 的要求进行，有行业污染源源强核算技术指南的应优先按照指南中规定的方法进行；无行业污染源源强核算技术指南，但行业导则中对源强核算方法有规定的，优先按照行业导则中规定的方法进行。

对于拟建项目噪声源源强，当缺少所需数据时，可通过声源类比测量或引用有效资料、研究成果来确定。采用声源类比测量时应给出类比条件。

噪声源需获取的参数、数据格式和精度应符合环境影响预测模型输入要求。

7.4　声环境现状调查和评价

7.4.1　调查内容

主要调查内容如下：

（1）一、二级评价。

1）调查评价范围内声环境保护目标的名称、地理位置、行政区划、所在声环境功能区、不同声环境功能区内人口分布情况、与建设项目的空间位置关系、建筑情况等。

2）评价范围内具有代表性的声环境保护目标的声环境质量现状需要现场监测，其余声环境保护目标的声环境质量现状可通过类比或现场监测结合模型计算给出。

3）调查评价范围内有明显影响的现状声源的名称、类型、数量、位置、源强等。评价范围内现状声源源强调查应采用现场监测法或收集资料法确定。分析现状声源的构成及其影响，对现状调查结果进行评价。

（2）三级评价。

1）调查评价范围内声环境保护目标的名称、地理位置、行政区划、所在声环境功能区、不同声环境功能区内人口分布情况、与建设项目的空间位置关系、建筑情况等。

2）对评价范围内具有代表性的声环境保护目标的声环境质量现状进行调查，可利用已有的监测资料，无监测资料时可选择有代表性的声环境保护目标进行现场监测，并分析现状声源的构成。

7.4.2　调查方法

现状调查方法包括现场监测法、现场监测结合模型计算法、收集资料法。调查时，应根据评价等级的要求和现状噪声源情况，确定需采用的具体方法。

7.4.2.1　现场监测法

A　监测布点原则

（1）布点应覆盖整个评价范围，包括厂界（场界、边界）和声环境保护目标。当声环境保护目标高于（含）三层建筑时，还应按照噪声垂直分布规律、建设项目与声环境保护目标高差等因素选取有代表性的声环境保护目标的代表性楼层设置测点。

（2）评价范围内没有明显的声源时（如工业噪声、交通运输噪声、建设施工噪声、社会生活噪声等），可选择有代表性的区域布设测点。

（3）评价范围内有明显声源，并对声环境保护目标的声环境质量有影响时，或建设项目为改、扩建工程，应根据声源种类采取不同的监测布点原则：

1）当声源为固定声源时，现状测点应重点布设在可能同时受到既有声源和建设项目声源影响的声环境保护目标处，以及其他有代表性的声环境保护目标处；为满足预测需要，也可在距离既有声源不同距离处布设衰减测点。

2）当声源为移动声源，且呈现线声源特点时，现状测点位置选取应兼顾声环境保护目标的分布状况、工程特点及线声源噪声影响随距离衰减的特点，布设在具有代表性的声环境保护目标处。为满足预测需要，可在垂直于线声源不同水平距离处布设衰减测点。

3）对于改、扩建机场工程，测点一般布设在主要声环境保护目标处，重点关注航迹下方的声环境保护目标及跑道侧向较近处的声环境保护目标，测点数量可根据机场飞行量及周围声环境保护目标情况确定，现有单条跑道、两条跑道或三条跑道的机场可分别布设3~9、9~14 或 12~18 个噪声测点，跑道增加或保护目标较多时可进一步增加测点。对于评价范围内少于 3 个声环境保护目标的情况，原则上布点数量不少于 3 个，结合声保护目标位置布点的，应优先选取跑道两端航迹 3 km 以内范围的保护目标位置布点；无法结合保护目标位置布点的，可适当结合航迹下方的导航台站位置进行布点。

B 监测依据

声环境质量现状监测执行 GB 3096；机场周围飞机噪声测量执行 GB 9661；工业企业厂界环境噪声测量执行 GB 12348；社会生活环境噪声测量执行 GB 22337；建筑施工场界环境噪声测量执行 GB 12523；铁路边界噪声测量执行 GB 12525。

7.4.2.2 现场监测结合模型计算法

当现状噪声声源复杂且声环境保护目标密集，在调查声环境质量现状时，可考虑采用现场监测结合模型计算法。如多种交通并存且周边声环境保护目标分布密集、机场改扩建等情形。

利用监测或调查得到的噪声源强及影响声传播的参数，采用各类噪声预测模型进行噪声影响计算，将计算结果和监测结果进行比较验证，计算结果和监测结果在允许误差范围内（≤3 dB）时，可利用模型计算其他声环境保护目标的现状噪声值。

7.4.2.3 收集资料法

收集资料法通常涉及查阅和整理已有的噪声数据，为后续调查和分析提供基础数据。收集资料法应用范围广、收效大，比较节省人力、物力和时间，但此方法只能获得第二手资料，而且往往不全面，需要其他方法补充。

7.4.3 现状评价内容及图、表要求

7.4.3.1 现状评价内容

声环境现状评价内容包括以下两部分：

（1）分析评价范围内既有主要声源种类、数量及相应的噪声级、噪声特性等，明确主要声源分布。

（2）分别评价厂界（场界、边界）和各声环境保护目标的超标和达标情况，分析其受到既有主要声源的影响状况。

7.4.3.2 现状评价图、表要求

（1）现状评价图。一般应包括评价范围内的声环境功能区划图，声环境保护目标分布图，工矿企业厂区（声源位置）平面布置图，城市道路、公路、铁路、城市轨道交通等的线路走向图，机场总平面图及飞行程序图，现状监测布点图，声环境保护目标与项目关系图等；图中应标明图例、比例尺、方向标等，制图比例尺一般不应小于工程设计文件对其相关图件要求的比例尺；线性工程声环境保护目标与项目关系图比例尺应不小于1：5000,机场项目声环境保护目标与项目关系图底图应采用近 3 年内空间分辨率不低于5 m的卫星影像或航拍图，声环境保护目标与项目关系图不应小于 1：10000。

（2）声环境保护目标调查表。列表给出评价范围内声环境保护目标的名称、户数、建筑物层数和建筑物数量，并明确声环境保护目标与建设项目的空间位置关系等。

（3）声环境现状评价结果表。列表给出厂界（场界、边界）、各声环境保护目标现状值及超标和达标情况分析，给出不同声环境功能区或声级范围（机场航空器噪声）内的超标户数。

7.4.4　典型工程环境噪声现状水平调查方法

7.4.4.1　工矿企业环境噪声现状水平调查

对工矿企业环境噪声现状水平调查方法为现有车间的噪声现状调查，重点为 85 dB（A）以上的噪声源分布及声级分析。厂区内噪声水平调查一般采用网格法，每间隔 10～50 m 划分正方形网格（大型厂区可取 50～100 m），在交叉点（或中心点）布点测量，测量结果标在图上供数据处理使用。

厂界噪声水平调查测量点布置在厂界外 1 m 处，间隔可以为 50～100 m，大型项目也可以取 100～300 m，具体测量方法参照相应的标准规定。

生活居住区噪声水平调查，也可将生活区划成网格测量，进行总体水平分析，或针对敏感目标，参照《声环境质量标准》（GB 3096—2008）布置测点，调查环境保护目标处噪声现状水平。

所有调查数据按有关标准选用的参数进行数据统计和计算，所得结果供现状评价使用。

7.4.4.2　公路、铁路环境噪声现状水平调查

公路、铁路为线路型工程，其噪声现状水平调查应重点关注沿线的环境噪声敏感目标，其具体方法为：调查评价范围内有关城镇、学校、医院、居民集中区或农村生活区在沿线的分布和建筑情况，以及相应执行的噪声标准。

通过测量调查环境噪声背景值，若敏感目标较多时，应分路段测量环境噪声背景值（逐点或选典型代表点布点）。

若存在现有噪声源（包括固定源和移动源），应调查其分布状况和对周围敏感目标影响的范围和程度。

环境噪声现状水平调查一般测量等效连续 A 声级。必要时，除给出昼间和夜间背景噪声值外，还需给出噪声源影响的距离、超标范围和程度，以及全天 24 h 等效声级值作为现状评价和预测评价依据。

7.4.4.3　飞机场环境噪声现状水平调查

在机场周围进行环境调查时，需调查评价范围内声环境功能区划、敏感目标和人口分布，噪声源种类、数量及相应的噪声级。当评价范围内没有明显噪声源，且声级较低（≤45 dB）时，噪声现状监测点可依据评价等级分别选择 3～6 个测点，测量等效连续 A 声级。

改扩建工程，应根据现有飞机飞行架次、飞行程序和机场周围环境保护目标分布，分别选择 3～18 个测点进行飞机噪声监测；无环境保护目标的可在机场近台、远台设点监测。

在每个测点分别测量不同机型起飞、降落时的最大 A 声级、持续时间（最大声级下

10 dB 的持续时间）或有效感觉噪声水平（EPNL）；对于飞机架次较多的机场可实施连续监测，并根据飞越该测点的不同机型和架次，计算出该测点的 WECPNL。同时给出年日平均飞行架次和机型，绘制现状等声级线图。

7.5　声环境影响预测与评价

7.5.1　基本要求

声环境影响预测基本要求为：

（1）预测范围应与评价范围相同。

（2）预测点和评价点的确定原则：建设项目评价范围内声环境保护目标和建设项目厂界（场界、边界）应作为预测点和评价点。

（3）预测需要的基础数据。

1）声源数据。建设项目的声源数据主要包括：声源种类、数量、空间位置、声级、发声持续时间和对声环境保护目标的作用时间等，环境影响评价文件中应标明噪声源数据的来源。工业企业等建设项目声源置于室内时，应给出建筑物门、窗、墙等围护结构的隔声量和室内平均吸声系数等参数。

2）环境数据。影响声波传播的各类参量应通过资料收集和现场调查取得，各类数据如下：

①建设项目所处区域的年平均风速和主导风向、年平均气温、年平均相对湿度、大气压强；

②声源和预测点间的地形、高差；

③声源和预测点间障碍物（如建筑物、围墙等；若声源位于室内，还包括门、窗等）的几何参数；

④声源和预测点间树林、灌木等的分布情况以及地面覆盖情况（如草地、水面、水泥地面、土质地面等）。

7.5.2　预测步骤

（1）声环境影响预测步骤。

1）建立坐标系，确定各声源坐标和预测点坐标，并根据声源性质以及预测点与声源之间的距离等情况，把声源简化成点声源、线声源或面声源。

2）根据已获得的声源源强的数据和各声源到预测点的声波传播条件资料，计算出噪声从各声源传播到预测点的声衰减量，由此计算出各声源单独作用在预测点时产生的 A 声级（L_{Ai}）或有效感觉噪声级（L_{EPN}）。

（2）声级的计算。

1）建设项目声源在预测点产生的等效声级贡献值（L_{eqg}）计算公式：

$$L_{eqg} = 10\lg\left(\frac{1}{T}\sum_i t_i 10^{0.1 L_{Ai}}\right) \tag{7-14}$$

式中　L_{eqg} ——建设项目声源在预测点的等效声级贡献值，dB(A)；

L_{Ai} ——i 声源在预测点产生的 A 声级，dB（A）；

T ——预测计算的时间段，s；

t_i ——i 声源在 T 时段内的运行时间，s。

2）预测点的预测等效声级（L_{eq}）计算公式：

$$L_{eq} = 10\lg(10^{0.1L_{eqg}} + 10^{0.1L_{eqb}}) \tag{7-15}$$

式中 L_{eqg} ——建设项目声源在预测点的等效声级贡献值，dB（A）；

       L_{eqb} ——预测点的背景值，dB（A）。

3）机场飞机噪声计权等效连续感觉噪声级（L_{WECPN}）计算公式：

$$L_{WECPN} = \overline{L_{EPN}} + 10\lg(N_1 + 3N_2 + 10N_3) - 39.4 \tag{7-16}$$

式中 N_1 ——7：00~19：00 对某个预测点声环境产生噪声影响的飞行架次；

       N_2 ——19：00~22：00 对某个预测点声环境产生噪声影响的飞行架次；

       N_3 ——22：00~7：00 对某个预测点声环境产生噪声影响的飞行架次；

    $\overline{L_{EPN}}$ ——N 次飞行有效感觉噪声级能量平均值（$N = N_1 + N_2 + N_3$），dB。

$\overline{L_{EPN}}$ 的计算公式：

$$\overline{L_{EPN}} = 10\lg\left(\frac{1}{N_1 + N_2 + N_3}\sum_i\sum_j 10^{0.1L_{ENPij}}\right) \tag{7-17}$$

式中 L_{ENPij} ——j 航路，第 i 架次飞机在预测点产生的有效感觉噪声级，dB。

4）按工作等级要求绘制等声级线图。等声级线的间隔应不大于 5 dB（一般选 5 dB）。对于 L_{eq} 等声级线最低值应与相应功能区夜间标准值一致，最高值可为 75 dB；对于 L_{WECPN} 一般应有 70 dB、75 dB、80 dB、85 dB、90 dB 等声级线。

7.5.3 户外声传播衰减计算

7.5.3.1 基本公式

户外声传播衰减包括几何发散（A_{div}）、大气吸收（A_{atm}）、地面效应（A_{gr}）、屏障屏蔽（A_{bar}）、其他多方面效应（A_{misc}）引起的衰减。

（1）在环境影响评价中，应根据声源声功率级或参考位置处的已知声级（如实测得到的）、户外声传播衰减，计算距离声源较远处的预测点的声级。在已知距离无指向性点声源参考点 r_0 处的倍频带（用 63~8000 Hz 的 8 个标称倍频带中心频率）声压级 $L_p(r_0)$ 和计算出参考点（r_0）和预测点（r）之间的户外声传播衰减后，预测点 8 个倍频带声压级可用式（7-18）计算：

$$L_p(r) = L_p(r_0) - (A_{div} + A_{atm} + A_{bar} + A_{gr} + A_{misc}) \tag{7-18}$$

（2）预测点的 A 声级 $L_A(r)$ 可按式（7-19）计算，即将 8 个倍频带声压级合成，计算出预测点的 A 声级 $[L_A(r)]$。

$$L_A(r) = 10\lg\left(\sum_{i=1}^{8} 10^{0.1(L_{pi}(r) - \Delta L_i)}\right) \tag{7-19}$$

式中 $L_{pi}(r)$ ——预测点（r）处，第 i 倍频带声压级，dB；

       ΔL_i ——第 i 倍频带的 A 计权网络修正值（见表 7-2），dB。

（3）在只考虑几何发散衰减时，可用式（7-20）计算：

$$L_A(r) = L_p(r_0) - A_{div} \tag{7-20}$$

7.5.3.2 几何发散衰减 (A_{div})

（1）点声源的几何发散衰减。

1）无指向性点声源几何发散衰减的基本公式是：

$$L_p(r) = L_p(r_0) - 20\lg(r/r_0) \tag{7-21}$$

式（7-21）右边第二项表示了点声源的几何发散衰减：

$$A_{div} = 20\lg(r/r_0) \tag{7-22}$$

如果已知点声源的倍频带声功率级 L_w 或 A 声功率级（L_{Aw}），且声源处于自由声场，则式（7-21）等效为式（7-23）或式（7-24）：

$$L_p(r) = L_w - 20\lg(r) - 11 \tag{7-23}$$

$$L_A(r) = L_{Aw} - 20\lg(r) - 11 \tag{7-24}$$

如果声源处于半自由声场，则式（7-21）等效为式（7-25）或式（7-26）：

$$L_p(r) = L_w - 20\lg(r) - 8 \tag{7-25}$$

$$L_A(r) = L_{Aw} - 20\lg(r) - 8 \tag{7-26}$$

2）具有指向性点声源几何发散衰减的计算公式。声源在自由空间中辐射声波时，其强度分布的一个主要特性是指向性。例如，喇叭发声，其喇叭正前方声音大，而侧面或背面就小。

对于自由空间的点声源，其在某一 θ 方向上距离 r 处的声压级

$$L_p(r)_\theta = L_w - 20\lg(r) + D_{I\theta} - 11 \tag{7-27}$$

式中　　$D_{I\theta}$——θ 方向上的指向性指数，$D_{I\theta} = 10\lg R_\theta$；

R_θ——指向性因数，$R_\theta = \dfrac{I_\theta}{I}$；

I——所有方向上的平均声强，W/m^2；

I_θ——某一 θ 方向上的声强，W/m^2。

按式（7-21）计算具有指向性点声源几何发散衰减时，式（7-21）中的 $L_p(r)$ 与 $L_p(r_0)$ 必须是在同一方向上的倍频带声压级。

3）反射体引起的修正（ΔL_r）。如图 7-2 所示，当点声源与预测点处在反射体同侧附近时，到达预测点的声级是直达声与反射声叠加的结果，从而使预测点声级增高。

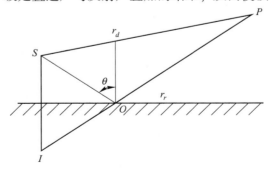

图 7-2　反射体的影响

当满足下列条件时，需考虑反射体引起的声级增高：反射体表面平整、光滑、坚硬；

反射体尺寸远远大于所有声波波长 λ；入射角 $\theta < 85°$。

$r_r - r_d \gg \lambda$ 反射引起的修正量 ΔL_r 与 r_r/r_d 有关（$r_r = IP$、$r_d = SP$），可按表 7-11 计算。

表 7-11　反射体引起的修正量

r_r/r_d	dB
≈1	3
≈1.4	2
≈2	1
>2.5	0

（2）线声源的几何发散衰减。

1）无限长线声源。无限长线声源几何发散衰减的基本公式是：

$$L_p(r) = L_p(r_0) - 10\lg(r/r_0) \tag{7-28}$$

式（7-28）右边第二项表示了无限长线声源的几何发散衰减：

$$A_{div} = 10\lg(r/r_0) \tag{7-29}$$

2）有限长线声源。如图 7-3 所示，设线声源长度为 l_0，单位长度线声源辐射的倍频带声功率级为 L_w。

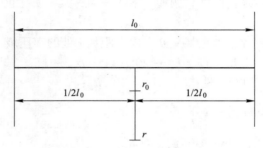

图 7-3　有限长线声源

在线声源垂直平分线上距声源 r 处的声压级为

$$L_p(r) = L_w + 10\lg\left[\frac{1}{r}\arctan\left(\frac{l_0}{2r}\right)\right] - 8 \tag{7-30}$$

或

$$L_p(r) = L_p(r_0) + 10\lg\left[\frac{\dfrac{1}{r}\arctan\left(\dfrac{l_0}{2r}\right)}{\dfrac{1}{r}\arctan\left(\dfrac{l_0}{2r_0}\right)}\right] \tag{7-31}$$

当 $r > l_0$ 且 $r_0 > l_0$ 时，式（7-31）可近似简化为

$$L_p(r) = L_p(r_0) - 20\lg\left(\frac{r}{r_0}\right) \tag{7-32}$$

即在有限长线声源的远场，有限长线声源可当作点声源处理。

当 $r < l_0/3$ 且 $r_0 < l_0/3$ 时，式（7-31）可近似简化为

$$L_p(r) = L_p(r_0) - 10\lg\left(\frac{r}{r_0}\right) \tag{7-33}$$

即在近场区, 有限长线声源可当作无限长线声源处理。

当 $l_0/3 < r < l_0$, 且 $l_0/3 < r_0 < l_0$ 时, 式 (7-31) 可作近似计算:

$$L_p(r) = L_p(r_0) - 15\lg\left(\frac{r}{r_0}\right) \tag{7-34}$$

(3) 面声源的几何发散衰减。一个大型机器设备的振动表面, 车间透声的墙壁, 均可以认为是面声源。如果已知面声源单位面积的声功率为 W, 各面积元噪声的位相是随机的, 面声源可看作由无数点声源连续分布组合而成, 其合成声级可按能量叠加法求出。

图 7-4 给出了长方形面声源中心轴线上的声衰减曲线。当预测点和面声源中心的距离 r 处于以下条件时, 可按下述方法近似计算: $r < a/\pi$ 时, 几乎不衰减 ($A_{\text{div}} \approx 0$); 当 $a/\pi < r < b/\pi$, 距离加倍衰减 3 dB 左右, 类似线声源衰减特性 ($A_{\text{div}} \approx 10\lg(r/r_0)$); $r > b/\pi$ 时, 距离加倍衰减趋近于 6 dB, 类似点声源衰减特性 ($A_{\text{div}} \approx 20\lg(r/r_0)$)。其中面声源的 $b > a$。图中虚线为实际衰减量。

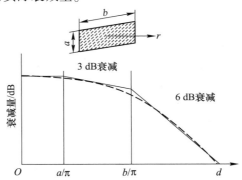

图 7-4 长方形面声源中心轴线上的衰减特性

7.5.3.3 大气吸收引起的衰减 (A_{atm})

大气吸收引起的衰减按式 (7-33) 计算:

$$A_{\text{atm}} = \frac{\alpha(r - r_0)}{1000} \tag{7-35}$$

式中 α——温度、湿度和声波频率的函数。

预测计算中一般根据建设项目所处区域常年平均气温和湿度选择相应的大气吸收衰减系数 (见表 7-12)。

表 7-12   倍频带噪声的大气吸收衰减系数 α

温度/℃	相对湿度 /%	大气吸收衰减系数 α/dB·km^{-1}							
		倍频带中心频率/Hz							
		63	125	250	500	1000	2000	4000	8000
10	70	0.1	0.4	1.0	1.9	3.7	9.7	32.8	117.0
20	70	0.1	0.3	1.1	2.8	5.0	9.0	22.9	76.6

温度/℃	相对湿度 /%	大气吸收衰减系数 α/dB·km⁻¹							
		倍频带中心频率/Hz							
		63	125	250	500	1000	2000	4000	8000
30	70	0.1	0.3	1.0	3.1	7.4	12.7	23.1	59.3
15	20	0.3	0.6	1.2	2.7	8.2	28.2	28.8	202.0
15	50	0.1	0.5	1.2	2.2	4.2	10.8	36.2	129.0
15	80	0.1	0.3	1.1	2.4	4.1	8.3	23.7	82.8

7.5.3.4 地面效应引起的衰减（A_{gr}）

地面类型可分为：

（1）坚实地面：包括铺筑过的路面、水面、冰面以及夯实地面。

（2）疏松地面：包括被草或其他植物覆盖的地面，以及农田等适合于植物生长的地面。

（3）混合地面：由坚实地面和疏松地面组成。

声波越过疏松地面传播时，或大部分为疏松地面的混合地面，在预测点仅计算 A 声级前提下，地面效应引起的倍频带衰减可用式（7-36）计算。

$$A_{gr} = 4.8 - \frac{2h_m}{r}\left(17 + \frac{300}{r}\right) \tag{7-36}$$

式中 r——声源到预测点的距离，m；

      h_m——传播路径的平均离地高度，m。

h_m 可按图 7-5 进行计算，$h_m = F/r$（F 为面积，m²）。若 A_{gr} 计算出负值，则 A_{gr} 可用"0"代替。

其他情况可参照《声学 户外声传播的衰减 第 2 部分：一般计算方法》（GB/T 17247.2）进行计算。

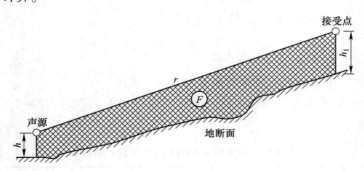

图 7-5   估计平均高度 h_m 的方法

7.5.3.5 障碍物屏障引起的衰减（A_{bar}）

位于声源和预测点之间的实体障碍物，如围墙、建筑物、土坡或地堑等，起声屏障作用，从而引起声能量的较大衰减。在环境影响评价中，可将各种形式的屏障简化为具有一定高度的薄屏障。

如图 7-6 所示，S、O、P 三点在同一平面内且垂直于地面。

定义 $\delta = SO + OP - SP$ 为声程差，$N = 2\delta/\lambda$ 为菲涅尔数，其中 λ 为声波波长。

在噪声预测中，声屏障插入损失的计算方法应需要根据实际情况作简化处理。

（1）有限长薄屏障在点声源声场中引起的衰减计算。

首先计算图 7-7 所示三个传播途径的声程差 δ_1、δ_2、δ_3 和相应的菲涅尔数 N_1、N_2、N_3。

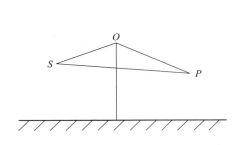

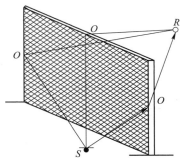

图 7-6　无限长声屏障示意图　　　　　　图 7-7　有限长声屏障传播路径

声屏障引起的衰减按式（7-37）计算：

$$A_{\text{bar}} = -10\lg\left(\frac{1}{3 + 20N_1} + \frac{1}{3 + 20N_2} + \frac{1}{3 + 20N_3}\right) \tag{7-37}$$

当屏障很长（作无限长处理）时，则

$$A_{\text{bar}} = -10\lg\left(\frac{1}{3 + 20N_1}\right) \tag{7-38}$$

（2）双绕射计算。

对于图 7-8 所示的双绕射情形，可由式（7-37）计算绕射声与直达声之间的声程差 δ：

$$\delta = \left[(d_{ss} + d_{sr} + e)^2 + a^2\right]^{\frac{1}{2}} - d \tag{7-39}$$

式中　a——声源和接收点之间的距离在平行于屏障上边界的投影长度，m；

　　d_{ss}——声源到第一绕射边的距离，m；

　　d_{sr}——第二绕射边到接收点的距离，m；

　　e——在双绕射情况下两个绕射边界之间的距离，m；

　　d——声源到接收点的直线距离，m。

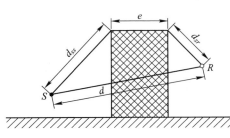
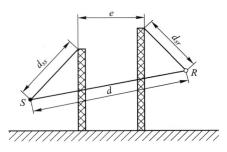

图 7-8　利用建筑物、土堤作为厚屏障

屏障衰减 A_{bar} 参照《声学　户外声传播的衰减　第 2 部分：一般计算方法》（GB/T 17247.2）进行计算。

计算了屏障衰减后，不再考虑地面效应衰减。

（3）屏障线声源场中引起的衰减。无限长声屏障参照 HJ/T 90 中 4.2.1.2 规定的方法进行计算，计算公式为：

$$A_{bar} = \begin{cases} 10\lg \dfrac{3\pi \sqrt{1-t^2}}{4\arctan \sqrt{\dfrac{1-t}{1+t}}} & t = \dfrac{40f\delta}{3c} \leqslant 1 \\[4mm] 10\lg \dfrac{3\pi \sqrt{t^2-1}}{2\ln t + \sqrt{t^2-1}} & t = \dfrac{40f\delta}{3c} > 1 \end{cases} \tag{7-40}$$

式中　A_{bar}——障碍物屏蔽引起的衰减，dB；

　　　　f——声波频率，Hz；

　　　　δ——声程差，m；

　　　　c——声速，m/s。

在公路建设项目评价中可采用 500 Hz 频率的声波计算得到的屏障衰减量近似作为 A 声级的衰减量。在使用式（7-40）计算声屏障衰减时，当菲涅尔数 $0 > N > -0.2$ 时也应计算衰减量，同时保证衰减量为正值，负值时舍弃。

有限长声屏障的衰减量（A'_{bar}）可按式（7-41）近似计算：

$$A'_{bar} \approx -10\lg\left(\frac{\beta}{\theta}10^{-0.1A_{bar}} + 1 - \frac{\beta}{\theta}\right) \tag{7-41}$$

式中　A'_{bar}——有限长声屏障引起的衰减，dB；

　　　　β——受声点与声屏障两端连接线的夹角，（°）；

　　　　θ——受声点与线声源两端连接线的夹角，（°）；

　　　　A_{bar}——无限长声屏障的衰减量，dB，可按式（7-40）计算。

（4）绿化林带噪声衰减计算。

绿化林带的附加衰减与树种、林带结构和密度等因素有关。在声源附近的绿化林带，或在预测点附近的绿化林带，或两者均有的情况都可以使声波衰减，见图7-9。

图 7-9　通过树和灌木时噪声衰减示意图

通过树叶传播造成的噪声衰减随通过树叶传播距离 d_f 的增长而增加，其中 $d_f = d_1 + d_2$，为了计算 d_1 和 d_2，可假设弯曲路径的半径为 5 km。

表 7-13 中的第一行给出了通过总长度为 10~20 m 的乔灌结合郁闭度较高的林带时，由林带引起的衰减；第二行为通过总长度 20~200 m 林带时的衰减系数；当通过林带的路径长度大于 200 m 时，可使用 200 m 的衰减值。

表 7-13 倍频带噪声通过林带传播时产生的衰减

项目	传播距离 d_f/m	倍频带中心频率/Hz							
		63	125	250	500	1000	2000	4000	8000
衰减/dB	$10 \leqslant d_f < 20$	0	0	1	1	1	1	2	3
衰减系数/dB·m⁻¹	$20 \leqslant d_f < 200$	0.02	0.03	0.04	0.05	0.06	0.08	0.09	0.12

（5）建筑群噪声衰减（A_{hous}）。建筑群衰减 A_{hous} 不超过 10 dB 时，近似等效连续 A 声级按式（7-42）估算。当从受声点可直接观察到线路时，不考虑此项衰减。

$$A_{hous} = A_{hous,1} + A_{hous,2} \tag{7-42}$$

式中，$A_{hous,1}$ 按下式计算，单位为 dB。

$$A_{hous,1} = 0.1Bd_b \tag{7-43}$$

式中 B——沿声传播路线上的建筑物的密度，等于建筑物总平面面积除以总地面面积（包括建筑物所占面积）；

d_b——通过建筑群的声传播路线长度，按下式计算：

$$d_b = d_1 + d_2 \tag{7-44}$$

$$A_{hous,2} = -10\lg(1 - p) \tag{7-45}$$

p——沿声源纵向分布的建筑物正面总长度除以对应的声源长度，其值小于或等于 90%。

建筑群中声传播途径如图 7-10 所示。

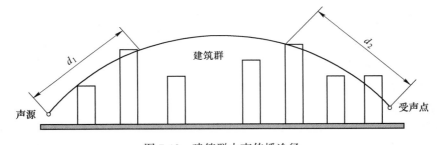

图 7-10 建筑群中声传播途径

7.5.3.6 其他多方面原因引起的衰减（A_{misc}）

其他衰减包括通过工业场所的衰减、通过建筑群的衰减等。在声环境影响评价中，一般情况下，不考虑自然条件（如风、温度梯度、雾）变化引起的附加修正。

工业场所的衰减可参照《声学 户外声传播的衰减 第 2 部分：一般计算方法》（GB/T 17247.2）进行计算。

7.5.4 工业噪声预测

（1）固定声源分析。

1）主要声源的确定。分析建设项目的设备类型、型号、数量，并结合设备和工程厂界（场界、边界）以及声环境保护目标的相对位置确定工程的主要声源。

2）声源的空间分布。依据建设项目平面布置图、设备清单及声源源强等资料，标明主要声源的位置。建立坐标系，确定主要声源的三维坐标。

3）声源的分类。将主要声源划分为室内声源和室外声源两类。确定室外声源的源强和运行的时间及时间段。当有多个室外声源时，为简化计算，可视情况将数个声源组合为声源组团，然后按等效声源进行计算；对于室内声源，需分析围护结构的尺寸及使用的建筑材料，确定室内声源源强和运行的时间及时间段。

4）编制主要声源汇总表。以表格形式给出主要声源的分类、名称、型号、数量、坐标位置等；声功率级或某一距离处的倍频带声压级、A声级。

（2）声波传播途径分析。列表给出主要声源和声环境保护目标的坐标或相互间的距离、高差，分析主要声源和声环境保护目标之间声波的传播路径，给出影响声波传播的地面状况、障碍物、树林等。

（3）预测内容。按7.2.2不同评价工作等级的基本要求，选择以下工作内容分别进行预测，给出相应的预测结果。

1）厂界（场界、边界）噪声预测。

预测厂界（场界、边界）噪声，给出厂界（场界、边界）噪声的最大值及位置。

2）声环境保护目标噪声预测：

①预测声环境保护目标处的贡献值、预测值以及预测值与现状噪声值的差值，声环境保护目标所处声环境功能区的声环境质量变化，声环境保护目标所受噪声影响的程度，确定噪声影响的范围，并说明受影响人口分布情况。

②当声环境保护目标高于（含）三层建筑时，还应预测有代表性的不同楼层噪声影响。

3）绘制等声级线图。绘制等声级线图，说明噪声超标的范围和程度。

4）根据厂界（场界、边界）和声环境保护目标受影响的状况，明确影响厂界（场界、边界）和周围声环境功能区声环境质量的主要声源，分析厂界（场界、边界）和声环境保护目标的超标原因。

（4）预测模型。

1）声源描述。声环境影响预测，一般采用声源的倍频带声功率级、A声功率级或靠近声源某一位置的倍频带声压级、A声级来预测计算距声源不同距离的声级。工业声源有室外和室内两种声源，应分别计算。

在环境影响评价中，可根据预测点和声源之间的距离 r，以及声源发出声波的波阵面，将声源划分为点声源、线声源、面声源后进行预测。在环境影响评价中遇到的实际声源一般可用以下方法将其划分为点声源进行预测。

实际的室外声源组，可以用处于该组中部的等效点声源来描述，等效点声源的声功率等于声源组内各声源声功率的和。一般要求组内的声源具有大致相同的强度和离地面的高度；到接收点有相同的传播条件；从单一等效点声源到接收点间的距离 r 超过声源的最大几何尺寸 H_{max} 的两倍（$r>2H_{max}$）。假若距离 r 较小（$r\leqslant2H_{max}$），或组内的各点声源传播条件不同时（如加屏蔽），其总声源必须分为若干分量点声源。

一个线源或一个面源也可分为若干线的分区或若干面积分区，而每一个线或面的分区可用处于中心位置的点声源表示。

2）单个室外的点声源在预测点产生的声级计算基本公式。如已知声源的倍频带声功率级（从 63~8000 Hz 标称频带中心频率的 8 个倍频带），预测点位置的倍频带声压级 $L_p(r)$ 可按式（7-46）、式（7-47）计算：

$$L_p(r) = L_w + D_c - A \tag{7-46}$$

$$A = A_{div} + A_{atm} + A_{gr} + A_{bar} + A_{misc} \tag{7-47}$$

式中　L_w——倍频带声功率级，dB；

　　　D_c——指向性校正，dB；它描述点声源的等效连续声压级与产生声功率级 L_w 的全向点声源在规定方向的级的偏差程度；指向性校正等于点声源的指向性指数 D_I 加上计到小于 4π 球面度（sr）立体角内的声传播指数 D_Ω；对辐射到自由空间的全向点声源，$D_c = 0$ dB；

　　　A——倍频带衰减，dB；

　　A_{div}——几何发散引起的倍频带衰减，dB；

　　A_{atm}——大气吸收引起的倍频带衰减，dB；

　　A_{gr}——地面效应引起的倍频带衰减，dB；

　　A_{bar}——声屏障引起的倍频带衰减，dB；

　A_{misc}——其他多方面效应引起的倍频带衰减，dB。

衰减项计算按本书 7.5.3.3~7.5.3.6 节相关模式计算。

如已知靠近声源处某点的倍频带声压级 $L_p(r_0)$ 时，相同方向预测点位置的倍频带声压级 $L_p(r)$ 可按式（7-48）计算：

$$L_p(r) = L_p(r_0) + D_c - A \tag{7-48}$$

预测点的 A 声级 $L_A(r)$，可利用 8 个倍频带的声压级按式（7-49）计算：

$$L_A(r) = 10\lg\left[\sum_{i=1}^{8} 10^{0.1L_{pi}(r) - \Delta L_i} \right] \tag{7-49}$$

式中　$L_{pi}(r)$——预测点（r）处，第 i 倍频带声压级，dB；

　　　ΔL_i——i 倍频带 A 计权网络修正值，dB（见表 7-2）。

在不能取得声源倍频带声功率级或倍频带声压级，只能获得 A 声功率级或某点的 A 声级时，可按式（7-50）或式（7-51）作近似计算：

$$L_A(r) = L_{Aw} + D_c - A \tag{7-50}$$

$$L_A(r) = L_A(r_0) - A \tag{7-51}$$

A 可选择对 A 声级影响最大的倍频带计算，一般可选中心频率为 500 Hz 的倍频带作估算。

3）室内声源等效室外声源声功率级计算方法。如图 7-11 所示，声源位于室内，室内声源可采用等效室外声源声功率级法进行计算。设靠近开口处（或窗户）室内、室外某倍频带的声压级分别为 L_{p1} 和 L_{p2}，若声源所在室内声场为近似扩散声场，则室外的倍频带声压级可按式（7-52）近似求出：

$$L_{p2} = L_{p1} - (TL + 6) \tag{7-52}$$

式中　TL——隔墙（或窗户）倍频带的隔声量，dB。

也可按式（7-53）计算某一室内声源靠近围护结构处产生的倍频带声压级或 A 声级：

$$L_{p1} = L_w + 10\lg\left(\frac{Q}{4\pi r^2} + \frac{4}{R} \right) \tag{7-53}$$

式中 Q——指向性因数，通常对无指向性声源，当声源放在房间中心，$Q = 1$，当放在一面墙的中心时，$Q = 2$，当放在两面墙夹角处时，$Q = 4$，当放在三面墙夹角处时，$Q = 8$；

R——房间常数，$R = S\alpha/(1 - \alpha)$；

S——房间内表面面积，m^2；

α——平均吸声系数；

r——声源到靠近围护结构某点处的距离，m。

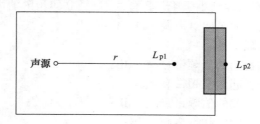

图 7-11 室内声源等效为室外声源图例

然后按式（7-54）计算出所有室内声源在围护结构处产生的 i 倍频带叠加声压级：

$$L_{p1i}(T) = 10\lg\left(\sum_{j=1}^{N} 10^{0.1L_{p1ij}}\right) \tag{7-54}$$

式中 $L_{p1i}(T)$——靠近围护结构处室内 N 个声源 i 倍频带的叠加声压级，dB；

L_{p1ij}——室内 j 声源 i 倍频带的声压级，dB；

N——室内声源总数。

在室内近似为扩散声场时，按式（7-55）计算出靠近室外围护结构处的声压级：

$$L_{p2i}(T) = L_{p1i}(T) - (TL_i + 6) \tag{7-55}$$

式中 $L_{p2i}(T)$——靠近围护结构处室外 N 个声源 i 倍频带的叠加声压级，dB；

TL_i——围护结构 i 倍频带的隔声量，dB。

然后按式（7-56）将室外声源的声压级和透过面积换算成等效的室外声源，计算出中心位置位于透声面积（S）处的等效声源的倍频带声功率级。

$$L_w = L_{p2}(T) + 10\lg S \tag{7-56}$$

然后按室外声源预测方法计算预测点处的 A 声级。

4）靠近声源处的预测点噪声预测模式。如预测点在靠近声源处，但不能满足点声源条件时，需按线声源或面声源模式计算。

5）工业企业噪声计算。设第 i 个室外声源在预测点产生的 A 声级为 L_{Ai}，在 T 时间内该声源工作时间为 t_i；第 j 个等效室外声源在预测点产生的 A 声级为 L_{Aj}，在 T 时间内该声源工作时间为 t_j，则拟建工程声源对预测点产生的贡献值（L_{eqg}）为

$$L_{eqg} = 10\lg\left[\frac{1}{T}\left(\sum_{i=1}^{N} t_i 10^{0.1L_{Ai}} + \sum_{j=1}^{M} t_j 10^{0.1L_{Aj}}\right)\right] \tag{7-57}$$

式中 t_j——在 T 时间内 j 声源工作时间，s；

t_i——在 T 时间内 i 声源工作时间，s；

T——用于计算等效声级的时间，s；

N——室外声源个数；

M——等效室外声源个数。

6）预测值计算。按式（7-15）计算。

（5）工业企业的专用铁路、公路等辅助设施的噪声影响预测，按本书7.5.5节和7.5.6节有关内容进行。

7.5.5 公路、城市道路交通运输噪声预测

7.5.5.1 预测参数

A 工程参数

明确公路（或城市道路）建设项目各路段的工程内容，路面的结构、材料、坡度、标高等参数；明确公路（或城市道路）建设项目各路段昼间和夜间各类型车辆的比例、昼夜比例、平均车流量、高峰车流量、车速。

B 声源参数

按照表7-14中大、中、小车型的分类，利用相关模式计算各类型车的声源源强，也可通过类比测量进行修正。

表7-14 车型分类表

车型	汽车代表车型	车辆折算系数	车型划分标准
小	小客车	1.0	座位≤19座的客车和载质量≤2 t货车
中	中型车	1.5	座位>19座的客车和2 t<载质量≤7 t货车
大	大型车	2.5	7 t<载质量≤20 t货车
	汽车列车	4.0	载质量>20 t货车

C 声环境保护目标参数

根据现场实际调查，给出公路（或城市道路）建设项目沿线声环境保护目标的分布情况，各声环境保护目标的类型、名称、规模、所在路段、与路面的相对高差、与线路中心线和边界的距离以及建筑物的结构、朝向和层数，保护目标所在路段的桩号（里程）、线路形式、路面坡度等。

7.5.5.2 声传播途径分析

列表给出声源和预测点之间的距离、高差，分析声源和预测点之间的传播路径，给出影响声波传播的地面状况、障碍物、树林等。

7.5.5.3 预测内容

预测各预测点的贡献值、预测值、预测值与现状噪声值的差值，预测高层建筑有代表性的不同楼层所受的噪声影响。按贡献值绘制代表性路段的等声级线图，分析声环境保护目标所受噪声影响的程度，确定噪声影响的范围，并说明受影响人口分布情况。给出满足相应声环境功能区标准要求的距离。依据评价工作等级要求，给出相应的预测结果。

7.5.5.4 基本预测模型

（1）第i类车等效声级的预测模式。

$$L_{eq}(h)_i = (\overline{L_{0E}})_i + 10\lg\left(\frac{N_i}{V_i T}\right) + 10\lg\left(\frac{7.5}{r}\right) + 10\lg\left(\frac{\psi_1 + \psi_2}{\pi}\right) + \Delta L - 16 \qquad (7-58)$$

式中　$L_{eq}(h)_i$——第 i 类车的小时等效声级，dB(A)；

$(\overline{L_{0E}})_i$——第 i 类车速度为 V_i，水平距离为 7.5m 处的能量平均 A 声级，dB(A)；

N_i——昼间、夜间通过某个预测点的第 i 类车平均小时车流量，辆/h；

r——从车道中心线到预测点的距离，m，式（7-58）适用于 $r>7.5$ m 的预测点的噪声预测；

V_i——第 i 类车的平均车速，km/h；

T——计算等效声级的时间，h；

ψ_1, ψ_2——预测点到有限长路段两端的张角，弧度，如图 7-12 所示；

ΔL——由其他因素引起的修正量，dB(A)，可按下式计算：

$$\Delta L = \Delta L_1 - \Delta L_2 + \Delta L_3 \qquad (7-59)$$

$$\Delta L_1 = \Delta L_{坡度} + \Delta L_{路面} \qquad (7-60)$$

$$\Delta L_2 = A_{atm} + A_{gr} + A_{bar} + A_{misc} \qquad (7-61)$$

ΔL_1——线路因素引起的修正量，dB(A)；

$\Delta L_{坡度}$——公路纵坡修正量，dB(A)；

$\Delta L_{路面}$——公路路面材料引起的修正量，dB(A)；

ΔL_2——声波传播途径中引起的衰减量，dB(A)；

ΔL_3——由反射等引起的修正量，dB(A)。

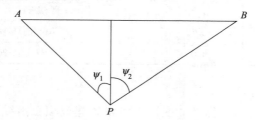

图 7-12　有限路段的修正函数（$A \sim B$ 为路段，P 为预测点）

（2）总车流等效声级为：

$$L_{eq}(T) = 10\lg(10^{0.1L_{eq}(h)大} + 10^{0.1L_{eq}(h)中} + 10^{0.1L_{eq}(h)小}) \qquad (7-62)$$

如某个预测点受多条线路交通噪声影响（如高架桥周边预测点受桥上和桥下多条车道的影响，路边高层建筑预测点受地面多条车道的影响），应分别计算每条车道对该预测点的声级，再经叠加后得到贡献值。

（3）修正量和衰减量的计算。

1）线路因素引起的修正量（ΔL_1）。公路纵坡修正量 $\Delta L_{坡度}$ 可按下式计算：

$$\begin{cases} \Delta L_{坡度} = 98 \times \beta \quad \text{dB(A)} \quad （大型车） \\ \Delta L_{坡度} = 73 \times \beta \quad \text{dB(A)} \quad （中型车） \\ \Delta L_{坡度} = 50 \times \beta \quad \text{dB(A)} \quad （小型车） \end{cases} \qquad (7-63)$$

式中　β——公路纵坡坡度，%。

不同路面的噪声修正量 $\Delta L_{路面}$ 见表 7-15。

表 7-15 常见路面噪声修正量 （dB（A））

路面类型	不同行驶速度修正量/km·h^{-1}		
	30	40	≥50
沥青混凝土	0	0	0
水泥混凝土	1.0	1.5	2.0

2）声波传播途径中引起的衰减量（ΔL_2）。

①声屏障衰减量（A_{bar}）计算：

无限长声屏障可按式（7-40）计算。

在公路建设项目评价中可采用 500 Hz 频率的声波计算得到的屏障衰减量近似作为 A 声级的衰减量。

有限长声屏障计算：

A_{bar} 仍由式（7-40）计算。然后根据图 7-13 进行修正。修正后的 A_{bar} 取决于遮蔽角 β/θ。图 7-13（a）中虚线表示：无限长屏障声衰减为 8.5 dB，若有限长声屏障对应的遮蔽角百分率为 92%，则有限长声屏障的声衰减为 6.6 dB。

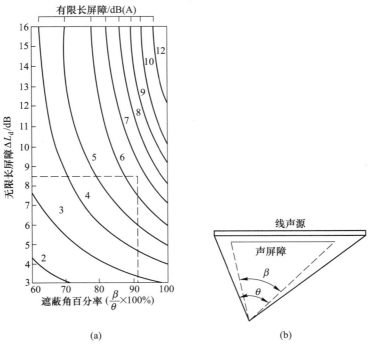

图 7-13 有限长度的声屏障及线声源的修正图
（a）修正图；（b）屏蔽角

声屏障的透射、反射修正可参照《声屏障声学设计和测量规范》（HJ/T 90）计算。

②高路堤或低路堑两侧声影区衰减量计算。高路堤或低路堑两侧声影区衰减量 A_{bar} 为

预测点在高路堤或低路堑两侧声影区内引起的附加衰减量。

当预测点处于声照区时,$A_{bar} = 0$;

当预测点处于声影区,A_{bar} 决定于声程差。

由图 7-14 计算 δ,$\delta = a + b - c$。再由图 7-15 查出 A_{bar}。

③农村房屋附加衰减量估算值。农村房屋衰减量可参照《声学 户外声传播的衰减 第 2 部分:一般计算方法》(GB/T 17247.2)附录 A 进行计算,在沿公路第一排房屋影声区范围内,近似计算可按图 7-16 和表 7-16 取值。

A_{atm} 衰减项计算按本书 7.5.3.3~7.5.3.6 节相关模式计算

3)由反射等引起的修正量(ΔL_3)。

①城市道路交叉路口噪声(影响)修正量。

交叉路口的噪声修正值(附加值)见表 7-17。

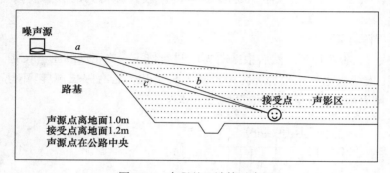

图 7-14 声程差 δ 计算示意图

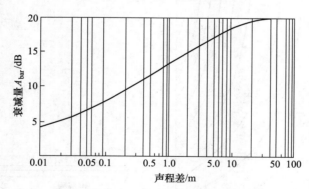

图 7-15 噪声衰减量 A_{bar} 与声程差关系曲线($f = 500$ Hz)

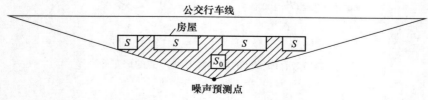

图 7-16 农村房屋降噪量估算示意

S—第一排房屋面积和;S_0—阴影部分(包括房屋)面积

表 7-16　农村房屋噪声附加衰减量估算量

S/S_0	A_{bar}
40% ~ 60%	3 dB(A)
70% ~ 90%	5 dB(A)
以后每增加一排房屋	1.5 dB(A)
	最大衰减量≤10 dB(A)

表 7-17　交叉路口的噪声附加量

受噪声影响点至最近快车道中轴线交叉点的距离/m	交叉路口/dB
≤40	3
40<D≤70	2
70<D≤100	1
>100	0

②两侧建筑物的反射声修正量。

公路（道路）两侧建筑物反射影响因素的修正。当线路两侧建筑物间距小于总计算高度30%时，其反射声修正量为：

两侧建筑物是反射面时

$$\Delta L_3 = \frac{4H_b}{w} \qquad \leqslant 3.2 \text{ dB} \tag{7-64}$$

两侧建筑物是一般吸收性表面时

$$\Delta L_3 = \frac{2H_b}{w} \qquad \leqslant 1.6 \text{ dB} \tag{7-65}$$

两侧建筑物为全吸收性表面时

$$\Delta L_3 \approx 0 \tag{7-66}$$

式中　w——线路两侧建筑物反射面的间距，m；

H_b——建筑物的平均高度，取线路两侧较低一侧高度平均值代入计算，m。

7.5.6　铁路、城市轨道交通噪声预测

7.5.6.1　预测参数

A　工程参数

明确铁路（或城市轨道交通）建设项目各路段的工程内容，分段给出线路的技术参数，包括线路型式、轨道和道床结构等。

B　车辆参数

明确列车类型、牵引类型、运行速度、列车长度（编组情况）、列车轴重、簧下质量

（城市轨道交通）、各类型列车昼间和夜间的开行对数等参数。

C   声源源强参数

不同类型（或不同运行状况下）列车的声源源强，可参照国家相关部门的规定确定，无相关规定的应根据工程特点通过类比监测确定。

D   声环境保护目标参数

根据现场实际调查，给出铁路（或城市轨道交通）建设项目沿线声环境保护目标的分布情况，各声环境保护目标的类型、名称、规模、所在路段、桩号（里程）、与轨面的相对高差及建筑物的结构、朝向和层数等。

7.5.6.2   传播途径分析

列表给出声源和预测点间的距离、高差，分析声源和预测点之间的传播路径，给出影响声波传播的地面状况、障碍物、树林等。

7.5.6.3   预测内容

预测内容要求与 7.5.5.3 预测内容相同。

7.5.6.4   预测模型

铁路和城市轨道交通噪声预测方法应根据工程和噪声源的特点确定。预测方法可采用模型预测法、比例预测法、类比预测法、模型试验预测法等。目前以采用模型预测法和比例预测法两种方法为主。

模型预测法主要依据声学理论计算方法和经验公式预测噪声。

比例预测法是一种适用于铁路、城市轨道交通改扩建项目的噪声预测方法。该方法以评价对象现场实测噪声数据为基础，根据工程前后声源变化和不相干声源声能叠加理论开展噪声预测。采用比例预测法的前提是工程实施前后声环境保护目标噪声测量环境未发生改变，因此，采用比例预测法仅需确定实测对象和预测对象之间噪声辐射能量的比例关系，预测结果相对于一般类比法更加可靠，预测时尽量优先采用。

A   铁路（时速低于 200 km/h）、城市轨道交通噪声预测模型

预测点列车运行噪声等效声级基本预测计算式：

$$L_{\mathrm{Aeq,p}} = 10\lg\left\{\frac{1}{T}\left[\sum_i n_i t_{\mathrm{eq},i} 10^{0.1(L_{\mathrm{p0,t},i}+C_{\mathrm{t},i})} + \sum_i t_{\mathrm{f},i} 10^{0.1(L_{\mathrm{p0,f},i}+C_{\mathrm{f},i})}\right]\right\} \tag{7-67}$$

式中 $L_{\mathrm{Aeq,p}}$——列车运行噪声等效 A 声级，dB；

T——规定的评价时间，s；

n_i——T 时间内通过的第 i 类列车列数；

$t_{\mathrm{eq},i}$——第 i 类列车通过的等效时间，s；

$L_{\mathrm{p0,t},i}$——规定的第 i 类列车参考点位置噪声辐射源强，可为 A 计权声压级或频带声压级，dB；

$C_{\mathrm{t},i}$——第 i 类列车的噪声修正项，可为 A 计权声压级或频带声压级修正项，dB；

$t_{\mathrm{f},i}$——固定声源的作用时间，s；

$L_{\mathrm{p0,f},i}$——固定声源的噪声辐射源强，可为 A 计权声压级或频带声压级，dB；

$C_{\mathrm{f},i}$——固定声源的噪声修正项，可为 A 计权声压级或频带声压级修正项，dB。

式中相关参数的计算公式可见 HJ 2.4—2021 附录 B.3.1。

B 铁路（时速为 200 km/h 及以上、350 km/h 及以下）噪声预测模型

铁路（时速为 200 km/h 及以上、350 km/h 及以下）列车运行噪声预测时，需采用多声源等效模型，源强应采用声功率级表示，等效模型可将集电系统噪声视为轨面以上 5.3 m 高的移动偶极子声源，车辆上部空气动力噪声视为轨面以上 2.5 m 高无指向性的有限长不相干线声源，以轮轨噪声为主的车辆下部噪声视为轨面以上 0.5 m 高有限长不相干偶极子线声源，见图 7-17。

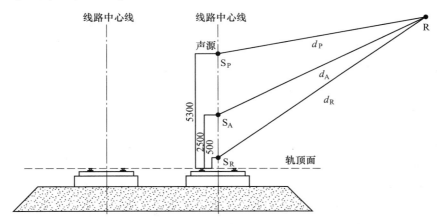

图 7-17 铁路（时速为 200 km/h 及以上、350 km/h 及以下）噪声预测声源模型

预测点列车运行噪声等效 A 声级基本预测计算式为：

$$L_{\text{Aeq,p}} = 10\lg\left\{\frac{1}{T}\left[\sum_i n_i t_{\text{eq},i} 10^{0.1(L_{\text{p},i})}\right]\right\} \tag{7-68}$$

式中 $L_{\text{Aeq,p}}$——预测点列车运行噪声等效 A 声级，dB；

T——规定的评价时间，s；

n_i——T 时间内通过的第 i 类列车列数；

$t_{\text{eq},i}$——第 i 类列车通过的等效时间，s；

$L_{\text{p},i}$——第 i 类列车通过时段预测点处等效连续 A 声级，dB。

式中相关参数的计算公式可见 HJ 2.4—2021 附录 B.3.2。

C 比例预测法

（1）比例预测法适用范围：比例预测法可应用于既有铁路改、扩建项目中以列车运行噪声为主的线路，其工程实施前后线路位置应基本维持原有状况不变，评价范围内建筑物分布状况应保持不变。对于新建项目和铁路编组场、机务段、折返段、车辆段等既有站、场、段、所的改扩建项目，不适合采用比例预测法。

（2）计算方法：比例预测法预测等效声级的计算方法如式（7-69）和式（7-70）所示：

$$L_{\text{Aeq,p}} = 10\lg\sum_i 10^{0.1L_{\text{AE,p},i}} - 10\lg T \tag{7-69}$$

其中，

$$L_{AE,p,i} = 10\lg\left(\frac{n_{p,i}}{n_{n,i}}\sum_j 10^{0.1L_{AE,n,j}}\right) + k_{v,i}\lg\frac{v_{p,i}}{v_{n,i}} + C_t + C_{s,i} \qquad (7\text{-}70)$$

式中 $L_{Aeq,p}$——预测点列车运行噪声等效 A 声级，dB；

       $L_{AE,p,i}$——预测的第 i 类列车总暴露声级，dB；

          T——评价时间，s；

      $L_{AE,n,j}$——第 j 列列车通过时的暴露声级，dB；

        $n_{n,i}$——第 i 类列车工程实施前 T 时间内通过的总编组数；

        $n_{p,i}$——第 i 类列车工程实施后 T 时间内通过的总编组数；

        $k_{v,i}$——第 i 类列车速度变化引起声级的修正系数，可参照 HJ 2.4—2021 附录 B 表 B.3 中相应公式计算；

        $v_{n,i}$——第 i 类列车工程实施前的运行速度，km/h；

        $v_{p,i}$——第 i 类列车工程实施后的运行速度，km/h；

         C_t——线路结构变化引起的声级修正量，dB；

        $C_{s,i}$——第 i 类列车源强变化引起的声级修正量，dB。

     测量过程中，当接收点同时受铁路噪声和其他噪声影响时，应进行背景噪声的修正。背景噪声在此时是指铁路噪声不作用时的其他噪声。例如，线路距接收点较远，其辐射到接收点的噪声可忽略不计时的其他噪声总和，可视为该点的背景噪声。背景噪声小于铁路噪声测量值 10 dB 及以上时，不做修正；小于 3～10 dB 时，应按式（7-71）进行修正；3 dB 以下时测量数据无效，应重新测量。

$$L_{AE,c} = 10\lg(10^{0.1L_{AE,m}} - 10^{0.1L_{AE,b}}) \qquad (7\text{-}71)$$

式中 $L_{AE,c}$——每列列车修正后的不含背景噪声的暴露声级（即 $L_{AE,n,j}$），dB；

      $L_{AE,m}$——每列列车现场实测的含背景噪声的暴露声级，dB；

      $L_{AE,b}$——每列列车的背景噪声的暴露声级，dB。

     背景噪声需对应测量每一通过列车的暴露声级。$L_{AE,b}$ 测量时间与相应接收点处所测的每一通过列车暴露声级 $L_{AE,m}$ 的测量时间长度相等。

    （3）预测步骤：

     比例预测法可按以下步骤进行：

     第 1 步：首先确认是否适合采用比例预测法。

     第 2 步：确定噪声监测断面，布设测点。

     第 3 步：在每一测量断面实施噪声同步监测。测量每一通过列车的含背景噪声的暴露声级 $L_{AE,m}$、背景噪声 $L_{AE,b}$、测量持续时间，并测量和记录列车通过速度、节数、列车类型及有关的线路情况。

     第 4 步：进行背景噪声修正计算，确定每列列车的 $L_{AE,c}$（即 $L_{AE,n,j}$）。

     第 5 步：确定工程实施前、后各类列车的运行速度。工程前的列车运行速度可按第 3 步中实测速度，以每类列车的速度平均值作为该类型列车的计算速度，即 $v_{n,i}$。参考 HJ 2.4—2021 附录 B 表 B.3 中相应公式开展类比试验，确定每类列车速度变化引起声级的修正系数 $k_{v,i}$。

     第 6 步：根据工程实施前、后的线路结构，参考相关标准、资料或开展类比试验，确定线路结构变化引起的声级修正量 C_t。

第7步：根据工程实施前、后各种类型列车的变化，参考相关标准、资料，或根据类比试验，确定每类列车源强变化引起的声级修正量 $C_{s,i}$。

第8步：根据第3步现场记录的列车通过编组数，确定工程前第 i 类列车 T 时间内通过的总编组数 $n_{n,i}$。根据工程设计资料，确定工程后第 i 类列车 T 时间内通过的总节数 $n_{p,i}$。

第9步：计算每类列车在 T 时间内预测的总暴露声级 $L_{AE,p,i}$。

第10步：计算每一接收点处的等效声级 $L_{Aeq,p}$，作为该点的预测结果。

7.5.7　机场航空器噪声预测

7.5.7.1　预测参数

A　工程参数

（1）机场跑道参数：跑道的长度、宽度、中心点或中心线端点坐标、坡度、跑道真方位及海拔高度等；对于多跑道机场，还应包括跑道数量、平行跑道间距及跑道端错开距离、非平行跑道的夹角等相对位置关系参数。

（2）飞行参数：机场年飞行架次、年运行天数、日平均飞行架次（对于通用机场、部分旅游机场和特殊地区的机场，可能存在年运行天数少于365天的情况）；机场不同跑道和不同航向的航空器起降架次，机型比例，昼间、傍晚、夜间的飞行架次比例；飞行程序——起飞、降落、转弯的地面航迹；爬升、下滑的垂直剖面。

B　声源参数

利用国际民航组织和航空器生产厂家提供的资料，获取不同型号发动机航空器的功率-距离-噪声特性曲线，或按国际民航组织规定的监测方法进行实际测量，对于源强缺失需采取替代源强的机型，应说明替代机型选取的依据及可行性。

C　气象参数

机场的年平均风速、年平均温度、年平均湿度、年平均气压。

D　地面参数

分析机场航空器噪声影响范围内的地面状况（坚实地面、疏松地面、混合地面）。

7.5.7.2　预测的基本要求

预测的评价量：根据《机场周围飞机噪声环境标准》（GB 9660）的规定，预测的评价量为 L_{WECPN}。

预测范围：计权等效连续感觉噪声级（L_{WECPN}）等声级线应包含70 dB 及以上区域，对于飞行量比较小的机场，预测到70 dB 无法明显体现噪声影响范围和趋势的项目，应预测至70 dB 以外范围。

预测内容：给出计权等效连续感觉噪声级（L_{WECPN}）包含70 dB、75 dB 的不少于5条等声级线图（各条等声级线间隔5 dB 给出）。同时给出评价范围内声环境保护目标的计权等效连续感觉噪声级（L_{WECPN}）。给出高于所执行标准限值不同声级范围内的面积、户数、人口。

改扩建项目应进行机场航空器噪声现状监测值和预测模型计算值符合性的验证，给出误差范围。

A 预测的量

依据 GB 9660 机场周围噪声的预测评价量应为计权等效连续感觉噪声级（L_{WECPN}）。

B 单架航空器噪声有效感觉噪声级（L_{EPN}）

机场航空器噪声可用噪声距离特性曲线或噪声-功率-距离数据表达，预测时一般利用国际民航组织、其他有关组织或航空器生产厂提供的数据，在必要情况下应按有关规定进行实测。鉴于机场航空器噪声资料是在一定的飞行速度和设定功率下获取的，当实际预测情况和资料获取时的条件不一致，使用时应做必要修正。

单架航空器的有效感觉噪声级（L_{EPN}）按以下公式计算：

$$L_{\text{EPN}} = L(F, d) + \Delta V - \Lambda(\beta, l, \varphi) - A_{\text{atm}} + \Delta L \tag{7-72}$$

式中　L_{EPN}——单架航空器的有效感觉噪声级，dB；

　　$L(F, d)$——发动机的推力 F 和地面计算点与航迹的最短距离 d 在已知的机场航空器噪声基本数据上进行插值获得的声级，L_F 由推力修正计算得到，L_d 根据"各种机型噪声-距离关系式及其飞行剖面"、"斜线距离计算模型"确定；

　　ΔV——速度修正因子；

　　$\Lambda(\beta, l, \varphi)$——侧向衰减因子；

　　A_{atm}——大气吸收引起的衰减；

　　ΔL——航空器起跑点后面的预测点声级的修正。

式中相关参数的计算公式可见 HJ 2.4—2021 附录 B.4。

C 航空器水平发散的计算

航空器飞行时并不能完全按规定的航迹飞行，国际民航组织通报（Icao circular）205-AN/86（1988）提出在无实际测量数据时，离场航路的水平发散可按如下考虑：

航线转弯角度小于 45°时：

$$S(x) = \begin{cases} 0.055x - 0.150 & 5 \text{ km} < x < 30 \text{ km} \\ 1.5 & x \geqslant 30 \text{ km} \end{cases} \tag{7-73}$$

航线转弯角度大于 45°时：

$$S(x) = \begin{cases} 0.128x - 0.42 & 5 \text{ km} < x < 15 \text{ km} \\ 1.5 & x \geqslant 15 \text{ km} \end{cases} \tag{7-74}$$

式中　$S(x)$——标准偏差，km；

　　x——从滑行开始点算的距离，km。

在起飞点 $[S(x)=0]$ 和 5 km 之间可用线性内插决定 $S(x)$。降落时，在 6 km 内的发散可以忽略。作为近似可按高斯分布来统计航空器的空间分布，沿着航迹两侧不同发散航迹航空器飞行的比例见表 7-18。

表 7-18　航线两侧不同发散航迹航空器飞行的比例

次航迹数	次航迹位置	次航迹运行架次比例/%
7	−2.14S	3
5	−1.43S	11
3	−0.71S	22

次航迹数	次航迹位置	次航迹运行架次比例/%
1	0	28
2	0.71S	22
4	1.43S	11
6	2.14S	3

7.5.8 施工场地、调车场、停车场等噪声预测

（1）预测参数。

工程参数：给出施工场地、调车场、停车场等的范围。

声源参数：根据工程特点，确定声源的种类。固定声源给出主要设备名称、型号、数量、声源源强、运行方式和运行时间；移动声源给出主要设备型号、数量、声源源强、运行方式、运行时间、移动范围和路径。

（2）声传播途径分析。根据声源种类的不同，分析内容及要求分别执行 7.5.4～7.5.6 节中相关声传播途径分析部分。

（3）预测内容：

1）根据建设项目工程的特点，分别预测固定声源和流动声源对场界（或边界）、敏感目标的噪声贡献值，进行叠加后作为最终的噪声贡献值；

2）根据评价工作等级要求，给出相应的预测结果。

（4）预测模式。依据声源的特征，选择相应的预测计算模式，详见 7.5.4～7.5.7 节中预测模型内容。

7.5.9 敏感建筑建设项目声环境影响预测

（1）预测参数。

1）工程参数。给出敏感建筑建设项目（如居民区、学校、科研单位等）的地点、规模、平面布置图等，明确属于建设项目的敏感建筑物的位置、名称、范围等参数。

2）声源参数。

①建设项目声源。对建设项目的空调、冷冻机房、冷却塔，供水、供热，通风机，停车场，车库等设施进行分析，确定主要声源的种类、源强及其位置。

②外环境声源。对建设项目周边的机场、铁路、公路、航道、工厂等进行分析，给出外环境对建设项目有影响的主要声源的种类、源强及其位置。

（2）声传播途径分析。以表格形式给出建设项目声源和预测点（包括属于建设项目的敏感建筑物和建设项目周边的敏感目标）间的坐标、距离、高差，以及外环境声源和预测点（属于建设项目的敏感建筑物）之间的坐标、距离、高差，分别分析两部分声源和预测点之间的传播路径。

（3）预测内容。

1）敏感建筑建设项目声环境影响预测应包括建设项目声源对项目及外环境的影响预测和外环境（如周边公路、铁路、机场、工厂等）对敏感建筑建设项目的环境影响预测两部分内容。

2）分别计算建设项目主要声源对属于建设项目的敏感建筑和建设项目周边的敏感目标的噪声影响，同时计算外环境声源对属于建设项目的敏感建筑的噪声影响，属于建设项目的敏感建筑所受的噪声影响是建设项目主要声源和外环境声源影响的叠加。

3）根据评价工作等级要求，给出相应的预测结果。

（4）预测模式。根据不同声源的特点，选择相应的模式进行计算，详见 7.5.4～7.5.7 节预测模式内容。

7.6　声环境影响评价

7.6.1　评价标准的确定

应根据声源的类别和建设项目所处的声环境功能区等确定声环境影响评价标准，没有划分声环境功能区的区域由地方环境保护部门参照《声环境质量标准》（GB 3096）和《声环境功能区划分技术规范》（GB/T 15190）的规定划定声环境功能区。

7.6.2　评价的主要内容

（1）评价方法和评价量。根据噪声预测结果和环境噪声评价标准，评价建设项目在施工、运行期噪声的影响程度、影响范围，给出边界（厂界、场界）及声环境保护目标的达标分析。

进行边界噪声评价时，新建建设项目以工程噪声贡献值作为评价量；改扩建建设项目以工程噪声贡献值与受到现有工程影响的边界噪声值叠加后的预测值作为评价量。

进行声环境保护目标噪声环境影响评价时，以声环境保护目标所受的噪声贡献值与背景噪声值叠加后的预测值作为评价量。

铁路、城市轨道交通、机场等建设项目，还需预测列车通过时段内声环境保护目标处的等效连续 A 声级 $L_{\mathrm{Aeq},T_{\mathrm{p}}}$、单架航空器通过时在声环境保护目标处的最大 A 级（L_{Amax}）。

（2）影响范围、影响程度分析。给出评价范围内不同声级范围覆盖下的面积，主要建筑物类型、名称、数量及位置，影响的户数、人口数。

（3）噪声超标原因分析。分析建设项目边界（厂界、场界）及声环境保护目标噪声超标的原因，明确引起超标的主要声源。对于通过城镇建成区和规划区的路段，还应分析建设项目与声环境保护目标间的距离是否符合城市规划部门提出的防噪声距离的要求。

（4）对策建议。分析建设项目的选址（选线）、规划布局和设备选型等的合理性，评价噪声防治对策的适用性和防治效果，提出需要增加的噪声防治对策、噪声污染管理、噪声监测及跟踪评价等方面的建议，并进行技术、经济可行性论证。

7.6.3　评价结果图表要求

（1）列表给出建设项目厂界（场界、边界）噪声贡献值和各声环境保护目标处的背景噪声值、噪声贡献值、噪声预测值、超标和达标情况等。分析超标原因，明确引起超标的主要声源。机场项目还应给出评价范围内不同声级范围覆盖下的面积。

（2）判定为一级评价的工业企业建设项目应给出等声级线图；判定为一级评价的地面

交通建设项目应结合现有或规划保护目标给出典型路段的噪声贡献值等声级线图；工业企业和地面交通建设项目预测评价结果图制图比例尺一般不应小于工程设计文件对其相关图件要求的比例尺；机场项目应给出飞机噪声等声级线图及超标声环境保护目标与等声级线关系局部放大图，飞机噪声等声级线图比例尺应和环境现状评价图一致，局部放大图底图应采用近3年内空间分辨率一般不低于1.5 m 的卫星影像或航拍图，比例尺不应小于1：5000。

7.7 噪声防治对策

7.7.1 噪声防治措施的一般要求

（1）评价范围内存在声环境保护目标时，工业企业建设项目噪声防治措施应根据建设项目投产后厂界噪声影响最大噪声贡献值以及声环境保护目标超标情况制定。

（2）交通运输类建设项目（如公路、城市道路、铁路、城市轨道交通、机场项目等）的噪声防治措施应针对建设项目代表性评价水平年的噪声影响预测值进行制定。铁路建设项目的噪声防治措施还应同时满足铁路边界噪声限值要求。

（3）当声环境质量现状超标时，属于与本工程有关的噪声问题应一并解决；属于本工程和工程外其他因素综合引起的，应优先采取措施降低本工程自身噪声贡献值，并推动相关部门采取区域综合整治等措施逐步解决相关噪声问题。

（4）当工程评价范围内涉及主要保护对象为野生动物及其栖息地的生态敏感区时，应从优化工程设计和施工方案、采取降噪措施等方面强化控制要求。

7.7.2 防治途径

（1）规划防治对策。主要指从建设项目的选址（选线）、规划布局、总图布置和设备布局等方面进行调整，提出降低噪声影响的建议。如采用"以人为本""闹静分开"和"合理布局"的原则，提出高噪声设备尽可能远离声环境保护目标、优化建设项目选址（选线）、调整规划用地布局等建议。

（2）技术防治措施。

1）声源上降低噪声的措施。主要包括：改进机械设计，如在设计和制造过程中选用发声小的材料来制造机件，改进设备结构和形状、改进传动装置以及选用已有的低噪声设备等；采取声学控制措施，如对声源采用消声、隔声、隔振和减振等措施；维持设备处于良好的运转状态；改革工艺、设施结构和操作方法等。

2）噪声传播途径上降低噪声措施。主要包括：在噪声传播途径上增设吸声、声屏障等措施；利用自然地形物（如利用位于声源和声环境保护目标之间的山丘、土坡、地堑、围墙等）降低噪声；将声源设置于地下或半地下的室内等；合理布局声源，使声源远离声环境保护目标等。

3）声环境保护目标自身防护措施。主要包括：受声者自身增设吸声、隔声等措施；合理布局声环境保护目标中的建筑物功能和合理调整建筑物平面布局。

（3）管理措施。主要包括提出环境噪声管理方案（如制订合理的施工方案、优化飞行程序等），制订噪声监测方案，提出降噪减噪设施的运行使用、维护保养等方面的管理要求，提出跟踪评价要求等。

7.7.3　典型建设项目噪声防治措施

（1）工业（工矿企业和事业单位）噪声防治措施：

1）应从选址、总图布置、声源、声传播途径及声环境保护目标自身防护等方面分别给出噪声防治的具体方案。主要包括：选址的优化方案及其原因分析，总图布置调整的具体内容及其降噪效果（包括边界和声环境保护目标）；给出各主要声源的降噪措施、效果和投资。

2）设置声屏障和对声环境保护目标进行噪声防护等的措施方案、降噪效果及投资，并进行经济、技术可行性论证。

3）根据噪声影响特点和环境特点，提出规划布局及功能调整建议。

4）提出噪声监测计划、管理措施等对策建议。

（2）公路、城市道路交通噪声防治措施：

1）通过选线方案的声环境影响预测结果比较，分析声环境保护目标受影响的程度及影响规模，提出选线方案推荐建议；

2）根据工程与环境特征，给出局部线路调整、声环境保护目标搬迁、临路建筑物使用功能变更、改善道路结构和路面材料、设置声屏障和对敏感建筑物进行噪声防护等具体的措施方案及其降噪效果，并进行经济、技术可行性论证；

3）根据噪声影响特点和环境特点，提出城镇规划区路段线路与敏感建筑物之间的规划调整建议；

4）给出车辆行驶规定（限速、禁鸣等）及噪声监测计划等对策建议。

（3）铁路、城市轨道交通噪声防治措施：

1）通过不同选线方案声环境影响预测结果，分析声环境保护目标受影响的程度，提出优化的选线方案建议；

2）根据工程与环境特征，提出局部线路和站场优化调整建议，明确声环境保护目标搬迁或功能置换措施，从列车、线路（路基或桥梁）、轨道的优选，列车运行方式、运行速度、鸣笛方式的调整，设置声屏障和对敏感建筑物进行噪声防护等方面，给出具体的措施方案及其降噪效果，并进行经济、技术可行性论证；

3）根据噪声影响特点和环境特点，提出城镇规划区段铁路（或城市轨道交通）与敏感建筑物之间的规划调整建议；

4）给出列车行驶规定及噪声监测计划等对策建议。

（4）机场航空器噪声防治措施：

1）通过不同机场位置、跑道方位、飞行程序方案的声环境影响预测结果，分析声环境保护目标受影响的程度，提出优化的机场位置、跑道方位、飞行程序方案建议；

2）根据工程与环境特征，给出机型优选，昼间、傍晚、夜间飞行架次比例的调整，对敏感建筑物进行噪声防护或使用功能变更、拆迁等具体的措施方案及其降噪效果，并进行经济、技术可行性论证；

3）根据噪声影响特点和环境特点，提出机场噪声影响范围内的规划调整建议；

4）给出机场航空器噪声监测计划等对策建议。

7.8 声环境影响评价案例

7.8.1 项目概述

项目名称：G107 武汉市东西湖段（高桥二路至额头湾）快速化改造提升工程

建设地点：武汉市

建设性质：改建

建设规模：G107 高桥二路（K18+970）~额头湾立交西侧（K29+345）段，为城市快速路兼一级公路，道路全长约 10.375 km。采用高架+地面形式，其中高架段全长约 9.125 km，标准段面宽 26~33 m，双向 6~8 车道，设计车速 80 km/h，桥梁总面积约 378483.6 m^2；地面道路全长约 10.375 km，红线宽度 50~95 m，双向 6~8 车道，设计车速 50 km/h，地面道路面积约 701945.5 m^2。

高架桥全线设置 5 组平行匝道，标准断面宽 8.5m，设计车速 40 km/h。局部调整现状京珠高速（G4）立交地面匝道。新建四环线互通立交匝道，标准断面宽 8.0~9.5 m，设计车速 30~50 km/h。新建 DN400~DN1000 mm 雨水管道和雨水箱涵约 35 km，DN500~DN1000 mm 污水管道约 23 km。同步建设交通监控、电气照明、电力排管、电信排管、公交车站、景观绿化等配套设施；低噪声路面（计入工程主体内容）、隔声屏、隔声窗及跟踪监测、预留噪声污染防治费用等环保工程。

工程投资：722393.72 万元

建设工期：45 个月

7.8.2 声环境功能区划及评价等级的判定

根据《声环境质量标准》（GB 3096—2008）、武汉市人民政府办公厅文件武政办〔2019〕12 号《市人民政府办公厅关于印发武汉市声环境功能区类别规定的通知》及《声环境功能区划分技术规范》（GB/T 15190—2014）中的要求，本项目道路边界线两侧 40 m（相邻区域为 2 类区）和 25 m（相邻区域为 3 类区）范围内为 4a 类声环境功能区，该范围外现状为学校、医院、住宅、机关、公园、宾馆等声环境保护目标区域，及以商务办公、软件研发等高新技术产业为主的非生产区域为 2 类声环境功能区。

按 7.2.1 章节中评价等级划分原则，确定本次声环境影响评价工作等级为一级，详见表 7-19。

表 7-19 声环境评价工作等级判定表

因素	功能区	建设前后声环境保护目标噪声声级的增加量	受影响人口变化情况	判定等级
声环境	2 类及 4a 类区	大于 5 dB(A)	显著增加	一级

7.8.3 评价标准

声环境影响评价标准应根据声源的类别和项目所处的声环境功能区类别来确定。因此，参考表 7-4，本项目运营期 4a 类区执行《声环境质量标准》（GB 3096—2008）4a 类标准（昼间 70 dB（A）、夜间 55 dB（A）），3 类区执行 3 类标准（昼间 65 dB（A）、夜间 55 dB（A）），2 类区执行 2 类标准（昼间 60 dB（A）、夜间 50 dB（A））。

施工期噪声排放执行《建筑施工场界环境噪声排放标准》（GB 12523—2011），昼间 ≤70 dB（A）、夜间 ≤55 dB（A）。

7.8.4　评价时段、内容及评价重点

7.8.4.1　评价时段

根据本项目建设特点，评价时段分为施工期和运营期。

施工期：2021 年 12 月至 2025 年 8 月，工期 45 个月。

运营期：近期（2025 年）、中期（2031 年）和远期（2039 年）。

本教材选择此案例中额头湾立交～二雅路路段施工期和运营期近期（2025 年）为代表，展现声环境影响评价的工作过程。

7.8.4.2　评价内容

现场踏勘和调查项目沿线两侧评价范围内声环境保护目标的名称、分布、建筑结构、人口数量、规模和既有声源状况等，对其进行声环境现状监测。

预测各声环境保护目标的道路及环境噪声；绘制线路经过环境敏感区声等声级值曲线图；以表格形式给出区段噪声防护距离。根据预测结果并结合声环境保护目标所处环境情况，经技术、经济比选提出噪声防治措施和建议，并估列投资。

7.8.5　声环境现状调查和评价

本次评价委托有资质检测公司对路线沿线代表性的声环境保护目标开展声环境质量现状监测。

（1）监测布点。根据现场踏勘调查，额头湾立交～二雅路路段周边声环境保护目标主要为东和颐园、阳光都市和额头湾社区等居民点，监测布点选择有代表性的东和颐园（见表 7-20）。

表 7-20　噪声监测点位一览表

监测点编号	名称	噪声监测点位设置
1 号～5 号	东和颐园	在临 G107 第一排住宅楼 1F、3F、6F、11F、16F 窗前 1 m 各设 1 个监测点。
6 号		在小区内，不受外界交通噪声影响离地面 1.2 m 设 1 个监测点。

（2）监测结果。噪声监测结果见表 7-21，监测期间车流量监测结果见表 7-22。

表 7-21　噪声监测结果一览表　　　　　　　　　　　（dB（A））

监测点位	2021 年 9 月 27 日至次日凌晨监测结果		2021 年 9 月 28 日至次日凌晨监测结果	
	昼间	夜间	昼间	夜间
东和颐园住宅 1F（临 107）	65.6	62.4	65.6	61
东和颐园住宅 3F（临 107）	64.4	59.7	64.8	61.3
东和颐园住宅 6F（临 107）	65.0	59.2	65.2	60.8
东和颐园住宅 11F（临 107）	64.5	58.9	63.8	60.2
东和颐园住宅 16F（临 107）	63.4	57.6	63.6	59.7
东和颐园住宅内	53.1	42.6	54	42.3

表 7-22 监测期间车流量监测结果一览表 （辆/小时）

日期	交通干道	昼间统计结果			夜间统计结果		
		大型车	中型车	小型车	大型车	中型车	小型车
2021-09-27	G107（额头湾立交~二雅路）	1023	585	5520	831	444	3579

（3）评价标准。详见 7.8.3 节。

（4）评价结果。噪声监测评价结果见表 7-23。

表 7-23 噪声监测评价结果一览表 （dB（A））

监测点位	第一天监测结果		第二天监测结果		功能区	评价标准		第一天评价结果		第二天评价结果	
	昼间	夜间	昼间	夜间		昼间	夜间	昼间	夜间	昼间	夜间
东和颐园住宅 1F（临 107）	65.6	62.4	65.6	61.0	2 类	60	50	超标 5.6	超标 12.4	超标 5.6	超标 11.0
东和颐园住宅 3F（临 107）	64.4	59.7	64.8	61.3				超标 4.4	超标 9.7	超标 4.8	超标 11.3
东和颐园住宅 6F（临 107）	65.0	59.2	65.2	60.8				超标 5.0	超标 9.2	超标 5.2	超标 10.8
东和颐园住宅 11F（临 107）	64.5	58.9	63.8	60.2				超标 4.5	超标 8.9	超标 3.8	超标 10.2
东和颐园住宅 16F（临 107）	63.4	57.6	63.6	59.7				超标 3.4	超标 7.6	超标 3.6	超标 9.7
东和颐园住宅内	53.1	42.6	54.0	42.3	2 类	60	50	达标	达标	达标	达标

7.8.6 声环境影响预测与评价

7.8.6.1 施工期声环境影响分析

道路建设施工阶段的主要噪声源来自施工机械的施工噪声和运输车辆的辐射噪声，其噪声影响是暂时的，但由于拟建项目工期长，施工机械多，且一般都具有高噪声、无规则等特点，如不采取措施控制，会对附近居民小区等声环境保护目标产生较大的噪声干扰。工程施工过程主要分为三个阶段，即基础施工、路面施工、交通工程施工。以下分别介绍这三个阶段的主要施工工艺和施工机械。

（1）基础施工。这一工序是道路耗时最长、所用施工机械最多、噪声最强的阶段，主要包括路基施工、桥梁施工及路基桥梁拓宽施工等方面。

路基施工主要包括地基处理、路基平整、挖填土方、逐层压实等工程，所使用的施工机械主要为挖掘机、推土机、压路机、平地机等。高边坡路段爆破施工会产生突发性高强度噪声。

桥梁施工主要为桥梁基础施工及结构施工等，所使用的施工机械主要为打桩机、混凝土搅拌机、起吊机、架桥机等。

（2）路面施工。这一工序继路基施工结束后开展，主要是对全线摊铺沥青，用到的施工机械主要是大型沥青摊铺机，根据国内对高速公路施工期进行的一些噪声监测，该阶段公路施工噪声相对路基施工段小，距路边 50 m 外的声环境保护目标受到的影响较小。

（3）交通工程施工。这一工序主要是对高速公路的交通通信设施进行安装、标志标线进行完善，该工序基本不用大型施工机械，因此噪声的影响更小。

上述施工过程中，都伴有建筑材料的运输车辆所带来的辐射噪声，建材运输时，运输道路会不可避免地选择一些声环境保护目标附近的现有道路，这些运输车辆发出的辐射噪声会对沿线的声环境保护目标产生一定影响。各施工阶段主要施工机械见表 7-24。

表 7-24　不同施工阶段采用的施工机械

施工阶段	主要路段	施工机械
工程前期拆迁	工程拆迁路段	挖掘机、推土机、风镐、平地机、运输车辆等
软土路基处理	软基路段	打桩机、压桩机、钻孔机、空压机
路基填筑	全线路基路段	推土机、挖掘机、装载机、平地机、振动式压路机、光轮压路机
路面施工	全线	装载机、铲运机、平地机、沥青摊铺机、振动式压路机、光轮压路机
结构施工	高架路段、互通立交、附属设施	钻孔机、打桩机、混起吊机、吊装设备架梁机
交通工程施工	全线	电钻、电锯、切割机

根据以上分析及本项目施工特点，本项目噪声源分布如下：

（1）压路机、推土机、平地机等筑路机械主要分布在公路用地范围内；

（2）打桩机、装载机等主要集中在桥梁和立交区域；

（3）搅拌机主要集中在搅拌站；

（4）自卸式运输车主要行走于弃渣场和推荐线之间的施工便道、搅拌站、桥梁和立交之间，沿推荐线布设的施工便道以及联系推荐线的周边现有道路。

7.8.6.2　施工期声环境预测及影响分析

（1）预测模型。施工机械的噪声可近似视为点声源处理，可采用式（7-21）作为预测模型。

（2）预测结果。采用上述公式，计算得到主要施工机械满负荷运行时不同距离处的噪声影响，单台设备预测结果见表 7-25，多种机械同时施工的噪声影响见表 7-26。

表 7-25　主要施工机械噪声预测结果　　　　　　　　　　（dB（A））

序号	机械类型	5 m	10 m	20 m	40 m	60 m	80 m	100 m	150 m	200 m
1	轮式装载机	90	84	78	72	69	66	65	61	58
2	平地机	90	84	78	72	69	66	65	61	58
3	振动式压路机	86	80	74	68	65	62	61	57	54
4	双轮双振压路机	81	75	69	63	60	57	55	52	49
5	液压打桩机	82	76	70	64	61	58	57	53	50
6	三轮压路机	81	75	69	63	60	57	55	52	49
7	轮胎压路机	76	70	64	58	55	52	50	47	44

续表 7-25

序号	机械类型	5 m	10 m	20 m	40 m	60 m	80 m	100 m	150 m	200 m
8	推土机	86	80	74	68	65	62	61	57	54
9	轮胎式液压挖掘机	84	78	72	66	63	60	59	55	52
10	发电机组	84	78	72	66	63	60	59	55	52
11	冲击式钻井机	73	67	61	55	52	49	47	44	41
12	锥形反转出料混凝土搅拌机	65	59	53	47	43	41	39	35	33
13	沥青混凝土摊铺机	90	84	78	72	69	66	65	61	58

表 7-26　多种施工机械同时作业噪声预测结果　　　　　　（dB（A））

多台施工机械同时作业组合	20 m	40 m	60 m	80 m	100 m	200 m
装载机、推土机、平地机、挖掘机、打桩机、钻井机	83	76	73	70	69	62
压路机、摊铺机、搅拌机	80	74	71	69	67	60

（3）声环境影响分析。

1）施工场界。以《建筑施工场界环境噪声排放标准》（GB 12523—2011）的昼间 70 dB（A）、夜间 55 dB（A）限值要求来评价，单台施工机械作业时 50 m 以外可降至 70 dB（A）以下，至 200 m 处仍有部分施工机械（如：轮式装载机和平地机）噪声超过 55 dB（A）；多台设备作业时，距声源 60 m 以外可降至 70 dB（A）左右，降至 55 dB（A）则需 200 m 以外。拟建道路中心线两侧 20 m 处为施工场界，根据上述预测结果，施工机械噪声昼间会超过《建筑施工场界环境噪声排放标准》（GB 12523—2011）要求，夜间超标较严重。

2）声环境保护目标。从表 7-26 可以看出，多台设备作业时，距声源 200 m 处噪声贡献值仍超过 60 dB（A）。因此，本项目昼间、夜间施工将对工程沿线 200 m 范围内声环境保护目标内人群造成干扰，特别是夜间噪声影响。施工单位需要采取相应的防护措施，以缓解施工过程对声环境保护目标的影响，具体详见 7.8.7 节。施工过程为短期过程，施工期的噪声影响将随着施工作业的结束而消失。

7.8.6.3　运营期声环境影响预测与评价

采用《环境影响评价技术导则　声环境》（HJ 2.4—2021）中推荐的公路噪声预测模式。第 i 类车等效声级的预测模式见 7.5.5 节式（7-56）~式（7-60）。

A　道路交通参数

折算后车型比详见表 7-27。

根据《工程可行性研究报告》，昼夜小时流量比约为 88：12，根据可研提供的高峰小时车流，2025 年预测交通量见表 7-28。

表 7-27　本工程车型结构预测结果一览表　　　　　　　　　（%）

路段	小型车	中型车	大型车	合计
高架、匝道	70	30	0	100
辅道	55	13	32	100

表 7-28　本项目推荐方案交通量　　　　　　　　　　（辆/h）

路　　段		近期（2025 年）			
		全天	高峰小时	昼间小时	夜间小时
高架	额头湾~二雅路	50150	5015	2934	400
地面	额头湾~二雅路	27500	2750	1609	219

注：高桥四路~高桥二路无高架段。

车型分为小、中、大三种，车型分类标准见表 7-29。

表 7-29　车型分类标准

车型	汽车总质量
小型车	3.5 t 以下
中型车	3.5~12 t
大型车	12 t 以上

注：小型车一般包括小货、轿车、7 座（含 7 座）以下旅行车等；

　　大型车一般包括集装箱车、拖挂车、工程车、大客车（40 座以上）、大货车等；

　　中型车一般包括中货、中客（7~40 座）、农用三轮、四轮等。大型车以外的车辆，可按相近归类。

设计行车速度：高架主线设计车速 80 km/h；地面辅路设计车速 50 km/h。

项目各路段车道数见表 7-30。

表 7-30　项目各路段车道数一览表

路　　段		车道数
额头湾立交~二雅路	高架	双向 8 车道
	地面辅道	双向 8 车道

车速计算公式：

$$v_i = k_1 u_i + k_2 + \frac{1}{k_3 u_i + k_4} \qquad (7-75)$$

$$u_i = vol[\eta_i + m(1 - \eta_i)] \qquad (7-76)$$

式中　v_i——预测车速，km/h，本项目各路段设计车速为 80 km/h，互通或匝道设计车速
　　　　　为 40~60 km/h；

　　　u_i——当量车数；

　　　η_i——该车型的车型比；

　　　vol——单车道车流量，辆/h；

　　　m——其他 2 种车型的加权系数。

k_1、k_2、k_3、k_4 分别为系数，见表 7-31。

表 7-31　车速计算公式系数

车型	k_1	k_2	k_3	k_4	m
小型车	−0.061748	149.65	−0.000023696	−0.02099	1.2102
中型车	−0.057537	149.38	−0.000016390	−0.01245	0.8044
大型车	−0.051900	149.39	−0.000014202	−0.01254	0.70957

B 各类型车辆的平均辐射声级

本项目的噪声源是汽车交通噪声，包括行驶过程中发动机的噪声，汽车行驶引起的气流湍动、排气系统、轮胎与路面的摩擦等产生的噪声，以及由于道路路面平整度等原因，高速行驶的车辆振动所产生的噪声。各类车辆在不同车速下的平均辐射声级见表7-32。

表 7-32 各类型车的 7.5m 处平均辐射声级

道路形式	车型	计算式	不同车型平均行驶速度 /km·h⁻¹	平均辐射声级 $L_{w,i}$/dB(A)
高架段	小型车	$12.6+34.73\lg v_S$	80	78.7
	中型车	$8.8+40.48\lg v_M$	80	85.8
	大型车	$22.0+36.32\lg v_L$	80	91.1
地面辅道	小型车	$12.6+34.73\lg v_S$	50	71.6
	中型车	$8.8+40.48\lg v_M$	50	77.6
	大型车	$22.0+36.32\lg v_L$	50	83.7

C 道路工程形式

（1）路面结构。本工程的机动车道路采用低噪声路面（改性沥青混凝土，已计入道路工程内容）。综合各类研究资料，改性沥青 SMA 路面降噪效果，不同车速下降噪量在 3~5 dB(A)（相对于普通沥青路面），本次评价按低噪声路面降噪 3 dB(A) 进行预测分析。

（2）高架桥防撞墙。工程设计中高架主线设 0.5 m 高防撞墙。本次在噪声预测中考虑了高架桥防撞墙对声环境保护目标的噪声阻隔作用。

D 修正量和衰减量

具体见 7.5.5 节中相关公式。

E 环境噪声背景值、现状值、增加值、超标值的确定

（1）背景值。对于受现有交通噪声影响的声环境保护目标，环境背景值取小区内未受交通噪声影响监测点两日监测最大值；对于未受现有交通噪声影响的声环境保护目标，环境背景值选取现状两日监测最大值。

（2）现状值。本次评价的声环境保护目标声环境现状值，直接采用沿线声环境保护目标的噪声现状监测结果。

（3）变化量。声环境保护目标的噪声预测值较现状值的变化情况。

（4）超标值。声环境保护目标的噪声预测值超出相应声环境功能区划标准的分贝值。

F 交通声环境预测说明

（1）计算点位和方案的确定。本工程道路（额头湾立交~二雅路）沿线距中心线 200 m 范围内共分布有 4 个声环境保护目标，均为居民区。选择其中东和颐园小区作为计算点位。对于声环境保护目标受现有道路交通噪声影响贡献值采用现状监测值。

（2）评价标准。详见 7.7.3 节。

（3）交通噪声预测考虑因素如下：

1）主线高架的车流量影响。除了前述章节的车流量、车型比、设计车速等参数，本次评价根据工程实际情况，考虑了高架防撞墩的遮挡效应，以及主线高架、辅道、匝道等交通流量的叠加影响。

2）地面段车流量影响。主要以前述章节的车流量、车型比、设计车速等参数为主要预测参数。

3）高架与地面的叠加噪声影响。针对受到高架和地面复合声场影响的声环境保护目标，本项目将叠加高架车流量与地面车流量，同时考虑高架底部反射声场的影响，最终计算出本工程对声环境保护目标贡献值影响。

（4）预测结果。采用上述模型和参数进行噪声预测计算，本次评价针对工程运营的近期（2025年），以及道路形式、车流量等进行分段预测。

G　噪声预测分析

本次噪声预测分析，以额头湾立交~二雅路路段这个区段为例说明噪声预测分析过程。

（1）横断面设计。高架桥为33.0 m双向8车道标准断面。断面由北到南布置（见图7-18）为：4.5 m人行道+4.5 m中分带（轻轨立墩）+3.5 m非机动车道+4.5 m绿化带+14.0 m四车道地面辅道+12.0 m中分带（高架桥立墩）+14.0 m 四车道地面辅道+4.5 m绿化带+3.5 m非机动车道+4.5m绿化带+4.5 m人行道=74.0 m。

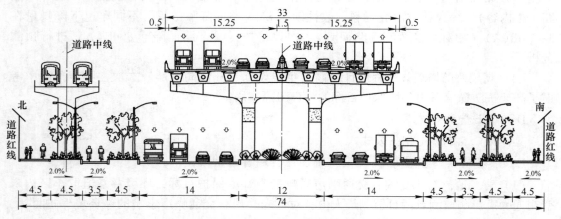

图 7-18　额头湾立交~二雅路路段横断面图

（2）本路段沿线声环境保护目标。本路段沿线共分布4个声环境保护目标，其中东和颐园小区具体情况见表7-33。

表 7-33　额头湾~二雅路路段沿线声环境保护目标一览表

路段	编号	名称	桩号	方位	与道路距离/m 中心线	与道路距离/m 行车道边界线	路基形式
	1	东和颐园小区	K28+980~K29+150	左侧	65	主线48.5，辅路40.8	地面+高架

（3）典型断面噪声预测结果。在考虑本路段平面路基断面结构及低噪声路面因素，

不考虑建筑物遮挡、地形等因素进行预测，额头湾立交～二雅路路段的近期（2025 年）预测结果见表 7-34。

表 7-34　额头湾立交～二雅路路段离道路中心线不同距离处噪声贡献值　（dB（A））

与中心线距离/m	2025 年		与中心线距离/m	2025 年	
	昼间	夜间		昼间	夜间
主线	16.5　66.6　58.0		辅道	—　—　—	

与中心线距离/m	昼间	夜间	与中心线距离/m	昼间	夜间
16.5	66.6	58.0	—	—	—
20	65.8	57.2	20	63.2	54.6
30	63.1	54.5	30	60.5	51.9
40	61.0	52.4	40	58.4	49.8
50	59.2	50.6	50	56.6	48.0
60	58.0	49.4	60	55.4	46.8
70	56.8	48.2	70	54.2	45.6
80	55.6	47.0	80	53.0	44.4
90	54.5	45.9	90	51.9	43.3
100	53.8	45.2	100	51.2	42.6
120	52.6	44.0	120	50.0	41.4
140	51.3	42.7	140	48.7	40.1
160	49.9	41.3	160	47.3	38.7
180	48.7	40.1	180	46.1	37.5
200	47.5	38.9	200	44.9	36.3

（左侧距离列标注为"主线"，右侧距离列标注为"辅道"）

从以上预测结果可以看出，综合主线高架及地面辅道的叠加影响，只考虑距离衰减，没有建筑物遮挡的情况下，在近期（2025 年）：

1）4a 类区达标距离（与中心线距离）：近期昼间道路边界达标、夜间 38 m。

2）类区达标距离（与中心线距离）：近期昼间 59 m、夜间 71 m。

（4）声环境保护目标处噪声预测结果。结合道路预测参数、现状道路监测结果，东和颐园小区的近期预测结果见表 7-35。

（5）声环境保护目标处噪声预测结果分析。根据预测结果分析如下：

2025 年东和颐园的各预测楼层的环境噪声预测值昼间为 54.6~63.7 dB（A），夜间为 43.6~55.2 dB（A）。对照相应标准，昼间最大超标 3.7 dB（A），夜间最大超标 5.2 dB（A）。

噪声预测值与现状监测值相比：昼间增加 0.6~0.9 dB（A），夜间增加 1.0~1.6 dB（A），第一排预测值较现状值有所降低，是因为现状道路破损、拟建道路采取了低噪声路面所致。从预测可知，东和颐园小区（第一排）不满足声环境质量标准，由于有第一排建筑的遮挡，东和颐园小区（第二排）可以满足声环境质量标准。

噪声预测成果如图 7-19 和图 7-20 所示。

表7-35　东和颐园小区噪声预测结果一览表（2025年）　　　　　　　　　　　　　　　　（dB（A））

编号	声环境保护目标名称	预测位置	与道路距离/m		高差/m		纵坡/%	现状值		背景值		本工程噪声贡献值		交叉道路或轨道交通噪声贡献值		预测值		较现状变化量		标准值		超标值	
			中心线	行车道边界线	地面	高架		昼间	夜间	昼间	夜间	昼间	夜间	昼间	夜间	昼间	夜间	昼间	夜间	昼间	夜间	昼间	夜间
2	东和颐园（第一排）	1F	65	主线48.5，辅路40.8	0.82	-11.71	地面0.93，高架26.6	65.6	62.4	54	42.6	62.0	53.4	55.6	47.8	63.4	54.7	-2.2	-7.7	60	50	3.4	4.7
		3F	65	主线48.5，辅路40.8	6.62	-5.91	地面0.93，高架26.6	64.8	61.3	54	42.6	62.4	53.8	55.8	49.0	63.7	55.2	-1.1	-6.1	60	50	3.7	5.2
		6F	65	主线48.5，辅路40.8	15.32	2.79	地面0.93，高架26.6	65.2	60.8	54	42.6	60.9	52.3	57.3	49.5	63.0	54.4	-2.2	-6.4	60	50	3.0	4.4
		11F	65	主线48.5，辅路40.8	32.72	20.19	地面0.93，高架26.6	64.5	60.2	54	42.6	61.0	52.4	57.5	49.7	63.1	54.5	-1.4	-5.7	60	50	3.1	4.5
		16F	65	主线48.5，辅路40.8	44.32	31.79	地面0.93，高架26.6	63.6	59.7	54	42.6	61.4	52.8	58.0	50.2	63.5	54.9	-0.1	-4.8	60	50	/	/
	东和颐园（第二排）	1F	119	主线102.5，辅路94.8	0.82	-11.71	地面0.93，高架26.6	54	42.6	54	42.6	44.3	35.7	38.5	30.7	54.6	43.6	0.6	1.0	60	50	/	/
		3F	119	主线102.5，辅路94.8	6.62	-5.91	地面0.93，高架26.6	54	42.6	54	42.6	45.5	36.9	38.7	31.9	54.7	43.9	0.7	1.3	60	50	/	/
		6F	119	主线102.5，辅路94.8	15.32	2.79	地面0.93，高架26.6	54	42.6	54	42.6	45.7	37.1	40.2	32.4	54.8	44.0	0.8	1.4	60	50	/	/
		11F	119	主线102.5，辅路94.8	29.82	17.29	地面0.93，高架26.6	54	42.6	54	42.6	46.1	37.5	40.4	32.6	54.8	44.1	0.8	1.5	60	50	/	/
		16F	119	主线102.5，辅路94.8	44.32	31.79	地面0.93，高架26.6	54	42.6	54	42.6	46.5	37.9	40.9	33.1	54.9	44.2	0.9	1.6	60	50	/	/

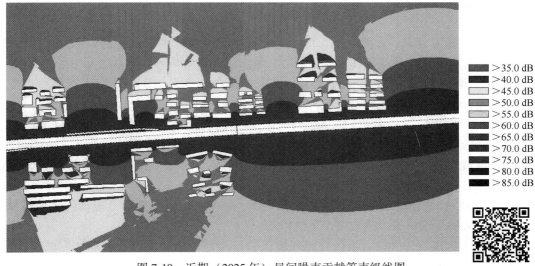

图 7-19　近期（2025 年）昼间噪声贡献等声级线图

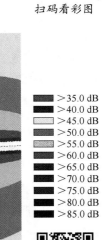

扫码看彩图

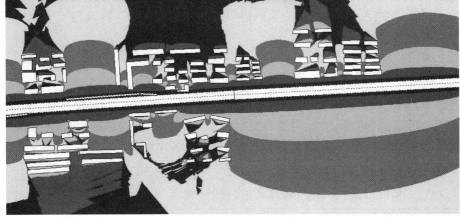

图 7-20　近期（2025 年）夜间噪声贡献等声级线图

扫码看彩图

7.8.7　声环境保护措施及可行性论证

7.8.7.1　施工期噪声污染防治措施

根据施工期重点声环境保护目标噪声预测表，结合本项目实际情况，对施工期噪声环境影响提出以下对策措施和建议：

（1）根据《建筑施工场界环境噪声排放标准》（GB 12523—2011）的规定，合理安排施工时间，夜间尽量不进行施工或安排低噪声施工作业。强噪声的施工机械（例如打桩机）在夜间（22：00—06：00）应停止施工。对于距离路线较近声环境保护目标，在夜间应不进行施工或安排低噪声施工作业，同时采取降噪措施将施工噪声对居民的影响减小到最低；若因特殊需要连续施工的，必须事先得到有关部门的批准，并事先与居民沟通。

（2）优化施工方案，合理安排工期，将建筑施工环境噪声危害降到最低程度，在施工招投标时，将减低环境噪声污染的措施列为施工组织设计内容，并在合同中予以明确。

（3）合理设置运输路线和运输方案；难以选择合理地点的，应采取隔声降噪措施，并对机械定期保养，严格操作规程。

（4）施工期应协调好施工车辆通行的时间，在既有交通繁忙的情况下，工程建设方、施工方及交管部门应加强沟通、协调工作，避免交通堵塞，夜间运输要采取减速缓行、禁止鸣笛等措施；材料运输道路尽量避免穿越居民住宅，将施工噪声的影响降低到最低限度。

（5）注意施工机械和运输机械的维护和更新，尽量采用低噪声和低振动的环保机械，避免噪声过大的运输机械上路和施工机械作业。

（6）在靠近医院、学校、小区等声环境保护目标路段施工时，应根据实际情况在声环境保护目标附近路段设置施工围挡等临时隔声措施；高噪声施工场所尽量布置在远离声环境保护目标的区域；中、高考期间禁止进行夜间施工，昼间施工噪声不得干扰学生学习。

由于道路施工噪声是社会发展过程中的短期污染行为，一般居民能够理解和接受。但为了保护沿线居民的正常生活，施工单位应采取必要的噪声控制措施，降低施工噪声对环境的影响。

通过采取以上噪声防治措施，可最大限度地减少施工噪声对周围环境的影响。

7.8.7.2 运营期噪声污染防治措施

A 噪声防治措施的技术经济论证

目前国内常用的道路工程降噪措施主要有低噪声路面、声屏障、隔声窗、绿化林带等。现将几种降噪措施比较如下，从而合理确定本项目沿线各超标声环境保护目标应采取的措施，具体见表7-36。

表7-36 常见噪声防治措施比较表

措施名称	适用情况	降噪效果	优点	缺点
降噪林	噪声超标轻微，有绿化条件的集中居民点或学校、医院	20 m 宽绿化带可降2~3 dB(A)	既可降噪，又可净化空气、美化路容，改善生态	占用土地面积较大，要达到一定降噪效果需较长时间，降噪效果季节性变化大，适用性受到限制
低噪声路面	超标严重，分布分散，距离道路较远的居民点或学校、医院	3~5 dB(A)	降噪效果好，适用范围广	养护较难，降噪效果随时间而衰减
直立式声屏障	超标严重、距离道路很近的集中声环境保护目标	5~12 dB(A)	效果较好，且应用于道路本身，易于实施且受益人口多	投资较高，在地面路段不宜实施，某些形式的声屏障对景观产生影响

措施名称	适用情况	降噪效果	优点	缺点
全封闭声屏障	超标严重、距离道路很近的集中声环境保护目标	15~30 dB(A)	降噪效果较好	工程造价高，对道路景观会造成一定影响，存在安全隐患
双层中空隔声窗	分布较分散，受影响较严重的声环境保护目标	20~35 dB(A)	效果较好，费用较低，适用性强	不通风，炎热的夏季不适用，影响居民生活
隔声窗	分布较分散，受影响较严重的声环境保护目标	20~35 dB(A)	效果较好，费用适中，适用性强，对居民生活影响小	费用比双层中空隔声窗较高，同时相对于声屏障等降噪措施来讲，实施稍难
绿化林带	道路两侧需留有一定绿化带控制距离	1~2 dB(A)	对美化环境，保持人们愉悦心态具有十分积极的作用	道路两侧需设置至少10 m 宽的绿化带，否则几乎没有附加降噪量

B 本工程噪声污染防治建议措施

（1）低噪声路面。本工程设计阶段对路面采用 SBS 改性 SMA-13 沥青玛蹄脂碎石，根据《公路路面降噪技术与防治方法研究》（王彩霞，2010 年）试验论证得出，SMA 路面行车噪声平均比普通沥青路面噪声降低 3~5 dB(A)，评定本项目 SMA 低噪声路面效果为 3 dB(A)。

（2）道路两侧规划未建成区的合理利用和布局。建议规划管理部门合理规划道路两侧区域，尽量避免在噪声达标距离内规划集中居民区、医院住院部和学校等声环境保护目标，对于现有临近道路的声环境保护目标，建议规划逐步改变为非噪声敏感的建筑物；需在噪声达标距离内新建上述声环境保护目标时，第一排建筑物不宜布置居民楼，如果确需建设居民楼，临道路一侧的房间不宜设置为卧室，或者设置封闭式阳台、外廊等。如果违反上述原则而受到交通噪声影响，需由开发商负责设置隔声措施，保障居民住宅内满足室内声环境标准。

（3）声屏障。参照《高速公路建设项目环境影响评价文件审批原则（试行）》，声环境质量达标的，项目实施后声环境质量原则上仍须达标；声环境质量不达标的，须强化噪声防治措施，确保项目实施后声环境质量不恶化。

根据上述分析，道路在靠近东和颐园一侧高架安装隔声屏障后，东和颐园处的噪声预测值较现状值有所改善，可以满足声环境质量标准要求。

（4）安装隔声窗根据《地面交通噪声污染防治技术政策》（环发〔2010〕7 号）中、敏感建筑物噪声防护，地面交通设施的建设或运行造成噪声敏感建筑物室外环境噪声超标，如采取室外达标的技术手段不可行，应考虑对噪声敏感建筑物采取被动防护措施（如隔声门窗、通风消声窗等），对室内声环境质量进行合理保护。

（5）其他噪声防治措施：

1）交通管理。对道路行驶车辆进行限速和禁鸣等管理措施，沿线声环境保护目标处设置禁鸣、限速交通标识，提醒过往车辆禁止鸣笛，减少交通噪声扰民事件发生，也对项目建设后的交通噪声有一定的控制效果。

2）加强绿化。在道路两侧种植阔叶绿树，道路两侧尽可能多地预留绿化带，保证道路两侧建筑物与道路之间有一定数量和宽度的绿地。

3）路面保养。由于沥青路面随着使用时间的增加，其降噪效果会有所下降直至消失，因此，加强路面的保养和维护是十分重要的。应定期高压冲洗路面、对受损路面及时修复，保证路面的平整，控制车辆弹跳或不正常行驶产生的噪声。

4）跟踪监测要求。本次噪声防治措施是依据工程运行近期的噪声预测数据来设置。考虑到未来道路变化的不可预知性，以及预测模式误差或工程设计变更可能导致的预测结果偏差，在道路竣工和投入使用后，建设单位应该加强运行期（特别是运行远期）的交通噪声监测，需对沿线学校、居民区、医院及行政办公区等声环境保护目标进行定期噪声监测。同时预留声环境保护目标跟踪监测和局部设置通风隔声窗经费，避免通车后可能出现的环境纠纷。

习 题

7-1 简述声环境影响评价等级的划分方法与不同评价工作等级的声环境影响评价要求。

7-2 简述工矿企业、公路铁路和飞机场环境噪声现状水平调查方法。

7-3 简述公路、城市道路交通运输噪声预测的内容。

8 固体废物环境影响评价

8.1 固体废物的来源与分类

根据《中华人民共和国固体废物污染环境防治法》的规定，固体废物是指在生产、生活和其他活动中产生的丧失原有利用价值或者虽未丧失利用价值但被抛弃或者放弃的固态、半固态和置于容器中的气态的物品、物质以及法律、行政法规规定纳入固体废物管理的物品、物质。经无害化加工处理，并且符合强制性国家产品质量标准，不会危害公众健康和生态安全，或者根据固体废物鉴别标准和鉴别程序认定为不属于固体废物的除外。

8.1.1 固体废物的来源

固体废物来自人类活动的许多环节，主要包括生产过程和生活活动的一些环节。其主要包括居民生活和工农业生产产生的各种固体废物。居民生活主要包括食物、垃圾、废弃纸、木、金属、玻璃、塑料、陶瓷等；工业生产废物主要是废弃材料、边角料和生产过程产生的固体废物；农业生产主要包括农业生产过程及食品加工过程产生的各种固体废物。

8.1.2 固体废物的分类

固体废物按其来源可分为生活垃圾、工业固体废物、建筑垃圾和农业废弃物；按其形态可分为固态废物（块状、粒状、粉状）、半固态废物（废机油等）；按其危害状况可分为一般固体废物和危险固体废物。

（1）生活垃圾。生活垃圾是指在日常生活中或者为日常生活提供服务的活动中产生的固体废物，以及法律、行政法规规定视为生活垃圾的固体废物。

生活垃圾主要包括：厨余物、厕所废物、庭院废物、废纸、废塑料、废织物、废金属、废玻璃陶瓷碎片、砖瓦渣土以及废家具、废旧电器等。

（2）建筑垃圾。建筑垃圾是指建设单位、施工单位新建、改建、扩建和拆除各类建筑物、构筑物、管网等，以及居民装饰装修房屋过程中产生的弃土、弃料和其他固体废物。

（3）工业固体废物。工业固体废物是指在工业生产活动中产生的固体废物，随着工业生产的发展，工业废物数量日益增加。工业固体废物数量大、种类多，成分复杂，处理方式也根据固废特性不同而不同。从来源上工业固体废物主要包括以下几类：

1）冶金工业固体废物。冶金工业固体废物主要包括各种金属冶炼或加工工业所产生的各种废渣，如高炉炼铁产生的高炉渣、炼钢产生的钢渣、铜镍铅锌等有色金属冶炼过程中产生的有色金属渣、铁合金渣及提炼氧化铝时产生的赤泥等。

2）能源工业固体废物。能源工业固体废物主要包括燃煤电厂产生的粉煤灰、炉渣、烟道灰、采煤及洗煤过程中产生的煤矸石等。

3）石油化学工业固体废物。石油化学工业固体废物主要包括石油及加工工业产生的油泥、焦油页岩渣、废催化剂、废有机溶剂等，化学工业生产过程中产生的医药废物、废药品、废农药等。

4）矿业固体废物。矿业固体废物主要包括采矿废石和尾矿。废石是指各种金属、非金属矿山开采过程中从主矿上剥离下来的各种围岩；尾矿是指在选矿过程中提取精矿以后剩下的尾渣。

5）轻工业固体废物。轻工业固体废物主要包括食品工业、造纸印刷厂、纺织印染工业、皮革工业等工业加工过程中产生的污泥、动物残物、废酸、废碱以及其他废物。

6）其他工业固体废物。其他工业固体废物主要包括机加工过程产生的废弃物料、金属碎屑、电镀污泥、建筑废料以及其他工业加工过程产生的废渣等。

（4）农业固体废物。农业固体废物是指在农业生产活动中产生的固体废物，包括农业生产、畜禽饲养、农副产品加工所产生的废物，如农作物秸秆、农用薄膜以及畜禽排泄物等。

固体废物按其危害状况可分为一般固体废物和危险废物。

（1）一般固体废物。一般固体废物分为第 I 类和第 II 类一般工业固体废物。第 I 类一般工业固体废物是指按照 HJ 557 规定方法获得的浸出液中任何一种特征污染物浓度均未超过 GB 8978 最高允许排放浓度（第二类污染物最高允许排放浓度按照一级标准执行），且 pH 为 6~9 的一般工业固体废物；第 II 类一般工业固体废物是指按照 HJ 557 规定方法获得的浸出液中有一种或一种以上的特征污染物浓度超过 GB 8978 最高允许排放浓度（第二类污染物最高允许排放浓度按照一级标准执行），或 pH 不为 6~9 的一般工业固体废物。

（2）危险废物。根据《中华人民共和国固体废物污染环境防治法》中的规定：危险废物是指列入《国家危险废物名录》或者根据国家规定的危险废物鉴别标准和鉴别方法认定的具有危险特性的废物。

列入《国家危险废物名录》（2025 年版）的危险废物共分为 50 类。危险废物泛指排除放射性废物以外，具有毒性、易燃性、反应性、腐蚀性、爆炸性、传染性因而可能对人类的生活环境产生危害的废物。对于某些废物，若不能通过工艺分析等排除其存在危险特性，则需进一步根据《危险废物鉴别标准　腐蚀性鉴别》（GB 5085.1—2007）和《危险废物鉴别技术规范》（HJ 298）等判定是否属于危险废物。危险废物判别流程如图 8-1 所示。

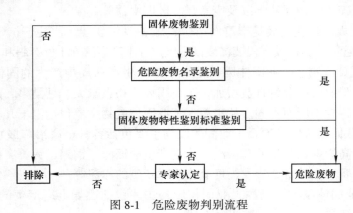

图 8-1　危险废物判别流程

　　列入《危险废物豁免管理清单》中的危险废物，在所列的豁免环节，且满足相应的豁免条件时，可以按照豁免内容的规定进行豁免管理。

　　医疗废物是指医疗卫生机构在医疗、预防、保健以及其他相关活动中产生的具有直接或者间接感染性、毒性以及其他危害性的废物。《医疗废物分类目录》（2021 年版）将医疗废物分为感染性废物、损伤性废物、病理性废物、药物性废物和化学性废物五类，医疗废物分类目录见表 8-1。

表 8-1　医疗废物分类名录

类别	特征	常见组分或废物名称	收集方式
感染性废物	携带病原微生物具有引发感染性疾病传播危险的医疗废物	1. 被患者血液、体液、排泄物等污染的除锐器以外的废物； 2. 使用后废弃的一次性使用医疗器械，如注射器、输液器、透析器等； 3. 病原微生物实验室废弃的病原体培养基、标本，菌种和毒种保存液及其容器；其他实验室及科室废弃的血液、血清、分泌物等标本和容器； 4. 隔离传染病患者或者疑似传染病患者产生的废弃物	1. 收集于符合《医疗废物专用包装袋、容器和警示标志标准》（HJ 421）的医疗废物包装袋中； 2. 病原微生物实验室废弃的病原体培养基、标本，菌种和毒种保存液及其容器，应在产生地点进行压力蒸汽灭菌或者使用其他方式消毒，然后按感染性废物收集处理； 3. 隔离传染病患者或者疑似传染病患者产生的医疗废物应当使用双层医疗废物包装袋盛装
损伤性废物	能够刺伤或者割伤人体的废弃的医用锐器	1. 废弃的金属类锐器，如针头、缝合针、针灸针、探针、穿刺针、解剖刀、手术刀、手术锯、备皮刀、钢钉和导丝等； 2. 废弃的玻璃类锐器，如盖玻片、载玻片、玻璃安瓿等； 3. 废弃的其他材质类锐器	1. 收集于符合《医疗废物专用包装袋、容器和警示标志标准》（HJ 421）的利器盒中； 2. 利器盒达到 3/4 满时，应当封闭严密，按流程运送、贮存
病理性废物	诊疗过程中产生的人体废弃物和医学实验动物尸体等	1. 手术及其他医学服务过程中产生的废弃的人体组织、器官； 2. 病理切片后废弃的人体组织、病理蜡块； 3. 废弃的医学实验动物的组织和尸体； 4. 16 周胎龄以下或质量不足 500 g 的胚胎组织等； 5. 确诊、疑似传染病或携带传染病病原体的产妇的胎盘	1. 收集于符合《医疗废物专用包装袋、容器和警示标志标准》（HJ 421）的医疗废物包装袋中； 2. 确诊、疑似传染病产妇或携带传染病病原体的产妇的胎盘应使用双层医疗废物包装袋盛装； 3. 可进行防腐或者低温保存
药物性废物	过期、淘汰、变质或者被污染的废弃的药物	1. 废弃的一般性药物； 2. 废弃的细胞毒性药物和遗传毒性药物； 3. 废弃的疫苗及血液制品	1. 少量的药物性废物可以并入感染性废物中，但应在标签中注明； 2. 批量废弃的药物性废物，收集后应交由具备相应资质的医疗废物处置单位或者危险废物处置单位等进行处置
化学性废物	具有毒性、腐蚀性、易燃性、反应性的废弃的化学物品	列入《国家危险废物名录》中的废弃危险化学品，如甲醛、二甲苯等；非特定行业来源的危险废物，如含汞血压计、含汞体温计，废弃的牙科汞合金材料及其残余物等	1. 收集于容器中，粘贴标签并注明主要成分； 2. 收集后应交由具备相应资质的医疗废物处置单位或者危险废物处置单位等进行处置

（1）废弃的麻醉、精神、放射性、毒性等药品及其相关废物的分类与处置，按照国家其他有关法律、法规、标准和规定执行。

（2）患者截肢的肢体以及引产的死亡胎儿，纳入殡葬管理。

（3）药物性废物和化学性废物可分别按照《国家危险废物名录》中 HW03 类和 HW49 类进行处置。

（4）列入《医疗废物分类目录》附表 2 医疗废物豁免管理清单中的医疗废物，在满足相应的条时，可以在其所列的环节按照豁免内容规定实行豁免管理。

（5）重大传染病疫情等突发事件产生的医疗废物，可按照县级以上人民政府确定工作方案进行收集、贮存、运输和处置等。

8.2　固体废物对环境的影响

固体废物进入环境中，往往以多种污染成分存在。固体废物在一定的条件下会发生化学的、物理的或生物的转化，对周围环境造成一定影响，如果采取的处理方法和管理措施不当，有害物质即将通过水、气、土壤、食物链等途径污染环境，危害人体健康。

（1）污染水体。将固体废物直接弃置于水体中，在固体废物污染防治法中是明令禁止的。固体废物弃置于水体，将使水质直接受到污染，严重危害水生生物的生存条件，影响水资源的充分利用；固体废物的倾泻还会缩减江河湖面有效面积，使其排洪和灌溉能力有所降低。另外将固体废物不经处理直接堆积在露天环境也是明令禁止的。堆积的固体废物经过雨水的浸渍和废物本身的分解，其渗滤液和有害化学物质的转化和迁移，将对附近地区的河流及地下水系造成污染。

（2）污染大气环境。固体废物中的废弃物料、尾矿、粉煤灰、干污泥和垃圾中的尘粉会随风飞扬，有些在堆存过程中分解产生有毒有害气体，污染大气。还有许多固体在处理（比如焚化）时，会散发毒气和臭气，危害人体健康。

（3）污染土壤。各种固体废物露天堆存，经日晒、雨淋，有害成分向地下渗透而污染土壤。固体废物堆置或垃圾填埋处理，经雨水渗出液及沥滤中的有害成分会改变土质和土壤结构，影响土壤中的微生物活动，妨碍周围植物的根系生长；或在周围机体内积蓄，危害食物链。

（4）影响环境卫生、危害人体健康。未经过无害化处理的固体废物，不仅污染环境，还可能危害人体健康，比如医院传染病患者的粪便、垃圾混入普通粪便、垃圾中，容易传播肝炎、肠炎、痢疾以及各种寄生虫病，会成为环境的严重污染源。

8.3　固体废物的相关法规和标准

8.3.1　《中华人民共和国固体废物污染环境防治法》

1995 年 10 月 30 日第八届全国人民代表大会常务委员会第十六次会议通过《中华人民共和国固体废物污染环境防治法》，2004 年 12 月 29 日第十届全国人民代表大会常务委员会第十三次会议第一次修订，2020 年 4 月 29 日第十三届全国人民代表大会常务委员会第十七次会议第二次修订，修订后的《中华人民共和国固体废物污染环境防治法》，自2020年9月1日起开始施行。新修订的固体污染防治法分为总则、监督管理、工业固体废物、生活垃圾、建筑垃圾、农业固体废物、危险废物、保障措施、法律责任和附则等几个部分。该法全面规定了不同固体废物处理的基本原则、全过程的监督管理、保障措施和法律责任，使得固体废物从收集、处理、处置和管理等方面有法可依。在环境影响评价中，凡涉及的相关法律法规或规范性文件均应作为环境影响评价的编制依据。

8.3.1.1 固体废物防治基本要求

（1）固体废物污染环境防治坚持减量化、资源化和无害化的原则。任何单位和个人都应当采取措施，减少固体废物的产生量，促进固体废物的综合利用，降低固体废物的危害性。

（2）固体废物污染环境防治坚持污染担责的原则。产生、收集、贮存、运输、利用、处置固体废物的单位和个人，应当采取措施，防止或者减少固体废物对环境的污染，对所造成的环境污染依法承担责任。

（3）国家推行生活垃圾分类制度。生活垃圾分类坚持政府推动、全民参与、城乡统筹、因地制宜、简便易行的原则。

（4）地方各级人民政府对本行政区域固体废物污染环境防治负责。国家实行固体废物污染环境防治目标责任制和考核评价制度，将固体废物污染环境防治目标完成情况纳入考核评价的内容。

8.3.1.2 监督管理

A 全过程管理和三化原则

对固体废物的管理，应当从产生、收集、运输、贮存、再循环利用到最终处置，实现废物的全过程控制，从而达到废物的减量化、资源化和无害化。

B 三同时原则

《中华人民共和国固体废物污染环境防治法》规定：建设产生、贮存、利用、处置固体废物的项目，应当依法进行环境影响评价，并遵守国家有关建设项目环境保护管理的规定。

建设项目的环境影响评价文件确定需要配套建设的固体废物污染环境防治设施，应当与主体工程同时设计、同时施工、同时投入使用。建设项目的初步设计，应当按照环境保护设计规范的要求，将固体废物污染环境防治内容纳入环境影响评价文件，落实防治固体废物污染环境和破坏生态的措施以及固体废物污染环境防治设施投资概算。

建设单位应当依照有关法律法规的规定，对配套建设的固体废物污染环境防治设施进行验收，编制验收报告，并向社会公开。

在生产运营中，收集、贮存、运输、利用、处置固体废物的单位和其他生产经营者，应当加强对相关设施、设备和场所的管理和维护，保证其正常运行和使用。

C 台账制度

建立台账制度是对固体废物管理的基本要求。《中华人民共和国固体废物污染环境防治法》规定：产生工业固体废物的单位应当建立健全工业固体废物产生、收集、贮存、运输、利用、处置全过程的污染环境防治责任制度，建立工业固体废物管理台账，如实记录产生工业固体废物的种类、数量、流向、贮存、利用、处置等信息，实现工业固体废物可追溯、可查询，并采取防治工业固体废物污染环境的措施。

台账制度的全面实施是对固体废物的产生、处理到处置实行全过程监督的有效手段。

D　排污许可制度

《中华人民共和国固体废物污染环境防治法》规定，产生工业固体废物的单位应当取得排污许可证。产生工业固体废物的单位应当向所在地生态环境主管部门提供工业固体废物的种类、数量、流向、贮存、利用、处置等有关资料，以及减少工业固体废物产生、促进综合利用的具体措施，并执行排污许可管理制度的相关规定。

危险废物的危险特性，决定了不是任何单位和个人都能从事危险废物的收集、贮存、处理和处置等经营活动，从事危险废物的收集、贮存、处理处置活动，必须具备一定的技术和设施设备，又要有相应的专业技术能力等条件。《中华人民共和国固体废物污染环境防治法》规定，从事收集、贮存、利用、处置危险废物经营活动的单位，应当按照国家有关规定申请取得许可证。禁止无许可证或者未按照许可证规定从事危险废物收集、贮存、利用、处置的经营活动。禁止将危险废物提供或者委托给无许可证的单位或者其他生产经营者从事收集、贮存、利用、处置活动。收集、贮存危险废物，应当按照危险废物特性分类进行。禁止混合收集、贮存、运输、处置性质不相容而未经安全性处置的危险废物。贮存危险废物应当采取符合国家环境保护标准的防护措施。禁止将危险废物混入非危险废物中贮存。从事收集、贮存、利用、处置危险废物经营活动的单位，贮存危险废物不得超过一年；确需延长期限的，应当报经颁发许可证的生态环境主管部门批准；法律、行政法规另有规定的除外。

危险废物的许可证制度，有助于我国危险废物管理和处置水平的提高，保证危险废物的严格控制，防止危险废物污染事件的发生，实现了危险废物的全过程有效控制。

E　危险废物转移报告单制度

危险废物转移必须填写转移报告单，在转移的过程中报告单始终跟随着危险废物。危险废物转移报告单制度的建立是保证危险废物的运输安全，以及防止危险废物的非法转移和处置，保证危险废物的安全监控，防止危险废物的流失和污染发生的必要手段。

《中华人民共和国固体废物污染环境防治法》规定：转移固体废物出省、自治区、直辖市行政区域贮存、处置的，应当向固体废物移出地的省、自治区、直辖市人民政府生态环境主管部门提出申请。移出地的省、自治区、直辖市人民政府生态环境主管部门应当及时商经接受地的省、自治区、直辖市人民政府生态环境主管部门同意后，在规定期限内批准转移该固体废物出省、自治区、直辖市行政区域。未经批准的，不得转移。

转移固体废物出省、自治区、直辖市行政区域利用的，应当报固体废物移出地的省、自治区、直辖市人民政府生态环境主管部门备案。移出地的省、自治区、直辖市人民政府生态环境主管部门应当将备案信息通报接受地的省、自治区、直辖市人民政府生态环境主管部门。

生态环境主管部门及其环境执法机构和其他负有固体废物污染环境防治监督管理职责的部门，在各自职责范围内有权对从事产生、收集、贮存、运输、利用、处置固体废物等活动的单位和其他生产经营者进行现场检查。被检查者应当如实反映情况，并提供必要的资料。

F　信用记录和公开制度

国务院生态环境主管部门应当会同国务院有关部门建立全国危险废物等固体废物污染环境防治信息平台，推进固体废物收集、转移、处置等全过程监控和信息化追溯。

生态环境主管部门应当会同有关部门建立产生、收集、贮存、运输、利用、处置固体废物的单位和其他生产经营者信用记录制度，将相关信用记录纳入全国信用信息共享平台。

设区的市级人民政府生态环境主管部门应当会同住房城乡建设、农业农村、卫生健康等主管部门，定期向社会发布固体废物的种类、产生量、处置能力、利用处置状况等信息。

产生、收集、贮存、运输、利用、处置固体废物的单位，应当依法及时公开固体废物污染环境防治信息，主动接受社会监督。

利用、处置固体废物的单位，应当依法向公众开放设施、场所，提高公众环境保护意识和参与程度。

8.3.2　相关标准和技术规范

固体废物的相关标准是环境影响评价、固体废物污染处理处置的重要依据。固体废物处理和处置相关的标准和技术规范主要包括固体废物污染控制标准、危险废物鉴别标准和其他相关标准等。

（1）固体废物污染控制标准包括处置控制标准和处置设施控制标准。控制标准主要指针对某种废物的处理和处置所做的规定和要求。

污染物控制标准主要指针对固体废物处理和处置设施及处理过程中污染物排放所做的规定。比如《医疗废物处理处置污染控制标准》（GB 39707—2020），标准规定了医疗废物处理处置设施的选址、运行、监测和废物接收、贮存及处理处置过程的生态环境保护要求，以及实施与监督等内容。《危险废物焚烧污染控制标准》（GB 18484—2020）规定了危险废物焚烧设施的选址、运行、监测和废物贮存、配伍及焚烧处置过程的生态环境保护要求，以及实施与监督等内容。《一般工业固体废物贮存和填埋污染控制标准》（GB 18599—2020）规定了一般工业固体废物贮存场、填埋场的选址、建设、运行、封场、土地复垦等过程的环境保护要求，以及替代贮存、填埋处置的一般工业固体废物充填及回填利用环境保护要求，以及监测要求和实施与监督等内容。《危险废物贮存污染控制标准》（GB 18597—2023）规定了危险废物贮存污染控制的总体要求、贮存设施选址和污染控制要求、容器和包装物污染控制要求、贮存过程污染控制要求，以及污染物排放、环境监测、环境应急、实施与监督等环境管理要求。还有《生活垃圾焚烧污染控制标准》（GB 18485—2014）、《生活垃圾填埋场污染控制标准》（GB 16889—2024）、《水泥窑协同处置固体废物污染控制标准》（GB 303485—2013）、《危险废物填埋污染控制标准》（GB 18598—2019）等，这些标准规定了各种处置设施的选址、设计与施工、运行、封场、土地复垦、监测和监督管理等的技术要求。这些标准基本为强制性标准，一旦建设必须实施。

（2）危险废物鉴别方法标准主要有：《危险废物鉴别技术规范》（HJ 298—2019）、《危险废物鉴别标准　通则》（GB 5085.7—2019）、《固体废物鉴别标准　通则》（GB

34330—2017)、《危险废物鉴别标准　毒性物质含量鉴别》（GB 5085.6—2007)、《危险废物鉴别标准　反应性鉴别》（GB 5085.5—2007)、《危险废物鉴别标准　易燃性鉴别》（GB 5085.4—2007)、《危险废物鉴别标准　浸出毒性鉴别》（GB 5085.3—2007)、《危险废物鉴别标准　急性毒性初筛》（GB 5085.2—2007)、《危险废物鉴别标准　腐蚀性鉴别》（GB 5085.1—2007)。

（3）其他相关标准主要包括固体废物处理技术规范和一些基础标准。比如《固体废物处理处置工程技术导则》（HJ 2035—2013)、《固体废物再生利用污染防治技术导则》（HJ 1091—2020)、《危险废物处置工程技术导则》（HJ 2042—2014)、《危险废物收集、贮存、运输技术规范》（HJ 2025—2012)、《医疗废物集中焚烧处置工程技术规范》（HJ 177—2023)、《长江三峡水库库底固体废物清理技术规范》（HJ 85—2005）等。技术规范一般对应相应的污染控制标准，规定不同处理设施处置固体废物的管理，防止固体废物协同处置过程及其产品对环境造成二次污染，有利于在环评和设计阶段合理选址固体废物处置措施。

同时还有一些管理类标准，比如：《危险废物管理计划和管理台账制定技术导则》（HJ 1259—2022）规定了产生危险废物的单位制定危险废物管理计划和管理台账、申报危险废物有关资料的总体要求，危险废物管理计划制定要求，危险废物管理台账制定要求和危险废物申报要求。《危险废物识别标志设置技术规范》（HJ 1276—2022）规定了产生、收集、贮存、利用、处置危险废物单位需设置的危险废物识别标志的分类、内容要求、设置要求和制作方法。《危险废物收集、贮存、运输技术规范》（HJ 2025—2012）规定了危险废物收集、贮存、运输过程的技术要求。

8.4　固体废物的处理与处置

8.4.1　一般固体废物常用的处理与处置技术

固体废物由于产生来源、生产材料、工艺的不同，种类很多。很多固体废物还有可以再利用的成分和物质，固体废物经过一定的处理或加工，可使其中所含的有用物质提取出来，继续在工、农业生产过程中发挥作用。可以提取里面有价或有用物质，可以生产建筑材料或者农业肥料，还可以回收能源等。对于固体废物的处理处置首选资源再利用，这种由固体废物到有用物质的转化称为固体废物的综合利用或资源化。《固体废物处理处置工程技术导则》（HJ 2035—2013）是工程建设项目环境影响评价、环境保护验收及建成后固体废物处理处置措施确定及运行、管理的技术依据。固体废物的处理一般包括预处理和常规处理。常用的预处理方法有压实、破碎和分选；常用的处理处置技术有生物处理技术、填埋（卫生填埋和安全填埋）、焚烧、热解和其他物理或化学处理等。

8.4.1.1　固体废物预处理技术

固体废物的种类多种多样，其形状、大小、结构及性质有很大的不同，为了便于对它们进行合适的处理处置，往往要经过对废物的预加工处理。

对于进行填埋的固体废物，通常要把废物按一定方式压实，这样不仅可以减少运输量和运输费用，而且在填埋时还可以减少占地；对于进行焚烧和堆肥的固体废物，通常要进行破碎处理，破碎成一定粒度的颗粒利于焚烧的进行，也利于提高堆肥的腐化速度；在对废物进行资源回收利用时，也需要破碎、分选等处理过程。

（1）固体废物的压实。固体废物的压实是用物理的手段提高固体废物的聚集程度，减少其容积，以便于运输和后续处理，主要设备为压实机。一般固体废物的压实在废物产生地完成，比如生活垃圾的压实运输。

（2）破碎处理。破碎处理是用机械方法破坏固体废物内部的聚合力和分子间作用力，减少颗粒尺寸，为后续处理提供合适的固相粒度。破碎是固体废物处理技术中最常用的预处理工艺。破碎不是最终目的，往往是固体废物资源化、焚烧、热分解、熔化、压缩等的预处理工序。破碎的目的是方便回收有用资源，使焚烧、热解、堆肥等过程易于进行。

（3）分选。在固体废物处理、处置与回用之前一般需要进行分选，将有用的成分分选出来加以利用，并将有害的成分分离出来，实现"废物利用"。根据物料的物理性质或化学性质，这些性质包括粒度、密度、重力、磁性、电性、弹性等，分别采用不同的方法，包括人工手选、风力分选、筛分、跳汰机、浮选、磁选、电选等分选技术。

8.4.1.2　固体废物常用的处理和处置技术

A　固体废物生物处理技术

固体废物生物处理是通过微生物的作用，使固体废物中可降解有机物转化为稳定产物的处理技术。根据生物处理过程中起作用的微生物对氧气要求的不同，生物处理分为好氧堆肥和厌氧消化两类。好氧堆肥是在充分供氧的条件下，利用好氧微生物分解固体废物中有机物质的过程，产生的堆肥是优质的土壤改良剂和农肥。厌氧消化是在无氧或缺氧条件下，利用厌氧微生物的作用使废物中可生物降解的有机物转化为甲烷、二氧化碳和稳定物质的生物化学过程。生物处理适宜处理有机固体废物，如畜禽粪便、农业废弃物、有机污泥等。生物处理过程中产生的残余物应回收利用，不可回收利用的应焚烧处理或卫生填埋处置。

a　好氧堆肥

好氧堆肥是在通风条件下，有游离氧存在时进行的分解发酵过程，由于堆肥温度高，一般在55~65 ℃，有时高达80 ℃，故也称高温堆肥。由于好氧堆肥具有发酵周期短、无害化程度高、卫生条件好、易于机械化操作等特点，故国内外用垃圾、污泥、人畜粪尿等有机废物制造堆肥的工厂，绝大多数都采用好氧堆肥。好氧堆肥工艺流程见图8-2。

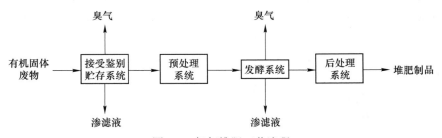

图8-2　好氧堆肥工艺流程

堆肥场应建设渗滤液导排系统和渗滤液处理设施，将堆肥场在运行期和后期维护管理期内的渗滤液处理后达标排放。

b　厌氧消化

固体废物厌氧消化技术按厌氧消化温度分为常温消化、中温消化和高温消化；按消化固体废物的浓度可分为低固体厌氧消化和高固体厌氧消化。固体废物厌氧消化技术中，常温消化主要适用于粪便、污泥和中低浓度有机废水等的处理，较适用于气温较高的南方地区；中温消化主要适用于大中型产沼工程、高浓度有机废水等的处理；高温消化主要适用于高浓度有机废水、城市生活垃圾、农作物秸秆等的处理，以及粪便的无害化处理。厌氧消化工艺流程见图8-3。

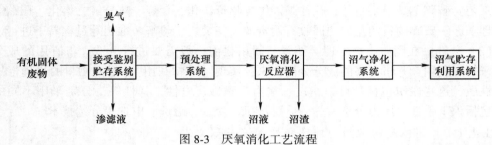

图8-3　厌氧消化工艺流程

B　固体废物焚烧处置技术

焚烧法是一种高温热处理技术，即以一定的过剩空气量与被处理的有机废物在焚烧炉内进行氧化分解反应，废物中的有毒有害物质在高温中氧化、热解而被破坏。焚烧处置的特点是可以实现无害化、减量化、资源化。焚烧的主要目的是尽可能焚毁废物，使被焚烧的物质变成无害和最大限度地减容，并尽量减少新的污染物质的产生，避免造成二次污染。焚烧适于处理可燃、有机成分较多、热值较高的固体废物，如城市生活垃圾、农林固体废物等。焚烧不但可以处置城市垃圾和一般工业废物，而且可以用于处置危险废物。

a　基本要求

焚烧处置工程应采用成熟可靠的技术、工艺和设备，并应运行稳定、维修方便、经济合理、管理科学、保护环境、安全卫生。焚烧厂建设规模应根据焚烧厂服务范围内的固体废物可焚烧量、分布情况、发展规划以及变化趋势等因素综合考虑确定，并应根据处理规模合理确定生产线数量和单台处理能力，设计时应考虑焚烧处置能力的余量。应采用2~4条生产线配置的方式。新建焚烧应采用同一种处理能力、同一种型号的焚烧炉。

生活垃圾焚烧厂污染物排放限值及烟囱高度应符合《生活垃圾焚烧污染控制标准》（GB 18485—2014）的相关要求，其他固体废物焚烧应符合国家相关固体废物污染控制标准的规定。

b　工艺流程

焚烧工艺流程见图8-4。

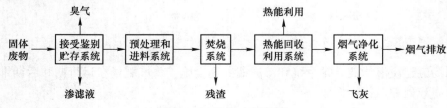

图8-4　焚烧工艺流程

c 焚烧炉型及适用范围

焚烧炉型应根据废物种类和特征选择。

（1）炉排式焚烧炉适用于生活垃圾焚烧，不适用于处理含水率高的污泥。

（2）流化床式焚烧炉对物料的理化特性有较高要求，适用于处理污泥、预处理后的生活垃圾及一般工业固体废物。

（3）回转窑焚烧炉适用于处理成分复杂、热值较高的一般工业固体废物。

（4）固定床等其他类型的焚烧炉适用于一些处理规模较小的固体废物处理工程。

d 烟气净化

焚烧处置技术对环境的最大影响是尾气造成的污染，常见的焚烧尾气污染物包括烟尘、酸性气体、氮氧化物、重金属、二噁英等。焚烧处置技术要特别关注二次污染，工况控制和烟气净化则是污染控制的关键。

烟气净化系统应包括酸性气体、烟尘、重金属、二噁英等污染物的控制与去除设备，以及引风机、烟囱等相关设备。

脱酸系统主要去除氯化氢、氟化氢和硫氧化物等酸性物质，应采用适宜的碱性物质作为中和剂，可采用半干法、干法或湿法处理工艺。

烟气除尘设备应采用袋式除尘器。

烟气中重金属和二噁英的去除应注意：合理匹配物料，控制入炉物料含氯量；固体废物应完全燃烧，并严格控制燃烧室烟气的温度、停留时间与气流扰动工况；应减少烟气在 200~400 ℃温区的滞留时间。

氮氧化物去除应注意：应优先考虑采用低氮燃烧技术减少氮氧化物的产生量；烟气脱硝可采用选择性非催化还原法（SNCR）或选择性催化还原法（SCR）。

e 灰渣处理

炉渣与焚烧飞灰应分别收集、贮存和运输。其中，生活垃圾焚烧飞灰属于危险废物，应按危险废物进行安全处置；秸秆等农林废物焚烧飞灰和除危险废物外的固体废物焚烧炉渣应按一般固体废物处理。

C 固体废物填埋处置

a 固体废物填埋处置类型

（1）卫生填埋。卫生填埋方法是一般固体废物处理处置的常用处理方法，填埋技术是利用天然地形或人工构造，形成一定空间，将固体废物填充、压实、覆盖以达到贮存的目的。卫生填埋法采用严格的污染控制措施，使整个填埋过程的污染和危害减少到最低限度，在填埋场的设计、施工、运行时充分考虑填埋规程中产生的渗滤液和废气做到统一收集后集中处理。

对于危险废物可能需要进行固化/稳定化处理，对填埋场则需要做严格的防渗构造。这里主要介绍卫生填埋方法。

卫生填埋场的合理使用年限应在 10 年以上，特殊情况下应不低于 8 年。填埋库区应一次性设计、分期建设。填埋工艺流程见图 8-5。

进入卫生填埋场的填埋物应是生活垃圾，或是经处理后符合《生活垃圾填埋场污染控制标准》（GB 16889—2024）相关规定的废物。具有爆炸性、易燃性、浸出毒性、腐蚀性、传染性、放射性等的有毒有害废物不应进入卫生填埋场，不得直接填埋医疗废物和与

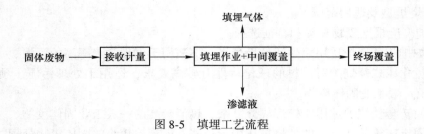

图 8-5　填埋工艺流程

衬层不相容的废物。卫生填埋场的基础与防渗应符合《生活垃圾填埋场污染控制标准》（GB 16889—2024）中的有关规定。填埋场渗滤液的处理应符合《生活垃圾填埋场渗滤液处理工程技术规范（试行）》（HJ 564—2010）的有关规定，处理达标后排放。填埋气体应进行收集和利用，难以回收和无利用价值时应将其导出处理后排放。

填埋终止后，应进行封场和生态环境恢复。封场后应对渗滤液进行永久的收集和处理，并定期清理渗滤液收集系统。封场后进入后期维护与管理阶段的填埋场，应定期检测填埋场产生的渗滤液和填埋气，直到填埋场产生的渗滤液中水污染物浓度满足《生活垃圾填埋场污染控制标准》（GB 16889—2024）中的要求。在填埋场稳定以前，应对地下水、地表水、大气进行定期监测。

（2）安全填埋。安全填埋是一种把危险废物放置或贮存在环境中，使其与环境隔绝的处置方法，也是对其在经过各种方式的处理之后所采取的最终处置措施。目的是阻断废物和环境的联系，使其不再对环境和人体健康造成危害。所以，是否能阻断废物和环境的联系便是填埋处置成功与否的关键。

一个完整的安全填埋场应包括废物接收与贮存系统、分析监测系统、预处理系统、防渗系统、渗滤液集排水系统、雨水及地下水集排水系统、渗滤液处理系统、渗滤液监测系统、管理系统和公用工程等。

b　一般工业固体废物填埋处置

一般工业固体废物是企业在工业生产过程中产生且不属于危险废物的工业固体废物。一般工业固体废物填埋场、处置场适宜处理未被列入《国家危险废物名录》或据《危险废物鉴别标准》（GB 5085.1~GB 5085.7）、《固体废物　浸出毒性浸出方法　翻转法》（GB 5086.1）、《固体废物　浸出毒性浸出方法　水平振荡法》（HJ 557）及《固体废物　浸出毒性测定方法》（GB/T 15555.1~GB/T 15555.12）鉴别判定不具有危险特性的工业固体废物。

《一般工业固体废物贮存和填埋污染控制标准》（GB 18599—2020）规定，一般工业固体废物填埋场、处置场，不应混入危险废物和生活垃圾。第Ⅰ类和第Ⅱ类一般工业固体废物应分别处置，防渗要满足不同的要求。

一般工业固体废物贮存场和填埋场一般应包括以下单元：防渗系统、渗滤液收集和导排系统、雨污分流系统、分析化验与环境监测系统、公用工程和配套设施、地下水导排系统和废水处理系统。贮存场及填埋场渗滤液收集池的防渗要求应不低于对应贮存场、填埋场的防渗要求。

Ⅱ类场应采用单人工复合衬层作为防渗衬层，并符合以下技术要求：

（1）人工合成材料应采用高密度聚乙烯膜，厚度不小于 1.5 mm，并满足 GB/T 17643

规定的技术指标要求。采用其他人工合成材料的，其防渗性能至少相当于 1.5 mm 高密度聚乙烯膜的防渗性能。

（2）黏土衬层厚度应不小于 0.75 m，且经压实、人工改性等措施处理后的饱和渗透系数不应大于 $1.0×10^{-7}$ cm/s。使用其他黏土类防渗衬层材料时，应具有同等以上隔水效力。

Ⅱ类场基础层表面应与地下水年最高水位保持 1.5 m 以上的距离。当场区基础层表面与地下水年最高水位距离不足 1.5 m 时，应建设地下水导排系统。地下水导排系统应确保Ⅱ类场运行期地下水水位维持在基础层表面 1.5 m 以下。

Ⅱ类场应设置渗漏监控系统，监控防渗衬层的完整性。渗漏监控系统的构成包括但不限于防渗衬层渗漏监测设备、地下水监测井。

人工合成材料衬层、渗滤液收集和导排系统的施工不应对黏土衬层造成破坏，其基本结构见图 8-6。

Ⅰ类固体废物的贮存场的防渗要求需满足：当天然基础层饱和渗透系数不大于 $1.0×10^{-5}$ cm/s，且厚度不小于 0.75 m 时，可以采用天然基础层作为防渗衬层；当天然基础层不能满足上述防渗要求时，可采用改性压实黏土类衬层或具有同等以上隔水效力的其他材料防渗衬层，其防渗性能应至少相当于渗透系数为 $1.0×10^{-5}$ cm/s 且厚度为 0.75 m 的天然基础层。必要时应设计渗滤液处理设施，对渗滤液进行处理。封场后，渗滤液及其处理后排放水的监测系统应继续维持正常运转，直至水质稳定为止。地下水监测系统应继续维持正常运转。

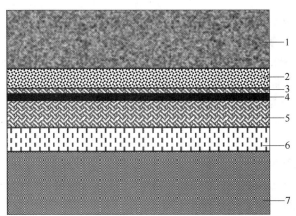

图 8-6   一般固体废物填埋场单人工复合衬层系统示意图

1——一般工业固体废物；2—渗滤液导排层；3—保护层；4—人工防渗衬层（高密度聚乙烯膜）；

5—黏土衬层；6—地下水导排层（可选）；7—基础层

D   一般物化处理方法

对于某些工业生产产生的某些含油、含酸、含碱或含重金属的废液，均不宜直接焚烧或填埋，要通过简单的物理化学处理。经处理后水溶液可以再回收利用，有机溶剂可以作焚烧的辅助燃料，浓缩物或沉淀物则可送去填埋或焚烧。因此，物理化学方法也是综合利用或预处理过程。

E 热解法

区别于焚烧，热解技术是在氧分压较低的条件下，利用热能将大分子量的有机物裂解为分子量相对较小的易于处理的化合物或燃料气体、油和炭黑等有机物质。热解处理适用于具有一定热值的有机固体废物。热解应考虑的主要影响因素有热解废物的组分、粒度及均匀性、含水率、反应温度及加热速率等。高温热解温度应在 1000 ℃以上，主要热解产物应为燃气；中温热解温度应在 600~700 ℃，主要热解产物应为类重油物质；低温热解温度应在 600 ℃以下，主要热解产物应为炭黑。热解产物经净化后进行分馏可获得燃油、燃气等产品。

F 水泥窑协同处置固体废物

水泥窑协同处置固体废物是指将满足或经过预处理后满足入窑要求的固体废物投入水泥窑，在进行水泥熟料生产的同时实现对固体废物的无害化处置过程。处置固体废物的类型主要包括危险废物、生活垃圾、城市和工业污水处理污泥、动植物加工废物、受污染土壤、应急事件废物等。水泥窑协同处置固体废物是城市固体废物处置的重要补充形式。

水泥窑协同处置固体废物污染防治应遵循源头控制、清洁生产与末端治理相结合的全过程污染控制原则，鼓励采用先进可靠、能源利用效率高的生产工艺和装备及成熟有效的污染防治技术，加强技术引导和精细化管理。水泥窑协同处置固体废物应保证固体废物的安全处置，满足污染物达标排放的要求，不影响水泥的产品质量和水泥窑的稳定运行。

水泥窑协同处置固体废物，应对进场接收、贮存与输送、预处理和入窑处置等场所或设施采取密闭、负压或其他防漏散、防飞扬、防恶臭的有效措施。固体废物在水泥企业应分类贮存，贮存设施应单独建设，不应与水泥生产原燃料或产品混合贮存。危险废物贮存还应满足《危险废物贮存污染控制标准》（GB 18597—2023）和《危险废物收集、贮存、运输技术规范》（HJ 2025—2012）的要求。对不明性质废物应按危险废物贮存要求设置隔离贮存的暂存区，并设置专门的存取通道。

新建水泥窑协同处置危险废物的企业在试生产期间，应按照《水泥窑协同处置固体废物环境保护技术规范》（HJ 662—2013）要求对水泥窑协同处置设施进行性能测试，以检验和评价水泥窑在协同处置危险废物的过程中对有机化合物的焚毁去除能力以及对污染物排放的控制效果。利用水泥窑协同处置医疗废物，必须满足 HJ 662—2013 的相关要求。处置应急事件废物，应选择具有同类型危险废物经营许可证的水泥窑进行协同处置。如无法满足条件时，应按照当地省级环境保护主管部门批准的应急处置方案，选择适宜的水泥窑进行协同处置。

8.4.1.3 固体废物处理厂（场）址选择要求

A 焚烧厂选址

焚烧厂选址应具备满足工程建设要求的工程地质条件和水文地质条件。焚烧厂不应建在受洪水、潮水或内涝威胁的地区，必须建在上述地区时，应有可靠的防洪、排涝措施，应有可靠的电力供应和供水水源，并需考虑焚烧产生的炉渣及飞灰的处理处置和污水处理及排放条件。

B 填埋场选址

填埋场场址应处于相对稳定的区域，并符合相关标准的要求。场址应尽量设在该区域地下水流向的下游地区。填埋场场址的标高应位于重现期不小于 50 年一遇的洪水位之上，并建设在长远规划中的水库等人工蓄水设施的淹没区和保护区之外，按 GB 16889—2024 规定选址。

C　堆肥场选址

应统筹考虑服务区域，结合已建或拟建的固体废物处理设施，充分利用已有基础设施，合理布局。

D　厌氧消化厂选址

厌氧消化厂应避免建在地质不稳定及易发生坍塌、滑坡、泥石流等自然灾害的区域。选址应尽量靠近发酵原料的产地和沼气利用地区，有较好的供水、供电及交通条件，并便于污水、污泥的处理、排放与利用。厌氧消化厂选址应结合已建或拟建的垃圾处理设施，充分利用已有基础设施，合理布局，利于实现综合处理。

8.4.1.4　固体废物的收集与运输

A　城市垃圾的收运

城市垃圾的收运应合理设计收运时间和收运路线，保证收集清运工作安排的科学性和经济性。

在城市垃圾收运系统中，转运是指利用中转站将各分散收集点较小的收集车清运的垃圾转装到大型运输工具，并将其远距离运输至垃圾处理利用设施或处置场的过程。转运站（即中转站）就是指进行上述转运过程的建筑设施与设备。中转站选址应注意：（1）尽可能位于垃圾收集中心或垃圾产量多的地方；（2）靠近公路干线及交通方便的地方；（3）居民和环境危害最少的地方；（4）进行建设和作业最经济的地方。

此外，中转站选址应考虑便于废物回收利用及能源生产的可能性。

B　危险废物的收集、贮存及运输

由于危险废物固有的属性包括化学反应性、毒性、腐蚀性、传染性或其他特性，会对人类健康或环境产生危害，因此，在其收集、运输和转运过程中应严格按照危险废物管理，严格遵循转移联单制度。

C　一般工业固体废物的收集和贮存

对于一般工业固体废物的收集首先应根据经济、技术条件对产生的工业固体废物加以回收利用；对暂时不利用或者不能利用的工业固体废物，应按照国务院环境保护主管部门的规定建设贮存设施、场所，安全分类存放，或者采取无害化处置措施。贮存、处置场应采取防止粉尘污染的措施，周边应设导流渠，防止雨水径流进入贮存、处置场内，避免渗滤液量增加和发生滑坡。应构筑堤、坝、挡土墙等设施，防止一般工业固体废物和渗滤液的流失。应设计渗滤液集排水设施，必要时应设计渗滤液处理设施，对渗滤液进行处理。贮存含硫量大于 1.5% 的煤矸石时，应采取防止自燃的措施。

8.4.2　危险废物的处置技术

危险废物相对于一般固体废物其危害性和风险性更大。原环境保护部发布的《危险废物处置工程技术导则》（HJ 2042—2014）规定了危险废物处置工程设计、施工、验收和运行中的通用技术和管理要求。技术导则适用于危险废物集中处置工程的新建、改建和扩建工程及企业自建的危险废物处置工程，可宏观指导危险废物处置工程可行性研究、环境影响评价、工程设计、工程施工、工程验收及设施运行管理等行为。对于已有专项工程技术规范的危险废物处置工程，还应同时执行专项技术规范，比如《医疗废物处理处置污染控制标准》（GB 39707—2020）、《危险废物焚烧污染控制标准》（GB 18484—2020）等。对于尚未颁布专项工程技术规范的危险废物处置工程，应执行本标准的有关规定。医疗废物作为一类特殊的危险废物，其管理技术要求参照医疗废物相关标准。

8.4.2.1　危险废物的处置技术适用性及选择

A　废物处置技术分类

和一般固体废物处理类似，危险废物处置技术也分为预处理技术和处置技术。

危险废物预处理技术包括物理法、化学法和固化/稳定化等。物理法包括压实、破碎、分选、增稠、吸附和萃取等；化学法包括絮凝沉降、化学氧化、化学还原和酸碱中和等；固化/稳定化包括水泥固化、石灰固化、塑料固化、自胶结固化和药剂稳定化等。

危险废物处置技术包括焚烧处置技术、非焚烧处置技术、安全填埋处置技术等。危险废物焚烧处置包括回转窑焚烧、液体注射炉焚烧、流化床炉焚烧、固定床炉焚烧和热解焚烧等；危险废物非焚烧处置主要包括热脱附处置、熔融处置、电弧等离子处置等；危险废物安全填埋处置包括单组分填埋处置和多组分填埋处置等。

B　危险废物处置技术适用性

预处理技术主要适用于焚烧、非焚烧、安全填埋等危险废物处置行为前的预处理过程。

焚烧技术适用于处置有机成分多、热值高的危险废物，处置危险废物的形态可为固态、液态和气态，但含汞废物不适宜采用焚烧技术进行处置，爆炸性废物必须经过合适的预处理技术消除其反应性后再进行焚烧处置，或者采用专门设计的焚烧炉进行处置。回转窑可处置的危险废物包括有机蒸汽、高浓度有机废液、液态有机废物、粒状均匀废物、非均匀的松散废物、低熔点废物、含易燃组分的有机废物、未经处理的粗大而散装的废物、含卤化芳烃废物、有机污泥等；液体喷射炉可处置的危险废物包括有机蒸汽、高浓度有机废液、液态有机废物、低熔点废物、含卤化芳烃废物等；流化床主要用于处置粉状危险废物，也可用于处置块状废物及废液；固定床炉可处置的危险废物包括有机蒸汽、粒状均匀废物、非均匀的松散废物、低熔点废物、含易燃灰组分的有机废物等；热解炉主要用于处置有机物含量高的危险废物。

危险废物非焚烧处置技术应根据技术特点和被处置废物的特性进行选择。热脱附技术适用于处置挥发性、半挥发性及部分难挥发性有机类固态或半固态危险废物，可用于处理含有上述危险废物的土壤、泥浆、沉淀物、滤饼等；熔融技术适用于处置危险废物焚烧处置残渣和固体废物焚烧处置产生的飞灰等；电弧等离子体技术适用于处置毒性较高、化学性质稳定，并能长期存在于环境中的危险废物，特别适宜处置垃圾焚烧后的飞灰、粉碎后的电子垃圾、液态或气态有毒危险废弃物等。

安全填埋处置技术适用于《国家危险废物名录》中，除填埋场衬层不相容废物之外的危险废物的安全处置。性质不稳定的危险废物需经固化/稳定化后方可进行安全填埋处置，但有机危险废物不适宜采用安全填埋进行处置。单组分填埋适用于处置化学形态相同的危险废物；多组分填埋适用于处置两类以上混合后不发生化学反应，或发生非激烈化学反应后性质稳定的危险废物。

C 危险废物处置技术选择原则

腐蚀性废物应先通过中和法进行预处理，然后再采用其他方式进行最终处置；有毒性废物可选择解毒处理，也可选择焚烧或填埋等处置技术；易燃性废物宜优先选择焚烧处置技术，并应根据焚烧条件选择预处理方式；反应性废物宜先采用氧化、还原等方式消除其反应性，然后进行焚烧或填埋等处置；感染性废物（医疗废物）应选择能够杀灭感染性病菌的处置技术，如焚烧、高温蒸汽灭菌、化学消毒、微波消毒等。

危险废物处置设施建设应根据不同处置技术的特点和应用要求确定相应的建设内容，应能保证危险废物得到安全有效处置，主要包括主体设施和辅助设施两部分。主体设施应包括进厂危险废物接收系统、分析鉴别系统、贮存与输送系统、预处理系统、处置系统、污染控制系统、自动化控制系统、监测系统和应急系统等；附属设施应包括电气系统、能源供应、气体供应、供配电、给排水、污水处理、消防、通信、暖通空调、机械维修、车辆/容器冲洗设施、安全防护和事故应急设施等。

危险废物处理处置技术适用性见表 8-2。

表 8-2 危险废物处理处置技术适用表

废物类别	行业来源	危险特性	适用处理处置方法		
			安全填埋	焚烧处置	非焚烧处置
HW01 医疗废物	卫生、非特定行业	In	见表 8-3		
HW02 医药废物	化学药品原药制造	T		√	√
	化学药品制剂制造	T		√	√
	兽用药品制造	T		√	√
	生物、生化制品的制造	T		√	√
HW03 废药物、药品	非特定行业	T		√	√
HW04 农药废物	农药制造	T		√	√
	非特定行业	T		√	√
HW05 木材防腐剂废物	锯材、木片加工	T		√	√
	专用化学产品制造	T		√	√
	非特定行业	T		√	√
HW06 有机溶剂废物	基础化学原料制造	I, T		√	√
HW07 热处理含氰废物	金属表面处理及热处理加工	R, T			√
HW08 废矿物油	天然原油和天然气开采	T, I		√	
	产品制造精炼石油	T, I		√	
	涂料、油墨、颜料及相关产品制造	T		√	
	专用化学产品制造	T		√	
	船舶及浮动装置制造	T, I		√	
	非特定行业	T, I		√	
HW09 油/水、烃/水混合物	非特定行业	T		√	

续表 8-2

废物类别	行业来源	危险特性	适用处理处置方法		
			安全填埋	焚烧处置	非焚烧处置
HW10 多氯（溴）联苯类废物	非特定行业	T		√	
HW11 精（蒸）馏残渣	精炼石油产品的制造	T		√	
	炼焦制造	T		√	
	基础化学原料制造	T		√	
	常用有色金属冶炼	T		√	
	环境管理业	T		√	
	非特定行业	T		√	
HW12 染料、涂料废物	涂料、油及相关产品制造	T		√	
	纸浆制造	T		√	
	非特定行业	T，I		√	
HW13 有机树脂类废物	基础化学原料制造	T		√	
	非特定行业	T		√	
HW14 新化学药品废物	非特定行业	T/C/In/I/R		√	
HW15 爆炸性废物	炸药及火工产品制造	T，R	√		
	非特定行业	R	√		
HW16 感光材料废物	专用化学产品制造	T			√
	印刷	T			√
	电子元件制造	T			√
	电影	T			√
	摄影扩印服务	T			√
	非特定行业	T			√
HW17 表面处理废物	金属表面处理及热处理加工	T		√	
HW18 焚烧处置残渣	环境治理	T	√		
HW19 含金属羰基化合物废物	非特定行业	T	√		
HW20 含铍废物	基础化学原料制造	T	√		
HW21 含铬废物	多种来源	T	√		
HW22 含铜废物	常用有色金属矿采选、印刷	T	√		
	玻璃及玻璃制品制造	T	√		
	电子元件制造	T	√		
HW23 含锌废物	多种来源	T	√		
HW24 含砷废物	常用有色金属矿采选	T	√		
HW25 含硒废物	基础化学原料制造	T	√		
HW26 含镉废物	电池制造	T	√		
HW27 含锑废物	基础化学原料制造	T	√		
HW28 含碲废物	基础化学原料制造	T	√		

废物类别	行业来源	危险特性	适用处理处置方法		
			安全填埋	焚烧处置	非焚烧处置
HW29 含汞废物	多种来源	T	√		√
HW30 含铊废物	基础化学原料制造	T	√		
HW31 含铅废物	多种来源	T	√		
HW32 无机氟化物废物	非特定行业	T			√
HW33 无机氰化物废物	非特定行业	T			√
HW34 废酸	多种来源	C, T	√		
HW35 废碱	精炼石油产品的制造	C, T	√		
HW36 石棉废物	多种来源	T	√		
HW37 有机磷化合物废物	多种来源	T		√	
HW38 有机氰化物废物	基础化学原料制造	R, T		√	
HW39 含酚废物	炼焦、基础化学原料制造	T		√	
HW40 含醚废物	基础化学原料制造	T		√	
HW41 废卤化有机溶剂	印刷	I, T		√	
HW42 废有机溶剂	多种来源	T		√	
HW43 含多氯苯并呋喃类废物	非特定行业	T		√	
HW44 含多氯苯并二噁英废物	非特定行业	T		√	
HW45 含有机卤化物废物	基础化学原料制造	T		√	
HW46 含镍废物	多种来源	T	√		
HW47 含钡废物	多种来源	T	√		
HW48 有色金属冶炼废物	多种来源	T	√		
HW49 其他废物	环境治理	T		√	√
	非特定行业	T/C/In/I/R	√	√	√

注："危险特性"是指腐蚀性（corrosivity，C）、毒性（toxicity，T）、易燃性（ignitability，I）、反应性（reactivity，R）和感染性（infectivity，In）。

根据表 8-1 医疗废物的类型，对应的处理措施见表 8-3。

表 8-3　医疗废物处置技术表

类别	特　征	焚烧处置	高温蒸汽处理	化学消毒处理	微波消毒处理	电子辐射处理	高压臭氧处理
感染性废物	携带病原微生物、具有引发感染性疾病传播危险的医疗废物	√	√	√	√	√	√
病理性废物	诊疗过程中产生的人体废弃物和医学实验动物尸体等	√					（部分）
损伤性废物	能够刺伤或者割伤人体的废弃的医用锐器	√	√	√	√	√	√
药物性废物	过期、淘汰、变质或者被污染的废弃的药品	√					

续表 8-3

类别	特征	焚烧处置	高温蒸汽处理	化学消毒处理	微波消毒处理	电子辐射处理	高压臭氧处理
化学性废物	具有毒性、腐蚀性、易燃易爆性的废弃的化学物品	√					

8.4.2.2　焚烧方法

由表 8-2 可以看到焚烧方法是危险废物处理的常用方法。焚烧是危险废物在高温条件下发生燃烧等反应，实现无害化和减量化的过程。

《危险废物焚烧污染控制标准》（GB 18484—2020）规定了危险废物焚烧设施的选址、运行、监测和废物贮存、配伍及焚烧处置过程的生态环境保护要求，以及实施与监督等内容。适用于现有危险废物焚烧设施（不包含专用多氯联苯废物和医疗废物焚烧设施）的污染控制和环境管理，以及新建危险废物焚烧设施建设项目的环境影响评价、危险废物焚烧设施的设计与施工、竣工验收、排污许可管理及建成后运行过程中的污染控制（见表 8-4 和表 8-5）和环境管理。危险废物熔融、热解、气化等高温热处理设施的污染物排放限值，若无专项国家污染控制标准或者环境保护标准的，可参照本标准执行，规定了危险废物焚烧炉的技术性能指标（见表 8-6）。

表 8-4　危险废物焚烧设施烟气污染物排放浓度限值　　　（mg/m^3）

序号	污染物项目	限值	取值时间
1	颗粒物	30	1 h 均值
		20	24 h 均值或日均值
2	一氧化碳（CO）	100	1 h 均值
		80	24 h 均值或日均值
3	氮氧化物（NO$_x$）	300	1 h 均值
		250	24 h 均值或日均值
4	二氧化硫（SO$_2$）	100	1 h 均值
		80	24 h 均值或日均值
5	氟化氢（HF）	4.0	1 h 均值
		2.0	24 h 均值或日均值
6	氯化氢（HCl）	60	1 h 均值
		50	24 h 均值或日均值
7	汞及其化合物（以 Hg 计）	0.05	测定均值
8	铊及其化合物（以 Tl 计）	0.05	测定均值
9	镉及其化合物（以 Cd 计）	0.05	测定均值
10	铅及其化合物（以 Pb 计）	0.5	测定均值
11	砷及其化合物（以 As 计）	0.5	测定均值
12	铬及其化合物（以 Cr 计）	0.5	测定均值

续表 8-4

序号	污染物项目	限　值	取值时间
13	锡、锑、铜、锰、镍、钴及其化合物 （以 Sn+Sb+Cu+Mn+Ni+Co 计）	2.0	测定均值
14	二噁英类（ng TEQ/m³①）	0.5	测定均值

注：表中污染物限值为基准氧含量排放浓度。

① 标准状态下的体积。

表 8-5　焚烧炉排气筒高度

焚烧处理能力/kg·h⁻¹	排气筒最低允许高度/m
≤300	25
300～2000	35
2000～2500	45
≥2500	50

表 8-6　危险废物焚烧炉的技术性能指标

指标	焚烧炉高温段温度/℃	烟气停留时间/s	烟气含氧量（干烟气，烟囱取样口）/%	烟气一氧化碳浓度（烟囱取样口）/mg·m⁻³		燃烧效率/%	焚毁去除率/%	热灼减率/%
				1 h 均值	24 h 均值或日均值			
限值	≥1100	≥2.0	6～15	≤100	≤80	≥99.9	≥99.99	<5

8.5　固体废物的环境影响评价

固体废物的环境影响评价主要分两大类型：第一类是针对一般工程项目在运营过程中产生的固体废物，有一般固体废物和危险废物，评价其产生、收集、运输、处理到最终处置全过程的环境影响；第二类是专门针对处理、处置固体废物设施建设项目的环境影响评价，评价固体废物处理项目在运营中运输、产生、收集、处理处置全过程的环境影响。

《中华人民共和国固体废物污染环境防治法》明确要求对固体废物污染实行由产生、收集、贮存、运输、预处理直至处置全过程控制，因此在环评中必须进行固体废物的全过程分析。对于一般工程项目产生的固体废物将可能涉及收集、运输过程。对于危险废物的运输可能还会涉及环境风险问题。为了保证固体废物运输、处理处置的安全，必须建立一个完整的收、贮、运体系，使固体废物的全过程处于可查可溯状态，因此在环评中这个体系是与处理、处置设施构成一个整体的。

对第一类的环境影响评价内容主要包括：（1）污染源调查。根据调查结果，要给出包括固体废物的名称、组分、形态、数量等内容的调查清单，同时应按一般工业固体废物和危险废物分别列出。（2）污染防治措施的论证。根据工艺过程、各个产出环节提出防治措施，并对防治措施的可行性加以论证。（3）提出最终处置措施方案，如综合利用、填埋、焚烧等。并应包括对固体废物收集、贮运、预处理等全过程的环境影响及污染防治措施。

对处理、处置固体废物设施的环境影响评价内容，则是根据处理处置的工艺特点，依据《环境影响评价技术导则》，执行相应的污染控制标准进行环境影响评价，如一般工业废物贮存、处置场，危险废物贮存场所，生活垃圾填埋场，生活垃圾焚烧厂，危险废物填埋场，危险废物焚烧厂等。在这些工程项目污染物控制标准中，对厂（场）址选择、污染控制项目、污染物排放限制等都有相应的规定，是环境影响评价必须严格予以执行的。

8.5.1　建设项目的固体废物环境影响评价

建设项目固体废物环境影响评价依据《建设项目环境影响评价技术导则　总纲》。建设项目固体废物的环境影响评价过程和其他环境要素的环境影响评价过程类似，主要包括污染源调查、污染控制措施的提出和论证、危险废物的最终处置措施等内容。其中一般固体废物或危险废物贮存或处置设施的建设，则同时执行相应的污染控制标准。

首先根据《国家危险废物名录》或国家规定的危险废物鉴别标准和鉴别方法（GB 5085.1～GB 5085.7），对项目产生的固体废物进行识别或鉴别，明确产出的固体废物属于一般固体废物还是危险废物，将污染源调查结果和危险废物鉴别结果列表说明，对于危险废物需明确其废物类别和危险废物特性。

（1）污染源的确定。

固体废物污染源的确定主要包括固体废物种类、产生量。通过对所建项目的工程分析，依据生产工艺过程统计出各个环节产生固体废物的种类、组分、排放量及排放规律，对建设项目固体废物的产生、收集、贮存、运输、利用、处置全过程进行分析评价，明确各种固体废物是一般固体废物还是危险废物。

（2）防治措施的论证。

根据建设项目工艺过程的各个环节产生的固体废物的危害性、排放方式、排放速率等因素，依据减量化、资源化和无害化的控制原则，同时按照全过程控制的基本要求，分析其在生产、收集、运输、贮存等过程中对环境的影响，有针对性提出污染的防治措施，同时对措施的可行性加以论证，对于危险废物则需要提出最终处置措施并进行论证。

（3）明确危险废物的最终处置措施。

建设项目环境影响评价，对于危险废物需明确提出危险废物的最终处置措施，危险废物的最终处理处置措施包括：危险废物综合利用、焚烧处置、安全填埋处置、其他物理或化学方法处置，以及委托处置。

综合利用需明确给出综合利用的危险废物名称、数量、性质、用途，以及综合利用的单位、综合利用途径、供需双方的书面协议等；焚烧处置需给出危险废物名称、组分、热值、性态等；安全填埋处置也是危险废物最终处置的常用方法，是一种把危险废物放置或贮存在环境中，使其与环境隔绝的处置方法，也是对其在经过各种方式的处理之后所采取的最终处置措施；其他物理或化学处置方法必须注意在处置过程中产生的环境影响。

委托处置是一般工业项目经常采用的危险废物处置方式。一般工业项目危险废物产生量小，一般采取委托处置的方式进行处理处置，受委托方需具备环境保护行政主管部门颁发的相应类别的危险废物处理处置资质。在采取委托处置方式时，应提供与接收方签订的危险废物委托处置协议、接收方的危险废物处理处置资质证书，并将其作为环境影响评价文件的附件。

8.5.2 建设项目危险废物环境影响评价

建设项目危险废物环境影响评价主要依据《建设项目危险废物环境影响评价指南》（以下简称《指南》），该《指南》自 2017 年 10 月 1 日起实行。该《指南》规定了产生危险废物建设项目环境影响评价的原则、内容和技术要求。不适用于危险废物经营单位从事的各类别危险废物收集、贮存、处置经营活动的环境影响评价。

8.5.2.1 建设项目危险废物环境影响评价基本原则

（1）重点评价，科学估算。对于所有产生危险废物的建设项目，应科学估算产生危险废物的种类和数量等相关信息，并将危险废物作为重点进行环境影响评价，并在环境影响报告书的相关章节中细化完善，环境影响报告表中的相关内容可适当简化。

（2）科学评价，降低风险。对建设项目产生的危险废物种类、数量、利用或处置方式、环境影响以及环境风险等进行科学评价，并提出切实可行的污染防治对策措施。坚持无害化、减量化、资源化原则，妥善利用或处置产生的危险废物，保障环境安全。

（3）全程评价，规范管理。对建设项目危险废物的产生、收集、贮存、运输、利用、处置全过程进行分析评价，严格落实危险废物各项法律制度，提高建设项目危险废物环境影响评价的规范化水平，促进危险废物的规范化监督管理。

8.5.2.2 危险废物环境影响评价技术要求

A 工程分析

（1）基本要求：工程分析应结合建设项目主辅工程的原辅材料使用情况及生产工艺，全面分析各类固体废物的产生环节、主要成分、有害成分、理化性质及其产生、利用和处置量。

（2）固体废物属性判定：根据《中华人民共和国固体废物污染环境防治法》《固体废物鉴别标准 通则》（GB 34330—2017），对建设项目产生的物质（除目标产物，即产品、副产品外），依据产生来源、利用和处置过程鉴别属于固体废物并且作为固体废物管理的物质，应按照《国家危险废物名录》《危险废物鉴别标准 通则》（GB 5085.7）等进行属性判定。

列入《国家危险废物名录》的直接判定为危险废物。环境影响报告书（表）中应对照名录明确危险废物的类别、行业来源、代码、名称、危险特性。

未列入《国家危险废物名录》，但从工艺流程及产生环节、主要成分、有害成分等角度分析可能具有危险特性的固体废物，环评阶段可类比相同或相似的固体废物危险特性判定结果，也可选取具有相同或相似性的样品，按照《危险废物鉴别技术规范》（HJ 298）、《危险废物鉴别标准》（GB 5085.1～GB 5085.7）等国家规定的危险废物鉴别标准和鉴别方法予以认定。该类固体废物产生后，应按国家规定的标准和方法对所产生的固体废物再次开展危险特性鉴别，并根据其主要有害成分和危险特性确定所属废物类别，按照《国家危险废物名录》要求进行归类管理。

环评阶段不具备开展危险特性鉴别条件的可能含有危险特性的固体废物，环境影响报告书（表）中应明确疑似危险废物的名称、种类、可能的有害成分，并明确暂按危险废物从严管理，并要求在该类固体废物产生后开展危险特性鉴别，环境影响报告书（表）中应按《危险废物鉴别技术规范》（HJ 298）、《危险废物鉴别标准　通则》（GB 5085.7）等要求给出详细的危险废物特性鉴别方案建议。

（3）产生量核算方法：采用物料衡算法、类比法、实测法、产排污系数法等相结合的方法核算建设项目危险废物的产生量。

对于生产工艺成熟的项目，应通过物料衡算法分析估算危险废物产生量，必要时采用类比法、产排污系数法校正，并明确类比条件、提供类比资料；若无法按物料衡算法估算，可采用类比法估算，但应给出所类比项目的工程特征和产排污特征等类比条件；对于改、扩建项目可采用实测法统计核算危险废物产生量。

（4）污染防治措施：工程分析应给出危险废物收集、贮存、运输、利用、处置环节采取的污染防治措施，并以表格的形式列明危险废物的名称、数量、类别、形态、危险特性和污染防治措施等内容，样表见表8-7。

表8-7　工程分析中危险废物汇总样表

序号	危险废物名称	危险废物类别	危险废物代码	产生量/t·a^{-1}	产生工序及装置	形态	主要成分	有害成分	产废周期	危险特性	污染防治措施
1											
2											
⋮											

注：污染防治措施一栏中应列明各类危险废物的贮存、利用或处置的具体方式。对同一贮存区同时存放多种危险废物的，应明确分类、分区、包装存放的具体要求。

在项目生产工艺流程图中应标明危险废物的产生环节，在厂区布置图中应标明危险废物贮存场所（设施）、自建危险废物处置设施的位置。

B　危险废物环境影响分析

a　基本要求

在工程分析的基础上，环境影响报告书（表）应从危险废物的产生、收集、贮存、运输、利用和处置等全过程以及建设期、运营期、服务期满后等全时段角度考虑，分析预测建设项目产生的危险废物可能造成的环境影响，进而指导危险废物污染防治措施的补充完善。

同时，应特别关注与项目有关的特征污染因子，按《环境影响评价技术导则　地下水环境》《环境影响评价技术导则　大气环境》《环境影响评价技术导则　土壤环境》等要求，开展必要的土壤、地下水、大气等环境背景监测，分析环境背景变化情况。

b　危险废物贮存场所（设施）环境影响分析

危险废物贮存场所（设施）环境影响分析内容应包括：

（1）按照《危险废物贮存污染控制标准》（GB 18597）及其修改单，结合区域环境条件，分析危险废物贮存场选址的可行性；

（2）根据危险废物产生量、贮存期限等分析、判断危险废物贮存场所（设施）的能力是否满足要求；

（3）按环境影响评价相关技术导则的要求，分析预测危险废物贮存过程中对环境空气、地表水、地下水、土壤以及环境敏感保护目标可能造成的影响。

c　运输过程的环境影响分析

分析危险废物从厂区内产生工艺环节运输到贮存场所或处置设施过程中可能产生散落、泄漏所引起的环境影响。对运输路线沿线有环境敏感点的，应考虑其对环境敏感点的环境影响。

d　利用或处置的环境影响分析

利用或者处置危险废物的建设项目环境影响分析应包括：

（1）按照《危险废物焚烧污染控制标准》（GB 18484）、《危险废物填埋污染控制标准》（GB 18598）等，分析论证建设项目危险废物处置方案选址的可行性。

（2）应按建设项目建设和运营的不同阶段开展自建危险废物处置设施（含协同处置危险废物设施）的环境影响分析预测，分析对环境敏感保护目标的影响，并提出合理的防护距离要求。必要时，应开展服务期满后的环境影响评价。

（3）对综合利用危险废物的，应论证综合利用的可行性，并分析可能产生的环境影响。

e　委托利用或者处置的环境影响分析

环评阶段已签订利用或者委托处置意向的，应分析危险废物利用或者处置途径的可行性。暂未委托利用或者处置单位的，应根据建设项目周边有资质的危险废物处置单位的分布情况、处置能力、资质类别等，给出建设项目产生危险废物的委托利用或处置途径建议。

C　污染防治措施技术经济论证

a　基本要求

环境影响报告书（表）应对建设项目可行性研究报告、设计等技术文件中的污染防治措施的技术先进性、经济可行性及运行可靠性进行评价，根据需要补充完善危险废物污染防治措施，明确危险废物贮存、利用或处置相关环境保护设施投资并纳入环境保护设施投资。

b　贮存场所（设施）污染防治措施

分析项目可行性研究报告、设计等技术文件中危险废物贮存场所（设施）所采取的污染防治措施、运行与管理、安全防护与监测、关闭等是否符合有关要求，并提出环保优化建议；危险废物贮存应关注"四防"（防风、防雨、防晒、防渗漏），明确防渗措施、渗漏收集措施以及危险废物堆放方式、警示标识等方面内容；对同一贮存场所（设施）贮存多种危险废物的，应根据项目所产生危险废物的类别和性质，分析论证贮存方案与《危险废物贮存污染控制标准》（GB 18597）中的贮存容器要求、相容性要求等的符合性，必要时提出可行的贮存方案。

环境影响报告书（表）应列表明确危险废物贮存场所（设施）的名称、位置、占地面积、贮存方式、贮存容积、贮存周期等，表 8-8 是建设项目危险废物贮存场所（设施）基本情况样表。

表8-8　建设项目危险废物贮存场所（设施）基本情况样表

序号	贮存场所（设施）名称	危险废物名称	危险废物类别	危险废物代码	位置	占地面积	贮存方式	贮存能力	贮存周期
1									
2									
⋮									

　　c　运输过程的污染防治措施

　　按照《危险废物收集、贮存、运输技术规范》（HJ 2025），分析危险废物的收集和转运过程中采取的污染防治措施的可行性，并论证运输方式、运输线路的合理性。

　　d　利用或处置方式的污染防治措施

　　按照《危险废物焚烧污染控制标准》（GB 18484）、《危险废物填埋污染控制标准》（GB 18598）和《水泥窑协同处置固体废物污染控制标准》（GB 30485）等，分析论证建设项目自建危险废物处置设施的技术、经济可行性，包括处置工艺、处理能力是否满足要求，装备（装置）水平的成熟性、可靠性及运行的稳定性和经济性，污染物稳定达标的可靠性等。

　　e　其他要求

　　积极推行危险废物的无害化、减量化、资源化，提出合理、可行的措施，避免产生二次污染；改扩建及异地搬迁项目需说明现有工程危险废物的产生、收集、贮存、运输、利用和处置情况及处置能力，存在的环境问题及拟采取的"以新带老"措施等内容，改扩建项目产生的危险废物与现有贮存或处置的危险废物的相容性等。涉及原有设施拆除及造成环境影响的分析，明确应采取的措施；对于危险废物集中处置的建设项目，危险废物的处置工艺按照《危险废物处置工程技术导则》（HJ 2042—2014）确定。

　　D　环境风险评价

　　按照《建设项目环境风险评价技术导则》（HJ 169）和地方环保部门有关规定，针对危险废物产生、收集、贮存、运输、利用、处置等不同阶段的特点，进行风险识别和源项分析并进行后果计算，提出危险废物的环境风险防范措施和应急预案编制意见，并纳入建设项目环境影响报告书（表）的突发环境事件应急预案专题。

　　E　环境管理要求

　　按照危险废物相关导则、标准、技术规范等要求，严格落实危险废物环境管理与监测制度，对项目危险废物收集、贮存、运输、利用、处置各环节提出全过程环境监管要求；列入《国家危险废物名录》附录《危险废物豁免管理清单》中的危险废物，在所列的豁免环节，且满足相应的豁免条件时，可以按照豁免内容的规定实行豁免管理；对冶金、石化和化工行业中有重大环境风险，建设地点敏感，且持续排放重金属或者持久性有机污染物的建设项目，提出开展环境影响后评价要求，并将后评价作为其改扩建、技术改造环境评价管理的依据。

　　F　危险废物环境影响评价结论与建议

　　归纳建设项目产生危险废物的名称、类别、数量和危险特性，分析预测危险废物产生、收集、贮存、运输、利用、处置等环节可能造成的环境影响，提出预防和减缓环境影响的污染防治、环境风险防范措施以及环境管理等方面的改进建议。

　　G　附件

　　危险废物环境影响评价相关附件可包括：开展危险废物属性实测的，提供危险废物特性鉴别检测报告；改扩建项目附已建危险废物贮存、处理及处置设施的照片等。

8.6　固体废物环境影响评价案例

8.6.1　项目概况

　　某铜业有限公司建设 40 万吨/年高纯阴极铜生产线项目，主要产品为 A 级铜、1 号标准铜、阳极泥、硫酸；副产品有粗硫酸镍、铁精矿。项目包括主体工程、公辅工程、环保工程等，包括原料区、火法冶炼区、电解区、制酸区、渣选矿区、动力与水处理系统、办公区等。

8.6.2　环境影响评价内容及固废产生量

　　其环境影响报告书固体废物环境影响评价内容包括以下几个方面：

　　（1）项目概况、建设内容和产品方案。

　　（2）工程分析中产排污环节明确各工艺产生固体废物的位置和类型。

　　（3）项目施工期和营运期固体污染源与污染物分析。拟建项目主要固体废物为渣选尾矿、各冶炼渣、各除尘系统收尘灰、各污水处理站污泥等，根据物料衡算得到各固体废物产生量、元素组成等。具体见表 8-9。

　　（4）固体废物环境影响分析。固体废物环境影响分析包括施工期和营运期固体废物环境影响评价。营运期固体废物环境影响评价主要包括以下内容：固体废物来源及排放量；工业固体废物的性质鉴别；固体废物综合利用途径及处置措施（包括工业产品内部回用、一般固废的综合利用、一般固废和危险废物暂存场地的设置要求等内容）；固体废物环境影响分析（固体废物对大气环境、水环境、土壤环境、生态环境等的影响，以及固体废物运输对环境的影响等内容）、固体废物环境影响评价结论。

　　（5）固体废物污染防治措施。

8.6.3　固体废物污染防治措施

　　固体废物污染防治措施包括施工期和营运期固体废物污染防治措施。这里重点介绍营运期固体废物防治措施，主要包括：固体废物污染防治措施、固体废物贮存场所污染防治措施和固体废物污染防治管理措施。

8.6.3.1　固体废物污染防治措施

　　根据固体污染源与污染物分析的种类，有针对性地对项目产生的固体废物提出污染防治措施。

　　（1）物料输送、冶炼炉窑烟气、渣选矿、分析检测中心、砷渣处理粉尘等废气经除尘器收集的收尘灰与初期雨水处理站污泥作为中间产物全部直接回用于生产。

表 8-9 项目固体废物汇总

产污环节	固体废物名称	产生量/t·a⁻¹	性 质	废物代码	去 向	排放量/t·a⁻¹
S1-1	闪速熔炼炉渣	1193498.2	中间产物	—	中间产物，用作渣选矿原料	0
S1-2	闪速吹炼炉渣	128431.04	中间产物	—	中间产物，用作闪速熔炼炉原料	0
S1-3	回转式阳极炉渣	4481.74	中间产物	—	中间产物，用作闪速吹炼炉原料	0
S1-4	浇铸废板	7240.51	中间产物	—	中间产物，用作回转式阳极炉原料	0
S1-5	废阴火材料	1450	一般工业固体废物	—	由厂家回收利用	0
S2-1	黑铜粉	6766	中间产物	—	中间产物，用作闪速熔炼炉原料	0
S2-2	电解残板	66564.4	中间产物	—	中间产物，用作回竖炉原料	0
S3-1	废触媒	90	危险废物	HW50 261-173-50	交有资质单位安全处置	0
S3-2	铅滤饼	815	危险废物	HW48 321-031-48	交有资质单位安全处置	0
S4-1	渣选尾矿	751939.34	一般工业固体废物	—	外售综合利用	0
S5-1	水处理废滤膜	10	一般工业固体废物	—	由厂家回收利用	0
S5-2	废机油	4	危险废物	HW08 900-214-08	交有资质单位安全处置	0
S5-3	生活垃圾	155.2	—	—	园区环卫部门统一收集	0
S5-4	分析检测废液	0.035	危险废物	HW34 900-302-34	送污酸处理站处理	0
S5-5	废化学品包装袋	1	危险废物	HW49 900-041-49	交有资质单位安全处置	0
S6-1	原料区收尘灰	1018	中间产物	—	中间产物，用作火法熔炼原料	0
S6-2	火法熔炼区收尘灰	149375	中间产物	—	中间产物，用作闪速熔炼炉原料	0
S6-3	渣选矿系统收尘灰	307	中间产物	—	中间产物，用作选矿原料	0
S6-4	分析检测中心制样收尘灰	35	中间产物	—	中间产物，用作闪速熔炼炉原料	0
S6-5	白烟尘	8093.68	危险废物	HW48 321-002-48	交有资质单位安全处置	0
S6-6	硫化砷渣	3723.8	危险废物	HW48 321-002-48	交有资质单位安全处置/矿化降毒后送指定渣场堆放	0
S6-7	石膏渣	88179.9	一般工业固体废物	—	外售综合利用	0
S6-8	中和渣	6514.4	危险废物	HW48 321-002-48	交有资质单位安全处置/固化后送指定渣场堆放	0
S6-9	生产废水处理站污泥	2970	一般工业固体废物	—	外售综合利用	0
S6-10	初期雨水处理站污泥	5.4	中间产物	—	中间产物，用作闪速熔炼炉原料	0
S6-11	生活污水处理站污泥	4.7	一般工业固体废物	—	园区环卫部门统一收集	0
S6-12	砷渣处理系统收尘灰	7.7	中间产物	—	中间产物，用作砷渣矿化药剂	0
合计		2421681.045				

（2）渣选尾矿、石膏渣、生产废水处理站污泥、水处理废滤膜、废耐火材料均为一般工业固体废物，外售或由厂家回收综合利用。

（3）废触媒、中和渣、铅滤饼、废机油、白烟尘、废化学品包装袋为危险废物，交有资质单位安全处置。

（4）分析测试废酸液为危险废物，与污酸性质相似，送污酸处理站处理。

（5）建设单位拟在厂区内配套建设硫化砷渣矿化解毒设施、中和渣固化设施作为备用系统，硫化砷渣矿化处理、中和渣固化并经养护后，浸出液满足《危险废物贮存污染控制标准》（GB 18597—2023）规定的填埋限值。建设单位拟另外选址建设专用渣场堆存。渣场建成前，硫化砷渣、中和渣交有资质单位安全处置；渣场建成后，视市场情况外售有资质单位或厂内处理后运至专用渣场堆存。

（6）办公生活垃圾经收集后交园区环卫部门统一收集处理。

类比同类项目固体废物鉴别结果得，拟建项目外运的固体废物中渣选尾矿、石膏渣等均定性为一般工业固体废物。待项目投产后，企业根据危险废物及一般工业固体废物的鉴别标准进行鉴别，鉴别后，根据鉴别结果对该类固体废物进行有效处置。

项目中间产物较多，涉及多种重金属，在厂区转运、暂存等期间，须严格执行《危险废物污染防治技术政策》（环发〔2001〕199号）、《危险废物收集、贮存、运输技术规范》（HJ 2025—2012）、《危险废物贮存污染控制标准》（GB 18597—2023）相关规定要求。拟入炉回用的中间产物须符合《重金属精矿产品中有害元素的限量规范》（GB 20424—2006）规定。

新港园区配套建设的年处理能力26万吨工业固废、危废处理处置设施拟于2020年12月建成投产，目前项目周边具有HW08、HW22、HW48、HW49、HW50等危险废物处置能力能够满足处理需要。建设单位可就近处置危险废物，加强转移过程污染防治措施。

采取以上措施后，项目产生的固体废物均得到综合利用或安全处置。

8.6.3.2 固体废物贮存场所污染防治措施

（1）拟建项目设白烟尘仓1座，位于熔炼主厂房内，容积为50 m³。白烟尘仓严格按照《危险废物污染防治技术政策》（环发〔2001〕199号）、《危险废物收集、贮存、运输技术规范》（HJ 2025—2012）、《危险废物贮存污染控制标准》（GB 18597—2023）等相关规定要求设计、建设、管理，并做好防风、防雨、防渗措施。

（2）项目设置危废渣临时堆场1座，占地面积1140 m²，废触媒、铅滤饼、废机油、白烟尘等危险废物分区堆放。堆场设计、建设、运营严格执行《危险废物污染防治技术政策》（环发〔2001〕199号）、《危险废物收集、贮存、运输技术规范》（HJ 2025—2012）、《危险废物贮存污染控制标准》（GB 18597—2023）等相关规定要求，做好防风、防雨、防渗措施。

（3）项目设置硫化砷渣养护间，占地面积660 m²，分区堆存待矿化解毒硫化砷渣和矿化解毒后硫化砷渣，堆存能力为15天。养护间设计、建设、运营严格执行《危险废物污染防治技术政策》（环发〔2001〕199号）、《危险废物收集、贮存、运输技术规范》（HJ 2025—2012）、《危险废物贮存污染控制标准》（GB 18597—2023）等相关规定要求，并做好防风、防雨、防渗措施。

（4）项目设置中和渣养护间，占地面积 768 m²，分区堆存待固化中和渣和固化后中和渣，堆存能力为 30 天。养护间设计、建设、运营严格执行《危险废物污染防治技术政策》（环发〔2001〕199 号）、《危险废物收集、贮存、运输技术规范》（HJ 2025—2012）、《危险废物贮存污染控制标准》（GB 18597—2023）等相关规定要求，并做好防风、防雨、防渗措施。

（5）项目设置渣尾矿临时堆场 1 座，占地面积 5240 m²，满足尾矿 50 d 产生量所需堆存容量。堆场设计、建设、运营严格执行《一般工业固体废物贮存和填埋污染控制标准》（GB 18599—2020）Ⅱ类固体废物堆场的相关要求，做好防风、防雨、防渗措施。

（6）项目设置石膏渣暂存场 1 座，占地面积 2620 m²，石膏渣、生产废水处理站污泥、水处理废滤膜分区堆放，暂存容积按 15 d 产生量设计。暂存场设计、建设、运营严格执行《一般工业固体废物贮存和填埋污染控制标准》（GB 18599—2020）Ⅱ类固体废物堆场的相关要求，做好防风、防雨、防渗措施。

（7）项目设耐火材料库 1 座，用于耐火材料贮存、废耐火材料暂存，建筑面积 940 m²，其中废耐火材料堆放区域占地面积 72 m²。废耐火材料堆放区域按《一般工业固体废物贮存和填埋污染控制标准》（GB 18599—2020）Ⅰ类固体废物堆场设计要求建造，做好防风、防雨、防渗措施。

（8）厂区设生活垃圾分类收集装置，委托环卫部门定期收集处理。

8.6.3.3　固体废物管理措施

（1）类比同类项目固体废物鉴别结果得，拟建项目外运的固体废物中渣选尾矿、石膏渣等均定性为一般工业固体废物。待项目投产后，企业根据危险废物及一般工业固体废物的鉴别标准进行鉴别，鉴别后，根据鉴别结果对该类固体废物进行有效处置。

（2）各固体废物存放场所按《环境保护图形标志—固体废物贮存（处置）场》（GB 15562.2—1995）设立标志牌。

（3）固体废物在厂区临时堆存或集中外售、外运时必须严格管理，各类固体废物要分开堆存，禁止相互混合，并设置相应的标志及标签。

（4）建设单位建立规范的管理和技术人员培训制度，设专人管理固体废物的处置、综合利用等，定期进行培训。培训内容至少应包括一般工业固体废物与危险废物区别、危险废物经营许可证管理、危险废物转移联单管理、危险废物包装和标识、危险废物事故应急方法等。

（5）危险废物转移过程应按《危险废物转移联单管理办法》执行。危险废物贮存、运输应满足《危险废物收集、贮存、运输技术规范》（HJ 2025—2012）的有关规定，运输单位具备相应的运输资质，运输车辆应密闭，防止在运输过程中飘散，对周围环境造成二次影响。

（6）拟建项目中间产物较多，涉及多种重金属，各中间产物须严格按《危险废物污染防治技术政策》（环发〔2001〕199 号）、《危险废物收集、贮存、运输技术规范》（HJ 2025—2012）、《危险废物贮存污染控制标准》（GB 18597—2023）等相关规定要求管理，做好各项污染防治工作。拟入炉回用的中间产物须符合《重金属精矿产品中有害元素的限量规范》（GB 20424—2006）规定。

习　题

8-1　简述什么是一般固体废物和危险废物。

8-2　简述一般固体废物常用的处理与处置技术方法。

8-3　分析一般建设项目固体废物环境影响评价包含的内容。

9 土壤环境影响评价

9.1 概　　述

9.1.1 基本概念

（1）土壤环境：指受自然或人为因素作用，由矿物质、有机质、水、空气、生物有机体等组成的陆地表面疏松综合体，包括陆地表层能够生长植物的土壤层和污染物能够影响的松散层等。

（2）土壤环境生态影响：指由于人为因素引起土壤环境特征变化导致其生态功能变化的过程或状态。

（3）土壤污染：指人为因素有意或无意地将对人类本身和其他生命体有害的物质或制剂施加到土壤中，使其增加了新的组分或某种成分的含量明显高于原有含量，并引起现存的或潜在的土壤环境质量恶化和相应危害的现象。构成土壤污染的三要素为：有可识别的人为污染物，有可鉴别的污染物数量的增加，有现存（直接显露）或潜在（通过转化）的危害后果。

土壤污染具有隐蔽性或潜伏性、不可逆性和长期性以及后果的严重性等特点，其污染类型包括有机物污染、无机物污染、土壤生物污染和放射性物质的污染。

（4）土壤环境污染影响：指因人为因素导致某种物质进入土壤环境，引起土壤物理、化学、生物等方面特性的改变，导致土壤质量恶化的过程或状态。

（5）土壤环境敏感目标：指可能受人为活动影响的、与土壤环境相关的敏感区或对象。

（6）土壤环境质量：指在一定时间和空间范围内，土壤自身形状对其持续利用以及对其他环境要素，特别是对人类或其他生物的生存、繁衍以及社会经济发展的适宜性，是土壤环境优劣的一种概念，与土壤遭受外援物质的侵袭、累积或污染的程度密切相关。

9.1.2 土壤学基本知识

（1）土壤沙化。土壤沙化指由于植被破坏或草地过度放牧、开垦为农田，土壤中水分状况变得干燥，土壤粒子分散不凝聚，在风蚀作用下细颗粒含量逐步降低且风沙颗粒逐渐堆积于土壤表层的过程。泛指土壤或可利用的土地变成含沙很多的土壤或土地甚至变成沙漠的过程。

（2）土壤流失。土壤流失指土壤物质由于水力及水力加上重力作用而搬运移走的侵蚀过程，也称水土流失过程。

（3）土壤盐渍化。土壤盐渍化主要发生在干旱、半干旱和半湿润地区，指易溶性盐分在土壤表层积累的现象或过程。其主要分为：

1）现代盐渍化。在现代自然环境下，积盐过程是主要的成土过程。

2）残余盐渍化。土壤中某一部位含一定数量的盐分而形成积盐层，但积盐过程不再是目前环境条件下的主要成土过程。

3）潜在盐渍化。心底土（"心土层"和"底土层"土壤）存在积盐层，或者处于积盐的环境条件（如高矿化度地下水、强烈蒸发等），有可能发生盐分表聚的情况。

（4）土壤次生盐渍化。土壤次生盐渍化是土壤潜在盐渍化的表象化，指由于不恰当的利用，使潜在盐渍化土壤中的盐分趋向于表层积聚的过程。

土壤次生盐渍化发生的主要原因可分为内因和外因。内因是土壤具有积盐的趋势或已积盐在一定深度；外因主要是农业灌溉不当。主要归结起来的原因包括：由于发展引水自流灌溉，导致地下水位上升超过其临界深度，使地下水和土体中的盐分随土壤毛管水通过地面蒸发耗损而聚于表土；利用地面或地下矿化水（尤其是矿化度大于 3 g/L 时）进行灌溉，而又不采取调节土壤水盐运动的措施，导致灌溉水中盐分积累于耕层中；在开垦利用心底土积盐层的土壤过程中，过量灌溉的下渗水流溶解活化其中的盐分，随蒸发耗损聚于土壤表层。

（5）土壤潜育化。土壤潜育化指土壤处于地下水与饱和、过饱和水长期浸润状态下，在 1 m 内的土体中某些层段氧化还原电位 $E_h < 200$ mV，并出现因 Fe、Mn 还原而生成的灰色斑纹层、腐泥层、青泥层，或泥炭层的土壤形成过程。

（6）土壤次生潜育化。土壤次生潜育化指因耕作或灌溉等人为原因，土壤（主要是水稻土）从非潜育型转变为高位潜育型的过程。

（7）土壤肥力质量。土壤肥力质量指植物生长所需的养分供应能力和环境条件，可运用定性和定量描述来表述。

（8）土壤酸化。土壤酸化指土壤吸收性复合体接受了一定数量交换性氢离子或铝离子，使土壤中碱性（盐基）离子淋失的过程。

（9）土壤类型。土壤分类就是根据土壤的发生发展规律和自然形状，按照一定的分类标准，把自然界的土壤划分不同的类别。《中国土壤分类与代码》（GB/T 17296—2009）采用线分法将土壤分类系统的分类单元划分为土纲、亚纲、土类、亚类、土属、土种六个层级，根据该标准统计目前土纲分为 12 种、亚纲 30 种、土类 60 种。

（10）土壤质地。土壤质地是土壤固体颗粒大小组合不同而表现出来的特性，对土壤肥力具有深刻的影响。我国土壤质地分为砂土、壤土、黏土三类。质地反映了母质来源及成土过程的某些特征，是土壤的一种十分稳定的自然属性；同时，其黏、砂程度对土壤中物质的吸附、迁移及转化均有很大影响，因而在土壤污染物环境行为的研究中常是首要考察因素之一。

（11）土体构型。土体构型指土壤发生层有规律的组合、有序的排列状况，也称为土壤剖面构型，是土壤剖面最主要的特征。土体构型分为 5 种类型，即薄层型、黏质垫层型、均质型、夹层型、砂姜黑土型。

（12）土壤结构。土壤中的固体颗粒很少以单粒存在，多是单个土粒在各种因素综合作用下相互黏合团聚，形成大小、形状和性质不同的团聚体，称为土壤结构体。各种结构体的存在及其排列状况，必然改变土壤的孔隙状况，也影响土壤中水、肥、气、热和耕作性能。

土壤结构体通常根据大小、形状及其与土壤肥力的关系划分为五种主要类型：块状结构体、核状结构体、柱状结构体、片状结构体、团粒结构体。

（13）土壤阳离子交换量。土壤溶液在一定的 pH 值时，土壤能吸附的交换性阳离子的总量，称为阳离子交换量（CEC）。通常以每千克干土所含阳离子的物质的量表示，单位为 mol/kg。因为阳离子交换量随土壤 pH 值变化而变化，故一般在控制 pH 值为 7 的条件下测定土壤的交换量。

（14）氧化还原电位（E_h）。氧化还原电位是长期惯用的氧化还原指标，它可以被理解为物质（原子、离子、分子）提供或接受电子的趋向或能力。物质接受电子的强烈趋势意味着高氧化还原电位，而提供电子的强烈趋势则意味着低氧化还原电位。

（15）饱和导水率。饱和导水率是土壤被水饱和时，单位水势梯度下、单位时间内通过单位面积的水量，它是土壤质地、容重、孔隙分布特征的函数。一般用渗透仪测定。

（16）土壤容重。应称为干容重，又称土壤密度，是干的土壤基质物质的量与总容积之比。土壤容重大小是土壤学中十分重要的基本数据，可作为粗略判断土壤质地、结构、孔隙度和松紧情况的指标，并可据其计算任何体积的土重。

（17）孔隙度。孔隙度是单位容积土壤中孔隙容积所占的百分数。土壤孔隙度的大小说明了土壤的疏松程度及水分和空气容量的大小，土壤孔隙度与土壤质地有关，一般情况下，砂土、壤土和黏土的孔隙度分别为 30%~45%、40%~50% 和 45%~60%，结构良好土壤孔隙度为 55%~70%，紧实底土为 25%~30%。

（18）有机质。有机质指存在于土壤中的所有含碳的有机化合物，是土壤固相部分的重要组成成分，尽管土壤有机质的含量只占土壤总量的很小一部分（一般为 1%~20%），但它对土壤形成、土壤肥力、环境保护及农林业可持续发展等方面都有着极其重要的作用和意义。

（19）植被覆盖率。植被覆盖率指某一地域植物垂直投影面积与该地域面积之比，用百分数表示。

9.1.3　常用土壤环境标准

9.1.3.1　《土壤环境质量　农用地土壤污染风险管控标准（试行）》（GB 15618—2018）

该标准规定了农用地土壤污染风险筛选值和管制值，以及监测、实施与监督要求。适用于耕地土壤污染风险筛查和分类，园地和牧草地可参照执行。标准于 1995 年首次发布，2018 年第一次修订。此次修订的主要内容包括：标准名称由《土壤环境质量标准》调整为《土壤环境质量　农用地土壤污染风险管控标准（试行）》；更新了规范性引用文件，增加了标准的术语和定义；规定了农用地土壤中镉、汞、砷、铅、铬、铜、镍、锌等基本项目，以及六六六、滴滴涕、苯并［a］芘等其他项目的风险筛选值；规定了农用地土壤中镉、汞、砷、铅、铬的风险管制值；更新了监测、实施与监督要求。

农用地土壤污染风险筛选值的基本项目为必测项目，包括镉、汞、砷、铅、铬、铜、镍、锌；其他项目为选测项目，包括六六六、滴滴涕和苯并［a］芘。农用地土壤污染风险管制值项目包括镉、汞、砷、铅、铬。各项目具体筛选值可参见标准具体内容。风险筛选值和管制值的使用规定如下：

（1）当土壤中污染物含量等于或者低于标准规定的风险筛选值时，农用地土壤污染风险低，一般情况下可以忽略；高于标准规定的风险筛选值时，可能存在农用地土壤污染风险，应加强土壤环境监测和农产品协同监测。

（2）当土壤中镉、汞、砷、铅、铬的含量高于标准规定的风险筛选值、等于或者低于标准规定的风险管制值时，可能存在食用农产品不符合质量安全标准等土壤污染风险，原则上应当采取农艺调控、替代种植等安全利用措施。

（3）当土壤中镉、汞、砷、铅、铬的含量高于标准规定的风险管制值时，食用农产品不符合质量安全标准等农用地土壤污染风险高，且难以通过安全利用措施降低食用农产品不符合质量安全标准等农用地土壤污染风险，原则上应当采取禁止种植食用农产品、退耕还林等严格管控措施。

（4）土壤环境质量类别划分应以此标准为基础，结合食用农产品协同监测结果，依据相关技术规定进行划定。

9.1.3.2 《土壤环境质量　建设用地土壤污染风险管控标准（试行）》（GB 36600—2018）

该标准规定了保护人体健康的建设用地土壤污染风险筛选值和管制值，以及监测、实施与监督要求。适用于建设用地土壤污染风险筛查和风险管制。建设用地土壤污染风险筛选污染物必测项目有砷、镉、铬（六价）、铜、汞、镍、四氯化碳、氯仿、氯甲烷、1，1-二氯乙烷、1，2-二氯乙烷、1，1-二氯乙烯、顺-1，2-二氯乙烯、反-1，2-二氯乙烯、二氯甲烷、1，2-二氯丙烷、1，1，1，2-四氯乙烷、1，1，2，2-四氯乙烷、四氯乙烯、1，1，1-三氯乙烷、1，1，2-三氯乙烷、三氯乙烯、1，2，3-三氯丙烷、氯乙烯、氯苯、1，2-二氯苯、1，4-二氯苯、乙苯、苯乙烯、硝基苯、苯胺、2-氯酚、苯并［a］蒽、苯并［a］芘、苯并［b］荧蒽、苯并［k］荧蒽、蒀、二苯并［a，h］蒽、茚并［1，2，3-cd］芘、萘、铅、苯、甲苯、间二甲苯+对二甲苯、邻二甲苯，共45项。初步调查阶段建设用地土壤污染风险筛选的选测项目依据《建设用地土壤污染状况调查技术导则》（HJ 25.1）、《场地环境监测技术导则》（HJ 25.2）及相关技术规定确定。

建设用地中，城市建设用地根据保护对象暴露情况的不同，可划分为以下两类（其他建设用地可参照城市建设用地划分类别）。第一类用地：包括《城市用地分类与规划建设用地标准》（GB 50137—2011）规定的城市建设用地中的居住用地（R），公共管理与公共服务用地中的中小学用地（A33）、医疗卫生用地（A5）和社会福利设施用地（A6），以及公园绿地（G1）中的社区公园或儿童公园用地等；第二类用地：包括GB 50137规定的城市建设用地中的工业用地（M），物流仓储用地（W），商业服务业设施用地（B），道路与交通设施用地（S），公用设施用地（U），公共管理与公共服务用地（A）（A33、A5、A6除外），以及绿地与广场用地（G）（G1中的社区公园或儿童公园用地除外）等。

建设用地土壤污染风险筛选值和管制值的使用规定如下：

（1）建设用地规划用途为第一类用地的，适用第一类用地的筛选值和管制值；规划用途为第二类用地的，适用第二类用地的筛选值和管制值。规划用途不明确的，适用第一类用地的筛选值和管制值。

（2）建设用地土壤中污染物含量等于或者低于风险筛选值的，建设用地土壤污染风险一般情况下可以忽略。

（3）通过初步调查确定建设用地土壤中污染物含量高于风险筛选值，应当依据《建设用地土壤污染状况调查技术导则》（HJ 25.1）、《场地环境监测技术导则》（HJ 25.2）等标准及相关技术要求，开展详细调查。

（4）通过详细调查确定建设用地土壤中污染物含量等于或者低于风险管制值，应当依据《污染场地风险评估技术导则》（HJ 25.3）等标准及相关技术要求，开展风险评估，确定风险水平，判断是否需要采取风险管控或修复措施。

（5）通过详细调查确定建设用地土壤中污染物含量高于风险管制值，对人体健康通常存在不可接受风险，应当采取风险管控或修复措施。

（6）建设用地若需采取修复措施，其修复目标应当依据《污染场地风险评估技术导则》（HJ 25.3）、《污染场地土壤修复技术导则》（HJ 25.4）等标准及相关技术要求确定，且应当低于风险管制值。

（7）其他未列入标准的污染物项目，可依据《污染场地风险评估技术导则》（HJ 25.3）等标准及相关技术要求开展风险评估，推导特定污染物的土壤污染风险筛选值。

9.1.4　土壤环境影响评价的工作任务和工作程序

（1）一般性原则。土壤环境影响评价应对建设项目建设期、运营期和服务期满后（可根据项目情况选择）对土壤环境理化特性可能造成的影响进行分析、预测和评估，提出预防或者减轻不良影响的措施和对策，为建设项目土壤环境保护提供科学依据。

（2）评价基本任务。

1）按照《建设项目环境影响评价技术导则　总纲》（HJ 2.1—2016）建设项目污染影响和生态影响的相关要求，根据建设项目对土壤环境可能产生的影响，将土壤环境影响类型划分为生态影响型与污染影响型，其中 HJ 964—2018 中土壤环境生态影响重点指土壤环境的盐化、酸化、碱化等。

2）根据行业特征、工艺特点或规模大小等将建设项目类别分为Ⅰ类、Ⅱ类、Ⅲ类、Ⅳ类，见《环境影响评价技术导则　土壤环境（试行）》（HJ 964—2018）附录 A（表A.1），其中Ⅳ类建设项目可不开展土壤环境影响评价；自身为敏感目标的建设项目，可根据需要仅对土壤环境现状进行调查。

3）土壤环境影响评价应按 HJ 964—2018 划分的评价工作等级开展工作，识别建设项目土壤环境影响类型、影响途径、影响源及影响因子，确定土壤环境影响评价工作等级；开展土壤环境现状调查，完成土壤环境现状监测与评价；预测与评价建设项目对土壤环境可能造成的影响，提出相应的防控措施与对策。

4）涉及两个或两个以上场地或地区的建设项目应按 3）分别开展评价工作。

5）涉及土壤环境生态影响型与污染影响型两种影响类型的应按 3）分别开展评价工作。

（3）工作程序。土壤环境影响评价工作可划分为准备阶段、现状调查与评价阶段、预测分析与评价阶段和结论阶段。土壤环境影响评价工作程序见图 9-1。

（4）主要工作内容。

1）准备阶段。收集分析国家和地方土壤环境相关的法律、法规、政策、标准及规划等资料；了解建设项目工程概况，结合工程分析，识别建设项目对土壤环境可能造成的影

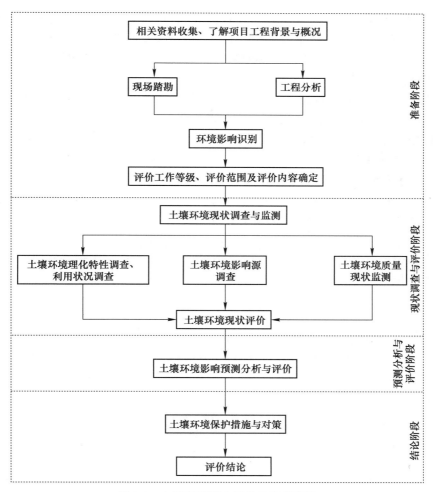

图 9-1　土壤环境影响评价工作程序图

响类型，分析可能造成土壤环境影响的主要途径；开展现场踏勘工作，识别土壤环境敏感目标；确定评价等级、范围与内容。

2）现状调查与评价阶段。采用相应标准与方法，开展现场调查、取样、监测和数据分析与处理等工作，进行土壤环境现状评价。

3）预测分析与评价阶段。依据 HJ 964—2018 制定的或经论证有效的方法，预测分析与评价建设项目对土壤环境可能造成的影响。

4）结论阶段。综合分析各阶段成果，提出土壤环境保护措施与对策，对土壤环境影响评价结论进行总结。

9.2　土壤环境影响评价工作分级与技术要求

9.2.1　土壤环境影响识别

（1）基本要求。在工程分析结果的基础上，结合土壤环境敏感目标，根据建设项目建设期、运营期和服务期满后（可根据项目情况选择）三个阶段的具体特征，识别土壤环境影响类型与影响途径。对于运营期内土壤环境影响源可能发生变化的建设项目，还应按其变化特征分阶段进行环境影响识别。

（2）识别内容：

1）根据《环境影响评价技术导则 土壤环境（试行）》（HJ 964—2018）附录 A（表 9-1）识别建设项目所属行业的土壤环境影响评价项目类别。

2）识别建设项目土壤环境影响类型与影响途径、影响源与影响因子，初步分析可能影响的范围，具体识别内容参见《环境影响评价技术导则 土壤环境（试行）》（HJ 964—2018）附录 B。

3）根据《土地利用现状分类》（GB/T 21010）识别建设项目及周边的土地利用类型，分析建设项目可能影响的土壤环境敏感目标。

表 9-1 土壤环境影响评价项目类别

行业类别		项 目 类 别			
		I 类	II 类	III 类	IV 类
农林牧渔业		灌溉面积大于 50 万亩的灌区工程	新建 5 万亩（1 亩≈666.67 m²）至 50 万亩的、改造 30 万亩及以上的灌区工程；年出栏生猪 10 万头（其他畜禽种类折合猪的养殖规模）及以上的畜禽养殖场或养殖小区	年出栏生猪 5000 头（其他畜禽种类折合猪的养殖规模）及以上的畜禽养殖场或养殖小区	其他
水利		库容 10^8 m³ 及以上的水库；长度大于 1000 km 的引水工程	库容 $10^7 \sim 10^8$ m³ 的水库；跨流域调水的引水工程	其他	
采矿业		金属矿、石油、页岩油开采	化学矿采选；石棉矿采选；煤矿采选、天然气开采、页岩气开采、砂岩气开采、煤层气开采（含净化、液化）	其他	
制造业	纺织、化纤、皮革等及服装、鞋制造	制革、毛皮鞣制	化学纤维制造；有洗毛、染整、脱胶工段及产生缫丝废水、精炼废水的纺织品；有湿法印花、染色、水洗工艺的服装制造；使用有机溶剂的制鞋业	其他	
	造纸和纸制品		纸浆、溶解浆、纤维浆等制造；造纸（含制浆工艺）	其他	
	设备制造、金属制品、汽车制造及其他用品制造①	有电镀工艺的；金属制品表面处理及热处理加工的；使用有机涂层的（喷粉、喷塑和电泳除外）；有钝化工艺的热镀锌	有化学处理工艺的	其他	

续表 9-1

行业类别		项 目 类 别			
		Ⅰ类	Ⅱ类	Ⅲ类	Ⅳ类
制造业	石油、化工	石油加工、炼焦；化学原料和化学制品制造；农药制造；涂料、染料、颜料、油墨及其类似产品制造；合成材料制造；炸药、火工及焰火产品制造；水处理剂等制造；化学药品制造；生物、生化制品制造	半导体材料、日用化学品制造；化学肥料制造	其他	
	金属冶炼和压延加工及非金属矿物制品	有色金属冶炼（含再生有色金属冶炼）	有色金属铸造及合金制造；炼铁；球团；烧结炼钢；冷轧压延加工；铬铁合金制造；水泥制造；平板玻璃制造；石棉制品；含焙烧的石墨、碳素制品	其他	
电力热力燃气及水生产和供应业		生活垃圾及污泥发电	水力发电；火力发电（燃气发电除外）；矸石、油页岩、石油焦等综合利用发电；工业废水处理；燃气生产	生活污水处理；燃煤锅炉总容量65 t/h（不含）以上的热力生产工程；燃油锅炉总容量65 t/h（不含）以上的热力生产工程	其他
交通运输仓储邮政业			油库（不含加油站的油库）；机场的供油工程及油库；涉及危险品、化学品、石油、成品油储罐区的码头及仓储；石油及成品油的输送管线	公路的加油站；铁路的维修场所	其他
环境和公共设施管理业		危险废物利用及处置	采取填埋和焚烧方式的一般工业固体废物处置及综合利用；城镇生活垃圾（不含餐厨废弃物）集中处置	一般工业固体废物处置及综合利用（除采取填埋和焚烧方式以外的）；废旧资源加工、再生利用	其他
社会事业与服务业				高尔夫球场；加油站；赛车场	其他
其他行业					全部

注：1. 仅切割组装的、单纯混合和分装的、编织物及其制品制造的，列入Ⅳ类。

2. 建设项目土壤环境影响评价项目类别不在本表的，可根据土壤环境影响源、影响途径、影响因子的识别结果，参照相近或相似项目类别确定。

①其他用品制造包括木材加工和木、竹、藤、棕、草制品业；家具制造业；文教、工美、体育和娱乐用品制造业；仪器仪表制造业等制造业。

9.2.2　等级划分

土壤环境影响评价工作等级划分为一级、二级、三级。划分依据如下：

（1）生态影响型。建设项目所在地土壤环境敏感程度分为敏感、较敏感、不敏感，判别依据见表9-2；同一建设项目涉及两个或两个以上场地或地区，应分别判定其敏感程度；产生两种或两种以上生态影响后果的，敏感程度按相对最高级别判定。根据识别的土壤环境影响评价项目类别与表9-2中敏感程度分级结果划分评价工作等级，详见表9-3。

（2）污染影响型。将建设项目占地规模分为大型（$\geqslant 50\ hm^2$）、中型（$5\sim 50\ hm^2$）、小型（$\leqslant 5\ hm^2$），建设项目占地主要为永久占地。建设项目所在地周边的土壤环境敏感程度分为敏感、较敏感、不敏感，判别依据见表9-4。根据土壤环境影响评价项目类别、占地规模与敏感程度划分评价工作等级，详见表9-5。

（3）建设项目同时涉及土壤环境生态影响型与污染影响型时，应分别判定评价工作等级，并按相应等级分别开展评价工作。

（4）当同一建设项目涉及两个或两个以上场地时，各场地应分别判定评价工作等级，并按相应等级分别开展评价工作。

（5）线性工程重点针对主要站场位置（如输油站、泵站、阀室、加油站、维修场所等），参照（2）分段判定评价等级，并按相应等级分别开展评价工作。

表 9-2　生态影响型敏感程度分级表

敏感程度	判　别　依　据		
	盐化	酸化	碱化
敏感	建设项目所在地干燥度>2.5且常年地下水位平均埋深<1.5 m的地势平坦区域；或土壤含盐量>4 g/kg的区域	pH≤4.5	pH≥9.0
较敏感	建设项目所在地干燥度>2.5且常年地下水位平均埋深≥1.5 m的，或1.8<干燥度≤2.5且常年地下水位平均埋深<1.8 m的地势平坦区域；建设项目所在地干燥度>2.5或常年地下水位平均埋深<1.5 m的平原区；或2 g/kg<土壤含盐量≤4 g/kg的区域	4.5<pH≤5.5	8.5≤pH<9.0
不敏感	其他	5.5<pH<8.5	

注：干燥度是指采用 E601 观测的多年平均水面蒸发量与降水量的比值，即蒸降比值。

表 9-3　生态影响型评价工作等级划分表

敏感程度 ＼ 项目类别 评价工作等级	Ⅰ类	Ⅱ类	Ⅲ类
敏感	一级	二级	三级
较敏感	二级	二级	三级
不敏感	二级	三级	—

注："—"表示可不开展土壤环境影响评价工作。

表 9-4 污染影响型敏感程度分级表

敏感程度	判 别 依 据
敏感	建设项目周边存在耕地、园地、牧草地、饮用水水源地或居民区、学校、医院、疗养院、养老院等土壤环境敏感目标的
较敏感	建设项目周边存在其他土壤环境敏感目标的
不敏感	其他情况

表 9-5 污染影响型评价工作等级划分表

占地规模 评价工作等级 敏感程度	Ⅰ类			Ⅱ类			Ⅲ类		
	大	中	小	大	中	小	大	中	小
敏感	一级	一级	一级	二级	二级	二级	三级	三级	三级
较敏感	一级	一级	二级	二级	二级	三级	三级	三级	—
不敏感	一级	二级	二级	二级	三级	三级	三级	—	—

注："—"表示可不开展土壤环境影响评价工作。

9.3 土壤环境质量现状调查与评价

9.3.1 基本原则与要求

（1）土壤环境现状调查与评价工作应遵循资料收集与现场调查相结合、资料分析与现状监测相结合的原则。

（2）土壤环境现状调查与评价工作的深度应满足相应的工作级别要求，当现有资料不能满足要求时，应通过组织现场调查、监测等方法获取。

（3）建设项目同时涉及土壤环境生态影响型与污染影响型时，应分别按相应评价工作等级要求开展土壤环境现状调查，可根据建设项目特征适当调整、优化调查内容。

（4）工业园区内的建设项目，应重点在建设项目占地范围内开展现状调查工作，并兼顾其可能影响的园区外围土壤环境敏感目标。

9.3.2 调查评价范围

调查评价范围应包括建设项目可能影响的范围，能满足土壤环境影响预测和评价要求；改、扩建类建设项目的现状调查评价范围还应兼顾现有工程可能影响的范围。

建设项目（除线性工程外）土壤环境影响现状调查评价范围可根据建设项目影响类型、污染途径、气象条件、地形地貌、水文地质条件等确定并说明，或参考表 9-6 确定。

表 9-6　现状调查范围

评价工作等级	影响类型	调查范围①	
		占地范围内	占地范围外
一级	生态影响型	全部	5 km 范围内
	污染影响型		1 km 范围内
二级	生态影响型		2 km 范围内
	污染影响型		0.2 km 范围内
三级	生态影响型		1 km 范围内
	污染影响型		0.05 km 范围内

注：矿山类项目指开采区与各场地的占地；改、扩建类的指现有工程与拟建工程的占地。

①涉及大气沉降途径影响的，可根据主导风向下风向的最大落地浓度点适当调整。

建设项目同时涉及土壤环境生态影响与污染影响时，应各自确定调查评价范围。

危险品、化学品或石油等输送管线应以工程边界两侧向外延伸 0.2 km 作为调查评价范围。

9.3.3　调查内容与要求

土壤环境现状调查的目的是在反映调查评价范围内的土壤理化特性、土壤环境质量状况，以及土壤环境影响源的基础上，为土壤环境现状评价和土壤环境影响预测评价提供数据支撑，可采用资料收集、现场调查和现状监测等方式完成。

9.3.3.1　资料收集

根据建设项目特点、可能产生的环境影响和当地环境特征，有针对性收集调查评价范围内的相关资料，主要包括以下内容：

（1）土地利用现状图、土地利用规划图、土壤类型分布图。收集该部分资料目的在于掌握调查区的土地利用现状情况信息、后期的土地利用规划状况，分析建设项目所在周边的土壤环境敏感程度，为后期的监测布点提供依据。该部分资料可到地方国土部门网站或中国土壤数据库进行查阅。

（2）气象资料、地形地貌特征资料、水文及水文地质资料等。其中气象资料主要包括地区的降雨量、蒸发量、风速风向等资料；地形地貌特征资料主要包括区内地形地势、地貌分区类型等；水文资料主要指区内的地表径流等水文特征；水文地质资料主要为区内包气带特征及地下水水位埋深等内容。以上资料可通过国家地质资料数据中心及全国地质资料信息网进行查阅。

（3）土地利用历史情况。收集土地利用变迁资料、土地使用权证明及变更记录、房屋拆除记录等信息，重点收集场地作为工业用地时期的生产及污染状况，用来评价场地污染的历史状况，识别土壤污染影响源。

（4）与建设项目土壤环境影响评价相关的其他资料。包括环境影响评价报告书（表）、场地环境监测报告、场地调查报告以及由政府机关和权威机构所保存或发布的环境资料，如区域环境保护规划、环境质量公告、生态和水源保护区规划报告、企业在政府部门相关环境备案和批复等。

9.3.3.2 理化特性调查内容

土壤理化特性调查是在所收集资料无法达到土壤现状调查相应的工作精度要求时，所开展的针对性现场调查工作。该项工作根据土壤环境影响类型的不同，工作内容也有所区别。

在充分收集资料的基础上，根据土壤环境影响类型、建设项目特征与评价需要，有针对性地选择土壤理化特性调查内容，主要包括土体构型、土壤结构、土壤质地、阳离子交换量、氧化还原电位、饱和导水率、土壤容重、孔隙度等；土壤环境生态影响型建设项目还应调查植被、地下水位埋深、地下水溶解性总固体等。评价工作等级为一级的建设项目还应调查土壤剖面情况。

（1）土体构型。土体构型的调查工作在野外地面调查阶段进行，以土壤剖面记录的形式完成。土壤剖面一般挖成 1.5~2 m 的长方形土坑，深度因土而异，一般揭露至基岩或达到地表沉积体的一定深度。剖面完成后，先按形态特征自上而下划分层次，逐层观察和记载其颜色、质地、结构、孔隙、紧实度、湿度、根系分布、动物活动遗迹、新生体以及土层界线的形状和过渡特征；然后根据需要进行速测。土壤剖面的采样规格及采样地点选择参照《土壤环境监测技术规范》（HJ/T 166）中的具体规定执行。

（2）土壤结构。土壤结构的测定方法分为现场鉴别和筛分两种。进行野外现场鉴别时，可将土壤结构类型按形状分为块状、片状和柱状三大类；按其大小、发育程度和稳定性等，再分为团粒、团块、块状、棱块状、棱柱状、柱状和片状等。筛分法又分为人工筛分法和机械筛分法两种。可参考《土工试验方法标准》（GB/T 50123—2019）中的具体规定执行。

（3）土壤质地。土壤质地是根据机械分析数据，依据相应的土壤质地分类标准来确定的。每种质地的土壤，各级颗粒含量都有一定的变化，土壤机械组成数据是研究土壤的最基本资料之一。土壤质地的确定可先进行野外确定，运用手指对土壤的感觉，采用搓条法进行粗估计。土壤质地的精细判别依据是土壤颗粒大小。可参考《土工试验方法标准》（GB/T 50123—2019）中的具体规定执行。

（4）阳离子交换量。土壤阳离子交换性能对于研究污染物的环境行为有重大意义，它能调节土壤溶液的浓度，保证土壤溶液成分的多样性，因而保证了土壤溶液的“生理平衡”，同时还可以保持养分，免于被雨水淋失。阳离子交换量的大小，可作为评价土壤保肥能力的指标。土壤阳离子交换量越高，说明土壤保肥性越强，意味着土壤保持和供应植物所需养分的能力越强。土壤阳离子交换量的测定在室内实验室完成，受多种因素影响。可参考《土壤阳离子交换量的测定》（HJ 889—2017）或其他地方标准。

（5）氧化还原电位（E_h）。氧化还原电位的测定应用在土壤环境监测中，以反映土壤溶液中所有物质表现出来的宏观氧化还原性。E_h 值可以作为评价水质优劣程度的一个标准。土壤的氧化还原性质对植物的生长起着至关重要的作用，土壤中的各种生物化学过程都受 E_h 值的制约，各物种的反应活性、迁移、毒性及其能否被生物吸收利用，都与物种的氧化还原状态有关。土壤氧化还原电位越高，氧化性越强；电位越低，氧化性越弱。

（6）土壤饱和导水率、土壤容重、土壤孔隙度。测定土壤饱和导水率需要选取原状土样进行室内环刀试验；测定土壤容重可采用环刀法、蜡封法、水银排除法、填沙法等，以环刀法应用最为广泛；土壤孔隙度一般不直接测定，一般由土粒密度和容重计算求得。

以上三个指标均是计算土壤剖面中水通量的重要土壤参数，也是水文模型中的重要参数，它们的准确与否严重影响模型的精度。

（7）植被特征。获取区域地表植被覆盖状况，对于揭示地表植被分布、动态变化趋势以及评价区域生态环境具有现实作用。植被恢复过程中，土壤养分和有机质等含量有所改善，而土壤养分的改善有助于植被的恢复。土壤状况不仅影响着植物群落的演替方向，更进一步决定着植物群落的类型、分布和动态。

不同植被群落下土壤性质存在显著差异。通过调查掌握生态影响型建设项目所在地植物的种类、覆盖和分布情况，可以推测出土壤砂粒含量、土壤容重、pH 值、有效磷含量、粉粒含量、黏粒含量、全氮含量以及有机质含量等情况，进而对预测生态影响型建设项目的盐碱化趋势提供参考依据。

土壤的植被覆盖情况可通过遥感生态解译与地面调查相结合的方式进行调查分析。具体调查方法可参考《生态环境状况评价技术规范》（HJ 192—2015）、《环境影响评价技术导则　生态影响》（HJ 19—2022）以及《生物多样性观测技术导则》（HJ 710—2014）等相关技术规范。

（8）地下水位埋深。地下水位埋深是指地下水面到地表的距离，是影响包气带水升降的重要因素，与土壤盐渍化成因密切相关。土壤盐渍化的根本防治措施是调控地下水位，比如在地下水开采过程中，由于地下水埋深大于毛细带强烈上升高度，可以切断水盐沿毛管上升的通道，从而可以有效地防止返盐和土壤积盐。同时，由于水位埋深加大，可以容纳灌水和降水的入渗，蒸发强度显著减弱，从而改变水盐运动方向和动态特征，使水盐向下运动，有利于包气带水土盐分淡化，防止潜水因蒸发而浓缩和使盐分向土壤表层累积，对从根本上防治土壤盐渍化有重要意义。地下水水位测量是水文地质勘查领域的基本技术手段，可通过地面调查、勘探等方法进行。

（9）溶解性总固体。溶解性总固体是指水流经围岩后单位体积水样中溶解无机矿物成分的总质量，包括溶解于水中的各种离子、分子、化合物的总量。地下水溶解性总固体是评价地下水含盐量、表征地下水无机污染物的重要指标，受降雨、蒸发、地形、土壤类型、土地利用类型、岩性及农业活动等因素的影响，其分布具有空间变异性。溶解性总固体指标值越高，地下水矿化程度越高，所含各种阴、阳离子总量越多，地下水经包气带蒸发遗留地表土壤的盐分越多，土壤盐渍化的程度越高。因此，地下水中溶解性总固体是判断土壤是否会发生盐碱化的重要指标之一。溶解性总固体的测定方法及操作规程可参考《生活饮用水标准检验方法》（GB/T 5750.4—2023）。

9.3.3.3　影响源调查

土壤环境影响源调查的核心目的是在建设项目开展实施之前查清厂区土壤环境质量现状，确定前期的污染事故状况，为建设项目未来可能出现的责任鉴定做好背景数据储备。因此，在土壤环境现状调查的过程当中，应调查与建设项目产生同种特征因子或造成相同土壤环境影响后果的影响源；改、扩建的污染影响型建设项目，其评价工作等级为一级、二级的，应对现有工程的土壤环境保护措施情况进行调查，并重点调查主要装置或设施附近的土壤污染现状。

土壤环境影响源调查方法主要有以下几种：

（1）资料收集法。通过收集建设项目场地土地历史使用情况，掌握其土地利用变迁资料、土地使用权证明及变更记录、房屋拆除记录等信息，重点收集场地作为工业用地的生产及污染记录，厂区平面布置图，地上及地下储罐清单，环境监测数据等，用以识别影响源可能产生的位置及时间。

（2）现场踏勘法。通过走访土壤环境调查场地及周边区域（范围由现场调查人员根据污染物可能迁移的距离确定），重点记录厂区内构筑物、建筑物及地表的污染泄漏痕迹。

（3）人员访谈法。包括资料收集及现场踏勘所涉及的疑问，作为信息补充和已有资料的考证。询问知情人员场地的土地使用历史，人类活动的污染负荷，特殊环境事件，居民生活、健康及周边生态异常情况等。

9.3.4 现状监测

（1）基本要求。建设项目土壤环境现状监测应根据建设项目的影响类型、影响途径，有针对性地开展监测工作，了解或掌握调查评价范围内土壤环境现状。

（2）布点原则。

1）土壤环境现状监测点布设应根据建设项目土壤环境影响类型、评价工作等级、土地利用类型确定，采用均布性与代表性相结合的原则，充分反映建设项目调查评价范围内的土壤环境现状，可根据实际情况优化调整。

2）调查评价范围内的每种土壤类型应至少设置1个表层样监测点，应尽量设置在未受人为污染或相对未受污染的区域。

3）生态影响型建设项目应根据建设项目所在地的地形特征、地面径流方向设置表层样监测点。

4）涉及入渗途径影响的，主要产污装置区应设置柱状样监测点，采样深度需至装置底部与土壤接触面以下，根据可能影响的深度适当调整。

5）涉及大气沉降影响的，应在占地范围外主导风向的上、下风向各设置1个表层样监测点，可在最大落地浓度点增设表层样监测点。

6）涉及地面漫流途径影响的，应结合地形地貌，在占地范围外的上、下游各设置1个表层样监测点。

7）线性工程应重点在站场位置（如输油站、泵站、阀室、加油站及维修场所等）设置监测点，涉及危险品、化学品或石油等输送管线的应根据评价范围内土壤环境敏感目标或厂区内的平面布局情况确定监测点布设位置。

8）评价工作等级为一级、二级的改、扩建项目，应在现有工程厂界外可能产生影响的土壤环境敏感目标处设置监测点。

9）涉及大气沉降影响的改、扩建项目，可在主导风向下风向适当增加监测点位，以反映降尘对土壤环境的影响。

10）建设项目占地范围及其可能影响区域的土壤环境已存在污染风险的，应结合用地历史资料和现状调查情况，在可能受影响最重的区域布设监测点，取样深度根据其可能影响的情况确定。

11）建设项目现状监测点设置应兼顾土壤环境影响跟踪监测计划。

（3）现状监测点数量要求。

1）建设项目各评价工作等级的监测点数不少于表9-7要求。

2）生态影响型建设项目可优化调整占地范围内、外监测点数量，保持总数不变；占地范围超过 5000 hm² 的，每增加 1000 hm² 增加 1 个监测点。

3）污染影响型建设项目占地范围超过 100 hm² 的，每增加 20 hm² 增加 1 个监测点。

表 9-7 现状监测布点类型与数量

评价工作等级		占地范围内	占地范围外
一级	生态影响型	5 个表层样点①	6 个表层样点
	污染影响型	5 个柱状样点②，2 个表层样点	4 个表层样点
二级	生态影响型	3 个表层样点	4 个表层样点
	污染影响型	3 个柱状样点，1 个表层样点	2 个表层样点
三级	生态影响型	1 个表层样点	2 个表层样点
	污染影响型	3 个表层样点	—

注："—"表示无现状监测布点类型与数量的要求。

①表层样应在 0~0.2 m 取样。

②柱状样通常在 0~0.5 m、0.5~1.5 m、1.5~3 m 分别取样，3 m 以下每 3 m 取 1 个样，可根据基础埋深、土体构型适当调整。

（4）现状监测取样方法。表层样监测点及土壤剖面的土壤监测取样方法一般参照《土壤环境监测技术规范》（HJ/T 166）执行，柱状样监测点和污染影响型改、扩建项目的土壤监测取样方法还可参照《建设用地土壤污染状况调查技术导则》（HJ 25.1）、《场地环境监测技术导则》（HJ 25.2）执行。

（5）现状监测因子。土壤环境现状监测因子分为基本因子和建设项目的特征因子。基本因子为《土壤环境质量 农用地土壤污染风险管控标准（试行）》（GB 15618—2018）、《土壤环境质量 建设用地土壤污染风险管控标准（试行）》（GB 36600—2018）中规定的基本项目，分别根据调查评价范围内的土地利用类型选取。特征因子为建设项目产生的特有因子，根据《环境影响评价技术导则 土壤环境（试行）》（HJ 964—2018）附录 B 确定。既是特征因子又是基本因子的，按特征因子对待。

调查评价范围内规定的点位须监测基本因子与特征因子，如调查评价范围内每种土壤类型设置的表层样监测点，以及建设项目占地范围及其可能影响区域存在土壤环境污染风险时，在可能受影响最重的区域布设的监测点；其他监测点位可仅监测特征因子。

（6）现状监测频次要求。基本因子：评价工作等级为一级的建设项目，应至少开展 1 次现状监测；评价工作等级为二级、三级的建设项目，若掌握近 3 年至少 1 次的监测数据，可不再进行现状监测；引用监测数据应满足布点原则和现状监测点数量的相关要求，并说明数据有效性。特征因子：应至少开展 1 次现状监测。

9.3.5 现状评价

9.3.5.1 评价标准

根据调查评价范围内的土地利用类型，分别选取《土壤环境质量 农用地土壤污染风险管控标准（试行）》（GB 15618—2018）、《土壤环境质量 建设用地土壤污染风险管控控标准（试行）》（GB 36600—2018）等标准中的筛选值进行评价，土地利用类型无相应标准的可只给出现状监测值。

评价因子在《土壤环境质量 农用地土壤污染风险管控标准（试行）》（GB 15618—2018）、《土壤环境质量 建设用地土壤污染风险管控标准（试行）》（GB 36600—2018）等标准中未规定的，可参照行业、地方或国外相关标准进行评价，无可参照标准的可只给出现状监测值。

土壤盐化、酸化、碱化等的分级标准参见《环境影响评价技术导则 土壤环境（试行）》（HJ 964—2018）附录 D，土壤盐化分级标准见表 9-8，土壤酸化、碱化分级标准见表 9-9。

表 9-8 土壤盐化分级标准

分　级	土壤含盐量（SSC）/g·kg⁻¹	
	滨海、半湿润和半干旱地区	干旱、半荒漠和荒漠地区
未盐化	SSC<1	SSC<2
轻度盐化	1≤SSC<2	2≤SSC<3
中度盐化	2≤SSC<4	3≤SSC<5
重度盐化	4≤SSC<6	5≤SSC<10
极重度盐化	SSC≥6	SSC≥10

注：根据区域自然背景状况适当调整。

表 9-9 土壤酸化、碱化分级标准

土壤 pH 值	土壤酸化、碱化强度
pH<3.5	极重度酸化
3.5≤pH<4.0	重度酸化
4.0≤pH<4.5	中度酸化
4.5≤pH<5.5	轻度酸化
5.5≤pH<8.5	无酸化或碱化
8.5≤pH<9.0	轻度碱化
9.0≤pH<9.5	中度碱化
9.5≤pH<10.0	重度碱化
pH≥10.0	极重度碱化

注：土壤酸化、碱化强度指受人为影响后呈现的土壤 pH 值，可根据区域自然背景状况适当调整。

9.3.5.2 评价方法

土壤环境质量现状评价应采用标准指数法，并进行统计分析，给出样本数量、最大值、最小值、均值、标准差、检出率和超标率、最大超标倍数等。对照表 9-8 和表 9-9 给出各监测点位土壤盐化、酸化、碱化的级别，统计样本数量、最大值、最小值和均值，并评价均值对应的级别。

土壤环境质量评价涉及监测项目、评价标准和评价方法。土壤调查的目的和现实的经济技术条件决定了监测项目的数量；评价标准通常采用国家土壤环境质量标准、土壤背景值或专业土壤质量标准；国内常用的土壤环境质量评价技术方法主要有单污染指数法、累积指数法、污染分担率评价法和内梅罗污染指数评价法。

A 单污染指数法

单污染指数是最简单的一种评价方法，是将污染物实测值与质量标准比较，得到的一个指数，指数小则污染轻，指数大则污染重。该评价方法能比较客观、明了地反映土壤中某污染物的影响程度。其计算公式如下：

$$P_i = \frac{C_i}{C_0} \tag{9-1}$$

式中 P_i——i 污染物指数；

C_i——i 污染物实测值，mg/kg；

C_0——i 污染物质量标准，mg/kg。

B 累积指数法

当区域内土壤环境质量作为一个整体与外区域进行比较，或者与历史资料进行比较时，经常采用综合污染指数来评价，可客观反映区域土壤的实际质量状况。

由于地区土壤背景差异较大，特别是矿藏丰富的地区，在矿藏出露的区域，一般背景值都较高，采用累积指数更能反映土壤人为污染程度。累积指数计算公式如下：

$$P = \frac{C_i}{b_0} \tag{9-2}$$

式中 P——污染累积指数；

C_i——i 污染物实测值，mg/kg；

b_0——i 污染物背景值，mg/kg。

C 污染分担率评价法

在评价项目较多，需要找出主要污染物时，可采用污染物分担率的评价方法，计算公式如下：

$$Y(\%) = \frac{P_i}{\sum_{i=1}^{n} P_i} \tag{9-3}$$

式中 Y——污染分担率；

P_i——i 污染物指数。

D 内梅罗污染指数评价法

内梅罗指数反映了各污染物对土壤的作用，同时突出了高浓度污染物对土壤环境质量的影响。计算公式如下：

$$P_n = \sqrt{\frac{\overline{P_i^2} + P_{i\max}^2}{2}} \tag{9-4}$$

式中 P_n——内梅罗污染指数；

$\overline{P_i}$——平均单项污染指数；

$P_{i\max}$——最大单项污染指数。

内梅罗指数土壤污染评价标准见表 9-10。

表 9-10 土壤内梅罗污染指数评价标准

等级	内梅罗污染指数	污染等级
I	$P_n \leq 0.7$	清洁（安全）
II	$0.7 < P_n \leq 1.0$	尚清洁（警戒线）
III	$1.0 < P_n \leq 2.0$	轻度污染
IV	$2.0 < P_n \leq 3.0$	中度污染
V	$P_n > 3$	重污染

9.3.5.3 评价结论

生态影响型建设项目应给出土壤盐化、酸化、碱化的现状。

污染影响型建设项目应给出评价因子是否满足《土壤环境质量 农用地土壤污染风险管控标准（试行）》（GB 15618—2018）、《土壤环境质量 建设用地土壤污染风险管控标准（试行）》（GB 36600—2018）等相关标准中要求的结论；当评价因子存在超标时，应分析超标原因。

9.4 土壤环境影响预测与评价

9.4.1 基本原则与要求

（1）根据影响识别结果与评价工作等级，结合当地土地利用规划确定影响预测的范围、时段、内容和方法。

（2）选择适宜的预测方法，预测评价建设项目各实施阶段不同环节与不同环境影响防控措施下的土壤环境影响，给出预测因子的影响范围与程度，明确建设项目对土壤环境的影响结果。

（3）应重点预测评价建设项目对占地范围外土壤环境敏感目标的累积影响，并根据建设项目特征兼顾对占地范围内的影响预测。

（4）土壤环境影响分析可定性或半定量地说明建设项目对土壤环境产生的影响及趋势。

（5）对于建设项目导致土壤潜育化、沼泽化、潴育化和土地沙漠化等影响的，可根据土壤环境特征，结合建设项目特点，分析土壤环境可能受到影响的范围和程度。

9.4.2 预测评价范围

预测评价范围一般与现状调查评价范围一致。

水平调查范围：污染物水平迁移扩散范围或可能导致土壤的盐化、酸化、碱化、潜育化的影响范围，同时兼顾土壤环境敏感目标。

垂向调查范围：土壤垂向深度在保证表土层的基础上，根据建设项目对土壤环境的影响适当延伸。一方面，生态影响型建设项目对土壤环境的影响多集中在表层及亚表层，经大气沉降导致的土壤污染主要集中在表层，故对表土层进行调查；另一方面，由于土壤污染物迁移运移不仅局限于生长植物的疏松表层，还可能影响土壤更深层的相关自然地理要素的综合体，故土壤垂向调查范围根据其影响的深度确定。同时要考虑地下水位埋深和建设项目可能影响的深度，一般为 0~6 m，若地下水位埋深小于 6 m，则垂向调查范围深度至地下水位埋深处；若建设项目深度超过 6 m，则调查范围一般仍为 6 m。

预测评价应重点考虑建设项目对占地范围外土壤环境敏感目标的累积影响，并根据建设项目特征兼顾对占地范围内的影响。

9.4.3　预测与评价因子

污染影响型建设项目应根据环境影响识别出的特征因子选取关键预测因子。

可能造成土壤盐化、酸化、碱化影响的建设项目，分别选取土壤盐分含量、pH 值等作为预测因子。

9.4.4　预测评价标准

《土壤环境质量　农用地土壤污染风险管控标准（试行）》（GB 15618—2018）、《土壤环境质量　建设用地土壤污染风险管控标准（试行）》（GB 36600—2018）、《环境影响评价技术导则　土壤环境（试行）》（HJ 964—2018）附录 D 中土壤盐化分级标准和土壤酸化、碱化分级标准，或附录 F 中土壤盐化影响因素赋值。

9.4.5　污染源源强计算方法

污染源源强按土壤污染途径可分为大气沉降类、地面漫流类及垂直入渗类三类，具体方法参照污染源源强核算技术指南。常用方法如下：

（1）大气沉降类。利用公式计算大气落地浓度，并计算累积沉降量，详见本书第 4 章。

（2）地面漫流类。在田间设定径流小区，在产生径流时收集径流液，然后测定径流液中排出物质的量。或者根据当地常年监测径流数据分析估算。

土壤中某种物质经径流排出量的计算需依据当地土壤质地和降水强度等要素决定。通过查阅资料获得流域土壤蓄水能力，降水低于一定强度时，流域不产生径流；而降水超过一定强度时，流域土壤处于饱和状态，则产生径流。因此可根据降水强度、蒸发量和流域蓄水能力等指标，粗略计算径流量，见式（9-5）。

$$W_M = P - R - E + P_a \tag{9-5}$$

式中　W_M——流域蓄水能力（可查阅相关资料获取）；

　　　P——降水量（或灌溉量）；

　　　R——径流量；

　　　E——蒸发量；

　　　P_a——前期影响雨量（与土壤含水量有关，可使用土壤含水量换算），单位均为 mm，需进行换算。

（3）垂直入渗类。主要采用室内土柱模拟测定法。采用土柱试验进行模拟计算，模拟降雨进行淋溶。土柱采用原状土装填，在土柱低端用烧杯或其他器皿盛装淋溶物，记录一定时间内从土柱中淋溶排出的溶液体积，从而计算测定单位时间内土壤中某种物质经淋溶排出的量。

9.4.6 预测与评价方法

土壤环境影响预测与评价方法应根据建设项目土壤环境影响类型与评价工作等级确定。

可能引起土壤盐化、酸化、碱化等影响的建设项目，其评价工作等级为一级、二级的，预测方法可参见《环境影响评价技术导则　土壤环境（试行）》（HJ 964—2018）附录 E、附录 F 或进行类比分析。

污染影响型建设项目，其评价工作等级为一级、二级的，预测方法可参见《环境影响评价技术导则　土壤环境（试行）》（HJ 964—2018）附录 E 或进行类比分析；占地范围内还应根据土体构型、土壤质地、饱和导水率等分析其可能影响的深度。评价工作等级为三级的建设项目，可采用定性描述或类比分析法进行预测。

《环境影响评价技术导则　土壤环境（试行）》（HJ 964—2018）附录 E 和附录 F 的预测方法总结如下。

9.4.6.1　面源污染影响预测方法

A　适用范围

本方法适用于某种物质以可概化为面源形式进入土壤环境的影响预测，包括大气沉降、地表漫流以及土壤盐化、酸化、碱化等。

B　一般方法和步骤

（1）可通过工程分析计算土壤中某种物质的输入量；涉及大气沉降影响的，可参照《环境影响评价技术导则　大气环境》（HJ 2.2—2018）相关技术方法给出。

（2）土壤中某种物质的输出量主要包括淋溶或径流排出、土壤缓冲消耗两部分；植物吸收量通常较小，不予考虑；涉及大气沉降影响的，可不考虑输出量。

（3）分析比较输入量和输出量，计算土壤中某种物质的增量。

（4）将土壤中某种物质的增量与土壤现状值进行叠加后，进行土壤环境影响预测。

C　预测方法

（1）单位质量土壤中某种物质的增量可用下式计算：

$$\Delta S = n(I_S - L_S - R_S)/(\rho_b \times A \times D) \tag{9-6}$$

式中　ΔS——单位质量表层土壤中某种物质的增量，g/kg；或者表层土壤中游离酸或游离碱浓度增量，mmol/kg；

I_S——预测评价范围内单位年份表层土壤中某种物质的输入量，g；或者预测评价范围内单位年份表层土壤中游离酸、游离碱输入量，mmol；

L_S——预测评价范围内单位年份表层土壤中某种物质经淋溶排出的量，g；或者预测评价范围内单位年份表层土壤中经淋溶排出的游离酸、游离碱的量，mmol；

R_S——预测评价范围内单位年份表层土壤中某种物质经径流排出的量，g；或者预测评价范围内单位年份表层土壤中经径流排出的游离酸、游离碱的量，mmol；

ρ_b——表层土壤容重，kg/m³；

A——预测评价范围，m²；

D——表层土壤深度，一般取 0.2 m，可根据实际情况适当调整；

n——持续年份，a。

（2）单位质量土壤中某种物质的预测值可根据其增量叠加现状值进行计算，即：

$$S = S_b + \Delta S \tag{9-7}$$

式中　S_b——单位质量土壤中某种物质的现状值，g/kg；

　　　S——单位质量土壤中某种物质的预测值，g/kg。

（3）酸性物质或碱性物质排放后表层土壤 pH 预测值，可根据表层土壤游离酸或游离碱浓度的增量进行计算，即：

$$pH = pH_b \pm \Delta S / BC_{pH} \tag{9-8}$$

式中　pH_b——土壤 pH 现状值；

　　BC_{pH}——缓冲容量，mmol/（kg·pH）；

　　　pH——土壤 pH 预测值。

（4）缓冲容量（BC_{pH}）测定方法：采集项目区土壤样品，样品加入不同量游离酸或游离碱后分别进行 pH 值测定，绘制不同浓度游离酸或游离碱和 pH 值之间的曲线，曲线斜率即为缓冲容量。

9.4.6.2　点源污染影响预测方法

A　适用范围

本方法适用于某种污染物以点源形式垂直进入土壤环境的影响预测，重点预测污染物可能影响到的深度。

B　一维非饱和溶质运移模型预测方法

（1）一维非饱和溶质垂向运移控制方程：

$$\frac{\partial(\theta c)}{\partial t} = \frac{\partial}{\partial z}\left(\theta D \frac{\partial c}{\partial z}\right) - \frac{\partial}{\partial z}(qc) \tag{9-9}$$

式中　c——污染物介质中的浓度，mg/L；

　　　D——弥散系数，m^2/d；

　　　q——渗流速率，m/d；

　　　z——沿 z 轴的距离，m；

　　　t——时间变量，d；

　　　θ——土壤含水率，%。

（2）初始条件：

$$c(z, t) = 0 \quad t = 0, \; L \leqslant z < 0 \tag{9-10}$$

（3）边界条件。

第一类 Dirichlet 边界条件（其中式（9-11）适用于连续点源情景，式（9-12）适用于非连续点源情景）：

$$c(z, t) = c_0 \quad t > 0, \; z = 0 \tag{9-11}$$

$$c(z, t) = \begin{cases} c_0 & 0 < t \leqslant t_0 \\ 0 & t > t_0 \end{cases} \tag{9-12}$$

第二类 Neumann 零梯度边界：

$$-\theta D \frac{\partial c}{\partial z} = 0 \quad t > 0,\ z = L \tag{9-13}$$

9.4.6.3 土壤盐化综合评分预测法

根据土壤盐化影响因素赋值表 9-11 选取各项影响因素的分值与权重，采用式（9-14）计算土壤盐化综合评分值（Sa），对照表 9-12 得出土壤盐化综合评分预测结果。

$$Sa = \sum_{i=1}^{n} W_{x_i} \times I_{x_i} \tag{9-14}$$

式中　n——影响因素指标数目；

　　　I_{x_i}——影响因素 i 指标评分；

　　　W_{x_i}——影响因素 i 指标权重。

表 9-11　土壤盐化影响因素赋值表

影响因素	分　值				权重
	0 分	2 分	4 分	6 分	
地下水位埋深（GWD）/m	GWD≥2.5	1.5≤GWD<2.5	1.0≤GWD<1.5	GWD<1.0	0.35
干燥度（蒸降比值）（EPR）	EPR<1.2	1.2≤EPR<2.5	2.5≤EPR<6	EPR≥6	0.25
土壤本底含盐量（SSC）/g·kg⁻¹	SSC<1	1≤SSC<2	2≤SSC<4	SSC≥4	0.15
地下水溶解性总固体（TDS）/g·L⁻¹	TDS<1	1≤TDS<2	2≤TDS<5	TDS≥5	0.15
土壤质地	黏土	砂土	壤土	砂壤、粉土、砂粉土	0.10

表 9-12　土壤盐化预测表

土壤盐化综合评分值（Sa）	Sa<1	1≤Sa<2	2≤Sa<3	3≤Sa<4.5	Sa≥4.5
土壤盐化综合评分预测结果	未盐化	轻度盐化	中度盐化	重度盐化	极重度盐化

9.4.7　预测评价结论

以下情况可得出建设项目土壤环境影响可接受的结论：

（1）建设项目各不同阶段，土壤环境敏感目标处且占地范围内各评价因子均满足相关标准要求的；

（2）生态影响型建设项目各不同阶段，出现或加重土壤盐化、酸化、碱化等问题，但采取防控措施后，可满足相关标准要求的；

（3）污染影响型建设项目各不同阶段，土壤环境敏感目标处或占地范围内有个别点位、层位或评价因子出现超标，但采取必要措施后，可满足《土壤环境质量　农用地土壤污染风险管控标准（试行）》（GB 15618—2018）、《土壤环境质量　建设用地土壤污染风险管控标准（试行）》（GB 36600—2018）或其他土壤污染防治相关管理规定的。

以下情况不能得出建设项目土壤环境影响可接受的结论：

（1）生态影响型建设项目中，土壤盐化、酸化、碱化等对预测评价范围内土壤原有生态功能造成重大不可逆影响的；

（2）污染影响型建设项目各不同阶段，土壤环境敏感目标处或占地范围内多个点位、层位或评价因子出现超标，采取必要措施后，仍无法满足《土壤环境质量　农用地土壤污染风险管控标准（试行）》（GB 15618—2018）、《土壤环境质量　建设用地土壤污染风险管控标准（试行）》（GB 36600—2018）或其他土壤污染防治相关管理规定的。

9.5　土壤环境保护措施与对策

9.5.1　基本要求

（1）土壤环境保护措施与对策应包括保护的对象、目标，措施的内容、设施的规模及工艺、实施部位和时间、实施的保证措施、预期效果的分析等，在此基础上估算（概算）环境保护投资，并编制环境保护措施布置图。

（2）在建设项目可行性研究提出的影响防控对策基础上，结合建设项目特点、调查评价范围内的土壤环境质量现状，根据环境影响预测与评价结果，提出合理、可行、操作性强的土壤环境影响防控措施。

（3）改、扩建项目应针对现有工程引起的土壤环境影响问题，提出"以新带老"措施，有效减轻影响程度或控制影响范围，防止土壤环境影响加剧。

（4）涉及取土的建设项目，所取土壤应满足占地范围对应的土壤环境相关标准要求，并说明其来源；弃土应按照固体废物相关规定进行处理处置，确保不产生二次污染。

9.5.2　建设项目环境保护措施

（1）土壤环境质量现状保障措施。对于建设项目占地范围内的土壤环境质量存在点位超标的，应依据土壤污染防治相关管理办法、规定和标准，采取有关土壤污染防治措施。

（2）源头控制措施。生态影响型建设项目应结合项目的生态影响特征，按照生态系统功能优化的理念，坚持高效适用的原则提出源头防控措施。

污染影响型建设项目应针对关键污染源、污染物的迁移途径提出源头控制措施，并与《环境影响评价技术导则　大气环境》（HJ 2.2）、《环境影响评价技术导则　地表水环境》（HJ 2.3）、《环境影响评价技术导则　生态影响》（HJ 19）、《建设项目环境风险评价技术导则》（HJ 169）、《环境影响评价技术导则　地下水环境》（HJ 610）等标准要求相协调。

（3）过程防控措施。建设项目根据行业特点与占地范围内的土壤特性，按照相关技术要求采取过程阻断、污染物削减和分区防控措施。

生态影响型：1）涉及酸化、碱化影响的可采取相应措施调节土壤 pH 值，以减轻土壤酸化、碱化的程度；2）涉及盐化影响的，可采取排水排盐或降低地下水位等措施，以减轻土壤盐化的程度。

污染影响型：1）涉及大气沉降影响的，占地范围内应采取绿化措施，以种植具有较强吸附能力的植物为主；2）涉及地面漫流影响的，应根据建设项目所在地的地形特点优化地面布局，必要时设置地面硬化、围堰或围墙，以防止土壤环境污染；3）涉及入渗途径影响的，应根据相关标准规范要求，对设备设施采取相应的防渗措施，以防止土壤环境污染。

9.5.3　跟踪监测

土壤环境跟踪监测措施包括制定跟踪监测计划、建立跟踪监测制度，以便及时发现问题，采取措施。

土壤环境跟踪监测计划应明确监测点位、监测指标、监测频次以及执行标准等。

（1）监测点位应布设在重点影响区和土壤环境敏感目标附近；

（2）监测指标应选择建设项目特征因子；

（3）评价工作等级为一级的建设项目一般每 3 年内开展 1 次监测工作，二级的每 5 年内开展 1 次，三级的必要时可开展跟踪监测；

（4）生态影响型建设项目跟踪监测应尽量在农作物收割后开展；

（5）执行标准应同 9.4.4 节。

9.6　土壤环境影响评价案例

9.6.1　项目概况

项目名称：年产 15 万辆乘用车项目

项目性质：新建

建设地点：武汉经济技术开发区（汉南区）纱帽街汉南大道、纱帽大道和幸福园路延长线所夹地块范围

总投资：904400 万元

主要建设内容：新征工业用地，主要建设冲压车间、焊装车间、涂装车间、小涂装车间、总装车间、整车质量检验车间等及配套服务设施。项目达产后，形成年产 15 万辆乘用车多品种混流生产能力，其中包括基本型乘用车（含传统燃油和纯电动车型、混合动力车型）及其他类乘用车（含传统燃油和纯电动车型、混合动力车型）。

9.6.2　土壤环境现状调查与评价

9.6.2.1　土壤环境质量现状监测

土壤环境质量现状监测委托某检测公司对项目周边土壤环境进行监测，监测内容如下：

（1）监测点位。根据厂区的土壤环境、布局、土壤类型等因素，采用均匀布点法，共设置 11 个土壤监测点位。在厂址占地范围内布置了 7 个土壤采样点，其中表层样 2 个，柱状样 5 个；占地范围外布置 4 个土壤采样点，均为表层样，具体见图 9-2。

（2）监测项目、时间及频次。根据《土壤环境质量　建设用地土壤污染风险管控标准（试行）》（GB 36600—2018）要求，其中 7 号和 8 号点位，监测基本因子和特征因子，其余点位仅监测特征因子。土壤监测因子见表 9-13，土壤监测点位及监测因子见表 9-14。

监测时间及频次：监测时间为 2019 年 7 月 8 日，监测频次为每天 1 次，监测 1 天。

图 9-2 年产 15 万辆乘用车项目周边环境及监测点位示意图

表 9-13 土壤监测因子一览表

土壤因子	因 子 名 称
基本因子	重金属和无机物 7 项：砷、镉、铬（六价）、铜、铅、汞、镍； 挥发性有机物 27 项：四氯化碳、氯仿、氯甲烷、1，1-二氯乙烷、1，2-二氯乙烷、1，1-二氯乙烯、顺-1，2-二氯乙烯、反-1，2-二氯乙烯、二氯甲烷、1，2-二氯丙烷、1，1，1，2-四氯乙烷、1，1，2，2-四氯乙烷、四氯乙烯、1，1，1-三氯乙烷、1，1，2-三氯乙烷、三氯乙烯、1，2，3-三氯丙烷、氯乙烯、苯、氯苯、1，2-二氯苯、1，4-二氯苯、乙苯、苯乙烯、甲苯、间二甲苯+对二甲苯、邻二甲苯； 半挥发性有机物 11 项：硝基苯、苯胺、2-氯酚、苯并 [a] 蒽、苯并 [a] 芘、苯并 [b] 荧蒽、苯并 [k] 荧蒽、䓛、二苯并 [a, h] 蒽、茚并 [1, 2, 3-cd] 芘、萘
特征因子	土壤特征因子项目共 10 项：氟化物、乙苯、甲苯、间二甲苯+对二甲苯、邻二甲苯、镍、铜、锌、石油烃 C10~C40、磷酸根

表 9-14 土壤监测点位及监测因子一览表

点位序号	监测位置	点位类型		监测因子
1 号	车辆停放处适当位置	占地范围内	柱状	特征因子 10 项
2 号	供油站适当位置		柱状	
3 号	总装车间适当位置		柱状	
4 号	小涂装车间适当位置		柱状	
5 号	涂装车间适当位置		柱状	
6 号	污水处理站适当位置		表层	
7 号	莲花湖适当位置	占地范围外	表层	基本因子 45 项+特征因子 10 项
8 号	通津村附近位置		表层	
9 号	江下村适当位置		表层	
10 号	场地西侧		表层	特征因子 10 项
11 号	场地东侧适当位置		表层	

注：表层样在 0~0.2 m 取 1 个样，柱状样在 0~0.5 m、0.5~1.5 m、1.5~3 m、3~4 m 分别取样，每个柱状样取 4 个样品。

9.6.2.2　土壤环境质量现状评价

（1）评价标准。本次土壤评价参考标准为《土壤环境质量　建设用地土壤污染风险管控标准（试行）》（GB 36600—2018）中表1第二类用地筛选值。

（2）评价结果。将检测数据与《土壤环境质量　建设用地土壤污染风险管控标准（试行）》（GB 36600—2018）中第二类用地筛选值数据进行比较。

采用《土壤环境质量　建设用地土壤污染风险管控标准（试行）》（GB 36600—2018）中第二类用地筛选值评价，项目所在范围内的土壤主要指标均满足标准要求。

土壤环境监测结果见表9-15。

表 9-15　土壤环境监测结果一览表（基本因子+特征因子）

序号	监测项目	7 号供油站	8 号通津村	筛选值第二类用地标准	是否超标
		7 号（0~0.2 m）	8 号（0~0.2 m）		
1	砷	8.96	10.4	60	否
2	镉	0.27	0.31	65	否
3	铬（六价）	ND	ND	5.7	否
4	铜	20	34	18000	否
5	铅	17.2	18.9	800	否
6	汞	0.158	0.154	38	否
7	镍	54	29	900	否
8	四氯化碳	ND	ND	2.8	否
9	氯仿	0.0140	0.0136	0.9	否
10	氯甲烷	ND	ND	37	否
11	1，1-二氯乙烷	ND	ND	9	否
12	1，2-二氯乙烷	0.0040	0.0049	5	否
13	1，1-二氯乙烯	ND	ND	66	否
14	顺-1，2-二氯乙烯	ND	ND	596	否
15	反-1，2-二氯乙烯	ND	ND	54	否
16	二氯甲烷	0.139	0.128	616	否
17	1，2-二氯丙烷	ND	ND	5	否
18	1，1，1，2-四氯乙烷	ND	ND	10	否
19	1，1，2，2-四氯乙烷	ND	ND	6.8	否
20	四氯乙烯	ND	ND	53	否
21	1，1，1-三氯乙烷	ND	ND	840	否
22	1，1，2-三氯乙烷	ND	ND	2.8	否
23	三氯乙烯	ND	ND	2.8	否
24	1，2，3-三氯丙烷	ND	ND	0.5	否
25	氯乙烯	ND	ND	0.43	否
26	苯	ND	ND	4	否

序号	监测项目	7 号供油站	8 号通津村	筛选值第二类用地标准	是否超标
		7 号（0~0.2 m）	8 号（0~0.2 m）		
27	氯苯	ND	ND	270	否
28	1，2-二氯苯	ND	ND	560	否
29	1，4-二氯苯	ND	ND	20	否
30	乙苯	ND	ND	28	否
31	苯乙烯	ND	ND	1290	否
32	甲苯	ND	ND	1200	否
33	间二甲苯+对二甲苯	ND	ND	570	否
34	邻二甲苯	ND	ND	640	否
35	硝基苯	ND	ND	76	否
36	苯胺	ND	ND	260	否
37	2-氯酚	ND	ND	2256	否
38	苯并［a］蒽	ND	ND	15	否
39	苯并［a］芘	ND	ND	1.5	否
40	苯并［b］荧蒽	ND	ND	15	否
41	苯并［k］荧蒽	ND	ND	151	否
42	䓛	ND	ND	1293	否
43	二苯并［a，h］蒽	ND	ND	1.5	否
44	茚并［1，2，3-cd］芘	ND	ND	15	否
45	萘	ND	ND	70	否
46	氟化物	318	529	—	—
47	锌	27	33	—	—
48	石油烃（C10~C40）	<0.120	<0.120	4500	否
49	总磷	558	609	—	—

9.6.3　土壤环境影响预测与评价

9.6.3.1　评价标准

根据《土壤环境质量　建设用地土壤污染风险管控标准（试行）》（GB 36600—2018），本项目土壤基本项目已能涵盖本项目的特征指标，其中锌在上述标准暂未规定，拟按照铜进行预测评价，评价因子和评价标准详见表 9-16。

表 9-16　土壤环境评价预测评价因子标准

评价因子	第二类用地标准值/mg · kg^{-1}		标准来源
	筛选值	管制值	
铜	18000	36000	GB 36600—2018

9.6.3.2　土壤预测方法

本项目属于制造业—汽车制造—使用有机涂层的，因此本项目属于 I 类项目，属于污染型建设项目。本项目评价工作等级为一级。项目选用《环境影响评价技术导则　土壤环境（试行）》（HJ 964—2018）附录 E 中方法二的土壤环境影响预测方法进行预测。该方法适用于某种污染物以点源形式垂直进入土壤环境的影响预测，重点预测污染物可能影响到的深度。垂直入渗对土壤环境的影响，采用一维非饱和溶质运移模型进行预测。

9.6.3.3　模型概化

（1）边界条件。模型上边界概化为稳定的污染物定水头补给边界，下边界为自由排泄边界。

（2）土壤概化。依据本工程岩土工程勘探成果，结合设定泄漏点构筑物基础埋深（均为 2.0 m），泄漏点土壤概化结果参见表 9-17。

表 9-17　污水处理站土壤参数表

参数岩性	深度/m	渗流速度 /m·d^{-1}	孔隙度	土壤含水量 /%	土壤弥散系数 /m²·d^{-1}	土壤容重 /kg·m^{-3}
粉质黏土	0.7~2.2	0.04	0.46	26	6.66×10^{-4}	1.91×10^3
	3.2~5.6			33		
	5.6~6.6			40		

9.6.3.4　土壤环境影响预测结果

污水处理站调节池破裂，废水持续渗入土壤并逐渐向下运移，铜的初始浓度为 0.096 mg/L，设定情景为调节池破裂，按照破碎渗漏 100 d 发现并修补完成。采用 Hydrus 软件进行土壤溶质运移预测模拟。在地面土壤以下 0~100 cm 之间设置 7 个观测点，不同观测点铜沿土壤迁移模拟结果如图 9-3 所示，土壤中铜浓度随时间变化模拟结果如图 9-4 所示。

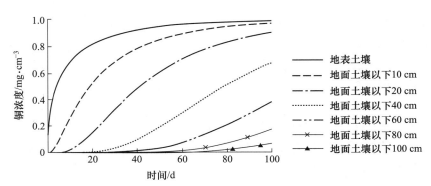

图 9-3　铜在土壤不同观测点不同时间沿土壤迁移情况

由图 9-3 土壤模拟结果可知，在非正常状况下，调节池发生意外连续渗漏 100 d 的情况下，污染物随时间不断向下部迁移扩散。铜在土壤中随时间不断向下迁移，调节池渗漏 100 d 后，土壤以下 1 m 处铜浓度为 0.06×10^{-3} mg/L，土壤中铜的增加量 = 0.26（含水率）×0.06×10^{-3} mg/L（浓度）/1.91（土壤容重）= 8.2×10^{-6} mg/g。土壤中铜叠加背景值

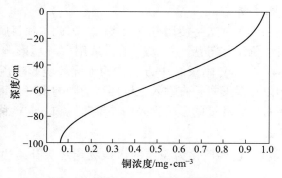

图 9-4　泄漏 100 d 不同深度铜浓度

71 mg/kg，满足《土壤环境质量　建设用地土壤污染风险管控标准（试行）》（GB 36600—2018）第二类用地筛选值（18000 mg/kg）。

工程场地包气带岩性为黏土，分布连续稳定，渗流速度较小，有利于阻止污染物向下部运移。同时，拟建工程按石油化工工程防渗技术规范要求做好分区防渗后，将对工程场地的土壤环境起到良好的保护作用，对土壤污染影响较小。在及时发现渗漏点，经修补后，对土壤污染可降低至可控水平。

9.6.4　运营期地下水、土壤防治措施

9.6.4.1　防治原则

按地下水环境影响评价导则提出的"源头控制、末端防治、污染监控、应急响应"的地下水污染防治要求，结合本项目工程类型及污染源分布，提出以下防治原则：

（1）主动控制原则。主动控制，即源头控制措施，主要包括在工艺、管道、设备、污水储存及处理构筑物采取相应措施，防止和降低污染物跑、冒、滴、漏，将污染物泄漏的环境风险事故降到最低程度。

（2）被动控制原则。被动控制，即末端控制措施，主要包括厂内污染区地面的防渗措施和泄漏、渗漏污染物收集措施，即在污染区地面进行防渗处理，防止洒落地面的污染物渗入地下，并把滞留在地面的污染物收集起来，导入污水处理设施进行处理。

（3）坚持分区管理和控制原则。坚持分区管理和控制原则，根据厂区所在地的工程地质、水文地质（丰水期地下水位埋深）条件和全区可能发生泄漏的物料性质、排放量，参照相应标准要求有针对性地分区，并分别设计地面防渗层结构。

（4）工程措施与污染监控相结合的原则。采用先进的防渗材料、技术和实施手段，最大限度地强化防渗防污能力；同时实施覆盖生产区及周边一定范围的地下水污染监控系统，包括建立完善的监测报告制度，配备先进的检漏检测分析仪器设备，科学合理布设地下水污染监控井，及时发现污染，及时采取措施，及早消除不良影响。

9.6.4.2　防治措施

（1）源头上控制对地下水的污染。为了保护地下水环境，采取措施从源头上控制对地下水的污染。

1）实施清洁生产和循环经济，减少污染物的排放量。从设计、管理各种工艺设备和

物料运输管线上，防止和减少污染物的跑、冒、滴、漏；合理布局，减少污染物泄漏途径。

2）运行期严格管理，加强巡检，及时发现污染物泄漏；一旦出现泄漏及时处理，检查检修设备，将污染物泄漏的环境风险事故降到最低。

（2）地下水污染监控。建立院区地下水环境监控体系，包括建立地下水监控制度和环境管理体系、制定监测计划、配备必要的检测仪器和设备，以便及时发现问题，及时采取措施。

（3）应急处置。污水处理系统出现破损、泄漏等异常情况，按照装置制定的环境事故应急预案，启动应急预案。在第一时间内尽快上报主管领导，启动周围社会预案，密切关注地下水水质变化情况。

对事故现场进行调查、监测、处理，对事故后果进行评估。采取紧急措施制止事故的扩散，扩大，并制定防止类似事件发生的措施。如果本公司力量不足，需要请求社会应急力量协助。

9.6.4.3　防治监控

（1）泄漏监控。应设置完善的物料计量及监控设施（如液位计等），统计进、出物料量及储存量，定期通过物料衡算手段分析物料泄漏损失量，查找可能的泄漏源。定期巡检污染区，及时处理发现的泄漏源及泄漏物。

（2）渗漏检测。渗漏液收集井可应用于铺设柔性防渗结构（土工膜）的区域。上层防渗层渗漏下来的渗漏液经土工膜上的渗漏液收集层流入渗漏液收集井内，收集后的渗漏液集中处理。根据渗漏液收集井的位置和服务区域，查找渗漏点，开展对上层防渗层的补修。

（3）地下水污染监控。为了及时准确地掌握厂址周围地下水环境污染控制状况，应建立场区地下水环境监控体系，以便及时发现问题，及时采取措施。

1）地下水质量监控。监测项目为pH、总硬度、溶解性总固体、高锰酸盐指数、氨氮、硝酸盐、亚硝酸盐、硫酸盐、石油类、总氰化物、苯、铜、总锌、挥发性酚类、氯化物等。

2）监测频次。监测频次前期为每半年一次。如发现异常或发生事故，加密监测频次，改为每月监测一次，并分析污染原因，确定泄漏污染源，及时采取应急措施。

当地下水污染事件发生后，启动地下水排水应急系统，启动应急抽水井，抽出污水至事故应急池，将会有效抑制污染物向下游扩散速度，控制污染范围，最大限度地保护下游地下水水质安全。采取以上措施后，建设项目地下水环境的影响在可接受范围内。

9.6.4.4　防渗措施

根据各生产装置、辅助设施及公用工程设施的布置，将厂区分为污染区和非污染区。对于公用工程区、办公区、绿化区域等非污染区采取非铺砌地坪或普通混凝土地坪，不设置专门的防渗层。根据生产装置、辅助设施及公用工程可能泄漏的特殊性质将污染区分为一般污染防治区和重点污染防治区，对不同污染防治区应分别采取不同等级的防渗方案。

（1）重点污染防治区。重点污染防治区是指危害性大、毒性较大，容易引起污染物跑、冒、滴、漏等现象的区域，将厂内供油站、涂装车间、小涂装车间、油化库、污水处理站、危废暂存间、事故池等划分为重点污染防治区。根据重点污染防治区的特性、水文地质条件及施工的可操作性，重点污染防治区采取不同的防渗方案（见图9-5）。重点污染防治区地面防渗做法：砂土垫层（压平夯实）+垫层+砂砾卵石保护层+钢筋混凝土面层（混凝土防渗等级不小于 P8）。重点污染防治区防渗层的防渗性能不低于 6.0 m 厚渗透系数为 1.0×10^{-7} cm/s 的黏土层的防渗性能。

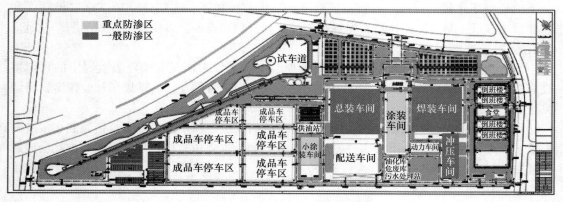

图 9-5　年产 15 万辆乘用车项目重点防渗区

（2）一般污染防治区。一般污染防治区是指毒性较小的区域，包括冲压车间、焊装车间、总装车间、配送车间、仓库、一般工业固废暂存间等重点污染防治区以外的区域。一般污染防治区防渗采用砂土垫层（压平夯实）+垫层+砂砾卵石保护层+钢筋混凝土面层（混凝土防渗等级不小于 P6）。一般污染防治区防渗层的防渗性能不低于 1.5 m 厚渗透系数为 1.0×10^{-7} cm/s 的黏土层的防渗性能。

9.6.4.5　事故应急措施

加强生产和设备运行管理，从原料产品储存、生产、运输、污染处理设施等全过程控制各种有害材料、产品泄漏，定期检查污染源项，及时消除污染隐患，杜绝跑、冒、滴、漏现象；发现有污染物泄漏或渗漏，采取清理污染物和修补漏洞（缝）等补救措施。

建立科学合理的场区及周边地下水监测系统，同时建立地下水污染应急处理方案，及时发现污染问题并加以处理。除监测系统外，建议在场区地下水流动系统出口的场界内侧布设的孔隙潜水抽水孔处，泵、电设施齐备，以便在发生风险泄漏的情况下可进行紧急处理。

习　题

9-1　影响土壤环境污染、土壤退化及破坏有哪些主要因素？

9-2　如何筛选土壤污染、土壤退化和破坏的评价因子？

9-3　保护土壤环境应采取哪些主要对策措施？

10 生态环境影响评价

10.1 概　　述

10.1.1　基本概念

（1）生态影响。工程占用、施工活动干扰、环境条件改变、时间或空间累积作用等，直接或间接导致物种、种群、生物群落、生境、生态系统以及自然景观、自然遗迹等发生的变化。生态影响包括直接、间接和累积的影响。

（2）重要物种。在生态影响评价中需要重点关注、具有较高保护价值或保护要求的物种，包括国家及地方重点保护野生动植物名录所列的物种，《中国生物多样性红色名录》中列为极危、濒危和易危的物种，国家和地方政府列入拯救保护的极小种群物种、特有种以及古树名木等。

（3）生态敏感区。包括法定生态保护区域、重要生境以及其他具有重要生态功能、对保护生物多样性具有重要意义的区域。其中，法定生态保护区域包括：依据法律法规、政策等规范性文件划定或确认的国家公园、自然保护区、自然公园等自然保护地、世界自然遗产、生态保护红线等区域；重要生境包括：重要物种的天然集中分布区、栖息地，重要水生生物的产卵场、索饵场、越冬场和洄游通道，迁徙鸟类的重要繁殖地、停歇地、越冬地以及野生动物迁徙通道等。

（4）生态保护目标。受影响的重要物种、生态敏感区以及其他需要保护的物种、种群、生物群落及生态空间等。

10.1.2　生态影响评价标准

（1）国家、行业和地方规定的标准。

1）《环境影响评价技术导则　生态影响》（HJ 19—2022）；

2）《全国生态状况调查评估技术规范——生态系统遥感解译与野外核查》（HJ 1166—2021）；

3）《全国生态状况调查评估技术规范——生态系统服务功能评估》（HJ 1173—2021）；

4）《全国生态状况调查评估技术规范——生态问题评估》（HJ 1174—2021）；

5）《外来物种环境风险评估技术导则》（HJ 624—2011）；

6）国家已发布的环境影响评价技术导则，行业发布的环境影响评价规范、规定、设计规范中有关生态保护的要求等。

（2）规划确定的目标、指标和区划功能。

1）重要生态功能区划及其详细规划的目标、指标和保护要求。

2）敏感保护目标的规划、区划及确定的生态功能与保护界域、要求，如自然保护区、风景名胜区、基本农田保护区、重点文物保护单位等。

3）城市规划区的环境功能区划及其保护目标与保护要求，如城市绿化率等。

4）全国土壤侵蚀类型区划、地方水土保持区划。

5）其他地方规划及其相应的生态规划目标、指标与保护要求等。

（3）背景值或本底值、生态阈值。以项目所在的区域生态的背景值或本底值作为评价标准。如区域土壤背景值（曾长期用作标准）、区域植被覆盖率与生物量、区域水土流失本底值等。有时，亦可选取建设项目进行前项目所在地的生态背景值作为参照标准，如植被覆盖率、生物量、生物种丰度和生物多样性等。

背景值或本底值可作为生态现状评价的标准。实际应用中，选用哪些指标或参数做评价是十分重要的。在生态影响评价中，生态系统可按不同的等级进行评价。

（4）特定生态问题的限值。

1）各侵蚀类型区土壤容许流失量、风蚀强度分级表、泥石流侵蚀强度分级表。

2）草原生态系统，按产草量和产草质量分为五等八级。

3）土地沙漠化按景观指征或生态学指标分为潜在沙漠化、正在发展中沙漠化、强烈发展中沙漠化和严重沙漠化等等级，表示沙漠化的不同程度；或按流沙覆盖度和植被覆盖度划分为强度、中度、轻度沙漠化等，均可作为生态影响评价的标准。

4）生物物种保护中，根据种群状态将生物分为受威胁、渐危、濒危和灭绝物种。

5）以科学研究已证明的"阈值"或"生态承载力"作为标准。

10.1.3　生态影响评价总则

（1）基本任务。在工程分析和生态现状调查的基础上，识别、预测和评价建设项目在施工期、运行期以及服务期满后（可根据项目情况选择）等不同阶段的生态影响，提出预防或者减缓不利影响的对策和措施，制定相应的环境管理和生态监测计划，从生态影响角度明确建设项目是否可行。

（2）基本要求。

1）建设项目选址选线应尽量避让各类生态敏感区，符合自然保护地、世界自然遗产、生态保护红线等管理要求以及国土空间规划、生态环境分区管控要求；

2）建设项目生态影响评价应结合行业特点、工程规模以及对生态保护目标的影响方式，合理确定评价范围，按相应评价等级的技术要求开展现状调查、影响分析及预测工作；

3）应按照避让、减缓、修复和补偿的次序提出生态保护对策措施，所采取的对策措施应有利于保护生物多样性，维持或修复生态系统功能。

（3）工作程序。生态影响评价工作一般分为三个阶段：

第一阶段，收集、分析建设项目工程技术文件以及所在区域国土空间规划、生态环境分区管控方案、生态敏感区以及生态环境状况等相关数据资料，开展现场踏勘，通过工程分析、筛选评价因子进行生态影响识别，确定生态保护目标，有必要的补充提出比选方案。确定评价等级、评价范围。

第二阶段，在充分的资料收集、现状调查、专家咨询基础上，根据不同评价等级的技术要求开展生态现状评价和影响预测分析。涉及有比选方案的，应对不同方案开展同等深度的生态环境比选论证。

第三阶段，根据生态影响预测和评价结果，确定科学合理、可行的工程方案，提出预防或减缓不利影响的对策和措施，制定相应的环境管理和生态监测计划，明确生态影响评价结论。

10.2　生态环境影响评价等级判定与评价范围

10.2.1　生态影响识别与评价因子筛选

按《建设项目环境影响评价技术导则　总纲》（HJ 2.1—2016）的要求识别生态环境影响因素。生态影响识别包括三个方面：影响因素识别、影响对象识别、影响效应识别。生态影响识别一般以列清单法或矩阵表达，并辅之以必要的文字说明。

结合建设项目特点和区域环境特征，分析建设项目建设和运行过程（包括施工方式、施工时序、运行方式、调度调节方式等）对生态环境的作用因素与影响源、影响方式、影响范围和影响程度。重点为影响程度大、范围广、历时长或涉及环境敏感区的作用因素和影响源，关注间接性影响、区域性影响、长期性影响以及累积性影响等特有生态影响因素的分析，并筛选出生态环境影响评价因子。

生态影响评价因子筛选参照《环境影响评价技术导则　生态影响》（HJ 19—2022）附录 A，见表 10-1。

表 10-1　生态影响评价因子筛选表

受影响对象	评 价 因 子	工程内容及影响方式	影响性质	影响程度
物种	分布范围、种群数量、种群结构、行为等			
生境	生境面积、质量、连通性等			
生物群落	物种组成、群落结构等			
生态系统	植被覆盖度、生产力、生物量、生态系统功能等			
生物多样性	物种丰富度、均匀度、优势度等			
生态敏感区	主要保护对象、生态功能等			
自然景观	景观多样性、完整性等			
自然遗迹	遗迹多样性、完整性等			

受影响对象	评 价 因 子	工程内容及影响方式	影响性质	影响程度
…	…	…	…	…

注：1. 应按施工期、运行期以及服务期满后（可根据项目情况选择）等不同阶段进行工程分析和评价因子筛选。

2. 影响性质主要包括长期与短期、可逆与不可逆生态影响。

3. 影响方式可分为直接、间接、累积生态影响，可依据以下内容进行判断：

1）直接生态影响：临时、永久占地导致生境直接破坏或丧失；工程施工、运行导致个体直接死亡；物种迁徙（或洄游）、扩散、种群交流受到阻隔；施工活动以及运行期噪声、振动、灯光等对野生动物行为产生干扰；工程建设改变河流、湖泊等水体天然状态等。

2）间接生态影响：水文情势变化导致生境条件、水生生态系统发生变化；地下水水位、土壤理化特性变化导致动植物群落发生变化；生境面积和质量下降导致个体死亡、种群数量下降或种群生存能力降低；资源减少及分布变化导致种群结构或种群动态发生变化；因阻隔影响造成种间基因交流减少，导致小种群灭绝风险增加；滞后效应（例如，由于关键种的消失使捕食者和被捕食者的关系发生变化）等。

3）累积生态影响：整个区域生境的逐渐丧失和破碎化；在景观尺度上生境的多样性减少；不可逆转的生物多样性下降；生态系统持续退化等。

4. 影响程度可分为强、中、弱、无四个等级，可依据以下原则进行初步判断：

1）强：生境受到严重破坏，水系开放连通性受到显著影响；野生动植物难以栖息繁衍（或生长繁殖），物种种类明显减少，种群数量显著下降，种群结构明显改变；生物多样性显著下降，生态系统结构和功能受到严重损害，生态系统稳定性难以维持；自然景观、自然遗迹受到永久性破坏；生态修复难度较大。

2）中：生境受到一定程度破坏，水系开放连通性受到一定程度影响；野生动植物栖息繁衍（或生长繁殖）受到一定程度干扰，物种种类减少，种群数量下降，种群结构改变；生物多样性有所下降，生态系统结构和功能受到一定程度破坏，生态系统稳定性受到一定程度干扰；自然景观、自然遗迹受到暂时性影响；通过采取一定措施上述不利影响可以得到减缓和控制，生态修复难度一般。

3）弱：生境受到暂时性破坏，水系开放连通性变化不大；野生动植物栖息繁衍（或生长繁殖）受到暂时性干扰，物种种类、种群数量、种群结构变化不大；生物多样性、生态系统结构、功能以及生态系统稳定性基本维持现状；自然景观、自然遗迹基本未受到破坏；在干扰消失后可以修复或自然恢复。

4）无：生境未受到破坏，水系开放连通性未受到影响；野生动植物栖息繁衍（或生长繁殖）未受到影响；生物多样性、生态系统结构、功能以及生态系统稳定性维持现状；自然景观、自然遗迹未受到破坏。

10.2.2　生态影响评价等级判定

（1）依据建设项目影响区域的生态敏感性和影响程度，评价等级划分为一级、二级和三级。

（2）按以下原则确定评价等级：

1）涉及国家公园、自然保护区、世界自然遗产、重要生境时，评价等级为一级。

2）涉及自然公园时，评价等级为二级。

3）涉及生态保护红线时，评价等级不低于二级。

4）根据《环境影响评价技术导则　地表水环境》（HJ 2.3—2018）判断属于水文要素影响型且地表水评价等级不低于二级的建设项目，生态影响评价等级不低于二级。

5）根据《环境影响评价技术导则　地下水环境》（HJ 610—2016）、《环境影响评价技术导则　土壤环境（试行）》（HJ 964—2018）判断地下水水位或土壤影响范围内分布有天然林、公益林、湿地等生态保护目标的建设项目，生态影响评价等级不低于二级。

6）当工程占地规模大于 20 km² 时（包括永久和临时占用陆域和水域），评价等级不低于二级；改扩建项目的占地范围以新增占地（包括陆域和水域）确定。

7）除1）~6）以外的情况，评价等级为三级。

8）当评价等级判定同时符合上述多种情况时，应采用其中最高的评价等级。

（3）建设项目涉及经论证对保护生物多样性具有重要意义的区域时，可适当上调评价等级。

（4）建设项目同时涉及陆生、水生生态影响时，可针对陆生生态、水生生态分别判定评价等级。

（5）在矿山开采可能导致矿区土地利用类型明显改变，或拦河闸坝建设可能明显改变水文情势等情况下，评价等级应上调一级。

（6）线性工程可分段确定评价等级。线性工程地下穿越或地表跨越生态敏感区，在生态敏感区范围内无永久、临时占地时，评价等级可下调一级。

（7）涉海工程评价等级判定参照《海洋工程环境影响评价技术导则》（GB/T 19485—2014）。

（8）符合生态环境分区管控要求且位于原厂界（或永久用地）范围内的污染影响类改扩建项目，位于已批准规划环评的产业园区内且符合规划环评要求、不涉及生态敏感区的污染影响类建设项目，可不确定评价等级，直接进行生态影响简单分析。

10.2.3　生态影响评价工作范围

（1）生态影响评价应能够充分体现生态完整性和生物多样性保护要求，涵盖评价项目全部活动的直接影响区域和间接影响区域。评价范围应依据评价项目对生态因子的影响方式、影响程度和生态因子之间的相互影响和相互依存关系确定。可综合考虑评价项目与项目区的气候过程、水文过程、生物过程等生物地球化学循环过程的相互作用关系，以评价项目影响区域所涉及的完整气候单元、水文单元、生态单元、地理单元界限为参照边界。

（2）涉及占用或穿（跨）越生态敏感区时，应考虑生态敏感区的结构、功能及主要保护对象合理确定评价范围。

（3）矿山开采项目评价范围应涵盖开采区及其影响范围、各类场地及运输系统占地以及施工临时占地范围等。

（4）水利水电项目评价范围应涵盖枢纽工程建筑物、水库淹没、移民安置等永久占地、施工临时占地以及库区坝上、坝下地表地下、水文水质影响河段及区域、受水区、退水影响区、输水沿线影响区等。

（5）线性工程穿越生态敏感区时，以线路穿越段向两端外延1 km、线路中心线向两侧外延1 km为参考评价范围，实际确定时应结合生态敏感区主要保护对象的分布、生态学特征、项目的穿越方式、周边地形地貌等适当调整，主要保护对象为野生动物及其栖息地时，应进一步扩大评价范围，涉及迁徙、洄游物种的，其评价范围应涵盖工程影响的迁徙洄游通道范围；穿越非生态敏感区时，以线路中心线向两侧外延300 m为参考评价范围。

（6）陆上机场项目以占地边界外延3~5 km为参考评价范围，实际确定时应结合机场类型、规模、占地类型、周边地形地貌等适当调整。涉及有净空处理的，应涵盖净空处理区域。航空器爬升或进近航线下方区域内有以鸟类为重点保护对象的自然保护地和鸟类重要生境的，评价范围应涵盖受影响的自然保护地和重要生境范围。

（7）涉海工程的生态影响评价范围参照《海洋工程环境影响评价技术导则》（GB/T 19485—2014）。

（8）污染影响类建设项目评价范围应涵盖直接占用区域以及污染物排放产生的间接生态影响区域。

10.3 生态现状调查与评价

10.3.1 生态现状调查

10.3.1.1 生态现状调查要求

生态现状调查应在充分收集资料的基础上开展现场工作，生态现状调查范围应不小于评价范围。具体要求如下：

（1）引用的生态现状资料其调查时间宜在 5 年以内，用于回顾性评价或变化趋势分析的资料可不受调查时间限制。

（2）当已有调查资料不能满足评价要求时，应通过现场调查获取现状资料，现场调查遵循全面性、代表性和典型性原则。项目涉及生态敏感区时，应开展专题调查。

（3）工程永久占用或施工临时占用区域应在收集资料基础上开展详细调查，查明占用区域是否分布有重要物种及重要生境。

（4）陆生生态一级、二级评价应结合调查范围、调查对象、地形地貌和实际情况选择合适的调查方法。开展样线、样方调查的，应合理确定样线、样方的数量、长度或面积，涵盖评价范围内不同的植被类型及生境类型，山地区域还应结合海拔段、坡位、坡向进行布设。根据植物群落类型（宜以群系及以下分类单位为调查单元）设置调查样地，一级评价每种群落类型设置的样方数量不少于 5 个，二级评价不少于 3 个，调查时间宜选择植物生长旺盛季节；一级评价每种生境类型设置的野生动物调查样线数量不少于 5 条，二级评价不少于 3 条，除了收集历史资料外，一级评价还应获得近 1~2 个完整年度不同季节的现状资料，二级评价尽量获得野生动物繁殖期、越冬期、迁徙期等关键活动期的现状资料。

（5）水生生态一级、二级评价的调查点位、断面等应涵盖评价范围内的干流、支流、河口、湖库等不同水域类型。一级评价应至少开展丰水期、枯水期（河流、湖库）或春季、秋季（入海河口、海域）两期（季）调查，二级评价至少获得一期（季）调查资料，涉及显著改变水文情势的项目应增加调查强度。鱼类调查时间应包括主要繁殖期，水生生境调查内容应包括水域形态结构、水文情势、水体理化性状和底质等。

（6）三级评价现状调查以收集有效资料为主，可开展必要的遥感调查或现场校核。

（7）生态现状调查中还应充分考虑生物多样性保护的要求。

（8）涉海工程生态现状调查要求参照《海洋工程环境影响评价技术导则》（GB/T 19485—2014）。

10.3.1.2 生态现状调查方法

生态现状调查方法可参见《环境影响评价技术导则 生态影响》（HJ 19—2022）附录 B。生态现状调查常用方法主要有资料收集，现场调查，专家和公众咨询，生态监测，遥感调查，陆生、水生动植物调查，海洋生态调查和淡水渔业资源调查等。

（1）资料收集法。收集现有的可以反映生态现状或生态背景的资料，分为现状资料和历史资料，包括相关文字、图件和影像等。引用资料应进行必要的现场校核。

（2）现场调查法。现场调查应遵循整体与重点相结合的原则，整体上兼顾项目所涉及的各个生态保护目标，突出重点区域和关键时段的调查，并通过实地踏勘，核实收集资料的准确性，以获取实际资料和数据。

（3）专家和公众咨询法。通过咨询有关专家，收集公众、社会团体和相关管理部门对项目的意见，发现现场踏勘中遗漏的相关信息。专家和公众咨询应与资料收集和现场调查同步开展。

（4）生态监测法。当资料收集、现场调查、专家和公众咨询获取的数据无法满足评价工作需要，或项目可能产生潜在的或长期累积影响时，可选用生态监测法。生态监测应根据监测因子的生态学特点和干扰活动的特点确定监测位置和频次，有代表性地布点。生态监测方法与技术要求须符合国家现行的有关生态监测规范和监测标准分析方法；对于生态系统生产力的调查，必要时需现场采样、实验室测定。

（5）遥感调查法。包括卫星遥感、航空遥感等方法。遥感调查应辅以必要的实地调查工作。

（6）陆生、水生动植物调查方法。陆生、水生动植物野外调查所需要的仪器、工具和常用的技术方法见 HJ 710.1～HJ 710.13。

（7）海洋生态调查方法。海洋生态调查方法见《海洋工程环境影响评价技术导则》（GB/T 19485—2014）。

（8）淡水渔业资源调查方法。淡水渔业资源调查方法见《淡水渔业资源调查规范 河流》（SC/T 9429—2019）。

（9）淡水浮游生物调查方法。淡水浮游生物调查方法见《淡水浮游生物调查技术规范》（SC/T 9402—2010）。

10.3.1.3 调查内容

（1）陆生生态现状调查内容主要包括：评价范围内的植物区系、植被类型，植物群落结构及演替规律，群落中的关键种、建群种、优势种；动物区系、物种组成及分布特征；生态系统的类型、面积及空间分布；重要物种的分布、生态学特征、种群现状，迁徙物种的主要迁徙路线、迁徙时间，重要生境的分布及现状。

（2）水生生态现状调查内容主要包括：评价范围内的水生生物、水生生境和渔业现状；重要物种的分布、生态学特征、种群现状以及生境状况；鱼类等重要水生动物调查包括种类组成、种群结构、资源时空分布，产卵场、索饵场、越冬场等重要生境的分布、环境条件以及洄游路线、洄游时间等行为习性。

（3）收集生态敏感区的相关规划资料、图件、数据，调查评价范围内生态敏感区主要保护对象、功能区划、保护要求等。

（4）调查区域存在的主要生态问题，如水土流失、沙漠化、石漠化、盐渍化、生物入侵和污染危害等。调查已经存在的对生态保护目标产生不利影响的干扰因素。

（5）对于改扩建、分期实施的建设项目，调查既有工程、前期已实施工程的实际生态影响以及采取的生态保护措施。

10.3.1.4　生态调查统计表格

生态现状调查工作成果应采用文字、表格和图件相结合的表现形式，参见《环境影响评价技术导则　生态影响》（HJ 19—2022）附录 B 列出调查结果统计表。

10.3.2　生态现状评价

10.3.2.1　总体要求

生态现状评价应坚持定性和定量相结合、尽量采用定量方法的原则。生态现状评价工作成果应采用文字、表格和图件相结合的表现形式，按照《环境影响评价技术导则　生态影响》（HJ 19—2022）附录 D 制作必要的图件。

10.3.2.2　评价内容及要求

（1）一级、二级评价应根据现状调查结果选择以下全部或部分内容开展评价：

1）根据植被和植物群落调查结果，编制植被类型图，统计评价范围内的植被类型及面积，可采用植被覆盖度等指标分析植被现状，图示植被覆盖度空间分布特点。

2）根据土地利用调查结果，编制土地利用现状图，统计评价范围内的土地利用类型及面积。

3）根据物种及生境调查结果，分析评价范围内的物种分布特点、重要物种的种群现状以及生境的质量、连通性、破碎化程度等，编制重要物种、重要生境分布图，迁徙、洄游物种的迁徙、洄游路线图；涉及国家重点保护野生动植物、极危、濒危物种的，可通过模型模拟物种适宜生境分布，图示工程与物种生境分布的空间关系。

4）根据生态系统调查结果，编制生态系统类型分布图，统计评价范围内的生态系统类型及面积；结合区域生态问题调查结果，分析评价范围内的生态系统结构与功能状况以及总体变化趋势；涉及陆地生态系统的，可采用生物量、生产力、生态系统服务功能等指标开展评价；涉及河流、湖泊、湿地生态系统的，可采用生物完整性指数等指标开展评价。

5）涉及生态敏感区的，分析其生态现状、保护现状和存在的问题；明确并图示生态敏感区及其主要保护对象、功能分区与工程的位置关系。

6）可采用物种丰富度、香农–威纳多样性指数、Pielou 均匀度指数、Simpson 优势度指数等对评价范围内的物种多样性进行评价。

（2）三级评价可采用定性描述或面积、比例等定量指标，重点对评价范围内的土地利用现状、植被现状、野生动植物现状等进行分析，编制土地利用现状图、植被类型图、生态保护目标分布图等图件。

（3）对于改扩建、分期实施的建设项目，应对既有工程、前期已实施工程的实际生态影响、已采取的生态保护措施的有效性和存在问题进行评价。

（4）海洋生态现状评价还应符合《海洋工程环境影响评价技术导则》（GB/T 19485—2014）的要求。

10.3.2.3　评价方法

生态现状评价方法可采用导则、规范等推荐的列表清单法或描述法、图形叠置法、生态机理分析法、指数法与综合指数法、类比分析法、系统分析法、生物多样性定量计算方法、景观生态学评价方法、生态质量评价法、生态环境状况指数法等。具体评价方法参考《环境影响评价技术导则　生态影响》（HJ 19—2022）附录 C（其提供的影响评价方法也可以用于现状评价）或其他有关参考书。

10.3.2.4　生态制图

在生态现状调查与评价中，所获得的信息除文字信息外，还有图件和图像等直观易见的信息，其中图件既是表达环境现状的良好手段，也是评价结果的重要表达手段，生态制图在生态影响评价中具有特别重要的意义。

《环境影响评价技术导则　生态影响》（HJ 19—2022）附录 D 关于生态图件的规范和要求如下：

（1）数据来源与要求。生态影响评价图件的基础数据来源包括已有图件资料、采样、实验、地面勘测和遥感信息等。图件基础数据应满足生态影响评价的时效性要求，选择与评价基准时段相匹配的数据源。当图件主题内容无显著变化时，制图数据源的时效性要求可在无显著变化期内适当放宽，但必须经过现场勘验校核。

（2）制图与成图精度要求。生态影响评价制图应采用标准地形图作为工作底图，精度不低于工程设计的制图精度，比例尺一般在 1：50000 以上。调查样方、样线、点位、断面等布设图、生态监测布点图、生态保护措施平面布置图、生态保护措施设计图等应结合实际情况选择适宜的比例尺，一般为 1：10000～1：2000。当工作底图的精度不满足评价要求时，应开展针对性的测绘工作。

生态影响评价成图应能准确、清晰地反映评价主题内容，满足生态影响判别和生态保护措施的实施。当成图范围过大时，可采用点线面相结合的方式，分幅成图；涉及生态敏感区时，应分幅单独成图。图件内容要求见表 10-2。

表 10-2　生态影响评价图件内容要求

图 件 名 称	图件内容要求
项目地理位置图	项目位于区域或流域的相对位置
地表水系图	项目涉及的地表水系分布情况，标明干流及主要支流
项目总平面布置图及施工总布置图	各工程内容的平面布置及施工布置情况
线性工程平纵断面图	线路走向、工程形式等
土地利用现状图	评价范围内的土地利用类型及分布情况，采用 GB/T 21010 土地利用分类体系，以二级类型作为基础制图单位
植被类型图	评价范围内的植被类型及分布情况，以植物群落调查成果作为基础制图单位。植被遥感制图应结合工作底图精度选择适宜分辨率的遥感数据，必要时应采用高分辨率遥感数据。山地植被还应完成典型剖面植被示意图
植被覆盖度空间分布图	评价范围内的植被状况，基于遥感数据并采用归一化植被指数（NDVI）估算得到的植被覆盖度空间分布情况

续表 10-2

图件名称	图件内容要求
生态系统类型图	评价范围内的生态系统类型分布情况，采用 HJ 1166 生态系统分类体系，以Ⅱ级类型作为基础制图单位
生态保护目标空间分布图	项目与生态保护目标的空间位置关系。针对重要物种、生态敏感区等不同的生态保护目标应分别成图，生态敏感区分布图应在行政主管部门公布的功能分区图上叠加工程要素，当不同生态敏感区重叠时，应通过不同边界线型加以区分
物种迁徙、洄游路线图	物种迁徙、洄游的路线、方向以及时间
物种适宜生境分布图	通过模型预测得到的物种分布图，以不同色彩表示不同适宜性等级的生境空间分布范围
调查样方、样线、点位、断面等布设图	调查样方、样线、点位、断面等布设位置，在不同海拔高度布设的样方、样线等，应说明其海拔高度
生态监测布点图	生态监测点位布置情况
生态保护措施平面布置图	主要生态保护措施的空间位置
生态保护措施设计图	典型生态保护措施的设计方案及主要设计参数等信息

（3）图件编制规范要求。生态影响评价图件应符合专题地图制图的规范要求，图面内容包括主图以及图名、图例、比例尺、方向标、注记、制图数据源（调查数据、实验数据、遥感信息数据、预测数据或其他）、成图时间等辅助要素。图式应符合 GB/T 20257。图面配置应在科学性、美观性、清晰性等方面相互协调。良好的图面配置总体效果包括：符号及图形的清晰与易读；整体图面的视觉对比度强；图形突出于背景；图形的视觉平衡效果好；图面设计的层次结构合理。

10.4　生态影响预测与评价

10.4.1　生态影响预测与评价内容及要求

（1）一级、二级评价应根据现状评价内容选择以下全部或部分内容开展预测评价：

1）采用图形叠置法分析工程占用的植被类型、面积及比例；通过引起地表沉陷或改变地表径流、地下水水位、土壤理化性质等方式对植被产生影响的，采用生态机理分析法、类比分析法等方法分析植物群落的物种组成、群落结构等变化情况。

2）结合工程的影响方式预测分析重要物种的分布、种群数量、生境状况等变化情况；分析施工活动和运行产生的噪声、灯光等对重要物种的影响；涉及迁徙、洄游物种的，分析工程施工和运行对迁徙、洄游行为的阻隔影响；涉及国家重点保护野生动植物、极危、濒危物种的，可采用生境评价方法预测分析物种适宜生境的分布及面积变化、生境破碎化程度等，图示建设项目实施后的物种适宜生境分布情况。

3）结合水文情势、水动力和冲淤、水质（包括水温）等影响预测结果，预测分析水生生境质量、连通性以及产卵场、索饵场、越冬场等重要生境的变化情况，图示建设项目实施后的重要水生生境分布情况；结合生境变化预测分析鱼类等重要水生生物的种类组成、种群结构、资源时空分布等变化情况。

4）采用图形叠置法分析工程占用的生态系统类型、面积及比例；结合生物量、生产力、生态系统功能等变化情况预测分析建设项目对生态系统的影响。

5）结合工程施工和运行引入外来物种的主要途径、物种生物学特性以及区域生态环境特点，参考 HJ 624 分析建设项目实施可能导致外来物种造成生态危害的风险。

6）结合物种、生境以及生态系统变化情况，分析建设项目对所在区域生物多样性的影响；分析建设项目通过时间或空间的累积作用方式产生的生态影响，如生境丧失、退化及破碎化、生态系统退化、生物多样性下降等。

7）涉及生态敏感区的，结合主要保护对象开展预测评价；涉及以自然景观、自然遗迹为主要保护对象的生态敏感区时，分析工程施工对景观、遗迹完整性的影响，结合工程建筑物、构筑物或其他设施的布局及设计，分析与景观、遗迹的协调性。

（2）三级评价可采用图形叠置法、生态机理分析法、类比分析法等预测分析工程对土地利用、植被、野生动植物等的影响。

10.4.2　生态影响预测与评价方法

生态影响预测与评价方法应根据评价对象的生态学特性，在调查、判定该区主要的、辅助的生态功能以及完成功能必需的生态过程的基础上，分别采用定量分析与定性分析相结合的方法进行预测与评价。《环境影响评价技术导则　生态影响》（HJ 19—2022）附录C 提供的生态影响评价的主要方法如下所述。

10.4.2.1　列表清单法

列表清单法是一种定性分析方法。该方法的特点是简单明了、针对性强。

A　方法

将拟实施的开发建设活动的影响因素与可能受影响的环境因子分别列在同一张表格的行与列内，逐点进行分析，并逐条阐明影响的性质、强度等。由此分析开发建设活动的生态影响。

B　应用

（1）进行开发建设活动对生态因子的影响分析；

（2）进行生态保护措施的筛选；

（3）进行物种或栖息地重要性或优先度比选。

10.4.2.2　图形叠置法

图形叠置法是把两个以上的生态信息叠合到一张图上，构成复合图，用以表示生态变化的方向和程度。该方法的特点是直观、形象，简单明了。

图形叠置法有两种基本制作手段：指标法和 3S 叠图法。

A　指标法

（1）确定评价范围；

（2）开展生态调查，收集评价范围及周边地区自然环境、动植物等信息；

（3）识别影响并筛选评价因子，包括识别和分析主要生态问题；

（4）建立表征评价因子特性的指标体系，通过定性分析或定量方法对指标赋值或分级，依据指标值进行区域划分；

（5）将上述区划信息绘制在生态图上。

B　3S 叠图法

（1）选用符合要求的工作底图，底图范围应大于评价范围；

（2）在底图上描绘主要生态因子信息，如植被覆盖、动植物分布、河流水系、土地利用、生态敏感区等；

（3）进行影响识别与筛选评价因子；

（4）运用 3S 技术，分析影响性质、方式和程度；

（5）将影响因子图和底图叠加，得到生态影响评价图。

10.4.2.3　生态机理分析法

生态机理分析法是根据建设项目的特点和受影响物种的生物学特征，依照生态学原理分析、预测工程生态影响的方法。生态机理分析法的工作步骤如下：

（1）调查环境背景现状，收集工程组成、建设、运行等有关资料；

（2）调查植物和动物分布，动物栖息地和迁徙、洄游路线；

（3）根据调查结果分别对植物或动物种群、群落和生态系统进行分析，描述其分布特点、结构特征和演化特征；

（4）识别有无珍稀濒危物种、特有种等需要特别保护的物种；

（5）预测项目建成后该地区动物、植物生长环境的变化；

（6）根据项目建成后的环境变化，对照无开发项目条件下动物、植物或生态系统演替或变化趋势，预测建设项目对个体、种群和群落的影响，并预测生态系统演替方向。

评价过程中可根据实际情况进行相应的生物模拟试验，如环境条件、生物习性模拟试验、生物毒理学试验、实地种植或放养试验等；或进行数学模拟，如种群增长模型的应用。

该方法需要与生物学、地理学、水文学、数学及其他多学科合作评价，才能得出较为客观的结果。

10.4.2.4　指数法与综合指数法

指数法是利用同度量因素的相对值来表明因素变化状况的方法。指数法的难点在于需要建立表征生态环境质量的标准体系并进行赋权和准确定量。综合指数法是从确定同度量因素出发，把不能直接对比的事物变成能够同度量的方法。

（1）单因子指数法。选定合适的评价标准，可进行生态因子现状或预测评价。例如，以同类型立地条件的森林植被覆盖率为标准，可评价项目建设区的植被覆盖现状情况；以评价区现状植被盖度为标准，可评价项目建成后植被盖度的变化率。

（2）综合指数法：

1）分析各生态因子的性质及变化规律；

2）建立表征各生态因子特性的指标体系；

3）确定评价标准；

4）建立评价函数曲线，将生态因子的现状值（开发建设活动前）与预测值（开发建设活动后）转换为统一的无量纲的生态环境质量指标，用1~0表示优劣（"1"表示最佳的、顶级的、原始或人类干预甚少的生态状况，"0"表示最差的、极度破坏的、几乎无生物性的生态状况），计算开发建设活动前后各因子质量的变化值；

5）根据各因子的相对重要性赋予权重；

6）将各因子的变化值综合，提出综合影响评价值：

$$\Delta E = \sum (E_{hi} - E_{qi}) \times W_i \tag{10-1}$$

式中　ΔE——开发建设活动日前后生态质量变化值；

E_{hi}——开发建设活动后 i 因子的质量指标；

E_{qi}——开发建设活动前 i 因子的质量指标；

W_i——i 因子的权值。

（3）指数法应用：

1）可用于生态因子单因子质量评价；

2）可用于生态多因子综合质量评价；

3）可用于生态系统功能评价。

（4）说明。建立评价函数曲线需要根据标准规定的指标值确定曲线的上、下限。对于大气、水环境等已有明确质量标准的因子，可直接采用不同级别的标准值作为上、下限；对于无明确标准的生态因子，可根据评价目的、评价要求和环境特点等选择相应的指标值，再确定上、下限。

10.4.2.5　类比分析法

类比分析法是一种比较常用的定性和半定量评价方法，一般有生态整体类比、生态因子类比和生态问题类比等。

（1）方法。根据已有的建设项目的生态影响，分析或预测拟建项目可能产生的影响。选择好类比对象（类比项目）是进行类比分析或预测评价的基础，也是该方法成败的关键。

类比对象的选择条件是：工程性质、工艺和规模与拟建项目基本相当，生态因子（地理、地质、气候、生物因素等）相似，项目建成已有一定时间，所产生的影响已基本全部显现。

类比对象确定后，需选择和确定类比因子及指标，并对类比对象开展调查与评价，再分析拟建项目与类比对象的差异。根据类比对象与拟建项目的比较，做出类比分析结论。

（2）应用：

1）进行生态影响识别（包括评价因子筛选）；

2）以原始生态系统作为参照，可评价目标生态系统的质量；

3）进行生态影响的定性分析与评价；

4）进行某一个或几个生态因子的影响评价；

5）预测生态问题的发生与发展趋势及其危害；

6）确定环保目标和寻求最有效、可行的生态保护措施。

10.4.2.6　系统分析法

系统分析法是指把要解决的问题作为一个系统，对系统要素进行综合分析，找出解决问题的可行方案的咨询方法。具体步骤包括：限定问题、确定目标、调查研究、收集数据、提出备选方案和评价标准、备选方案评估和提出最可行方案。

系统分析法因其能妥善解决一些多目标动态性问题，已广泛应用于各行各业，尤其在进行区域开发或解决优化方案选择问题时，系统分析法显示出其他方法所不能达到的效果。

在生态系统质量评价中使用系统分析的具体方法有专家咨询法、层次分析法、模糊综合评判法、综合排序法、系统动力学、灰色关联等方法。

10.4.2.7　生物多样性评价方法

生物多样性是生物（动物、植物、微生物）与环境形成的生态复合体以及与此相关的各种生态过程的总和，包括生态系统、物种和基因三个层次。

生态系统多样性指生态系统的多样化程度，包括生态系统的类型、结构、组成、功能和生态过程的多样性等。物种多样性指物种水平的多样化程度，包括物种丰富度和物种多度。基因多样性（或遗传多样性）指一个物种的基因组成中遗传特征的多样性，包括种内不同种群之间或同一种群内不同个体的遗传变异性。

物种多样性常用的评价指标包括物种丰富度、香农-威纳多样性指数、Pielou 均匀度指数、Simpson 优势度指数等。

10.4.2.8　生态系统评价方法

A　植被覆盖度

植被覆盖度可用于定量分析评价范围内的植被现状。

基于遥感估算植被覆盖度可根据区域特点和数据基础采用不同的方法，如植被指数法、回归模型、机器学习法等。

植被指数法主要是通过对各像元中植被类型及分布特征的分析，建立植被指数与植被覆盖度的转换关系。采用归一化植被指数（NDVI）估算植被覆盖度的方法如下：

$$FVC = (NDVI - NDVI_s)/(NDVI_v - NDVI_s) \tag{10-2}$$

式中　FVC——所计算像元的植被覆盖度；

　NDVI——所计算像元的 NDVI 值；

　$NDVI_v$——纯植物像元的 NDVI 值；

　$NDVI_s$——完全无植被覆盖像元的 NDVI 值。

B　生物量

生物量是指一定地段面积内某个时期生存着的活有机体的重量。不同生态系统的生物量测定方法不同，可采用实测与估算相结合的方法。

地上生物量估算可采用植被指数法、异速生长方程法等方法进行计算。基于植被指数的生物量统计法是通过实地测量的生物量数据和遥感植被指数建立统计模型，在遥感数据的基础上反演得到评价区域的生物量。

C　生产力

生产力是生态系统的生物生产能力，反映生产有机质或积累能量的速率。群落（或生态系统）初级生产力是单位面积、单位时间群落（或生态系统）中植物利用太阳能固定的能量或生产的有机质的量。净初级生产力（NPP）是从固定的总能量或产生的有机质总量中减去植物呼吸所消耗的量，直接反映了植被群落在自然环境条件下的生产能力，表征陆地生态系统的质量状况。

NPP 可利用统计模型（如 Miami 模型）、过程模型（如 BIOME-BGC 模型、BEPS 模型）和光能利用率模型（如 CASA 模型）进行计算。根据区域植被特点和数据基础确定具体方法。

通过 CASA 模型计算净初级生产力的公式如下：

$$NPP(x,t) = APAR(x,t) \times \varepsilon(x,t) \tag{10-3}$$

式中　NPP——净初级生产力；

　　APAR——植被所吸收的光合有效辐射；

　　　　ε——光能转化率；

　　　　t——时间；

　　　　x——空间位置。

D　生物完整性指数

生物完整性指数（index of biotic integrity，IBI）已被广泛应用于河流、湖泊、沼泽、海岸滩涂、水库等生态系统健康状况评价，指示生物类群也由最初的鱼类扩展到底栖动物、着生藻类、维管植物、两栖动物和鸟类等。生物完整性指数评价的工作步骤如下：

（1）结合工程影响特点和所在区域水生态系统特征，选择指示物种；

（2）根据指示物种种群特征，在指标库中确定指示物种状况参数指标；

（3）选择参考点（未开发建设、未受干扰的点或受干扰极小的点）和干扰点（已开发建设、受干扰的点），采集参数指标数据，通过对参数指标值的分布范围分析、判别能力分析（敏感性分析）和相关关系分析，建立评价指标体系；

（4）确定每种参数指标值以及生物完整性指数的计算方法，分别计算参考点和干扰点的指数值；

（5）建立生物完整性指数的评分标准；

（6）评价项目建设前所在区域水生态系统状况，预测分析项目建设后水生态系统变化情况。

E　生态系统功能评价

陆域生态系统服务功能评价方法可参考《全国生态状况调查评估技术规范——生态系统服务功能评估》（HJ 1173—2021），根据生态系统类型选择适用指标。

10.4.2.9　景观生态学评价方法

景观生态学主要研究宏观尺度上景观类型的空间格局和生态过程的相互作用及其动态变化特征。景观格局是指大小和形状不一的景观斑块在空间上的排列，是各种生态过程在不同尺度上综合作用的结果。景观格局变化对生物多样性产生直接而强烈影响，其主要原因是生境丧失和破碎化。

景观变化的分析方法主要有三种：定性描述法、景观生态图叠置法和景观动态的定量化分析法。目前较常用的方法是景观动态的定量化分析法，主要是对收集的景观数据进行解译或数字化处理，建立景观类型图，通过计算景观格局指数或建立动态模型对景观面积变化和景观类型转化等进行分析，揭示景观的空间配置以及格局动态变化趋势。

景观指数是能够反映景观格局特征的定量化指标，分为三个级别，代表三种不同的应用尺度，即斑块级别指数、斑块类型级别指数和景观级别指数，可根据需要选取相应的指标，采用 FRAGSTATS 等景观格局分析软件进行计算分析。涉及显著改变土地利用类型的矿山开采、大规模的农林业开发以及大中型水利水电建设项目等可采用该方法对景观格局的现状及变化进行评价，公路、铁路等线性工程造成的生境破碎化等累积生态影响也可采用该方法进行评价。常用的景观指数及其含义见表 10-3。

表 10-3 常用的景观指数及其含义

名　　　称	含　　　义
斑块类型面积（CA）	斑块类型面积是度量其他指标的基础，其值的大小影响以此斑块类型作为生境的物种数量及丰度
斑块所占景观面积比例（PLAND）	某一斑块类型占整个景观面积的百分比，是确定优势景观元素重要依据，也是决定景观中优势种和数量等生态系统指标的重要因素
最大斑块指数（LPI）	某一斑块类型中最大斑块占整个景观的百分比，用于确定景观中的优势斑块，可间接反映景观变化受人类活动的干扰程度
香农多样性指数（SHDI）	反映景观类型的多样性和异质性，对景观中各斑块类型非均衡分布状况较敏感，值增大表明斑块类型增加或各斑块类型呈均衡趋势分布
蔓延度指数（CONTAG）	高蔓延度值表明景观中的某种优势斑块类型形成了良好的连接性，反之则表明景观具有多种要素的密集格局，破碎化程度较高
散布与并列指数（IJI）	反映斑块类型的隔离分布情况，值越小表明斑块与相同类型斑块相邻越多，而与其他类型斑块相邻越少
聚集度指数（AI）	基于栅格数量测度景观或者某种斑块类型的聚集程度

10.4.2.10　生境评价方法

物种分布模型（species distribution models，SDMs）是基于物种分布信息和对应的环境变量数据对物种潜在分布区进行预测的模型，广泛应用于濒危物种保护、保护区规划、入侵物种控制及气候变化对生物分布区影响预测等领域。目前已发展了多种多样的预测模型，每种模型因其原理、算法不同而各有优势和局限，预测表现也存在差异。其中，基于最大熵理论建立的最大熵模型（maximum entropy model，MaxEnt），可以在分布点相对较少的情况下获得较好的预测结果，是目前使用频率最多的物种分布模型之一。基于 MaxEnt 模型开展生境评价的工作步骤如下：

（1）通过近年文献记录、现场调查收集物种分布点数据，并进行数据筛选；将分布点的经纬度数据在 Excel 表格中汇总，统一为十进制度的格式，保存用于 MaxEnt 模型计算。

（2）选取环境变量数据以表现栖息生境的生物气候特征、地形特征、植被特征和人为影响程度，在 ArcGIS 软件中将环境变量统一边界和坐标系，并重采样为同一分辨率。

（3）使用 MaxEnt 软件建立物种分布模型，以受试者工作特征曲线下面积（area under the receiving operator curve，AUC）评价模型优劣；采用刀切法（Jackknife test）检验各个环境变量的相对贡献。根据模型标准及图层栅格出现概率重分类，确定生境适宜性分级指数范围；

（4）将结果文件导入 ArcGIS，获得物种适宜生境分布图，叠加建设项目，分析对物种分布的影响。

10.4.2.11　海洋生物资源影响评价方法

海洋生物资源影响评价技术方法参见《海洋工程环境影响评价技术导则》（GB/T 19485—2014）相关要求。

10.5　生态保护对策措施

10.5.1　总体要求

（1）应针对生态影响的对象、范围、时段、程度，提出避让、减缓、修复、补偿、管理、监测、科研等对策措施，分析措施的技术可行性、经济合理性、运行稳定性、生态保护和修复效果的可达性，选择技术先进、经济合理、便于实施、运行稳定、长期有效的措施，明确措施的内容、设施的规模及工艺、实施位置和时间、责任主体、实施保障、实施效果等，编制生态保护措施平面布置图、生态保护措施设计图，并估算（概算）生态保护投资。

（2）优先采取避让方案，源头防止生态破坏，包括通过选址选线调整或局部方案优化避让生态敏感区，施工作业避让重要物种的繁殖期、越冬期、迁徙洄游期等关键活动期和特别保护期，取消或调整产生显著不利影响的工程内容和施工方式等。优先采用生态友好的工程建设技术、工艺及材料等。

（3）坚持山水林田湖草沙一体化保护和系统治理的思路，提出生态保护对策措施。必要时开展专题研究和设计，确保生态保护措施有效。坚持尊重自然、顺应自然、保护自然的理念，采取自然的恢复措施或绿色修复工艺，避免生态保护措施自身的不利影响。不应采取违背自然规律的措施，切实保护生物多样性。

10.5.2　生态保护措施

（1）项目施工前应对工程占用区域可利用的表土进行剥离，单独堆存，加强表土堆存防护及管理，确保有效回用。施工过程中，采取绿色施工工艺，减少地表开挖，合理设计高陡边坡支挡、加固措施，减少对脆弱生态的扰动。

（2）项目建设造成地表植被破坏的，应提出生态修复措施，充分考虑自然生态条件，因地制宜，制定生态修复方案，优先使用原生表土和选用乡土物种，防止外来生物入侵，构建与周边生态环境相协调的植物群落，最终形成可自我维持的生态系统。生态修复的目标主要包括：恢复植被和土壤，保证一定的植被覆盖度和土壤肥力；维持物种种类和组成，保护生物多样性；实现生物群落的恢复，提高生态系统的生产力和自我维持力；维持生境的连通性等。生态修复应综合考虑物理（非生物）方法、生物方法和管理措施，结合项目施工工期、扰动范围，有条件的可提出"边施工、边修复"的措施要求。

（3）尽量减少对动植物的伤害和生境占用。项目建设对重点保护野生植物、特有植物、古树名木等造成不利影响的，应提出优化工程布置或设计、就地或迁地保护、加强观测等措施，具备移栽条件、长势较好的尽量全部移栽。项目建设对重点保护野生动物、特有动物及其生境造成不利影响的，应提出优化工程施工方案、运行方式，实施物种救护，划定生境保护区域，开展生境保护和修复，构建活动廊道或建设食源地等措施。采取增殖放流、人工繁育等措施恢复受损的重要生物资源。项目建设产生阻隔影响的，应提出减缓阻隔、恢复生境连通的措施，如野生动物通道、过鱼设施等。项目建设和运行噪声、灯光等对动物造成不利影响的，应提出优化工程施工方案、设计方案或降噪遮光等防护措施。

（4）矿山开采项目还应采取保护性开采技术或其他措施控制沉陷深度和保护地下水的生态功能。水利水电项目还应结合工程实施前后的水文情势变化情况、已批复的所在河流生态流量（水量）管理与调度方案等相关要求，确定合适的生态流量，具备调蓄能力且有生态需求的，应提出生态调度方案。涉及河流、湖泊或海域治理的，应尽量塑造近自然水域形态、底质、亲水岸线，尽量避免采取完全硬化措施。

10.5.3 生态监测和环境管理

（1）结合项目规模、生态影响特点及所在区域的生态敏感性，针对性地提出全生命周期、长期跟踪或常规的生态监测计划，提出必要的科技支撑方案。大中型水利水电项目、采掘类项目、新建 100 km 以上的高速公路及铁路项目、大型海上机场项目等应开展全生命周期生态监测；新建 50~100 km 的高速公路及铁路项目、新建码头项目、高等级航道项目、围填海项目以及占用或穿（跨）越生态敏感区的其他项目应开展长期跟踪生态监测（施工期并延续至正式投运后 5~10 年），其他项目可根据情况开展常规生态监测。

（2）生态监测计划应明确监测因子、方法、频次、点位等。开展全生命周期和长期跟踪生态监测的项目，其监测点位以代表性为原则，在生态敏感区可适当增加调查密度、频次。

（3）施工期重点监测施工活动干扰下生态保护目标的受影响状况，如植物群落变化、重要物种的活动、分布变化、生境质量变化等，运行期重点监测对生态保护目标的实际影响、生态保护对策措施的有效性以及生态修复效果等。有条件或有必要的，可开展生物多样性监测。

（4）明确施工期和运行期环境管理原则与技术要求。可提出开展施工期工程环境监理、环境影响后评价等环境管理和技术要求。

10.6 生态影响评价结论

生态影响评价完成后，应对生态影响评价主要内容与结论进行自查。生态影响评价自查表内容与格式参见《环境影响评价技术导则 生态影响》（HJ 19—2022）附录 E。详见 10.7 节。

对生态现状、生态影响预测与评价结果、生态保护对策措施等内容进行概括总结，从生态影响角度明确建设项目是否可行。

10.7 生态环境影响评价案例

10.7.1 项目概述

项目名称：湖北省汉江生态经济带建设引隆补水工程（简称"引隆补水工程"）

建设性质：新建

建设内容：湖北省汉江生态经济带建设引隆补水工程主要建设内容包括进水口、输水管道、出水口、分水线路等。

建设规模：（1）进水口：位于兴隆枢纽库区左岸上游 6 km 处汉江左岸滩地，由进水渠、进口连接段、进水闸、箱涵组成，设计流量 50 m³/s。（2）输水管道，引水干线全长 40.1 km，管道长度 39.52 km，采用有压重力输水，管道为单根内径 6 m 混凝土输水管，设计流量 35 m³/s，布置工作井 9 处。（3）出水口：设计流量 32.5 m³/s，出口位于泽口灌区北干渠深江新闸闸后 1 km 处，由出口流量控制阀室、出水池组成。出口与通顺河渠底衔接。（4）分水线路：引水干线设天南长渠应急分水口和天门二水厂分水口。其中，天南长渠应急分水线路设计流量 30 m³/s，起点位于天门线路桩号 0+580 处，终点位于天南长渠桩号 16+588 处，线路长 3.5 km，采用 DN3800PCCP 管道输水，单管布置，进口设置分水闸，出口设置节制闸，线路沿线每 1 km 设置进排气阀井，设置阀井 3 处。天门二水厂分水线路设计流量 2.5 m³/s，起点位于引水干线桩号 27+500 处，终点位于天门二水厂，线路长 15 km，采用 DN2200PCCP 管道输水，单管布置，进口设置分水闸，出口设置增压泵站，沿线每 1 km 设置进排气阀井，设置阀井 14 处。

工程规模：根据《防洪标准》（GB 50201—2014）、《水利水电工程等级划分及洪水标准》（SL 252—2017）、《调水工程设计导则》（SL 430—2008）、《堤防工程设计规范》（GB 50286—2013）、《水闸设计规范》（SL 265—2016），工程等别为Ⅱ等，规模为大（2）型。进水闸建筑物级别为 2 级；输水线路及天南长渠应急分水线路主要建筑物级别为 2 级，次要建筑物级别为 3 级；天门二水厂分水线路主要建筑物级别为 3 级，次要建筑物级别为 4 级。

建设地点：湖北省天门市、仙桃市。

工程投资：38.80 亿元。

建设工期：36 个月。

10.7.2 工程分析

10.7.2.1 评价因子筛选

本项目施工期的环境影响主要表现在施工过程中，施工作业带的整理、管沟的开挖、布管等施工活动对陆生生态环境产生的不利影响。本项目运行期不新增人员编制，运营期不产生污染物。但运营期工程从兴隆库区取水会对兴隆水库及下游汉江河道水文情势产生一定的影响，需关注工程从兴隆库区取水对兴隆水库及下游汉江河道水文情势的影响，以及水文情势的变化对生态敏感区的影响；农业退水对受水河道水环境质量和水文情势的影响；生态补水对补水河道水生生态改善效果。

基于初步工程分析，生态影响评价因子筛选见表 10-4。

表 10-4　生态影响评价因子筛选表

受影响对象	评价因子	工程内容及影响方式	影响性质	影响程度
物种	陆生动植物种群数量、种群结构、重要物种	分水支线管道开挖、施工布置区、临时堆料场以及临时道路占地产生直接影响	短期可逆	中
	水生生物种群数量、种群结构、重要物种	引水口、天南长渠出水口、通顺河出水口涉水施工直接影响；运营期水文情势变化产生间接影响	短期可逆	中
生境	水生生境质量和面积	引水口占地对汉江沙洋段长吻鮠瓦氏黄颡鱼国家级水产种质资源保护区质量和面积产生直接影响	短期可逆	中
生物群落	物种组成、群落结构	运营期受水区水文情势变化对物种组成和群落结构产生间接的影响	长期	弱
生态系统	陆生生态系统植被覆盖度、生产力、生物量	工程占地对植被覆盖度、生产力、生物量；对农田生态系统生产力、生物量产生的直接影响（与工程占地性质、生态系统类型等有关）	短期可逆/长期不可逆	弱
	水生生态系统生产力、生物量	工程扰动水体对区域水生生物生产力和生物量产生直接影响；运营期水文情势变化产生间接影响	短期可逆	中
生态敏感区	汉江沙洋段长吻鮠瓦氏黄颡鱼国家级水产种质资源保护区和汉江潜江段四大家鱼国家级水产种质资源保护区的结构和功能	施工期工程占地对汉江沙洋段长吻鮠瓦氏黄颡鱼国家级水产种质资源保护区结构和功能产生直接影响；运营期水文情势变化对汉江沙洋段长吻鮠瓦氏黄颡鱼国家级水产种质资源保护区和汉江潜江段四大家鱼国家级水产种质资源保护区产生间接影响	短期可逆	中
自然景观	景观多样性、完整性	工程占地对区域景观完整性产生直接影响	短期可逆	弱
自然遗迹	遗迹多样性、完整性	无自然遗迹		无

10.7.2.2　评价等级划分及评价范围确定

A　评价等级划分

根据《环境影响评价技术导则　生态影响》（HJ 19—2022），建设项目同时涉及陆生、水生生态影响时，可针对陆生生态、水生生态分别判定评价等级；线性工程可分段确定评价等级。本工程属于线性工程，且同时涉及陆生生态和水生生态影响。

结合项目具体情况，本工程的生态影响分段判定等级如下：水源区水生生态影响一级；受水区水生生态影响三级；陆生生态影响三级。

B　评价范围划分

根据《环境影响评价技术导则　生态影响》（HJ 19—2022）生态影响类型一级评价

工作范围要求，分别确定本项目生态环境评价范围。

（1）陆生生态影响评价范围：输水线路穿越非生态敏感区时，以中心线向两侧外延300 m区域（包括分水闸、加压泵站、阀井等）；施工便道、施工布置区、取土场等周边300 m区域；输水线路汉江沙洋段长吻鮠瓦氏黄颡鱼国家级水产种质资源保护区和穿越郑场镇马垸中心水厂水源地二级保护区时，以线路穿越段向两端外延1 km，线路中心线向两侧外延1 km的陆域范围。

（2）水生生态影响评价范围：兴隆水库库区（回水长度76.4 km）和兴隆坝下至泽口河段（长度约30 km），通顺河流域为通顺河泽口闸断面至通顺河出境断面长约126.9 km（其中潜江市境内17 km，仙桃市境内109.9 km）及10条退水河段。

C 生态环境保护目标

本工程生态环境保护目标如下：

（1）陆生生态环境保护目标：评价区国家二级重点保护野生动物有普通鵟、黑鸢、长耳鸮、短耳鸮、鸳鸯、淡水乌龟共6种。

（2）水生生态环境保护目标：评价区汉江分布国家二级重点动物1种，为胭脂鱼；国家二级保护水生植物1种，细果野菱；湖北省重点保护鱼类2种，即长吻鮠、细尾蛇鮈。

（3）生态敏感区：本工程不涉及陆生生态敏感区，涉及汉江沙洋段长吻鮠瓦氏黄颡鱼国家级水产种质资源保护区和汉江潜江段四大家鱼国家级水产种质资源保护区两个水生生态敏感区及其主要保护对象。

10.7.2.3 工程分析

具体见3.6.6节。

10.7.3 生态环境现状调查与评价

10.7.3.1 陆生生态环境现状调查与评价

A 调查时间、范围和调查方法

本工程陆生生态影响评价等级为三级，根据《环境影响评价技术导则 生态影响》（HJ 19—2022）"7.3.6 三级评价现状调查以收集有效资料为主，可开展必要的遥感调查或现场校核"，本项目陆生生态环境现状调查与评价，总体评价上采用资料收集和实地调查相结合、定性分析与定量分析相结合的方法，同时走访沿线居民作为采集区域生态环境背景信息的重要补充，并于2023年7~8月先后两次对拟建项目沿线区域的生态环境（包括植被和野生动物资源）进行野外实地调查。

B 陆生生态环境现状综述

经现场踏勘调查，工程涉及的区域为平原地貌，主要有农田生态系统、湿地生态系统、灌草地生态系统、林地生态系统和城镇/村落生态系统等，其中农田生态系统是评价区主要生态系统类型。

C 陆生植物现状调查与评价

根据《湖北植被区划》，拟建项目区属湖北南部中亚热带常绿阔叶林地带。按照《中国植被》中自然植被的分类系统划分，评价区的植被以人工植被为主，汉江堤防两侧的防护林均为人工林，自然植被主要为灌丛和灌草丛（见表10-5）。评价区域未发现《中国生物多样性红色名录》中列为极危、濒危和易危的物种；未发现国家和地方政府列入拯救保护的极小种群物种、特有种以及古树名木等。

表 10-5 评价区陆生植被类型

植被型组	植被型	群　　系	分 布 区 域	工程占用情况	
				占用面积/亩	占用比例/%
乔木林	I 乔木林	1. 意杨林 Form. *Populus × canadensis 'I-214'*	堤防两侧	293.65	8.41
		2. 水杉林 Form. *Metasequoia glyptostroboides*	堤防两侧	58.77	1.68
		3. 悬铃木林 Form. *Platanus acerifolia*	堤防两侧	48.50	1.38
灌丛和灌草丛	II 灌丛	4. 构树灌丛 Form. *Broussonetia papyifera*	河堤、路边两侧	86.8	2.49
	III 灌草丛	5. 白茅灌草丛 Form. *Imperata cylindrica*	河堤、滩地、路边	0	
		6. 狗牙根灌草丛 Form. *Cynodon dactylon*	河堤、滩地、路边	0	
		7. 葎草灌草丛 Form. *Humulus scandens*	河堤、滩地、路边	0	
		8. 白苏灌草丛 Form. *Perilla frutescens*	河堤、滩地、路边	0	
		9. 苍耳灌草丛 Form. *Xanthium sibiricum*	河堤、滩地、路边	0	
		10. 一年蓬灌草丛 Form. *Erigeron annuus*	河堤、滩地、路边	0	
		11. 牛筋草灌草丛 Form. *Eleusine indica*	河堤、滩地、路边	0	
		12. 狗尾草灌草丛 Form. *Setaria viridis*	河堤、滩地、路边	0	
		13. 紫苏灌丛 Form. *Perilla frutescens*	河堤、滩地、路边	8.5	0.24
		14. 小蓬草灌草丛 Form. *Conyza Canadensis*	河堤、滩地、路边	0	
农作物		水稻、红薯、芝麻、花生、黄豆、玉米等	堤内、滩地分布	2262.73	64.80

D　陆生动物现状调查与评价

（1）两栖类：评价范围内两栖动物共有1目4科8种，其中湖北省重点保护野生动物共7种。

（2）爬行类：评价区爬行类共有2目8科16种，其中有国家二级重点保护动物乌龟1种、湖北省重点保护野生动物虎斑游蛇1种。

（3）鸟类：评价区内鸟类共计13目30科70种。其中，国家二级保护鸟类5种；湖北省重点保护鸟类种27种。

（4）兽类：评价范围主要兽类共有5目5科13种。以啮齿目最多，共有4种，占30.77%。有湖北省重点保护动物3种，无国家级重点保护动物。

（5）国家重点保护动物：调查、资料和监测显示，评价区工程影响范围内陆生脊椎动物中有国家二级重点保护野生动物6种。具体见表10-6。

表 10-6　评价区国家级重点保护野生动物名录

序号	物种名称	保护及被	濒危等级	特有种（是/否）	分布区域	资料来源	工程占用情况（是/否）
1	普通鵟 Buteo japonicus	国家二级	LC 无危	否	耕作区、林缘、草地和村庄上空盘旋翱翔	文献记录	否
2	黑鸢 Mivus migrans	国家二级	LC 无危	否	河流沿岸、林边	文献记录	否
3	长耳鸮 Asio otus	国家二级	LC 无危	否	出现于林缘疏林、农田防护林和城市公园的林地中	文献记录	否
4	短耳鸮 Asio flammeus	国家二级	LC 无危	否	栖息于低山、丘陵、平原、湖岸和草地等各类生境中	文献记录	否
5	鸳鸯 Aix galericulata	国家二级	NT 近危	否	主要栖息于河流、湖泊、水塘、芦苇沼泽和稻田地中	文献记录	否
6	乌龟 Chinemys reevesii	国家二级	EN 濒危	否	河流岸边潮湿草丛中	文献记录	否

10.7.3.2　水生生态环境现状调查与评价

A　调查时间、范围

本工程水源区水生生态影响评价等级为一级，评价时期至少开展丰水期和枯水期两期调查，结合实际情况，2021~2023 年在不同季度项目区持续开展有水生生物调查，调查范围涵盖汉江沙洋段长吻鮠瓦氏黄颡鱼国家级水产种质资源保护区和汉江潜江段四大家鱼国家级水产种质资源保护区。现状调查在水源区兴隆水库坝址上游共布设 5 个水生生物采样断面；水源区下游汉江潜江段四大家鱼国家级水产种质资源保护区布设 5 个水生生物采样断面。

B　水源区水生生物现状

综合丰水期、枯水期两次调查成果，评价区河段 10 个监测断面检出浮游植物共 7 门 69 种，浮游动物 4 门 52 种，底栖动物 3 门 30 种，水生维管束植物 20 种，共有鱼类 88 种，隶属 8 目 19 科 61 属，其中鲤科鱼类 54 种，占 61.36%。

评价区鱼类"三场一道"调查：根据历史资料和走访沿江居民和主要捕捞人员，了解不同季节鱼类主要集中地和鱼类种群组成，结合鱼类生物学特性和水文学特征，分析鱼类"三场"分布情况，并通过有经验的捕捞人员进行验证。

重要水生生物物种分布情况：评价区内分布国家二级重点保护鱼类 1 种，为胭脂鱼；国家二级保护植物 1 种，为细果野菱。湖北省重点保护鱼类 2 种，即长吻鮠、细尾蛇鮈。细果野菱主要分布在评价区滩地中常年积水的洼地，呈零星分布，本工程占地区域内未发现细果野菱植物个体。

C　受水区水生生物现状

根据资料收集统计分析，受水区通顺河评价范围浮游植物 6 门 45 种（属），浮游动物 3 门 31 种（属），底栖动物 3 门 30 种，分布有鱼类 35 种，隶属于 4 目 9 科。以鲤科鱼类为主。

鱼类"三场"：根据现场调查结果结合通顺河水生植被情况分析，通顺河鱼类产卵场主要在水草较繁茂的区域，产卵场类型为产黏性卵产卵场，规模较小；无成规模的产漂流性卵的鱼类产卵场。鱼苗孵化之后多在附近岸边索饵。鱼类越冬场主要集中在评价区的通顺河的河床深处或坑穴中。

珍稀、保护鱼类：受水区通顺河评价区无国家级和湖北省省级保护鱼类，无列入《中国物种多样性红色名录》的鱼类。

10.7.3.3　生态敏感区现状调查与评价

A　饮用水源保护区

（1）仙桃市郑场镇马垸中心水厂饮用水水源保护区。本工程主体工程输水干线桩号29+000~30+000汉江穿越段以盾构方式穿越仙桃市郑场镇马垸中心水厂二级水源保护区，与下游保护区取水口距离约1.7 km，盾构工作井和接收井均不在水源保护区范围内（见图10-1）。

本工程临时工程包括施工布置区、临时堆土场以及取土场等，均不在水源保护区范围内。但7号施工布置区汉江堤防的内平台，距离水源二级保护区陆域范围较近，施工期应加强施工管理。

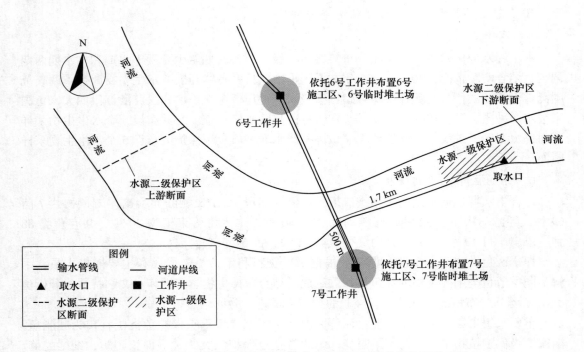

图10-1　工程与仙桃市郑场镇马垸中心水厂水源保护区位置关系图

（2）潜江市汉江泽口码头饮用水水源保护区。该饮用水水源保护区取水口位于引隆补水工程引水口下游约26 km处，位于工程汉江盾构穿越点上游约20 km处，工程临时占地和永久占地不涉及该保护区。

（3）潜江市汉江红旗码头饮用水水源保护区。该饮用水水源保护区取水口位于引隆补水工程引水口下游约23 km处，位于工程汉江盾构穿越点上游约20 km处，工程临时占地和永久占地均不涉及该保护区。

B 汉江沙洋段长吻鮠瓦氏黄颡鱼国家级水产种质资源保护区

该水产种质资源保护区涉及重要经济鱼类及其产卵场，以及其他保护物种等。

根据工程与该水产种质资源保护区位置关系，本工程输水干线引水口工程位于保护区实验区，与实验区下边界距离约 700 m。

C 汉江潜江段四大家鱼国家级水产种质资源保护区

该保护区涉及重要水生生物资源。

根据叠图分析，本工程主体工程与临时工程均不涉及该保护区。引水口工程与保护区上边界距离约 4.6 km，输水干线汉江盾构穿越处距离保护区下边界约 0.6 km，运营期放空排水不排入该水产种质资源保护区内。

D 永久基本农田

本工程永久占地不涉及永久基本农田，占用耕地规模控制在 1.0053 公顷范围内，占用水田规模控制在 0.0256 公顷范围内。

根据工程与仙桃市、天门市"三区三线"中永久基本农田叠图分析，输水干线隧洞盾构无害化穿越永久基本农田长度为 37.90 km（其中天门市境内长度为 27.70 km，仙桃市境内长度为 10.20 km）；天南长渠分水支线埋管敷设穿越永久基本农田长度为 2.63 km，天门二水厂分水支线埋管敷设穿越永久基本农田长度为 4.52 km，施工期间天南长渠分水支线和天门二水厂分水支线管道敷设将临时占用永久基本农田。

10.7.4 生态影响评价

10.7.4.1 陆生生态影响预测与评价

A 陆生生态系统的影响

基于工程特性、环境特点等分析，可以发现本项目工程对生态系统的影响较小，处于可控范围内，主要分析以下几方面的影响：森林生态系统的影响、灌草地生态系统的影响、农田生态系统、城镇生态系统的影响、湿地生态系统的影响及其他生态系统的影响。

B 陆生植物的影响

（1）对植被及植物、植物多样性的影响。施工期本工程对陆生植物影响主要源于施工占地，工程永久占地将导致占地区域的生物个体失去生长环境，对植物个体的影响是不可逆的；但工程涉及范围较小，且受工程影响的陆生植被均为一般常见种，在周边有广泛分布，因此局部植被损失不会导致该植物种群消失。

工程影响主要是部分物种植株在数量上的减少，工程施工对评价区植物区系的性质、组成和特点不产生影响，对评价区植物物种多样性没有影响。

（2）对重要物种的影响。根据现状调查，评价区未发现国家及重点保护野生植物名录所列的物种，未发现《中国生物多样性红色名录》中列为极危、濒危、易危的物种，也未发现国家和地方政府列入拯救保护的极小种群物种、特有种以及古树名木等。工程施工不会对重要物种产生影响。

C 陆生动物的影响

（1）对动物多样性的影响。工程直接影响区植被主要是农田和灌草丛，少量为林地。

栖息农田、灌草丛生境的动物以部分鸟类、两栖类和爬行类为主，涉及少量的小型兽类。施工将干扰这些动物的生活及栖息，对直接影响区中分布的动物产生不利作用。但由于周围有较多的可替代生境，动物可以向周围的替代生境迁移。环境污染对动物的影响很小。总的看，施工布置对动物的影响为点状和线状临时性干扰，施工结束即消失，施工对评价区动物区系的种类组成和物种多样性基本无影响。

（2）对动物类群和种群的影响。工程施工过程中，占地可能导致部分野生动物栖息地减少，同时，高噪声施工活动可能对附近区域野生动物产生惊扰。结合区域野生动物分布特点与工程特性：一方面，工程施工对陆生植物影响范围较小，相应对陆生动物栖息生境影响较小；另一方面，由于工程直接影响区分布的陆生野生动物主要为常见小型种类，其活动能力较强、种群数量较少，可主动规避施工扰动区，且附近区域生境广阔，因而施工扰动不会对其生存与分布产生明显影响。此外，本工程分段分期施工，同一施工段工程规模较小，施工时段短，施工结束后其扰动影响即消失。因此，工程施工对陆生动物多样性的影响也极为有限。

（3）对重要物种的影响。根据资料收集和现状调查了解，评价区分布国家二级重点保护野生动物6种，鸟类5种；两栖类1种，为淡水乌龟。

对重点保护鸟类的影响：本工程涉及的汉江堤防两侧的林地不是重点保护鸟类的主要分布区，因此，施工占地对重点保护野生动植物栖息环境影响较小。但施工活动产生的噪声，可能会对附近的鸟类等重点保护野生动物产生惊吓。但由于周边存在类似的生境，且本工程施工期较短，施工结束后通过对施工迹地的恢复，这些受保护的鸟类可回到其原来生活的栖息环境。总体而言，工程施工对评价区重点保护鸟类的影响较小。

对乌龟的影响：评价区淡水乌龟属于水陆两栖动物，结合其生活习性及主要分布，引水口和出水口工程施工过程可能对其个体或栖息环境产生伤害；但由于涉水作业面较小，在涉水区施工前进行驱赶，可有效避免施工对其产生的不利影响。总体来说，施工期间通过加强施工管理，可有效控制工程施工对淡水乌龟的影响。

10.7.4.2 水生生态影响预测与评价

A 对汉江干流水生生态影响

结合汉江干流水生生态影响评价范围，考虑到兴隆库区有汉江沙洋段长吻鮠瓦氏黄颡鱼国家级水产种质资源保护区，坝址下游有汉江潜江段四大家鱼国家级水产种质资源保护区，共两个生态敏感区，因此进一步评价分析工程建设和运行对鱼类资源和鱼类"三场一道"的影响，以及工程施工和运行对水生生境质量、浮游植物、浮游动物和水生植物的影响。

（1）对水生生境的影响：施工期引水口涉水作业施工扰动地表水体导致周边水体悬浮物含量升高，但施工围堰前，通过在围堰外侧设置防污屏，可有效阻隔悬浮物的扩散，其影响范围较小且可控，不会对坝下河道水环境质量产生影响。运营期不产生任何污染物，对水生生境的影响主要为水文情势变化对水生生境的影响。根据水文情势预测，各旬坝址平均流量减少量介于 $2.5 \sim 35$ m^3/s，典型丰水年引水后减少了 17 m^3/s，减幅约 1.1%。典型平水年引水后减少了 15 m^3/s，减幅约 1.5%。典型枯水年引水后减少了 18 m^3/s，减幅约 1.9%。典型特枯水年引水后减少了 22 m^3/s，减幅约 2.9%。总体来说，在不同来水年本工程实施后引水后坝址流量减幅较小，对下游河道流量影响较小。因此，本工程对坝址上下游水文情势影响也较小，对水生生境影响较小。

（2）对浮游物动植物和底栖动物的影响：主要表现为引水口作业涉水施工扰动水体，增加水体的悬浮物浓度而使水体透明度下降，进而导致浮游植物的种类和现存量下降。这种影响是暂时的，待工程施工结束后，被扰动区域的浮游动植物也会逐渐得到恢复，总体影响有限。

（3）对水生植物的影响：引水口施工将导致占地区域水生植物消失，影响是不可逆的，但消失的植被在评价区广泛分布，不会因工程占地导致某种植被地带性消失。结合水文情势预测，因引水前后水文情势变化较小，运营期形成的消落带不明显，故运营期对水生植物影响也较小。

B　对通顺河和天南长渠水生生态影响

施工期引隆补水工程对通顺河和天南长渠的影响基本相同，主要为出水口涉水施工对水生生态的影响。由于引隆补水工程主要对通顺河进行生态补水，对天南长渠只是应急补水，不改变天南长渠的水文情势，因此，运营期主要对通顺河水生生态环境产生影响。

（1）对浮游植物的影响：工程施工期，占用水域以及扰动水体引起的水体悬浮物升高等水质变化，在一定程度上会降低区域内浮游植物密度及生物量，影响主要集中在天南长渠出水口、通顺河出水口附近的水域，影响范围有限。待工程施工结束后，被扰动区域的浮游植物也会逐渐得到恢复。工程实施后，汉江清洁水源引至通顺河流域后，通顺河流域水质将有所改善，浮游植物密度将会减少，往喜清洁型浮游植物群落方向发展。

（2）对浮游动物的影响：与对浮游植物的影响方式和程度类似，工程施工期，输水干线通顺河出水口、天南长渠出水口施工过程中占用水域面积以及扰动水体引起的水体悬浮物升高、透明度降低等水质变化，造成浮游动物现存量下降，影响主要集中在天南长渠出水口、通顺河出水口附近的水域。待工程施工结束后，被扰动区域的浮游动物也会逐渐得到恢复，总体影响有限。工程实施后，对通顺河进行生态补水，汉江清洁水源引至通顺河流域后，根据水环境预测，通顺河流域水质将有所改善，通顺河流域内浮游动物密度将会减少，往喜清洁型浮游动物群落方向发展。

（3）对底栖动物的影响：工程施工期在输水干线通顺河出水口、天南长渠出水口施工过程中占用水域面积以及扰动水体引起的水体悬浮物升高等水质变化，可能造成底栖生物死亡，影响主要集中在天南长渠出水口、通顺河出水口。工程运行后，通过对通顺河进行生态补水，随着河流水量的增加，有利于底栖动物的种群数量增加，但需要较长时间。

（4）对水生维管束植物的影响：本工程总体涉水作业及占用水域面积较少，根据现状调查工程占用水域无大面积水生维管束植物分布。尽管部分涉水施工将会不可避免对水生维管束植物造成压埋等，导致水生维管束植物死亡，但影响植物主要以芦苇、两栖蓼、喜旱莲子草等常见水生植物为主，且在项目区域广泛分布，对水生维管束植物影响有限。工程运行后，受水区水资源量增加，水生维管束植物的生物量会发生相应变化，通顺河流域消落带增加，有利于挺水植物和湿生植物生物量的增加。

（5）对鱼类的影响：涉水作业将对鱼类及其生境造成影响，但总体上可控。工程运行后，受水区通顺河水资源量增加，水环境质量有所改善，水文情势的变化会对通顺河水体中的鱼类及其生境产生影响。其中对鱼类重要生境的影响具体如下：

1）对产卵场的影响：根据现场调查，分布的鱼类以小型鱼类为主，这些鱼类繁殖和索饵等对生境要求不严格，通常湿生植被茂盛的浅水水域就可成为其产卵场和良好的索饵育场。工程实施后，受水区水量增加有限，有利于湿生植被和挺水植物生产，有利于形成新的产卵场。但上述工程涉水施工将对局部生境造成扰动，进而影响鱼类正常的栖息和生存，考虑到上述影响集中在施工期，施工结束后通过采取针对性的生境修复措施，恢复原有河床底质和河岸带湿地植被条件，有利于鱼类群落结构的快速恢复。

2）对索饵场和越冬场的影响：评价区域鱼类索饵场主要分布在通顺河沿岸带水生植被茂盛的区域，工程运行后，受水区的水量和水质都会得到提高，浮游生物、底栖动物等饵料生物的资源量总体上有所提升，有利于浮游生物食性鱼类以及杂食性鱼类的索饵和摄食。鱼类通常在河流深水区越冬，本工程运行后，受水区通顺河流水量增加，有利于鱼类的越冬。

C　对水生生态保护目标影响

对水生生态保护目标影响主要包括对细果野菱的影响及对保护鱼类的影响。

10.7.4.3　生态敏感区影响预测与评价

A　对饮用水源保护区的影响

（1）对仙桃市郑场镇马垸中心水厂饮用水水源保护区的影响。施工期根据主体工程与饮用水水源保护区位置关系、施工总布置等工程特性分析其对水源保护区的影响。运营期项目排水对饮用水水源保护区及水厂供水产生的影响较小。

（2）对潜江市汉江红旗码头和泽口码头饮用水水源保护区的影响。

红旗码头水源保护区取水口和泽口码头水源保护区取水口与本工程引水口下游相距较远，且中间有兴隆水利枢纽相隔，施工期和运行期均不会对下游水源保护区的水质产生影响。本工程对水源下游影响河段主要为兴隆水利枢纽～泽口河段，最大水位降幅为0.128 m，减少幅度较小；同时引江济汉工程的补水调控，可进一步减缓对下游河道的影响，对下游水源保护区泽口码头和红旗码头取水口取水影响甚微。

B　对汉江潜江段四大家鱼国家级水产种质资源保护区的影响

根据工程叠图分析，本工程主体工程与临时工程均不涉及汉江潜江段四大家鱼国家级水产种质资源保护区，施工期无不利影响。根据水源下游区水文情势分析，运营期主要对兴隆水利枢纽至泽口段水文情势产生影响，主要分析水源下游水文情势的变化对汉江潜江段四大家鱼国家级水产种质资源保护区鱼类生境的影响。

（1）对产卵场的影响：引隆补水工程实施运行期后，对流速变化影响较小，对下游江段流速影响甚微。同时，工程运行不会改变下游河道水温、透明度以及河水涨落等水文因子，因此对下游保护区产漂流性卵鱼类产卵场影响较小。根据取水流量过程分析，兴隆～泽口河段下游河道水位因工程引水前后变化不大，形成的消落带面积有限，对产黏沉性卵鱼类有利影响有限。

（2）对索饵场的影响：工程江段大多数鱼类索饵场主要分布于沿岸缓流区域、水草丛生的沿岸水域、底质为泥沙或沙砾的缓流水域。水源下游区江段蜿蜒曲折，滩地面积较大，是较为理想的产卵场。引隆补水工程运行后，兴隆～泽口河段最大水位降幅为0.128 m，同时流量也会有一定程度的减小，有利于形成新缓流的水域，形成新的索饵场。考虑工程运行后对下游河道水位和流速影响不大，形成索饵场面积较小，故对该江段鱼类的索饵场影响也不大。

（3）对越冬场的影响：每年11月以后，气温、水温下降，汉江冬季水位下降，鱼类减少活动进行越冬，鱼类的越冬场主要分布于河道的深槽中。本工程运行后河段最大水位降幅为0.128 m，相对水源下游区江段水深影响较小。因此，对保护区越冬场鱼类越冬影响甚微。

（4）洄游通道：引隆补水工程引水口位于汉江潜江段四大家鱼国家级水产种质资源保护区下游，工程不设置拦河建筑物，不会对汉江河道洄游产卵繁殖产生影响。

C　对汉江沙洋段长吻鮠瓦氏黄颡鱼国家级水产种质资源保护区的影响

根据《湖北省汉江生态经济带引隆补水工程对汉江沙洋段长吻鮠瓦氏黄颡鱼国家级水产种质资源保护区生态影响专题报告》，本工程产生的生态影响包括以下方面：施工期环境影响，主要对保护区鱼类资源、主要保护对象、保护区生态功能及其他水生生物产生影响；运营期环境影响，主要对保护区鱼类资源及保护区生态功能产生影响，具体包括对产卵场、索饵场、越冬场等的影响；对其他水生生物的影响；对主要保护对象的影响，主要是对瓦氏黄颡鱼和长吻鮠等主要保护鱼类产生影响。

D　对永久基本农田及耕地的影响

引隆补水工程永久占用耕地1.0053公顷，不涉及占用永久基本农田，对基本农田占用主要为天门市境内分水支线施工期临时占用。本工程对永久基本农田的不利影响属于暂时可逆的，通过在管道敷设过程中边开挖边恢复，影响时间一般不超过3个月；对永久占用的耕地属于不可逆影响，但占用的耕地面积相对评价区耕地面积总体较小。

10.7.5　生态环境保护措施

10.7.5.1　陆生生态保护措施

为加强施工期陆生生态保护，施工期建设单位、施工单位等应严格落实《中华人民共和国野生植物保护条例》《中华人民共和国野生动物保护法》等要求，禁止违法猎捕野生动物、破坏野生动物栖息地。禁止猎捕、杀害国家重点保护野生动物。

结合生态影响预测，进一步对陆生植物、动物以及重点保护动植物提出针对性保护措施，具体如下：

（1）陆生植物保护措施：避让和减缓措施，植被恢复与补偿措施，植被保护管理措施；

（2）陆生动物保护措施：避让和减缓措施，栖息地恢复措施，管理措施；

（3）珍稀濒危与重点保护野生动植物保护措施：重点保护植物宣传教育，重点保护动物保护措施培训。

10.7.5.2　水生生态保护措施

水生生态保护措施的制定以预防、补偿措施为主，针对本工程建设和运行对各区域水生生态环境的影响程度和范围，制定不同的缓解措施，以长期动态生态监测为依托，形成区域统筹保护的格局。

根据水生生态影响预测，本工程施工期对鱼类的影响主要由涉水施工产生，而运行期引水对受水区通顺河水生生态为有利影响，但也存在汉江鱼类进入受水区水体并造成资源损失的情况。因此，在制定保护措施时，需结合当前水生生态保护措施技术水平，建立以生境修复、拦鱼设施为主，以监测与保护效果评估、加强渔政管理、加强施工管理为辅的水生生态综合保护体系。具体措施如下：

（1）施工期水生生态保护预防措施：加强施工人员环保意识；施工废水、生活污水妥善处理；优化施工工期；对水体悬浮物进行控制等。

（2）水生生境修复措施：结合项目工程以及环境特点，主要对天南长渠和通顺河出水口侧以及对岸上游 100 m、下游 100 m 的河道进行水生生境修复，修复河道长度 200 m。如采取河道护坡修复、水生植被恢复、增殖放流与底质保护等。

（3）其他措施：设置拦鱼设施、加强渔政管理、重要保护水生生物保护措施等。

10.7.5.3　生态敏感区保护措施

（1）饮用水水源保护区保护措施。通过合理安排施工工期、施工时间，加强施工管理等措施进行水源保护。

（2）汉江潜江段四大家鱼国家级水产种质资源保护区保护措施。根据引隆补水工程布置与该保护区位置关系，本工程不占用水产种质资源保护区，施工期不会对该保护区产生影响。运行期工程引水对下游水文情势影响较小，对水产种质资源保护区影响甚微，因此本工程主要加强管理措施。

（3）汉江沙洋段长吻鮠瓦氏黄颡鱼国家级水产种质资源保护区保护措施。根据《湖北省汉江生态经济带引隆补水工程对汉江沙洋段长吻鮠瓦氏黄颡鱼国家级水产种质资源保护区生态影响专题报告》，水生生态保护措施如下：繁殖期避让措施；拦鱼措施；鱼类早期资源保护措施；驱鱼措施；人工增殖放流；栖息地生境修复：生态护坡、水生植被恢复、人工鱼巢；保护区管理能力提升：保护区宣传教育，保护区监管能力建设；跟踪监测等。

10.7.5.4　永久基本农田及耕地保护措施

（1）在初步设计阶段进一步优化设计方案，必须严格保护耕地。按照用地标准规定，从严控制用地规模，确保永久占用耕地规模不突破 1.0053 公顷，临时占用基本农田应严格控制施工作业带，尽量减少占用。

（2）按照《中华人民共和国土地管理法》等规定，建设项目占用耕地的，应当补充数量相同、质量相当的耕地。对输水线路临时占用耕地及永久基本农田的，对临时占用的耕地开工前进行表土剥离暂存；施工结束后，结合土地整治、高标准农田建设及时恢复临时占用耕地的质量，确保临时占用的耕地不因本工程建设导致永久基本农田质量降低或面积减少。

10.7.6　生态环境影响评价结论

分别对陆生生态、水生生态以及生态敏感区的生态现状、生态影响预测与评价结果、生态保护对策措施等内容进行概括总结，从生态影响角度明确建设项目是否可行，并最终形成总结论。

工程建设在取得社会经济效益的同时也对环境带来一定的不利影响，其影响主要表现在：工程施工、占地对陆生生态系统及陆生动植物、水生生态系统及水生生物、地下水、生态敏感区的影响；工程施工期产生的废水、废气、废渣、噪声等对周围环境的影响；运行期工程引水对汉江兴隆水利枢纽至泽口闸段水文情势和通顺河流域水文情势的影响。本评价认为，在工程建设和运行过程中认真贯彻各项环境保护法律、法规和政策，加强环境管理，确保落实环境影响报告书中提出的环保措施，本工程对环境的不利影响可以得到有效消除或缓解。项目实施不存在重大环境制约因素，从环境保护角度分析，本工程建设是可行的（见表 10-7）。

表 10-7　生态影响评价自查表

工作内容		自查项目
生态影响识别	生态保护目标	重要物种☑；国家公园☐；自然保护区☐；自然公园☐；世界自然遗产☑；生态保护红线☑；重要生境☑；其他具有重要生态功能、对保护生物多样性具有重要意义的区域☐；其他☐
	影响方式	工程占用☑；施工活动干扰☑；改变环境条件☑；其他☑
	评价因子	物种☑（分布范围、种群数量、行为等） 生境☑（生境面积、质量、连通性等） 生物群落☑（物种组成等） 生态系统☑（生物量、生态系统功能） 生物多样性☑（丰富度、均匀度、优势度） 生态敏感区☑（主要保护对象、生态功能等） 自然景观☐（　　　　　　　　　） 自然遗迹☐（　　　　　　　　　） 其他☐（　　　　　　　　　）
评价等级		水生生态：一级☑　二级☐　三级☐　生态影响简单分析☐ 陆生生态：一级☐　二级☐　三级☑　生态影响简单分析☐
评价范围		路域面积：（35.4）km²；水域面积：（8.5）km²
生态现状调查与评价	调查方法	资料收集☑；遥感调查☑；调查样方、样线☐；调查点位、断面☑；专家和公众咨询法☐；其他☐
	调查时间	春季☐；夏季☑；秋季☐；冬季☐ 丰水期☑；枯水期☐；平水期☐
	所在区域的生态问题	水土流失☐；沙漠化☐；石漠化☐；盐渍化☐；生物入侵☐；污染危害☑；其他☐
	评价内容	植被/植物群落☑；土地利用☑；生态系统☑；生物多样性☑；重要物种☑；生态敏感区☑；其他☐
生态影响预测与评价	评价方法	定性☐；定性和定量☑
	评价内容	植被/植物群落☑；土地利用☑；生态系统☑；生物多样性☑；重要物种☑；生态敏感区☑；生物入侵风险☐；其他☐
生态保护对策措施	对策措施	避让☑；减缓☑；生态修复☑；生态补偿☑；科研☑；其他☐
	生态监测计划	全生命周期☐；长期跟踪☑；常规☐；无☐
	环境管理	环境监理☑；环境影响后评价☐；其他☐
评价结论	生态影响	可行☑　不可行☐

习　题

10-1　简述生态环境影响识别的要点。

10-2　生态环境保护目标有哪些？

10-3　简述生态环境影响预测内容。

10-4　简述生态环境保护措施的基本要求。

11 环境风险评价

环境风险评价是指对建设项目建设和运行期间发生的可预测突发性事件或事故（一般不包括人为破坏及自然灾害）引起有毒有害、易燃易爆等物质泄漏，或突发事件产生新的有毒有害物质，对所造成的对人身安全与环境的影响和损害进行评估，提出防范、应急与减缓措施。虽然突发风险事故的频次很低，但是一旦发生，引发的环境问题将十分严重，必须防患于未然。因此需要在环境影响评价中做好环境风险评价，对可能出现的环境风险事故进行分析、预测和评估，提出可行性的环境风险预防措施，完善风险应急预案，明确环境风险监控及应急建议要求，为建设项目环境风险防控提供科学依据。

11.1 基 本 概 念

（1）环境风险。突发性事故对环境造成的危害程度及可能性。

（2）环境风险潜势。对建设项目潜在环境危害程度的概化分析表达，是基于建设项目涉及的物质和工艺系统危险性及其所在地环境敏感程度的综合表征。

（3）风险源。存在物质或能量意外释放，并可能产生环境危害的源。

（4）危险物质。具有易燃易爆、有毒有害等特性，会对环境造成危害的物质。

（5）危险单元。由一个或多个风险源构成的具有相对独立功能的单元，事故状况下应可实现与其他功能单元的分割。

（6）最大可信事故。基于经验统计分析，在一定可能性区间内发生的事故中，造成环境危害最严重的事故。

（7）大气毒性终点浓度。人员短期暴露可能会导致出现健康影响或死亡的大气污染物浓度，用于判断周边环境风险影响程度。

11.2 环境风险评价的工作程序、工作内容与工作等级的划分

11.2.1 环境风险评价工作程序

环境风险评价工作程序见图 11-1。

11.2.2 评价工作等级划分

环境风险评价工作等级划分为一级、二级、三级。根据建设项目涉及的物质及工艺系统危险性和所在地的环境敏感性确定环境风险潜势，按照表 11-1 确定评价工作等级。风险潜势为 Ⅳ 及以上，进行一级评价；风险潜势为 Ⅲ，进行二级评价；风险潜势为 Ⅱ，进行三级评价；风险潜势为 Ⅰ，可开展简单分析。

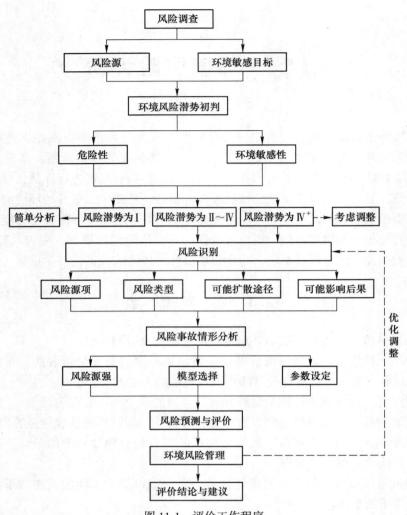

图 11-1 评价工作程序

表 11-1 评价工作等级划分

环境风险潜势	IV、IV⁺	III	II	I
评价工作等级	一	二	三	简单分析①

①是相对于详细评价工作内容而言，在描述危险物质、环境影响途径、环境危害后果、风险防范措施等方面给出定性的说明。

简单分析的基本内容包括风险调查、风险潜势初判、评价等级。

具体包含以下内容：

（1）评价依据。风险调查、风险潜势初判、评价等级。

（2）环境敏感目标概况。建设项目周围主要环境敏感目标分布情况。

（3）环境风险识别。主要危险物质及分布情况，可能影响环境的途径。

（4）环境风险分析。按环境要素分别说明危害后果。

（5）环境风险防范措施及应急要求。从风险源、环境影响途径、环境敏感目标等方面分析应采取的风险防范措施和应急措施。

（6）分析结论。说明建设项目环境风险防范措施的有效性。

按照以上基本内容，填写表 11-2。

表 11-2　建设项目环境风险简单分析内容表

建设项目名称					
建设地点	（　）省	（　）市	（　）区	（　）县	（　）园区
地理坐标	经度		纬度		
主要危险物质及分布					
环境影响途径及危害后果 （大气、地表水、地下水等）					
风险防范措施要求					

填表说明（列出项目相关信息及评价说明）：

11.2.3　环境风险评价工作内容

（1）环境风险评价基本内容包括风险调查、环境风险潜势初判、风险识别、风险事故情形分析、风险预测与评价、环境风险管理等。

（2）基于风险调查，分析建设项目物质及工艺系统危险性和环境敏感性，进行风险潜势的判断，确定风险评价等级。

（3）风险识别及风险事故情形分析应明确危险物质在生产系统中的主要分布，筛选具有代表性的风险事故情形，合理设定事故源项。

（4）各环境要素按确定的评价工作等级分别开展预测评价，分析说明环境风险危害范围与程度，提出环境风险防范的基本要求。

1）大气环境风险预测。一级评价需选取最不利气象条件和事故发生地的最常见气象条件，选择适用的数值方法进行分析预测，给出风险事故情形下危险物质释放可能造成的大气环境影响范围与程度。对于存在极高大气环境风险的项目，应进一步开展关心点概率分析；二级评价需选取最不利气象条件，选择适用的数值方法进行分析预测，给出风险事故情形下危险物质释放可能造成的大气环境影响范围与程度；三级评价应定性分析说明大气环境影响后果。

2）地表水环境风险预测。一级、二级评价应选择适用的数值方法预测地表水环境风险，给出风险事故情形下可能造成的影响范围与程度；三级评价应定性分析说明地表水环境影响后果。

3）地下水环境风险预测。一级评价应优先选择适用的数值方法预测地下水环境风险，给出风险事故情形下可能造成的影响范围与程度；低于一级评价的，风险预测分析与评价要求参照《环境影响评价技术导则　地下水环境》（HJ 610—2016）执行。

（5）提出环境风险管理对策，明确环境风险防范措施及突发环境事件应急预案编制要求。

（6）综合环境风险评价过程，给出评价结论与建议。

11.2.4　评价范围

大气环境风险评价范围：一级、二级评价距建设项目边界一般不低于 5 km；三级评价距建设项目边界一般不低于 3 km。油气、化学品输送管线项目一级、二级评价距管道中心线两侧一般均不低于 200 m；三级评价距管道中心线两侧一般均不低于 100 m。当大气毒性终点浓度预测到达距离超出评价范围时，应根据预测到达距离进一步调整评价范围。

地表水环境风险评价范围参照《环境影响评价技术导则　地表水环境》（HJ 2.3—2018）确定。地下水环境风险评价范围参照《环境影响评价技术导则　地下水环境》（HJ 610—2016）确定。土壤环境风险评价范围参照《环境影响评价技术导则　土壤环境（试行）》（HJ 964—2018）确定。

环境风险评价范围应根据环境敏感目标分布情况、事故后果预测可能对环境产生危害的范围等综合确定。项目周边所在区域、评价范围外存在需要特别关注的环境敏感目标，评价范围需延伸至所关心的目标。

11.3　环境风险调查与风险潜势判别

11.3.1　风险调查

风险调查是环境风险评价首先进行的工作，其主要包括建设项目风险源调查和环境敏感目标调查。

（1）建设项目风险源调查。建设项目风险源调查是风险评价最先做的内容，包括调查建设项目危险物质数量和分布情况、生产工艺特点，收集危险物质安全技术说明书（MSDS）等基础资料。

（2）环境敏感目标调查。根据危险物质可能的影响途径，明确环境敏感目标，给出环境敏感目标区位分布图，列表明确调查对象、属性、相对方位及距离等信息。

11.3.2　环境风险潜势初判

11.3.2.1　环境风险潜势划分

环境风险潜势的确定是确定环境风险评价等级的重要依据，建设项目环境风险潜势划分为 Ⅰ、Ⅱ、Ⅲ、Ⅳ/Ⅳ⁺级。

根据建设项目涉及的物质和工艺系统的危险性及其所在地的环境敏感程度，结合事故情形下环境影响途径，对建设项目潜在环境危害程度进行概化分析，按照表 11-3 确定环境风险潜势。

表 11-3　建设项目环境风险潜势划分

环境敏感程度（E）	危险物质及工艺系统危险性（P）			
	极高危害（P1）	高度危害（P2）	中度危害（P3）	轻度危害（P4）
环境高度敏感区（E1）	Ⅳ⁺	Ⅳ	Ⅲ	Ⅲ
环境中度敏感区（E2）	Ⅳ	Ⅲ	Ⅲ	Ⅱ
环境低度敏感区（E3）	Ⅲ	Ⅲ	Ⅱ	Ⅰ

注：Ⅳ⁺为极高环境风险。

11.3.2.2 危险物质及工艺系统危险性（P）的分级确定

分析建设项目生产、使用、储存过程中涉及的有毒有害、易燃易爆物质，结合《建设项目环境风险评价技术导则》（HJ 169—2018）附录 B 确定危险物质的临界量。定量分析危险物质数量与临界量的比值（Q）和所属行业及生产工艺特点（M），见表 11-4，然后按表 11-5 对危险物质及工艺系统危险性（P）等级进行判断。

A　危险物质数量与临界量比值（Q）

计算所涉及的每种危险物质在厂界内的最大存在总量与其在附录 B 中对应临界量的比值 Q。在不同厂区的同一种物质，按其在厂界内的最大存在总量计算。对于长输管线项目，按照两个截断阀室之间管段危险物质最大存在总量计算。

当只涉及一种危险物质时，计算该物质的总量与其临界量比值，即为 Q；当存在多种危险物质时，则按式（11-1）计算物质总量与其临界量比值（Q）：

$$Q = \frac{q_1}{Q_1} + \frac{q_2}{Q_2} + \cdots + \frac{q_n}{Q_n} \tag{11-1}$$

式中　q_1，q_2，$\cdots$，q_n——每种危险物质的最大存在总量，t；

Q_1，Q_2，$\cdots$，Q_n——每种危险物质的临界量，t。

当 $Q<1$ 时，该项目环境风险潜势为 I。

当 $Q \geqslant 1$ 时，将 Q 值划分为：（1）$1 \leqslant Q < 10$；（2）$10 \leqslant Q < 100$；（3）$Q \geqslant 100$。

B　行业及生产工艺（M）

分析项目所属行业及生产工艺特点，按照表 11-4 评估生产工艺情况。具有多套工艺单元的项目，对每套生产工艺分别评分并求和。将 M 划分为：（1）$M>20$；（2）$10<M \leqslant 20$；（3）$5<M \leqslant 10$；（4）$M=5$，分别以 M1、M2、M3 和 M4 表示。

表 11-4　行业及生产工艺（M）

行业	评估依据	分值
石化、化工、医药、轻工、化纤、有色冶炼等	涉及光气及光气化工艺、电解工艺（氯碱）、氯化工艺、硝化工艺、合成氨工艺、裂解（裂化）工艺、氟化工艺、加氢工艺、重氮化工艺、氧化工艺、过氧化工艺、胺基化工艺、磺化工艺、聚合工艺、烷基化工艺、新型煤化工工艺、电石生产工艺、偶氮化工艺	10/套
	无机酸制酸工艺、焦化工艺	5/套
	其他高温或高压，且涉及危险物质的工艺过程①及危险物质贮存罐区	5/套（罐区）
管道、港口/码头等	涉及危险物质管道运输项目、港口/码头等	10
石油、天然气	石油、天然气、页岩气开采（含净化），气库（不含加气站的气库），油库（不含加气站的油库）、油气管线②（不含城镇燃气管线）	10
其他	涉及危险物质使用、贮存的项目	5

①高温指工艺温度≥300 ℃，高压指压力容器的设计压力 $p \geqslant 10.0$ MPa；

②长输管道运输项目应按站场、管线分段进行评价。

C　危险物质及工艺系统危险性（P）分级

根据危险物质数量与临界量比值（Q）和行业及生产工艺（M），按照表 11-5 确定危险物质及工艺系统危险性等级（P），分别以 P1、P2、P3、P4 表示。

表 11-5　危险物质及工艺系统危险性等级判断（P）

危险物质数量与临界量比值（Q）	行业及生产工艺（M）			
	M1	M2	M3	M4
$Q \geqslant 100$	P1	P1	P2	P3
$10 \leqslant Q < 100$	P1	P2	P3	P4
$1 \leqslant Q < 10$	P2	P3	P4	P4

11.3.2.3　环境敏感程度（E）的分级确定

分析危险物质在事故情形下的环境影响途径，如大气、地表水、地下水等，对建设项目各要素环境敏感程度（E）等级进行判断。环境影响风险评价环境敏感程度的分级按照大气环境、地表水环境、地下水环境和土壤环境进行分级。

A　大气环境

依据环境敏感目标环境敏感性及人口密度划分环境风险受体的敏感性，共分为三种类型，E1 为环境高度敏感区，E2 为环境中度敏感区，E3 为环境低度敏感区，分级原则见表 11-6。

表 11-6　大气环境敏感程度分级

分级	大气环境敏感性
E1	周边 5 km 范围内居住区、医疗卫生、文化教育、科研、行政办公等机构人口总数大于 5 万人，或其他需要特殊保护区域；或周边 500 m 范围内人口总数大于 1000 人；油气、化学品输送管线管段周边 200 m 范围内，每千米管段人口数大于 200 人
E2	周边 5 km 范围内居住区、医疗卫生、文化教育、科研、行政办公等机构人口总数大于 1 万人，小于 5 万人；或周边 500 m 范围内人口总数大于 500 人，小于 1000 人；油气、化学品输送管线管段周边 200 m 范围内，每千米管段人口数大于 100 人，小于 200 人
E3	周边 5 km 范围内居住区、医疗卫生、文化教育、科研、行政办公等机构人口总数小于 1 万人；或周边 500 m 范围内人口数小于 500 人；油气、化学品输送管线管段周边 200 m 范围内，每千米管段人口数小于 100 人

B　地表水环境

依据事故情况下危险物质泄漏到水体的排放点受纳地表水体功能敏感性，与下游环境敏感目标情况，共分为三种类型，E1 为环境高度敏感区，E2 为环境中度敏感区，E3 为环境低度敏感区，分级原则见表 11-7。其中地表水功能敏感性分区和环境敏感目标分级分别见表 11-8 和表 11-9。

表 11-7　地表水环境敏感程度分级

环境敏感目标	地表水功能敏感性		
	F1	F2	F3
S1	E1	E1	E2
S2	E1	E2	E3
S3	E1	E2	E3

表 11-8 地表水功能敏感性分区

敏感性	地表水环境敏感特征
敏感（F1）	排放点进入地表水水域环境功能为Ⅱ类及以上，或海水水质分类第一类； 或以发生事故时，危险物质泄漏到水体的排放点算起，排放进入受纳河流最大流速时，24h 流经范围内涉跨国界的
较敏感（F2）	排放点进入地表水水域环境功能为Ⅲ类，或海水水质分类第二类；或以发生事故时，危险物质泄漏到水体的排放点算起，排放进入受纳河流最大流速时，24h 流经范围内涉跨省界的
低敏感（F3）	在上述地区之外的其他地区

表 11-9 环境敏感目标分级

分级	环境敏感目标
S1	发生事故时，危险物质泄漏到内陆水体的排放点下游（顺水流向）10 km 范围内、近岸海域一个潮周期水质点可能达到的最大水平距离的两倍范围内，有如下一类或多类环境风险受体的：集中式地表水饮用水水源保护区（包括一级保护区、二级保护区及准保护区）；农村及分散式饮用水水源保护区；自然保护区；重要湿地；珍稀濒危野生动植物天然集中分布区；重要水生生物的自然产卵场及索饵场、越冬场和洄游通道；世界文化和自然遗产地；红树林、珊瑚礁等滨海湿地生态系统；珍稀濒危海洋生物的天然集中分布区；海洋特别保护区；海上自然保护区；盐场保护区；海水浴场；海洋自然历史遗迹；风景名胜区；或其他特殊重要保护区域
S2	发生事故时，危险物质泄漏到内陆水体的排放点下游（顺水流向）10 km 范围内、近岸海域一个潮周期水质点可能达到的最大水平距离的两倍范围内，有如下一类或多类环境风险受体的：水产养殖场；天然渔场；森林公园；地质公园；海滨风景游览区；具有重要经济价值的海洋生物生存区域
S3	排放点下游（顺水流向）10 km 范围、近岸海域一个潮周期水质点可能达到的最大水平距离的两倍范围内，无上述类型 1 和类型 2 包括的敏感保护目标

C 地下水环境

依据地下水功能敏感性与包气带防污性能，共分为三种类型，E1 为环境高度敏感区，E2 为环境中度敏感区，E3 为环境低度敏感区，分级原则见表 11-10。其中地下水功能敏感性分区和包气带防污性能分级分别见表 11-11 和表 11-12。当同一建设项目涉及两个 G 分区或 D 分级及以上时，取相对高值。

表 11-10 地下水环境敏感程度分级

包气带防污性能	地下水功能敏感性		
	G1	G2	G3
D1	E1	E1	E2
D2	E1	E2	E3
D3	E2	E3	E3

表 11-11 地下水功能敏感性分区

敏感性	地下水环境敏感特征
敏感（G1）	集中式饮用水水源（包括已建成的在用、备用、应急水源，在建和规划的饮用水水源）准保护区；除集中式饮用水水源以外的国家或地方政府设定的与地下水环境相关的其他保护区，如热水、矿泉水、温泉等特殊地下水资源保护区

敏感性	地下水环境敏感特征
较敏感（G2）	集中式饮用水水源（包括已建成的在用、备用、应急水源，在建和规划的饮用水水源）准保护区以外的补给径流区；未划定准保护区的集中式饮用水水源，其保护区以外的补给径流区；分散式饮用水水源地；特殊地下水资源（如热水、矿泉水、温泉等）保护区以外的分布区等其他未列入上述敏感分级的环境敏感区①
不敏感（G3）	上述地区之外的其他地区

① "环境敏感区"是指《建设项目环境影响评价分类管理名录》中所界定的涉及地下水的环境敏感区。

表 11-12　包气带防污性能分级

分级	包气带岩土的渗透性能
D3	$Mb \geq 1.0$ m，$K \leq 1.0 \times 10^{-6}$ cm/s，且分布连续、稳定
D2	0.5 m $\leq Mb < 1.0$ m，$K \leq 1.0 \times 10^{-6}$ cm/s，且分布连续、稳定 $Mb \geq 1.0$ m，1.0×10^{-6} cm/s $< K < 1.0 \times 10^{-4}$ cm/s，且分布连续、稳定
D1	岩（土）层不满足上述"D2"和"D3"条件

注：Mb—岩土层单层厚度；K—渗透系数。

11.3.2.4　建设项目环境风险潜势判断

建设项目环境风险潜势综合等级取各要素等级的相对高值。

11.4　环境风险识别

11.4.1　风险识别内容

（1）物质危险性识别，包括主要原辅材料、燃料、中间产品、副产品、最终产品、污染物、火灾和爆炸伴生/次生物等。

（2）生产系统危险性识别。包括主要生产装置、储运设施、公用工程和辅助生产设施，以及环境保护设施等。

（3）危险物质向环境转移的途径识别，包括分析危险物质特性及可能的环境风险类型，识别危险物质影响环境的途径，分析可能影响的环境敏感目标。

11.4.2　风险识别方法

（1）资料收集和准备。根据危险物质泄漏、火灾、爆炸等突发性事故可能造成的环境风险类型，收集和准备建设项目工程资料，周边环境资料，国内外同行业、同类型事故统计分析及典型事故案例资料。对已建工程应收集环境管理制度，操作和维护手册，突发环境事件应急预案，应急培训、演练记录，历史突发环境事件及生产安全事故调查资料，设备失效统计数据等。

（2）物质危险性识别。按《建设项目环境风险评价技术导则》（HJ 169—2018）附录B识别出的危险物质，以图表的方式给出其易燃易爆、有毒有害危险特性，明确危险物质的分布。

（3）生产系统危险性识别。

1）按工艺流程和平面布置功能区划，结合物质危险性识别，以图表的方式给出危险单元划分结果及单元内危险物质的最大存在量。按生产工艺流程分析危险单元内潜在的风险源。

2）按危险单元分析风险源的危险性、存在条件和转化为事故的触发因素。

3）采用定性或定量分析方法筛选确定重点风险源。

（4）环境风险类型及危害分析。环境风险类型包括危险物质泄漏，以及火灾、爆炸等引发的伴生/次生污染物排放。根据物质及生产系统危险性识别结果，分析环境风险类型、危险物质向环境转移的可能途径和影响方式。

11.4.3 风险识别结果

在风险识别的基础上，图示危险单元分布。给出建设项目环境风险识别汇总，包括危险单元、风险源、主要危险物质、环境风险类型、环境影响途径、可能受影响的环境敏感目标等，说明风险源的主要参数。

11.5 环境风险事故情景分析

11.5.1 风险事故情形设定

环境风险事故情景分析是指根据建设项目风险源和危险单元可能发生的风险事故进行情景设定，根据可能发生的风险合理估算风险源强。

（1）风险事故情形设定内容。在风险识别的基础上，选择对环境影响较大并具有代表性的事故类型，设定风险事故情形。风险事故情形设定内容应包括环境风险类型、风险源、危险单元、危险物质和影响途径等。

（2）风险事故情形设定原则。

1）同一种危险物质可能有多种环境风险类型。风险事故情形应包括危险物质泄漏、火灾、爆炸等引发的伴生/次生污染物排放情形。对不同环境要素产生影响的风险事故情形，应分别进行设定。

2）对于火灾、爆炸事故，需将事故中未完全燃烧的危险物质在高温下迅速挥发释放至大气，以及燃烧过程中产生的伴生/次生污染物对环境的影响作为风险事故情形设定的内容。

3）设定的风险事故情形发生可能性应处于合理的区间，并与经济技术发展水平相适应。一般而言，发生频率小于 $10^{-6}/a$ 的事件是极小概率事件，可作为代表性事故情形中最大可信事故设定的参考。

4）风险事故情形设定的不确定性与筛选。由于事故触发因素具有不确定性，因此事故情形的设定并不能包含全部可能的环境风险，但通过具有代表性的事故情形分析可为风险管理提供科学依据。事故情形的设定应在环境风险识别的基础上筛选，设定的事故情形应具有危险物质、环境危害、影响途径等方面的代表性。

11.5.2 源项分析

11.5.2.1 源项分析方法

源项分析应基于风险事故情形的设定，合理估算源强。泄漏频率可参表 11-13 的方法确定，也可采用事故树、事件树分析法或类比法等确定。

泄漏事故类型如容器、管道、泵体、压缩机、装卸臂和装卸软管的泄漏和破裂等，其泄漏频率详见表 11-13。

表 11-13 泄漏频率

部件类型	泄漏模式	泄漏频率
反应器/工艺储罐 气体储罐/塔器	泄漏孔径为 10 mm 孔径 10 min 内储罐泄漏完 储罐全破裂	1.00×10^{-4}/a 5.00×10^{-6}/a 5.00×10^{-6}/a
常压单包容储罐	泄漏孔径为 10 mm 孔径 10 min 内储罐泄漏完 储罐全破裂	1.00×10^{-4}/a 5.00×10^{-6}/a 5.00×10^{-6}/a
常压双包容储罐	泄漏孔径为 10 mm 孔径 10 min 内储罐泄漏完 储罐全破裂	1.00×10^{-4}/a 1.25×10^{-8}/a 1.25×10^{-8}/a
常压全包容储罐	储罐全破裂	1.00×10^{-8}/a
内径≤75 mm 的管道	泄漏孔径为 10%孔径 全管径泄漏	5.00×10^{-6}/(m·a) 1.00×10^{-6}/(m·a)
75 mm<内径≤150 mm 的管道	泄漏孔径为 10%孔径 全管径泄漏	2.00×10^{-6}/(m·a) 3.00×10^{-6}/(m·a)
内径>150 mm 的管道	泄漏孔径为 10%孔径（最大 50 mm） 全管径泄漏	2.40×10^{-6}/(m·a)[①] 1.00×10^{-7}/(m·a)
泵体和压缩机	泵体和压缩机最大连接管泄漏孔径为 10%孔径（最大 50 mm） 泵体和压缩机最大连接管全管径泄漏	5.00×10^{-4}/a 1.00×10^{-4}/a
装卸臂	装卸臂连接管泄漏孔径为 10%孔径（最大 50 mm） 装卸臂全管径泄漏	3.00×10^{-7}/h 3.00×10^{-8}/h
装卸软管	装卸软管连接管泄漏孔径为 10%孔径（最大 50 mm） 装卸软管全管径泄漏	4.00×10^{-5}/h 4.00×10^{-6}/h

注：以上数据来源于荷兰 TNO 紫皮书（*Guidelines for Quantitative*）以及 *Reference Manual Bevi Risk Assessments*。

① 来源于国际油气协会（International Association of Oil & Gas Producers）发布的 *Risk Assessment Data Directory*（2010，3）。

11.5.2.2 事故源强的确定

事故源强是为事故后果预测提供分析模拟情形。事故源强确定可采用计算法和经验估算法。计算法适用于以腐蚀或应力作用等引起的泄漏型为主的事故；经验估算法适用于火灾、爆炸等突发性事故伴生/次生的污染物释放。

A 物质泄漏量的计算

a 液体泄漏

液体泄漏速率 Q_L 用伯努利方程计算（限制条件为液体在喷口内不应有急骤蒸发）：

$$Q_{\mathrm{L}} = C_{\mathrm{d}} A \rho \sqrt{\frac{2(p - p_0)}{\rho} + 2gh} \tag{11-2}$$

式中　Q_{L}——液体泄漏速率，kg/s；

　　　p——容器内介质压力，Pa；

　　　p_0——环境压力，Pa；

　　　ρ——泄漏液体密度，kg/m³；

　　　g——重力加速度，9.81 m/s²；

　　　h——裂口之上液位高度，m；

　　　C_{d}——液体泄漏系数，按表 11-14 选取；

　　　A——裂口面积，m²。

表 11-14　液体泄漏系数（C_{d}）

雷诺数 Re	裂 口 形 状		
	圆形（多边行）	三角形	长方形
>100	0.65	0.60	0.55
≤100	0.50	0.45	0.40

b　气体泄漏

当下式成立时，气体流动属音速流动（临界流）：

$$\frac{p_0}{p} \leqslant \left(\frac{2}{\gamma + 1}\right)^{\frac{\gamma}{\gamma - 1}} \tag{11-3}$$

当下式成立时，气体流动属亚音速流动（次临界流）：

$$\frac{p_0}{p} > \left(\frac{2}{\gamma + 1}\right)^{\frac{\gamma}{\gamma - 1}} \tag{11-4}$$

式中　p——容器压力，Pa；

　　　p_0——环境压力，Pa；

　　　γ——气体的绝热指数（比热容比），即定压比热容 c_p 与定容比热容 c_v 之比。

假定气体特性为理想气体，其泄漏速率 Q_{G} 按下式计算：

$$Q_{\mathrm{G}} = Y C_{\mathrm{d}} A p \sqrt{\frac{M\gamma}{RT_{\mathrm{G}}}\left(\frac{2}{\gamma + 1}\right)^{\frac{\gamma + 1}{\gamma - 1}}} \tag{11-5}$$

式中　Q_{G}——气体泄漏速率，kg/s；

　　　p——容器压力，Pa；

　　　C_{d}——气体泄漏系数，当裂口形状为圆形时取 1.00，三角形时取 0.95，长方形时取 0.90；

　　　M——物质的摩尔质量，kg/mol；

　　　R——气体常数，J/(mol·K)；

　　　T_{G}——气体温度，K；

　　　A——裂口面积，m²；

　　　Y——流出系数，对于临界流 $Y = 1.0$，对于次临界流按下式计算：

$$Y = \left(\frac{p_0}{p}\right)^{\frac{1}{\gamma}} \times \left[1 - \left(\frac{p_0}{p}\right)^{\frac{\gamma-1}{\gamma}}\right]^{\frac{1}{2}} \times \left[\frac{2}{\gamma-1} \times \left(\frac{\gamma+1}{2}\right)^{\frac{\gamma+1}{\gamma-1}}\right]^{\frac{1}{2}} \tag{11-6}$$

c 两相流泄漏

假定液相和气相是均匀的，且互相平衡，两相流泄漏速度 Q_{LG} 按下式计算：

$$Q_{LG} = C_d A \sqrt{2\rho_m (p - p_c)} \tag{11-7}$$

$$\rho_m = \frac{1}{\dfrac{F_v}{\rho_1} + \dfrac{1-F_v}{\rho_2}} \tag{11-8}$$

$$F_v = \frac{c_p (T_{LG} - T_c)}{H} \tag{11-9}$$

式中　Q_{LG}——两相流泄漏速率，kg/s；

C_d——两相流泄漏系数，取 0.8；

p_c——临界压力，Pa，取 0.55 Pa；

p——操作压力或容器压力，Pa；

A——裂口面积，m²；

ρ_m——两相混合物的平均密度，kg/m³；

ρ_1——液体蒸发的蒸汽密度，kg/m³；

ρ_2——液体密度，kg/m³；

F_v——蒸发的液体占液体总量的比例；

c_p——两相混合物的定压比热容，J/(kg·K)；

T_{LG}——两相混合物的温度，K；

T_c——液体在临界压力下的沸点，K；

H——液体的汽化热，J/kg。

当 $F_v > 1$ 时，表明液体将全部蒸发成气体，此时应按气体泄漏计算；如果 F_v 很小，则可近似地按液体泄漏公式计算。

泄漏时间应结合建设项目探测和隔离系统的设计原则确定。一般情况下，设置紧急隔离系统的单元，泄漏时间可设定为 10 min；未设置紧急隔离系统的单元，泄漏时间可设定为 30 min。

B 泄漏液体蒸发速率计算

泄漏液体的蒸发分为闪蒸蒸发、热量蒸发和质量蒸发三种，其蒸发总量为这三种蒸发之和。

a 闪蒸蒸发估算

液体中闪蒸部分：

$$F_v = \frac{c_p (T_T - T_b)}{H_v} \tag{11-10}$$

过热液体闪蒸蒸发速率可按下式估算：

$$Q_1 = Q_L \times F_v \tag{11-11}$$

式中　F_v——泄漏液体的闪蒸比例；

T_T——储存温度，K；

T_b——泄漏液体的沸点，K；

H_v——泄漏液体的蒸发热，J/kg；

c_p——泄漏液体的定压比热容，J/(kg·K)；

Q_1——过热液体闪蒸蒸发速率，kg/s；

Q_L——物质泄漏速率，kg/s。

b　热量蒸发估算

当液体闪蒸不完全，有一部分液体在地面形成液池，并吸收地面热量而汽化，其蒸发速率按下式计算，并应考虑对流传热系数。

$$Q_2 = \frac{\lambda S(T_0 - T_b)}{H\sqrt{\pi\alpha t}} \qquad (11\text{-}12)$$

式中　Q_2——热量蒸发速率，kg/s；

T_0——环境温度，K；

T_b——泄漏液体沸点，K；

H——液体汽化热，J/kg；

t——蒸发时间，s；

λ——表面热导系数（取值见表 11-15），W/(m·K)；

S——液池面积，m²；

α——表面热扩散系数（取值见表 11-15），m²/s。

表 11-15　某些地面的热传递性质

地面情况	$\lambda/\text{W}\cdot(\text{m}\cdot\text{K})^{-1}$	$\alpha/\text{m}^2\cdot\text{s}^{-1}$
水泥	1.1	1.29×10^{-7}
土地（含水 8%）	0.9	4.3×10^{-7}
干润土地	0.3	2.3×10^{-7}
湿地	0.6	3.3×10^{-7}
砂砾地	2.5	11.0×10^{-7}

c　质量蒸发估算

当热量蒸发结束后，转由液池表面气流运动使液体蒸发，称为质量蒸发。其蒸发速率按下式计算：

$$Q_3 = \alpha p \frac{M}{RT_0} u^{\frac{2-n}{2+n}} r^{\frac{4+n}{2+n}} \qquad (11\text{-}13)$$

式中　Q_3——质量蒸发速率，kg/s；

p——液体表面蒸气压，Pa；

R——气体常数，J/(mol·K)；

T_0——环境温度，K；

M——物质的摩尔质量，kg/mol；

u——风速，m/s；

r——液池半径，m；

α，n——大气稳定度系数，取值见表 11-16。

表 11-16   液池蒸发模式参数

大气稳定度	n	α
不稳定（A，B）	0.2	3.846×10^{-3}
中性（D）	0.25	4.685×10^{-3}
稳定（E，F）	0.3	5.285×10^{-3}

液池最大直径取决于泄漏点附近的地域构型、泄漏的连续性或瞬时性。有围堰时，以围堰最大等效半径为液池半径；无围堰时，设定液体瞬间扩散到最小厚度时，推算液池等效半径。

d   液体蒸发总量的计算

液体蒸发总量按下式计算：

$$W_p = Q_1 t_1 + Q_2 t_2 + Q_3 t_3 \tag{11-14}$$

式中 W_p——液体蒸发总量，kg；

Q_1——闪蒸液体蒸发速率，kg/s；

Q_2——热量蒸发速率，kg/s；

Q_3——质量蒸发速率，kg/s；

t_1——闪蒸蒸发时间，s；

t_2——热量蒸发时间，s；

t_3——从液体泄漏到全部清理完毕的时间，s。

蒸发时间应结合物质特性、气象条件、工况等综合考虑，一般情况下，可按 15～30 min 计；泄漏物质形成的液池面积以不超过泄漏单元的围堰内面积计。

C   经验法估算物质释放量

火灾、爆炸事故在高温下迅速挥发释放至大气的未完全燃烧危险物质，以及在燃烧过程中产生的伴生/次生污染物。

a   火灾爆炸事故有毒有害物质释放比例

火灾爆炸事故中未参与燃烧有毒有害物质的释放比例取值见表 11-17。

表 11-17   火灾爆炸事故有毒有害物质释放比例   （%）

Q	LC_{50}					
	<200	≥200，<1000	≥1000，<2000	≥2000，<10000	≥10000，<20000	≥20000
≤100	5	10				
>100，≤500	1.5	3	6			
>500，≤1000	1	2	4	5	8	
>1000，≤5000		0.5	1	1.5	2	3
>5000，≤10000			0.5	1	1	2

Q	LC$_{50}$					
	<200	≥200, <1000	≥1000, <2000	≥2000, <10000	≥10000, <20000	≥20000
>10000, ≤20000				0.5	1	1
>20000, ≤50000					0.5	0.5
>50000, ≤100000						0.5

注：LC$_{50}$ 为物质半致死浓度，mg/m^3；Q 为有毒有害物质在线量，t。

b　火灾伴生/次生污染物产生量估算

（1）二氧化硫产生量。油品火灾伴生/次生二氧化硫产生量按下式计算：

$$G_{二氧化硫} = 2BS \tag{11-15}$$

式中　$G_{二氧化硫}$——二氧化硫排放速率，kg/h；

　　　　B——物质燃烧量，kg/h；

　　　　S——物质中硫的含量，%。

（2）一氧化碳产生量。油品火灾伴生/次生一氧化碳产生量按下式计算：

$$G_{一氧化碳} = 2330qCQ \tag{11-16}$$

式中　$G_{一氧化碳}$——一氧化碳的产生量，kg/s；

　　　　C——物质中碳的含量，取 85%；

　　　　q——化学不完全燃烧值，取 1.5%~6.0%；

　　　　Q——参与燃烧的物质量，t/s。

D　其他估算方法

（1）装卸事故，泄漏量按装卸物质流速和管径及失控时间计算，失控时间一般可按 5~30 min 计。

（2）油气长输管线泄漏事故，按管道截面 100%断裂估算泄漏量，应考虑截断阀启动前、后的泄漏量。截断阀启动前，泄漏量按实际工况确定；截断阀启动后，泄漏量以管道泄压至与环境压力平衡所需要时间计。

（3）水体污染事故源强应结合污染物释放量、消防用水量及雨水量等因素综合确定。

E　源强参数确定

根据风险事故情形确定事故源参数（如泄漏点高度、温度、压力、泄漏液体蒸发面积等）、释放/泄漏速率、释放/泄漏时间、释放/泄漏量、泄漏液体蒸发量等，给出源强汇总。

11.6　环境风险预测与评价

11.6.1　风险预测

11.6.1.1　有毒有害物质在大气中的扩散

A　预测模型筛选

（1）预测计算时，应区分重质气体与轻质气体排放，选择合适的大气风险预测模型。

其中重质气体和轻质气体的判断依据可采用下列理查德森数。

理查德森数定义及计算公式如下。

判定烟团/烟羽是否为重质气体，取决于它相对空气的"过剩密度"和环境条件等因素。通常采用理查德森数（R_i）作为标准进行判断。R_i的概念公式见式（11-17）。

$$R_i = \frac{烟团的势能}{环境的湍流动能} \tag{11-17}$$

R_i是个流体动力学参数。根据不同的排放性质，理查德森数的计算公式不同。一般地，依据排放类型，理查德森数的计算分连续排放、瞬时排放两种形式。

连续排放：

$$R_i = \frac{\left[\dfrac{g(Q/\rho_{rel})}{D_{rel}} \times \dfrac{\rho_{rel} - \rho_a}{\rho_a}\right]^{\frac{1}{3}}}{U_r} \tag{11-18}$$

瞬时排放：

$$R_i = \frac{g(Q_t/\rho_{rel})^{\frac{1}{3}}}{U_r^2} \times \frac{\rho_{rel} - \rho_a}{\rho_a} \tag{11-19}$$

式中　ρ_{rel}——排放物质进入大气的初始密度，kg/m^3；

　　　ρ_a——环境空气密度，kg/m^3；

　　　Q——连续排放烟羽的排放速率，kg/s；

　　　Q_t——瞬时排放的物质质量，kg；

　　　D_{rel}——初始的烟团宽度，即源直径，m；

　　　U_r——10 m 处风速，m/s。

判定连续排放还是瞬时排放，可以通过对比排放时间 T_d 和污染物到达最近的受体点（网格点或敏感点）的时间 T 确定。

$$T = 2X/U_r \tag{11-20}$$

式中　X——事故发生地与计算点的距离，m；

　　　U_r——10 m 处风速，m/s。

假设风速和风向在 T 时间段内保持不变，当 $T_d > T$ 时，可被认为是连续排放；当 $T_d \leqslant T$ 时，可被认为是瞬时排放。

判断标准为：对于连续排放，$R_i \geqslant 1/6$ 为重质气体，$R_i < 1/6$ 为轻质气体；对于瞬时排放，$R_i > 0.04$ 为重质气体，$R_i \leqslant 0.04$ 为轻质气体。当 R_i 处于临界值附近时，说明烟团/烟羽既不是典型的重质气体扩散，也不是典型的轻质气体扩散。可以进行敏感性分析，分别采用重质气体模型和轻质气体模型进行模拟，选取影响范围最大的结果。

（2）采用下列的推荐模型进行气体扩散后果预测，应结合模型的适用范围、参数要求等说明模型选择的依据。

1）SLAB 模型。

① SLAB 模型适用于平坦地形下重质气体排放的扩散模拟。

② SLAB 模型处理的排放类型包括地面水平挥发池、抬升水平喷射、烟囱或抬升垂直喷射以及瞬时体源。SLAB 模型可以在一次运行中模拟多组代象条件，但模型不适用于实

时气象数据输入。

2）AFTOX 模型。

① AFTOX 模型适用于平坦地形下中性气体和轻质气体排放以及液池蒸发气体的扩散模拟。

② AFTOX 模型可模拟连续排放或瞬时排放，液体或气体，地面源或高架源，点源或面源的指定位置浓度、下风向最大浓度及其位置等。

（3）选用推荐模型以外的其他技术成熟的大气风险预测模型时，需说明模型选择理由及适用性。

B 预测范围与计算点

（1）预测范围即预测物质浓度达到评价标准时的最大影响范围，通常由预测模型计算获取。预测范围一般不超过 10 km。

（2）计算点分特殊计算点和一般计算点。特殊计算点指大气环境敏感目标等关心点，一般计算点指下风向不同距离点。一般计算点的设置应具有一定分辨率，距离风险源500 m 范围内可设置 10～50 m 间距，大于 500 m 范围内可设置 50～100 m 间距。

C 事故源参数

根据大气风险预测模型的需要，调查泄漏设备类型、尺寸、操作参数（压力、温度等），泄漏物质理化特性（摩尔质量、沸点、临界温度、临界压力、比热容比、气体定压比热容、液体定压比热容、液体密度、汽化热等）。

D 气象参数

（1）一级评价，需选取最不利气象条件及事故发生地的最常见气象条件分别进行后果预测。其中最不利气象条件取 F 类稳定度，1.5 m/s 风速，温度 25 ℃，相对湿度 50%；最常见气象条件由当地近 3 年内的至少连续 1 年气象观测资料统计分析得出，包括出现频率最高的稳定度、该稳定度下的平均风速（非静风）、日最高平均气温、年平均湿度。

（2）二级评价，需选取最不利气象条件进行后果预测。最不利气象条件取 F 类稳定度，1.5 m/s 风速，温度 25 ℃，相对湿度 50%。

E 大气毒性终点浓度值选取

大气毒性终点浓度即预测评价标准。大气毒性终点浓度值选取参见 HJ 169—2018 附录 H，分为 1、2 级。其中 1 级为当大气中危险物质浓度低于该限值时，绝大多数人员暴露 1 h 不会对生命造成威胁，当超过该限值时，有可能对人群造成生命威胁；2 级为当大气中危险物质浓度低于该限值时，暴露 1 h 一般不会对人体造成不可逆的伤害，或出现的症状一般不会损伤该个体采取有效防护措施的能力。

F 预测结果表述

（1）给出下风向不同距离处有毒有害物质的最大浓度，以及预测浓度达到不同毒性终点浓度的最大影响范围。

（2）给出各关心点的有毒有害物质浓度随时间变化情况，以及关心点的预测浓度超过评价标准时对应的时刻和持续时间。

（3）对于存在极高大气环境风险的建设项目，应开展关心点概率分析，即有毒有害气体（物质）剂量负荷对个体的大气伤害概率、关心点处气象条件的频率、事故发生概率的乘积，以反映关心点处人员在无防护措施条件下受到伤害的可能性。

有毒有害气体大气伤害概率估算：暴露于有毒有害物质气团下、无任何防护的人员，因物质毒性而导致死亡的概率可按表 11-18 取值，或者按式（11-21）和式（11-22）估算。

$$P_E = 0.5 \times \left[1 + \mathrm{erf}\left(\frac{Y-5}{\sqrt{2}} \right) \right] \qquad (Y \geqslant 5 \text{ 时}) \qquad (11\text{-}21)$$

$$P_E = 0.5 \times \left[1 - \mathrm{erf}\left(\frac{|Y-5|}{\sqrt{2}} \right) \right] \qquad (Y < 5 \text{ 时}) \qquad (11\text{-}22)$$

式中　　P_E——人员吸入毒性物质而导致急性死亡的概率；

　　　　Y——中间量，量纲一，可采用下式估算：

$$Y = A_t + B_t \ln(C^n \cdot t_e) \qquad (11\text{-}23)$$

A_t，B_t，n——与毒物性质有关的参数，见表 11-19；

　　　　C——接触的质量浓度，$\mathrm{mg/m^3}$；

　　　　t_e——接触 C 质量浓度的时间，min。

表 11-18　毒性计算中各 Y 值所对应的死亡百分率

死亡率/%	0	1	2	3	4	5	6	7	8	9
0		2.67	2.95	3.12	3.25	3.36	3.45	3.52	3.59	3.66
10	3.72	3.77	3.82	3.87	3.92	3.96	4.01	4.05	4.08	4.12
20	4.16	4.19	4.23	4.26	4.29	4.33	4.26	4.39	4.42	4.45
30	4.48	4.50	4.53	4.56	4.59	4.61	4.64	4.67	4.69	4.72
40	4.75	4.77	4.80	4.82	4.85	4.87	4.90	4.92	4.95	4.97
50	5.00	5.03	5.05	5.08	5.10	5.13	5.15	5.18	5.20	5.23
60	5.25	5.28	5.31	5.33	5.36	5.39	5.41	5.44	5.47	5.50
70	5.52	5.55	5.58	5.61	5.64	5.67	5.71	5.74	5.77	5.81
80	5.84	5.88	5.92	5.95	5.99	6.04	6.08	6.13	6.18	6.23
90	6.28	6.34	6.41	6.48	6.55	6.64	6.75	6.88	7.05	7.33
99	0.0	0.1	0.2	0.3	0.4	0.5	0.6	0.7	0.8	0.9
	7.33	7.37	7.41	7.46	7.51	7.58	7.58	7.65	7.88	8.09

表 11-19　几种物质的参数

物　质	A_t	B_t	n
丙烯醛	-4.1	1	1
丙烯腈	-8.6	1	13
烯丙醇	-11.7	1	2
氨	-15.6	1	2
甲基谷硫磷（Azinphos-methyl）	-4.8	1	2
溴	-12.4	1	2

物　　质	A_t	B_t	n
一氧化碳	-7.4	1	1
氯	-635	0.5	2.75
环氧乙烷	-6.8	1	1
氯化氢	-37.3	3.69	1
氰化氢	-9.8	1	2.4
氟化氢	-8.4	1	1.5
硫化氢	-11.5	1	1.9
溴甲烷	-7.3	1	1.1
异氰酸甲酯（Methyl isocyanate）	-1.2	1	0.7
二氧化氮	-18.6	1	3.7
对硫磷（Parathion）	-6.6	1	2
光气	-10.6	2	1
磷酰胺酮（Phosphamidon）	-2.8	1	0.7
磷化氢	-6.8	1	2
二氧化硫	-19.2	1	2.4
四乙基铅（Tetraethyllead）	-9.8	1	2

注：单位为 mg/m^3，有毒物质接触时间单位为 min，以上数据来源于荷兰 TNO 紫皮书（*Guidelines for Quantitative*）。

11.6.1.2　有毒有害物质在地表水、地下水环境中的运移扩散

A　有毒有害物质进入水环境的方式

有毒有害物质进入水环境包括事故直接导致和事故处理处置过程间接导致的情况，一般为瞬时排放源和有限时段内排放的源。

B　预测模型

a　地表水

根据风险识别结果，有毒有害物质进入水体的方式、水体类别及特征，以及有毒有害物质的溶解性，选择适用的预测模型。对于油品类泄漏事故，流场计算按《环境影响评价技术导则　地表水环境》（HJ 2.3—2018）中的相关要求，选取适用的预测模型，溢油漂移扩散过程按《海洋工程环境影响评价技术导则》（GB/T 19485—2014）中的溢油粒子模型进行溢油轨迹预测；对于其他事故，地表水风险预测模型及参数参照《环境影响评价技术导则　地表水环境》（HJ 2.3—2018）。

b　地下水

地下水风险预测模型及参数参照《环境影响评价技术导则　地下水环境》（HJ 610—2016）。

C　终点浓度值选取

终点浓度即预测评价标准。终点浓度值根据水体分类及预测点水体功能要求，按照《地表水环境质量标准》（GB 3838—2002）、《生活饮用水卫生标准》（GB 5749—2022）、《海洋水质标准》（GB 3097—1997）或《地下水水质标准》（GB/T 14848—2017）选取。

对于未列入上述标准，但确需进行分析预测的物质，其终点浓度值选取可参照《环境影响评价技术导则　地表水环境》（HJ 2.3—2018）、《环境影响评价技术导则　地下水环境》（HJ 610—2016）。

对于难以获取终点浓度值的物质，可按质点运移到达判定。

D　预测结果表述

a　地表水

根据风险事故情形对水环境的影响特点，预测结果可采用以下表述方式：给出有毒有害物质进入地表水体最远超标距离及时间；给出有毒有害物质经排放通道到达下游（按水流方向）环境敏感目标处的到达时间、超标时间、超标持续时间及最大浓度，对于在水体中漂移类物质，应给出漂移轨迹。

b　地下水

给出有毒有害物质进入地下水体到达下游厂区边界和环境敏感目标处的到达时间、超标时间、超标持续时间及最大浓度。

11.6.2　环境风险评价

结合各要素风险预测，分析说明建设项目环境风险的危害范围与程度。大气环境风险的影响范围和程度由大气毒性终点浓度确定，明确影响范围内的人口分布情况；地表水、地下水对照功能区质量标准浓度（或参考浓度）进行分析，明确对下游环境敏感目标的影响情况。环境风险可采用后果分析、概率分析等方法开展定性或定量评价，以避免急性损害为重点，确定环境风险防范的基本要求。

11.7　环境风险管理

11.7.1　环境风险管理目标

环境风险管理目标是采用最低合理可行原则（as low as reasonable practicable，ALARP）管控环境风险。采取的环境风险防范措施应与社会经济技术发展水平相适应，运用科学的技术手段和管理方法，对环境风险进行有效的预防、监控、响应。

11.7.2　环境风险防范措施

（1）大气环境风险防范应结合风险源状况明确环境风险的防范、减缓措施，提出环境风险监控要求，并结合环境风险预测分析结果、区域交通道路和安置场所位置等，提出事故状态下人员的疏散通道及安置等应急建议。

（2）事故废水环境风险防范应明确"单元—厂区—园区/区域"的环境风险防控体系要求，设置事故废水收集（尽可能以非动力自流方式）和应急储存设施，以满足事故状态下收集泄漏物料、污染消防水和污染雨水的需要，明确并图示防止事故废水进入外环境的控制、封堵系统。应急储存设施应根据发生事故的设备容量、事故时消防用水量及可能进入应急储存设施的雨水量等因素综合确定。应急储存设施内的事故废水，应及时进行有效处置，做到回用或达标排放。结合环境风险预测分析结果，提出实施监控和启动相应的园区/区域突发环境事件应急预案的建议要求。

（3）地下水环境风险防范应重点采取源头控制和分区防渗措施，加强地下水环境的监控、预警，提出事故应急减缓措施。

（4）针对主要风险源，提出设立风险监控及应急监测系统，实现事故预警和快速应急监测、跟踪，提出应急物资、人员等的管理要求。

（5）对于改建、扩建和技术改造项目，应分析依托企业现有环境风险防范措施的有效性，提出完善意见和建议。

（6）环境风险防范措施应纳入环保投资和建设项目竣工环境保护验收内容。

（7）考虑事故触发具有不确定性，厂内环境风险防控系统应纳入园区/区域环境风险防控体系，明确风险防控设施、管理的衔接要求。极端事故风险防控及应急处置应结合所在园区/区域环境风险防控体系统筹考虑，按分级响应要求及时启动园区/区域环境风险防范措施，实现厂内与园区/区域环境风险防控设施及管理有效联动，有效防控环境风险。

11.7.3 突发环境事件应急预案编制要求

（1）按照国家、地方和相关部门要求，提出企业突发环境事件应急预案编制或完善的原则要求，包括预案适用范围、环境事件分类与分级、组织机构与职责、监控和预警、应急响应、应急保障、善后处置、预案管理与演练等内容。

（2）明确企业、园区/区域、地方政府环境风险应急体系。企业突发环境事件应急预案应体现分级响应、区域联动的原则，与地方政府突发环境事件应急预案相衔接，明确分级响应程序。

11.8 环境风险评价结论及建议

11.8.1 项目危险因素

简要说明主要危险物质、危险单元及其分布，明确项目危险因素，提出优化平面布局、调整危险物质存在量及危险性控制的建议。

11.8.2 环境敏感性及事故环境影响

简要说明项目所在区域环境敏感目标及其特点，根据预测分析结果，明确突发性事故可能造成环境影响的区域和涉及的环境敏感目标，提出保护措施及要求。

11.8.3 环境风险防范措施和应急预案

结合区域环境条件和园区/区域环境风险防控要求，明确建设项目环境风险防控体系，重点说明防止危险物质进入环境及进入环境后的控制、消减、监测等措施，提出优化调整风险防范措施建议及突发环境事件应急预案原则要求。

11.8.4 环境风险评价结论与建议

综合环境风险评价专题的工作过程，明确给出建设项目环境风险是否可防控的结论。

根据建设项目环境风险可能影响的范围与程度，提出缓解环境风险的建议措施。对存在较大环境风险的建设项目，须提出环境影响后评价的要求。

11.9　环境风险评价案例

11.9.1　项目基本概况

项目名称：武汉某企业6万吨/年工业苯甲酸升级改造项目

项目性质：改扩建

风险评价等级：一级

11.9.1.1　工程基本情况

现有工程苯甲酸系列产品包括2套10万吨/年苯甲酸生产装置、2套5万吨/年苯甲酸钠生产装置、2套5000 t/a苯甲腈生产装置、2套5000 t/a苯甲酸苄酯精制装置、2套2500 t/a苯代三聚氰胺生产装置、2500 t/a古马隆生产装置（精馏釜底利用装置）、2套1500 t/a氯生产装置。

公司拟在现有装置基础上进行升级改造，将现有苯甲酸系列产品装置中精馏塔釜2、精馏塔釜3、冷却结晶器拆除，将该部分装置升级为苯甲酸熔融结晶（降膜结晶+静态结晶）装置，升级后可将现有工业级苯甲酸产品质量提高至高纯苯甲酸（含饲料级）（99.99%）产品。主要建设内容为：依托现有混凝土结构厂房建设少量钢构结构，购置安装结晶器、储罐、换热器、机泵等生产设备70余台。项目建成后可年产高品质苯甲酸（99.99%）6万吨。

11.9.1.2　工程主要建设内容

项目工程主要建设内容及依托关系见表11-20。

表11-20　项目工程建设内容

项目名称		建 设 内 容	与现有工程依托关系
主体工程	苯甲酸生产线	将现有苯甲酸系列产品装置中精馏塔釜2、精馏塔釜3、冷却结晶器拆除，将该部分装置升级为苯甲酸熔融结晶（降膜结晶+静态结晶）装置，升级后可将现有工业级苯甲酸产品质量提高至高纯苯甲酸（含饲料级）（99.99%）产品	替换现有
公辅工程	1 供配电系统	不新增变配电设备，依托现有厂区1座10 kV总变电所	依托现有
	2 蒸汽	依托现有厂区低压蒸汽管网，本项目蒸汽园区蒸汽管网直接供给，新增蒸汽量6 t/h，采用0.6 MPa低压蒸汽	依托现有低压蒸汽管网
	3 供热	本工程供热采用蒸汽加热装置导热油进行供热	新增导热油系统
	4 仪表风	依托厂区现有空压站。本项目需新增仪表空气：0.4~0.7 MPa，Q（标态）= 4 m³/min	依托现有空压站
	5 循环水场	依托厂区现有循环水场。现有循环水场规模为6000 m³/h，本次改造项目循环水使用量为200 m³/h，改造完成后可减少循环水规模为200 m³/h	依托厂区现有循环水场

	项目名称		建 设 内 容	与现有工程依托关系
公辅工程	6	消防	依托现有消防设施。现有厂区已设置 1 座 4500 m³ 消防水池	依托现有
	7	天然气	本次升级改造后将现有精馏塔 2、精馏塔 3 和冷却结晶釜更换为熔融结晶装置，熔融结晶装置所需导热油采用蒸汽加热，原现有精馏塔采用天然气导热油锅炉供油，本次建成后可减少天然气用量 143 m³/h	削减天然气用量 143 m³/h
环保工程	1	废气	升级改造后，苯甲酸结晶装置尾气采用碱洗预处理后接入甲苯氧化尾气处理装置，采用"6 级冷凝+活性炭罐吸附"处理后，依托现有 DA008 排气筒（30 m）排放； 现有污水处理站废气采用加盖密闭收集后采用"碱洗+水洗"处理后于 1 根 15 m 高 DA006/007 排气筒排放。本次改建拟在末端增设"除雾+两级活性炭吸附"装置	依托现有，增设"除雾+两级活性炭吸附"装置
	2	废水	依托现有污水处理装置，现有工程采用"催化微电解+预氧化+中和沉淀池+ABR 生化厌氧+连续耗氧+絮凝沉淀+精密过滤"处理。现有工程污水处理站处理能力为 1000 m³/d	依托现有污水处理装置
	3	初期雨水	依托现有初期雨水池，现有初期雨水池 2000 m³	依托现有初期雨水池
	4	事故应急池	依托现有事故应急池，现有事故应急池 5000 m³	依托现有
	5	危险废物暂存	依托现有危险废物暂存库	依托现有危废暂存库
贮运工程	1	罐区	依托现有，不新增罐区。拟对罐区及装卸平台安装气相平衡系统	依托现有，不新增罐区；增设罐区废气处理措施
	2	成品库	依托现有成品库	依托现有树脂成品库
	3	运输	场外汽车运输、厂内原料管道运输、产品叉车运输	依托现有
依托工程	1	原料	依托现有工程	依托现有
	2	蒸汽、氮气	依托武汉化学工业区工业管廊提供	依托现有
	3	废水	依托武汉化工区污水处理厂	依托武汉化工区污水处理厂

11.9.1.3　产品方案及规格

项目升级改造后年产 99.99% 苯甲酸 6 万吨/年。升级改造完成后全厂产品方案如表 11-21 所示。

表 11-21　项目改造前后产品方案变化情况

装置	改造前			改造后		
	产品/中间产品/副产品名称	产量/t·a⁻¹	产品类别	产品/中间产品/副产品名称	产量/t·a⁻¹	产品类别
苯甲酸装置	工业级苯甲酸	121082	产品外售	工业级苯甲酸	60067	产品外售
	食品级苯甲酸	10000	中间产品	食品级苯甲酸	10000	中间产品
	—	—	—	高纯（99.99%）苯甲酸	60000	产品外售
	—	—	—	副产（20~50）苯甲酸	1006.765	副产品外售
	用于苯甲酸钠生产	43200	中间产品	用于苯甲酸钠生产	43200	中间产品
	用于苯甲酸酯类生产（已停产）	0	中间产品	用于苯甲酸酯类生产（已停产）	0	中间产品
	用于苯甲腈生产	11800	中间产品	用于苯甲腈生产	11800	中间产品
	用于多元醇酯生产	13918	中间产品	用于多元醇酯生产	13918	中间产品
	苯甲醛	2000	副产品外售	苯甲醛	2000	副产品外售
	苯甲酸苄酯	12500	副产品去苯甲酸苄酯装置	苯甲酸苄酯	12500	副产品去苯甲酸苄酯装置
	苯甲酸钠	50000	苯甲酸钠	苯甲酸钠	50000	苯甲酸钠
苯甲腈装置	苯甲腈	10000	7200 产品外售，2800 去苯代三聚氰胺装置	苯甲腈	10000	7200 产品外售，2800 去苯代三聚氰胺装置
苯代三聚氰胺装置	苯代三聚氰胺	5000	产品外售	苯代三聚氰胺	5000	产品外售
苯甲酸苄酯装置	苯甲酸苄酯	10000	产品外售	苯甲酸苄酯	10000	产品外售
	古马隆	2500	副产品外售	古马隆	2500	副产品外售
	苯甲酸钠	1250	副产品外售	苯甲酸钠	1250	副产品外售
氯醇橡胶装置	均聚胶	1000	产品外售	均聚胶	1000	产品外售
	二元共聚胶	1000	产品外售	二元共聚胶	1000	产品外售
	三元共聚胶	1000	产品外售	三元共聚胶	1000	产品外售

注：下划线为本次项目变化内容。

升级改造前后全厂主要物料走向如图 11-2 和图 11-3 所示。

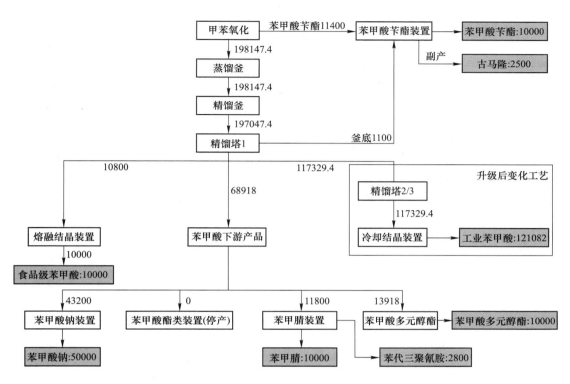

图 11-2 升级改造前全厂主要物料（苯甲酸）走向图

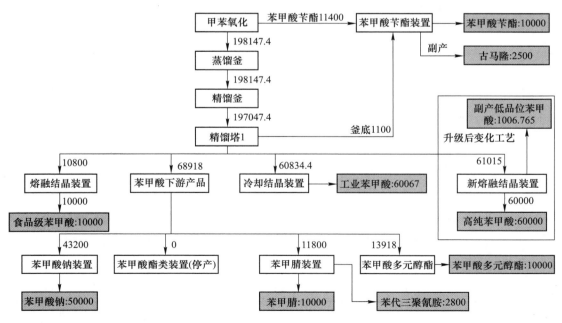

图 11-3 升级改造后主要物料（苯甲酸）走向图

11.9.1.4　主要原辅材料

现有工程主要原辅料消耗情况见表 11-22。

表 11-22　现有工程主要原辅料消耗

装置	产品	生产规模/万吨·年$^{-1}$	原料	单耗/t·t^{-1}	年耗/t·a^{-1}
苯甲酸系列产品	苯甲酸	20	甲苯	0.825	165000
			空气	2	400000
			环烷酸钴	0.0025	500
	苯甲酸钠	5	苯甲酸	0.86	43200
			液碱	0.925	46260
			活性炭	0.009	450
	苯甲腈	1	苯甲酸	1.18	11800
			氨气	0.16	1620
	苯代三聚氰胺	0.5	苯甲腈	0.56	2800
			双腈胺	0.46	2300
			烧碱	0.015	75
			正丁醇	0.005	25
	苯甲酸苄酯	1	苄酯粗品	2.98	14900
			纯碱	0.18	900
	古马隆	0.3	硫酸	0.002	6
			苄酯釜底	1.26	3772.96
氯醇橡胶	均聚胶	0.1	环氧氯丙烷	1.1	1100
			甲苯	0.3	300
			催化剂	0.03	30
	二元共聚胶	0.1	环氧氯丙烷	0.73	730
			环氧乙烷	0.35	350
			甲苯	0.32	320
			催化剂	0.03	30
	三元共聚胶	0.1	环氧氯丙烷	0.53	530
			环氧丙烷	0.35	350
			环氧乙烷	0.26	260
			甲苯	0.4	400
			催化剂	0.03	30

本次改造项目原辅料为现有苯甲酸生产线生产的 99% 工业苯甲酸，年消耗量为 61015 t/a，见表 11-23。

表 11-23　原辅料消耗量表

原辅料类别	名称	年消耗量/t·a^{-1}	使用单元
主要原料	工业级苯甲酸（99%）	61015	苯甲酸熔融结晶

11.9.1.5　储运工程概况

现有工程仓库建设情况见表 11-24。

表 11-24　现有工程仓库

| 建构筑物名称 | 防火类别 | 占地面积/m² | 建（构）筑面积/m² | 尺寸/m | | | 建筑结构 |
				长度	宽度	层数	
有机成品仓库	丙类	1680	1680	80	21	1	轻钢结构
危险品仓库 1 号	甲类	540	540	27	20	1	轻钢结构
危险品仓库 2 号	甲类	540	540	27	20	1	轻钢结构
原料及包材仓库	丙类	2025	2025	67.5	30	1	轻钢结构
苯甲酸钠成品仓库	丁类	2923.2	2923.2	104.4	28	1	轻钢结构
苯甲酸成品仓库	丙类	2923.2	2923.2	104.4	28	1	轻钢结构
综合成品仓库 1 号	乙类	2160	2160	90	24	1	轻钢结构
综合成品仓库 2 号	乙类	2160	2160	90	24	1	轻钢结构

现有工程储罐区建设情况见表 11-25。

表 11-25　现有工程储罐区建设情况

| 物料 | 储罐类型 | 尺寸 | | | 实际存储量/m³ | 罐体材质 | 数量 | 年周转次数 | 年储时间/d | 备注 |
		半径 r/m	高度 h/m	容积/m³						
甲苯储罐	内浮顶立式储罐	7.25	14.5	2000	1800	碳钢	2	25	365	常压
液氨储罐	卧式圆柱体封头储罐	1.4	7.2	50	45	碳钢	2	10	365	压力储罐
200 号溶剂油储罐	内浮顶立式储罐	4.1	11	500	450	碳钢	2	5	365	常压
100 号溶剂油储罐	内浮顶立式储罐	2.4	9.6	150	135	碳钢	2	5	365	常压
二甲苯储罐	内浮顶立式储罐	2.4	9.6	150	135	碳钢	1	45	365	常压
甲醇储罐	内浮顶立式储罐	2.25	7.8	100	90	碳钢	1	3	365	常压
乙醇储罐	内浮顶立式储罐	2.25	7.8	100	90	碳钢	1	4	365	常压
正丁醇储罐	内浮顶立式储罐	2.25	7.8	100	90	碳钢	1	2	365	常压
环氧氯丙烷储罐	内浮顶立式储罐	2.25	7.8	100	90	碳钢	1	15	365	常压
酸碱储罐	内浮顶立式储罐	4.15	8.3	100	90	碳钢	3	200	365	常压
液态环氧丙烷	卧式圆柱体封头储罐	1.9	8.5	100	90	碳钢	2	2	365	压力储罐
液态环氧乙烷	卧式圆柱体封头储罐	1.7	5.6	50	45	碳钢	4	1	365	压力储罐

本项目原料来自甲苯氧化车间，其临时储存于车间苯甲酸储罐内，见表 11-26。

表 11-26　原料储存概况

序号	设备名称	规格型号			数量/台
		规格	容积/m³	结构特点	
1	苯甲酸储罐	φ3500×6500	60	卧式椭圆封头	6
2	导热热油储罐	φ3700×19000	200	卧式椭圆封头	1
3	导热冷油储罐	φ2500×19000	90	卧式椭圆封头	1

11.9.1.6　污水处理站

现有工程废水排放量为 168030 m³/a。化学工业区内引入企业产生的废水经过厂区内预处理后集中排入武汉化工区污水处理厂进行进一步处理，处理后通过专用管道沿北湖港从北湖闸排入长江武汉段。项目位于武汉化工区污水处理厂西北侧约 0.2 km 处。改造项目废水经厂内预处理达标后通过专用架空污水管道排入武汉化工区污水处理厂进行处理。

污水处理站工艺流程采用"集水池→微电解池→预氧化池→中和沉淀池→配水池→ABR 厌氧→LBQ 好氧→絮凝沉淀池→生物曝气滤池→缓冲池→深度氧化池"处理。

11.9.1.7　输送管线

现有项目输送管线包括原料进料管线、出料管线、给水管线、排水管线、循环冷却水管线、冷冻水管线、气体输送管线、导热油管线、蒸汽管线、仪表空气及氮气管线等干管、支管 148 根。

11.9.2　环境风险评价依据

环境风险评价原则应以突发性事故导致的危险物质环境应急性损害防控为目标，对建设项目的环境风险进行分析、预测和评估。提出环境风险防控、控制、减缓措施，明确环境风险监控及应急建议要求，为建设项目环境风险防控提供科学依据。

11.9.3　环境风险源调查

项目厂区全厂生产过程涉及的危险化学品及日常储存量见表 11-27。

表 11-27　项目生产过程涉及的危险化学品及日常储存量

物料	储罐类型	实际存储量/m³	密度/t·m⁻³	储存量/t·a⁻¹
甲苯	内浮顶立式储罐	3600	0.87	3132
液氨	卧式圆柱体封头储罐	45	0.82	36.9
200 号溶剂油	内浮顶立式储罐	450	0.75	337.5
100 号溶剂油	内浮顶立式储罐	135	0.89	120.15
二甲苯	内浮顶立式储罐	135	0.88	118.8
甲醇	内浮顶立式储罐	90	0.79	71.1
乙醇	内浮顶立式储罐	90	0.79	71.1
正丁醇	内浮顶立式储罐	90	0.81	72.9
环氧氯丙烷	内浮顶立式储罐	90	1.18	106.2
硫酸	内浮顶立式储罐	90	1.83	164.7
液态环氧丙烷	卧式圆柱体封头储罐	180	0.83	149.4
液态环氧乙烷	卧式圆柱体封头储罐	90	0.87	78.3

11.9.4　风险潜势初判

11.9.4.1　Q 值的确定

根据《建设项目环境风险评价技术导则》（HJ 169—2018）及本书式（11-1），计算物质总量与其临界量比值 Q。

对照《建设项目环境风险评价技术导则》（HJ 169—2018）附录 B（本书表 11-5），项目涉及的突发性环境事件风险物质临界量及计算 Q 值见表 11-28。

表 11-28　项目涉及的突发性环境事件风险物质一览表

序号	名称	CAS	储存量/$t \cdot a^{-1}$	临界值 Q_n/t	Q 值
1	甲苯	108-88-3	3132	10	313.2
2	液氨	7664-41-7	36.9	5	7.38
3	200 号溶剂油	无资料	337.5	—	0
4	100 号溶剂油	无资料	120.15	—	0
5	二甲苯	108-38-3	118.8	10	11.88
6	甲醇	67-56-1	71.1	10	7.11
7	乙醇	64-17-5	71.1	—	0
8	正丁醇	71-36-3	72.9	10	7.29
9	环氧氯丙烷	106-89-8	106.2	10	10.62
10	硫酸	7664-93-9	164.7	10	16.47
11	环氧丙烷	75-56-9	149.4	10	14.94
12	环氧乙烷	75-21-8	78.3	7.5	10.44
全厂 Q 值					399.33

由表 11-28 可知，项目危险物质数量与临界量比值 $Q \geqslant 100$。

11.9.4.2　M 值的确定

项目属于石化行业，根据 11.3.2.2 节表 11-4，改造项目涉及危险物质的工艺评估结果见表 11-29。

表 11-29　建设项目 M 值确定表

序号	工艺单元名称	生产工艺/涉及物料	数量/套	M 分值
1	甲苯氧化装置	甲苯氧化	2	20
2	罐区	压力罐区、常压罐区	2	10
项目 M 值总计				25

根据《建筑项目环境风险评价技术导则》（HJ 169—2018），厂区最终生产工艺得分为 25 分，M 值为 M1。

11.9.4.3　风险物质及工艺系统危险性 P 分级

按照《建筑项目环境风险评价技术导则》（HJ 169—2018）附录 C 附表 C.2 确定危险物

质及工艺系统危险性等级 P，分别以 P1、P2、P3、P4 表示，见表 11-5。

本厂 $Q>100$，M 值为 M1，根据表 11-5，本厂风险物质及工艺系统危险性为 P1。

11.9.4.4　环境敏感程度（E）的分级

A　大气环境敏感程度分级

根据《建设项目环境风险评价技术导则》（HJ 169—2018）附录 D 大气环境敏感程度分级（本书表 11-6），项目周边环境敏感目标 500 m 范围内约 1482 人，5 km 范围内总人口约 111769 人，大于 5 万人，大气环境敏感度分级为 E1。

B　地表水环境敏感程度分级

企业罐区设置有围堰并与雨水管网连通，正常情况下通往雨水管网的切换阀为关闭状态，当罐区发生事故时，泄漏物料及污染雨水可通过围堰收集，后经雨水管网进入风险应急事故池。发生事故时，厂区雨水总排口关闭，事故废水可通过雨水管网收集，经泵排入事故应急池（5000 m³），而后通过应急泵导入废水处理站处理，后排至化工区污水处理厂。

企业仓库地面设置防渗漏、防腐蚀措施，在仓库储存区域设置有地漏及导流沟，项目泄漏物料可通过地漏进入雨水管网进入应急事故池。

危险废物暂存间有防渗漏措施，设有导流沟，并有危险废物泄漏收集槽，出现泄漏时可将危险废物再次收集作为危废处理。

企业初期雨水经收集后排入初期雨水池，再进入厂区污水处理站处理；后期雨水经雨水总排口排放进入北湖，雨水总排口设置有在线监测系统、总阀，并设有监控设施。

根据《建设项目环境风险评价技术导则》（HJ 169—2018）附录 D 表 D.3 地表水功能敏感性分区（本书表 11-8）和表 D.4 环境敏感目标分级（本书表 11-9）。

综上分析可知，企业事故情况下事故污水经收集进入事故应急池进入厂区污水处理站，经总排口排入化工区污水处理厂，也可能随雨水进入北湖。北湖为 V 类水体，地表水功能敏感性分区为低敏感区 F3，环境敏感目标分级为 S3。地表水环境敏感程度分级见表 11-10。

综上所述，项目地表水环境敏感程度分级为 E3。

C　地下水环境敏感程度分级

根据《建设项目环境风险评价技术导则》（HJ 169—2018）附录 D 表 D.6 地下水水功能敏感性分区（本书表 11-11）和表 D.7 包气带防污性能分级（本书表 11-12）。

改造项目区位于湖北省武汉市主城区东北部的化学工业园区内，长江右岸，属长江一级阶地，无集中式饮用水水源、特殊地下水资源及相关环境敏感区。通过走访调查，项目所在区村民已饮用自来水，原有水井大部分用于灌溉周边农作物，小部分处于闲置荒废状态。本项目地下水环境保护目标为第四系孔隙承压水含水层。地下水功能敏感性为"不敏感 G3"，项目所在区域渗透系数 14.5 m/d（0.017 cm/s），属于 D1。地下水环境敏感程度分级见表 11-10。

综上所述，项目地下水环境敏感程度分级为 E2。

D　项目环境敏感特征

项目环境敏感特征见表 11-30。

表 11-30　建设项目环境敏感特征表

类别	环境敏感特征				
	厂址周边 5 km 范围内				
	序号	敏感目标名称	相对方位	距离/m	属性	人口数
环境空气	1	群联村	WSW（258）	1254	居住区	1482
	2	群利村	SW（230）	1376	居住区	1722
	3	长江村	NNE（30）	3395	居住区、文化教育	2500
	4	尹家村	WSW（254）	4967	居住区	3800
	5	余家村	WSW（243）	4512	居住区、文化教育、医疗卫生	36676
	6	毛家咀	SW（224）	4290	居住区	800
	7	吴桥村	S（190）	4139	居住区	1200
	8	袁家小塆	E（101）	3700	居住区	250
	9	墩子塆	E（83）	4060	居住区	300
	10	杨畈村	ENE（72）	3891	居住区	220
	11	龙口村	ENE（70）	2735	居住区	180
	12	杨新塆	ENE（58）	3126	居住区	600
	13	邱湖村	NE（56）	4371	居住区	500
	14	窝子塆	NNE（32）	4106	居住区	800
	15	长山村	NE（36）	3642	居住区	1100
	16	新光村	NNE（19）	4279	居住区	600
	17	永平社区	NNE（21）	4875	居住区	32154
	18	阳逻社区	N（8）	4987	居住区	26885
	厂址周边 500 m 范围内人口数小计					1482
	厂址周边 5 km 范围内人口数小计					111769
	大气环境敏感程度 E 值					E1

类别	受纳水体			
	序号	受纳水体名称	排放点水域环境功能	24 h 内流经范围/ km
地表水	1	北湖	V 类	7.8
	2	长江武汉段	Ⅲ 类	—
	内陆水体排放点下游 10 km 范围内敏感目标			
	序号	敏感目标名称	敏感特征	水质目标	与排放点距离/m
	1	—	—	—	—
	地表水环境敏感程度 E 值			E2

类别	序号	环境敏感区名称	环境敏感特征	水质目标	包气带防污性能	与下游厂界距离/m
地下水	1	—	—	—	$K=0.017$ cm/s	—
	地下水环境敏感程度 E 值					E2

E　环境风险潜势划分

根据《建设项目环境风险评价技术导则》（HJ 169—2018），环境风险潜势划分见表11-3。

根据前述分析，风险物质及工艺系统危险性为P1，大气环境敏感性为E1，地表水环境敏感性为E3，地下水环境敏感性为E2，风险潜势初判结果见表11-31。

表 11-31　风险潜势初判

项目环境敏感程度（E）		风险物质及工艺系统危险性（P）
		P1
大气环境	E1	IV⁺
地表水	E3	III
地下水	E2	IV

根据《建设项目环境风险评价技术导则》（HJ 169—2018）6.4"建设项目环境风险潜势综合等级取各要素等级的相对高值"，则该厂风险潜势为IV⁺。

11.9.5　评价等级与评价范围

11.9.5.1　评价等级

建设项目环境风险评价工作级别判断依据见表11-32。

表 11-32　环境风险评价工作级别判断表

环境风险潜势	IV、IV⁺	III	II	I
评价工作等级	一	二	三	简单分析①

①是相对于详细评价工作内容而言，在描述危险物质、环境影响途径、环境危害后果、风险防范措施等方面给出定性的说明。

因项目风险潜势为IV⁺，则环境风险评价等级为一级。

根据《建设项目环境风险评价技术导则》（HJ 169—2018）4.4.4"各环境要素按确定的评价工作等级分别开展预测评价"，确定改造项目各环境要素环境风险评价工作等级。大气环境风险评价工作等级为一级，地表水环境风险评价工作等级为二级，地下水环境风险评价工作等级为一级。

11.9.5.2　评价范围

根据上述分析并结合 HJ 169—2018 相关要求，改造项目环境风险评价范围见表11-33。

表 11-33　改造项目环境风险评价范围

环境要素	评价范围
大气环境	距项目边界 5 km
地表水环境	—
地下水环境	东北侧、西南侧分别以长江、北湖港为界，同时结合研究区水文地质调查，西北侧以地下水等水位线 21 m 处为界

11.9.6　风险识别

11.9.6.1　物质危险性

武汉某厂所涉及的危险物质理化性质特征见表11-34。

表11-34　武汉某厂所涉及的危险物质理化性质特征

标识				燃爆特性与消防				理化性质						急性毒性	
中文名	分子式	相对分子质量	CAS No.	闪点/℃	自燃点/℃	爆炸极限/V% 上限	爆炸极限/V% 下限	熔点/℃	沸点/℃	相对密度/g·cm⁻³	饱和蒸汽压/kPa	临界温度/℃	临界压力/MPa	LD_{50}/mg·kg⁻¹	LC_{50}/mg·m⁻³
甲苯	C_7H_8	92.14	108-88-3	4	353	7	1.2	-94.9	110.6	0.87	4.89(30℃)	318.6	4.11	5000	20003
液氨	NH_3	17.03	7664-41-7			27.4	15.7			0.82	506.62(4.7℃)	132.5	11.4	350	1390
200号溶剂油	无资料	无资料	无资料	无资料	无资料	无资料	无资料	无资料	无资料	0.75	无资料	无资料	无资料	无资料	无资料
100号溶剂油	无资料	无资料	无资料	无资料	无资料	无资料	无资料	无资料	无资料	0.89	无资料	无资料	无资料	无资料	无资料
二甲苯	C_8H_{10}	106.17	108-38-3	25	525	7	1.1	-47.9	39	0.88	1.33(28.3℃)	343.9	3.54	5000	83776
甲醇	CH_4O	32.04	67-56-1	11	385	44	5.5	-97.8	64.8	0.79	13.33(21.2℃)	240	7.95	5628	37620
乙醇	C_2H_6O	46.07	64-17-5	12	363	19	3.3	-114.1	78.3	0.79	5.33(19℃)	243.1	6.38	7060	24240
正丁醇	$C_4H_{10}O$	74.12	71-36-3	35	340	11.2	1.4	-88.9	117.5	0.81	0.82(25℃)	287	4.9	4360	
环氧氯丙烷	C_3H_5ClO	92.52	106-89-8	34	无资料	21	3.8	-25.6	117.9	1.18	1.8(20℃)	无资料	无资料	90	左为大鼠经口
硫酸	H_2SO_4	98.08	7664-93-9	无资料	无资料	无资料	无资料	10.5	330	1.83	0.13 (145.8℃)	无资料	无资料	2140	510 (大鼠)，320 (2 h小鼠吸入)
环氧丙烷	C_3H_6O	58.08	75-56-9	-37	420	37	2.8	-104.4	33.9	0.83	75.86(25℃)	209.1	4.93	1140	4127
环氧乙烷	C_2H_4O	44.05	75-21-8	<-17.8	429	100	3	-112.2	10.4	0.87	145.91(20℃)	195.8	7.19	72	800 ppmV

A　危险性分析

根据《危险货物品名表》（GB 12268—2012），建设项目涉及的危险化学品危险性分类见表 11-35。

表 11-35　建设项目涉及的危险化学品危险性分类表

序号	分类名称	危险化学品种类
1	2.1（易燃气体）	液氨、环氧乙烷
2	2.3（毒性气体）	甲苯、二甲苯、环氧氯丙烷、环氧丙烷
3	3（易燃液体）	甲苯、二甲苯、甲醇、乙醇、正丁醇、环氧氯丙烷、环氧丙烷
4	8（腐蚀性物质）	硫酸

B　急性毒性类别分析

根据《化学品分类和标签规范　第 18 部分：急性毒性》（GB 30000.18—2013）和《建设项目环境风险评价技术导则》（HJ/T 169—2018）附录 H 表 1，项目涉及的危险化学品急性毒性类别见表 11-36。

表 11-36　改造工程涉及危险化学品急性毒性类别一览表

序号	中文名	$LD_{50}/mg \cdot kg^{-1}$	$LC_{50}/mg \cdot m^{-3}$	GB 30000.18—2013 类别
1	甲苯	5000	20003	类别 5
2	液氨	350	1390	类别 4
3	200 号溶剂油	—	—	—
4	100 号溶剂油	—	—	—
5	二甲苯（以间二甲苯计）	5000		类别 5
6	甲醇	5628	83776	—
7	乙醇	7060	37620	—
8	正丁醇	4360	24240	类别 5
9	环氧氯丙烷	90	—	类别 3
10	硫酸	2140	510	类别 5
11	环氧丙烷	1140	4127	类别 4
12	环氧乙烷	72	—	类别 3

注：急性毒性数据来源于《危险化学品安全技术全书》（978-7-122-28549-2），不属于剧毒物质和一般物质的在 HJ/T 169—2018 中未界定毒性。

11.9.6.2　生产设施风险识别

项目生产设施各部分危险性物质分布见表 11-37。

表 11-37　危险性物质分布表

类别		名称	有毒有害、危险物质
生产装置		苯甲酸系列产品生产装置区	甲苯、液氨、200 号溶剂油、100 号溶剂油、二甲苯（以间二甲苯计）、甲醇、乙醇、正丁醇、环氧氯丙烷、硫酸、环氧丙烷、环氧乙烷、环烷酸钴、烧碱
贮运系统	压力罐区	压力罐区	氨、环氧丙烷、环氧乙烷

类别		名称	有毒有害、危险物质
贮运系统	常压罐区	常压罐区	甲苯、液氨、200号溶剂油、100号溶剂油、二甲苯（以间二甲苯计）、甲醇、乙醇、正丁醇、环氧氯丙烷
危化品库		—	环烷酸钴、烧碱

同类装置典型事故分析：据查国内外有关文献资料，工艺装置典型事故分析具体见表 11-38。

表 11-38　国外同类装置事故类型及主要原因一览表

事故分类	类型	原　因
闪爆	爆炸、火灾	闪爆就是当易燃气体在一个空气不流通的空间里，聚集到一定浓度后，一旦遇到明火或电火花就会立刻燃烧膨胀发生爆炸
进料管法兰处着火	火灾	进料管法兰使用时间过长，密封垫损坏，导致甲苯等物料泄漏和空气混合，并进入保温层，温度超过了甲苯等物料的自燃点，使甲苯等物料发生自燃着火事故
储罐爆炸毁坏系统	储罐爆炸	储罐破裂、阀门密封性破坏等原因导致储罐泄漏，泄漏的甲苯与空气混合形成爆炸性混合物，遇明火、高温发生化学爆炸事故

11.9.6.3　储运系统危险性识别

项目原辅材料及产品罐区等储运系统，各类原辅料通过汽车运输至厂区。

上述物料存在易燃、毒性等特性，存在的危险因素为泄漏、泄漏中毒、火灾爆炸。物料泄漏气相扩散或液相挥发造成大气污染，液相挥发造成地表水、土壤或地下水污染；泄漏易燃易爆物料引起火灾爆炸造成大气、地表水、土壤或地下水污染。

11.9.6.4　伴生/次生危险性

火灾、爆炸事故由于不完全燃烧产生有毒物质（比如 CO 等）造成次生污染或产生事故/消防废水。

A　事故/消防废水

涉及罐区易燃物质的储罐/管线或生产装置一旦发生火灾，在灭火过程中产生的消防废水被污染，若不能及时得到有效收集和处理，随雨水系统进入周边河道，可能造成地表水体污染，甚至可能通过渗透或雨水管网进入土壤及地下水，造成地下水污染。

B　火灾爆炸事故伴生烟气污染

涉及原辅料等易燃物质在发生火灾时不完全燃烧产生 CO 伴生/次生危害，泄漏进入大气，造成大气污染。

11.9.6.5　风险类型识别

不考虑人为破坏和自然灾害如地震、洪水、台风等所引起的风险。本项目可能产生的主要风险见表 11-39。

表 11-39 项目风险类型一览表

序号	危险单元	风险源	主要危险物质	环境风险类型	环境影响途径	可能受影响的环境敏感目标
1	生产车间	装置区	甲苯、液氨、200 号溶剂油、100 号溶剂油、二甲苯（以间二甲苯计）、甲醇、乙醇、正丁醇、环氧氯丙烷、硫酸、环氧丙烷、环氧乙烷、环烷酸钴、烧碱	毒物泄漏	大气环境	群联村、群利村等
				火灾爆炸次生灾害	大气环境	群联村、群利村等
					地表水	长江武汉段
					地下水	无
2	贮运系统	罐区	甲苯、液氨、200 号溶剂油、100 号溶剂油、二甲苯（以间二甲苯计）、甲醇、乙醇、正丁醇、环氧氯丙烷、硫酸、环氧丙烷、环氧乙烷	毒物泄漏	大气环境	群联村、群利村等
				火灾爆炸次生灾害	大气环境	群联村、群利村等
					地表水	长江武汉段
					地下水	无
3	贮运系统	危化品库	环烷酸钴、烧碱	毒物泄漏	大气环境	群联村、群利村等
					地表水	长江武汉段
					地下水	无

11.9.6.6 风险事故情形分析

A 大气环境风险事故情形设定

a 有毒有害物质泄漏扩散

根据前述急性毒性类别分析，本项目涉及的毒性物质主要为甲苯、液氨、二甲苯（以间二甲苯计）、正丁醇、环氧氯丙烷、硫酸、环氧丙烷、环氧乙烷，其中甲苯储罐储存在线量较大，远高于其他毒性物质；环氧乙烷毒性最大，环氧氯丙烷次之，但其储量很小。因此，综合考虑确定毒物泄漏最大可信风险事故的类别为甲苯、环氧乙烷和环氧氯丙烷泄漏。

b 火灾/爆炸次生污染事故

结合上述分析，并根据风险应急经验，项目主要火灾危险性物料有甲苯、200 号溶剂油、100 号溶剂油、二甲苯（以间二甲苯计）、甲醇、乙醇、正丁醇、环氧丙烷、环氧乙烷。根据《石油化工企业设计防火标准》（GB 50160—2008）（2018 年版）划分火灾危险性分类，该厂所涉及的可燃液体火灾危险性分类见表 11-40。

表 11-40 武汉某厂所涉及的可燃液体火灾危险性分类

可燃物名称	闪点/℃	火灾危险性分类
甲苯	4	甲 A
二甲苯（以间二甲苯计）	25	甲 B
甲醇	11	甲 B
乙醇	12	甲 B
正丁醇	35	乙 A
环氧氯丙烷	34	乙 A

本项目甲苯储量最大，且其火灾危险性最高，因此本次采用甲苯火灾爆炸引发伴生危害作为最大可信事故。

B 地表水环境风险事故情形设定

通过风险识别，本项目甲苯储罐火灾后伴生/次生的消防废水如不妥善处置，也存在一定环境风险。

企业已设置 5000 m³ 的风险事故池可满足火灾事故情形下产生的废水储存。

企业罐区设置有围堰并与雨水管网连通，正常情况下通往雨水管网的切换阀为关闭状态，当罐区发生事故时，泄漏物料、消防废水及污染雨水可通过围堰收集后，经雨水管网自流进入风险应急事故池。发生事故时，企业雨水总排口关闭，事故废水可通过雨水管网收集，排入厂区事故应急池，而后通应急泵导入污水处理站，后排至化工区污水处理厂。

废水总排口废水经泵抽排至化工区污水处理厂，其设置有抽排泵和 pH、COD、NH_3-N 在线监控设施，当废水超标排放时，可不开启抽排泵，确保超标废水不排出厂外。

C 地下水环境风险事故情形设定

根据前述分析，储罐区有毒物料甲苯和环氧氯丙烷在储罐区、装置区等发生容器破裂物料泄漏，同时在防渗层破裂的情况下，泄漏物料通过土壤可能进入地下水污染地下水环境。

11.9.7 源项分析

11.9.7.1 最大可信事故及概率确定

根据《建设项目环境风险评价技术导则》（HJ 169—2018）8.1.2.3 "一般而言，发生频率小于 10^{-6}/a 的事件是极小概率事件，可作为代表性事故情形中最大可信事故设定的参考"，最大可信事故设定如表 11-41 所示。

表 11-41　最大可信事故设定一览表

装置/单元	设备	事故	危险因子	最大可信事故
甲苯储罐	储罐	10 mm 圆孔泄漏	甲苯	储存过程中发生储罐破裂泄漏事故，泄漏液体挥发有毒有害气体进入大气或液体可能进入地下水环境；储罐发生泄漏，遇明火或高热发生火灾爆炸，不完全燃烧伴生 CO 在大气中扩散
环氧乙烷储罐	储罐	10 mm 圆孔泄漏	环氧乙烷	储存过程中发生储罐破裂泄漏事故，泄漏液体挥发有毒有害气体进入大气或液体可能进入地下水环境
环氧氯丙烷储罐	储罐	10 mm 圆孔泄漏	环氧氯丙烷	储存过程中发生储罐破裂泄漏事故，泄漏液体挥发有毒有害气体进入大气或液体可能进入地下水环境

根据前述泄漏频率表 11-13 可知，项目最大可信事故为泄漏孔径 10 mm 泄漏，泄漏频率为 1.00×10^{-4}/a。

11.9.7.2 最大可信事故源项分析

A 液体泄漏速率

项目物料泄漏于地面，在地面上一定范围内形成一定厚度的液体层，由于闪蒸蒸发、热量蒸发和质量蒸发，使得一定量的危险品挥发到大气中形成蒸气，按《建设项目环境风险评价技术导则》（HJ 169—2018）附录 F 中计算公式进行估算。

由于本项目设置了紧急隔离系统单元，因此泄漏时间设定为 10 min。

根据 11.5.2.2 节式（11-2）计算确定泄漏量。

本次评价假定储罐发生泄漏后，操作人员在 10 min 内使储罐泄漏得以制止，裂口面积为 1.00×10^{-4} m²，裂口之上液位高度以 0.5 m 计算。计算结果见表 11-42。

表 11-42　液体泄漏风险事故源强一览表

发生事故设备	泄漏物质	故障	液体密度 /kg·m⁻³	速率/kg·s⁻¹	持续时间 /min	泄漏量/kg
甲苯储罐	甲苯	泄漏	870	2.4964	10	1497.84
环氧氯丙烷储罐	环氧氯丙烷	泄漏	1180	2.9136	10	1748.16

B　气体泄漏（环氧乙烷）

根据 11.5.2.2 节式（11-3）~式（11-6）计算确定泄漏量。经计算，环氧乙烷泄漏速率为 0.12643 kg/s，泄漏量为 75.858 kg。

C　泄漏液体蒸发量

泄漏液体的蒸发分为闪蒸蒸发、热量蒸发和质量蒸发三种，其蒸发总量为这三种蒸发之和。闪蒸量计算依据 11.5.2.2 节式（11-10）和式（11-11）计算确定；热量蒸发依据式（11-12）确定；质量蒸发依据式（11-13）确定；液体蒸发总量依据式（11-14）计算确定。

根据计算：

甲苯泄漏后最常见气象（稳定度 D，1.84 m/s）液池蒸发量为 3.6245×10^{-2} kg/s，理查德森数 $R_i = 5.734312 \times 10^{-2}$，$R_i < 1/6$，为轻质气体，扩散计算建议采用 AFTOX 模式。

甲苯泄漏后最不利气象（稳定度 F，1.5 m/s）液池蒸发量为 3.3036×10^{-2} kg/s，理查德森数 $R_i = 6.820016 \times 10^{-2}$，$R_i < 1/6$，为轻质气体，扩散计算建议采用 AFTOX 模式。

环氧氯丙烷泄漏后最常见气象（稳定度 D，1.84 m/s）液池蒸发量为 1.8938×10^{-2} kg/s，理查德森数 $R_i = 4.029265 \times 10^{-2}$，$R_i < 1/6$，为轻质气体，扩散计算建议采用 AFTOX 模式。

环氧氯丙烷泄漏后最不利气象（稳定度 F，1.5 m/s）液池蒸发量为 1.7286×10^{-2} kg/s，理查德森数 $R_i = 4.794431 \times 10^{-2}$，$R_i < 1/6$，为轻质气体，扩散计算建议采用 AFTOX 模式。

D　火灾伴生/次生污染物产生量估算

本项目建成后，最大的甲苯储罐容积为 2000 m³，各罐按 90% 的充装系数进行储存，因此，最大的储罐储量为 1800 m³，约 1566 t。根据前述计算，甲苯泄漏速率为 2.4964 kg/s，火灾时间按 3 h 计算。

根据《建设项目环境风险评价技术导则》（HJ 169—2018）附录 F，火灾次生产生的 CO 可按 11.5.2.2 节式（11-16）进行计算，即：

$$G_{CO} = 2330qCQ$$

式中　G_{CO}——燃烧产生的 CO 量，kg/s；

　　　q——化学不完全燃烧值，本评价取 3%；

C——泄漏物质中碳的含量，取 85%；

Q——参与燃烧的物质量，0.0024964 t/s。

按照上式计算，可知甲苯储罐火灾情况下，次生的 CO 排放源强约为 0.14832 kg/s。

E　事故源项统计

事故源项统计见表 11-43。

表 11-43　事故源项统计表

条件序号	风险事故情形描述	危险单元	危险物质	影响途径	释放或泄漏速率 /kg·s⁻¹	释放或泄漏时间 /min	最大泄漏或释放量 /kg	泄漏液体蒸发速率 /kg·s⁻¹	泄漏液体蒸发量 /kg	气象条件
1	甲苯储罐破裂	甲苯储罐	甲苯	泄漏，遇明火或高热火灾爆炸次生危害	2.4964	10	1497.84	0.033036	19.8216	最不利
					2.4964	10	1497.84	0.036245	21.747	最常见
2	环氧氯丙烷储罐破裂	环氧氯丙烷储罐	环氧氯丙烷	泄漏	2.9136	10	1748.16	0.017286	10.3716	最不利
					2.9136	10	1748.16	0.018938	11.3628	最常见
3	环氧乙烷储罐破裂	环氧乙烷储罐	环氧乙烷	泄漏	0.12643	10	75.858	0.12643	75.858	最不利
					0.12643	10	75.858	0.12643	75.858	最常见
4	伴生/次生灾害	甲苯储罐区	CO	伴生/次生灾害	0.14832	180	1601.856	—	—	—

11.9.8　后果计算及风险评价

11.9.8.1　预测模型及评价参数

A　预测模式

排放方式按式（11-20）确定，即：

$$T = 2X/U_r$$

式中　X——事故发生地与计算点的距离，m，本次取最近敏感点群联村 450 m；

U_r——10 m 高处风速，m/s。假设风速和风向在 T 时段内保持不变，本次最不利气象取 1.5，最常见气象取 1.84。

得出 $T=10$ min（最不利）、8.15 min（最常见），排放时间 $T_d=30$ min，则 $T<T_d$，认为连续排放。

判定烟团/烟羽是否为重质气体，取决于它相对空气的"过剩密度"和环境条件等因素。通常采用理查德森数（R_i）作为标准进行判断，对于连续排放，其计算公式如下：

$$R_i = \frac{\left[\dfrac{g(Q/\rho_{rel})}{D_{rel}} \times \dfrac{\rho_{rel} - \rho_a}{\rho_a}\right]^{\frac{1}{3}}}{U_r}$$

式中　ρ_{rel}——排放物质进入大气的初始密度，kg/m³；

ρ_a ——环境空气密度，kg/m³，取 1. 29 kg/m³；

Q ——连续排放烟羽的排放速率，kg/s；

D_{rel} ——初始的烟团宽度，即源直径，m；

U_r ——10 m 高处风速，m/s，取 1. 5 m/s。

经计算，预测选用模式见表 11-44。

表 11-44　预测选用模式

序号	预测因子	气象条件		R_i	选用预测模型
		条件	气象参数		
1	甲苯	最不利	稳定度 F，风速 1.5 m/s	$R_i = 6.820016 \times 10^{-2}$，$R_i < 1/6$	AFTOX 模式
		最常见	稳定度 D，风速 1.84m/s	$R_i = 5.734312 \times 10^{-2}$，$R_i < 1/6$	AFTOX 模式
2	环氧氯丙烷	最不利	稳定度 F，风速 1.5 m/s	$R_i = 4.794431 \times 10^{-2}$，$R_i < 1/6$	AFTOX 模式
		最常见	稳定度 D，风速 1.84 m/s	$R_i = 4.029265 \times 10^{-2}$，$R_i < 1/6$	AFTOX 模式
3	环氧乙烷	最不利	稳定度 F，风速 1.5 m/s	$R_i = 1.542047$，$R_i \geqslant 1/6$	SLAB 模式
		最常见	稳定度 D，风速 1.84m/s	$R_i = 1.891577$，$R_i \geqslant 1/6$	SLAB 模式
4	CO	—	—	烟团初始密度未大于空气密度	AFTOX 模式

B　预测的气象条件

根据分析，大气风险评价等级为一级。根据 HJ 169—2018 4.4.4.1 "一级评价需选取最不利气象条件和事故发生地的最常见气象条件"，大气风险预测模型主要参数见表 11-45。

表 11-45　大气风险预测模型主要参数表

参数类型	选项	参数	
基本情况	事故源经度/(°)		
	事故源纬度/(°)		
	事故源类型	火灾爆炸次生	泄漏
气象参数	气象条件类型	最不利气象	最常见气象
	风速/m·s⁻¹	1.5	1.84
	环境温度/℃	25	17.51
	相对湿度/%	50	74.6
	稳定度	F	D
其他参数	地表粗糙度/m	1	
	是否考虑地形	是	
	地形数据精度/m	—	

C　预测评价标准

改造项目预测评价标准值见表 11-46。

表 11-46　改造项目预测评价标准值一览表

污染物	CAS 号	毒性终点浓度 1/mg·m⁻³	毒性终点浓度 2/mg·m⁻³
甲苯	108-88-3	14000	2100
环氧氯丙烷	106-89-8	270	91
环氧乙烷	75-21-8	360	81
CO	630-08-0	380	95

11.9.8.2　甲苯泄漏影响预测

甲苯泄漏扩散后最常见气象条件和最不利气象条件下预测结果见表 11-47。

表 11-47　甲苯泄漏扩散后最常见气象条件和最不利气象条件下预测结果

距离/m	最常见气象条件		最不利气象条件	
	浓度出现时间/min	高峰浓度/mg·m⁻³	浓度出现时间/min	高峰浓度/mg·m⁻³
10	0.0906	3560.2000	0.0833	7660.7000
60	0.5435	251.9900	0.5000	522.7800
110	0.9964	108.0000	0.9167	247.6800
160	1.4493	60.2030	1.3333	152.1100
210	1.9022	38.6540	1.7500	103.7400
260	2.3551	27.0900	2.1667	75.6620
310	2.8080	20.1430	2.5833	57.8730
360	3.2609	15.6270	3.0000	45.8650
410	3.7138	12.5170	3.4167	37.3580
460	4.1667	10.2790	3.8333	31.0980
510	4.6196	8.6097	4.2500	26.3470
1010	9.1486	2.6444	8.4167	8.6098
1510	13.6780	1.4171	12.5830	4.4911
2010	23.2070	0.9285	19.7500	3.0715
2510	28.7360	0.6686	23.9170	2.2858
3010	34.2640	0.5111	29.0830	1.7947
4010	43.3220	0.3340	38.4170	1.2246
4910	51.4750	0.2463	45.9170	0.9347

甲苯泄漏扩散后最常见气象条件下对各关心点预测结果见表 11-48，最不利气象条件下对各关心点预测结果见表 11-49。

表 11-48　甲苯泄漏扩散后最常见气象条件下对各关心点预测结果

名称	坐标/m		最大浓度出现时间/min	时间/min					
	X	Y		5	10	15	20	25	30
群联村	−515	−880	10	0	6.96×10⁻⁵	6.96×10⁻⁵	6.96×10⁻⁵	1.71×10⁻⁵	0

续表 11-48

名称	坐标/m		最大浓度出现时间/min	时间/min					
	X	Y		5	10	15	20	25	30
群利村	−343	−1503	15	0	0	4.05×10^{-1}	4.05×10^{-1}	4.05×10^{-1}	2.31×10^{-1}
长江村	2423	2313	15	0	0	0	0	0	0
尹家村	−4202	−2018	15	0	0	0	0	0	0
余家村	−3296	−2691	15	0	0	0	0	0	0
毛家咀	−2291	−3682	30	0	0	0	2.13×10^{-30}	1.10×10^{-24}	4.79×10^{-20}
吴桥村	16	−4699	30	0	0	0	4.10×10^{-21}	1.42×10^{-14}	1.50×10^{-9}
袁家小塆	4350	−1294	30	0	0	0	0	0	0
墩子塆	4743	−135	30	0	0	0	0	0	0
杨畈村	4410	590	30	0	0	0	0	0	0
龙口村	3281	318	30	0	0	0	0	0	0
杨新塆	3372	1023	30	0	0	0	0	0	0
邱湖村	4319	1849	30	0	0	0	0	0	0
窝子塆	2898	2857	30	0	0	0	0	0	0
长山村	2858	2323	30	0	0	0	0	0	0
新光村	2122	3421	30	0	0	0	0	0	0
永平社区	2425	3945	30	0	0	0	0	0	0
阳逻社区	1397	4418	30	0	0	0	0	0	0

表 11-49　甲苯泄漏扩散后最不利气象条件下对各关心点预测结果

名称	坐标/m		最大浓度出现时间/min	时间/min					
	X	Y		5	10	15	20	25	30
群联村	−515	−880	15	0	0	1.42×10^{-18}	1.42×10^{-18}	1.42×10^{-18}	0
群利村	−343	−1503	25	0	0	0	5.73×10^{-2}	5.75×10^{-2}	5.75×10^{-2}
长江村	2423	2313	25	0	0	0	0	0	0
尹家村	−4202	−2018	25	0	0	0	0	0	0
余家村	−3296	−2691	25	0	0	0	0	0	0
毛家咀	−2291	−3682	25	0	0	0	0	0	0
吴桥村	16	−4699	25	0	0	0	0	0	0
袁家小塆	4350	−1294	25	0	0	0	0	0	0
墩子塆	4743	−135	25	0	0	0	0	0	0
杨畈村	4410	590	25	0	0	0	0	0	0
龙口村	3281	318	25	0	0	0	0	0	0
杨新塆	3372	1023	25	0	0	0	0	0	0

名称	坐标/m		最大浓度出现时间/min	时间/min					
	X	Y		5	10	15	20	25	30
邱湖村	4319	1849	25	0	0	0	0	0	0
窝子塆	2898	2857	25	0	0	0	0	0	0
长山村	2858	2323	25	0	0	0	0	0	0
新光村	2122	3421	25	0	0	0	0	0	0
永平社区	2425	3945	25	0	0	0	0	0	0
阳逻社区	1397	4418	25	0	0	0	0	0	0

由表 11-48 可知，储罐区泄漏甲苯扩散后，在最常见气象条件下（稳定度 D，风速 1.84 m/s）扩散过程中，无出现超过甲苯大气毒性终点浓度 1（14000 mg/m³）的点，出现超过甲苯大气毒性终点浓度 2（2100 mg/m³）的最远距离为 10 m，该范围内均无环境敏感目标等关心点；预测期间网格点最大浓度为 18 mg/m³，出现在（−15，−62）处，出现时刻为 5 min；离散点预测浓度最大值出现在群利村，浓度为 0.405 mg/m³；各关心点预测浓度均未出现超标，因此，在最常见气象条件下储罐区甲苯泄漏扩散后环境影响可接受。

由表 11-49 可知，储罐区泄漏甲苯扩散后，在最不利气象条件下（稳定度 F，风速 1.5 m/s）扩散过程中，无出现超过甲苯大气毒性终点浓度 1（14000 mg/m³）的点，出现超过甲苯大气毒性终点浓度 2（2100 mg/m³）的最远距离为 20 m，该范围内均无环境敏感目标等关心点；预测期间网格点最大浓度为 20.8 mg/m³，出现在（−154，−262）处，出现时刻为 5 min；离散点预测浓度最大值出现在群利村，浓度为 0.0575 mg/m³；各关心点预测浓度均未出现超标，因此，在最不利气象条件下储罐区甲苯泄漏扩散后环境影响可接受。

11.9.8.3 环氧乙烷泄漏预测

由于篇幅问题，本小节预测过程与前述预测基本类似，具体过程省略。

11.9.8.4 环氧氯丙烷泄漏影响预测

具体过程省略。

11.9.8.5 伴生/次生灾害影响预测

具体过程省略。

11.9.8.6 关心点概率分析

全厂风险潜势为 IV^+，应开展关心点概率分析。一氧化碳和环氧乙烷毒物性质参数见表 11-50。

表 11-50 毒物性质参数

序号	物质	A_1	B_1	n
1	一氧化碳	−7.4	1	1
2	环氧乙烷	−6.8	1	1

暴露于有毒有害物质气团下、无任何防护的人员，因物质毒性而导致死亡的概率可按《建设项目环境风险评价技术导则》（HJ 169—2018）附录Ⅰ表Ⅰ.1取值，或者按式（11-21）或式（11-22）估算，即：

$$P_E = 0.5 \times \left[1 + \mathrm{erf}\left(\frac{Y - 5}{\sqrt{2}} \right) \right] \qquad (Y \geqslant 5 \text{ 时})$$

$$P_E = 0.5 \times \left[1 - \mathrm{erf}\left(\frac{|Y - 5|}{\sqrt{2}} \right) \right] \qquad (Y < 5 \text{ 时})$$

式中 P_E——人员吸入毒性物质而导致急性死亡的概率；

Y——中间量，量纲一，可采用下式估算：

$$Y = A_1 + B_1 \ln(C^n \cdot t_e)$$

A_1，B_1，n——与毒物性质有关的参数，见表 11-54；

C——接触的质量浓度，mg/m³；

t_e——接触 C 质量浓度的时间，min。

根据前述影响预测，无敏感点位于各风险事故源毒性终点浓度 1 和毒性终点浓度 2 范围内。

根据预测，最不利气象条件下，CO 对各关心点最大贡献浓度出现在群利村，最大贡献浓度值为 0.315 mg/m³，经计算其中间量 $Y = -5.85 < 5$，关心点概率为 0。

根据预测，最不利气象条件下，环氧乙烷对各关心点最大贡献浓度出现在群利村，最大贡献浓度值为 18.2 mg/m³，经计算其中间量 $Y = -1.19 < 5$，关心点概率为 0。

11.9.8.7 地下水影响预测

根据《建设项目环境风险评价技术导则》（HJ 169—2018），地下水影响预测参数参照 HJ 610。

A 预测因子及标准

预测因子为罐区泄漏的甲苯和环氧氯丙烷，因环氧氯丙烷污染物无地下水质量标准且其储量较小，本次评价以甲苯泄漏作为典型事故，采用《地表水环境质量标准》（GB 3838—2002）中Ⅲ类标准限值，即 700 mg/L。

B 预测源强

根据前述计算，甲苯泄漏量合计为 1497.84 kg，初始浓度约为 830000 mg/L。

C 预测模型

依据《环境影响评价技术导则 地下水环境》（HJ 610—2016），通过对水文地质概念模型的分析，建立评价区的一维稳定流动一维水动力弥散问题预测模型，将污染物运移概化为一维半无限长多孔介质柱体，一端为定浓度边界的一维稳定流动一维水动力弥散问题。事故状态下，将污染物运移概化为一维半无限长多孔介质柱体，示踪剂瞬时注入的一维稳定流动一维水动力弥散问题。

一维半无限长多孔介质柱体，一端为定浓度边界的一维稳定流动一维水动力弥散问题求取污染物浓度分布的模型如下：

$$\frac{C}{C_0} = \frac{1}{2}\mathrm{erfc}\left(\frac{x - ut}{2\sqrt{D_L t}} \right) + \frac{1}{2}\mathrm{e}^{\frac{ux}{D_L}}\mathrm{erfc}\left(\frac{x + ut}{2\sqrt{D_L t}} \right) \qquad (11\text{-}24)$$

式中 C——t 时刻 x 处预测浓度，mg/L；

     C_0——注入示踪剂浓度，mg/L；

     x——预测点到注入点距离，m；

     u——水流速度，m/d；

     t——预测时间，d；

    D_L——纵向弥散系数，m^2/d；

  erfc( )——余误差函数。

D   预测情景设定

污染源：瞬时排放源，面源。

泄漏时间：假定泄漏后 3 天内处理完成。

E   预测结果及评价

根据预测，其泄漏后在 3 天内沿地下水流向浓度分布见表 11-51。

表 11-51   泄漏后在 3 天内沿地下水流向浓度分布

距离/m	浓度 C/mg·L^{-1}
0	4206.146
10	2347.177
20	247.3907
30	4.924891
40	0.018518
50	$1.32×10^{-5}$
60	$1.76×10^{-9}$
70	$4.47×10^{-14}$
80	$2.14×10^{-19}$
90	$1.93×10^{-25}$
100	$3.30×10^{-32}$
110	$1.06×10^{-39}$

根据计算，发生泄漏后 3 天内沿地下水流向处最大影响距离为 110 m，罐区地下水下游距离南厂界约 590 m，故不会对场地外地下水产生明显的影响。其影响程度可接受。

11.9.8.8   地表水环境风险影响预测

A   概述

根据本书 11.9.4 节判定结果，本项目地表水环境风险评价等级为二级。根据《建设项目环境风险评价技术导则》（HJ 169—2018）要求，一二级评价需选择适用的数值方法预测地表水环境风险。

B   预测因子与预测范围

a   预测因子

根据风险识别，武汉某厂风险事故工况下泄漏的液体物料为甲苯、环氧氯丙烷。

b　预测评价范围

根据项目排水走向及受纳水体特征,结合 HJ 2.3—2018 中要求,本次预测范围取事故状态下,北湖大港入江口至下游白浒山国控断面,全长约 9 km 的范围。预测范围内包含白浒山水源地二级保护区上游边界(距离约 5.4 km)、白浒山水源地一级保护区上游边界(距离约 8.0 km)、国控白浒山断面(距离约 9 km),详见图 11-4。

图 11-4　地表水环境风险预测范围图

C　预测时期

根据 HJ 2.3—2018 要求,为了解本次风险事故对地表水长江的最大影响,本次预测时期选择枯水期。

D　预测模型选取

长江武汉段属宽浅型平直河流,其流量恒定,项目风险事故状态下废水进入长江后,其扩散模型采用二维稳态混合模式中解析模型。详细预测模型如下:

$$\frac{\partial c}{\partial t} + u_x \frac{\partial c}{\partial x} + u_y \frac{\partial c}{\partial y} = M_x \frac{\partial^2 c}{\partial x^2} + M_y \frac{\partial^2 c}{\partial y^2} - Kc \tag{11-25}$$

如果浓度已达稳态平衡,不再随时间变化,即 $\dfrac{\mathrm{d}c}{\mathrm{d}t} = 0$,可得稳态解析解(要注意,以下均以排放口作为坐标原点):

(1)考虑纵向弥散 M_x 和横向推流迁移 u_y

$$c(x, y) = \frac{W}{4\pi h (x/u_x)^2 \sqrt{M_x M_y}} \exp\left[-\frac{(y - u_y x/u_x)^2}{4M_y x/u_x}\right] \exp\left(-\frac{Kx}{u_x}\right) \tag{11-26}$$

(2)不考虑纵向弥散 M_x 和横向推流迁移 u_y

$$c(x, y) = \frac{W}{2h\sqrt{\pi M_y x u_x}} \exp\left(-\frac{u_x y^2}{4M_y x}\right) \exp\left(-\frac{Kx}{u_x}\right) \tag{11-27}$$

式中 W——单位时间的污染物排放量，g/s。

因为在稳态条件下，M_x 和 u_y 对浓度分布的影响确实是很小的，在计算时通常只用式（11-27）。

若令 $\sigma_y = \sqrt{2M_y x/u_x}$，则式（11-27）可写成：

$$c(x, y) = \frac{W\exp(-Kx/u_x)}{hu_x} \frac{1}{\sqrt{2\pi}\sigma_y}\exp\left(-\frac{y^2}{2\sigma_y^2}\right) \tag{11-28}$$

这说明，在无边界时，排放点下游 x 断面的浓度在横向呈正态分布，最大浓度发生在 x 轴上，其值为：

$$c(x, y) = \frac{W\exp(-Kx/u_x)}{hu_x\sqrt{2\pi}\sigma_y}$$

如果定义污染物扩散羽的宽度为包含全断面上 95% 的污染物量的宽度，则扩散羽的宽度为 $4\sigma_y$。

以上解都是在无边界条件下的理想解。如果河宽为 B（$B>0$），排放点离岸距离为 a（$0 \leqslant a \leqslant B$），则要考虑到两河岸边界的反射。用虚源来模拟这一反射，可得（不考虑 M_x 和 u_y）：

（1）当 $a=0$ 或 $a=B$（岸边排放）时：

$$c(x, y) = \frac{W}{h\sqrt{\pi M_y x u_x}}\left\{\exp\left(-\frac{u_x y^2}{4M_y x}\right) + \sum_{n=1}^{\infty}\exp\left[-\frac{u_x(2nB - |y|)^2}{4M_y x}\right]\right\}\exp\left(-\frac{Kx}{u_x}\right)$$

$$\tag{11-29}$$

（2）当 $0<a<B$（非岸边排放）时：

$$c(x, y) = \frac{W}{2h\sqrt{\pi M_y x u_x}}\left\{\exp\left(-\frac{u_x y^2}{4M_y x}\right) + \sum_{n=1}^{\infty}\exp\left[-\frac{u_x(2na + y)^2}{4M_y x}\right] + \right.$$

$$\left. \sum_{n=1}^{\infty}\exp\left[-\frac{u_x(2n(B-a) - y)^2}{4M_y x}\right]\right\}\exp\left(-\frac{Kx}{u_x}\right) \tag{11-30}$$

式中 x——预测点与排放点的距离，m；

$\quad\quad y$——预测点与排放口的横向距离（不是离岸距离），m；

$\quad\quad c$——预测点（x, y）处污染物的浓度，mg/L；

$\quad\quad W$——单位时间的污染物排放量，g/s；

$\quad\quad a$——污水排放口与河岸距离（$0 \leqslant a \leqslant B$），m。

$\quad\quad M_y$——河流横向混合（弥散）系数，m^2/s；

$\quad\quad u_x$——河流纵向平均流速，m/s；

$\quad\quad B$——河流平均宽度，m；

$\quad\quad K$——河流中污染物降解速率，d^{-1}；

$\quad\quad n$——计算反射次数；

$\quad\quad \pi$——圆周率。

当 $a=B/2$ 时，为河中心排放。

再次说明，本式中的坐标原点是排放口，x 方向指向下游，y 方向指向对岸（如果 $a=B$，则河中所有计算点 y 坐标均应为负值）。

实际计算时，通常只取 1 次反射即可（导则河-2 二维稳态混合模式即是上式取 1 次反射的结果）。

以上算式中，并未考虑河流本底浓度的叠加。若要叠加本底浓度，则按不扩散、只降解的原则，在以上计算结果的基础上，再叠加上 $c_h \exp\left(-\dfrac{Kx}{u_x}\right)$（$c_h$ 为河流中污染物的本底浓度，单位为 mg/L）即可。

E　预测参数

a　水文参数

根据查阅，长江武汉段近年水文参数见表 11-52。

表 11-52　长江武汉段近年水文参数

| 时段 | 河流宽度 /m | 水深/m | 流量 /m³·s⁻¹ | 流速 /m·s⁻¹ | 降解系数/d⁻¹ | | 横向混合系数 | 水利坡度/% |
					COD	NH₃-N		
枯水期	1298	5.2	7960	0.75	0.22	0.3	0.45	0.002
丰水期	1500	12.97	29900	1.54	0.3	0.35		

b　污染物参数

根据前述分析，事故风险状态下，液体物质泄漏情况见表 11-53。

表 11-53　液体物质泄漏情况

发生事故设备	泄漏物质	泄漏量/kg	污染物当量值	COD 污染物当量/kg	排放速率/g·s⁻¹
甲苯储罐	甲苯	1497.84	0.02	74892	124820
环氧氯丙烷储罐	环氧氯丙烷	1748.16	—	—	—

c　背景浓度

根据某环境检测服务有限公司 2018 年 8 月监测工作，其监测断面"化工码头上游"距离本项目排口约 2.2 km，其 COD 监测最大浓度为 19.2 mg/L。

F　预测结果及评价

预测结果见表 11-54。

表 11-54　预测结果　　　　　　　　（mg/L）

X/Y	0	10	20	30	40	50	60	70	80	90	100
10	19.17	19.17	19.17	19.17	19.17	19.17	19.17	19.17	19.17	19.17	19.17
150	19.17	19.17	19.17	19.17	19.17	19.17	19.17	19.17	19.17	19.17	19.17
200	19.18	19.18	19.18	19.18	19.18	19.17	19.17	19.17	19.17	19.17	19.17
300	19.46	19.49	19.48	19.41	19.33	19.26	19.21	19.19	19.18	19.17	19.17
400	20.68	20.89	20.79	20.45	20.00	19.62	19.37	19.25	19.19	19.17	19.17
500	20.68	20.89	20.79	20.45	20.00	19.62	19.37	19.25	19.19	19.17	19.17
550	19.98	20.09	20.04	19.85	19.62	19.41	19.28	19.21	19.17	19.17	19.17
600	19.46	19.49	19.48	19.41	19.33	19.26	19.21	19.19	19.18	19.17	19.17

X/Y	0	10	20	30	40	50	60	70	80	90	100
650	19.24	19.25	19.24	19.23	19.21	19.19	19.18	19.17	19.17	19.17	19.17
660	19.22	19.22	19.22	19.21	19.20	19.18	19.18	19.17	19.17	19.17	19.17
670	19.20	19.21	19.21	19.20	19.19	19.18	19.18	19.17	19.17	19.17	19.17
680	19.19	19.20	19.20	19.19	19.18	19.18	19.17	19.17	19.17	19.17	19.17
690	19.19	19.19	19.19	19.18	19.18	19.18	19.17	19.17	19.17	19.17	19.17
700	19.18	19.18	19.18	19.18	19.18	19.17	19.17	19.17	19.17	19.17	19.17
1000	19.17	19.17	19.17	19.17	19.17	19.17	19.17	19.17	19.17	19.17	19.17
2000	19.17	19.17	19.17	19.17	19.17	19.17	19.17	19.17	19.17	19.17	19.17
3000	19.17	19.17	19.17	19.17	19.17	19.17	19.17	19.17	19.17	19.17	19.17
4000	19.17	19.17	19.17	19.17	19.17	19.17	19.17	19.17	19.17	19.17	19.17
5000	19.17	19.17	19.17	19.17	19.17	19.17	19.17	19.17	19.17	19.17	19.17
6000	19.17	19.17	19.17	19.17	19.17	19.17	19.17	19.17	19.17	19.17	19.17
7000	19.17	19.17	19.17	19.17	19.17	19.17	19.17	19.17	19.17	19.17	19.17
8000	19.17	19.17	19.17	19.17	19.17	19.17	19.17	19.17	19.17	19.17	19.17
9000	19.17	19.17	19.17	19.17	19.17	19.17	19.17	19.17	19.17	19.17	19.17

由表 11-54 可知，甲苯泄漏进入长江后最远影响距离为 680 m，对下游白浒山水源地及白浒山国控断面基本无影响。

11.9.8.9 风险事故情形及后果预测

以甲苯泄漏为例，风险事故情形及后果预测结果见表 11-55。

表 11-55 事故源项及事故后果基本信息表（甲苯）

风险事故情形分析					
代表性风险事故情形描述	甲苯储罐发生 10 mm 孔径泄漏，有毒有害泄漏扩散进入大气				
环境风险类型	甲苯泄漏				
泄漏设备类型	常压储罐	操作温度/℃	20	操作压力/MPa	0.1
泄漏危险物质	甲苯	最大存在量/kg	3132000	泄漏孔径/mm	10
泄漏速率/kg·s^{-1}	2.4964	泄漏时间/min	10	泄漏量/kg	1497.84
泄漏高度/m	2	泄漏液体蒸发量/kg	19.8216	泄漏频率	1.0×10^{-4}/a

事故后果预测					
	危险物质	指标	浓度值/mg·m^{-3}	最远影响距离/m	到达时间/min
大气	甲苯	大毒性终点浓度-1	14000	—	—
		大毒性终点浓度-2	2100	20	5
		敏感目标名称	超标时间/min	超标持续时间/min	最大浓度/mg·m^{-3}
		—	—	—	—

续表 11-55

地表水	危险物质	地表水环境影响			
	—	受纳水体名称	最远超标距离/m	最远超标距离达到时间/h	
		—	—	—	
		敏感目标名称	到达时间/h	超标时间/h	超标持续时间/h	最大浓度/mg·L⁻¹
		—	—	—	—	—

地下水	危险物质	地下水环境影响			
	—	厂区边界	到达时间/d	超标时间/h	超标持续时间/h	最大浓度/mg·L⁻¹
		厂界处	—	—	—	—
		敏感目标名称	到达时间/d	超标时间/h	超标持续时间/h	最大浓度/mg·L⁻¹
		—	—	—	—	—

11.9.9　环境风险管理

11.9.9.1　环境风险管理目标

环境风险管理目标是采用最低合理可行原则管控环境风险。采取的环境风险防范措施应与社会经济技术发展水平相适应，运用科学的技术手段和管理方法，对环境风险进行有效的预防、监控、响应。

11.9.9.2　运输要求

运输过程风险防范包括交通事故预防、运输过程设备故障性泄漏防范以及事故发生后的应急处理等，武汉某厂运输以汽车、槽车为主。

运输过程风险防范应从包装着手，有关包装的具体要求可以参照《危险货物品名表》（GB 12268—2012）、《化学品分类及危险性公示　通则》（GB 13690—2009）、《危险货物包装标志》（GB 190—2009）、《危险货物运输包装通用技术条件》（GB 12463—2009）等一系列规章制度进行。包装应严格按照有关危险品特性及相关强度等级进行，并采用堆码试验、跌落试验、气密试验和气压试验等检验标准进行定期检验，运输包装件严格按规定印制提醒符号，标明危险品类别、名称及尺寸、颜色。

运输装卸过程也要严格按照国家有关规定执行，包括《汽车运输危险货物规则》（JT 617—2004）、《汽车运输、装卸危险货物作业规程》（JT 618—2004）、《机动车运行安全技术条件》（GB 7258—2004）、《铁路危险货物运输管理规则》（铁运〔2006〕79 号）等。本项目运输易燃易爆危险化学品的车辆必须办理"易燃易爆危险化学品三证"，必须配备相应的消防器材，有经过消防安全培训合格的驾驶员、押运员，并提倡今后开展第三方现代物流运输方式。危险化学品装卸前后，必须对车辆和仓库进行必要的通风，清扫干净，装卸作业使用的工具必须能防止产生火花，必须有各种防护装置。

每次运输前应准确告诉司机和押运人员有关运输物质的性质和事故应急处理方法，确保在事故发生情况下仍能事故应急，减缓影响。

11.9.9.3　储存要求

贮存过程事故风险主要是因储罐泄漏而造成的火灾、毒气释放和水质污染等事故，是安全生产的重要方面。对不同化学品，储存的要求如下：

一般要求：储存于阴凉、通风的库房。库温不超过 30 ℃，相对湿度不超过 85%。保持容器密封，储区应备有泄漏应急处理设备和合适的收容材料。

另外，储罐区应采取以下措施：

（1）严格按照规划设计布置物料储存区，危险化学品贮存的场所必须是经公安消防部门审查批准设置的专门油化品仓库，露天液体化工储罐必须符合防火防爆要求；爆炸物品、剧毒物品和一级易燃物品不能露天堆放；防火间距的设置以及消防器材的配备必须通过消防部门审查，并设置危险介质浓度报警探头。

（2）储罐上有液位显示并有高低液位报警与泵联锁，进各生产车间的中转罐上设有进料控制阀，防止过量输料导致溢漏。

（3）贮存危险化学品的仓库管理人员以及罐区操作员，必须经过专业知识培训，熟悉贮存物品的特性、事故处理办法和防护知识，持证上岗。同时，必须配备有关的个人防护用品。

（4）贮存的危险化学品必须设有明显的标志，并按国家规定标准控制不同单位面积的最大贮存限量和垛距。

（5）贮存危险化学品的库房、场所的消防设施、用电设施、防雷防静电设施等必须符合国家规定的安全要求。

（6）危险化学品出入库必须检查验收登记，贮存期间定期养护，控制好贮存场所的温度和湿度；装卸、搬运时应轻装轻卸，注意自我防护。

（7）要严格遵守有关贮存的安全规定，具体包括《仓库防火安全管理规则》《建筑设计防火规范》《易燃易爆化学物品消防安全监督管理办法》等。

（8）在罐区设置 1.5 m 高围堰，原辅料及成品罐区、中间罐区设 1 m 高围堰。

11.9.9.4　泄漏发生后应对对策

泄漏发生后应对的对策主要有警戒、抑爆、堵漏、关闭阀门、工艺措施和中毒急救、切断泄流途径等措施。结合项目的具体风险情况，细化各项应对措施。

11.9.9.5　火灾的应急对策

（1）发生火灾，宜采用二氧化碳、干粉、水灭火，将火源隔离从而达到扑灭火源的目的。火灾后遗留现场需清理彻底，避免再次发生火灾。

（2）电器引起的火灾要尽快切断火势向油化品仓库蔓延的路径。

（3）气泄漏引起的火灾，不要盲目灭火，先出水阻止火势向其他部位蔓延，再设法关阀断气灭火。化学品存储及使用场所四周设置截流渠，其应通往废水调节池，防止消防水外溢。

（4）将化学品物质存放于专用易燃品仓库内，在满足生产要求的前提下，尽量减少贮存量。库房地面应做防渗处理，不设排水管道，并加强通风，同时，应设明显标识。

（5）厂区平面布置应符合防范事故要求，有应急救援设施及救援通道，便于应急疏散。

（6）应建立可燃气体、有毒气体自动检测报警系统；紧急切断及紧急停车系统；防火、防爆、防中毒等事故处理系统。

（7）加强企业管理，规范操作规程，车间内禁止烟火。

（8）应建立完善的应急预案领导小组，应有完备的应急环境监测、抢险、救援及控制措施，并配备应急救援保障设施和装备。

11.9.9.6　风险事故应急措施

根据化工生产装置和储罐设计规范要求，各类罐区和装置区设置自动报警联锁控制系统、有毒有害物质泄漏报警装置、可燃物质报警装置和即时摄像监控装置、紧急切断装置、装置或储罐围堰、雨污水分流管道、消防污水处理事故池等防护设施。

为防止储罐、装置中存有物料的容器中的物料泄漏进入长江对其水质造成污染，采取风险事故防控方案。

A　一级防护措施

设置围堰：按区域划分，根据《石油化工企业设计防火标准》（GB 50160—2008）（2018年版）的要求，原辅材料及产品罐区设置1.5 m高围堰，压力罐区设置1.5 m高围堰，中间罐组设1 m高围堰，并对装置区及罐区地面进行硬化防渗处理；车间装置区设置地漏；仓库及危废暂存间设置导流沟及防泄漏池。

B　二级防护措施

根据总平面布置，装置区或罐区等发生事故时的消防废水由区域收集管网依地势向西侧自流入事故水池，分批次导入废水处理系统，再从总排口经架空污水管道排往武汉化工区污水处理厂进行处理；设有有效容积为5000 m³的应急事故池，将污染物控制在风险事故池内，不进入雨水系统。

C　三级防护措施

设置排污闸板。在装置区及罐区进入厂区内集、排水系统管网中设置排污切换阀，尤其是在厂区集、排水系统总排放口设置排污闸板，防止污染物及消防废水等进入厂外管网。

11.9.9.7　应急救援组织

结合项目情况组建完善的应急救援团队。制定本单位消防安全制度，组织实施日常消防安全管理工作；组织实施本单位的防火检查和火灾隐患整改工作；对消防设施定期进行维护保养；定期组织培训和演练。

公司建立应急指挥系统和应急救援队伍，实行分级（厂级、车间级）管理，明确各级应急指挥系统和救援队伍的职责。按国家有关规定配备足够的应急救援器材并保持完好，设置疏散通道、安全出口、消防通道并保持畅通；建立应急通信网络，在作业场所设置通信、报警装置，并保证畅通；为有毒有害岗位配备救援器材柜，放置必要的防护救护器材，进行经常性的维护保养并记录，保证其处于完好状态。

发生危险化学品事故，事故单位主要负责人应当立即按照本企业的危险化学品应急预案组织救援，并向当地安全生产监督管理部门和环境保护、公安、卫生等主管部门报告。应当向与本企业有关的危险化学品事故应急救援提供技术指导和必要的协助。项目必须成立应急救援"指挥领导小组"、事故现场应急救援"指挥部"，指挥部下设六个抢险小组，分别为：联络协调组，抢险救灾组，安全保卫组，设备抢修组，医疗、后勤救护保障组，环保组。应急救援组织体系见图11-5。

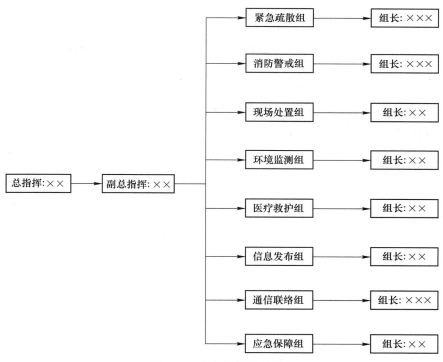

图 11-5 应急组织管理体系

11.9.9.8 环境风险防范措施

A 大气环境风险防范

装置区设置应急喷淋系统和远程紧急切断装置，设置可燃气体探测仪。大气环境风险主要为甲苯、环氧氯丙烷等化学品储罐泄漏有毒有害气体及储罐区易燃、可燃物料泄漏导致火灾爆炸引起的次生污染。各罐区、原料及成品罐区等设置紧急切断系统，一旦发现泄漏，立即切断泄漏源；一旦发生泄漏事故，应及时通知周边环境敏感点沿化工大道等主干道远离下风向方位及时撤离，尽量在开阔及远离事故源的上风向设置安置场所。

B 事故废水环境风险防范

厂区设置三级防护措施，与化学工业区区域联动。

a 一级防护措施

设置围堰。按区域划分，根据《石油化工企业设计防火标准》（GB 50160—2008）（2018 年版）的要求，原辅材料及产品罐区设置 1.5 m 高围堰，中间罐组设 1 m 高围堰，并对装置区及罐区地面进行硬化防渗处理；车间装置区设置地漏；仓库及危废暂存间设置导流沟及防泄漏池。

b 二级防护措施

根据总平面布置，装置区或罐区等发生事故时的消防废水由区域收集管网依地势向西侧自流入事故水池，分批次导入废水处理系统，再从总排口经架空污水管道排往武汉化工区污水处理厂进行处理。

c 三级防护措施

设置排污闸板，在装置区及罐区进入厂区内集、排水系统管网中设置排污切换阀，尤其是在厂区集、排水系统总排放口设置排污闸板，防止污染物及消防废水等进入厂外管网。

发生事故后厂内事故废水流向如图 11-6 所示。

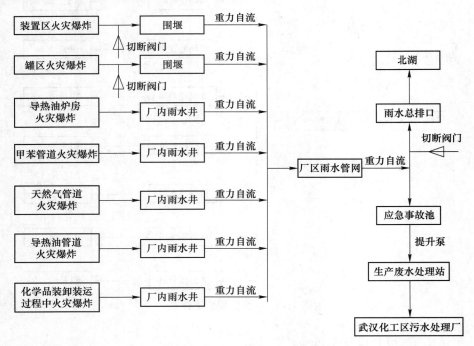

图 11-6　发生事故后厂内事故废水流向示意图

C　地下水环境风险防范

（1）各类化学品均采用密闭容器进行存储及转运，为防止液态物料泄漏对周边地下水产生污染，丙类库房地面基础进行防渗设计。根据《石油化工工程防渗技术规范》（GB/T 50934—2013）4.0.2 条，结合本项目特点，罐区、埋地管道、危废暂存间、污水处理站各构筑物、事故水池及初期雨水池为重点防渗区；车间、一般固废暂存区域、汽车装卸区、循环水池及消防水池、锅炉房等为一般防渗区。根据《石油化工工程防渗技术规范》（GB/T 50934—2013）5.1 条，一般污染防治区防渗层的防渗性能等效黏土防渗层 $Mb \geq 1.5$ m，$K \leq 1 \times 10^{-7}$ cm/s；重点污染防治区防渗层的防渗性能等效黏土防渗层 $Mb \geq 6.0$ m，$K \leq 1 \times 10^{-7}$ cm/s。按照上述要求进行防渗，以防止物料和废水下渗，并在以上区域周围设置封闭的耐酸陶瓷或混凝土护面的收集坑，可将偶尔泄漏的物料或冲洗水经收集坑收集后通过全厂排水系统进入废水调节池，避免有害物料进入沙质地面从而污染地下水。

（2）设置地下水长期观测孔，在厂区内及其上下游分设三个地下水观测孔，定期监测地下水质变化，杜绝地下水污染隐患。

（3）加强危险化学品转运事中、事后监管，一旦发现包装桶或包装袋破裂应及时采取措施，防止转运及存储过程中的跑、冒、滴、漏。

D 污水处理设施环境风险防范

企业废水总排口设有在线监测设备，一旦发现超标，排放电动蝶阀关闭，循环电动阀开启，废水进入原水进一步处理，处理达标后方可排放。同时一旦发现超标，及时对设施设备进行检修，若设备可短时恢复使用，生产废水在调节池内暂存，待设施恢复运行进行处理达标后外排；若故障检修耗时超过一天，立即停止生产，待设施恢复正常运行可处理达标后方可恢复生产。

E 区域联动措施

根据《武汉市突发环境事件应急预案》"初判发生特别重大、重大突发环境事件，指挥部立即采取 Ⅰ 级或者 Ⅱ 级应急响应措施，然后再按程序上报，由上级机关或者经上级机关授权，宣布进入相应级别的应急响应状态。初判发生较大突发环境事件，由指挥部指挥长决定启动 Ⅲ 级应急响应，向各有关单位及区人民政府发布启动相关应急程序的命令。初判发生一般突发环境事件，各区人民政府启动 Ⅳ 级应急响应。指挥部根据需要组织有关工作组赴事发地指导应急处置工作"，结合本场地事故分级情况，企业的环境风险应急预案和地方政府应急预案衔接图见图 11-7。

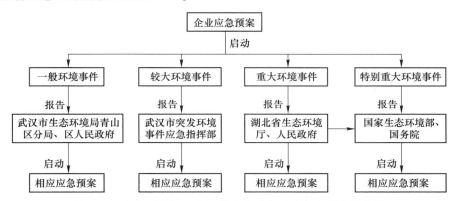

图 11-7 企业环境风险应急预案和地方政府应急预案衔接图

项目一旦发生风险事故，应与武汉市青山区（化工区）积极联动，寻求其支援，以将事故带来的危害降至最低程度。

11.9.9.9 现有应急措施执行情况及依托可行性

A 现有风险防控措施差距分析

武汉某厂环境风险防控及应急措施的差距分析见表 11-56。

表 11-56 现有环境风险防控与应急措施差距分析一览表

序号	项目	本公司实际情况	差距
1	是否在废气排放口，废水、雨水和清净下水排放口对可能排出的环境风险物质，按照物质特性、危害设置监视、监控措施，分析每项措施的管理规定、岗位职责落实情况和措施的有效性	厂区共设有 1 个废水总排放口，3 个雨水排放口，废水总排口和雨水排放口分开设置，均已安装在线监控设备并联网，且每个排口有专人负责。厂区废气主要为颗粒物、VOCs、NH_3、SO_2、H_2S、臭气浓度等，全厂共设有 13 个排气筒（含 1 个食堂油烟排气筒），各类废气均通过排气筒达标排放，公司已经配备专人负责该类设备的维护，确保废气设施的正常运行	无

续表 11-56

序号	项目	本公司实际情况	差距
2	是否采取防止事故排水、污染物等扩散、排出厂界的措施，包括截流措施、事故排水收集措施、清净下水系统防控措施、雨水系统防控措施、生产废水处理系统防控措施等，分析每项措施的管理规定、岗位职责落实情况和措施的有效性	（1）企业罐区和装置区均设置有围堰，并有管网与雨水管网连接，正常情况下厂区雨水总排口阀关闭，初期雨水、泄漏物、事故废水、被污染的消防废水可通过雨水管网进入初期雨水收集池或应急事故池中暂存，均质调节后分批次导入厂区生产废水处理站处理后排放； （2）企业生产装置均有防渗措施和水喷淋装置，可保证泄漏物料泄漏时不会对外部环境造成污染； （3）企业在危险废物暂存间建有防风、防雨、防晒、防渗措施及导流沟和防泄漏池，在事故情况下可临时储存泄漏物； （4）罐区、仓库、各装置区、危废暂存间、生产废水处理站均安排有专人负责，确保设施的正常运行	无
3	涉及毒性气体的，是否设置毒性气体泄漏紧急处理装置，是否已布置生产区域或厂界毒性气体泄漏监控预警器，是否有提醒周边公众紧急疏散的措施和手段，分析每项措施的管理规定、岗位责任落实情况和措施的有效性	企业装置区、罐区涉及有毒气体（氨气、甲苯、硫酸、环氧乙烷、环氧丙烷、环氧氯丙烷等），已安装生产区域毒性气体泄漏监控预警器和自动切断系统等。各装置区楼梯、车间门口安装了电子报警器、报警对讲机，与消防控制室连接（同步到调度控制中心），各装置区都有消防广播系统，可以进行应急告知。控制室、消防控制室、调度室均配置外线电话、火灾报警控制器、对讲机等，事故发生时可第一时间进行报告	无
4	危险废物暂存应满足危险废物贮存污染控制标准	厂区设有专门的危险废物暂存间，位于 1 号危险品仓库，危险废物暂存间内各种危险废物分类处理并张贴有标识。目前公司建立了危险废物责任制度，设有危险废物台账。危险废物暂存间设有防风、防雨、防晒、防渗措施及导流沟和防泄漏池。储存的危险废物在转运处置前集中存储在危废暂存间内，危险废物采用密闭专用容器进行分类收集储存。库内废物定期由专用运输车辆运至危险废物处置单位。产生的危废均委托有处理资质的单位处置	无

B　现有应急防控资源概况

企业现有应急物资概况见表 11-57，危化品救援基地现有应急物资及装备情况见表 11-58。

表 11-57　武汉某厂现有应急物资概况

应急资源功能	编号	设备名称	数量	位　置
污染源切断	1	雨水总排口阀门	3	各雨水排放口
	2	废水总排口阀门	1	生产废水处理站总排放口
	3	沙袋	142	苯甲酸车间、罐区、苄酯车间、苯甲酸钠车间
	4	沙池	1	氯醇橡胶车间（二楼）
污染物控制	5	围堰	若干	罐区、各装置区
污染物收集	6	潜水泵	2	污水处理风机房
污染物降解	7	生产废水处理站（500 m³/d）	1 套	厂区西部
	8	纯碱	1	苯甲酸车间

续表 11-57

应急资源功能	编号	设备名称	数量	位置
安全防护	9	危化轻型防护服	2	苯甲酸车间
	10	医药箱	12	苯甲酸车间、变电站、氯醇橡胶车间等风险车间均需有
	11	绝缘鞋	2	变电站
	12	绝缘手套	2	变电站
	13	空气呼吸器	8	苯甲酸车间、氯醇橡胶车间（二楼）、罐区、苯甲腈车间（二楼）
	14	防毒面具	56	苯甲酸车间、变电站、氯醇橡胶车间等风险车间均需有
	15	雨鞋	5	动力仓库
应急通信和指挥	16	手机	若干	厂区各处
应急处置	17	消防柜	584	苯甲腈车间、机修楼、检验楼、罐区、氧化楼、仓储部、苄酯车间、结晶楼、苯甲酸钠车间、苯代车间、污水处理、氯醇橡胶车间、变电站、消防楼等
	18	灭火器	1631	苯甲腈车间、机修楼、检验楼、罐区等
	19	室外消火栓	29	苯甲腈车间、机修楼、检验楼、罐区、氧化楼、仓储部、苄酯车间、结晶楼、苯甲酸钠车间、污水处理、氯醇橡胶车间、变电站等
	20	室内消火栓	180	苯甲腈车间、机修楼、检验楼、氧化楼、仓储部、苄酯车间、结晶楼、苯甲酸钠车间、苯代车间、污水处理、氯醇橡胶车间等
	21	消防炮	11	苯甲腈车间、罐区、氧化楼等

表 11-58 危化品救援基地现有应急物资及装备情况一览表

序号	按功能分类	装备名称	数量	规格型号	存放地点
1	第一类：救援车辆	泡沫消防车	1	安徽蚌埠 8T	消防楼
2			1	斯太尔王	消防楼
3		…	…	…	…
4	第二类：空气呼吸器	空气充气泵	2	JUNIOR Ⅱ-W	消防楼
5		…	…	…	…
⋮	第三类：防护服、眼罩、面罩、手套、鞋	重型防化服	2	RFH-2	消防楼
		…	…	…	…
	第四类：气体检测仪、风向风速仪、测温仪、热像仪、测距仪、漏电测试仪、静电电压表、对讲机、照明工具、呼救器、无线通信头盔等	有毒气体检测仪	3	GAMIC-4	消防楼
		…	…	…	…

序号	按功能分类	装备名称	数量	规格型号	存放地点
	第五类：堵漏器材、换阀工具	外封堵漏带	1	SAVA-M2	消防楼
		…	…	…	…
	第六类：吸污毯、无火花工具、排风机、泵、发电机、消防水枪、内燃式环锯、压力水箱、色谱仪	吸污毯	8	美国 NewPigMAT218-01	消防楼
		…	…	…	…
	第七类：消防器材	水幕水带	10	16×65×20	消防楼
		…	…	…	…

注：实际项目中必须明确各设备的责任人和联系方式，在表中列出。项目设备过多省略。

11.9.9.10　现有环境风险管理制度

（1）企业属于易燃易爆化学品的生产企业，根据《机关、团体、企业、事业单位消防安全管理规定》第二十二条，本企业属于消防安全重点单位。同时根据第四十条，本企业应当按照灭火和应急疏散预案，至少每半年进行一次演练，并结合实际，不断完善预案。

（2）企业在相关单元均设置有泄漏气体探测装置及应急喷淋系统，在发生泄漏事故时能第一时间进行预警，同时开启喷淋系统抑制泄漏物料挥发扩散，隔离火源。装置区和罐区还设有围堰，出现泄漏时可切换阀门将泄漏物料输送至应急事故池。企业设置有远程紧急切断装置，在事故情况下可避免事故进一步扩大。厂区的生产车间、罐区、仓库均配备了干粉灭火器、消防沙、消火栓等灭火设施，可及时对火灾进行扑灭。

（3）厂区设有专门的危险废物暂存间，位于 1 号危险品仓库，危险废物暂存间内各种危险废物分类处理并张贴有标识，能够满足《危险废物贮存污染控制标准》（GB 18597）和《环境保护图形标志　固体废物贮存（处置场）》（GB 15562.2）要求。目前公司建立了危险废物责任制度，设有危险废物台账。危险废物暂存间建有防风、防雨、防渗漏措施，建有导流沟和泄漏收集池。储存的危险废物（包括精（蒸）馏釜底、废催化剂、废活性炭、废离子交换树脂、废包装桶、废机油、废导热油、污水处理系统浮渣及污泥、废抹布手套、废有机溶剂、实验室危废等）在转运处置前集中存储在危废暂存间内，危险废物采用密闭专用容器进行分类收集储存。库内废物定期由专用运输车辆运至危险废物处置单位。危险废物在厂区内通过上述分类处置措施，可使废物去向明确，不会产生二次污染，既安全有效而且经济、合理。危废均委托有处理资质的单位处置。

（4）环境风险防控重点岗位的责任人较为明确，并在公司内部设有应急组织机构，指挥部由总指挥及副总指挥组成，下设专业救援组由环境应急监测组、医疗救护组、紧急疏散组、通信联络组、消防警戒组、现场处置组、信息发布组和应急保障组等 8 个专业职能小队组成，指挥机构及各专业救援组职责到人；进行了每半年一次的消防演习；进行过一次突发环境事件应急预案演习。

（5）设有专人负责安全生产隐患定期排查，环境风险设施定期巡检和维护责任制度基本落实，重点区域设有专人巡检，日常生产巡检过程均设有记录。其中应急救援物资每周点检一次，有异常时联系技术人员，发生紧急情况使用后恢复原状。

11.9.10   风险评价结论

武汉某厂存在一定潜在事故风险，建设单位要按有关风险源的管理要求加强风险管理，并认真落实各种风险防范措施，通过相应的技术手段尽量降低风险发生概率。在风险事故发生后，应立即启动事故应急预案，在短时间内疏散污染物危险区域内人员，使事故得到有效控制。

项目在加强风险管理，并确保落实要求的环境风险防范措施和应急预案的条件下，项目的建设从环境风险的角度考虑是可防控的。

习   题

11-1   简述环境风险评价的基本程序。

11-2   简述环境风险评价的基本内容。

11-3   如何确定环境风险评价等级和评价范围？

参 考 文 献

[1] 环保部环境工程评估中心 . 建设项目环境影响评价 [M].2 版 . 北京：中国环境出版社，2014.

[2] 生态环境部环境工程评估中心 . 环境影响评价技术方法 [M].2019 年版 . 北京：中国环境出版集团，2019.

[3] 环办环评〔2020〕33 号 . 建设项目环境影响报告表编制技术指南（污染影响类）（试行），建设项目环境影响报告表编制技术指南（生态影响类）（试行）. 生态环境部，2020.

[4] 生态环境部令第 9 号 . 建设项目环境影响报告书（表）编制监督管理办法 . 生态环境部，2019.

[5] 生态环境部令第 16 号 . 建设项目环境影响评价分类管理名录 .2021 年版 . 生态环境部，2020.

[6] 生态环境部令第 36 号 . 国家危险废物名录 .2025 年版 . 生态环境部，2024.

[7] 环境保护部 .HJ 2.1—2016 建设项目环境影响评价技术导则　总纲 [S]. 北京：中国环境科学出版社，2016.

[8] 生态环境部 .HJ 2.2—2018 环境影响评价技术导则　大气环境 [S]. 北京：中国环境出版集团，2018.

[9] 生态环境部 .HJ 884—2018 污染源源强核算技术指南　准则 [S]. 北京：中国环境出版集团，2018.

[10] 生态环境部 .HJ 991—2018 污染源源强核算技术指南　锅炉 [S]. 北京：中国环境出版集团，2018.

[11] 生态环境部 .HJ 2.3—2018 环境影响评价技术导则　地表水环境 [S]. 北京：中国环境出版集团，2018.

[12] 环境保护部 .HJ 610—2016 环境影响评价技术导则　地下水环境 [S]. 北京：中国环境出版集团，2016.

[13] 生态环境部 .HJ 2.4—2021 环境影响评价技术导则　声环境 [S]. 北京：中国环境出版集团，2021.

[14] 生态环境部 .HJ 1091—2020 固体废物再生利用污染防治技术导则 [S]. 北京：中国环境出版集团，2020.

[15] 环境保护部 .HJ 2042—2014 危险废物处置工程技术导则 [S]. 北京：中国环境出版集团，2014.

[16] 环境保护部 .HJ 2035—2013 固体废物处理处置工程技术导则 [S]. 北京：中国环境出版集团，2013.

[17] 生态环境部 .HJ 964—2018 环境影响评价技术导则　土壤环境（试行）[S]. 北京：中国环境出版集团，2018.

[18] 生态环境部 .HJ 19—2022 环境影响评价技术导则　生态影响 [S]. 北京：中国环境出版集团，2022.

[19] 生态环境部 .HJ/T 169—2018 建设项目环境风险评价技术导则 [S]. 北京：中国环境出版集团，2018.

[20] 生态环境部 .HJ 177—2023 医疗废物集中焚烧处置工程技术规范 [S]. 北京：中国环境出版集团，2023.

[21] 生态环境部 .GB 18597—2023 危险废物贮存污染控制标准 [S]. 北京：中国环境出版集团，2023.

[22] 生态环境部 .GB 18599—2020 一般工业固体废物贮存和填埋污染控制标准 [S]. 北京：中国环境出版集团，2020.